2020 세종도서
학술부문
PUBLICATION INDUSTRY PROMOTION AGENCY OF KOREA
한국출판문화산업진흥원

HANDWRITTEN

APPLIED MECHANICS

4th Edition

응용역학

박선준 저

도서출판
구미서관

역학의 숲에서 더 이상 헤메이지 않기를...

역학의 시작점은 힘의 평형이라고 할 수 있을 것이다. 외력이 작용 할 때 생겨나는 반력의 크기를 힘의 평형으로부터 알 수 있을 뿐만 아니라, 우리를 힘들고 지치게 만드는 부재력, 응력, 변형률 등을 구하는 것도 힘의 평형으로부터 가능하다. 힘의 평형은 아주 단순하고 명료한 자연의 법칙이지만 힘의 평형을 출발점으로 하는 응용역학(재료역학+구조역학)이라는 대서사 같은 긴여정은 결코 쉽지 않다(긴 여정의 출발은 봄날의 산책 같을 수 있으나 여정을 성공적으로 끝 마치기는 지극히도 어려운.......). 긴 여정의 어디 쯤에서 포기하거나, 헤메고 있을지도 모르는 토목공학을 공부하는 우리 학생들에게 작은 도움이 될 수 있기를 바라는 마음으로 이 책을 쓰게 되었다.

응용역학이 다루는 분야를 12개의 단원으로 분류하였고, 각 단원에서 반드시 알고 있어야 할 내용들을 다시 유형별로 세분화하였다. 역학을 어려운 과목이라고 생각하게 만드는 복잡한 이론과 이론식들의 전개과정 보다는 여기에서 얻어진 이론식을 어떻게 이해하고 활용해야 하는지를 설명하는데 더 큰 비중을 두었다.

문제를 풀이하는 과정에서는 필요 이상으로 자세한 설명을 첨언하고자 노력하였다. 몇 가지 경우에는 대학생들에게 이런 설명까지 필요할까? 하는 생각을 갖을 수도 있을 것이다. 그러나 그러한 설명 조차도 부족하다고 느끼는 학생들이 있을 것이라는 생각 또한 갖지 않을 수 없다.

손으로 쓴 응용역학(4판)은 많은 부분에서 설명이 다듬어 졌고, 이해를 돕기위한 문제가 추가되었다. 예를들면 부재력의 부호를 혼동하지 않고 부재력을 구하는 방법을 설명한 '부호 혼동하지 않고 휨모멘트, 전단력 구하기', 단면2차모멘트를 보다 쉽게 구하는 방법을 설명한 '더 쉽게 단면2차모멘트 구하기' 등이다.

긴 여정의 어디쯤에서 힘들어 하고 있을지도 모르는 우리 학생들에게 응원을 보낸다.

2025.09. 박 선 준

이 책에서 응용역학을 설명하는 순서

A 힘의 평형, 힘의 합성과 분해

B 단면의 기하학적 성질

C 재료의 역학적 성질 & 축하중 부재의 응력 해석

D 정정보의 부재력 해석

E 라멘과 아치의 부재력 해석

F 보의 응력 해석

G 트러스 부재력 해석

H 기둥 해석

I 영향선과 절대 최대휨모멘트

J 처짐과 처짐각

K 탄성변형

L 부정정 구조물 해석

Z 역학을 공부하는데 도움이 될 만한 것들

이 책에 대해 덧붙이는 말

응용역학(정역학+구조역학+재료역학)을 12개 단원으로 분류하였다. 각 단원에서 반드시 알고 있어야 하는 내용을 몇 개의 소단원으로 분류하였다.

예를 들어 G4-02는
응용 트러스 부재력을 구하는 방법을 설명하는 2번째 문제라는 의미이다.

- A 힘
- B 단면의 성질
- C 재료의 역학적 성질, 축응력
- D 정정보
- E 라멘, 아치
- F 보의 응력
- G 트러스
- H 기둥
- I 영향선, 절대최대휨모멘트
- J 처짐과 처짐각
- K 탄성변형
- L 부정정 구조
- Z 역학 공부에 도움이 되는 자료

G4-02

01 ~ : 해당 유형의 N번째 문제

0 : 각 단원의 내용을 이해하는데 필요한 기본 이론 설명
1 ~ : 해당 단원의 N 번째 소단원

G0 트러스 구조물 해석을 위해 알아야 할 기본사항

G1 단면법과 절점법으로 일반적인 트러스의 부재력 구하기

G2 부재력이 '0'인 부재 판별하기

G3 K-truss 부재력 구하기

G4 응용 트러스 부재력 구하기

A. 힘의 평형, 힘의 합성과 분해

Type	A0. 힘의 평형에 대한 이해.
Frequency	
Comment	구조물이 힘의 평형상태에 놓여있다는 것을 어떻게 알 수 있을까?

A0-00

1) 평형(Equilibrium of Structures)의 정의

최초에 정지해 있는 구조물이 힘(외력)을 받은 상태에서도 계속 정지해 있는 상태

→ 물체에 작용하는 힘들의 합력이 '0' 인 상태
(수평력의 합, 수직력의 합, 모멘트의 합이 모두 '0' 임을 의미)

구조물의 전체적인 안정여부를 판단할 때 검토하는 '활동, 침하, 전도'는 각각 수평력, 수직력, 모멘트에 대한 힘의 평형 조건을 확인하는 것과 같은 개념이다. 즉, 구조물에 힘이 작용된 상태에서도 구조물이 밀려가거나(활동), 가라앉거나(침하), 넘어가지(전도) 않고 있다면, 작용하는 힘들의 크기와 같고 작용하는 방향이 반대인 힘이 구조물의 지지점에 존재한다는 의미이고, 이 구조물은 평형상태에 있다고 할 수 있다

- xy 2차원 평면에서 구조물의 평형조건을 수학적인 식으로 표현하면 .....

  $\Sigma Fx=0$, $\Sigma Fy=0$, $\Sigma Mz=0$

위의 식들을 2차원 평면(여기에서는 xy 2차원 평면)의 '평형방정식' 이라고 한다.
즉, xy 2차원 평면상에 구조물이 놓여있다면 위의 3가지 식이 모두 성립되어야 '평형상태'에 있다고 할 수 있다.

- xz 2차원 평면이라면 $\Sigma Fx=0$, $\Sigma Fz=0$, $\Sigma My=0$
- yz 2차원 평면이라면 $\Sigma Fy=0$, $\Sigma Fz=0$, $\Sigma Mx=0$

x축을 가로축(Horizontal axis)으로, y축을 연직축(Vertical axis)으로 표현하여, $\Sigma H=0$, $\Sigma V=0$, $\Sigma Mz=0$으로 사용하기도 한다.

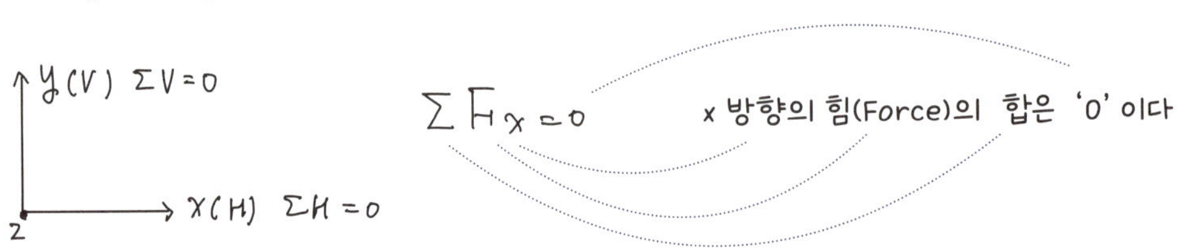

Comment

2) 전체 구조물에서 힘의 평형 → 하중 작용 시 발생되는 반력 을 구할때 적용.

구조물에 작용하는 하중(외력)은 구조물의 지지점에 생기는 반력의 크기와 같다.

「하중 = 반력」 → 힘의 평형 조건에 의해 반력의 크기를 구할수 있다.

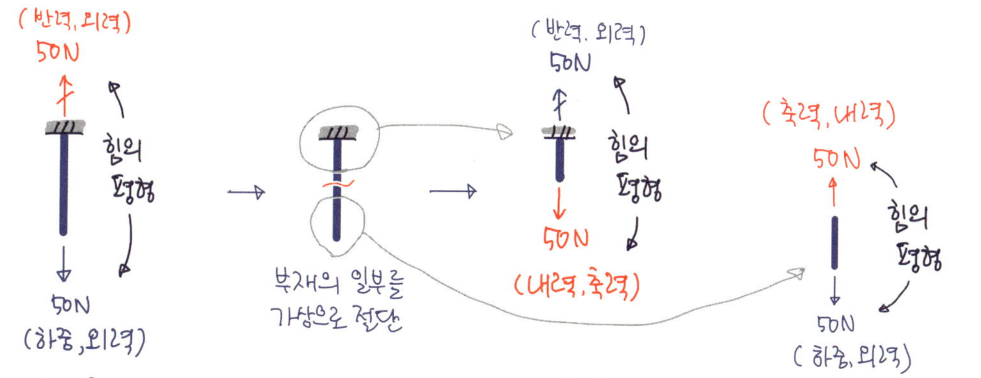

전체 구조물에서 힘의 평형을 적용 → 반력을 구한다

부분구조물에서 힘의 평형을 적용 → 내력을 구한다

가상절단된 나머지 부분에 평형방정식을 적용해도 내력의 크기는 50N으로 동일하다.

↓

왜 ↓방향 50N, ↑방향으로 50N 내력 방향이 서로 다를까?

↓

내력은 부재를 신장시키는 "인장력" 인지 수축시키는 "압축력" 인지 의 관점에서 판단해야 한다.

축력 50N은 인장력 임.

3) 부분구조물에서 힘의 평형 → 외력(하중과 반력)에 대한 힘의 평형 조건으로 부터 내력 을 구할때 적용

「외력의 합 = 내력의 합」

↑ 하중, 반력

↓ 부재 내부에 발생하는 힘 (축력, 전단력, 휨모멘트, 비틀림)

내력은 외력에 대응해서 생겨난다.
즉, 외력이 발생 시킨다.

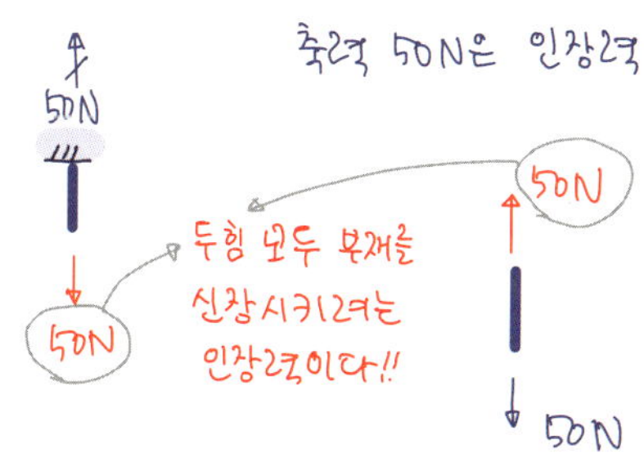

Comment　무엇때문에 힘을 분해할까?　　힘을 합성하는 유형은 어떻게 구분될까?

A0-01

1) 힘의 분해 :

힘을 분해하는 것은 평형방정식이 적용되는 방향과 작용하는 힘의 방향을 일치시키기 위해서이다.

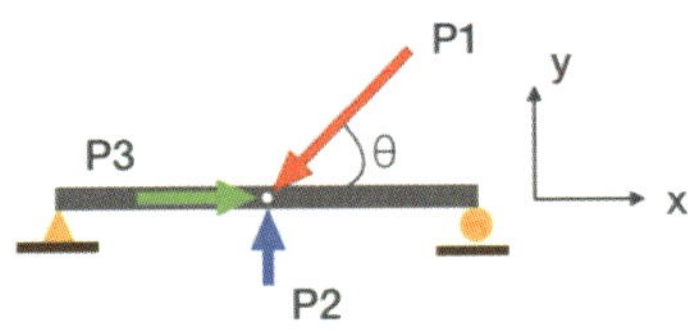

(a)

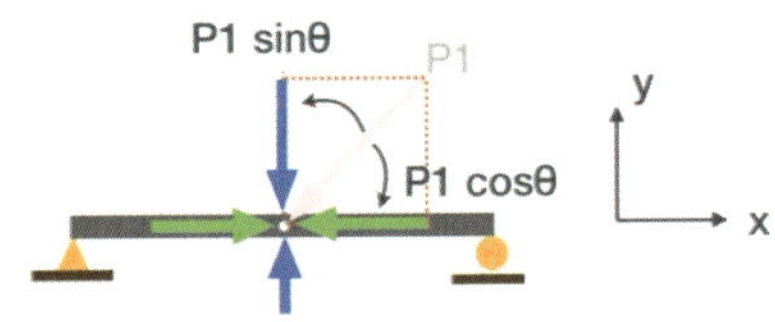

(b)

(a) P1, P2, P3 3개의 힘 가운데 경사진 방향으로 작용하는 P1 은 x축 방향의 힘도 아니고, y축 방향의 힘도 아니다. 그래서 x축 방향 힘들의 합은 '0' ($\Sigma Fx=0$),, y축 방향 힘들의 합은 '0' ($\Sigma Fy=0$) 이라는 평형조건을 적용할 수 없다.

(b) 경사진 힘 P1을 x축 성분과 y축 성분으로 분해해서 x축, y축 방향과 일치시키면 평형조건식에 포함시킬 수 있다.

2) 힘의 합성 : 힘을 합성하는 유형은 힘의 작용점과 힘의 작용방향이 어떻게 조합되는지에 따라 구분된다.

구 분	힘의 작용점	힘의 작용방향	합성방법
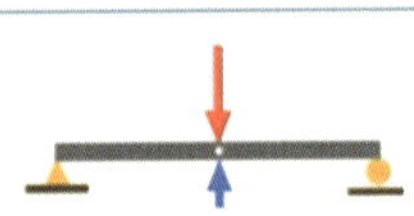	같다	같다	단순히 더한다.
힘들이 동일 좌표축상에 놓여있다면 작용방향은 같다. 하향과 상향은 '+', '−' 로 구분됨 (ex. 빨강힘 '-', 파랑힘 '+')			
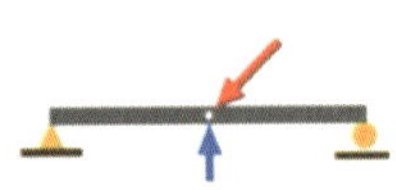	같다	다르다	힘의 작용방향이 같아지도록 분해 한 후 같은 방향 힘들끼리 더한다. (응용역학 A3, 23쪽)
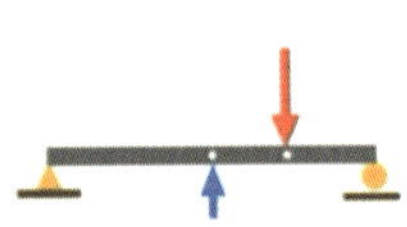	다르다	같다	바리뇽의 정리 (응용역학 A2, 19쪽)
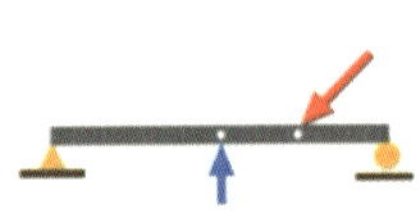	다르다	다르다	응용역학 A2 + A3

Type	A1. 힘의 평형조건(Σ H=0, Σ V=0, Σ M=0)을 이용하여 미지력(부재력 등) 구하기
Frequency	
Comment	힘의 3요소 중 작용방향이 같은 힘들의 평형조건에 대한 이해

A1-01. 작용방향이 같은 3개의 힘이 힘의평형 조건 3가지를 모두 만족하고 있다면 C점에 작용하는 힘의 크기와 거리 x는?

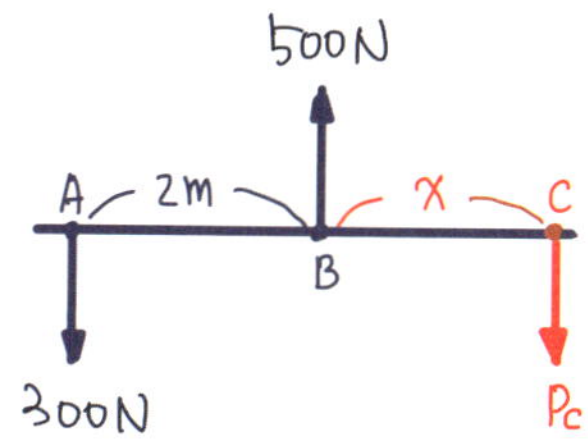

문제풀이

– 힘의 평형 ; Σ H=0, Σ V=0, Σ M=0

(3가지 조건이 성립하는 상태 – 2차원 평면 내에서)

'합'을 의미하는 그리스 문자 '시그마'

Σ Fx=0 (Σ H=0) : x축 방향 힘들의 합은 '0'이다.

Σ Fy=0 (Σ V=0) : y축 방향 힘들의 합은 '0'이다.

Σ Mz=0 : z축에 대한 Moment의 합은 '0'이다.

즉, z축을 기준축으로 하는 회전력들의 합은 '0'이다.

1) Σ H = 0, 수평방향의 외력이 없으므로 Σ H=0 이 되어야 하는 평형조건은 성립.

2) Σ V = 0, 연직방향 힘의 합력은 Σ V=0 이 되어야 하는 평형 조건 적용하면..

(–)300 + 500 – Pc = 0. Pc = 200N(↓) → 연직방향 힘들이 평형을 이루기 위해 필요한 힘!!

3) Σ M = 0, 어느 한 점을 기준으로 발생되는 휨모멘트를 구해보면

(B점을 모멘트의 기준점으로 설정하고, 시계방향의 휨모멘트를 + 로 하면).

$\Sigma M_B = 0\ (\oplus\!\curvearrowright)$

$-(300\times2)+(500\times0)+(200\times x)=0$ (200 → P_c)

$-600+200\cdot x=0 \quad \therefore x=3m$

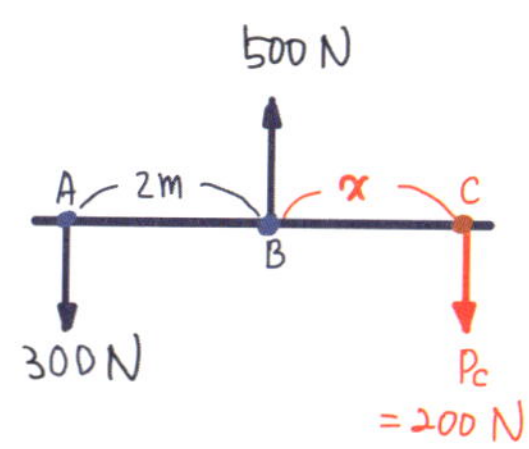

휨모멘트는 [힘 x 거리] 로 이루어진 회전력의 개념이므로 힘과 거리가 곱해지면 어느 한 점을 중심으로 시계방향 혹은 반시계 방향으로 회전하게 된다. 즉, B 점을 모멘트 기준점으로 보면 시계방향 회전(+)이 된다.

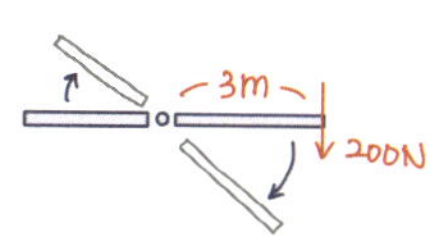

보완설명

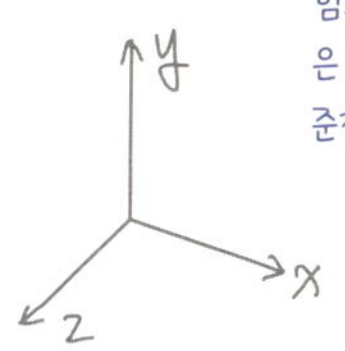

$\Sigma F_x=0,\ \Sigma F_y=0,\ \Sigma F_z=0$

$\Sigma M_x=0,\ \Sigma M_y=0,\ \Sigma M_z=0$

< 3차원 공간에서 힘의 평형 >

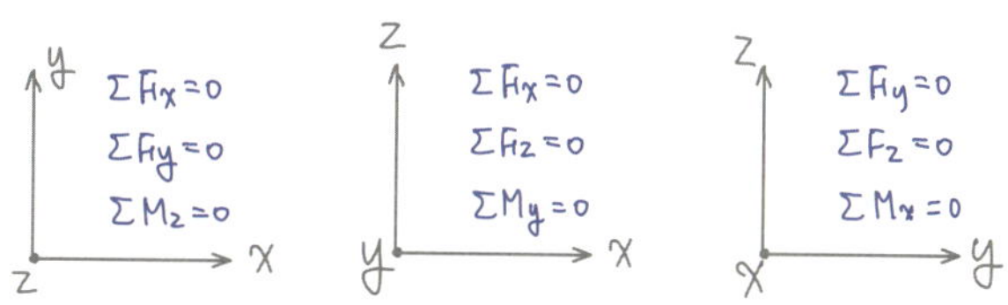

< 2차원 평면에서 힘의 평형 >

Comment

– A점을 중심으로 모멘트를 구할 수도 있다.

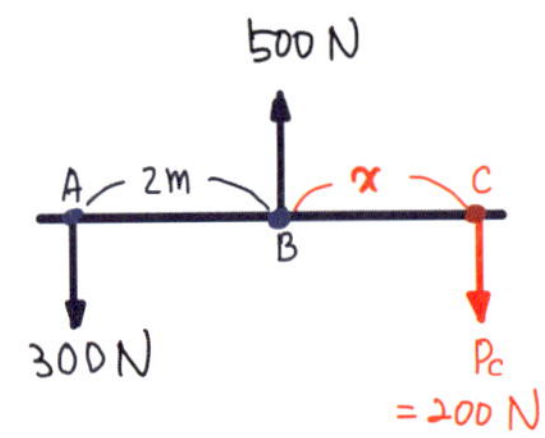

$$\Sigma M_A = 0 \; ; \; (200 \times (2 + x)) - (500 \times 2) = 0$$

$$400 + 200x - 1000 = 0$$

$$\therefore x = \frac{6}{200} = 3m$$ → 조금 더 복잡하다!!

보완설명

힘의 3 요소

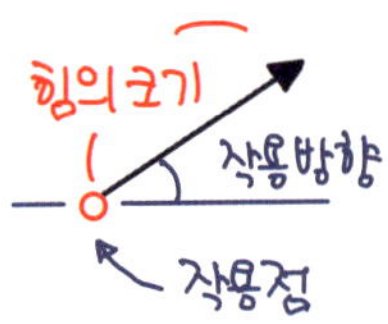

1) 힘의 작용점이 같은 경우

2) 힘의 작용방향이 같은 경우

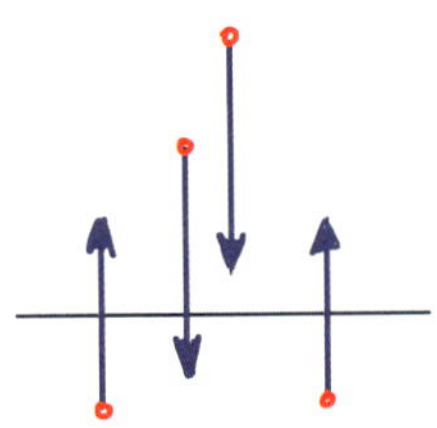

3) 힘의 크기가 같은 경우

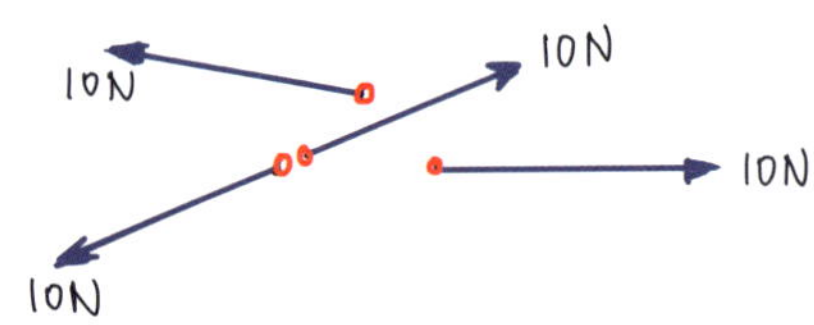

Comment	대칭구조, 대칭하중 조건에서 힘의 평형 응용

AI-02. 정6각형 틀의 각 절점에 하중 P가 작용할 때 각각의 부재에 발생되는 인장력의 크기는?

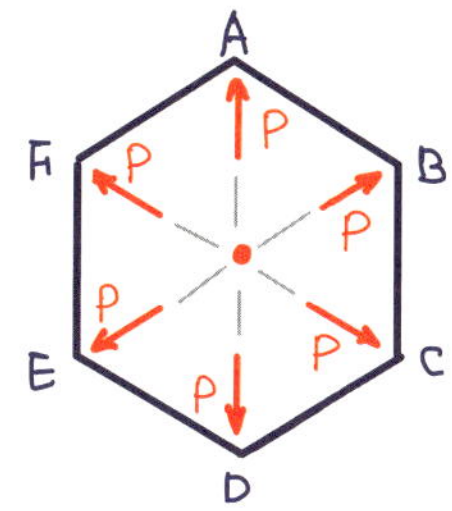

문제풀이

모든 부재가 대칭으로 배치되어 있으며, 하중 또한 대칭으로 작용하고 있으므로,
모든 부재에 발생되는 인장력의 크기는 모두 동일

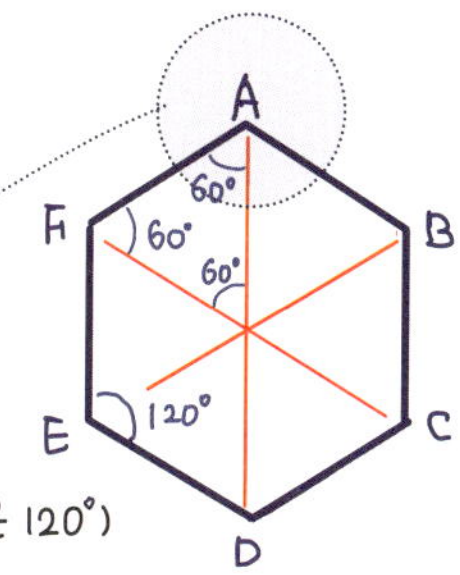

$$(F_{AF} = F_{AB} = F_{BC} = F_{CD} = F_{DE} = F_{EF})$$

1) A점을 기준으로 부분 절단하여 힘의 평형조건 $\Sigma H=0$, $\Sigma V=0$ 을 적용하면
(정육각형은 정삼각형 6개가 모인 형태, 즉 인접한 두 부재가 한점에서 이루는 내각은 120°)

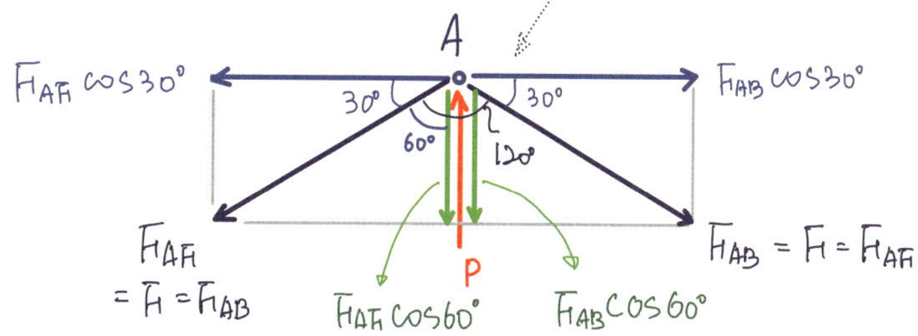

2) $\Sigma H = 0$ (→⊕) → $F_{AB} = F_{AF}$ 가 성립되어야 한다.

$$-F_{AF}\cos 30° + F_{AB}\cos 30° = 0$$

$$\therefore F_{AF} = F_{AB}$$

3) $\Sigma V = 0$ (↑⊕)

$$P - F_{AF}\cos 60° - F_{AB}\cos 60° = 0$$

(F_{AF} → F, F_{AB} → F)

$$2F\cos 60° = P$$

$$F = \frac{P}{2\cos 60°} = \frac{P}{2 \times 0.5} = P$$

$$\therefore F_{AF} = F_{AB} = F_{BC} = F_{CD} = F_{DE} = F_{EF} = P$$

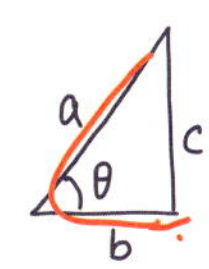

사이에 끼인각

$$\cos\theta = \frac{b}{a} \Rightarrow b = a\cos\theta$$

F_{AF}의 수평력 성분 : H

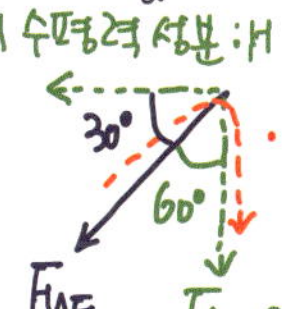

$$\cdot \cos 60° = \frac{\text{밑변}}{\text{빗변}} = \frac{V}{F_{AF}}$$

└ 사이각

F_{AF}의 수직력 성분 ; V

$$\cdot \cos 30° = \frac{H}{F_{AF}}$$

Comment

A1-03. 무게가 동일한 블럭을 같은 케이블로 매달았다. 1개의 케이블이 받는 힘의 크기를 비교하여 순서대로 나타내시오.

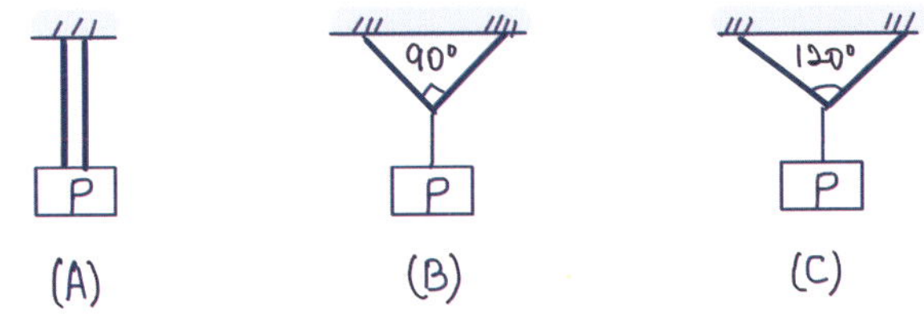

문제풀이

경사진 cable의 힘 F를 수직력과 수평력으로 나눠서 Σ V=0 적용.

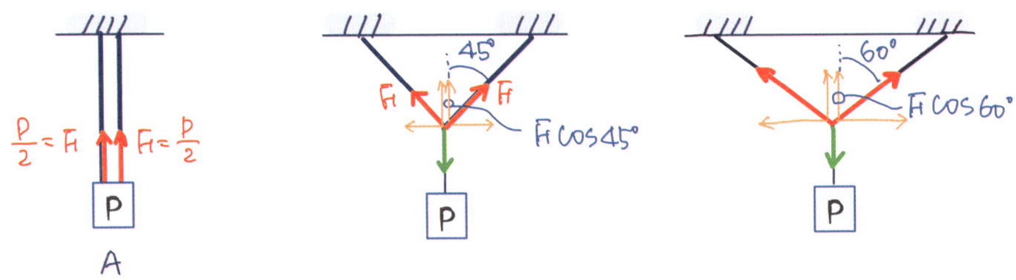

A

$\Sigma V=0$

$-P+F_1+F_1=0$

$\therefore F_1=\frac{P}{2}=0.5P$

B

$\Sigma V=0$

$-P+F_1\cos45°+F_1\cos45°=0$

$\therefore F_1=\frac{P}{2\cos45°}=0.707P$

C

$\Sigma V=0$

$-P+F_1\cos60°+F_1\cos60°=0$

$(F_1+F_1)\cos60°=P$

$2F_1\cos60°=P$

$\therefore F_1=\frac{P}{2\cos60°}=1.0P$

Ans : C > B > A

Cable 1개가 받고 있는 힘의 크기 비교.

보완설명

2개의 cable이 같은 힘을 받는 이유...

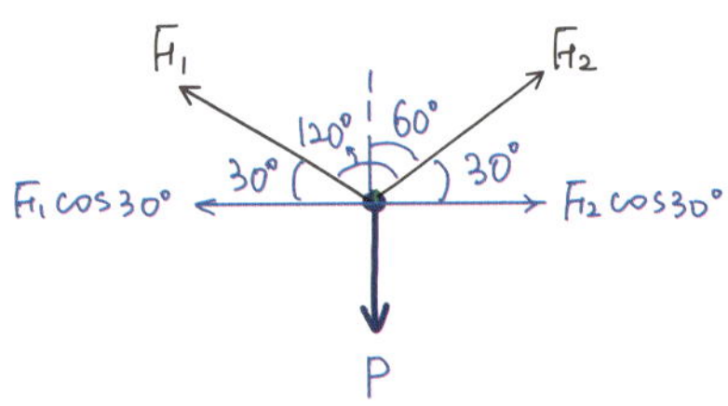

$\Sigma H=0$; $F_1\cos30°-F_2\cos30°=0$

$F_1\cos30°=F_2\cos30°$

$\therefore F_1=F_2$

두 힘사이의 각이 넓을 수록 더 힘들다

Comment

A1-04. 그림과 같은 구조물의 BD 부재에 작용하는 힘의 크기는?

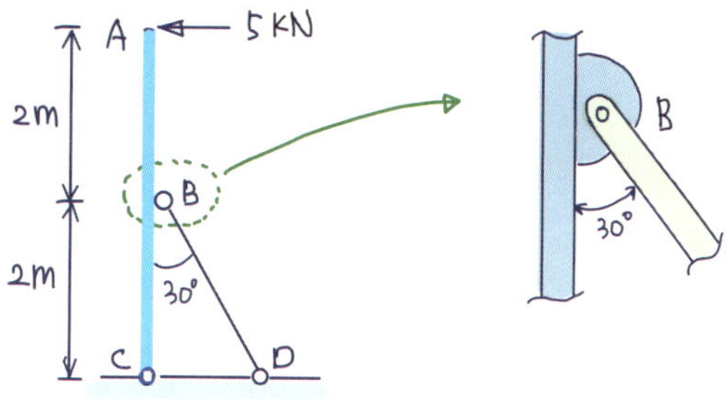

문제풀이

◦ BD 부재의 부재력(F_{BD})을 구하기위하여 힘의 평형조건을 이용.
$\Sigma H=0$, $\Sigma V=0$, $\Sigma M=0$ 가운데 $\Sigma M=0$을 이용
C 점은 힌지지점이므로 반력 H_c, V_c 만 존재한다.

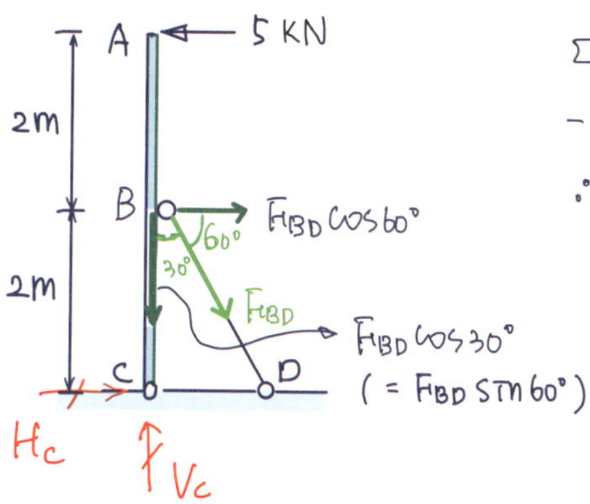

$\Sigma M_c = 0$ (⊕↓)

$-(5\times4)+(F_{BD}\cos 60°\times 2)=0$

$\therefore F_{BD} = \dfrac{20}{2\cos 60} = 20$ KN(인장력)

보완설명

◦ $\Sigma V=0$을 이용해보면....

$V_c - F_{BD}\cos 30° = 0$
└ 미지수 ┘

◦ $\Sigma H=0$을 이용해보면...

$-5 + F_{BD}\cos 60° + H_c = 0$
└ 미지수 ┘

– 1개의 식에 미지수가 2개이므로 미지수를 구할 수 없음(무수히 많은 해가 존재)

– 위의 두 식을 이용해서 연립방정식을 세워도 미지수 3개, 식은 2개(미지수를 구할 수 없음)

Comment

A1-05 1,000 N의 추가 케이블에 매달려 있다. 추를 수평으로 3m 이동시킨 상태에서 유지하려면 A점에 작용시켜야 하는 수평력 P는?

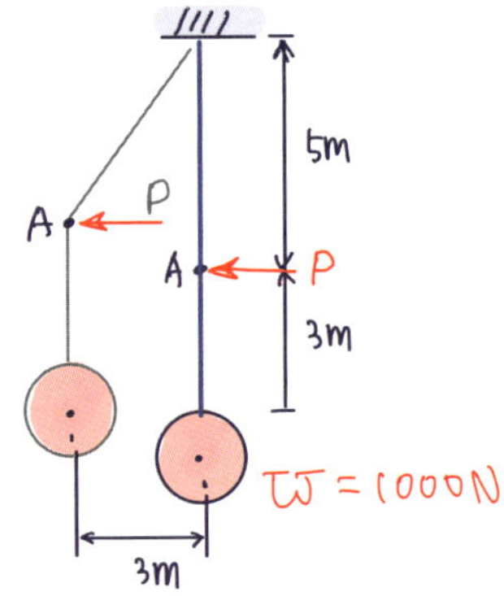

문제풀이 수평으로 3m 이동한 상태에서 정지(평형)하려면 O점을 중심으로 P가 발생시키는 모멘트 Mp = P x h 와 W 만큼의 중량을 갖는 추가 원 상태로 돌아가려고 하면서 발생시키는 모멘트 Mw = W x 3 의 크기가 서로 같아야 한다.

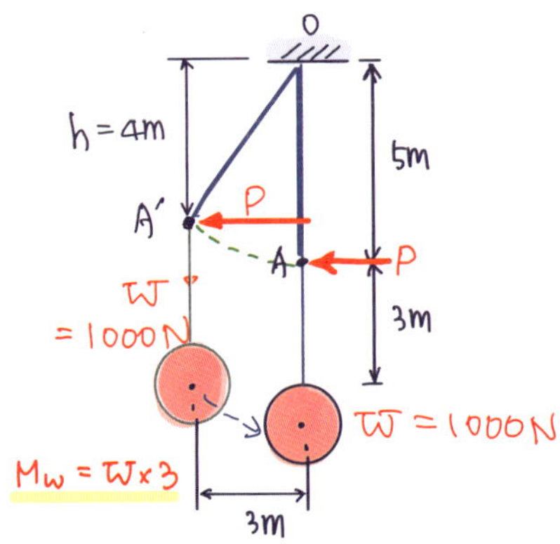

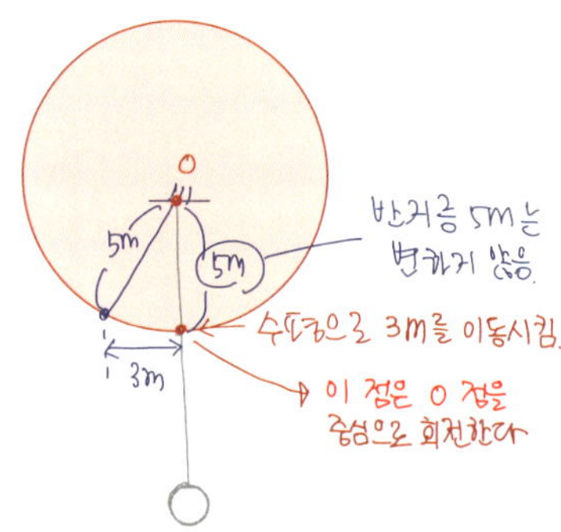

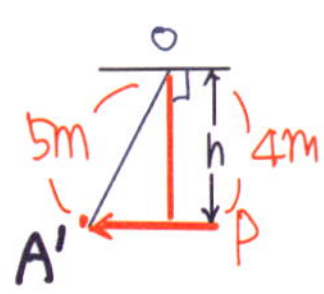

$\Sigma M_o = 0$ (⊕↻)

$+M_p - M_w = 0$, $(P \times 4) - (1{,}000 \times 3) = 0$

5m 아님

$\therefore P = \frac{3{,}000}{4} = 750\text{N}$

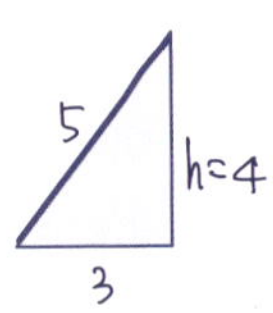

A점이 A'점으로 위치 변화된 상태를 유지하려면 $(P \times 4) = (1000 \times 3)$의 조건이 성립되어야 함.

보완설명

Lami의 정리를 이용할 수도 있다(수평력 P와 케이블 장력 T 구하기).

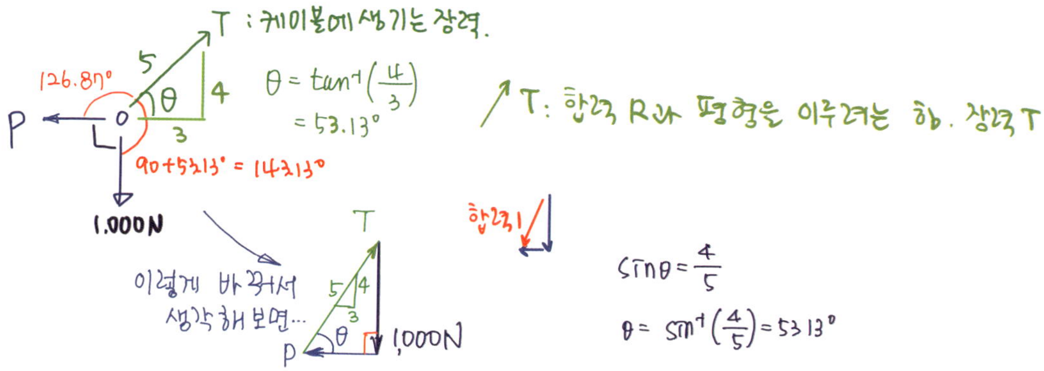

○ Lami의 정리 이용 (→ A4 유형에서 설명)

$$\frac{P}{\sin 143.13^\circ} = \frac{1{,}000}{\sin 126.87^\circ} \quad \therefore P = \frac{\sin 143.13^\circ}{\sin 126.87^\circ} \times 1{,}000 = 750\text{ N}$$

$$\frac{1{,}000}{\sin 126.87^\circ} = \frac{T}{\sin 90^\circ} \quad \therefore T = \frac{1{,}000}{\sin 126.87^\circ} \times \sin 90^\circ = 1{,}250\text{ N}$$

(케이블의 장력 T = 1,250 N)

$$\frac{1{,}000}{\sin 53.13^\circ} = \frac{T}{\sin 90} \quad \therefore T = 1{,}250\text{ N}$$

Comment

AI-06. 한 변이 20cm인 정사각형 강체의 A, C점에 힘 600 N이 각각 작용하고 있다. 강체에 발생되는 모멘트는?

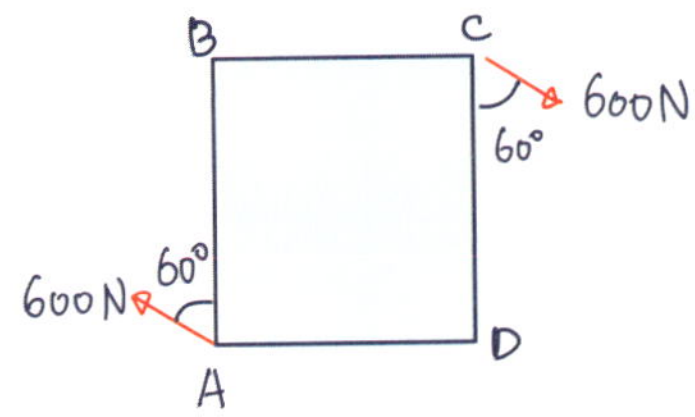

문제풀이

– 단순히 모멘트의 크기를 계산하는 문제로써 A점, C점, 혹은 도심 O점 등 어느 위치를 모멘트의 기준점으로 설정해도 모멘트의 크기는 같게 얻어진다($M_A = M_B = M_C$).
(강체를 시계방향으로 회전하도록 만드는 회전력의 크기를 구하는 개념으로 이해)

$$\therefore M_A = (600 \cdot \sin 60 \times 0.2) + (600 \cdot \cos 60 \times 0.2) + (600 \cdot \cos 60 \times 0) + (600 \cdot \sin 60 \times 0)$$
$$= 163.9\ \mathrm{N \cdot m}$$

$$\therefore M_o = (600 \cdot \sin 60 \times 0.1) + (600 \cdot \cos 60 \times 0.1) + (600 \cdot \cos 60 \times 0.1) + (600 \cdot \sin 60 \times 0.1)$$
$$= 163.9\ \mathrm{N \cdot m}$$ → O점을 중심으로 Moment를 구해도 결과는 M_A와 같다

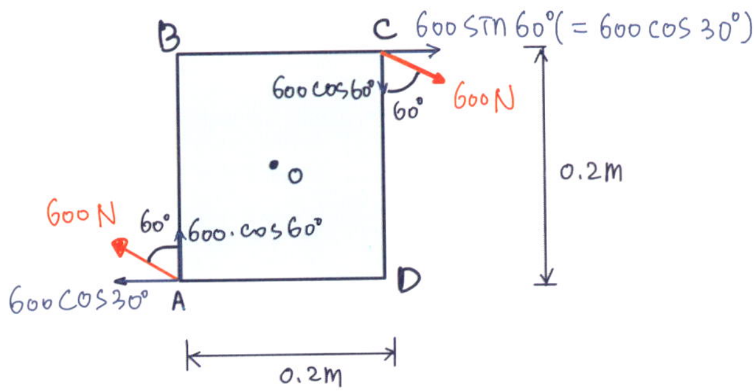

$\therefore M = 164\ \mathrm{N \cdot m}$

· Moment : 힘 × 거리

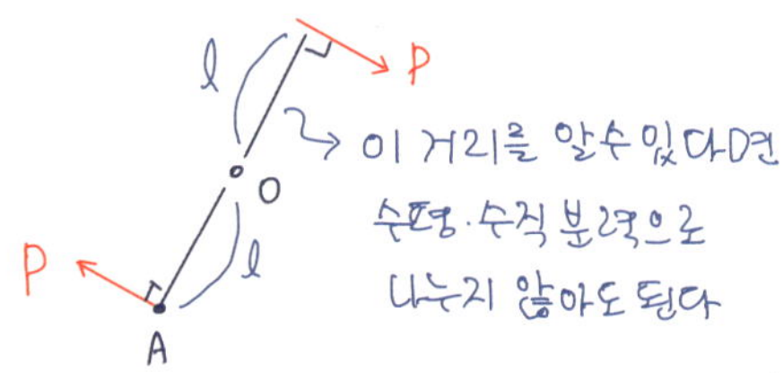

$\therefore M_o = P \times l + P \times l = 2Pl$

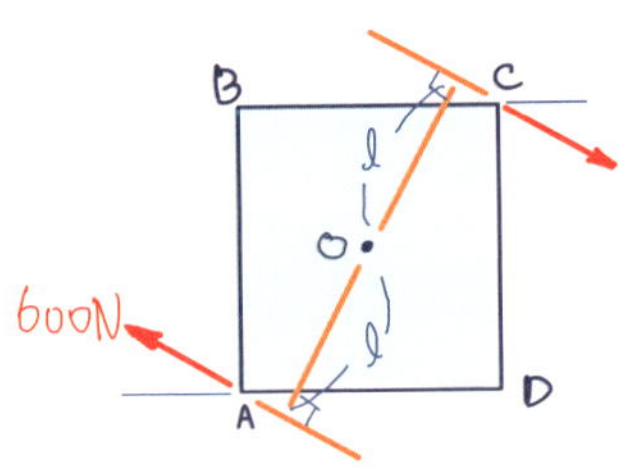

(or $M_A = P \times 2l = 2Pl$)

Type	A2. 작용방향이 같은 힘들의 합력 구하기
Frequency	
Comment	바리뇽의 정리란? 바리뇽의 정리가 어디에 활용되는지 이해하기

A2-01 작용방향이 같은 힘들의 합력 R과 합력 R의 작용 위치 x 는?

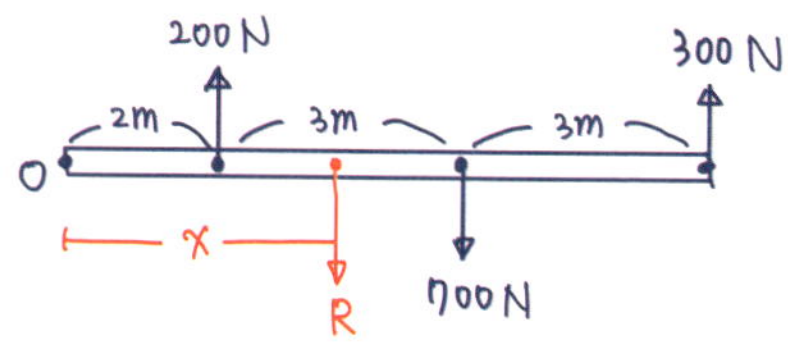

보완설명

작용하는 힘의 방향은 같고 작용점(위치)이 다른 힘들의 합력 R과 R의 작용위치 x 를 구하려면 바리뇽의 정리 이용.

– 바리뇽의 정리 : 작용하고 있는 각각의 힘들이 어느 한 점을 중심으로 발생시키는 모멘트의 합은 작용하고 있는 힘들의 합력이 발생시키는 모멘트의 크기와 같다.

$$(P_1 \times x_1) + (P_2 \times x_2) + (P_3 \times x_3) = (P_1 + P_2 + P_3) \times x = R \times x$$

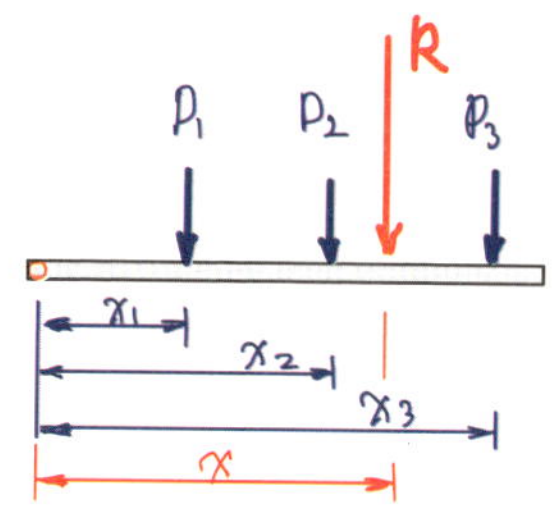

문제풀이

1) 합력 R ; 상향력을 '+", 하향력을 '–'로 보고, 작용하는 힘들을 모두 더한 값이 합력 'R'의 크기가 된다.

$\Sigma V = 200 - 700 + 300 = -200N = R$ (합력)

↳ 합력이 "–" 라는 의미는 하향으로 200N

2) 합력 R의 작용위치 x ;

'각각의 힘들이 발생시키는 모멘트의 합 = 합력이 발생시키는 모멘트'

$(200 \times x) = -(200 \times 2) + (700 \times 5) - (300 \times 8)$

$200x = 700$ (N m, N·m) $\therefore x = 3.5m$

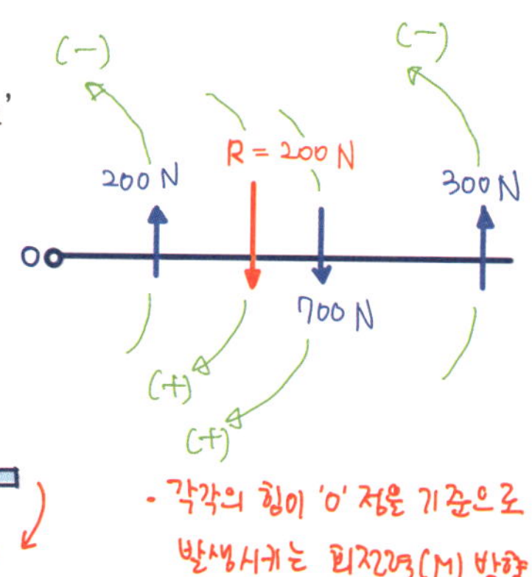

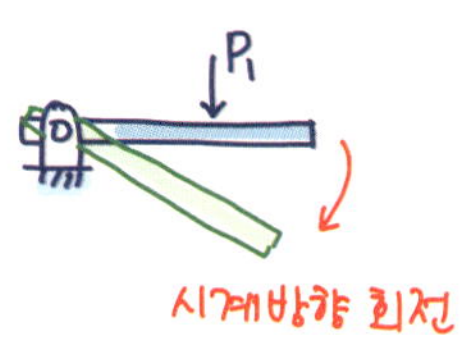

Comment	바리뇽의 정리는 특히, 영향선을 공부할 때 이동하중들의 합력 R 작용 위치를 구할 때 필요하다.

A2-02 트럭의 차륜 하중이 그림과 같을 때 차륜하중의 합력 R과 합력 R의 작용 위치 x 는(뒷바퀴 기준) ?

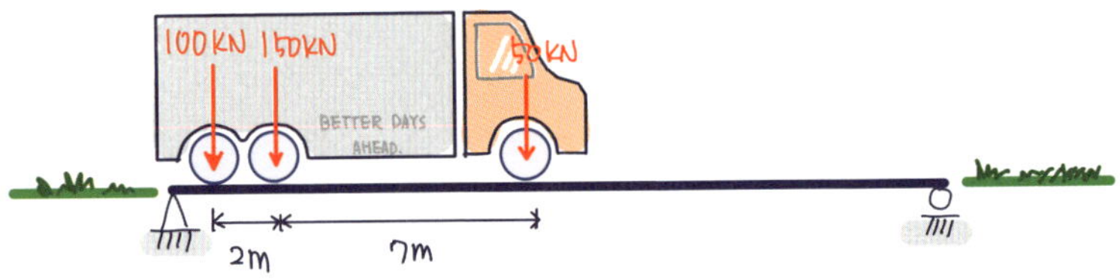

문제풀이

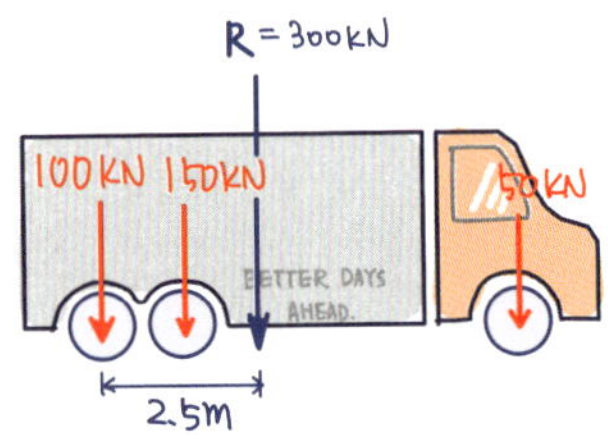

○ 합력 R의 크기

$R = 100 + 150 + 50 = 300\,kN$

○ 합력 R의 작용위치 → 바리뇽의 정리 이용

100KN 작용점(뒷바퀴)을 기준으로 R의 작용위치를 구하면

$(100 \times 0) + (150 \times 2) + (50 \times 9) = 300 \cdot x$

$750 = 300x \qquad \therefore x = 2.5m$

Comment 바리뇽의 정리 이용

A2-03 합력R과 O점으로부터 R의 작용점까지의 x는?

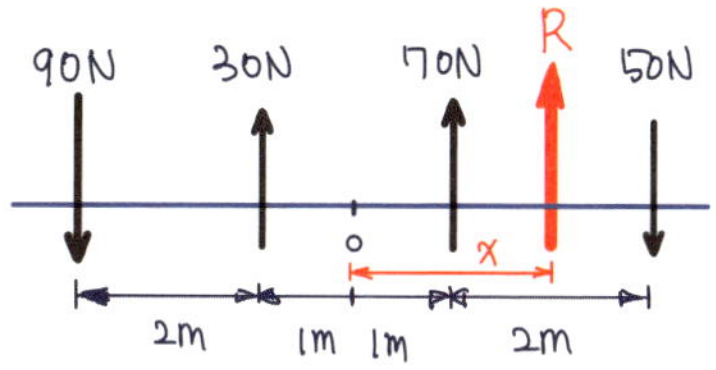

문제풀이

각 분력(하중)의 합 = R(합력) → $P_1 + P_2 + P_3 + P_4 = R$

$-90 + 30 + 70 - 50 = R$ $\therefore R = (-)40N$

주어진 방향과 반대 방향

– 합력의 방향을 고려해서 O점을 기준으로 "합력 R이 발생시키는 Moment = 분력이 발생시키는 Moment"

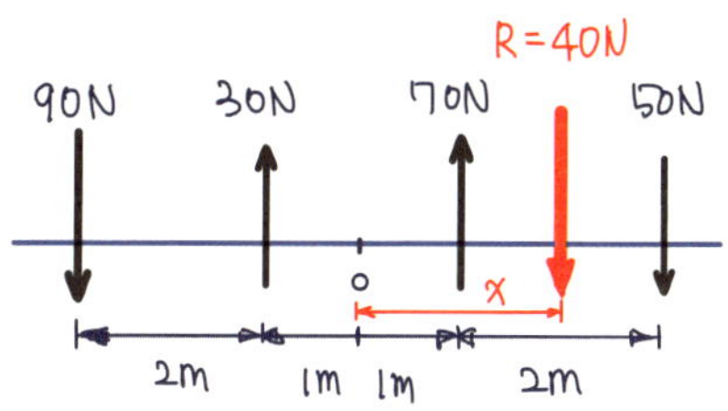

$(40 \times x) = -(90 \times 3) + (30 \times 1) - (70 \times 1) + (50 \times 3)$

$40 \cdot x = -160$ $\therefore x = (-)4.0m$

→ 문제에서 주어진 방향의 반대 방향이라는 의미.

$\therefore x = 4.0m$ (O점에서 좌측으로)

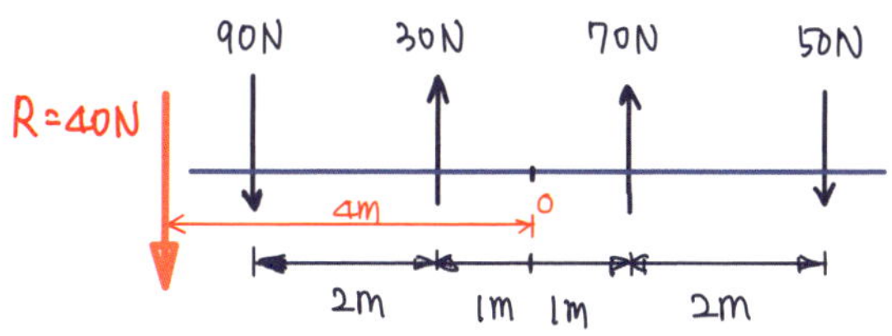

만약 R의 방향이 이렇게 가정되어도

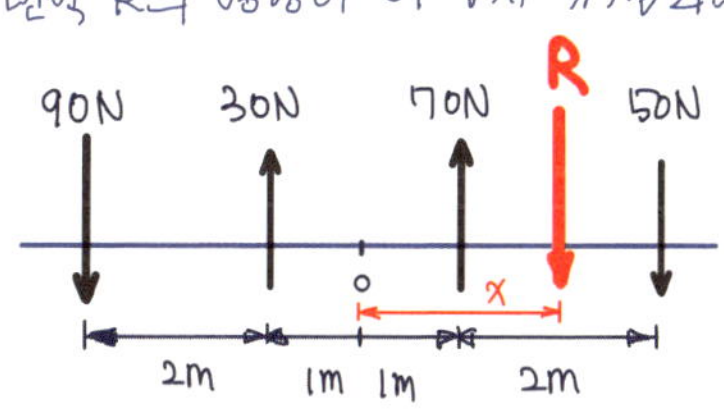

$-90 + 30 + 70 - 50 = -R$

$-40 = -R$

$\therefore R = (+)40$

→ +, 가정한 방향이 맞다!!

Comment 혼란스러울 수도 있는 내용 정리

1) 구조물이 평형상태를 유지하기 위해 추가적으로 필요한 힘의 크기, 방향, 작용위치 구하기 : A1-01 유형

- $\Sigma Fx=0$, $\Sigma Fy=0$, $\Sigma Mz=0$ (혹은 $\Sigma H=0$, $\Sigma V=0$, $\Sigma M=0$)을 이용한다.
- 평형을 유지하기 위해 필요한 힘의 크기는 $\Sigma Fx=0$ 혹은 $\Sigma Fy=0$을 이용해서 구한다.
- 구해진 힘의 작용위치는 $\Sigma Mz=0$을 이용해서 구한다.
  즉, 어느 한 점을 중심으로 발생시키는 모멘트의 크기가 '0'이 되면 평형이 이루어진다.
- 아래 그림의 시소(seesaw)가 수평하게 되려면 마지막 사람은 어디에 앉아야 할까?

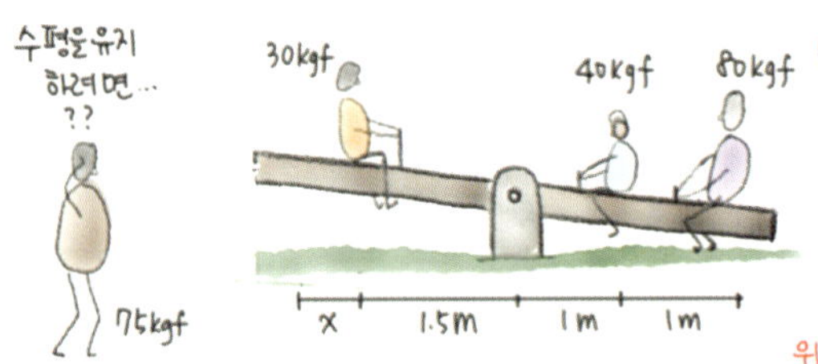

• 중앙힌지를 Moment의 중심으로 설정하고 $\Sigma M=0$ 적용

$$(40\times1)+(80\times2)-(30\times1.5)-(75\times(1.5+x))=0$$

$$75x=42.5$$

$$\therefore x=0.57m$$

(중앙힌지로 부터는 2.07m 떨어진 위치에 앉아야 한다)

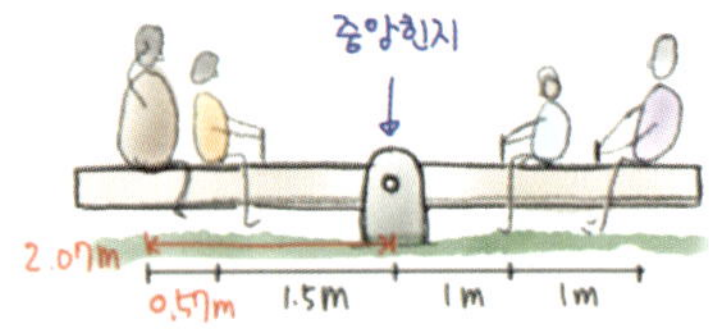

2) 작용방향이 같은 여러 개의 힘들이 있을 때 이 힘들의 합력과 합력이 작용하는 위치 구하기 : A2-01 유형

- 여러개의 힘들이 어느 한 점을 중심으로 발생시키는 모멘트의 크기는 여러개의 힘들의 합력이 발생시키는 모멘트의 크기와 같다(즉, 바리뇽의 정리를 이용한다).

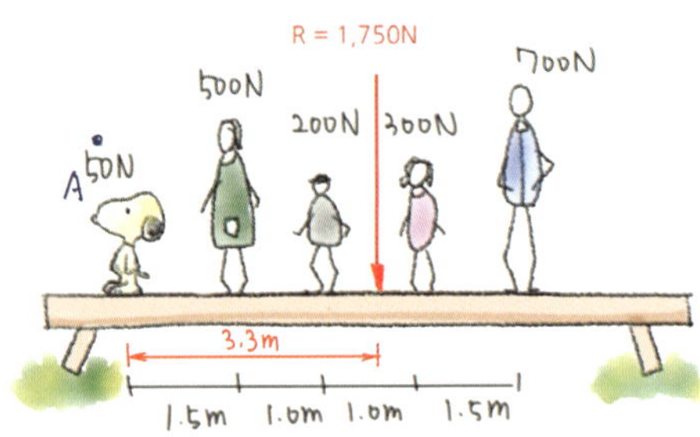

$$(50\times0)+(500\times1.5)+(200\times2.5)+(300\times3.5)+(700\times5)$$

$$=(50+500+200+300+700)\cdot x$$

$$5800=1{,}750x$$

$\therefore x=3.3m$ (스누피 위치로 부터 오른쪽으로)

$\therefore R=1{,}750N$

"$\Sigma V=R$" "$\Sigma M_p=\Sigma M_R$"

ΣM_p → 각각의 힘 $P_1, P_2 \cdots$가 발생시키는 M.

ΣM_R → 합력 R이 발생시키는 M.

Type	A3. 작용점이 같은 힘들의 합력 구하기
Frequency	
Comment	작용점은 같지만 작용방향이 다른 3개 힘의 합력을 구하는 문제

A3–01. 그림과 같은 힘들의 합력 R의 크기와 작용방향은?

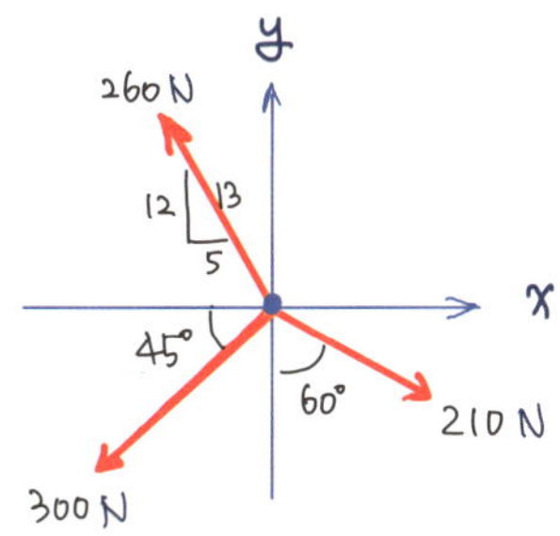

보완설명

작용점은 같지만 작용방향이 다른 3개 힘의 합력을 구하는 문제

1) 작용하는 힘들을 x 방향 성분과 y 방향 성분으로 분해한다
2) 각각 힘이 가지고 있는 x 방향 성분의 힘의 합력을 구한다 : x_R
3) 각각 힘이 가지고 있는 y 방향 성분의 힘의 합력을 구한다 ; y_R
4) x_R 과 y_R의 합력 R과 작용방향 θ 를 구한다.

문제풀이

1) 각각의 힘을 x 축과 y 축의 힘으로 분리한 뒤 같은 방향의 힘들끼리 더한다.

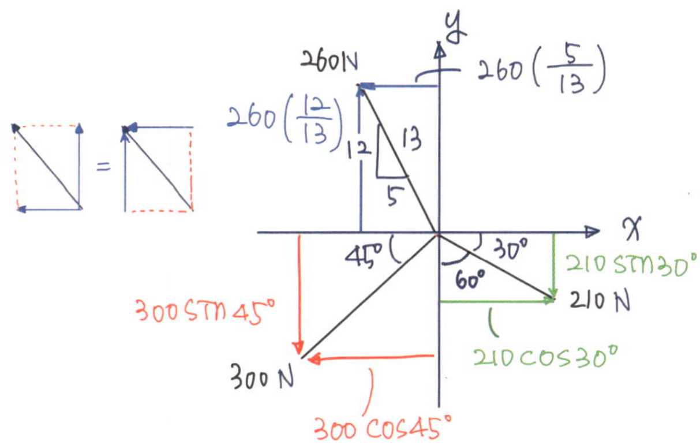

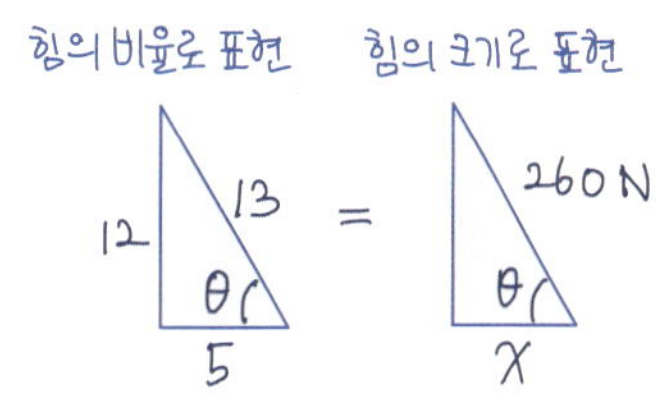

$\cos\theta = \frac{5}{13}$, $\cos\theta = \frac{x}{260}$

$\frac{5}{13} = \frac{x}{260}$, $13x = 260 \cdot 5$

$\therefore x = 260 \cdot \frac{5}{13}$

2) x 방향의 힘들은 모두 합한다(($\overrightarrow{\oplus}$, $\overleftarrow{\ominus}$)

$$-\left(260\times\frac{5}{13}\right) - (300\cos45°) + (210\cos30°) = \ominus 130.27\text{N} \fallingdotseq 130\text{N} (\leftarrow)$$

음 (−)의 x 방향이라는 의미

Comment

3) y 방향의 합력

$$\left(260\times\frac{12}{13}\right)-(300\sin45^\circ)-(210\sin30^\circ)=\ominus 77.13\,N \fallingdotseq 77\,N(\downarrow)$$

↳ 음(-)의 y 방향 ↗

4) 3개의 힘들의 합력 R과 작용방향 ; θ

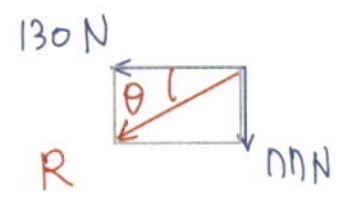

$\cos\theta = \frac{130}{R}$

$\therefore R=\sqrt{130^2+77^2}$

$= 151\,N$

$\cos\theta = \frac{130}{151}$

$\therefore \theta = \cos^{-1}\left(\frac{130}{151}\right) = 30.6^\circ$

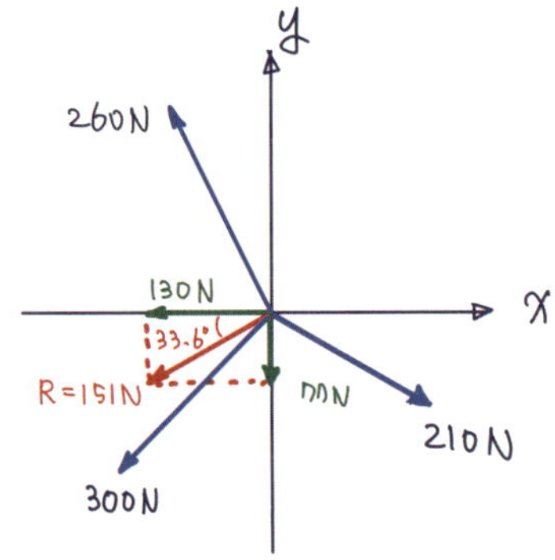

보완설명

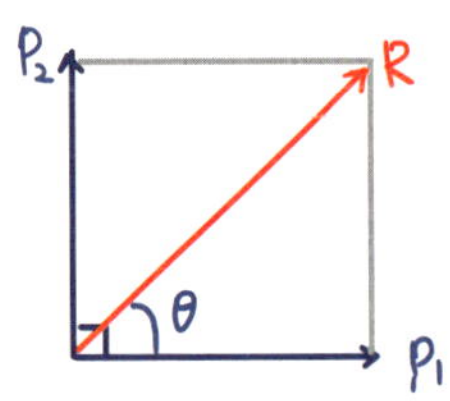

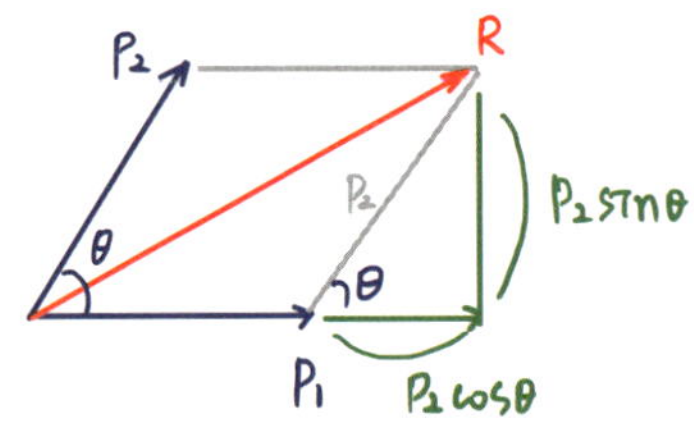

① P_1과 P_2가 직각이면 피타고라스 정리를 이용해서 합력 R을 구할수 있다.

$$R^2 = P_1^2 + P_2^2$$
$$R = \sqrt{P_1^2+P_2^2}$$

② P_1과 P_2가 직각이 아닌경우 피타고라스 정리를 적용 할수 있도록 직각을 만들어야한다.

$$R=\sqrt{\underbrace{(P_1+P_2\cos\theta)^2}_{\text{밑변}}+\underbrace{(P_2\sin\theta)^2}_{\text{높이}}}$$

$$=\sqrt{P_1^2+2P_1P_2\cos\theta+P_2^2\cos^2\theta+P_2^2\sin^2\theta}$$

$$=\sqrt{P_1^2+2P_1P_2\cos\theta+P_2^2\underbrace{(\cos^2\theta+\sin^2\theta)}_{1}}$$

$$=\sqrt{P_1^2+2P_1P_2\cos\theta+P_2^2}$$

$$=\sqrt{P_1^2+P_2^2+2P_1P_2\cos\theta}$$

$2P_1P_2\cos\theta$ ← P_1과 P_2가 직각이 아닌 경우 추가되는 항.

Type	A4. 작용점이 같은 힘들이 평형 상태에 있을 때 부재력(힘의 크기) 구하기 (Lami 의 정리 이용)
Frequency	
Comment	작용점이 같은 3개의 힘들이 평형상태를 유지하려면 힘의 분배가 어떻게 이루어져야 하는지?

A4-01 AC와 BC는 Cable 부재이다. C점에 10kN 하중이 작용할때 Cable AC와 BC에 발생되는 인장력은?

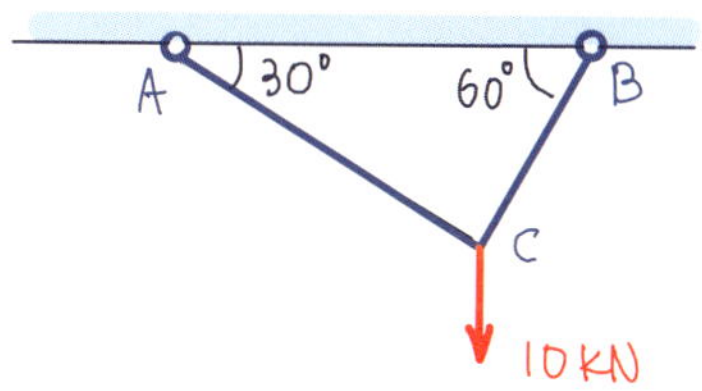

문제풀이

C점을 기준으로 자유물체도를 그려보면 "작용점이 같은 3개의 힘들이 평형상태를 유지하려면 힘의 분배가 어떻게 되어야 하는지"를 묻는 문제.

- ☆☆한점에 작용하는 힘이 3개이고, 그 힘들이 평형상태에 있다면 → Lami의 정리 이용 !!
  즉, 작용점이 같은 힘 3개가 평형을 이루고 있는 상태라면 Lami의 정리를 이용하는 것이 보다 간편하다.

$$\frac{10}{\sin 90} = \frac{F_{AC}}{\sin 150} = \frac{F_{BC}}{\sin 120}$$

$$\therefore F_{AC} = \frac{\sin 150}{\sin 90} \cdot 10 = 5\text{ kN}$$

$$\therefore F_{BC} = \frac{\sin 120}{\sin 90} \cdot 10 = 8.66\text{ kN}$$

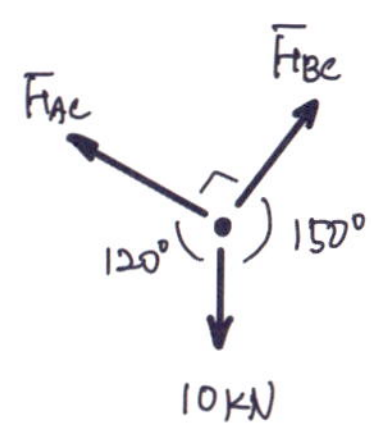

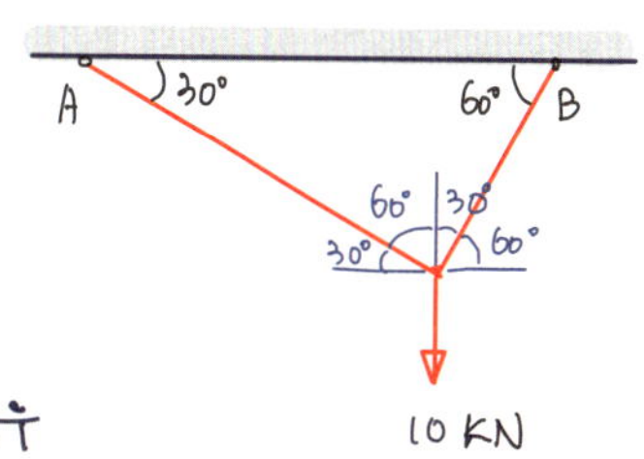

보완설명

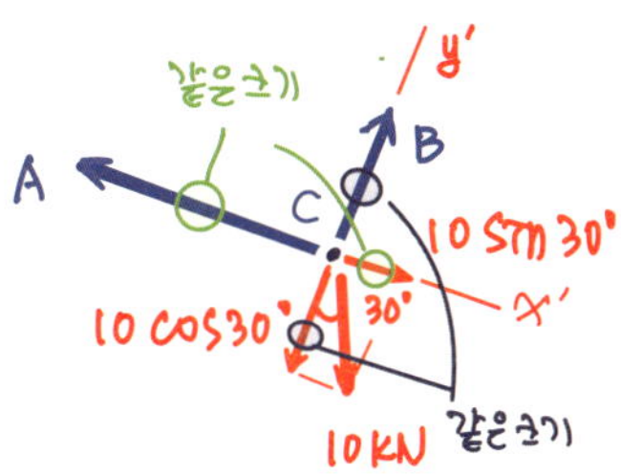

i) x', y' 축을 이용하는 경우

힘의 평형 $\Sigma F_{x'} = 0$, $\Sigma F_{y'} = 0$

- $\Sigma F_{x'} = 0$; $F_{AC} = 10 \cdot \sin 30° = 5\text{KN}$
- $\Sigma F_{y'} = 0$; $F_{BC} = 10 \cdot \cos 30° = 8.66\text{KN}$

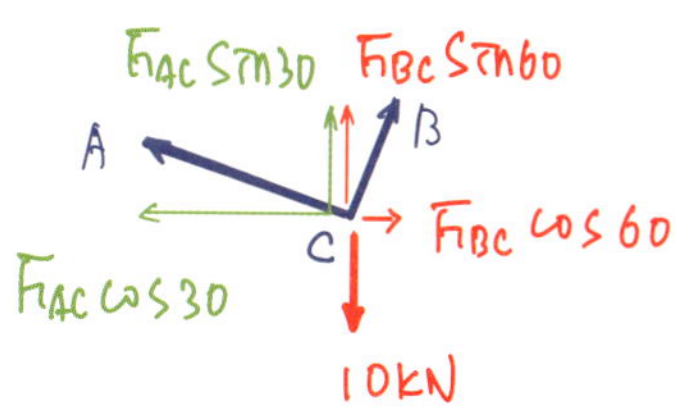

ii) x, y 축을 이용하는 경우

힘의 평형 $\Sigma F_x = 0$, $\Sigma F_y = 0$

- $\Sigma F_x = 0$; $-F_{AC}\cos 30° + F_{BC}\cos 60° = 0$
- $\Sigma F_y = 0$; $F_{AC}\sin 30° + F_{BC}\sin 60° = 10$

→ 연립방정식으로 풀어야 한다.

$\therefore F_{AC} = 5\text{KN}$, $F_{BC} = 8.66\text{KN}$

Comment

보완설명

Lami 의 정리 :

한 점에 작용하는 세힘이 서로 평형을 이루고 있다면, 두힘(벡터)이 이루는 사이각과 나머지 하나의 힘 사이에는 다음과 같은 관계식이 성립한다. (예: F_1과 F_2 힘의 사이각 θ_3) (F_3)

→ 다음 그림과 식으로 이해하면 ....

$$\frac{F_1}{\sin\theta_1} = \frac{F_2}{\sin\theta_2} = \frac{F_3}{\sin\theta_3}$$ 라미의 정리를 표현하는 식

① 한점에 작용하는 세힘
② 삼각형을 이루는 세힘
〉 "라미의 정리" 적용가능 !!

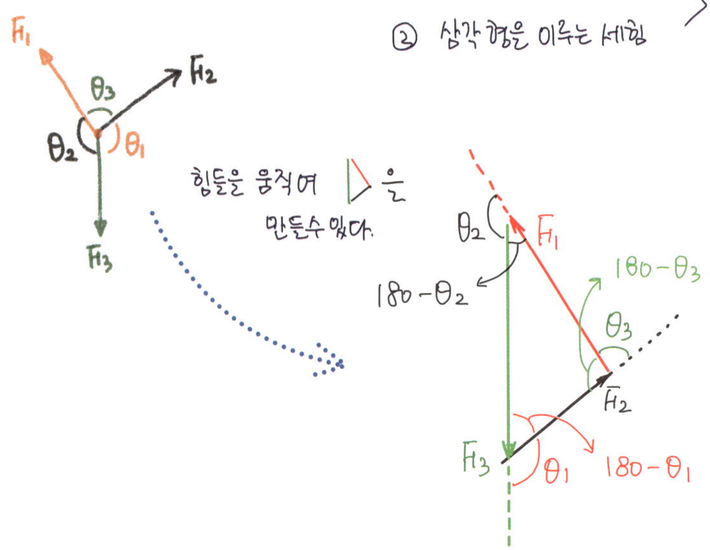

$\sin(180-\theta_1) = \sin\theta_1$

$\sin(180-\theta_2) = \sin\theta_2$

$\sin(180-\theta_3) = \sin\theta_3$

Comment Lami의 정리 응용

A4-02. 무게가 W인 구체가 그림과 같이 정지상태에 있다. 반력 R 과 P 는? (단, 벽면마찰은 무시한다)

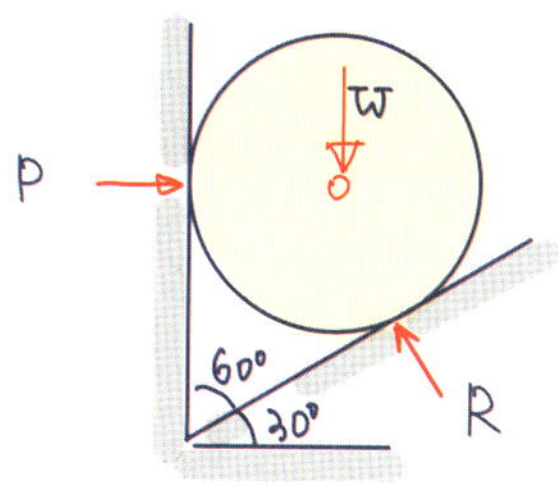

문제풀이

구체의 무게 W는 구체의 무게 중심에 작용하므로 결국 O점에서 작용점이 같고 작용방향이 다른 3개의 힘들이 평형을 이루며 작용하는 것과 같다. Lami의 정리 이용하면 된다.

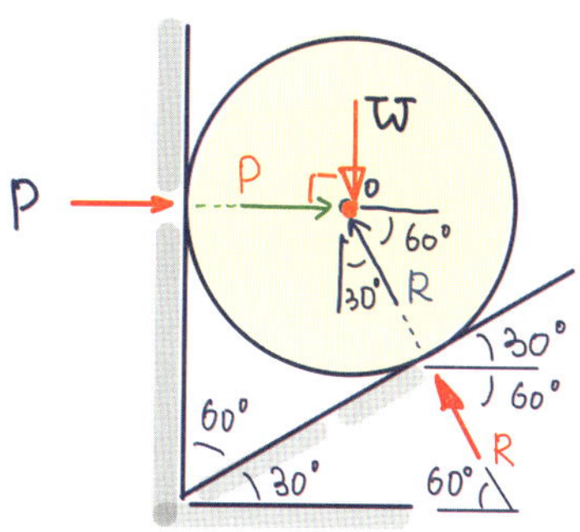

$$\frac{W}{\sin 120} = \frac{R}{\sin 90}$$

$$\therefore R = \frac{\sin 90}{\sin 120} \cdot W = 1.155W$$

$$\frac{W}{\sin 120} = \frac{P}{\sin 150}$$

$$\therefore P = \frac{\sin 150}{\sin 120} \cdot W = 0.577W$$

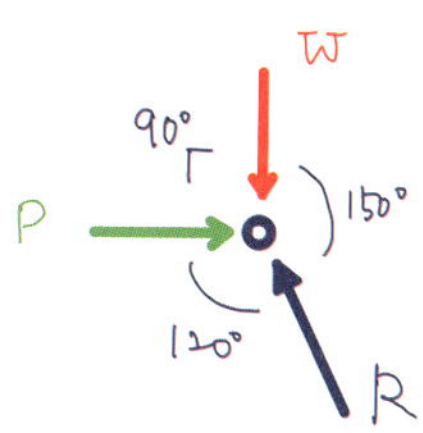

보완설명

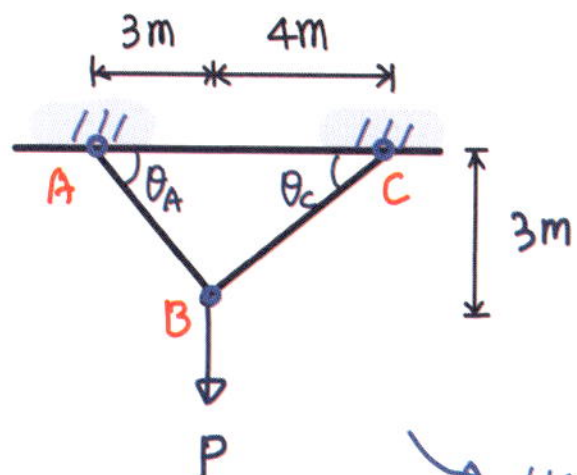

$$\theta_C = \tan^{-1}\left(\frac{3}{4}\right) = 36.9°$$

$$\theta_A = \tan^{-1}\left(\frac{3}{3}\right) = 45°$$

↳ 사이각 θ는 거리를 이용해서 구하기도 한다.

Type	A5. 마찰력(마찰계수)이 포함되어 있는 문제
Frequency	
Comment	

A5-01

그림과 같은 조건에서 블럭 A를 뽑아 내는데 필요한 힘 P는?(단, 블럭과 지면의 마찰계수 μ = 0.3 이다)

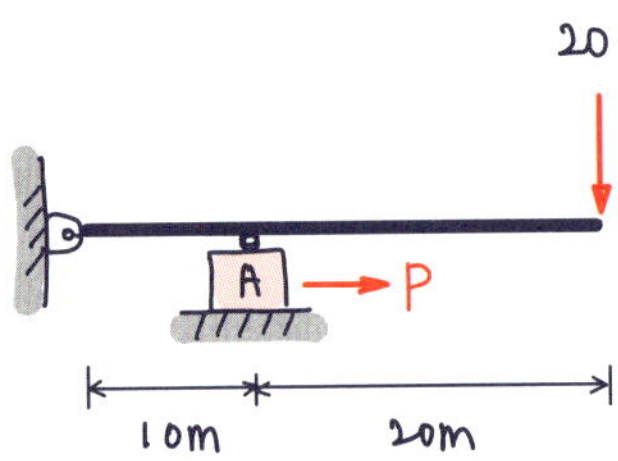

문제풀이

A점에서 발생되는 연직반력 VA와 마찰계수 μ 를 곱해주면 블럭을 빼내려 할 때 필요한 힘(P)의 크기를 구할 수 있다(별도의 언급이 없으면 마찰계수 μ 는 정지마찰계수를 의미함)

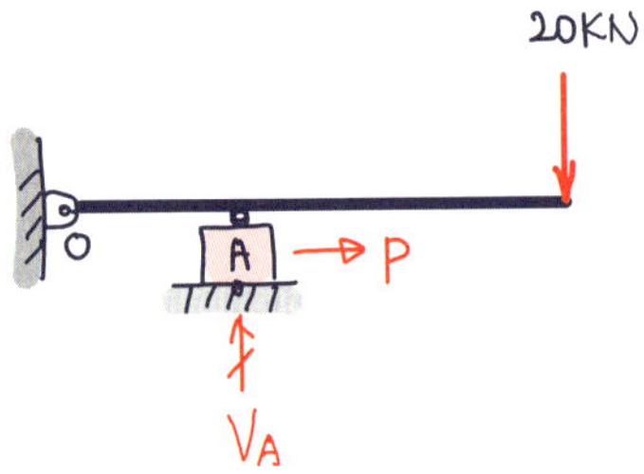

Mo = 0 의 평형조건을 이용하여 A 블럭에 작용하는 수직력(연직반력)의 크기를 구한다(즉, 반력 Va 를 구한다).

$\Sigma M_o = 0$ (⊕↻)

$(20 \times 30) - (V_A \times 10) = 0 \quad \therefore V_A = 60\,kN\ (\uparrow)$

즉, 블럭 A를 누르는 힘이 60kN 이라는 의미.

수평력 P가 Va×μ 보다 큰 경우에는 블럭 A를 수평 이동 시킬수 있다.

$$P > V_a \times \mu$$

$\therefore P = 60 \times 0.3 = 18\,kN$ 이상

보완설명

– 마찰력(마찰계수)

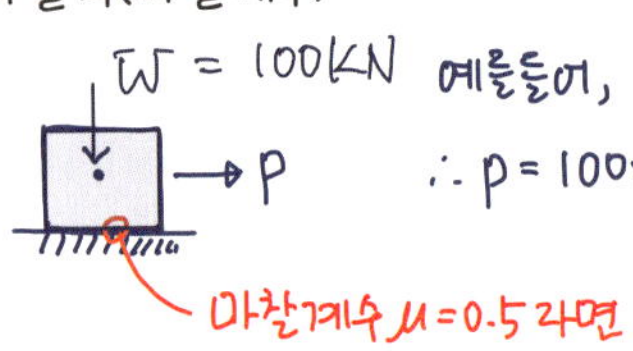

예를들어,

$\therefore P = 100 \times 0.5 = 50\,kN$ 의 힘을 작용시킬때 블럭이 움직인다.

Comment

A5-02 수평면과 30° 각을 이루는 경사진 면이 있다. 이 경사면에 놓여진 300N 중량의 블럭을 정지상태로 유지하기 위해 필요한 힘 P 는 ?(단, 블럭과 경사면의 마찰계수 μ = 0.5 이다)

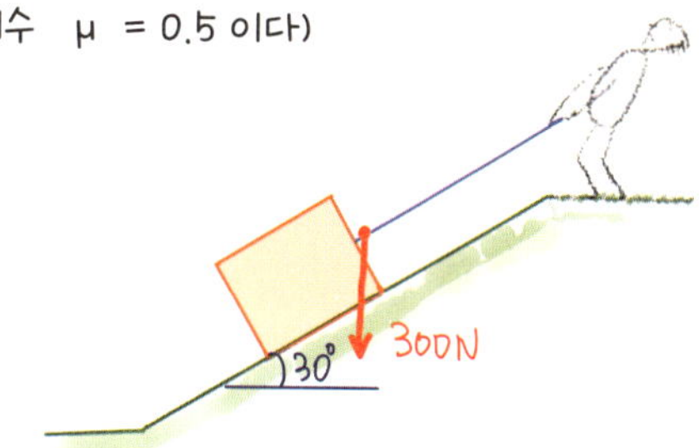

문제풀이

• 경사각으로 인한 힘의 분력을 고려하면 그림과 같다.

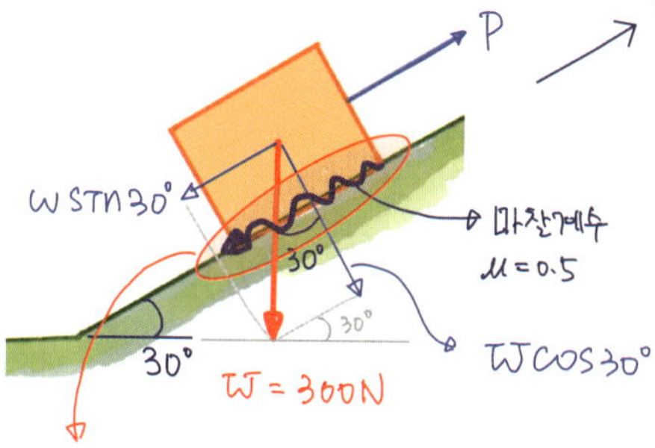

※ 마찰력 → 마찰력은 물체가 움직이려는 반대방향으로 발생 !!

= 마찰면에 직각으로 작용하는 힘 × 마찰계수

= $W\cos 30° \times \mu$

• 마찰계수에 영향 받는 힘의 성분

= 마찰면과 직각방향으로 작용하는 힘.

• 블럭을 정지상태로 유지하기 위해 필요한 힘

$\Sigma F_{x'} = 0$ (↗⊕)

$P - W\sin 30° - W\cos 30° \times \mu = 0$

$P = 300\sin 30° + 300\cos 30° \times 0.5$

$= 279.9\text{N}$

∴ $P > 279.9\text{N}$ (279.9N 보다 커야 한다)

보완설명

i) 위쪽으로 끌어 당기는 힘이 없다면 ......

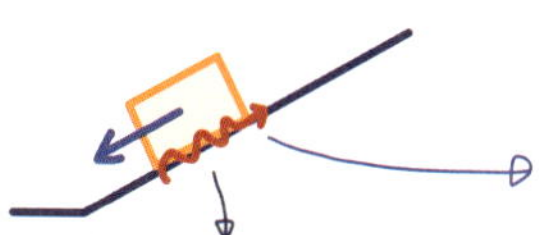

• 내려가려는 힘 $W\sin 30° = 300\sin 30° = 150\text{N}$ (↙)

• 마찰력에 의해 멈춰 있으려고 하는 힘 $W\cos 30° \times \mu$

$= 300\cos 30° \times 0.5 = 129.9\text{N}$ (↗)

※ 마찰력은 움직이려는 반대 방향으로 작용한다.

∴ 경사면을 타고 미끄러져 내려온다

ii) 경사각 $\theta = 0°$ 이면 $P = ?$

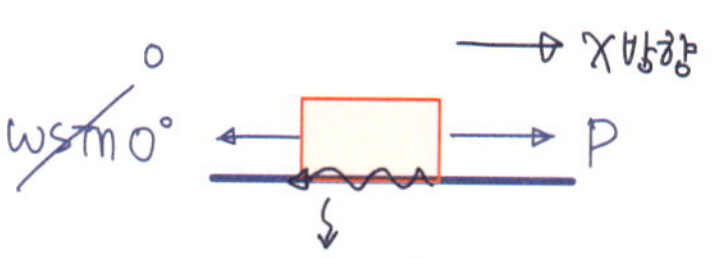

$\Sigma F_x = 0$ (→⊕)

$P - W\cos 0° \times \mu = P - 300 \times 1 \times 0.5 = 0$

$\cos 0° = 1$ 이므로 ↘ W

∴ $P = 150\text{N}$

iii) 경사각 $\theta = 90°$ 이면 $P = ?$

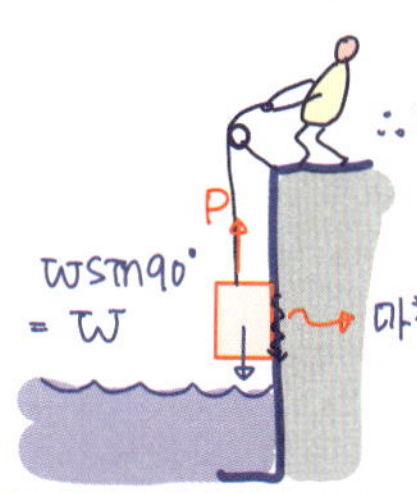

∴ $P = W = 300\text{N}$

마찰력 $W \cdot \cos 90° \times \mu$

$= 300 \times 0 \times 0.5 = 0$

Comment

A5-03 300N 중량의 블럭을 바닥면을 따라 끌어 당기려고 할 때 필요한 힘 P 는?
(단, 블럭과 바닥면의 마찰계수 $\mu = 0.5$ 이다)

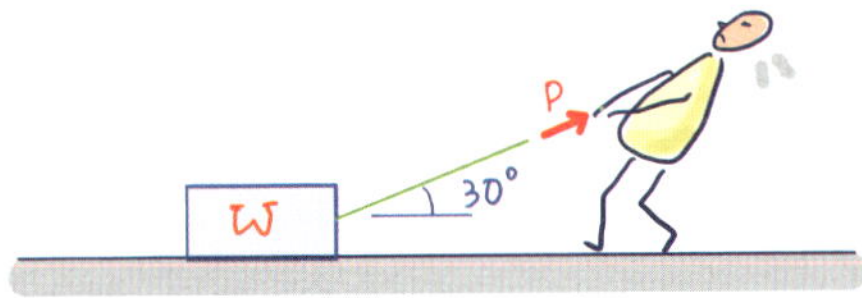

문제풀이

블럭을 움직이게 하는 힘의 성분을 알아야 한다

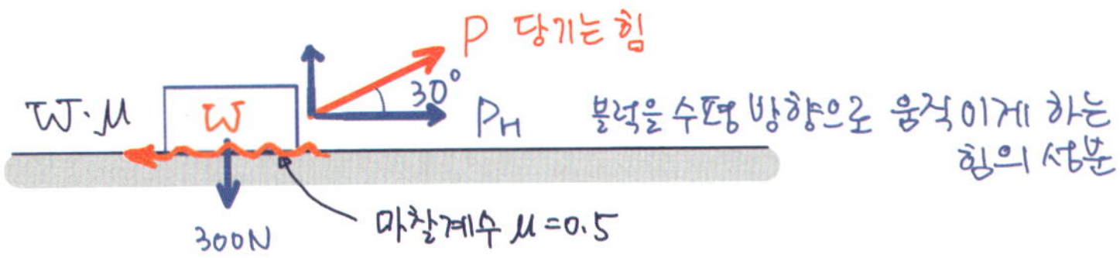

- 블럭을 수평방향으로 움직이게 하는 힘의 성분 P_H
- 블럭이 움직이게 되는 조건

  $P_H > W \cdot \mu$

  $P_H > 300 \times 0.5 = 150N$
- $P_H > 150N$ 이므로 사람이 당기는 힘 P는

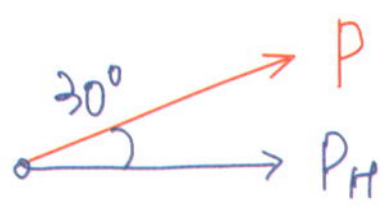

$\cos\theta = \frac{P_H}{P}$ 이므로 $\cos 30° = \frac{150N}{P}$

$\therefore P > \frac{150N}{\cos 30°} = 173.2N$

즉, 173.2N 보다 큰 힘으로 당겨야 한다.

Type	A6. 도르래 활용문제
Frequency	
Comment	도르래의 반력, 케이블 장력 등을 구하는 문제

A6-01 그림과 같은 도르래 구조물에서 P의 크기는?

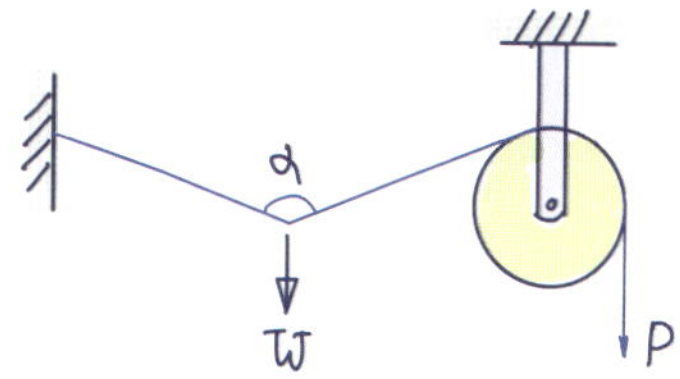

문제풀이

- 도르래에 걸려있는 케이블이 힘을 전달하는 특성을 먼저 이해해야 한다.
- 도르래의 케이블은 케이블에 발생된 인장력을케이블의 각도에 관계없이 그대로 전달하기 때문에 케이블의 각도를 고려해서 수평과 수직분력으로 분해할 필요가 없다(즉, 각도에 관계없이 P=T).

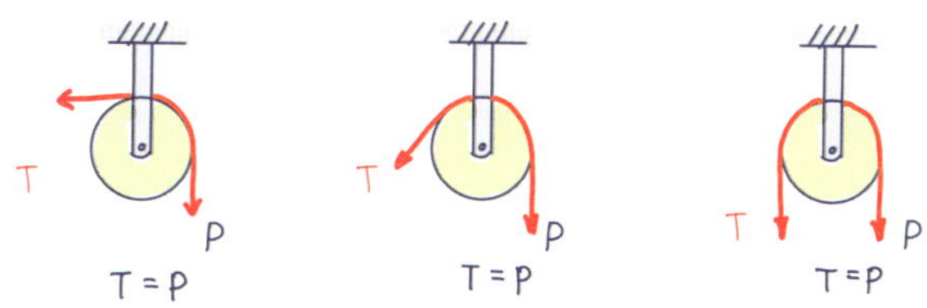

- W가 작용하는 위치에서 힘의 평형을 고려하면(A1 유형 참고)
  → W에 의해서 케이블에 발생되는 장력 T를 구하게 되면 T = P 이므로 P의 크기를 바로 알 수 있다.

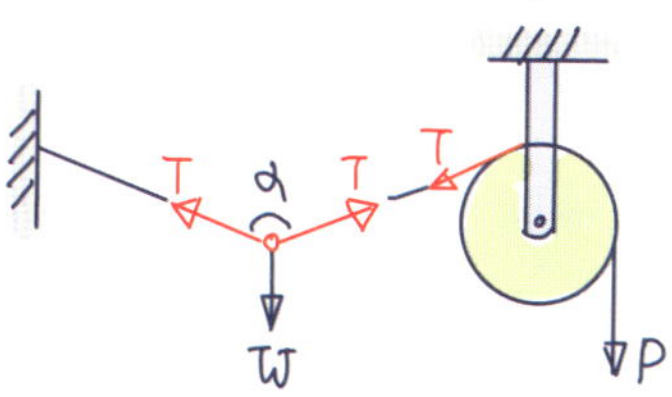

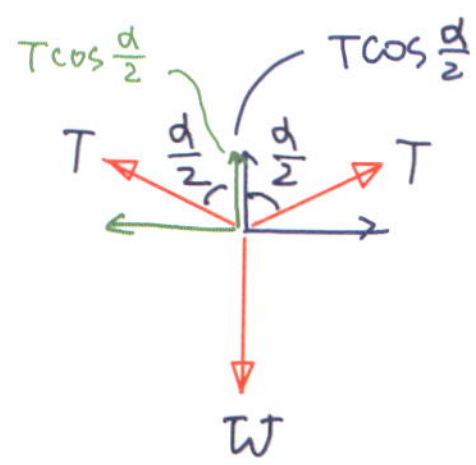

$\Sigma V = 0 \ (\uparrow \oplus)$

$-W + T\cos\frac{\alpha}{2} + T\cos\frac{\alpha}{2} = 0$

$2 \cdot T\cos\frac{\alpha}{2} = W$

$\therefore T = \dfrac{W}{2\cos\frac{\alpha}{2}} = P$

보완설명

- 도르래 지지대에 생기는 힘의 크기 F 는? (단, 지지대와 힘의 작용점 사이의 편심에 의해 발생되는 모멘트는 무시하기로 한다.

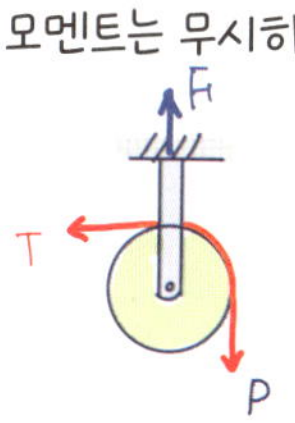

$T = P$

$\Sigma V = 0$

$\therefore F = P$

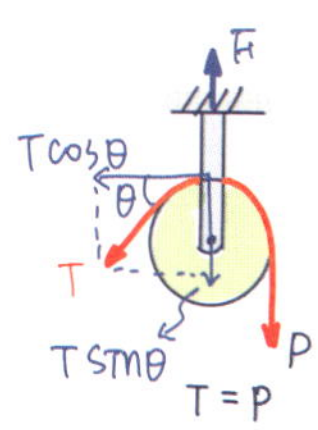

$T = P$

$\Sigma V = 0$

$F - T\sin\theta - P = 0$

$\therefore F = P + T\sin\theta = P + P\sin\theta = P(1+\sin\theta)$

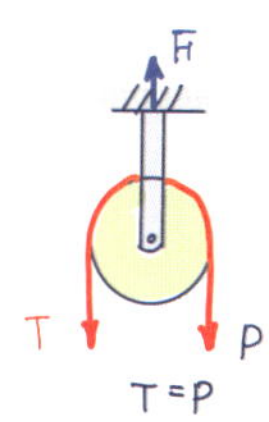

$T = P$

$\Sigma V = 0$

$\therefore F = T + P = 2P$

B. 단면의 기하학적 성질

Type	B0. 단면의 기하학적 성질에 대한 기본적인 이해
Frequency	
Comment	※ 단면의 기하학적 성질은 "거리" 관점으로 정리하면 이해가 쉽다.

B0-00.

"모멘트(힘 x 거리)"라는 용어는 익숙하다.

- 모멘트(Moment) ; 물체를 회전시키려고 하는 힘의 작용
- 휨 모멘트 ; 물체를 휘게 만드려는 힘의 작용 → 힘 x 거리
- 비틀림 모멘트 ; 물체를 비틀려고 하는 힘의 작용

→ 휨, 비틀림 모두 어느 한 점(축)을 기준으로 회전하려는 「힘 x 거리」의 형태로 표현되는 힘의 작용이 포함되어 있음.

▨ 단면 ○○ 모멘트 ; 면적 x 거리

"힘" 대신 "(단)면적"이 사용됨. 그래서 단면 OO 모멘트

↳ 어떤 거리를 어떻게 곱해 주는지에 따라 4가지로 구분됨 (다음에 설명하는 1)~4))

- 우선은 도심축을 기준축으로 두고 설명...

1) 단면 1차 모멘트(G_x, G_y) = 면적 x 거리① 1차

- 거리 y를 사용 하면 : $G_{x_c} = A \cdot y \rightarrow \int y\,dA$
- 거리 x를 사용 하면 : $G_{y_c} = A \cdot x \rightarrow \int x\,dA$

x축이 기준이면 $G_x = A \cdot y \rightarrow \int dA$

x축과 dA 사이의 거리 = y

2) 단면 2차 모멘트(I_x, I_y) = 면적 x 거리② 2차

- 거리 y를 y^2으로 사용하면

; $I_{x_c} = A \cdot y^2 \rightarrow \int y^2 dA$

- 거리 x를 x^2으로 사용하면

; $I_{y_c} = A \cdot x^2 \rightarrow \int x^2 dA$

"$\int dA = A$"

미소면적 dA를 적분해주면 전체면적 A를 구할 수 있다.

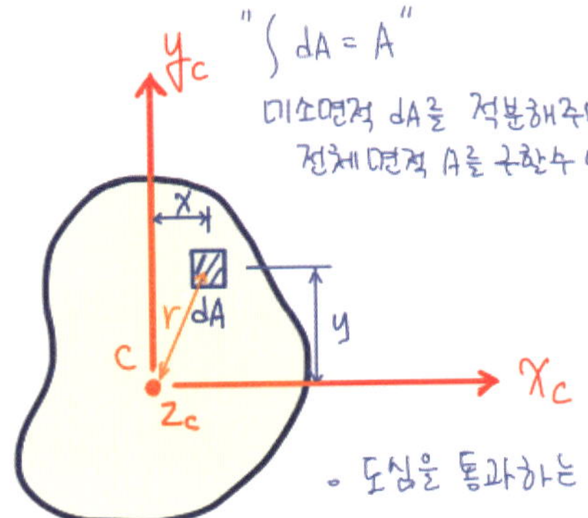

- 도심을 통과하는 축을 x_c와 y_c로 정의

- x 축과 미소면적 dA 까지의 거리 : y
- y 축과 미소면적 dA 까지의 거리 : x
- z 축과 미소면적 dA 까지의 거리 : r

(r, y, x 직각삼각형 → $r^2 = x^2 + y^2$ (피타고라스의 정리))

※ Moment는 회전하려는 기준축이 있어야 한다

이 기준축을 도심축과 일치시키는 경우와 그렇지 않은 경우로 나눠진다

↳ 평행축 정리 이용.

Comment 단면의 기하학적 성질은 "거리" 관점으로 정리하면 이해가 쉽다.

◦ 단면1차 M ; x, y 사용

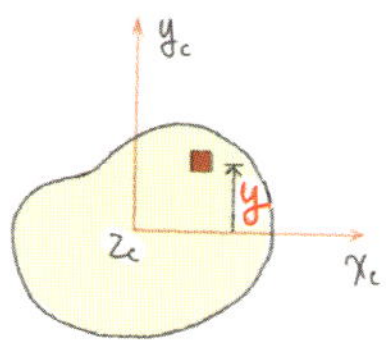

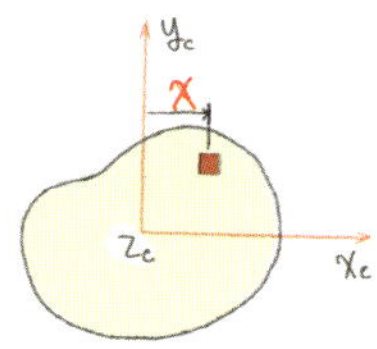

$G_{x_c} = \int y\,dA$ $G_{y_c} = \int x\,dA$

◦ 단면2차 M : x, y를 제곱해서 x^2, y^2 사용

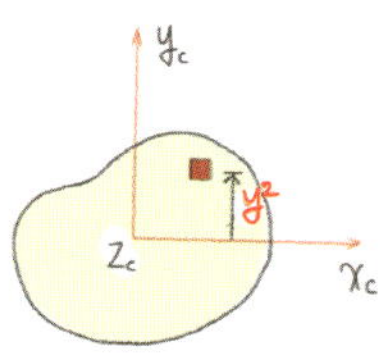

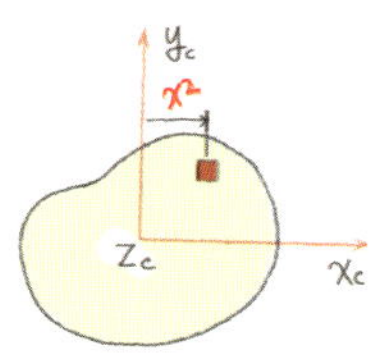

$I_{x_c} = \int y^2 dA$ $I_{y_c} = \int x^2 dA$

평행축 정리
(좌표축 ≠ 도심축)

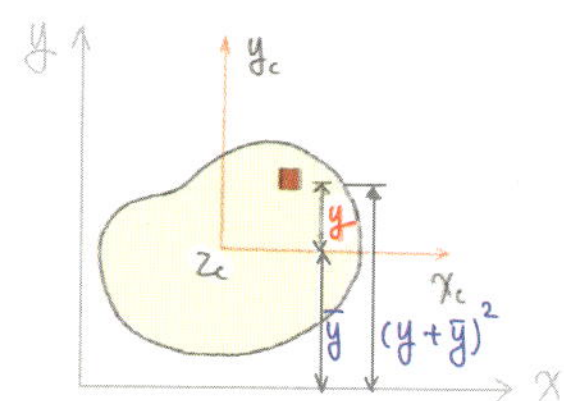

$$I_x = \int (y+\bar{y})^2 dA = \int (y^2+2y\bar{y}+\bar{y}^2)\,dA$$

$$= \int y^2 dA + 2\bar{y}\int y\,dA + \bar{y}^2\int dA$$

↳ 도심축에 대한 단면1차M = 0 ↳ A

$$= I_{x_c} + 2\bar{y}(0) + \bar{y}^2 \cdot A$$

$\therefore I_x = I_{x_c} + A\cdot\bar{y}^2$

$\therefore I_y = I_{y_c} + A\cdot\bar{x}^2$

◦ 단면 상승 M ; x, y를 서로 곱해서 x·y 사용

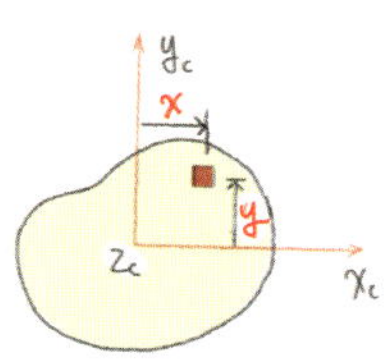

$I_{x_cy_c} = \int x\cdot y\,dA$

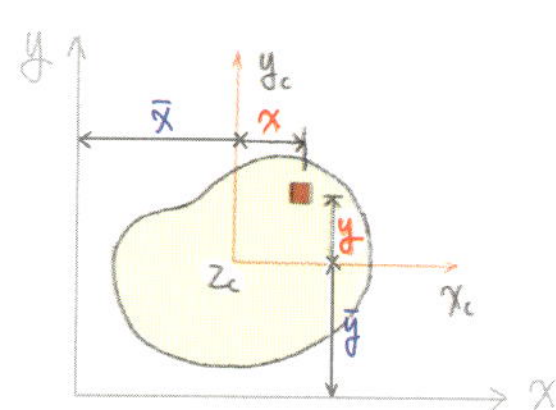

$I_{xy} = I_{x_cy_c} + A\cdot\bar{x}\cdot\bar{y}$

◦ 단면2차 극관성 M : r을 제곱해서 r^2 사용

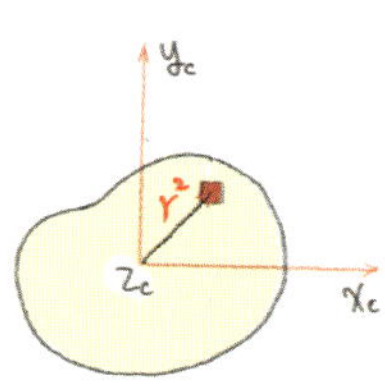

$I_{z_c} = I_p = \int r^2 dA$

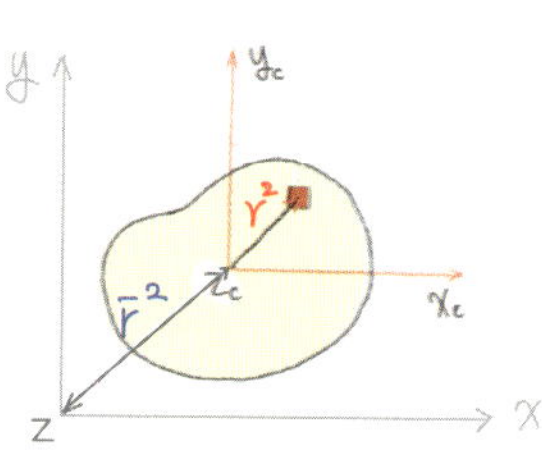

$I_z = I_{z_c} + A\cdot\bar{r}^2$

Comment

3) 단면 상승 모멘트 ($I_{x_c y_c}$) = 면적 × 거리(x)① × 거리(y)① = 면적 × 거리②2차

- 거리 $x \cdot y$를 서로 곱해서 사용하면 : $I_{x_c y_c} = A \cdot x \cdot y \rightarrow \int x \cdot y \, dA$

거리의 제곱 형태인데 x^2 혹은 y^2이 아니라 "$x \cdot y$"로 거리² 형태가 된다. 그래서 "I_{xy}"로 표기.

4) 단면 2차 극 모멘트(I_p) = 면적 × 거리②2차

- 거리 r을 제곱해서 r^2으로 사용하면 : $I_p = I_z = A \cdot r^2 \rightarrow \int r^2 dA = \int (x^2+y^2) dA = \int x^2 dA + \int y^2 dA = I_y + I_x$

(I_z → z축에 대한 단면 2차 M 라고 생각하면 됨.)

☑ 평행축 정리

여기까지 정리 했으면 한 단계 더 들어가보자.

"면적 × 거리²" 에서 "거리"를 도심축을 통과하지 않는 임의의 축을 기준으로 고려해보면

"x축과 dA 사이의 거리 = $\bar{y} + y$"

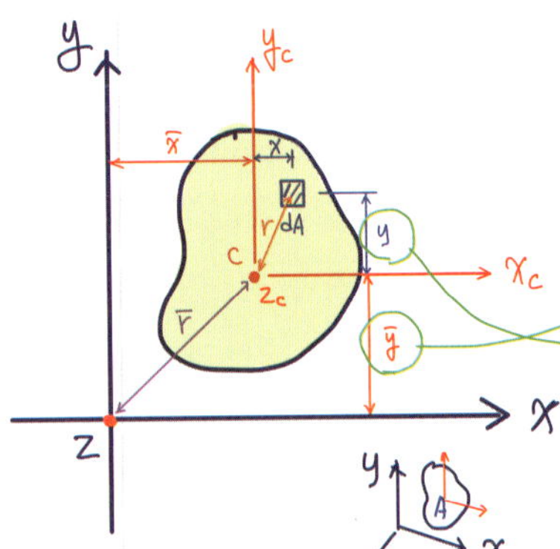

- 단면의 도심축 : x_c축, y_c축
- 단면의 도심을 통과하지 않는 무수히 많은 임의의 축 : x축, y축
- 임의축 x와 도심축 x_c 사이의 거리 $\bar{y}$와 도심축 x_c에서 dA 까지의 거리 y로 구분해서 I_x를 정리해보면

$$I_x = A \cdot (y+\bar{y})^2 = \int (y+\bar{y})^2 dA = \int (y^2 + 2y\bar{y} + \bar{y}^2) dA$$

$$= \int y^2 dA + \int 2y\bar{y} dA + \int \bar{y}^2 dA$$

→ $\bar{y}$는 적분상수 dA를 기준으로 볼때 면적과는 상관없는 상수. 미소면적 dA의 위치에 따라 $\bar{y}$는 변하지 않음

$$= I_{x_c} + 2\bar{y} \int y \, dA + \bar{y}^2 \int dA$$

(I_{x_c}: 도심축 x_c에 대한 단면 2차 Moment, $\int y\,dA$: 도심축(x_c)에 대한 단면 1차 Moment $G_{x_c} = 0$)

※ 도심축은 일반적으로 (x_c, y_c / X, Y) 등의 문자를 사용하여 표기한다

$$= I_{x_c} + 2\bar{y}(0) + \bar{y}^2 \cdot A$$

$$\therefore I_x = I_{x_c} + A \cdot \bar{y}^2 \qquad \therefore I_y = I_{y_c} + A \cdot \bar{x}^2$$

→ 단면 2차 Moment에 관한 "평행축 정리"

Comment

- 평행축 정리는 "단면 2차 극관성 M (I_p)", "단면 상승 M (I_{xy})"에도 동일한 개념으로 적용

$$I_p = I_z = I_{zc} + A \cdot \bar{r}^2 = I_{zc} + A(\bar{x}^2 + \bar{y}^2) = I_{zc} + A\bar{x}^2 + A\bar{y}^2$$

↳ 단면 2차 극 Moment에 관한 "평행축 정리"

* 단면2차극관성 모멘트 = 단면 2차 극 모멘트 = 극관성 모멘트.

- $I_{xy} = I_{x_c y_c} + A\bar{x}\bar{y} = 0 + A\bar{x} \cdot \bar{y}$

↳ 대칭단면에서 도심축에 대한 단면상승M는 "0" 이다.

5) 단면계수 S

- 단면계수 S는 단면 2차 모멘트(I)를 단면의 중립축에서 부터 단면의 연단(끝)까지의 거리(y_{max})로 나눠준 값이다. 예를 들어 직사각형 단면의 경우

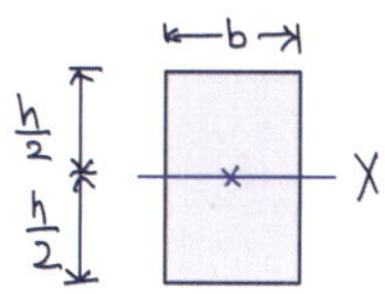

$I_x = \frac{bh^3}{12}$, $y_{max} = \frac{h}{2}$

x축에대한 단면계수 $S_x = I_x / y_{max} = \dfrac{\frac{bh^3}{12}}{\frac{h}{2}} = \dfrac{bh^2}{6}$

※ 왜? y_{max} (중립축에서 가장 멀리 떨어진 위치)을 사용할까?

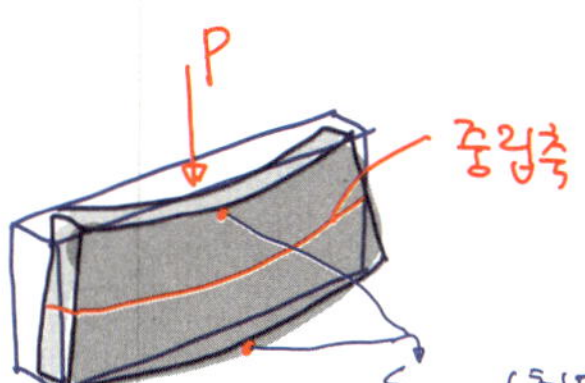

ε_{max} (최대변형률) 발생
↓
σ_{max} 유발 (최대응력값)
↓
σ_y (항복응력)로 발전.

- 즉, 단면내의 어느 위치에서 발생되는 응력이 항복응력 σ_y에 도달할때 까지 단면이 휨에 저항할수 있는 역량을 수치(물리량)로 표현한것이 단면계수 S.
- 중립축에서 가장 먼 위치
  → 최대변형률 ε_{max} 발생

  Hooke의 법칙 $\sigma = E \cdot \varepsilon$ 에서

  $E \cdot \varepsilon_{max} = \sigma_{max}$ → ε_{max}이 σ_{max} 유발시킴.
- 단면 내에서 σ_y에 가장 먼저 도달하는 위치
  = 단면의 연단(끝) → 중립축에서 가장 먼 곳!!

Comment

$$\sigma = \frac{M}{I}\cdot y_{max} = \frac{M}{S} \rightarrow M = \sigma_y \cdot S$$

구조부재의 구조부재의 단면형상으로 부터 결정되는 단면계수 S와 재료의 항복응력 σ y를 알고 있으면, 구조부재가 견딜 수 있는 휨모멘트의 크기를 구할 수 있다.

6) 회전반경 (= 단면 2차 반경) r

단면 2차 Moment I 와 단면적 A를 사용해서
단면이 휨에 저항할 수 있는 역량을 하나의 수치로 표현 → 단면들 사이에 비교가능
→ 단면설계시 단면을 결정할때 사용.

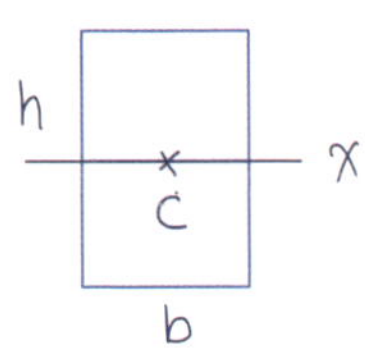

$$I_x = \frac{bh^3}{12} \quad (A_1 = b\cdot h)$$

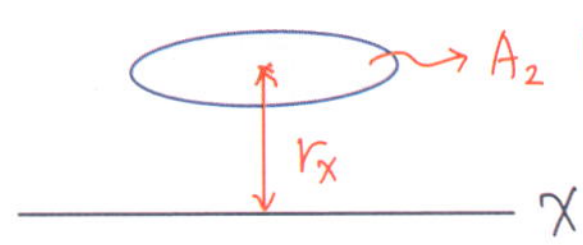

A_2 ($A_1 = A_2$)

A_1과 같은 크기의 임의의 면적 A_2

$$I_x = A_2 r^2$$

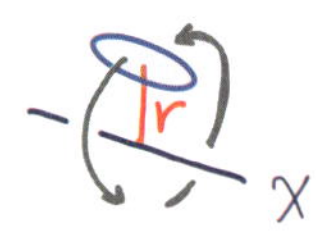

A₂가 x축을 중심으로 r의 거리를 유지하면서 회전한다.

회전하는 원의 반지름 (반경)

• I_x 값과 $A_2 \cdot r^2$ 값이 같아지려면 r_x값은?

$$I_x = A_2 \cdot r_x^2, \quad r_x^2 = \frac{I_x}{A_2} \Rightarrow r_x = \sqrt{\frac{I_x}{A_2}} \quad (A_1 = A_2 = A)$$

일반화시켜보면

$$r = \sqrt{\frac{I}{A}}$$

• r 값이 크다 ⇒ 휨에 대한 저항능력이 상대적으로 크다.

• 주로 세장비 검토시 사용됨 → 장주의 좌굴과 연계됨.

Comment

□ 어디에 사용할까?

- 단면1차M. 단면2차M, 단면상승M. 단면2차극관성M. 의 주요 용도.

1) 단면1차M

① 단면의 도심($\bar{x}, \bar{y}$) 구할때 : $\bar{y} = \dfrac{\int y\,dA}{\int dA} = \dfrac{G_x}{A}$

② 전단응력 τ 구할때 : $\tau = \dfrac{SG}{Ib}$

2) 단면2차M

① 회전반경 r 구할때 : $r_x = \sqrt{\dfrac{I_x}{A}}$ $r_y = \sqrt{\dfrac{I_y}{A}}$

② 단면계수 Z 구할때 : $Z = \dfrac{I}{y_{max}}$

③ 휨응력 σ 구할때 : $\sigma = \dfrac{M}{I} \cdot y$

→ 설계에서 부재 단면을 결정할때 r, Z 값 필요하다.

④ 휨강성 EI 구할때 : EI → 부재가 휨 변형에 저항하는 정도

E: 재질 특성 반영. (무슨재료로 만들어진 부재인지..)

I: 단면 형상 반영 (무슨 모양의 부재인지...)

3) 단면상승M

① 주축 구할때

4) 단면2차극관성M

① 비틀림 응력 τ 구할때 : $\tau = \dfrac{T}{I_p} \cdot r$

② 비틀림 강성 GI_p 구할 때 : GI_p → 부재가 비틀림 변형에 저항하는 정도.

(G → 전단 탄성계수)

Comment　단면의 기하학적 성질에 대한 특징들 정리

B0-01　단면 2차모멘트(I)의 특성에 대한 설명 중 잘못된 것은?

1) 도심축에 대한 단면 2차 모멘트는 0이다. (∘ 도심축에 대한 단면 1차 M는 "0" 이다 ∘ 대칭단면에서 도심축에 대한 단면상승M 는 "0" 이다. → B3-01 참조.

2) 단면2차모멘트가 큰 단면은 휨에 대한 강성이 크다.

3) 단면 2차모멘트는 항상 양(+)의 값을 갖는다.

4) 정다각형 단면의 경우 도심을 통과하는 모든 축에 대한 단면 2차모멘트 값은 일정하다.

문제풀이

1번 설명) $I_x = I_{x_c} + A \cdot \bar{y}^2 = I_{x_c} + b \cdot h \cdot \bar{y}^2$

- I_x: 도심을 통과하지 않는 임의축 (x축)
- I_{x_c}: 도심축(x_c축)
- $\bar{y}$: x축과 x_c축 사이의 거리

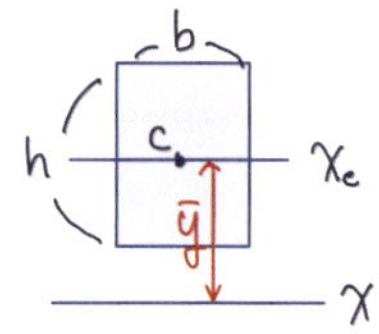

1번 설명) 도심축에 대한 단면 2차모멘트는 '0'이 아니다. 직사각형 단면의 경우 " $I_{x_c} = \frac{bh^3}{12}$ " 값을 갖는다.
즉, " $I_{x_c} \neq 0$ "

2번 설명) 단면 2차모멘트 I 는 재료의 역학적 특성을 대표하는 탄성계수 E 와 곱해져서 휨강성 'EI' 가 된다
(휨강성 : 휨변형에 저항하는 정도)

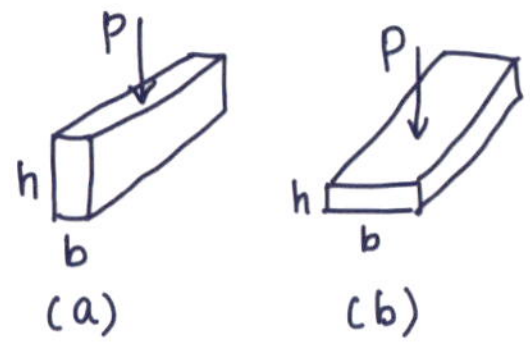

단면적 A 가 크다고 해서 휨변형에 저항하는 역량이 크다고 할 수 없다.
휨변형에 저항하는 역량은 단면 2차모멘트와 탄성계수가 결정짓는다.

$E_{(a)} = E_{(b)}$, $I_{(a)} > I_{(b)}$ $EI_{(a)} > EI_{(b)}$

$I_{x_c} = \frac{bh^3}{12}$ 이므로 h^3 으로 I 값은 커진다.

(b를 크게 하는 것 보다 h를 크게 하는것이 효율적이다)

(a)와 (b) 부재의 단면적은 같지만, 휨변형에 저항하는 역량은 (a)가 더 크다(같은 탄성계수 경우).

3번 설명) $I_x = \frac{bh^3}{12} + b \cdot h \cdot \bar{y}^2$ 단면의 폭 b와 높이 h는 '음(−)'의 값이 될 수 없음. 좌표축의 위치에 따라 y는 음(−)의 값을 갖을 수 있으나, 단면 2차모멘트가 의미하는 것과 같이 거리 (−y)를 제곱하게 되므로 결국 '+' 값 이 된다.

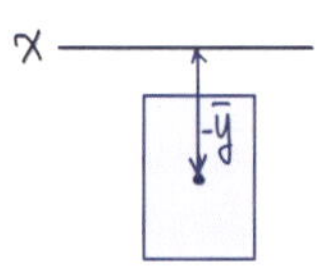

$(-\bar{y})^2 = \bar{y}^2$

잘못된 설명 (1) 을 옳게 고친다면... 도심축에 대한 단면 2차모멘트는 '최솟값' 이다.

Comment

4번 설명)

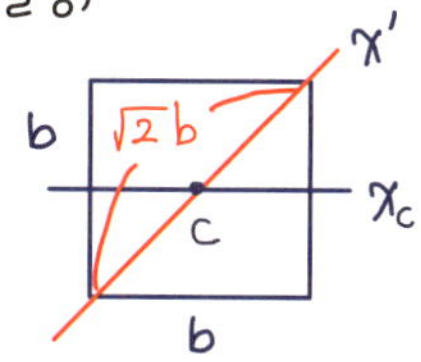

- $I_{x_c} = \frac{b \cdot b^3}{12} = \frac{b^4}{12}$

- $I_{x'} = \frac{\sqrt{2}b\left(\frac{\sqrt{2}}{2}b\right)^3}{12} \times 2 = \frac{\sqrt{2}b}{12} \cdot \frac{2\sqrt{2}b^3}{8} \times 2$

  $= \frac{2 \cdot 2 \cdot b^4}{96} \times 2 = \frac{b^4}{12}$

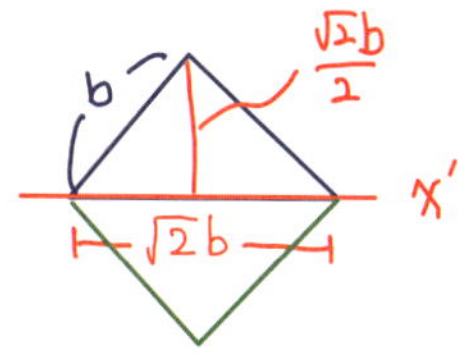

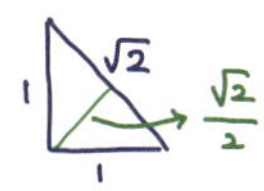

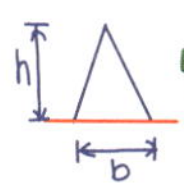

밑변과 접하는 축에 대한 $I = \frac{bh^3}{12}$

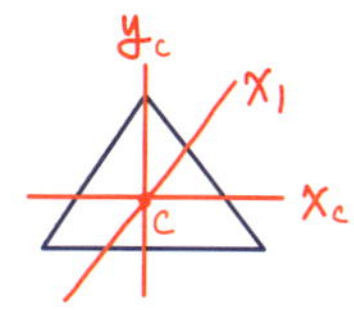

정다각형에서 도심 C를 통과하는 축에 대한 I 값은 모두 같다.

$I_{x_c} = I_{y_c} = I_{x_1}$

단면계수 Z (or S)

– 단면계수는 휨응력 계산, 휨부재 설계할 때 필요단면을 결정하기 위한 계수로 사용된다.

단면계수 $Z = \frac{I}{y_{max}}$ → 단면 2차모멘트를 중립축에서 단면의 최외단까지의 거리로 나눈 값이다.

단면계수가 크다 = 같은 크기의 휨모멘트가 발생되어도 휨응력이 더 작게 생긴다 = 구조적으로 유리하다.

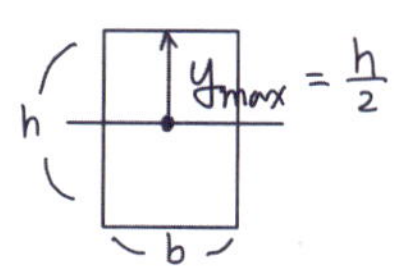

$y_{max} = \frac{h}{2}$ $\quad \therefore Z = \frac{\frac{bh^3}{12}}{\frac{h}{2}} = \frac{bh^2}{6}$

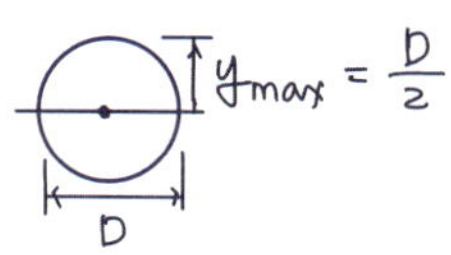

$y_{max} = \frac{D}{2}$ $\quad \therefore Z = \frac{\frac{\pi D^4}{64}}{\frac{D}{2}} = \frac{\pi D^3}{32}$

- 좌표축을 나타내는 문자 : x, y, z, X, Y, Z, x_c, y_c, z_c ···· (↑ 도심축을 의미할 때 주로 쓰임)
- 거리를 나타내는 문자 : x, y, z, $\bar{x}, \bar{z}$, x', y', z', x_1, y_1, z_1 ····

좌표나 거리를 나타내는 문자들은 문제 내에서 정의하고 사용하기 나름.
문제 내에서 일관성 있게 사용하는 것이 중요.

Comment

B0-02 다음 2가지 단면에 대해 단면 2차모멘트와 단면계수의 크기를 비교 설명하시오.

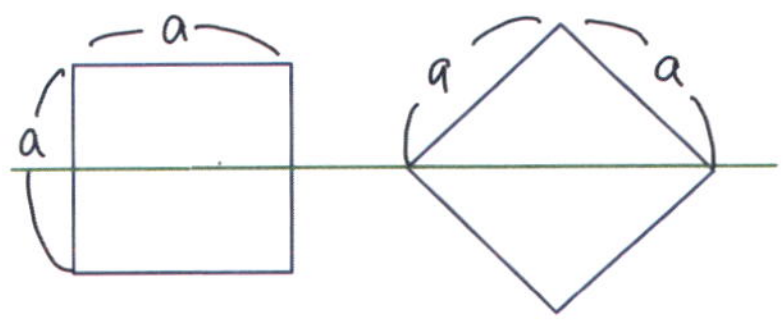

〈A 단면〉 〈B 단면〉

문제풀이

- A 단면과 B 단면의 도심축에 대한 단면 2차 M는 서로 같다. $I_A = I_B$

  ※ 정다각형에서 도심을 통과하는 축에 대한 I 값은 모두 같다

  $I_x = I_y = I_{x_1} = I_{y_1}$

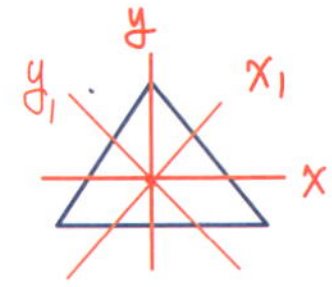

- 단면계수는 A 단면이 B 단면 보다 크다. → $Z_A > Z_B$

  단면계수 $Z = \frac{I}{y_{max}}$ ⇒ $I_A = I_B$ 이므로 y_{max}이 커지면 Z 값은 작아진다

  $y_{Amax}\left(=\frac{a}{2}\right) < y_{Bmax}\left(=\frac{\sqrt{2}}{2}a\right)$ 이므로

  $\therefore Z_A = \dfrac{\frac{a \cdot a^3}{12}}{\frac{a}{2}} = \dfrac{a^3}{6}$, $\therefore Z_B = \dfrac{\frac{a^4}{12}}{\frac{\sqrt{2}a}{2}} = \dfrac{a^3}{6}\cdot\dfrac{1}{\sqrt{2}} = \dfrac{a^3}{8.5}$

  $\therefore Z_A > Z_B$

보완설명

휨응력 σ와 단면계수 Z의 관계

$\sigma = \frac{M}{I}\cdot y_{max} = \frac{M}{Z}$ → 단면계수 Z이 커지면 M으로 인해 발생되는 σ(응력)이 작아진다.

ex)

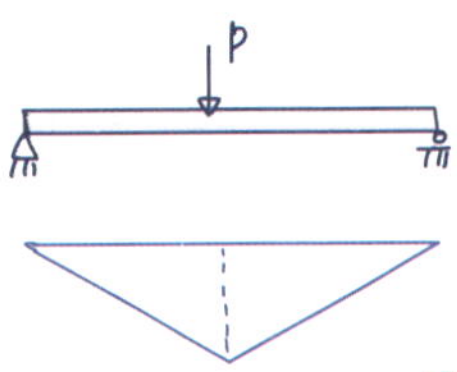

→ 단면이

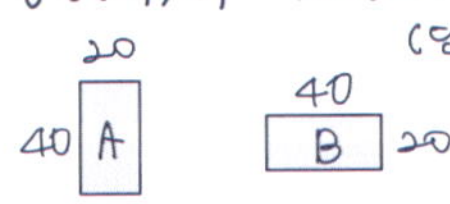

(단위 mm)

$Z_A = \frac{20\times40^2}{6} = 5{,}333\ mm^3$

$Z_B = \frac{40\times20^2}{6} = 2{,}667\ mm^3$

Mmax → 단면내에 휨응력 σ 발생시킴

$Z_A > Z_B$ → $\sigma_A = \frac{M}{Z_A} < \sigma_B = \frac{M}{Z_B}$

* 결국 같은 크기의 단면적을 사용하더라도 어떤 단면계수를 갖는 단면을 선택하느냐에 따라 응력(σ)의 크기는 줄일수 있다 !!

휨응력은 부재의 단면적이 아니라 「단면계수」에 지배 받는다

Type	B1. 단면 1차 모멘트 이용하여 단면의 도심 구하기
Frequency	
Comment	

B1-01 그림과 같은 단면의 도심 O까지의 거리 $\bar{x}$, $\bar{y}$ 는?

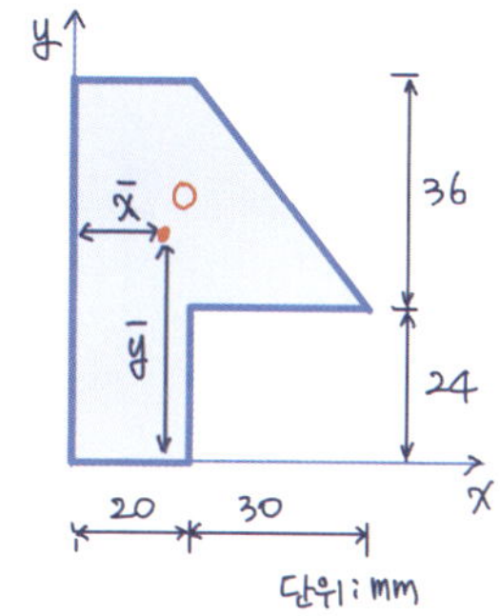

보완설명

단면의 도심은 단면 1차모멘트를 이용해서 구한다.
단면 1차모멘트는 [면적 x 거리]의 개념이다.

$$G_x = \int y\,dA = A \cdot y$$

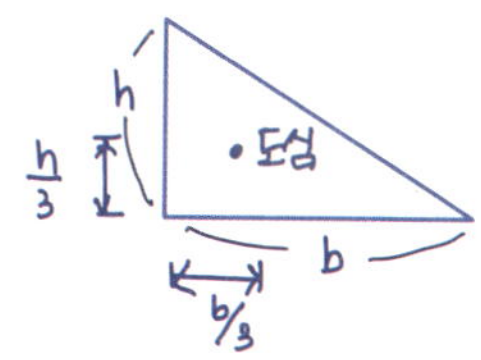

○ 적분이 필요하지 않는 정형화된 단면의 도심구하는 과정
(□ △ ○ 등으로 나눌 수 있는 단면)

1) 도심을 알고 있는 단면의 형태로 나눈다.
2) 나눠진 각각의 단면에 대해 면적 x 거리(기준축으로 부터 각 단면의 도심까지의 거리 $A_i \cdot x_i$ 혹은 $A_i \cdot y_i$
3) 도심구하는 식

· $\bar{x} = \dfrac{\Sigma A_i \cdot x_i}{\Sigma A_i}$, $\bar{y} = \dfrac{\Sigma A_i \cdot y_i}{\Sigma A_i}$ → $\bar{y} = \dfrac{(\text{각 면적} \times \text{거리})\text{의 합}}{(\text{각 면적})\text{의 합}}$ → 단면 1차 Moment

↳ "바리뇽의 정리"와 유사한 형태 $\bar{x} = \dfrac{\Sigma P_i \cdot x_i}{\Sigma P_i}$ → $\Sigma P_i = R$ (합력)
(A2 참고)

문제풀이

위의 1)~3)의 순서에 따라서 풀이하면

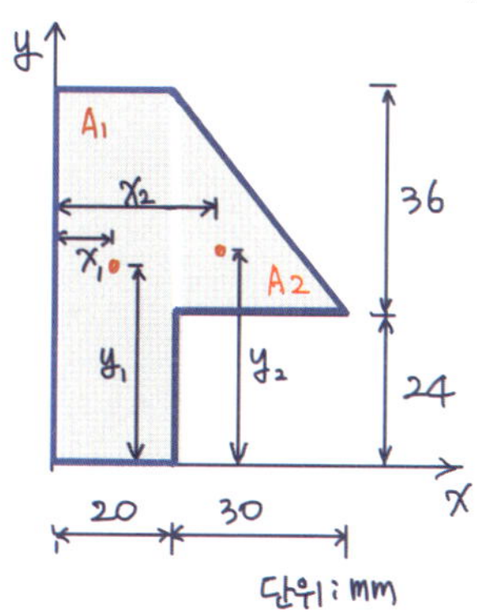

$$\bar{x} = \frac{A_1 \cdot x_1 + A_2 \cdot x_2}{A_1 + A_2} , \quad \bar{y} = \frac{A_1 \cdot y_1 + A_2 \cdot y_2}{A_1 + A_2}$$

$$\therefore \bar{x} = \frac{(20 \times 60 \times 10) + (\frac{1}{2} \times 36 \times 30 \times (20 + \frac{1}{3} \times 30))}{(20 \times 60) + (\frac{1}{2} \times 36 \times 30)}$$

$$= 16.2\text{mm}$$

$$\therefore \bar{y} = \frac{(20 \times 60 \times 30) + (\frac{1}{2} \times 36 \times 30 \times (24 + \frac{1}{3} \times 36))}{(20 \times 60) + (\frac{1}{2} \times 36 \times 30)}$$

$$= 31.9\text{ mm}$$

Comment

BI-02 다음 사다리꼴 단면의 밑변 과 접하고 있는 x축으로부터 도심 C 까지의 거리 $\bar{y}$ 는?

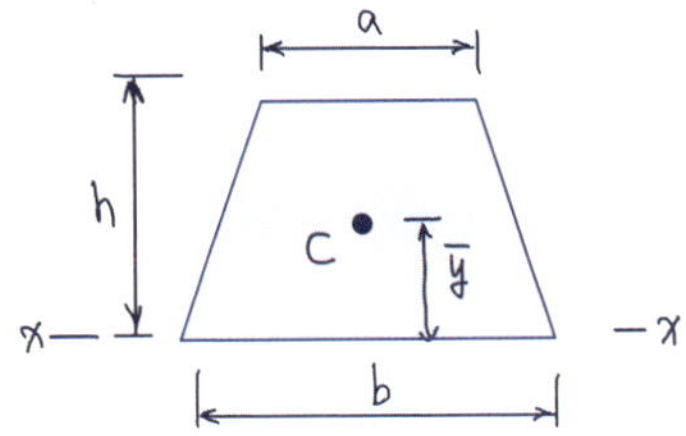

문제풀이 도심을 알고 있는 단면의 형태로 나눈다

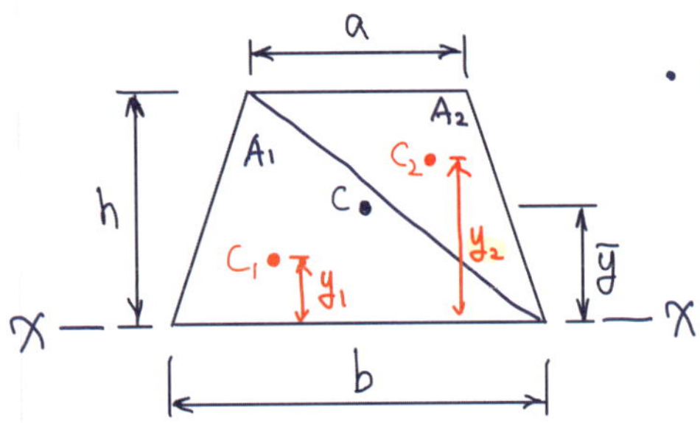

• $A_1 = \frac{1}{2}bh$, $A_2 = \frac{1}{2}ah$

$$\bar{y} = \frac{G_x}{A} = \frac{\left(\frac{1}{2}bh\right)\left(\frac{h}{3}\right) + \left(\frac{1}{2}ah\right)\left(\frac{2h}{3}\right)}{\left(\frac{1}{2}bh\right) + \left(\frac{1}{2}ah\right)} = \frac{\frac{1}{6}bh^2 + \frac{2}{6}ah^2}{\frac{(ah+bh)}{2}}$$

$$= \frac{\frac{h^2}{6}(2a+b)}{\frac{h}{2}(a+b)} = \frac{h}{3}\cdot\frac{2a+b}{a+b}$$

$$\therefore \bar{y} = \frac{h}{3}\cdot\frac{2a+b}{a+b}$$

보완설명

$$\begin{cases} A = \frac{1}{2}b \\ y = \frac{h}{3} \end{cases}$$

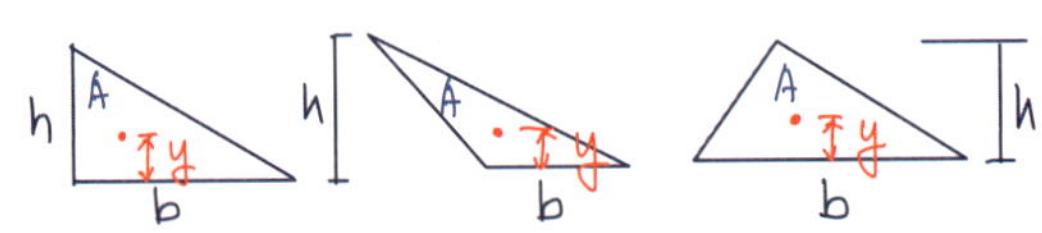

Comment

BI-03 다음 그림과 같이 음영처리된 단면의 형상을 하고 있는 부재가 있다. 이 단면의 도심과 x축 사이의 거리 y는? (단 D=30cm이다)

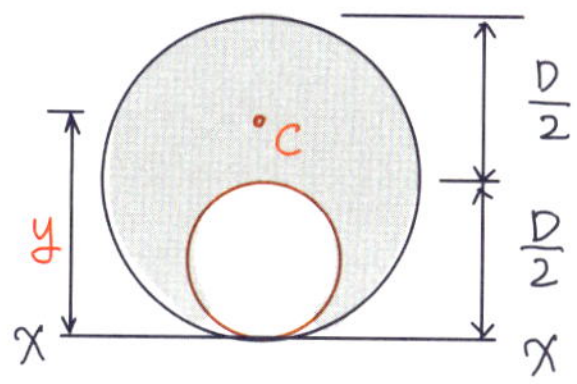

문제풀이

지름이 D인 원과 D/2인 원이 같은 위치의 원주에서 x축과 접하고 있으므로 큰 원에서 작은 원을 빼고 음영처리된 부분 만을 고려한다.

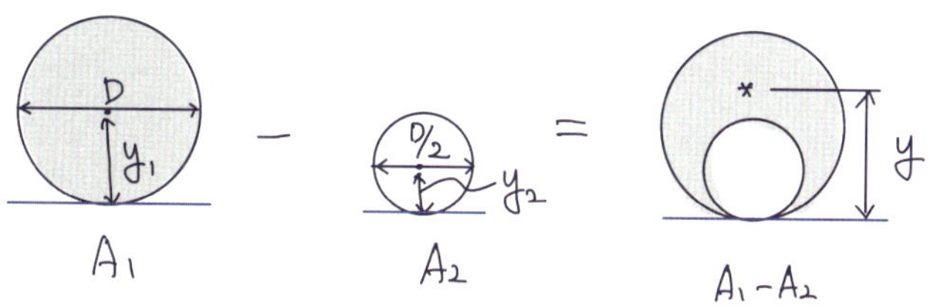

$$\cdot\ y = \frac{A_1 \cdot y_1 - A_2 \cdot y_2}{A_1 - A_2}$$

$$\therefore y = \frac{G_x}{A} = \frac{\frac{\pi D^2}{4}\cdot\frac{D}{2} - \frac{\pi (D/2)^2}{4}\cdot\frac{D}{4}}{\frac{\pi D^2}{4} - \frac{\pi (D/2)^2}{4}} = \frac{7 \cdot D}{12} = \frac{7\times30}{12} = 17.5\text{cm}$$

보완설명

2분원 단면의 도심

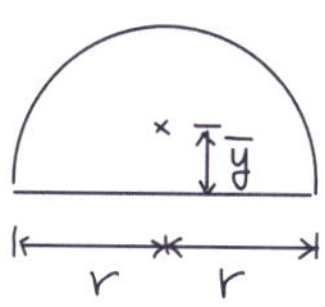

$$\bar{y} = \frac{4r}{3\pi}$$

Comment 임의의 축에 대하여 단면 1차 모멘트를 직접 구하는 문제

B1-04 삼각형 밑변에서 10cm 떨어진 x축에 대한 이등변 삼각형 단면의 단면 1차모멘트는?
(단, 밑변 20cm, 높이 45cm 이다)

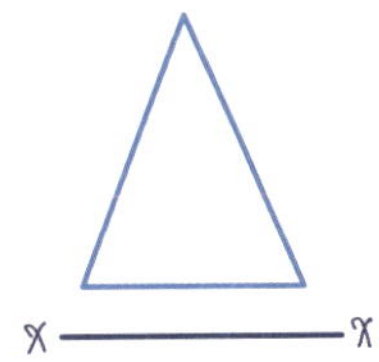

문제풀이

단면 1차모멘트는 '면적 x 거리' 이므로..(면적과 도심을 알 수 있는 단면은 적분이 필요하지 않다).

$$G_x = A\cdot\bar{y} = \frac{1}{2}(20\times45)\cdot\left(10+45\cdot\frac{1}{3}\right) = 11{,}250\,cm^3 \qquad \therefore G_x = 11{,}250\,cm^3$$

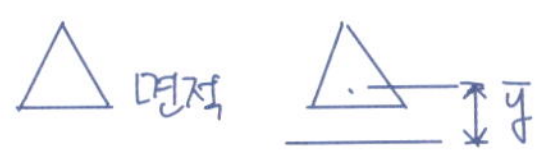

보완설명

① x_1 축에 대한 단면 1차모멘트 ; G_{x1}

$$G_{x_1} = A\cdot\bar{y}_1 = \frac{1}{2}(20\times45)\cdot\left(10+45\cdot\frac{2}{3}\right)$$

$$= 18{,}000\,cm^3$$

$$\therefore G_{x_1} = 18{,}000\,cm^3$$

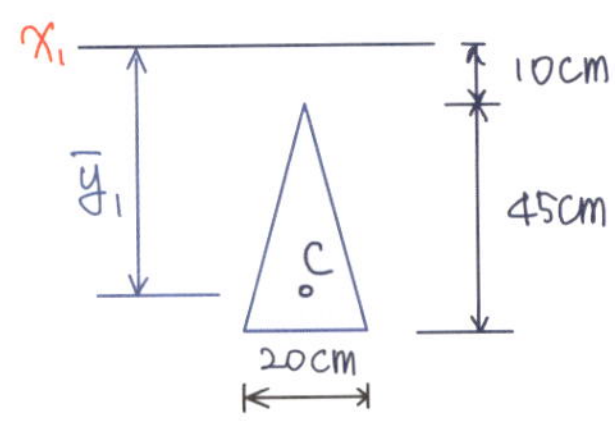

※ X_1축을 기준으로 아래쪽을 음(-)의 영역이라 정의하면 거리 $\bar{y}_1 = -40cm$ 로 표기해야 하지만 단면이 어떤 기준축의 한쪽 영역에만 위치한다면 부호를 +, - 로 구분하는 의미가 없다.
그러나 다음의 ②, ③ 경우라면 거리를 고려할 때 +, - 를 엄격히 고려해야 한다.

Comment

② x_1축과 도심축 사이의 거리 y_0는?

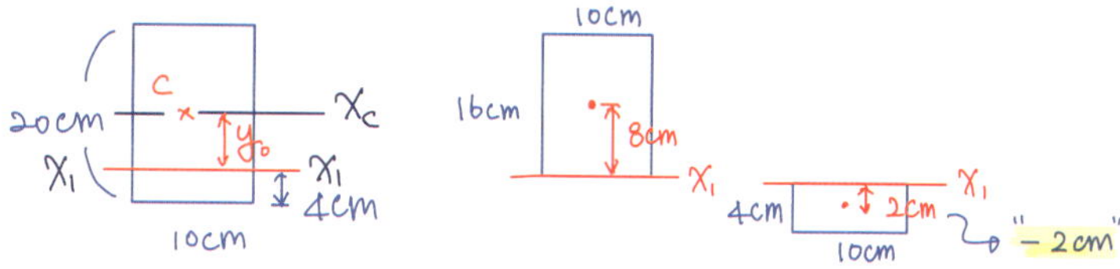

$$G_{x_1} = A_1 \cdot y_1 + A_2 \cdot y_2$$

$$= (10\times16\times8) + (10\times4\times(-2)) = 1200\,cm^3$$

$$\therefore y_0 = \frac{1200}{10\times16 + 10\times4} = (+)6\,cm$$

→ x_1축을 기준으로 위쪽으로 6cm 위치에 중립축 존재한다는 의미.

③ x_1축과 도심축 사이의 거리 y_0는?

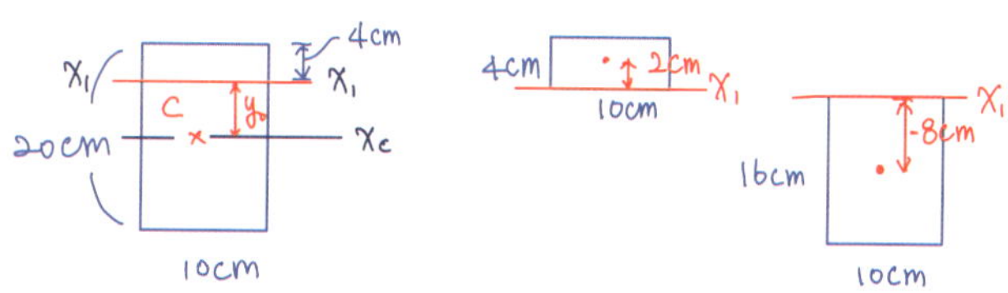

$$G_{x_1} = A_1 \cdot y_1 + A_2 \cdot y_2$$

$$= (10\times4\times2) + (10\times16\times(-8)) = -1200\,cm^3$$

$$\therefore y_0 = \frac{-1200}{10\times16 + 10\times4} = (-)6\,cm$$

→ x_1축을 기준으로 아래쪽으로 6cm 위치에 중립축 존재한다는 의미.

Type	B2. 단면 2차모멘트(Ix) 구하기
Frequency	
Comment	도심축, 단면의 경계선과 접하는 좌표축, 임의의 축에 대한 단면 2차모멘트 각각 구분하기

B2-01

원형단면의 도심축에 대한 단면 2차모멘트를 I_x , 원주에서 4cm 이격된 x_1 축에 대한 단면2차모멘트를 I_{x_1} 라고 할 때 도심축 I_x에 대한 I_{x_1} 의 비는?

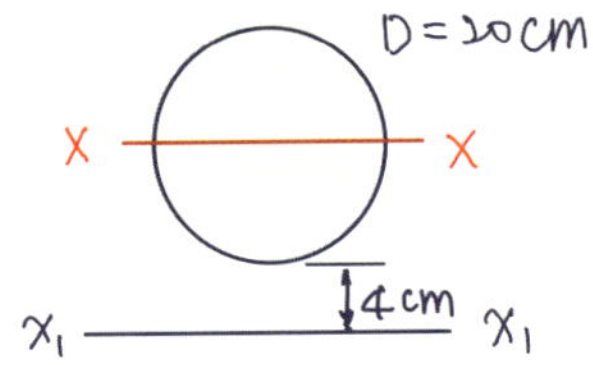

문제풀이

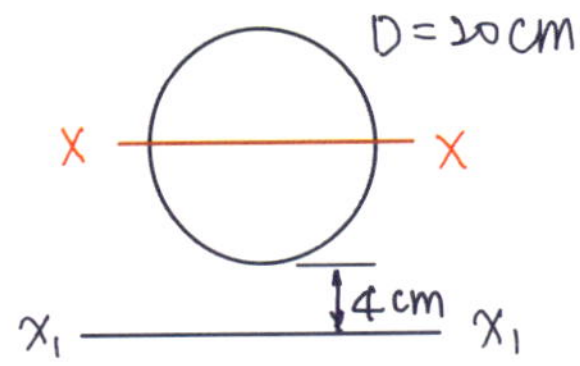

$I_x = \frac{\pi D^4}{64} \left(= \frac{\pi r^4}{4}\right)$ → 도심축 x에 대한 원 단면 2차모멘트

• $I_x = \frac{\pi D^4}{64} = \frac{\pi \times 20^4}{64} = 7,854 cm^4$

• $I_{x_1} = I_x + A \cdot \bar{y}^2$

$= \frac{\pi \times 20^4}{64} + \frac{\pi \times 20^2}{4} \cdot (10+4)^2 = 7,854 + 61,575$

$= 69,429 cm^4$

$\therefore \frac{I_{x_1}}{I_x} = \frac{69,429}{7,854} = 8.84$

* I_x에 (대한) I_{x_1}의 비 $= \frac{I_{x_1}}{I_x}$

x에 (대한) y의 비 $= \frac{y}{x}$

→ 비교의 기준이 되며, 분모가 된다.

보완설명

단면 2차모멘트를 구하는 일반식(평행축 정리) (단면 2차모멘트를 구하는 기준축이 도심축과 일치하지 않는 경우에 사용)

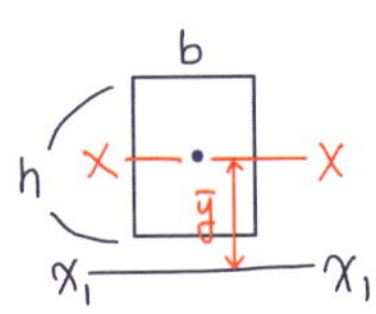

$I_{x_1} = I_x + A \cdot \bar{y}^2$

- A: 단면적
- $\bar{y}$: 임의축에서 단면의 도심까지의 거리
- I_x: 도심축(X)에 대한 단면 2차M
- I_{x_1}: 임의축(x_1)에 대한 단면 2차M

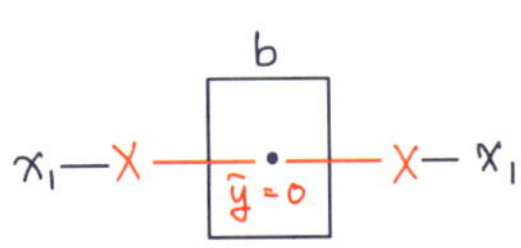

만약 X-X와 x_1-x_1 축이 일치하면 $\bar{y}=0$ 이 된다.

• 임의의 축 x_1이 도심축 X와 겹치면 $\bar{y}=0$ 이 되므로

$I_{x_1} = I_x + A \cdot 0^2 = I_x$ $\therefore I_{x_1} = I_x = \frac{bh^3}{12}$

Comment

보완설명

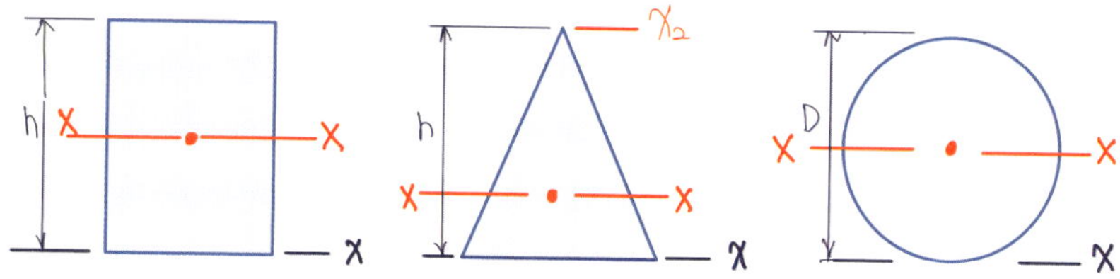

도심축 $I_x = \frac{bh^3}{12}$ $I_x = \frac{bh^3}{36}$ $I_x = \frac{\pi D^4}{64} \left(= \frac{\pi r^4}{4}\right)$

임의의축 $I_x = \frac{bh^3}{3}$ $I_x = \frac{bh^3}{12}$ $I_x = \frac{5\pi D^4}{64} \left(= \frac{5\pi r^4}{4}\right)$

↳ "평행축 정리"를 이용해서 구한 값들임.

$I_{x_2} = \frac{3bh^3}{12} = \frac{bh^3}{4}$

보완설명

★ 단면2차M I_x, I_z 구분

※ 단면 2차 M. I_x와 I_z에서 폭 b=?

- 단면의 도심축에 대한 $I = \frac{bh^3}{12}$

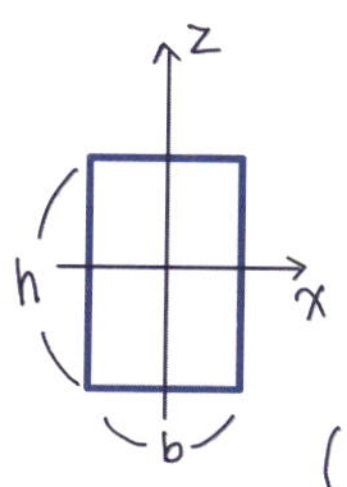

b=20cm, h=30cm

• $I_{x} = \frac{bh^3}{12} = \frac{20\times30^3}{12}$

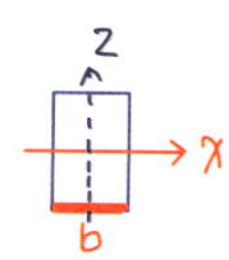

• $I_{z} = \frac{hb^3}{12} = \frac{30\times20^3}{12}$

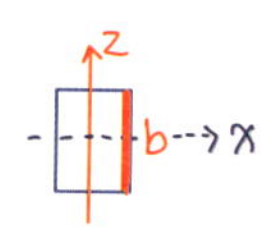

★ 좌표축과 나란한 변이 $\frac{bh^3}{12}$에서 "b"에 해당된다.

Comment

B2-02 사다리꼴 단면의 밑변과 접하고 있는 x 축에 대한 단면 2차모멘트는?

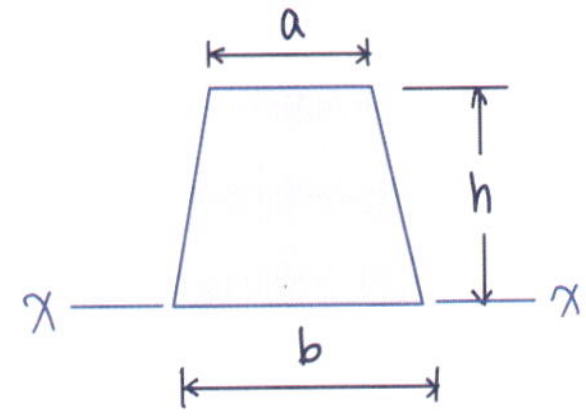

문제풀이

단면 2차모멘트를 구하기 위해서는 x축에서 분할된 단면 도심까지의 거리 y_1, y_2 를 알아야 한다.

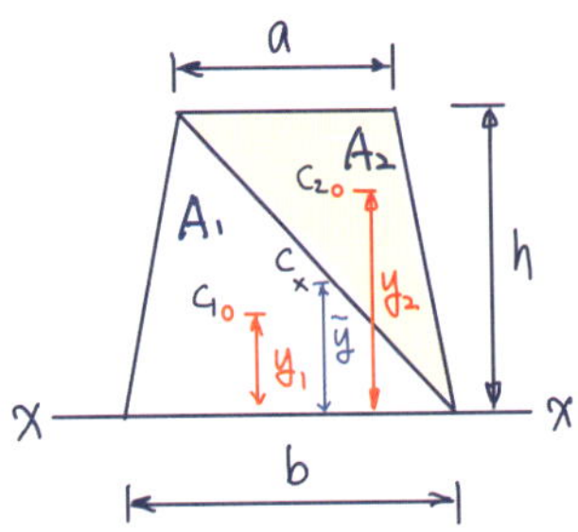

이 문제에서는 도심위치를 알 수 있는 2개의 삼각형으로 나눔. x축에 대한 단면 2차모멘트를 구해야 하므로 나눠진 삼각형의 기준축 또한 x축이 되어야 함.

x축은 단면의 도심축을 지나지 않으므로 평행축 정리를 사용해야 한다.

$$I_x = (I_{x_1} + A_1 \cdot y_1^2) + (I_{x_2} + A_2 \cdot y_2^2)$$

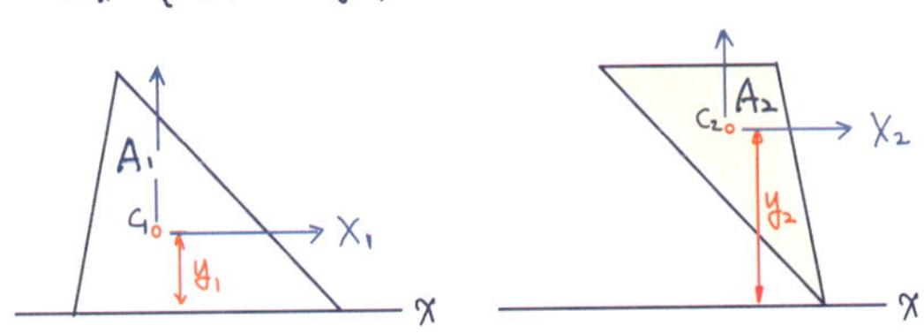

$$\therefore I_x = \left[\frac{bh^3}{36} + \frac{bh}{2} \cdot \left(\frac{h}{3}\right)^2\right] + \left[\frac{ah^3}{36} + \frac{ah}{2} \cdot \left(\frac{2h}{3}\right)^2\right] = \frac{bh^3}{12} + \frac{bh^3}{4}$$

$$= \frac{bh^3}{12} + \frac{3ah^3}{12} = \frac{h^3}{12}(b+3a)$$

보완설명

만약 다음 값들을 외우고 있다면.... 간단히 정리할 수 있다.

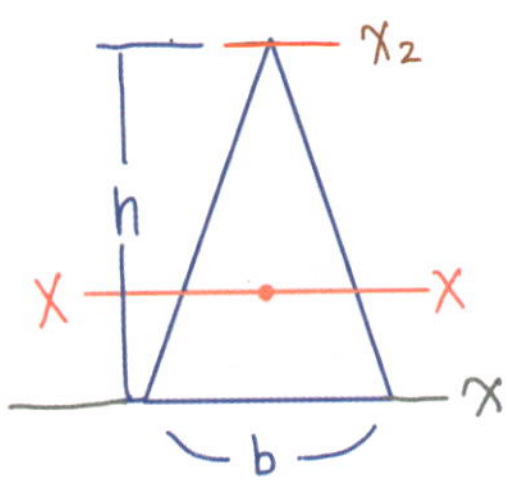

$I_{x_1} = \frac{bh^3}{36}$ → 삼각형 도심축에 대한 단면 2차모멘트

$I_x = \frac{bh^3}{12}$ → 삼각형 밑변에 접하는 x축에 대한 단면 2차모멘트

$I_{x_2} = \frac{3bh^3}{12} = \frac{bh^3}{4}$ → 삼각형 꼭지점에 접하는 x축에 대한 단면 2차모멘트

$$\therefore I_x = \frac{bh^3}{12} + \frac{bh^3}{4} = \frac{h^3}{12}(b+3a)$$

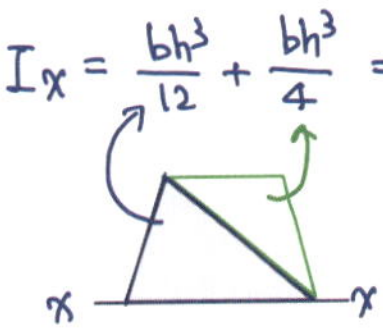

→ 간단히 정리된다.

Comment

B2-03 그림과 같이 함수식으로 표현된 면적이 있다. x 축에 대한 음영처리된 부분의 단면 2차모멘트는?

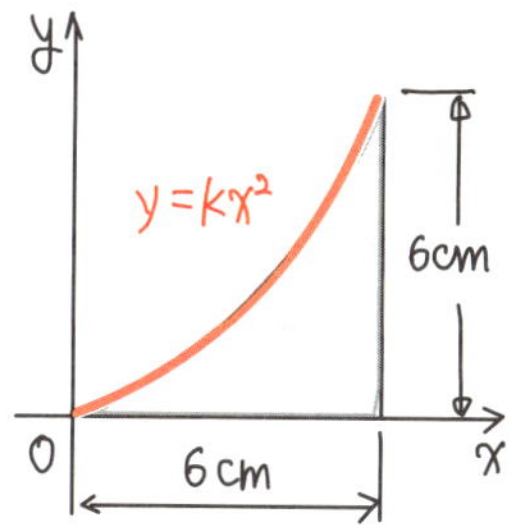

문제풀이

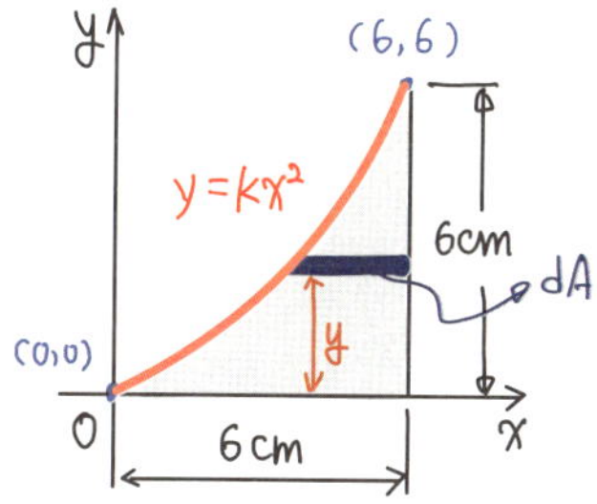

1) 미소면적 dA의 표현.

단면 2차 모멘트를 구하려면 "면적 x 거리²" 에서 "면적"에 대한 표현이 적절해야 한다.

※ I_x을 구해야 하므로 x축을 기준으로 거리는 y 값 사용.

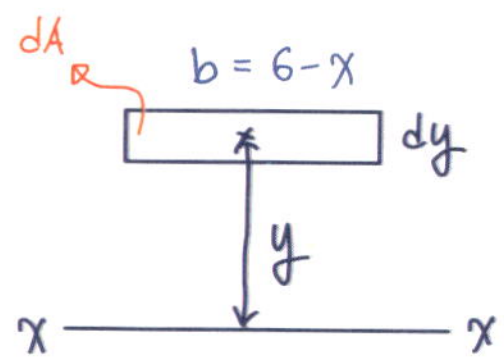

$I_x = \int y^2 dA$

- $dA = (b) dy$ → 폭 b는 거리 y에 따라서 변한다.
- dA를 0~6까지 (y축으로) 적분하면 ◢ 면적을 구할 수 있다.
- 미소면적 $dA = (6-x)\,dy$ (폭: $6-x$, 높이: dy)

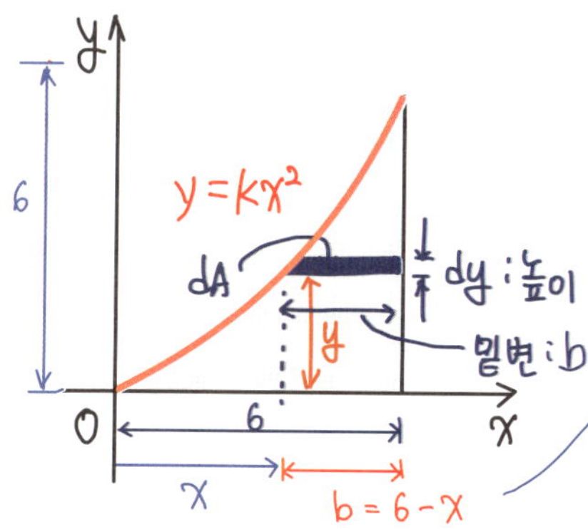

면적 dA를 구할때 폭 b에 해당하는 값이 "6−x"가 된다는 의미

x를 적분상수 y의 함으로 바꿔서 식을 정리.

Graph의 일반식을 보면

$y=kx^2$ 에서 $x=0 \to y=0$, $x=6 \to y=6$ 을 만족하는 k 값은 $\frac{1}{6}$, $k=\frac{1}{6}$, $y=\frac{x^2}{6}$

$\therefore x=\sqrt{6y}$.

($y=kx^2$ 에서 $x=0 \to y=0$, $x=6 \to y=6$, $y=k\cdot 6^2 = k\cdot 36$)

2) 단면 2차 모멘트 I_x

$$I_x = \int_A y^2 dA = \int_0^6 y^2(6-x)\,dy = \int_0^6 y^2(6-\sqrt{6y})\,dy$$

$$= \int_0^6 (6y^2 - \sqrt{6}\,y^{\frac{5}{2}})\,dy = \left[6\cdot\frac{y^3}{3} - \sqrt{6}\cdot\frac{y^{7/2}}{7/2}\right]_0^6$$

$$= \left[2y^3 - \sqrt{6}\cdot\frac{2}{7}\cdot y^{\frac{7}{2}}\right]_0^6 = 432 - 370.3 = 61.7\ cm^4$$

$\therefore I_x = 61.7\ cm^4$

Comment 단면 2차모멘트의 평행축 정리 이용

B2-04 그림과 같은 단면에서 A축에 대한 단면 2차모멘트는 $35\text{x}10^6\text{mm}^4$ 이라고 할 때 B축에 대한 단면 2차모멘트는? (단, 단면적은 $1.2\text{x}10^6\text{mm}^4$, D축은 도심축임)

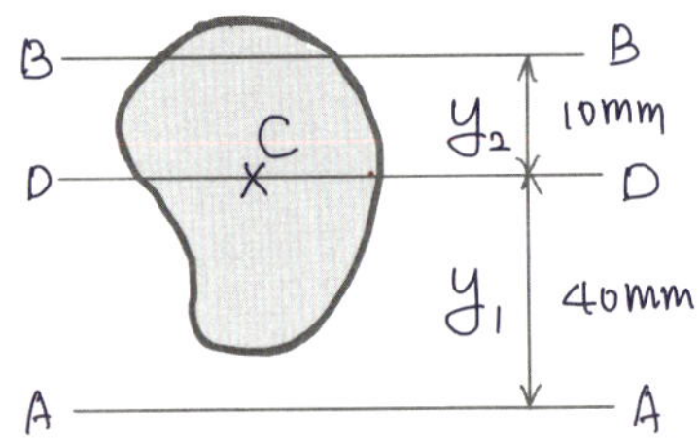

문제풀이

B축은 도심축이 아니므로 단면 2차모멘트의 평행축 정리를 이용해야 한다.

$$I_x = I_X + A\cdot y^2$$

임의축 도심축 | 임의축과 도심 사이의 거리 / 단면적

• I_B 를 구하라고 했으므로

$I_B = I_D + A\cdot y_2^2$ → I_D 값을 알아야 한다.

I_D 값은 다음식으로 부터 알수있다.

$I_A = I_D + A\cdot y_1^2$

$35\times10^6 = I_D + (1.2\times10^4\times40^2)$

$\therefore I_D = 15.8\times10^6\ mm^4$

$\therefore I_B = 15.8\times10^6 + (1.2\times10^4\times10^2)$

$= 17\times10^6\ mm^4$

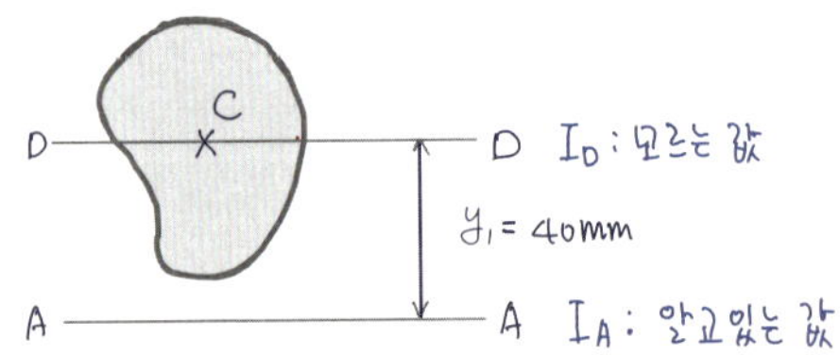

I_A를 이용해서 I_D를 구한다.
I_D를 알고 있으면 I_B를 구할 수 있다.

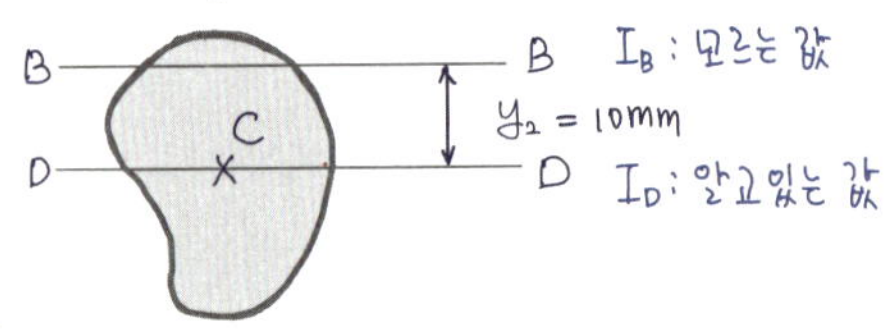

보완설명

평행축 정리를 이용할때는 단면의 도심을 통과하는 축에 대한 단면 2차 모멘트가 포함되어야 한다
위 문제에서 이렇게 평행축 정리를 적용하면 안된다

$I_B = I_A + A(y_1+y_2)^2 = 35\times10^6 + 1.2\times10^4(40+10)^2$ → (X)

→ 도심축을 통과하는 I_D 값이 기준이 되어야 하므로 I_D가 반드시 포함 되어야 한다.

Comment　단면2차모멘트를 구하는 보다 간단한 방법

B2-05　그림과 같은 T형 단면의 도심축에 대한 단면2차모멘트를 구하시오

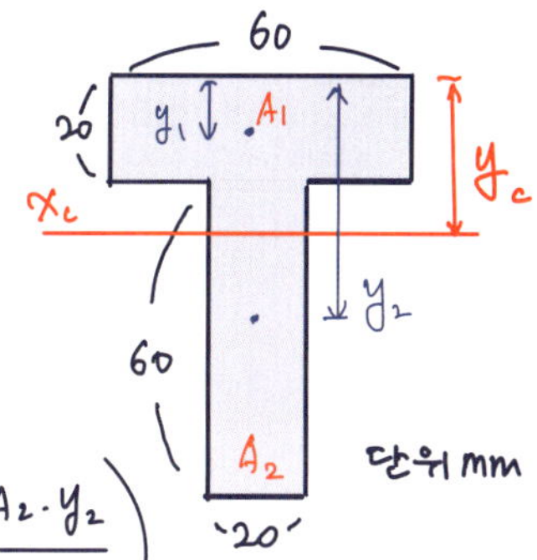

문제풀이

단면 1차모멘트를 이용해서 도심축까지 거리를 먼저 구한 후,
구해진 도심축을 기준으로 단면 2차모멘트를 구한다.

$$y_c = \frac{(60\times20\times10)+(60\times20\times5)}{(60\times20)+(60\times20)} = 30\,\text{mm} \qquad \left(y_c = \frac{A_1\cdot y_1 + A_2\cdot y_2}{A_1 + A_2} \right)$$

단면 2차모멘트를 구하는 기준축을 중심으로
직사각형 모양으로 단면 분할이 가능하다면
평행축정리를 이용하는 것 보다 $\frac{bh^3}{3}$ 을
이용하는것이 훨씬 간편하다.

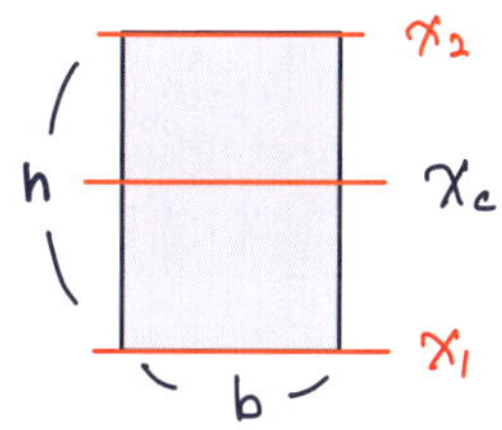

$$I_{x_2} = \frac{bh^3}{3} \qquad I_{x_c} = \frac{bh^3}{12} \qquad I_{x_1} = \frac{bh^3}{3}$$

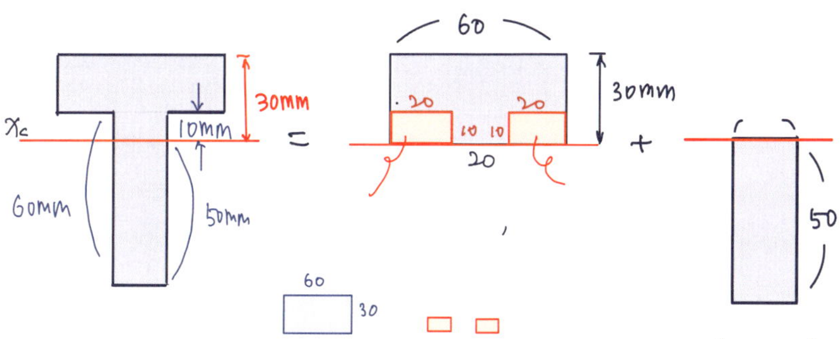

$$I_{x_c} = \left(\frac{60\times30^3}{3} - \frac{20\times10^3}{3}\times2 \right) + \left(\frac{20\times50^3}{3} \right)$$

$$= 526{,}667 + 833{,}333 = 1{,}360{,}000\,\text{mm}^4$$

- 평행축 정리 이용하는 일반적인 방법

$$I_{x_c} = \left(\frac{60\times20^3}{12} + (60\times20)\cdot20^2 \right) + \left(\frac{20\times60^3}{12} + (20\times60)\cdot20^2 \right) = 1{,}360{,}000\,\text{mm}^4$$

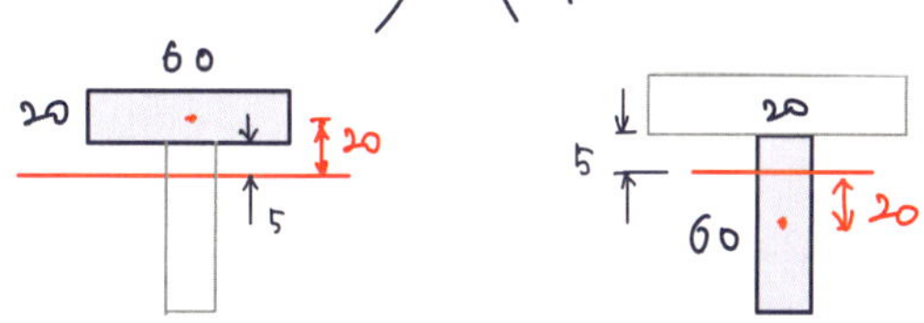

Type	B3. 단면상승모멘트 구하기
Frequency	
Comment	단면상승모멘트는 경우에 따라 '−' 값을 갖을 수 있다.

B3−01 직사각형 단면의 도심축(x, y축)과 O점을 통과하는 축(x_1, y_1 축)에 대한 단면상승모멘트를 각각 구하여라.

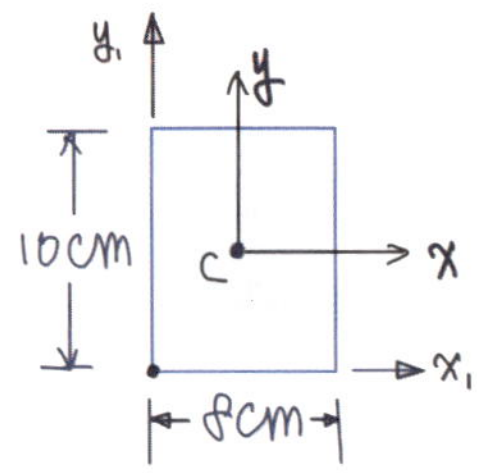

문제풀이

단면상승모멘트 Ixy ; 주응력이 발생되는 축을 의미하는 '주축'을 구할 때 주로 사용됨

「서로곱한다」의 뜻

$\cdot I_{xy} = \int x \cdot y \cdot dA = A \cdot x \cdot y$

단면상승 M을 구하는 기준축 / I_{xy}를 구하려는 축에서 단면 도심까지의 거리

→ x, y 값은 좌표상 +, − 값을 갖는다. x, y의 부호 조합에 따라 I_{xy} 값의 부호가 결정된다.

1) 도심을 통과하는 xy 축에 대한 단면 상승 모멘트 I_{xy} ;

$I_{xy} = A \cdot x \cdot y = 8 \times 10 \times (0 \times 0) = 0$

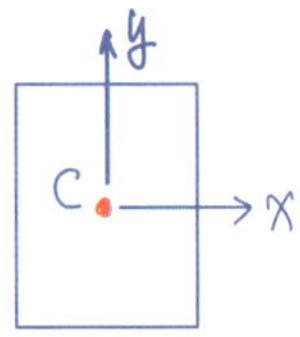

Ixy를 구하려는 기준축과 단면의 도심축이 일치하므로 x와 y 값은 각각 '0'이 된다.

단면을 분할해보면 보다 쉽게 이해할 수 있다. 분할된 단면의 도심까지 거리를 의미하는 좌표값 x_i, y_i 의 부호를 고려하여 모두 합하면 '0'이 된다.

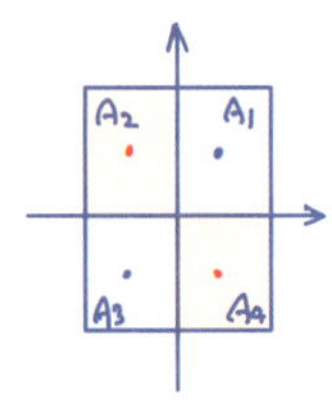

	x_i	y_i	$A_i \cdot x_i \cdot y_i$
A_1	2	2.5	$+5A_1$
A_2	−2	2.5	$-5A_2$
A_3	−2	−2.5	$+5A_3$
A_4	2	−2.5	$-5A_4$
		Σ	0

2) O점을 통과하는 $x_1 y_1$ 축에 대한 단면 상승 모멘트 $I_{x_1 y_1}$;

$I_{x_1 y_1} = A \cdot x_1 \cdot y_1 = (8 \times 10) \cdot 4 \cdot 5 = 1{,}600\ cm^4$

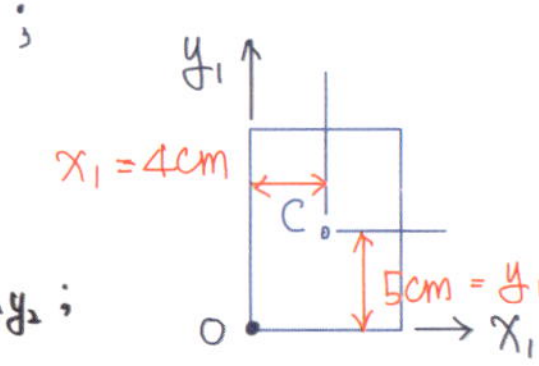

보완설명

만약 좌표축이 다음 그림과 같은 경우 단면상승모멘트 $I_{x_2 y_2}$;

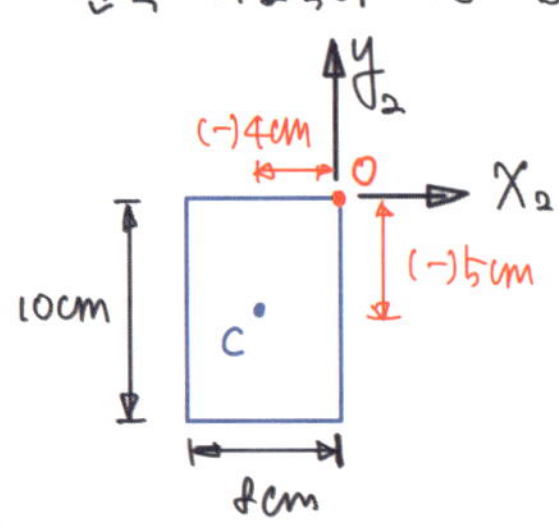

$I_{x_2 y_2} = A \cdot x_2 \cdot y_2$
$= (8 \times 10) \cdot (-4) \cdot (-5)$
$= 1{,}600\ cm^4$

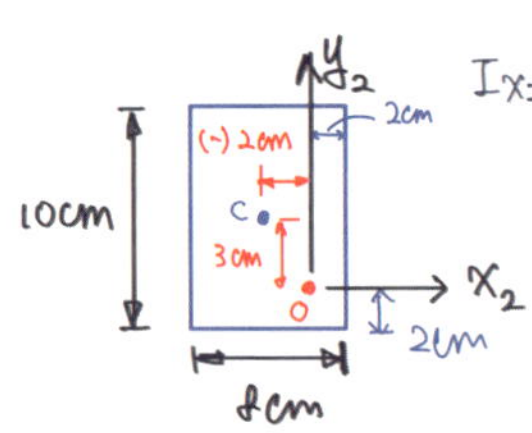

$I_{x_2 y_2} = A \cdot x_2 \cdot y_2$
$= (8 \times 10)(-2)(3)$
$= -400\ cm^4$

Comment

B3-02 그림과 같은 L자형 단면의 x축과 z축에 대한 단면상승모멘트는?

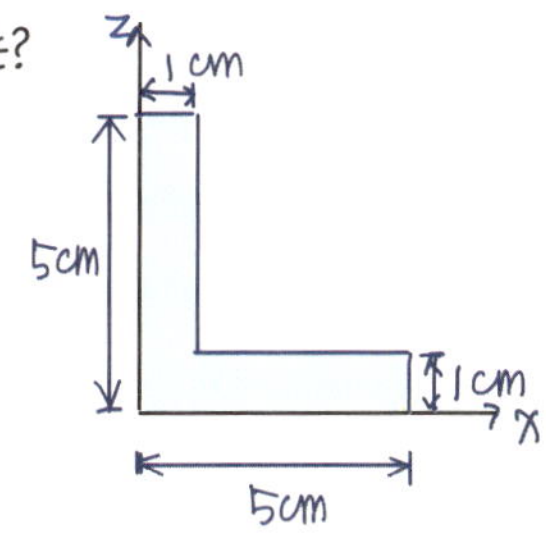

문제풀이

L 형 단면을 도심을 알수있는 정형화된 모양으로 나눈다. (보통 □.△.○ 등으로 나눔)

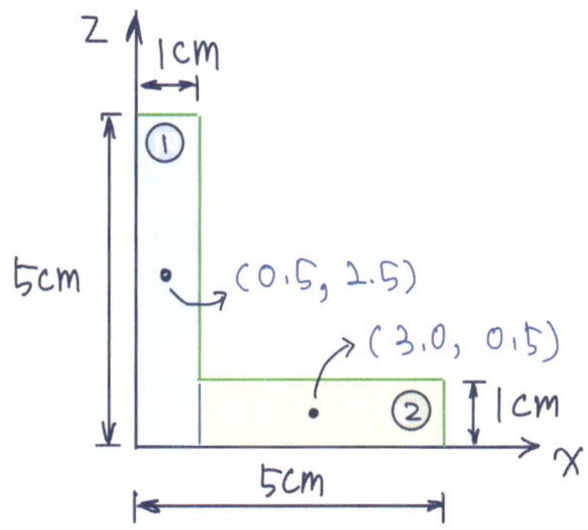

- $I_{xz} = A_1 \cdot x_1 \cdot y_1 + A_2 \cdot x_2 \cdot y_2$
  $= (5\times1)\cdot 0.5 \cdot 2.5 + (4\times1)\cdot 3 \cdot 0.5$
  $= 12.25\,\text{cm}^4$

보완설명

☆☆ x′축, z′ 축에 대한 $I_{x'z'}$ = ?

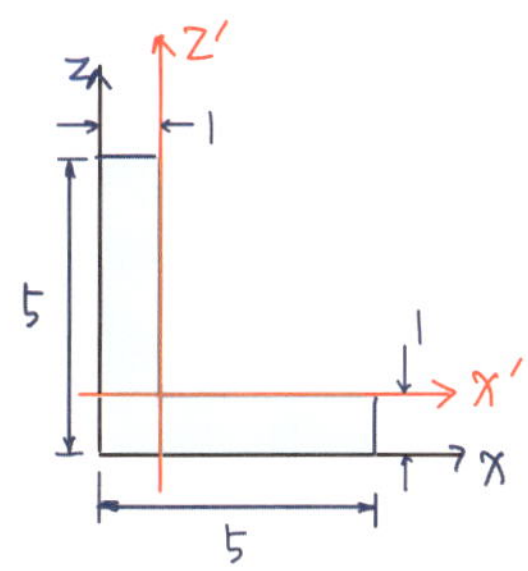

단위 : cm

- x′, z′ 축을 기준으로 설정하면

$I_{x'z'} = [(4\cdot1)\times(-0.5\cdot2)] + [(4\cdot1)\times2\times(-0.5)] + [(1\cdot1)\times(-0.5)\times(-0.5)]$

$= -4 + (-4) + 0.25 = -7.75\,\text{cm}^4$ → x, z 가 경우에 따라 음수 "−" 일수도 있다!!

∴ $I_{x'z'} = -7.75\,\text{cm}^4$

$\left(\begin{array}{l} x_1' = -0.5\,\text{cm} \\ z_1' = 2\,\text{cm} \end{array}\right.$

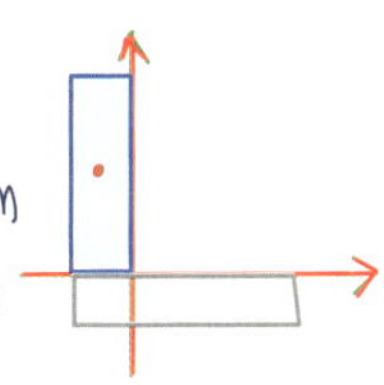

$\left(\begin{array}{l} x_2' = 2\,\text{cm} \\ z_2' = -0.5\,\text{cm} \end{array}\right.$

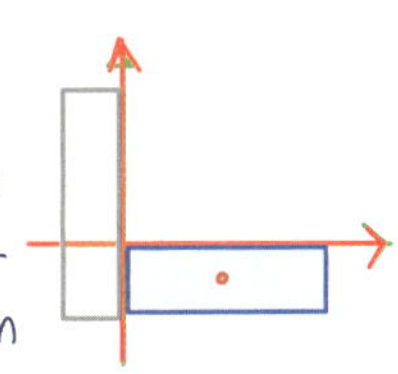

$\left(\begin{array}{l} x_3' = -0.5\,\text{cm} \\ z_3' = -0.5\,\text{cm} \end{array}\right.$

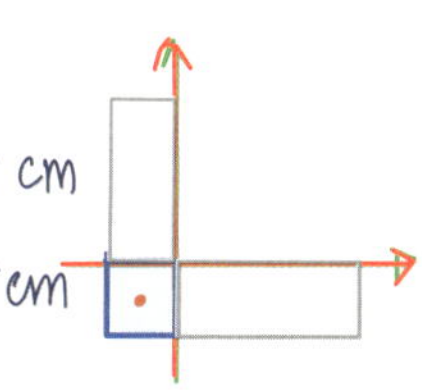

Comment

B3-03 그림과 같이 변의 길이가 각각 12cm인 직각삼각형 단면이 있다. x, y 축에 대한 단면 상승모멘트 I_{xy} 와 도심축에 대한 단면 상승모멘트 I_{XY}를 각각 구하여라.

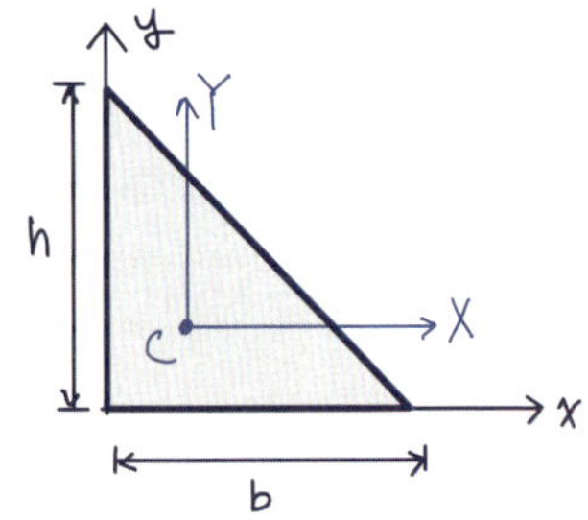

문제풀이

• 미소면적 $dA = S \cdot dy = \dfrac{b(h-y)}{h} \cdot dy$

$b : h = S : (h-y)$, $S = \dfrac{b(h-y)}{h}$

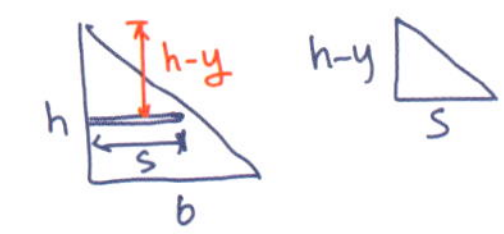

1) x, y 축에 대한 I_{xy} (단면상승M)

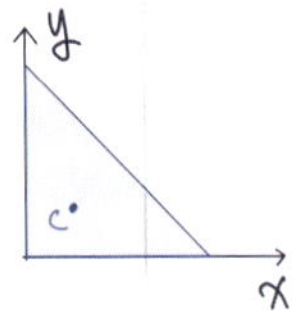

$$\cdot\ I_{xy} = \int xy\,dA = \int \frac{S}{2}\cdot y \cdot dA$$

$$= \int_0^h \frac{b}{2h}(h-y)\cdot y \cdot \frac{b}{h}(h-y)\cdot dy$$

(S)

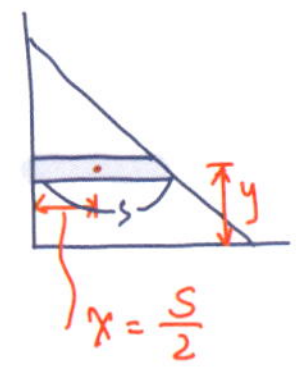

$$= \int_0^h \frac{b^2}{2h^2}(h-y)^2 \cdot y \cdot dy$$

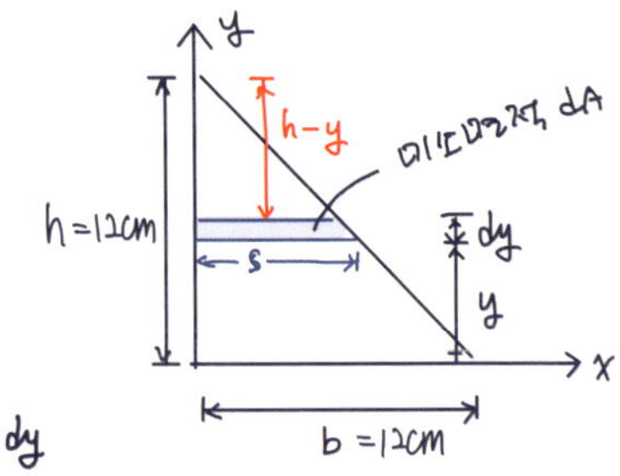

$$= \frac{b^2}{2h^2}\int_0^h (h^2-2hy+y^2)\cdot y\,dy = \frac{b^2}{2h^2}\int_0^h (h^2y - 2hy^2 + y^3)\,dy$$

$$= \frac{b^2}{2h^2}\left[\frac{h^2y^2}{2} - \frac{2hy^3}{3} + \frac{y^4}{4}\right]_0^h = \frac{b^2}{2h^2}\left(\frac{h^4}{2} - \frac{2h^4}{3} + \frac{h^4}{4}\right)$$

$$= \frac{b^2}{2h^2}\left(\frac{6h^4 - 8h^4 + 3h^4}{12}\right) = \frac{b^2}{2h^2}\left(\frac{h^4}{12}\right) = \frac{b^2h^2}{24}$$

$b = x = 12\text{cm}$, $h = y = 12\text{cm}$ 로 문제에서 주어짐.

$$\therefore I_{xy} = \frac{12^2 \times 12^2}{24} = 864\ \text{cm}^4$$

2) 도심축에 대한 I_{XY}는 평행축 정리를 이용한다.

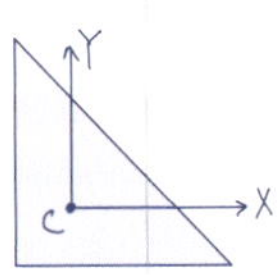

$$I_{xy} = I_{XY} + A\cdot\bar{x}\cdot\bar{y}$$

$$I_{XY} = I_{xy} - A\cdot\bar{x}\cdot\bar{y} = \frac{b^2h^2}{24} - \left(\frac{1}{2}bh\cdot\frac{b}{3}\cdot\frac{h}{3}\right) = \frac{b^2h^2}{24} - \frac{b^2h^2}{18}$$

$$= \frac{3b^2h^2 - 4b^2h^2}{72} = -\frac{b^2h^2}{72}$$

$$\therefore I_{XY} = -\frac{12^2\times 12^2}{72} = -288\ \text{cm}^4$$

계산된 결과 이용하면 $I_{xy} = 864\text{cm}^4$ 이므로

$$I_{XY} = 864 - \frac{b^2h^2}{18} = 864 - \frac{12^2\times12^2}{18} = -288\ \text{cm}^4$$

Type	B4. 단면 2차 극관성모멘트 구하기
Frequency	
Comment	단면 2차 극관성모멘트 Ip는 (y, x, z) 좌표계에서 z 축에 대한 단면 2차모멘트와 같은 개념.
B4-01	직경이 D인 원형단면의 도심축에 대한 단면 2차 극관성모멘트 Ip는?

문제풀이

도심축에 대한 단면 2차극관성모멘트 Ip 는?

$$I_p = \int r^2 dA = \int (x^2+y^2)\,dA = \int x^2 dA + \int y^2 dA = I_y + I_x = 2I_x \ (=2I_y)$$

원형단면에서 $I_x = I_y$

$\rightarrow r^2 = x^2 + y^2$ (피타고라스의 정리)

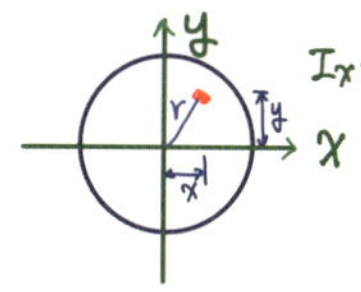

$I_x = I_y = \frac{\pi D^4}{64}$

$$\therefore I_p = I_x + I_y = 2I_x = 2I_y = 2\left(\frac{\pi D^4}{64}\right) = \frac{\pi D^4}{32}$$

(원형단면은 $I_x = I_y$)

반지름 r로 표현하면 $I_x = \frac{\pi D^4}{64} = \frac{\pi (2r)^4}{64} = \frac{\pi r^4}{4}$

$$I_p = I_x + I_y = 2I_x = 2 \cdot \frac{\pi r^4}{4} = \frac{\pi r^4}{2}$$

보완설명

파이프와 같이 속이 빈 원형단면일 경우 단면 2차극관성모멘트 Ip 는?

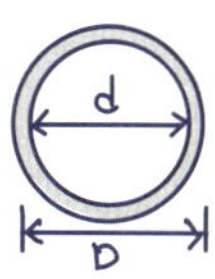

$$\therefore I_p = I_x + I_y = 2I_x = 2\left(\frac{\pi D^4}{64} - \frac{\pi d^4}{64}\right) = 2\left(\frac{\pi (D^4 - d^4)}{64}\right)$$

$$= \frac{\pi (D^4 - d^4)}{32}$$

극좌표계

단면 2차극관성모멘트 Ip 는 극좌표계(polar coordinate system)을 이용. 극좌표계는 평면상의 어떤 좌표값을 나타낼 때 축의 원점에서 부터의 거리 r과 사이각 θ 를 사용한다.

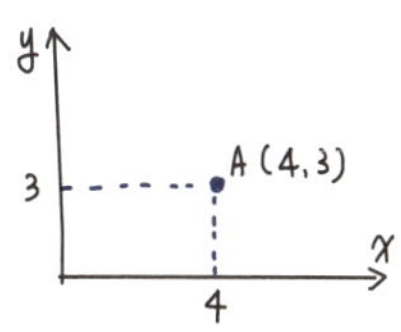

직교좌표계

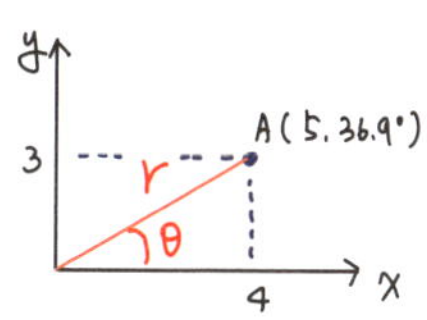

극좌표계

$r = 5 = \sqrt{3^2+4^2}$

$\theta = 36.9°$

Comment

B4-02 직경이 D인 원형단면이 그림과 같이 x축과 y축에 접하고 있을 때 O축에 대한 단면 2차 극관성모멘트 Ip는?

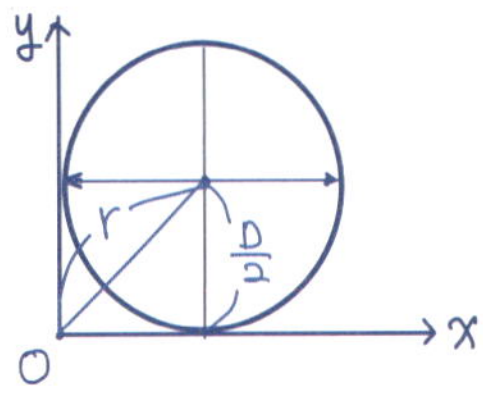

문제풀이

* O축은 원형단면의 도심축을 통과하는 축이 아니므로 평행축 정리가 필요하다.

∘ $I_p = I_p + A \cdot r^2$

→ 도심축에 대한 극관성 Moment.

$= (I_X + I_Y) + A \cdot r^2$

$= \left(\frac{\pi D^4}{64} + \frac{\pi D^4}{64}\right) + \frac{\pi D^2}{4} \cdot \frac{D^2}{2}$

$= \frac{\pi D^4}{32} + \frac{\pi D^4}{8} = \frac{5\pi D^4}{32}$

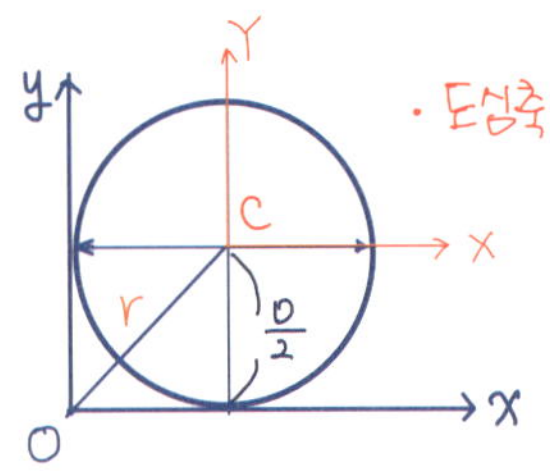

· 도심축 X, Y의 교점 C

$r^2 = \left(\frac{D}{2}\right)^2 + \left(\frac{D}{2}\right)^2 = \frac{D^2}{2}$

∘ I_p : x, y축의 교축 z축 (O점)

∘ I_p : X Y축의 교축 Z축 (C점)

Type	B5. 회전반경 구하기 (회전반경 = 단면 2차 반경)
Frequency	
Comment	

B5-01 그림과 같은 단면에서 y축과 x축에 대한 단면 2차반경을 각각 구하시오.

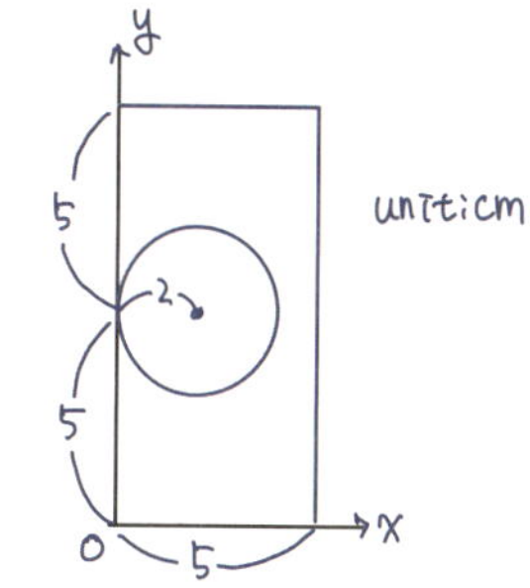

문제풀이

$r = \sqrt{\frac{I}{A}}$

$\cdot\ r_x = \sqrt{\frac{I_x}{A}}$

$\cdot\ r_y = \sqrt{\frac{I_y}{A}}$

1) y축에 대한 회전반경 r_y 는 I_y 를 사용한다.

$\cdot\ A = (10\times5) - \frac{\pi\times4^2}{4} = 37.4\text{cm}^2$

$\cdot\ I_y =$ 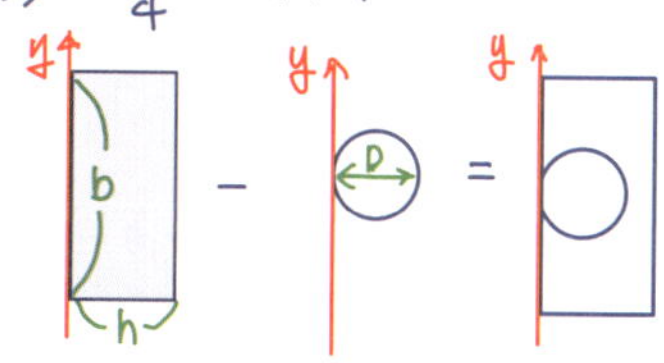 $= \frac{bh^3}{3} - \frac{5\pi D^4}{64}$

$= \frac{10\times5^3}{3} - \frac{5\pi\times4^4}{64} = 416.7 - 62.8 = 353.9\text{cm}^4$

$\therefore r_y = \sqrt{\frac{353.9}{37.4}} = 3.07\text{cm}$

* 회전반경은 설계 단계에서 구조부재를 선택하는 하나의 기준이 된다.
회전반경이 클수록 구조적으로 유리한 단면이라고 할 수 있다.

↓

그러나 단면을 결정하고 난 이후에는 r 값이 보다 작은 축을 기준으로 설계검토가 이루어져야 한다.

ex)

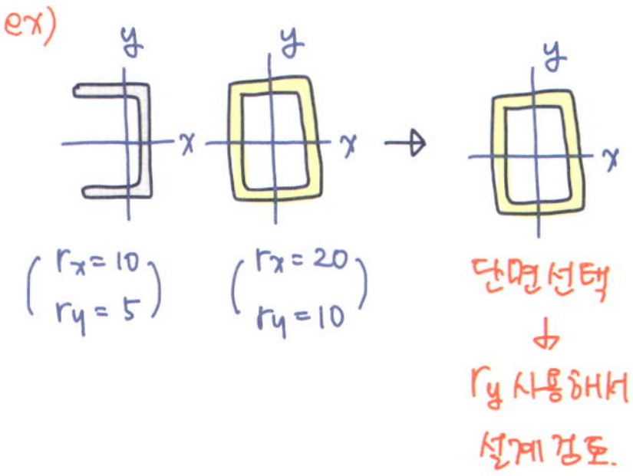

2) x축에 대한 회전반경 r_x = ?

$r_x = \sqrt{\frac{I_x}{A}}$ $\cdot\ I_x = \frac{5\times10^3}{3} - \left(\frac{\pi D^4}{64} + \frac{\pi D^2}{4}\cdot y^2\right)$

I_x ↓ $A\cdot y^2$

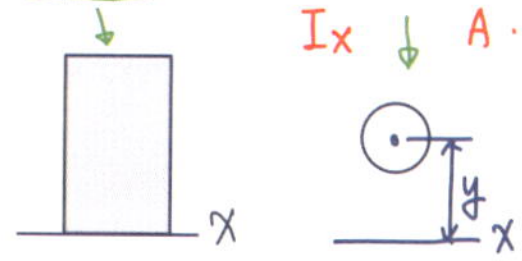

$= \frac{5\times10^3}{3} - \left(\frac{\pi\cdot4^4}{64} + \frac{\pi\cdot4^2}{4}\cdot5^2\right)$

$= 1{,}666.7 - 326.7 = 1{,}340\text{cm}^4$ $\therefore r_x = \sqrt{\frac{1{,}340}{37.4}} = 5.99\text{cm}$

$r_y = 3.07\text{cm}$, $r_x = 5.99\text{cm}$

→ (단면의 회전반경을 이용해서 세장비 λ를 구해야 하는 경우에는 r_{min} 값을 사용해야 한다.) → 세장비 $\lambda_{max} = \frac{l}{r_{min}} = \frac{l}{r_x}$

→「H1-00」 참고.

Type	B6. 단면계수 구하기
Frequency	
Comment	
B6-01	그림과 같이 지름이 D인 단면에서 최대단면계수를 갖는 직사각형 단면을 얻으려고 할 때 b/h 는?

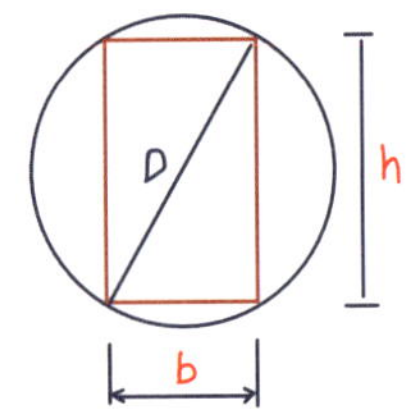

문제풀이

∘ 단면계수 $Z = \dfrac{\text{단면 2차 모멘트}}{\text{중립축에서 단면의 최외단 까지의 거리}}$

$= \dfrac{I}{y_{max}}$

∘ 직사각형 단면의 경우 → $I = \dfrac{bh^3}{12}$, $y_{max} = \dfrac{h}{2}$, $Z = \dfrac{\frac{bh^3}{12}}{\frac{h}{2}} = \dfrac{bh^2}{6}$

∘ $Z = \dfrac{bh^2}{6} = \dfrac{b}{6}(D^2-b^2) = \dfrac{D^2b-b^3}{6}$

(높이 h는 매개변수인 b의 항으로 표현하면 $D^2 = b^2+h^2$

↳ $h^2 = D^2-b^2$)

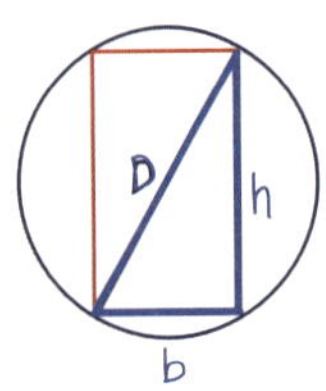

· 피타고라스 정리

$D^2 = h^2+b^2$

$h^2 = D^2-b^2$

$Z = \dfrac{bh^2}{6}$ 이므로 $h^2 = D^2-b^2$을 대입

만약, $b^2 = D^2-h^2$을 사용하면

$b = \sqrt{D^2-h^2}$ 으로 대입되어 복잡해 진다.

∘ Z가 최적 값을 갖으려면 Z를 매개변수 b로 미분했을때 '0'이 되어야함.

∘ $\dfrac{dZ}{db} = \dfrac{1}{6}(D^2-3b^2) = 0$. → $(D^2-3b^2) = 0$ 이 되어야 하므로

$D^2 = 3b^2$

$h^2 = D^2-b^2$ 에서 $h^2 = 3b^2-b^2 = 2b^2$ ∴ $h = \sqrt{2}b$ → ∴ $\dfrac{b}{h} = \dfrac{1}{\sqrt{2}}$

Comment

보완설명

☀ 최적단면 결정, '최적'의 수학적 개념

어떤 함수 f(x)의 근(root)을 구하는 것과 최적화(optimization)를 구하는 것은 다음 그래프에서 부터 구별하여 이해할 수 있다.

1) 일반적으로 근을 구하는 경우

$f(x)=0$ → 근

2) 최적화(최적설계)를 구하는 경우

$f'(x)=0$ → 최적점, 기울기가 '0' 되는 위치

→ 미분해서 그 값이 '0' 되는 점

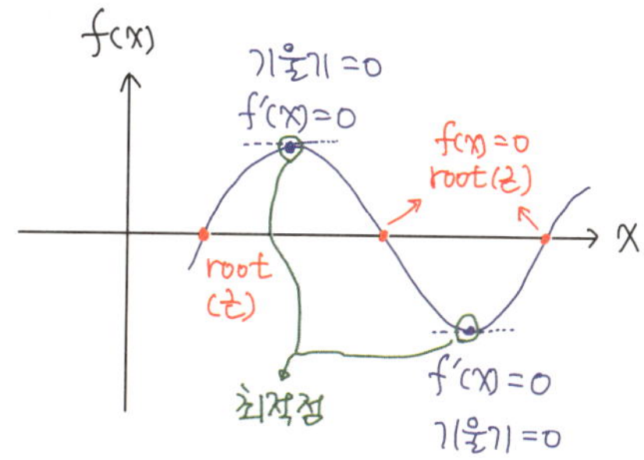

C. 재료의 역학적 성질 & 축하중 부재의 응력 해석

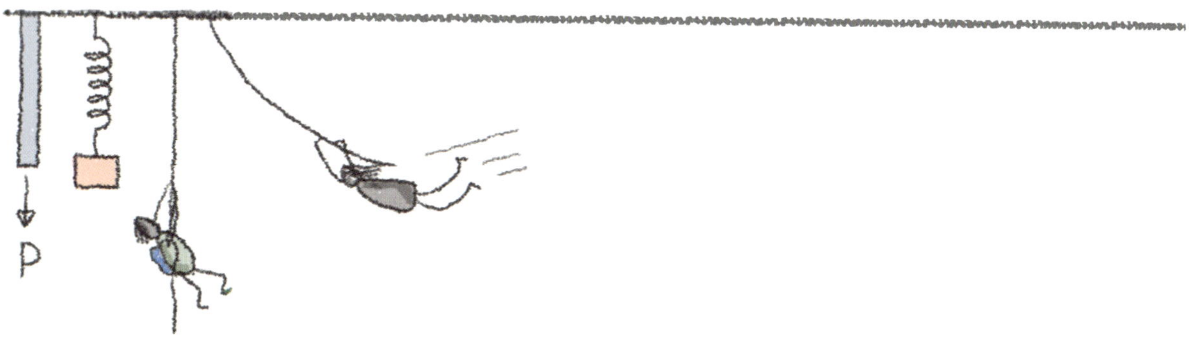

Type	C0. 재료의 역학적 성질 & 축하중 부재의 응력과 변형률에 대한 이해
Frequency	
Comment	Spring상수를 시작점으로 탄성계수로 부터 개념을 확장해 나가면 체계적으로 이해 할 수 있다.

C0–00

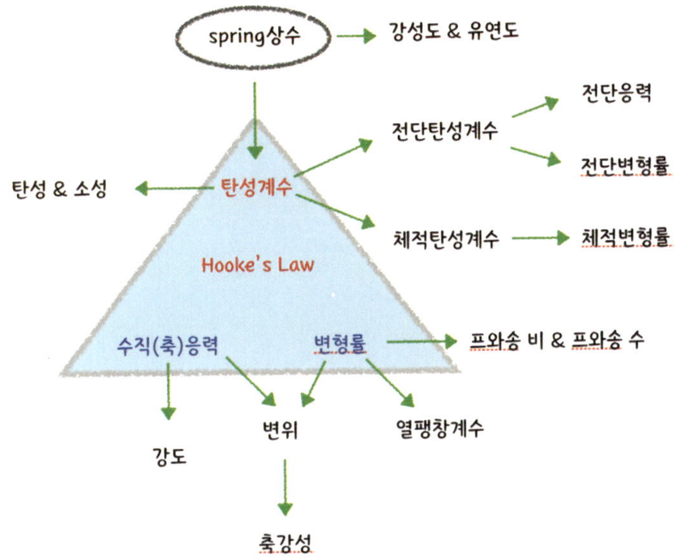

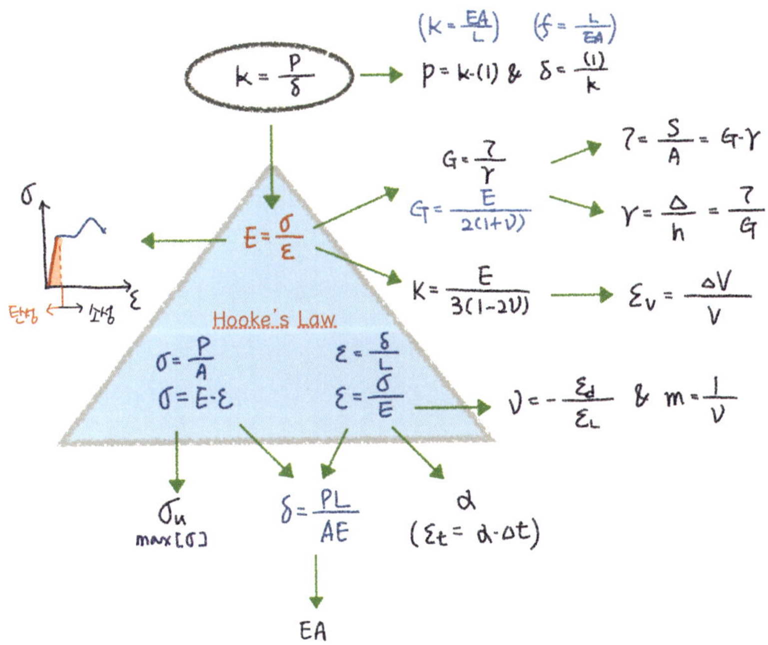

Comment

CO-01 재료의 역학적 성질 중 재료의 강한 정도를 나타내는 대표적인 용어 ; 스프링상수, 탄성계수, 강도

1) 스프링상수(spring constant)

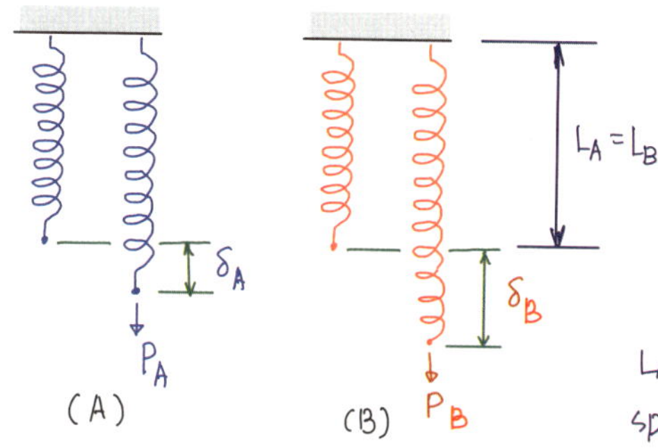

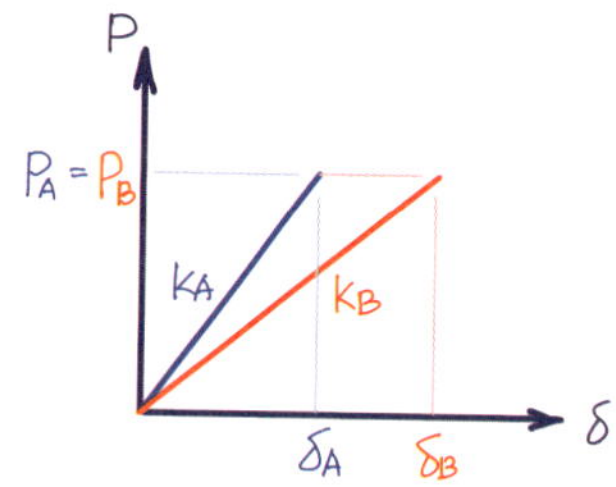

$L_A = L_B$, $P_A = P_B$ 이지만
spring의 강성(강한 정도) 차이가 있으면
$\delta_A \neq \delta_B$ 일 수 있다.

○ 하중(P)와 변위량(δ) 사이의 관계(기울기) : spring constant (스프링상수)

$K = \frac{P}{\delta}$

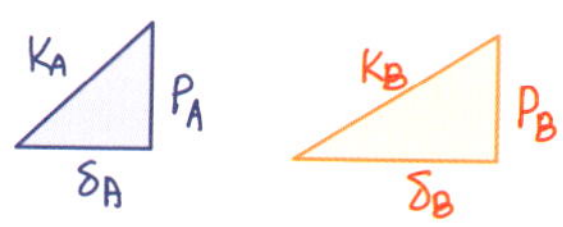

※ $K_A > K_B$

「K 값이 상대적으로 크다 (= 기울기가 급하다)」 의미?
→ spring이 상대적으로 단단하다.
(비교 대상이 되는 spring 사이에서)

○ 그런데....
spring 상수 K는 하중과 변위 관계(P-δ)로 부터 얻어지므로 어떤 spring의 K값을 다른 spring의 K값과 정량적으로 비교하여 어느 정도 강한것인지를 비교할 수 없는 한계를 가지고 있다.

○ 이러한 경우를 생각해보면...

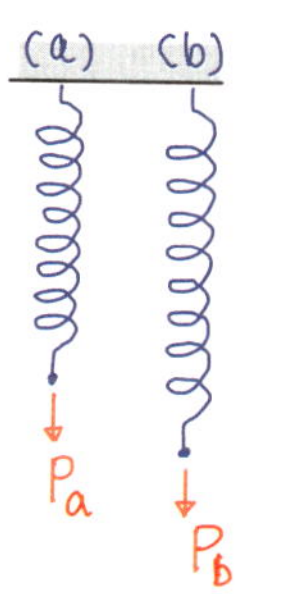

$P_a = P_b = 100N$

동일한 재질의 스프링에 하중 Pa = Pb =100N 이 작용할 때 스프링(a)는 7mm, 스프링(b)는 10mm가 각각 늘어난다고 가정해보자.
스프링 a와 스프링 b의 스프링상수는 다음과 같이 얻어진다.

- Ka = 100/7 = 14.3N/mm
- kb = 100/10 = 10.0N/mm

즉, 동일한 재료적 특성을 갖는 스프링이라 하더라도 스프링상수는 다르게 얻어져 그 재료의 역학적 특성을 대표한다고 보기 어렵다.

Comment

왜냐하면, spring 상수를 결정하는 과정에 spring의 길이와 단면적이 고려되지 않기 때문이다.
이러한 문제점을 보완할 수 있는 재료특성이 탄성계수(E) 이다. 탄성계수(E)는 응력과 변형률을 이용하여 구하기 때문에 힘을 받고 있는 부재(재료)가 하중을 받았을 때 변형에 저항하는 역학적 성질을 표준화된 수치로 나타낼 수 있다.
다양한 구조 부재(재료)들 사이에서 어느 재료가 더 큰 강성을 갖는지 비교가 가능하게 된다.

보완설명

강성도(stiffness, k) : 단위변위(δ =1)를 발생시키는데 필요한 힘.

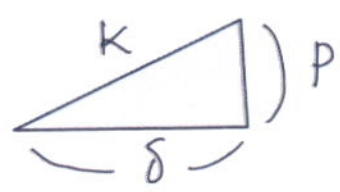

$\delta = \frac{PL}{EA} \rightarrow P = \frac{EA\delta}{L} \qquad P = \frac{EA(1)}{L} = k$

$\therefore k = \frac{EA}{L}$

δ=1 일때의 힘 P를 강성도(k)로 정의

P=k δ 에서 δ =1 일 때 힘 P 가 '강성도'이므로 P=k (1)이 된다. 즉, 강성도 P는 스프링 상수 'k=EA/L'와 같다.

유연도(flexibility, f) : 단위하중(P=1)에 의해 발생된 변위, 강성도의 역수

$$f = \frac{1}{k} = \frac{L}{EA}$$

Comment

CO-02 2) 탄성계수 & 후크의 법칙(Hooke's Law)

■ 후크의 법칙 : 응력(σ) = 탄성계수(E) x 변형률(ε)

$\sigma = E \cdot \varepsilon$ → $E = \frac{\sigma}{\varepsilon}$

E : 탄성계수 (modulus of Elastic),
혹은 영계수 (young's modulus)라고도 함.

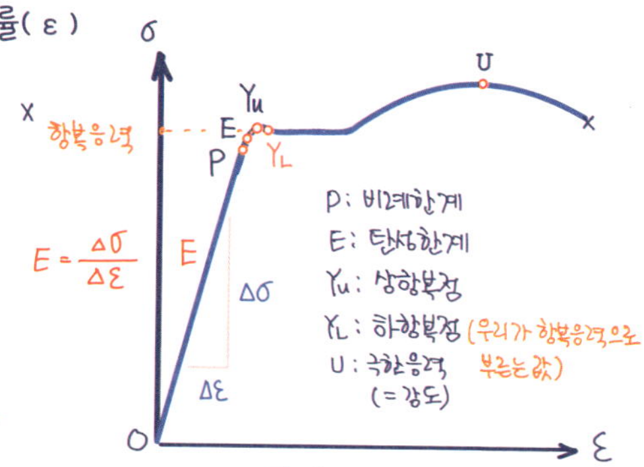

〈구조용 강재의 σ-ε 곡선 형상〉

■ 탄성계수(E) = 응력(σ) / 변형률(ε) →(후크의 법칙으로 부터)

탄성계수 E 는 응력–변형률 곡선에서 탄성영역의 직선 기울기로써 재료가 하중을 받아 신장 또는 수축변형을 일으킬려고 할 때 변형에 저항하는 재료의 저항정도를 나타내는 값.

→ 재료가 단단할 수록(강성이 클 수록) 탄성계수 값은 커진다

→ 탄성계수는 재료의 강성과는 비례하지만 강도와는 비례하지 않을 수 있다.!!

- A는 B보다 강성이 크다. 즉 탄성계수가 크다. $E_A > E_B$
- A는 B보다 강도가 작다. $\sigma_A < \sigma_B$
  ↳(재료가 최대로 버틸수 있는 응력의 최댓값)
- 같은 하중(응력) 조건에서
  A는 B보다 더 작은 변형률을 보인다. $\varepsilon_A < \varepsilon_B$

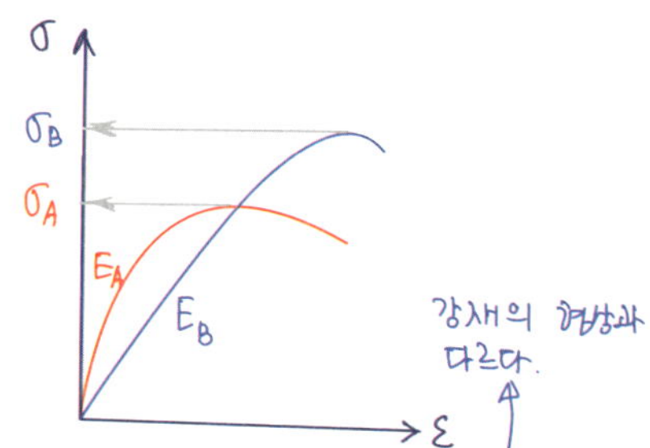

〈콘크리트의 σ-ε 곡선 형상〉

탄성계수 E 는 응력 σ 와 동일한 Pa(=N/m², 파스칼)의 단위를 갖는다(변형률 ε 의 단위가 없으므로......)

$$E = \frac{\sigma}{\varepsilon} = \frac{N/m^2}{1} = N/m^2$$

↑ 단위

Comment

탄성(elasticity) :

하중을 재하한 후 그 하중을 제거하면 변형이 발생되었던 부재는 잔류변형을 남기지 않고 원래의 길이로 되돌아오는 성질

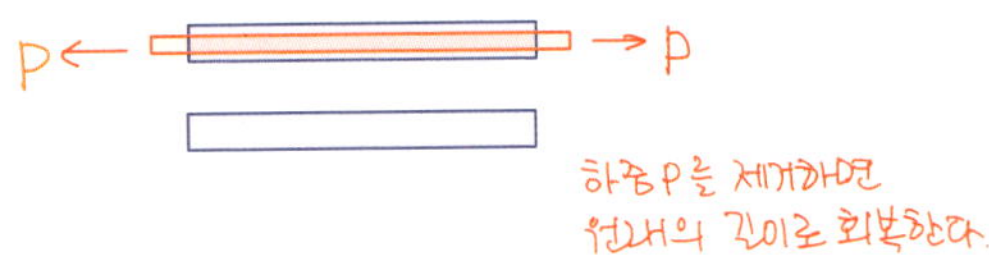

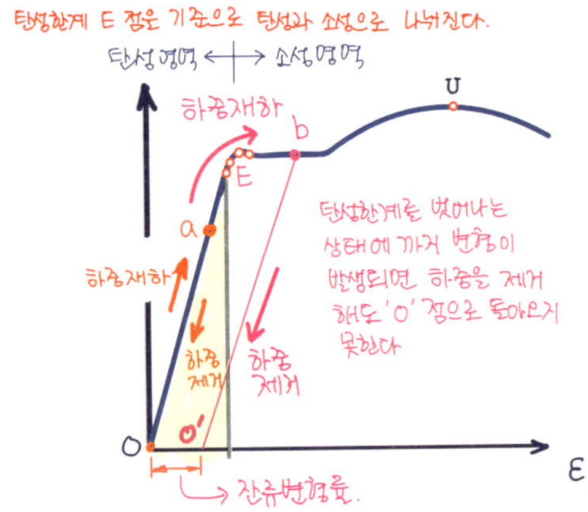

탄성한계의 변형률 보다 작은 변형률이 발생되어 있는 상태에서(예 : a점) 하중을 제거하면 부재에 발생되어 있던 변형은 잔류변형을 남기지 않고 최초 하중이 가해지기 전 원래의 상태로 돌아온다. 일반적으로 구조용 강재의 경우 탄성한계 상태의 변형률은 0.1~0.2% 사이의 값을 갖는다.

예 : SS275 강재의 항복응력 fy=275MPa, 탄성계수 E=200GPa 이라하면

탄성한계변형률 = 275 / 200,000 = 0.00138 = 0.138%

탄성한계변형률을 구하는데 왜 항복응력을 사용할까?

구조용 강재의 재료실험에서 비례한계, 탄성한계, 상, 하항복점은 밀착되어 나타나기 때문에 실제로 각각의 위치를 구분하기는 쉽지 않다. 하항복점은 응력변화 없이 변형이 지속되는 응력고원이 시작되는 위치이기 때문에 어렵지 않게 찾을 수 있다('탄성한계변형률 = 항복변형률'이라고 할 수 있음)

소성(plasticity) : 하중을 재하한 후 그 하중을 제거하면 변형이 발생되었던 부재는 원래의 길이로 돌아오지 못하고 일정 부분 잔류변형을 남기게 되는 성질

탄성한계의 변형률 보다 큰 변형률이 발생되어 있는 상태에서(예 : b점) 하중을 제거하면 부재에 발생되어 있던 변형은 일정부분 회복되지 못한 잔류변형을 남기게 된다.

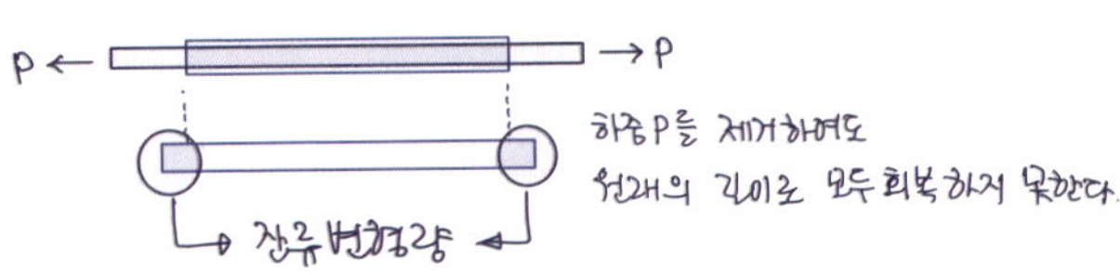

Comment

CO-03

3) 응력(Stress)과 변형률(Strain)

① 축응력 (⇒ 수직응력)

축방향 응력은 단면과 수직한 방향으로 발생되므로 '수직응력'이라고도 한다

- 축(방향)응력 → 응력을 발생시키는 내력의 관점에서 응력을 분류 (축(방향) 하중)
- 수직응력 → 응력의 발생 방향 관점에서 응력을 분류.

$$\sigma = \frac{P}{A} = \frac{\text{축방향력 (N)}}{\text{부재의 단면적 (m}^2\text{)}} \rightarrow \text{단위} : \frac{N}{m^2} = Pa\ (\text{Pascal, 파스칼})$$

$N/m^2 = N/1m \times 1m$ ex) $30N/m^2$

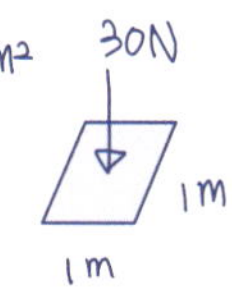

- 축응력은 부재 내부에 발생되는 축력을 부재의 단면적으로 나눈 값.
  → 어떤 부재가 받고 있는 내력을 단위 면적당의 힘으로 표준화 함으로써 강도 혹은 타 부재와 정량적으로 상호비교가 가능해짐.

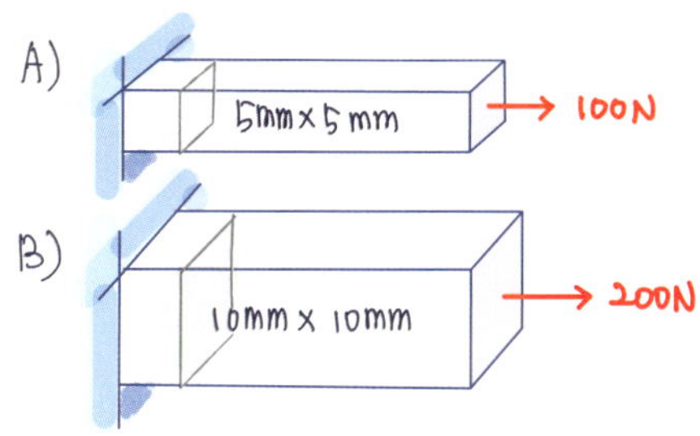

$$\sigma_A = \frac{100}{5 \times 5} = 4N/mm^2 = 4 \times 10^6 N/m^2 = 4MPa$$

$$\sigma_B = \frac{200}{10 \times 10} = 2N/mm^2 = 2MPa$$

- 만약 A, B 부재의 재료가 $3N/mm^2$의 강도를 가지고 있다면 A 부재는 B 부재 보다 작은 힘을 받고 있지만 재료가 버틸 수 있는 응력의 한계 값인 $3N/mm^2$ 보다 큰 응력이 발생되어 파괴된다. → 실제 A부재에는 4MPa이 발생되지 못한다. 부재에 발생된 응력이 3MPa을 넘어가면 응력의 증가는 없는 상태에서 큰 변형이 일어나면서 파괴된다.

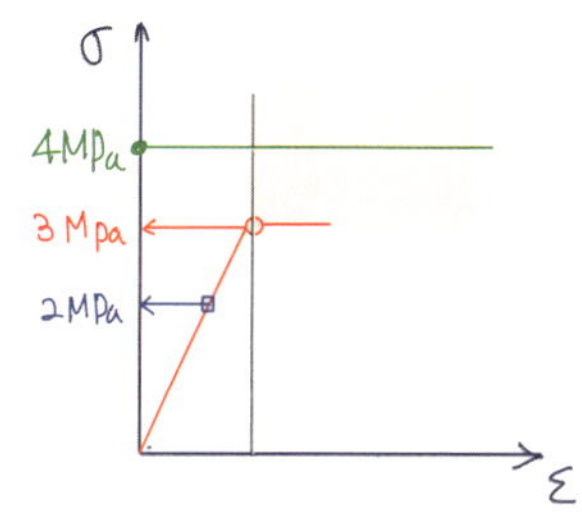

* 단면적 : 부재축에 대해 직각으로 절단한 면적

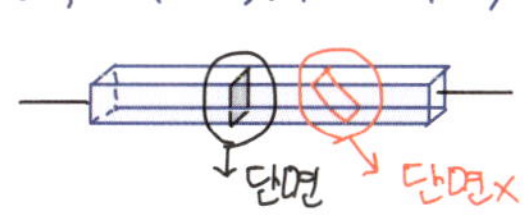

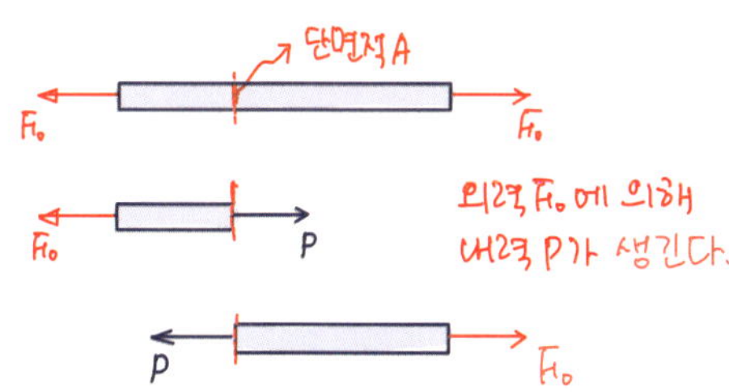

Comment

■ 우리는 '응력'과 '변형률'을 왜 힘들여서 구하려고 할까?

외력 → 내력 → 응력 & 변형 (우리가 구하는 응력과 변형률은 외부하중(외력)에 의해 부재에 발생)

: 부재가 버틸 수 있는 응력의 한계치(강도)를 알고 있다면, 우리가 구한 응력(변형)을 서로 비교하여 부재(구조물)의 파손 가능성을 예측할 수 있음.

– 부재가 버틸 수 있는 응력의 한계치(강도) > 우리가 구한 응력(외력이 발생시킨 응력) ... O.K (안전)

– 부재가 버틸 수 있는 응력의 한계치(강도) < 우리가 구한 응력(외력이 발생시킨 응력) ... N.G (파손)

■ 응력(stress)과 강도(strength)

– 응력 : 외력에 의해 부재 내에 발생되는 단위면적당 힘 → 단위면적당 외력이 발생시키는 힘 (엄밀하게 말하면 외력에 의해 생겨난 내력이 발생시킴)

– 강도(=극한응력) :단위면적당 견딜 수 있는 힘의 한계치(재료의 고유 특성값) → 단위면적당 재료가 견딜 수 있는 힘

보통 steel 재료의 경우 인장강도는 400MPa정도이나, 실제 설계할 때는 적용하는 설계법에 따라 안전율을 고려해 400MPa 보다 일정 수준 낮은 응력 값을 부재가 버틸 수 있는 응력의 한계치, 즉 강도로 본다.

* 설계의 기본 개념 : 응력(외력이 갖는 공격력) < 강도(재료가 갖는 방어력)

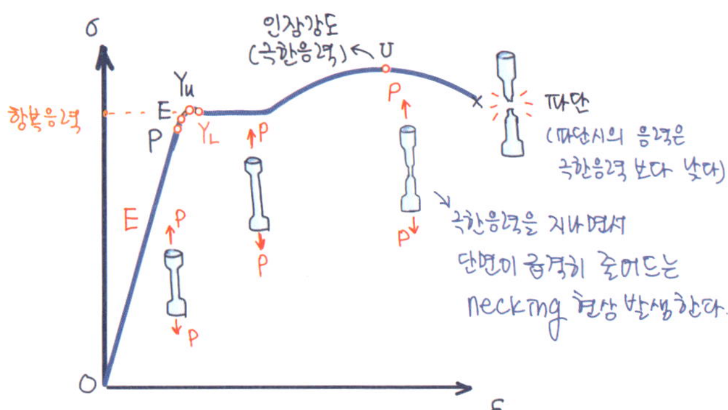

<구조용강재의 σ-ε 곡선>

ex) 어떤 콘크리트의 압축강도 $f_{ck} = 40\text{MPa}(\fallingdotseq 400\text{kgf/cm}^2)$ 이라면

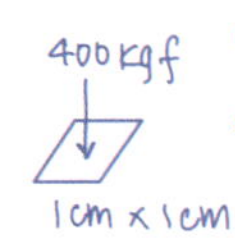

엄지 손톱보다 작은 면적이 400kgf 의 힘을 견딘다는 뜻.

② 변형률 (strain, ε)

$$\therefore \varepsilon = \frac{L' - L}{L} = \frac{\delta}{L}$$

δ → + : 신장 (+ε)

δ → – : 수축 (–ε)

↳ 단위가 없다!!

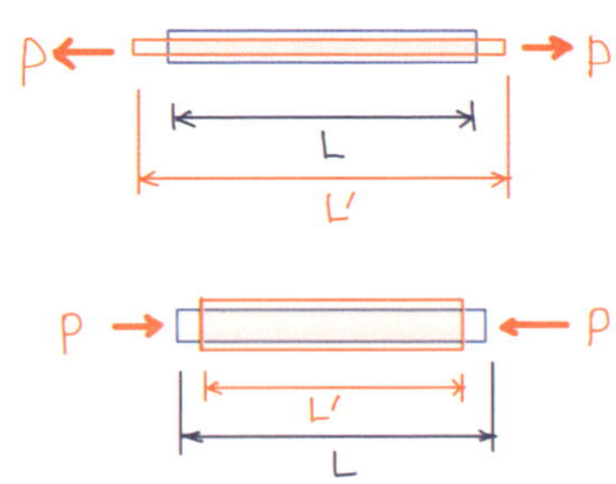

Comment

CO-04

4) 축하중에 의한 변위 & 축강성 :

축방향 하중이 작용할때 부재의 길이 변화량 δ 를 구하는 방법

축방향 응력 $\sigma = \frac{P}{A}$

$$\varepsilon = \frac{\delta}{L} \rightarrow \delta = \varepsilon \cdot L = \frac{\sigma}{E} \cdot L = \frac{\frac{P}{A}}{E} \cdot L = \frac{PL}{AE}$$

Hooke's Law 로 부터 $E = \frac{\sigma}{\varepsilon}$

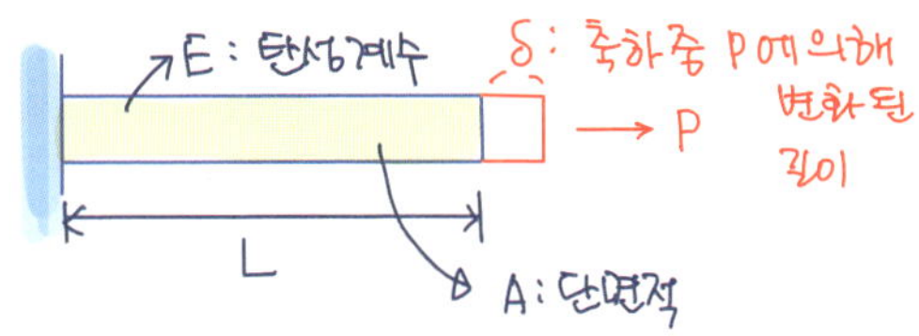

$$\therefore \delta = \frac{PL}{AE}$$

■ 축강성(axial stiffness) ; EA

- 축방향으로 작용하는 하중으로 인해 발생되는 변형에 대해 저항하는 능력
  - → 축강성이 크다 = 잘 변형되지 않는다는 뜻.
- 축강성 = 탄성계수(E)×단면적(A) → 단면의 형상 반영
  - → 재료의 특성 반영
  - → 축방향 변형에 대한 저항능력은 단면의 모양과는 상관 없음. 면적이 동일하면 저항 능력은 동일함.

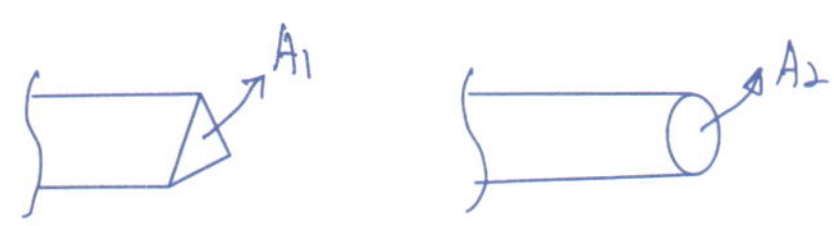

$A_1 = A_2$ 이면 축방향 변형 에 대한 저항능력은 동일하다. (단, $E_1 = E_2$)

Comment

CO-05 5) 프아송 비(ν) & 프와송 수(m)

· 한 방향으로 인장력(압축력)이 가해지면 부재는 인장력(압축력)이 작용하는 방향으로는 늘어나고(줄어들고), 이에 수직한 방향으로는 줄어든다(늘어난다).

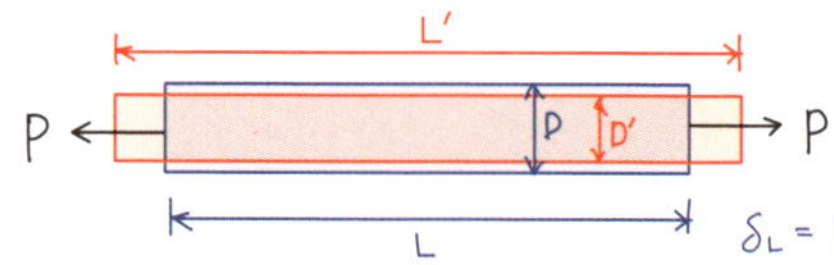

$\delta_L = L' - L$

$\delta_D = D' - D$

■ 프아송 비(ν) :

하중이 작용하는 방향(일반적으로 부재의 축방향)의 변형률에 대한 하중이 작용하는 직각방향 변형률의 비

$$\nu = (-)\frac{\varepsilon_D}{\varepsilon_L} = (-)\frac{\delta_D/D}{\delta_L/L} = (-)\frac{\text{축의 직각방향 변형률}}{\text{축방향 변형률}}$$

→ 분모와 분자항은 항상 상반된 부호를 갖게 되어 ν는 음수값을 갖는다.

(인장력 → ε_L : +, ε_D : −

(압축력 → ε_L : − ε_D : +

↓

음수(−)가 싫다!!

↓

프와송 비 ν를 구하는 식에 미리 (−)를 포함시켜 항상 (+) 값이 되도록 함.

■ 프아송 수(m) :

프아송 비(ν)의 역수 $m = \frac{1}{\nu}$

Comment

CO-06

6) 열팽창계수 α (= 선팽창계수)

■ 열팽창계수 α 의 단위를 보면.......

「/°C」 → /1°C
(→ 변형률은 단위가 없음)
(→ 숫자 '1'은 생략되어 있음.)

열팽창계수 α 는 온도 1°C 가 변할 때 그 재료에 발생되는 변형률'을 의미함.

- Con' 의 $\alpha = 10\times10^{-6}/°C$ → 온도 1°C가 변할 때 변형률 $\varepsilon_c = 10\times10^{-6}$ 이다
- Steel의 $\alpha = 12\times10^{-6}/°C$ → 온도 1°C가 변할 때 변형률 $\varepsilon_s = 12\times10^{-6}$ 이다

(온도 변화가 발생시키는)

현재의 철근콘크리트 구조물이 널리 사용되고 있는 이유 중 한가지는 두 재료의 열팽창 계수가 비슷해서 온도변화에 대응할 수 있었기 때문이다.

- Question :
만약, 온도 변화폭이 30 °C 라고 가정한다면 콘크리트와 철근의 길이 변화량은?

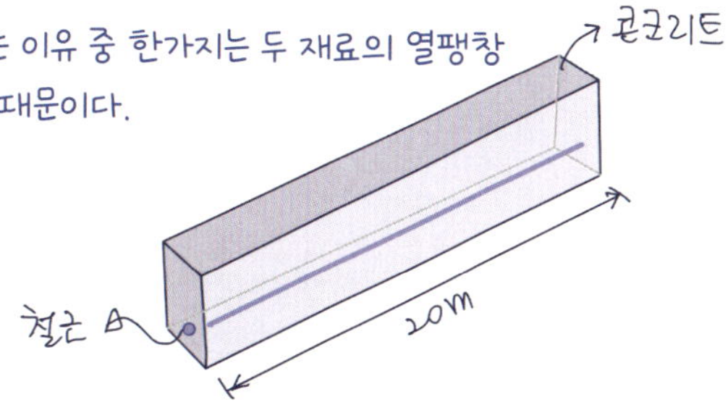

- 철근의 변화량 $\delta_{Ts} = \alpha\cdot\Delta T\cdot L = 12\times10^{-6}/°C \times 30°C \times (20\times1{,}000mm) = 7.2mm$
- 콘크리트의 변화량 $\delta_{Tc} = 10\times10^{-6}/°C \times 30°C \times (20\times1{,}000mm) = 6.0mm$
- 철근의 열 변형률 $\varepsilon_{Ts} = \alpha_s\cdot\Delta T = 12\times10^{-6}/°C \times 30°C = 0.00036 = 3.6\times10^{-4}$
- 콘크리트의 열 변형률 $\varepsilon_{Tc} = \alpha_c\cdot\Delta T = 10\times10^{-6}/°C \times 30°C = 0.00030 = 3.0\times10^{-4}$

$$\rightarrow \varepsilon_T = \frac{\delta_T}{L} = \frac{\alpha\cdot\Delta T\cdot L}{L} = \alpha\cdot\Delta T$$

열변형률은 부재의 단면적, 부재의 길이와 상관 없다!!

* 만약 철근과 콘크리트의 열팽창계수가 거의 유사하지 않았다면 온도변화로 인해 철근과 콘크리트는 서로 분리되는 현상이 발생하게 될 것이고 일체 거동은 불가능해져 결국 구조체로써 기능을 상실하게 되었을 것이다.

Comment

CO-07 7) 전단탄성계수 G

■ 전단에 관한 후크의 법칙

: 탄성한계(탄성영역) 내에서는 응력과 변형률 선도($\sigma-\varepsilon$ curve)와 같이 전단에 대해서도 전단응력 (τ)과 전단변형률 (γ)사이에 다음과 같은 관계식이 성립한다.

여기서 G : 전단탄성계수(Pa)

$$\tau = G \cdot \gamma$$

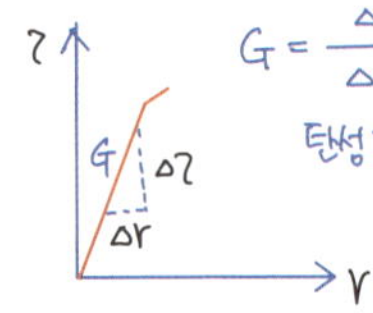

$G = \frac{\Delta\tau}{\Delta\gamma} = \frac{\tau}{\gamma}$

탄성한계 내에서는 전단에 대해서도 Hooke's Law 성립

■ E와 G 사이의 관계 → 중요 !!

: 프와송 비와 연계하면 다음과 같은 식이 얻어짐.

$$G = \frac{E}{2(1+\nu)}$$

E : 탄성계수

ν : 프와송 비

전단탄성계수(G) : 전단응력과 전단변형률 사이의 실험에서 얻어지는 재료의 역학적 성질(탄성계수 E와 같은 개념)
G를 구하는 실험과정은 E를 구하는 실험에 비해 까다롭다.
일반적으로 G 는 탄성계수 E 와 프와송 비 ν 를 이용하여 구한다.

■ 전단응력(shear stress, τ)

: 단면에 평행한 방향으로 단위면적당 작용하는 힘.

$$\tau_{aver} = \frac{S}{A} \rightarrow \frac{전단력}{단면적} = \frac{N}{m^2} = Pa$$

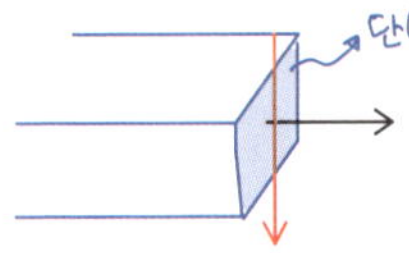

여기서, τ aver : (평균)전단응력

→ 단면의 전단응력을 평균한 값으로써 단면 내의 전단응력 분포가 일정표현된다.

→ 실제 전단응력은 단면 내에서 일정하게 분포하지 않는다. → 단면내에서 실제 분포하는 전단응력 구하는식 $\tau = \frac{SG}{Ib}$

S : 전단력, 부재의 단면과 평행하게 작용하는 힘(내력)

■ 전단변형률(shear strain, γ)

: 전단력에 의해 전단변형(=찌그러지는 변형) 발생

☆☆ 전단응력 τ, τ_{max}, τ_{aver} 구분하기 → F12 유형 참고

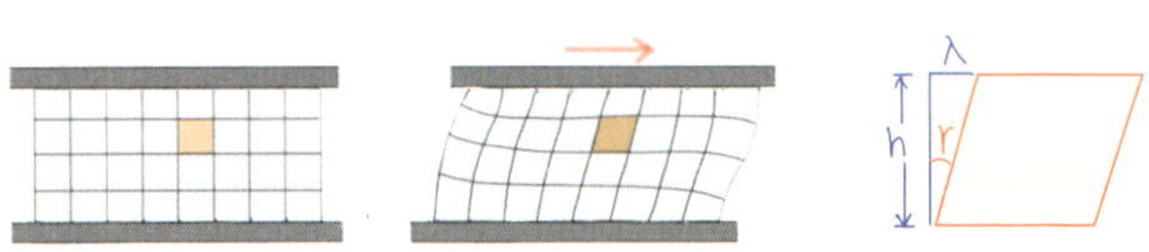

$\tan\gamma = \frac{\lambda}{h}$, $\gamma = \frac{\lambda}{h}$

↳ 변형된 각이 미소하므로 $\tan\gamma \approx \gamma$

γ : 전단 변형율은 'radian'의 개념이 들어 있다.

Comment

CO-08

8) 체적탄성계수 & 체적변형률

■ 체적탄성계수 K : 강체의 부피변화에 저항하는 재료의 역학적 성질,

– 탄성계수 E 와 프와송 비 ν 를 이용하여 구할 수 있다.

$$K = \frac{E}{3(1-2\nu)}$$

■ 체적변형률 ε_v

– 체적변형률도 외력의 작용으로 인해 체적이 변화되는 양을 비율로 표시하여 나타낸 값.

$$\varepsilon_v = \frac{\Delta V}{V} = \frac{\text{체적 변화량}}{\text{외력 작용전 체적}} = \frac{V'-V}{V} = \frac{(1-2\nu)}{E}(\sigma_x+\sigma_y)$$

$$\varepsilon_v = \frac{(1-2\nu)}{E}(\sigma_x+\sigma_y)$$

→ 체적변형률도 탄성계수 E 와 프와송 비 ν를 이용해서 구한다. (전단탄성계수 G 처럼..)

Type	C1. 전단탄성계수 G 구하기 (프와송 비 ν 포함)
Frequency	
Comment	

C1-01 어떤 재료의 프와송 비 $\nu = 0.25$, 탄성계수 $E = 210$ GPa 이다. 이 재료의 전단탄성계수 G 는?

문제풀이

※ G 구하는식 암기!!

• 탄성계수 E와 프와송 비 ν을 사용하여 전단탄성 계수 G를 구하는식

$$G = \frac{E}{2(1+\nu)}$$

→ 프와송 비 ν을 구해서 사용해야 하는 경우

$$\therefore \nu = -\frac{\varepsilon_D}{\varepsilon_L} = -\frac{\delta_D / D}{\delta_L / L} = -\frac{\text{하중과 직각방향 변형율}}{\text{하중작용 방향 변형율}}$$

두 변형율 중에 한 가지는 항상 '−' 값을 갖게된다.

"−"를 미리 반영해서 프와송 비 ν 가 양(+)의 값을 갖도록함.

• $G = \dfrac{210}{2(1+0.25)} = 84$ GPa

↓ GPa = 10^9 Pa

→ 토목구조용재료는 일반적으로 $\nu = 0.16 \sim 0.3$ 범위임.
$G \doteqdot 0.4E$ 정도의 값을 갖는다.
(E의 40% 수준)

보완설명

• 전단 탄성계수 G를 프와송수 m과 탄성계수 E로 표현하면

$$G = \frac{E}{2(1+\nu)} = \frac{E}{2(1+\frac{1}{m})} = \frac{E}{2+\frac{2}{m}} = \frac{mE}{2m+2}$$

$$= \frac{mE}{2(m+1)} \qquad \left(\text{프와송 수 } m = \frac{1}{\nu}\right)$$

Comment

CI-02 그림과 같이 케이블에 인장 하중이 작용하여 길이방향으로 10mm 늘어나고, 지름은 0.02mm가 줄어들었다면 이 케이블의 전단탄성계수 G 는?

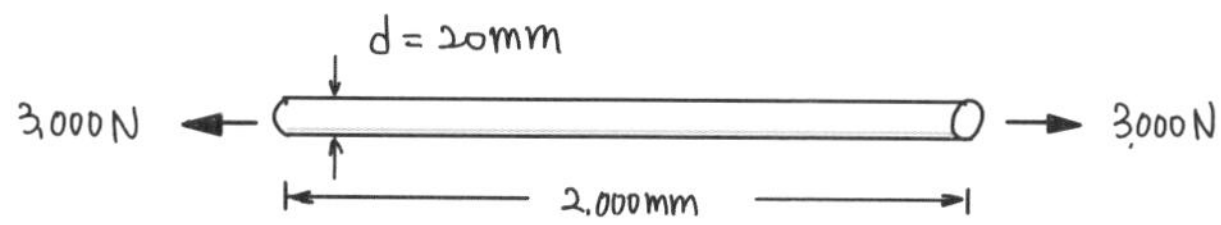

문제풀이

○ 전단탄성계수 G를 구할 수 있는 계산식 2가지.

① $G = \frac{E}{2(1+\nu)}$ ② $G = \frac{\tau}{\gamma}$ ($\leftarrow \tau = G \cdot \gamma$)

문제에서 주어진 조건으로는 전단응력 τ와 전단변형률 γ를 구할수 없으므로 식 ②는 사용할 수 없다.

식 ①을 사용하려면 E와 ν를 먼저 구해야 한다.

$$\nu = -\frac{\varepsilon_D}{\varepsilon_L} = -\frac{-0.02/20}{10/2000} = 0.2$$

(인장력 P 작용시 길이방향 변형률은 "$+\varepsilon_L$", 지름방향 변형률은 "$-\varepsilon_D$")

○ 축방향 변위 δ를 구하는 식으로 부터 탄성계수 E를 구할 수 있다.

$$\delta = \frac{PL}{AE} \rightarrow E = \frac{PL}{A \cdot \delta}$$ → 하중작용 방향의 변위

$\sigma = \frac{P}{A} = E \cdot \varepsilon = E \cdot \frac{\delta}{L}$

$\frac{P}{A} = \frac{E \cdot \delta}{L}$

$AE\delta = PL \quad \therefore \delta = \frac{PL}{AE}$

$$E = \frac{3000 \times 2{,}000}{\pi \times 20^2/4 \times 10} = 1{,}910\ N/mm^2 = 1{,}910\ MPa$$

$$\therefore G = \frac{1{,}910}{2(1+0.2)} = 796\ MPa$$

Comment

CI-03 그림과 같은 하중을 받고 있는 봉 부재가 있다. 지름 방향으로 줄어든 양 δ_D 는?

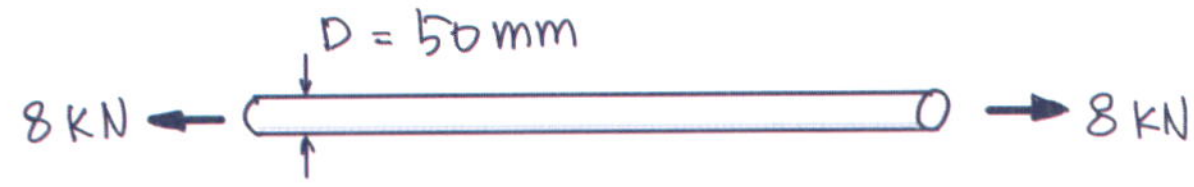

$G = 7.0\,GPa$, $\nu = 0.3$

문제풀이

여러 단계를 거쳐야 하는 문제.

① 지름방향 변화량 δ_D 를 구하려면 $\varepsilon_D = \frac{\delta_D}{D} \rightarrow \delta_D = \varepsilon_D \cdot D$ (알고싶은 값.)

② 지름방향 변형율 ε_D 를 구하려면 $\nu = -\frac{\varepsilon_D}{\varepsilon_L} \rightarrow \varepsilon_D = -\varepsilon_L \cdot \nu$

③ 길이 방향 변형율 ε_L 을 구하려면 $\varepsilon_L = \delta_L / L \rightarrow$ 문제에서는 L. δ_L 알 수 없음.

ε_L 은 $\sigma = E \cdot \varepsilon$ 이용하면 $\varepsilon = \varepsilon_L = \frac{\sigma}{E} \rightarrow \sigma$. E 은 구할수 있음.

- $E = G \cdot 2(1+\nu) = 7.0 \times 2(1+0.3) = 18.2\,GPa$ $\left(G = \frac{E}{2(1+\nu)}\right)$

- $\sigma = \frac{P}{A} = \frac{8{,}000}{\frac{\pi \times 50^2}{4}} = 4.08\,N/mm^2 = 4.08 \times 10^6\,N/m^2 = 4.08\,MPa$

- $\varepsilon_L = \frac{\sigma}{E} = \frac{4.08\,(MPa)}{18.2\,(GPa)} = \frac{4.08 \times 10^6\,Pa}{18.2 \times 10^9\,Pa} = \frac{4.08}{18.2 \times 10^3} = 2.24 \times 10^{-4}$

④ $\varepsilon_D = -\nu \cdot \varepsilon_L = -0.3 \times 2.24 \times 10^{-4} = -6.72 \times 10^{-5}$

⑤ $\delta_D = -\varepsilon_D \cdot D = -6.72 \times 10^{-5} \times 50 = -3.36 \times 10^{-3} = -0.00336\,mm$

$\therefore \delta_D = -0.00336\,mm = -3.36 \times 10^{-3}\,mm$

Comment

CI-04 그림과 같은 부재에 전단력 V = 540 N이 작용하여 그림과 같이 6mm의 변위가 발생되었다면 이 부재(재료)의 전단탄성계수 G 는?

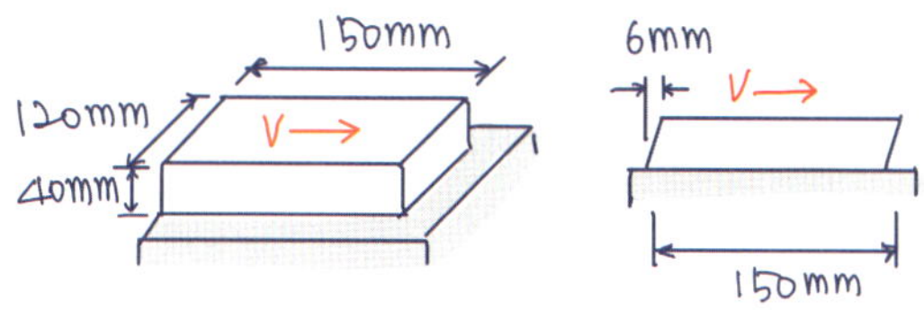

문제풀이

∘ $\tau = G \cdot \gamma \rightarrow G = \frac{\tau}{\gamma}$

∘ $\tau = \frac{V}{A} = \frac{\text{전단력}}{\text{전단력을 받는 면적}} = \frac{540}{120 \times 150} = 0.03\ N/mm^2 = 0.03\ MPa = 30\ kPa$

∘ $\gamma = \frac{\lambda}{h} = \frac{6}{40} = 0.15$ (→ 보완설명 참고)

(전단변형률 $\gamma = \frac{\text{찌그러진 변위}}{\text{높이}}$ = 마름모 꼴로 찌그러지는 각)

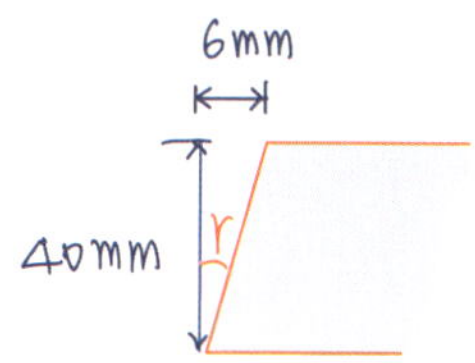

$\therefore G = \frac{30}{0.15} = 200\ kPa$

보완설명

∘ 전단변형률 γ의 단위 (변형률은 단위가 없으나 전단변형률은 "rad"에 근거하고 있다)

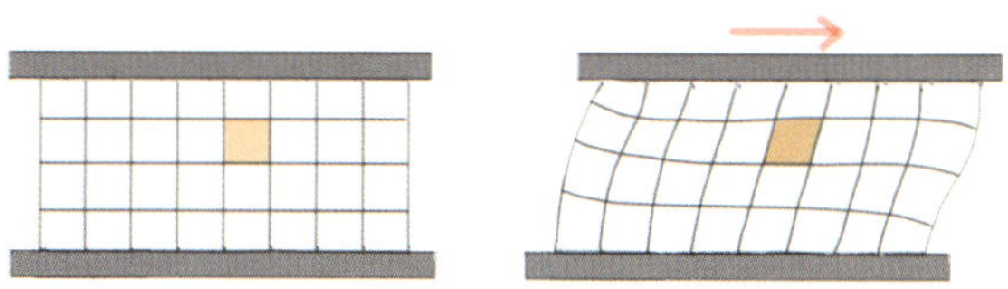

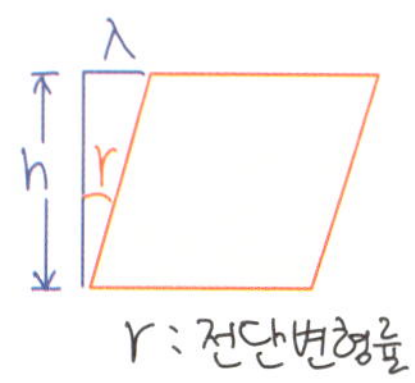

$\tan\gamma = \frac{\lambda}{h}$, $\gamma = \tan^{-1}\left(\frac{\lambda}{h}\right) = \tan^{-1}\left(\frac{6}{40}\right) = 8.53°$

$\gamma = 8.53° \rightarrow$ radian으로 고치면

$\therefore \gamma = 8.53° \times \frac{\pi}{180} = 0.149 ≒ 0.15$

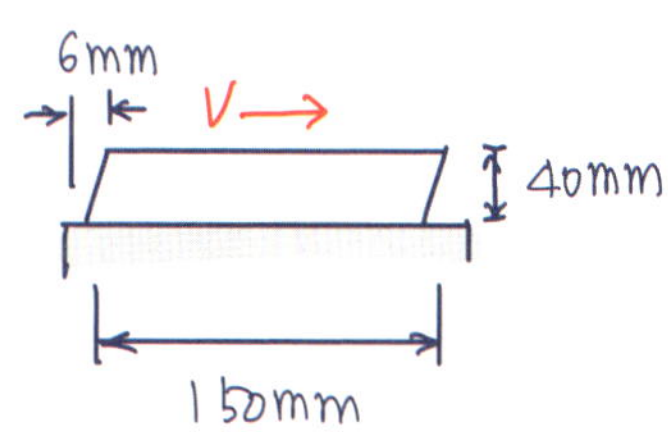

Type	C2. 체적변형률(ε_v) & 체적탄성계수(K) 구하기
Frequency	
Comment	

C2-01 그림과 같은 응력상태에 있는 요소의 체적변형률 ε_v 는?

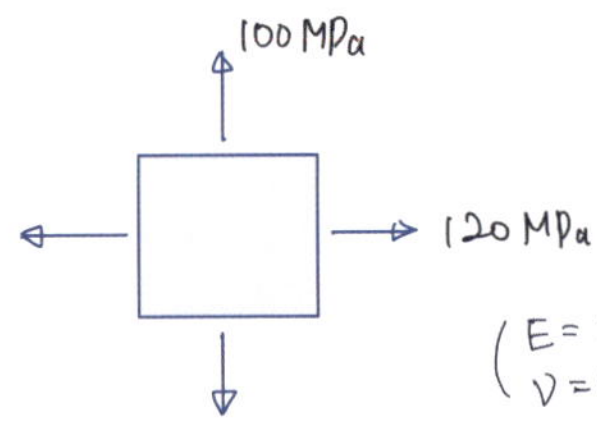

$\left(\begin{array}{l} E = 210\,GPa \\ \nu = 0.3 \end{array} \right.$

문제풀이

$$\therefore \varepsilon_v = \frac{\Delta V}{V} = \frac{\text{체적 변화량}}{\text{최초의 체적}} = \frac{V'-V}{V} = \frac{(1-2\nu)}{E}(\sigma_x+\sigma_y)$$ → 체적변형률은 ν 와 E를 이용해서 구할 수 있다.

$$\therefore \varepsilon_v = \frac{(1-2\times0.3)}{210\times1000}(120+100) = 0.000419 = 4.19\times10^{-4}$$

↳ GPa은 MPa로 환산

☆☆ 체적변형률 ε_v와 연관지어 알고 있어야 할 체적탄성계수 K

$$\varepsilon_v = \frac{(1-2\nu)}{E}(\sigma_x+\sigma_y) \qquad K = \frac{E}{3(1-2\nu)}$$

보완설명

미소 요소의 응력은 작용 방향에 따라 +, − 부호를 가지고 있으므로 문제 풀이 과정에서 +, − 를 고려해야 한다 (인장응력 : + , 압축응력 : −).

Que #1) ε_v = ?

$\left(\begin{array}{l} \nu = 0.25 \\ E = 210\,GPa \end{array} \right.$

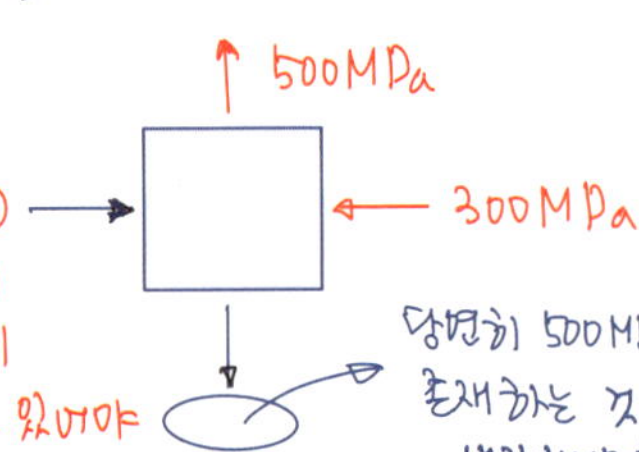

응력 값을 표기하지 않아도 300MPa이 있다는 것을 알고 있어야 한다

당연히 500MPa이 존재하는 것으로 생각해야 한다.

$$\therefore \varepsilon_v = \frac{1-(2\times0.25)}{210\times10^3}\cdot(-300+500)$$ (압축응력)

$$= 0.000476 = 4.76\times10^{-4}$$

이 평면 미소요소에서도

$\Sigma H=0,\ \Sigma V=0$ 성립되어야 함.

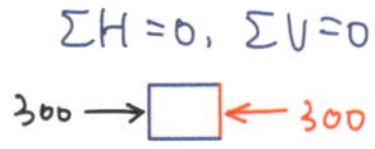

: 힘의 크기는 같고 방향은 반대.

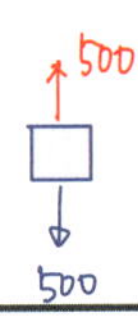

$\Sigma V=0$

Type	C3. 축하중 부재의 축방향 변위 구하기
Frequency	
Comment	

C3-01 그림과 같은 한쪽이 고정된 부재에서 축하중에 의한 부재 전체 길이 변화량은? (E : 탄성계수, A : 단면적)

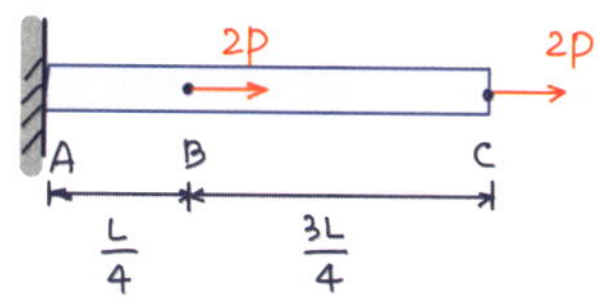

문제풀이

축하중을 받는 부재의 축방향 변위는 δ = AE/PL을 이용해서 구한다.
부재 전체 구간(A~C)의 변화량은 'AB구간의 변화량 + BC구간의 변화량'으로 구한다. 이를 식으로 표현하면 다음과 같다.

① $\delta = \delta_{AB} + \delta_{BC} = \dfrac{P_{AB}\cdot L_{AB}}{A_{AB}\cdot E_{AB}} + \dfrac{P_{BC}\cdot L_{BC}}{A_{BC}\cdot E_{BC}}$

($A_{AB} = A_{BC}$, $E_{AB} = E_{BC}$ 이므로)

$\therefore \delta = \dfrac{P_{AB}\cdot L_{AB}}{AE} + \dfrac{P_{BC}\cdot L_{BC}}{AE}$

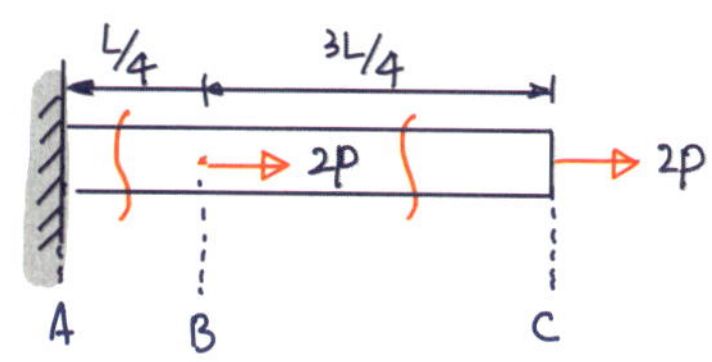

※ 각 구간의 중간부분을 절단해서 힘의 평형을 고려하면 해당 구간에 발생되는 내력 'P'의 크기를 쉽게 구할수 있다. → 하중 작용점 위치 (B,C 점) 에서 내력의 크기를 계산하면 실수하기 쉽다

(절단후 ΣH=0 혹은 ΣV=0 적용)

→ P_{AB}, P_{BC} → $\delta = \dfrac{PL}{AE}$

SPIDER MAN

Question! Ⓐ,Ⓑ,Ⓒ,Ⓐ'의 내력은?

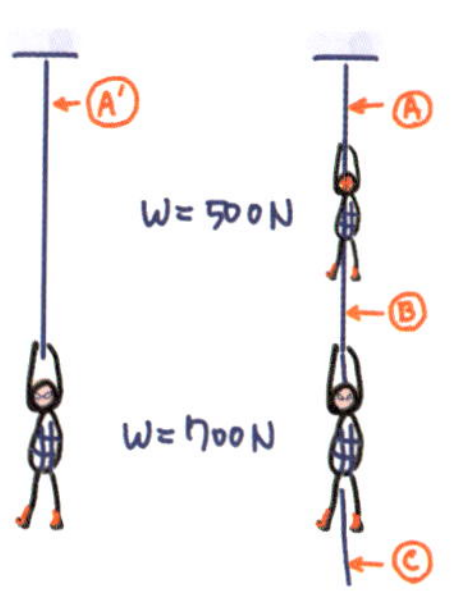

SPIDER MAN

※ 부재의 내력은 임의구간을 절단한 후 절단된 구조물(부재)의 힘의 평형을 생각하면 쉽게 구할수 있다

Ⓐ 1,200N Ⓑ 700N Ⓒ 0 Ⓐ' 700N

② P_{AB}, P_{BC} 구하기

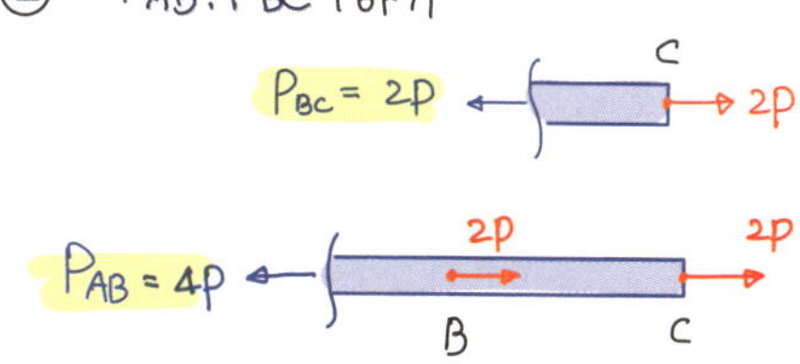

ΣH=0, $2P - P_{BC} = 0$ ∴ $P_{BC} = 2P$ (←)

ΣH=0, $2P + 2P - P_{AB} = 0$ ∴ $P_{AB} = 4P$ (←)

③ δ 구하기

$\therefore \delta = \delta_{AB} + \delta_{BC} = \dfrac{2P\cdot\frac{3L}{4}}{AE} + \dfrac{4P\cdot\frac{L}{4}}{AE}$

$= \dfrac{3PL}{2AE} + \dfrac{PL}{AE} = \dfrac{5PL}{2AE}$ (신장)

Comment

C3-02 지름이 D인 원형단면을 갖는 축하중 부재가 그림과 같은 하중을 지지하고 있을 때, C 점과 D 점에서 발생되는 변위는?
(단, 탄성계수 E 와 단면적 A 는 모든 구간에서 일정하다)

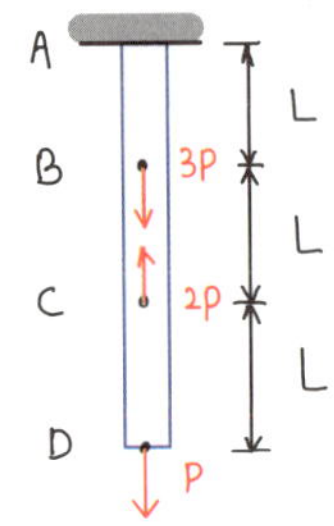

문제풀이 각 구간별 변화량을 구한 뒤 더해준다.

C점의 변위는 A~C 구간이 늘어나거나 줄어들면서 결정됨
(B점 변위는 A~B구간, D점 변위는 A~D구간)

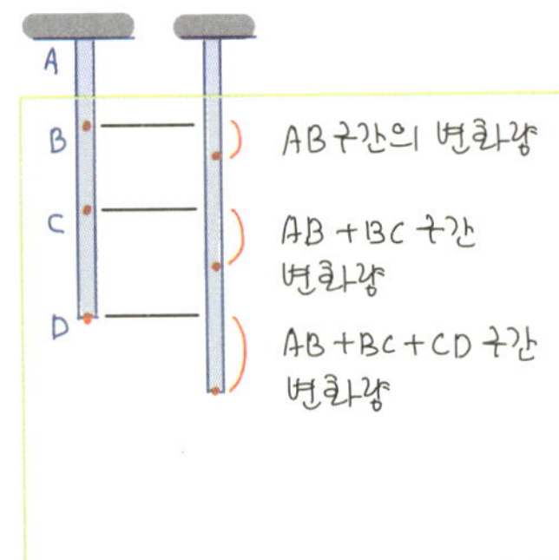

① C점의 변위 $\delta_C = \delta_{AB} + \delta_{BC}$

D점의 변위 $\delta_D = \delta_{AB} + \delta_{BC} + \delta_{CD}$

- AB구간의 변위량 $\delta_{AB} = \dfrac{P_{AB} \cdot L_{AB}}{AE} = \dfrac{2P \cdot L}{AE}$ (신장)
- BC구간의 변위량 $\delta_{BC} = \dfrac{P_{BC} \cdot L_{BC}}{AE} = \dfrac{-P \cdot L}{AE}$ (수축)
- CD구간의 변위량 $\delta_{CD} = \dfrac{P_{CD} \cdot L_{CD}}{AE} = \dfrac{PL}{AE}$ (신장)

② P_{AB}, P_{BC}, P_{CD} (각 구간에 발생되는 내력(힘)을 알 수 있으면 간단하게 해결!!)

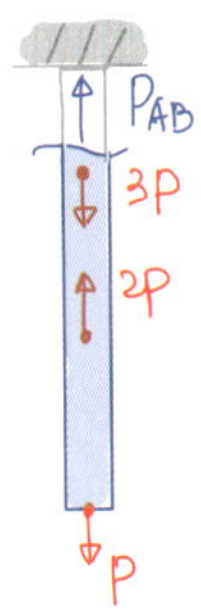

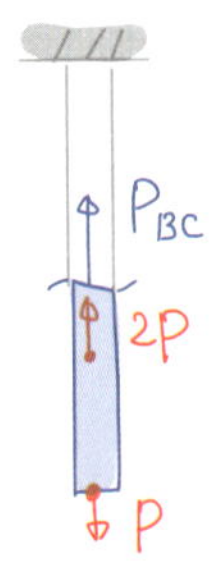

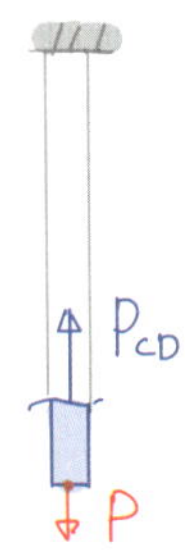

$\Sigma V = 0,\ -P + 2P - 3P + P_{AB} = 0$ $\quad \therefore P_{AB} = 2P\,(\uparrow)$

$\Sigma V = 0,\ -P + 2P + P_{BC} = 0$ $\quad \therefore P_{BC} = -P = P\,(\downarrow)$

↳ 인장력으로 가정하였으나 가정이 잘못되었다는 의미

$\Sigma V = 0,\ -P + P_{CD} = 0$ $\quad \therefore P_{CD} = P\,(\uparrow)$

③ δ_C 와 δ_D

- C점의 변위 $\delta_C = \delta_{AB} + \delta_{BC} = \dfrac{2PL}{AE} + \dfrac{(-PL)}{AE} = \dfrac{PL}{AE}$ (신장)
- D점의 변위 $\delta_D = \delta_{AB} + \delta_{BC} + \delta_{CD} = \dfrac{2PL}{AE} + \dfrac{(-PL)}{AE} + \dfrac{PL}{AE} = \dfrac{2PL}{AE}$ (신장)

Comment

C3-03 그림과 같은 축하중 부재의 D 점에 발생되는 변위는?
(AB, BC, CD 구간의 길이는 각각 L 로 동일하고, 각 구간의 탄성계수 E 도 동일하다)

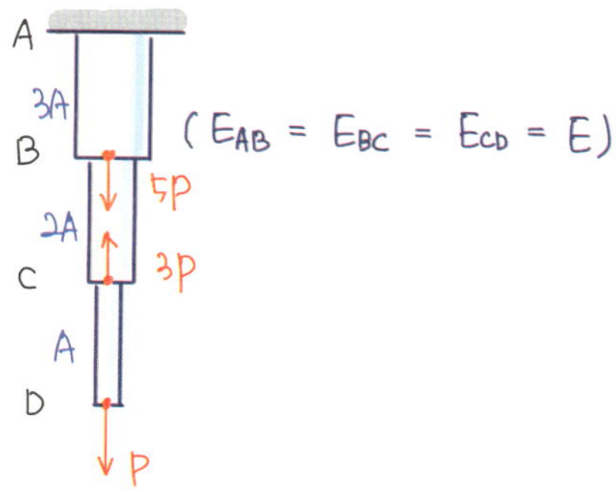

문제풀이

◦ 축방향 변위를 결정짓는 기본식 「$\delta = \frac{PL}{AE}$」을 이용한다

① 부재의 각 구간에 발생되는 힘(내력)

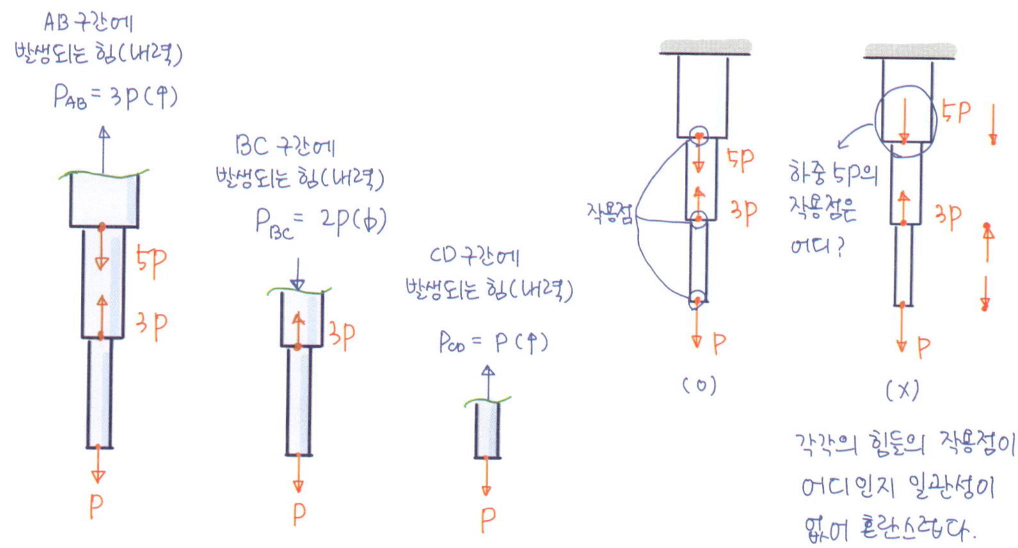

② $\delta_D = \delta_{AB} + \delta_{BC} + \delta_{CD}$ (δ_D는 부재 전체의 변화된 양을 의미)

$$\delta_D = \frac{P_{AB} \cdot L}{3AE} + \frac{P_{BC} \cdot L}{2AE} + \frac{P_{CD} \cdot L}{AE}$$

$$= \frac{3P \cdot L}{3AE} + \frac{(\ominus 2P) \cdot L}{2AE} + \frac{PL}{AE} = \frac{PL}{AE} \text{ (신장)}$$

(⊖: 수축시키려는 힘)

Type	C4. 양단이 고정된 축하중 부재의 반력/부재력 구하기
Frequency	
Comment	

C4–01 양단이 고정된 축하중 부재에 그림과 같이 힘 P 가 작용한다면 양 지지점의 반력 R_A와 R_B는?

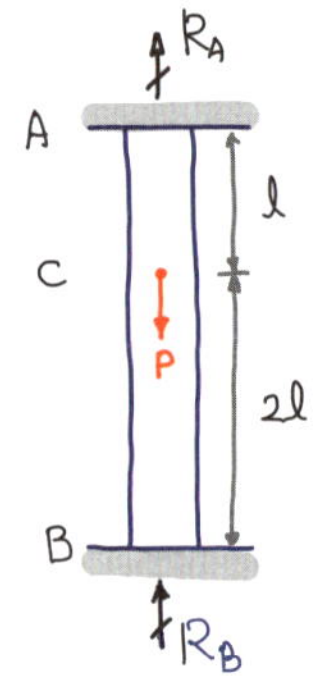

문제풀이

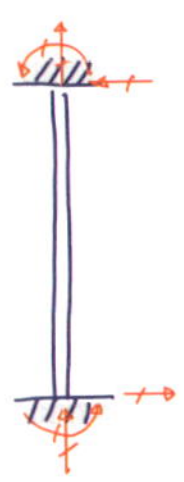

(3차 부정정 → 하중 조건 주어지지 않음)

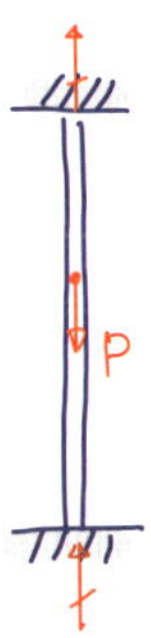

① 하중조건을 고려하지 않고 구조물 자체만 놓고 보면 한쪽 지점에서 3개씩의 반력이 존재하게 되어 총 6개가 되어 3차 부정정구조물이 된다. (미지수 6개 – 방정식 3개 = 3)
($\Sigma H=0$, $\Sigma V=0$, $\Sigma M=0$)

하중 조건을 고려하여 보면 축하중 P 만 존재하므로 각 지점의 수평반력과 모멘트 반력은 발생되지 않음을 알 수 있다.

결국 우리가 구해야 하는 반력(미지수)은 R_A와 R_B 2개가 되고 우리가 사용할 수 있는 평형방정식은 $\Sigma V = 0$ 만 남게 되어 결국 1차 부정정 구조물이 된다.
1차 부정정 구조물을 해석하기 위해서는 평형방정식 이외에 적합조건식 1개 필요하다.

② 지점에서 변위는 '0' 이라는 사실을 알고 있으므로 적합조건식으로 $\delta_A = 0$ 을 이용한다.

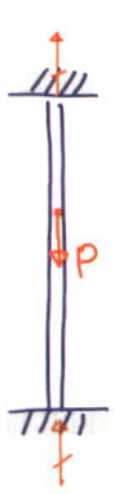

(1차 부정정 → 하중 조건 주어짐)

└→ 부록 B. 구조물 상태 판별 참고

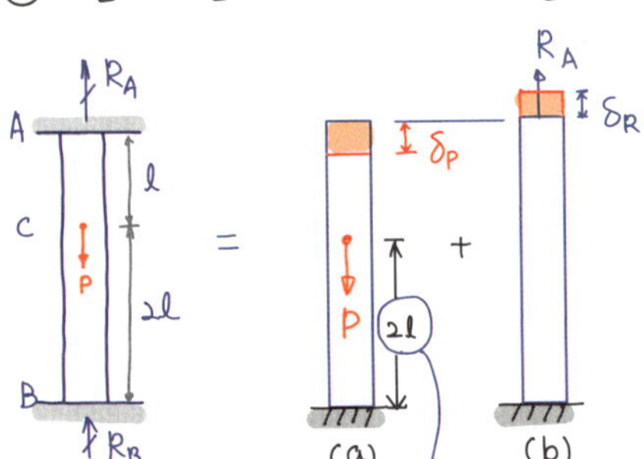

(a) 지점 A를 제거한 상태에서 하중 P에 의한 A점의 변위

$$\delta_P = \frac{P(2l)}{AE}$$ → 하중 P는 AC구간에는 영향을 미치지 못함.

(b) 지점 반력 R_A가 하중으로 A점에 작용한다고 가정했을때 발생되는 A점의 변위

$$\delta_R = \frac{R_A(3l)}{AE}$$

• 하중 P에 의해 줄어드는 구간
즉, δ_P는 CB 구간이 줄어들어서 생기는 변위임.

• δ_R은 R_A에 의해 $3l$ 전구간이 변화된 양.

Comment

③ R_A와 R_B 결정

$\delta_A = \delta_P + \delta_R = 0$ → 지점 A는 고정지점이므로 변위가 발생하지 않는다. ($\delta_A = 0$)

$= \ominus \frac{P(2l)}{AE} + \frac{R_A(3l)}{AE} = 0$ $\quad 2Pl = 3R_A l$, $2P = 3R_A$

↳ δ_P는 수축변위 발생 $\quad \therefore R_A = \frac{2}{3}P\ (\uparrow)$

$\Sigma V = 0$ 이 되어야 하므로

$R_A + R_B = P \quad \therefore R_B = P - R_A = P - \frac{2}{3}P = \frac{P}{3}\ (\uparrow)$

④ 참고로 AC 구간과 BC 구간에 발생되는 부재력은?

- AC 구간을 절단해 보면 $P_{AC} = R_A$ 임을 알 수 있다
  인장력 (AC 부재를 신장시키는 힘)
- BC 구간을 절단해 보면 $P_{BC} = R_B$ 임을 알 수 있다
  압축력 (BC 부재를 수축시키는 힘)

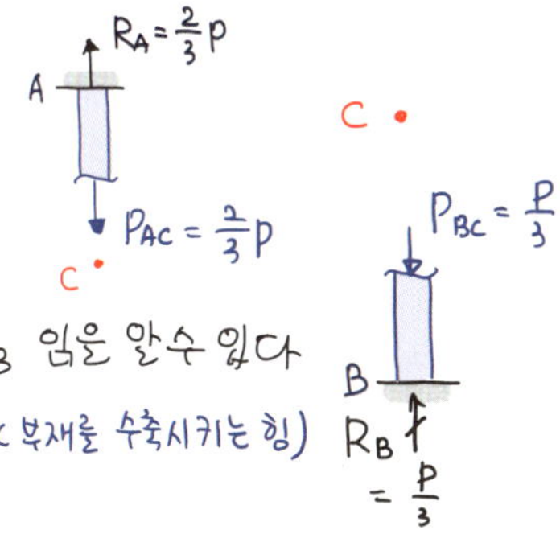

보완설명

단순보에서 집중하중이 작용하는 경우 양측 지점에서 발생되는 반력을 구하는 것과 결과는 같다.

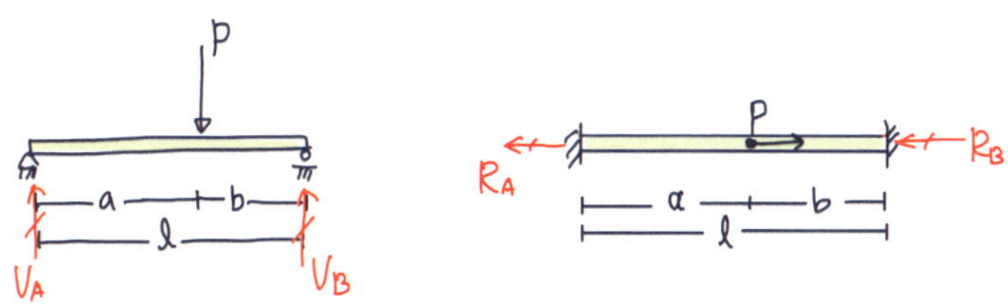

$\left(V_A = \frac{Pb}{l},\ V_B = \frac{Pa}{l} \right)$ $\quad \left(R_A = \frac{Pb}{l},\ R_B = \frac{Pa}{l} \right]$ → 문제와 연결시켜보면 $\left(R_A = \frac{Pb}{l} \Rightarrow \frac{P \cdot 2l}{3l} = \frac{2P}{3},\ R_B = \frac{Pa}{l} \Rightarrow \frac{P \cdot l}{3l} = \frac{P}{3} \right.$

$\frac{Pb}{l} = P\left(\frac{b}{l}\right) = V_A$ (P: 힘(하중), $\frac{b}{l}$: 비율) → V_A는 P의 몇 %를 분담할까?

※ $\frac{Pb}{l}$는 이런 의미가 있다!!

ex)

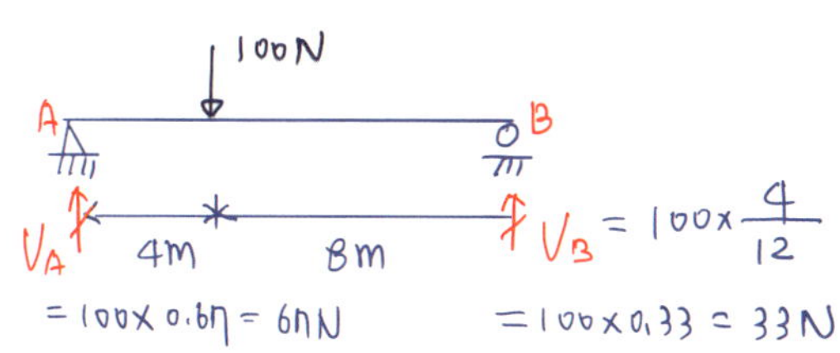

$V_A = P \cdot \frac{b}{l} = 100 \cdot \frac{8}{12} = 100 \cdot (0.67) = 67N$ (67%)

즉, 100N 의 67%가 A 지점으로 33%가 B 지점으로 전달된다는 의미. → 아무래도 가까운 지점으로 더 많은 하중이 전달...

Comment

C4-02 그림과 같이 양단이 고정된 부재의 B 점에 10kN 하중이 작용할 때 BC 구간에 발생되는 응력 σ_{BC}는?

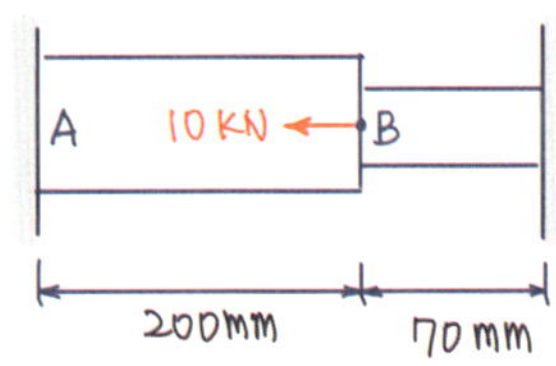

단면적 $A_{AB} = 100mm^2$
단면적 $A_{BC} = 50mm^2$

문제풀이

① BC구간에 생기는 응력 σ_{BC}를 구하려면 $\sigma_{BC} = \dfrac{P_{BC}}{A_{BC}}$ → 즉, P_{BC}를 먼저 구해야 한다.

P_{BC}는 C점의 반력 R_C를 구한후 BC 구간을 절단하여 평형 방정식을 적용하면 된다.

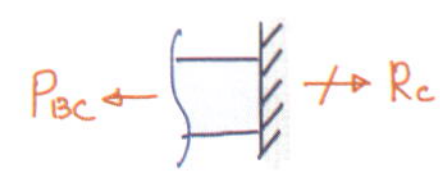

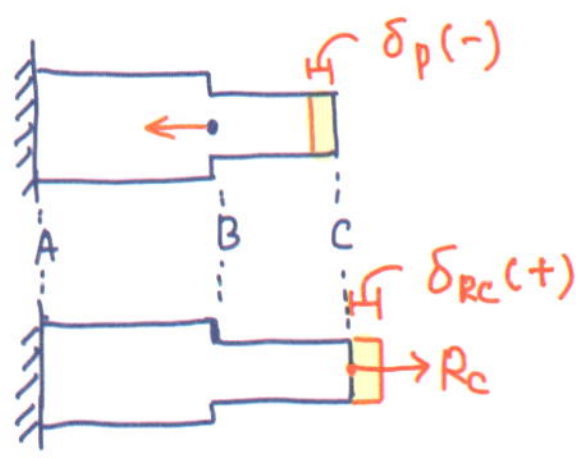

$$\delta_P = \frac{P \cdot L_{AB}}{A_{AB} \cdot E}$$ → P는 BC구간에 영향을 미치지 못한다
즉, AB구간만 수축시킨다.

$$\delta_{R_C} = \frac{R_C \cdot L_{AB}}{A_{AB} \cdot E} + \frac{R_C \cdot L_{BC}}{A_{BC} \cdot E}$$ → AB와 BC구간은 단면적이 같지 않으므로 분리해서 각 구간의 변화량을 구해야 한다
즉 R_C는 AB와 BC구간을 모두 신장시킨다.

② $\delta_C = (-\delta_P) + \delta_{RC} = 0$, $\delta_P = \delta_{RC}$
수축변형

$$\cdot \frac{P \cdot L_{AB}}{A_{AB} \cdot \cancel{E}} = \frac{R_C \cdot L_{AB}}{A_{AB} \cdot \cancel{E}} + \frac{R_C \cdot L_{BC}}{A_{BC} \cdot \cancel{E}} = \frac{P \cdot L_{AB}}{A_{AB}} = R_C\left(\frac{L_{AB}}{A_{AB}} + \frac{L_{BC}}{A_{BC}}\right)$$

식을 유도할 필요없이 → 주어진 수치 대입하여 정리.

$$\frac{10 \times 1000 \times 200}{100} = R_C\left(\frac{200}{100} + \frac{70}{50}\right), \quad 20{,}000 = 3.4R_C$$

$\therefore R_C = 5{,}882N = 5.88kN$ (→)

$\Sigma H = 0$ (→⊕)

$R_A + R_C = 10kN$ $\therefore R_A = 4.12kN$ (→)

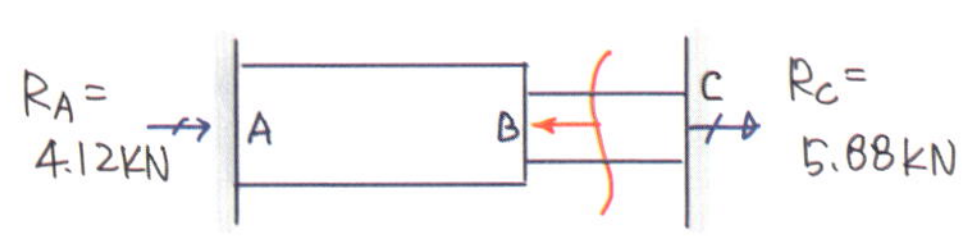

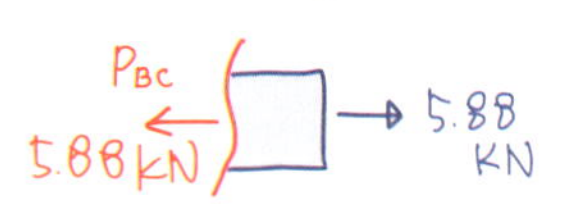

$$\therefore \sigma_{BC} = \frac{P_{BC}}{A_{BC}} = \frac{5.88 \times 1000\,(N)}{50\,(mm^2)} = 117.6N/mm^2$$
$$= 117.6MPa.$$

Comment

C4-03 단면적 A_1 = 100mm², A_2 = 50mm² 인 양단고정 부재가 있다, 만약 주변 온도가 10°C 내려간다면 온도변화로 인하여 부재에 발생되는 부재력은? (단, 탄성계수 E=2.0GPa , 열팽창계수 α = 1.0 x10⁻⁵/°C 이다)

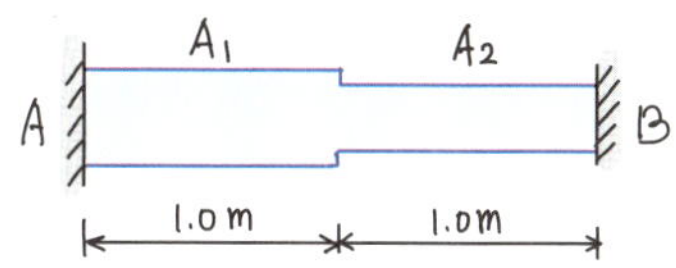

문제풀이

◎ 문제를 풀기 위해서 개념을 정리해 보자...

- 온도 변화로 인해 부재의 길이가 변해야 하지만 양단이 구속되어 있어 부재의 길이가 변하지 못한다 (δ_T (온도 변화로 인한 부재의 변화량) = 0 → ε_T (온도 변형율) = 0)
- 변위가 발생되지 못하도록 하는데 필요한 힘
  = 온도 변화로 인해 발생되는 단면력

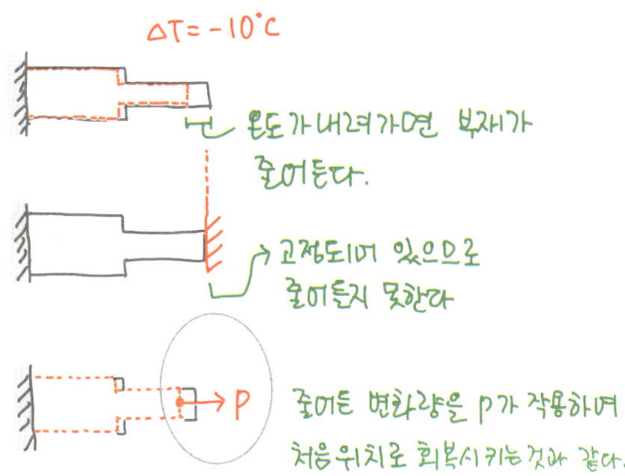

★★ → P의 값을 구하는 문제라고 할수 있다.

1) 온도 변화로 인한 변위 발생량

$$\delta_T = \alpha \cdot \Delta T \cdot L$$

(온도 변형율 $\varepsilon_T = \dfrac{\delta_T}{L} = \alpha \cdot \Delta T$)

→ 온도 변형율은 부재의 길이와 관계없다.

2) 하중에 의한 변위 발생량

$$\delta_P = \frac{PL}{AE}$$

→ 결국 1)과 2)에서 발생되는 변위량의 크기가 같아야 한다.

- $\delta_T = \alpha \cdot \Delta T \cdot (L_1 + L_2) = 1.0 \times 10^{-5} \times (-10) \times (1000 + 1000) = -0.2mm$
  → 온도변화로 인한 부재의 변화는 단면적과 상관없다.
  → 온도가 10°C 내려가면 수축됨 (-0.2mm)
- $\delta_P = \dfrac{P \cdot L_1}{E \cdot A_1} + \dfrac{P \cdot L_2}{E \cdot A_2} = \dfrac{P}{E}\left(\dfrac{1000}{100} + \dfrac{1000}{50}\right) = 30 \cdot \dfrac{P}{E}$
  → P : 온도변화로 인해 줄어들려고 하는 부재를 줄어들지 못하도록 하는 가상의 힘.
  → L_1과 L_2 구간의 단면적이 다르므로 L_1과 L_2를 구분해야 한다

Comment

$\therefore \delta_B = \delta_T + \delta_P = 0$ (→ 고정지점은 변위 발생하지 않는다는 적합조건 이용)

$$-0.2 + 30 \cdot \frac{P}{2000} = 0$$ (힘의 단위 N, 길이 단위 mm로 정리)

$$-0.2 + 0.015P = 0$$

$$\therefore P = \frac{0.2}{0.015} = 13.3\text{ N}$$

※ $2.0\text{ GPa} = 2.0 \times 10^9\text{ Pa}$

$= 2.0 \times 10^9 \cdot \text{N/m}^2$

$= 2.0 \times 10^9 \cdot \text{N}/10^6\text{mm}^2$

$= 2.0 \times 10^9 \times 10^{-6}\text{ N/mm}^2$

$= 2.0 \times 10^3\text{ N/mm}^2$

Type	C5. 복합재료로 구성된 부재의 부재력/변형 구하기
Frequency	
Comment	

C5-01

그림과 같이 탄성계수가 다른 2종류의 케이블에 블럭이 매달려있다. 각각의 케이블에 발생되는 인장력은? (단, 케이블 A와 케이블 B의 단면적은 서로 같고, 케이블 A와 케이블 B의 탄성계수 관계는 $E_A = 2E_B$ 이다).

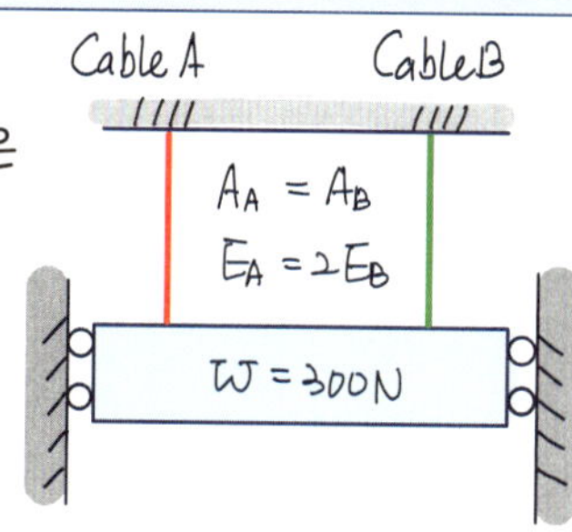

문제풀이

※ 두 Cable의 탄성계수 관계 ($E_A = 2E_B$)를 고려해서 단면적을 환산하면 Cable A의 단면적은 Cable B 단면적의 2배가 됨.

두 Cable의 수치적인 단면적은 같으나 실제 Cable A는 Cable B를 기준으로 보면 2배 역할을 한다.

(탄성계수 비 $n = E_A / E_B = 2E_B / E_B = 2$)

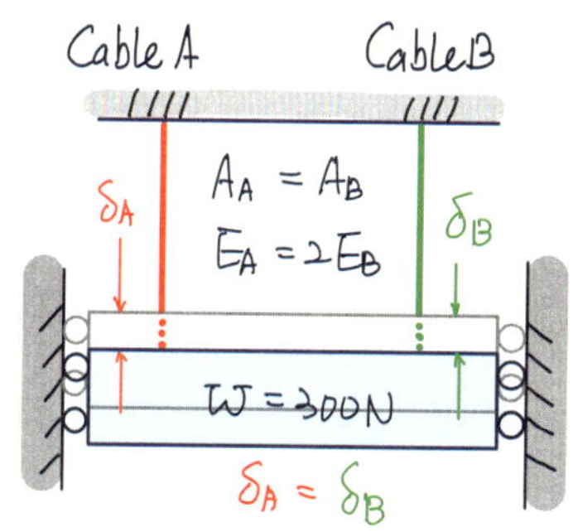

○ 블럭은 수평을 유지하면서 Cable을 신장시키는 구조이므로 Cable A와 Cable B의 신장량 $\delta_A = \delta_B$ 가 된다.

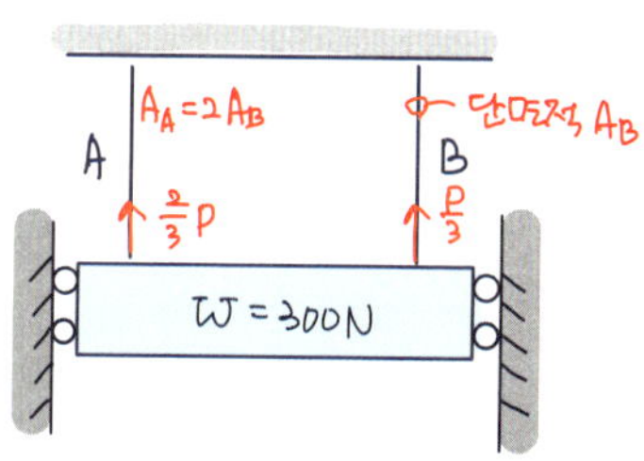

$$\delta_A = \delta_B$$

$$\frac{P_A \cdot L}{A_A E_A} = \frac{P_B \cdot L}{A_B \cdot E_B} \rightarrow \frac{P_A}{A_B \cdot 2E_B} = \frac{P_B}{A_B \cdot E_B} \rightarrow \frac{P_A}{2A_B} = \frac{P_B}{A_B}$$

$E_A = 2E_B$, $A_A = A_B$ (단면적이 서로 같다)

↳ 탄성계수를 고려하면 $A_A = 2A_B$가 된다.

$$\rightarrow P_A = \frac{2A_B}{A_B} \cdot P_B = 2P_B, \quad P = 2P_B + P_B = 3P_B$$

$P = W = P_A + P_B = 300N$

$\therefore P_B = \frac{1}{3}P \quad \therefore P_A = \frac{2}{3}P$

$\therefore$ Cable A 에 발생하는 힘 $P_A = \frac{2}{3} \times 300 = 200$ N

Cable B 에 발생하는 힘 $P_B = \frac{1}{3} \times 300 = 100$ N

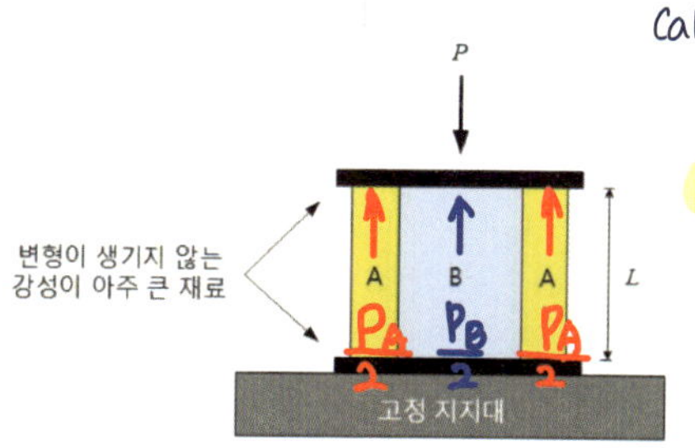

※ 서로 다른 탄성계수 ($E_A \neq E_B$)로 구성된 합성부재

- 하중 P에 의해 L을 줄여든다. → δ는 동일하게 발생. → $\delta_A = \delta_B$, $\varepsilon_A = \varepsilon_B$ ($\varepsilon_A = \delta_A / L_A$, $\varepsilon_B = \delta_B / L_B$)
- $P = P_A + P_B$, $P_A \neq P_B$ → $\sigma_A \neq \sigma_B$
- 탄성계수비 $n (E_A / E_B)$을 이용하여 단면 환산.

Type	C6. 파이프의 내압에 의해 발생되는 응력 해석
Frequency	
Comment	

C6-01 그림과 같이 내압 q=10MPa 을 받고 있는 파이프에 발생되는 응력은 ? (단, 파이프의 바깥지름은. 1,200mm 이다)

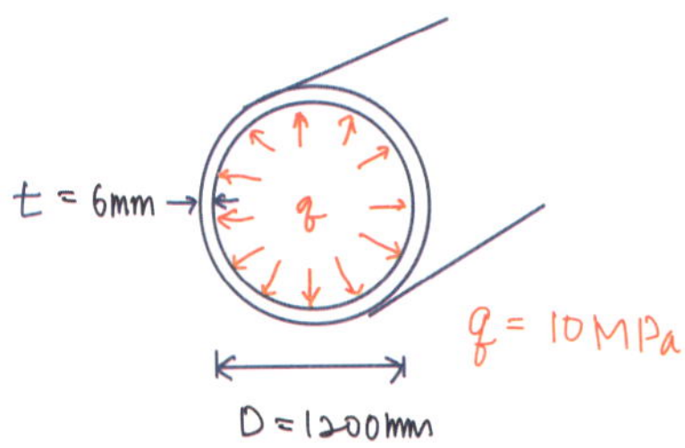

문제풀이

1) 파이프 내부에서 팽창하려는 내압 q에 의해서 발생되는 힘 P

P = 내압 q × 작용면적 A $\left(\sigma = \frac{P}{A} \rightarrow P = \sigma \cdot A\right.$ 의 개념$\left.\right)$

곡면에 작용하는 압력에 의해서 발생되는 힘을 구하려면 $\sigma = \frac{P}{A}$ 에서 부터

$P = q \cdot A$ → "투영면적"으로 고려 (곡면을 면적으로 사용하지 않는다)

(내압 q 도 응력의 개념)

$\therefore P = 10 \times 1{,}200 \times 1 = 12{,}000\text{N}$

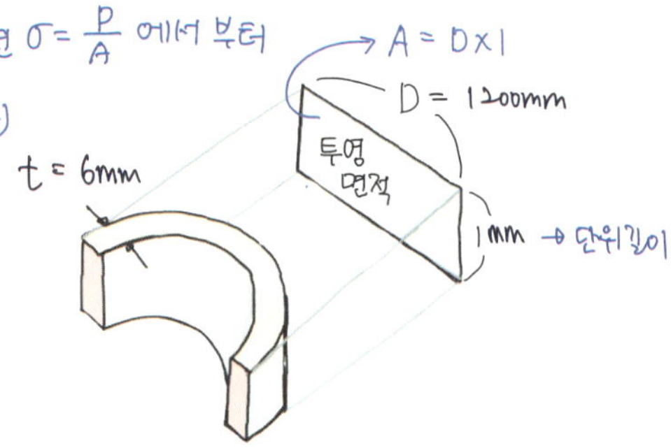

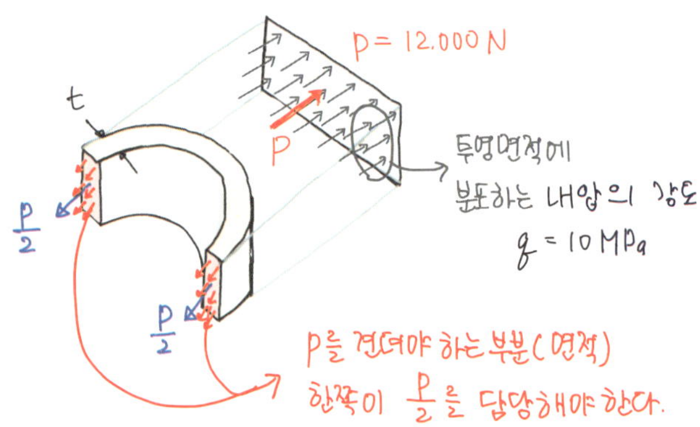

파이프와 같이 길이 방향으로 긴 구조물은 단위길이 (1m. 1cm 등)를 기준으로 검토한다 (실제구조물은 단위길이 만큼이 반복되는 형태)

→ 이 부분(면적)에 발생되는 "응력" 을 구하는 문제임 !!

$P = q \times D \times 1$

- q: 내압 MPa
- D: 파이프 지름 (mm)
- 1: 파이프 단위길이 (mm)

→ 단위로 보면

$= \text{MPa}\,(\text{MN/mm}^2) \times \text{mm} \times \text{mm}$

$= \text{MN}$

Comment

2) 힘 P 를 견뎌내야 하는 부분(파이프에서..)

파이프 내압은 대칭으로 고르게 분포하므로

결국 힘 P를 견뎌야 하는 부분은

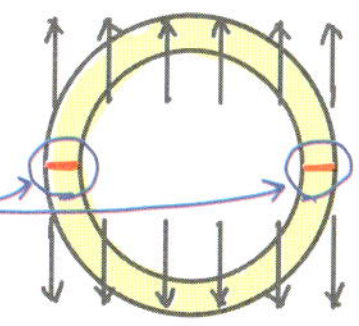

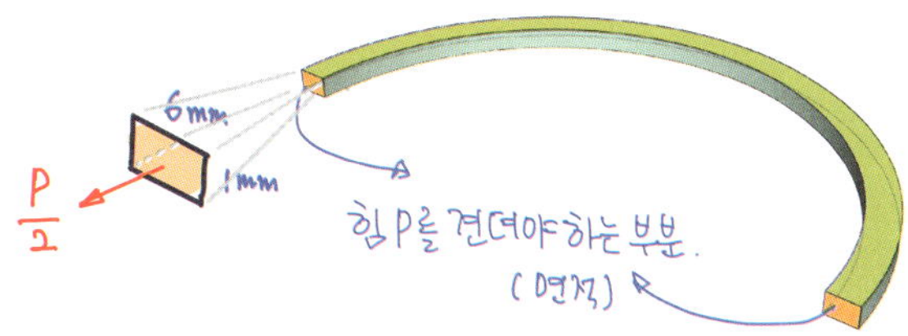

3) 힘 P의 크기를 1)에서 구하고, 힘 P를 견뎌야 하는 부분(면적)을 2)에서 알 수 있으면, 응력 $\sigma = P/A$ 의 개념으로 부터 다음과 같이 구할 수 있다.

$$\therefore \sigma = \frac{P/2}{t \times 1} = \frac{12{,}000/2}{6 \times 1} = 1{,}000\ N/mm^2 = 1{,}000\ MPa$$

D. 정정보의 부재력 해석

Type	D0. 정정보 해석을 위해 알고 있어야 할 기본적인 내용
Frequency	
Comment	

D0–00

■ 반력에 대한 이해

- 반력은 외력(하중)이 발생시킨다.
- 반력도 외력이다.
- 하중과 반력의 합은 '0'이 되어야 한다. (평형조건 성립)
- 지점에 반력이 존재하면 반력이 존재하는 방향의 변위는 발생하지 않는다.

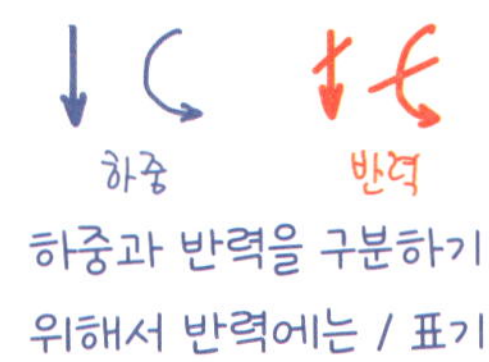

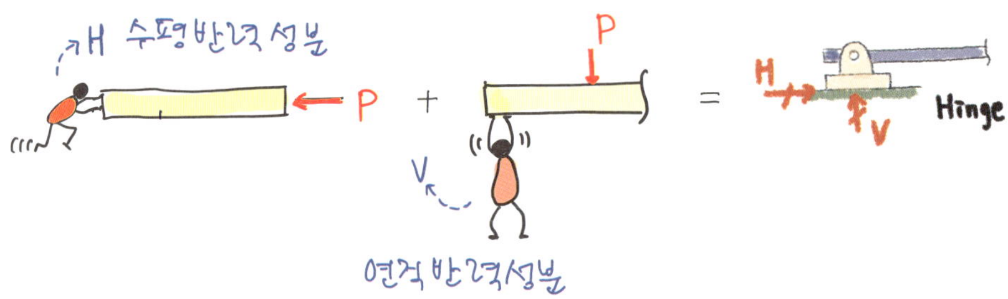

■ 내력의 종류

- **전단력**(S : Shear Force) : 외력에 의해 구조물의 단면 내에 생기는 내력으로 단면에 평행한 방향으로 발생하는 힘.
- **휨모멘트**(M : Bending Moment, 굽힘모멘트) : 외력에 의해 구조물의 단면 내에 생기는 내력으로 부재의 축과 직각을 이루는 축을 중심으로 회전하려는 힘.
- **축력**(P : Axial Force, 축방향력) : 외력에 의해 구조물의 단면 내에 생기는 내력으로 단면에 직각 방향으로 발생하는 힘.
- **비틀림모멘트**(T : Torsion Moment, 비틀림력): 외력에 의해 구조물의 단면 내에 생기는 내력으로 부재의 축을 중심으로 회전하려는 힘(=단면과 평행한 회전력).

※ 단면(section) : 부재의 축을 기준으로 직각으로 자른 면

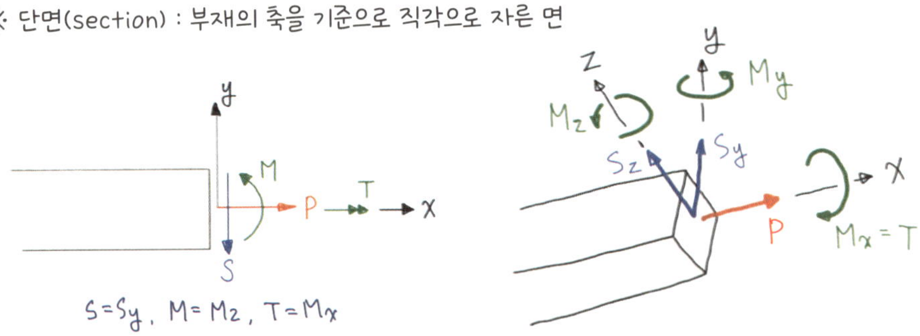

Comment

■ 전단력과 휨모멘트를 구하기 위해 필요한 부호규약(약속)

① 정역학적 부호규약(Static Sign Convention)

– 평형방정식을 세워서 반력, 전단력, 휨모멘트, 축력, 비틀림력의 크기, 즉 힘의 크기를 구하기 위해서 사용.

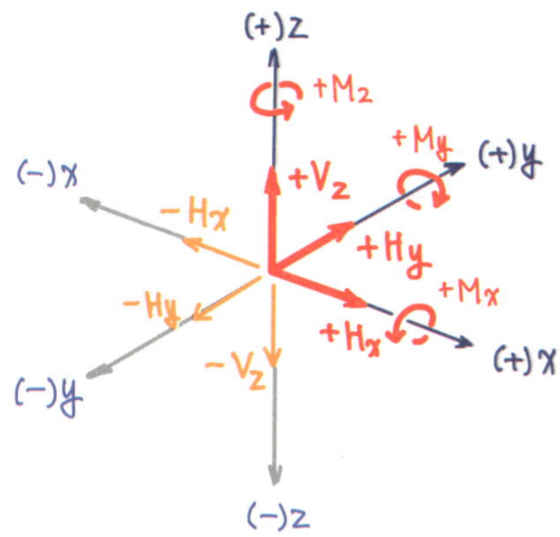

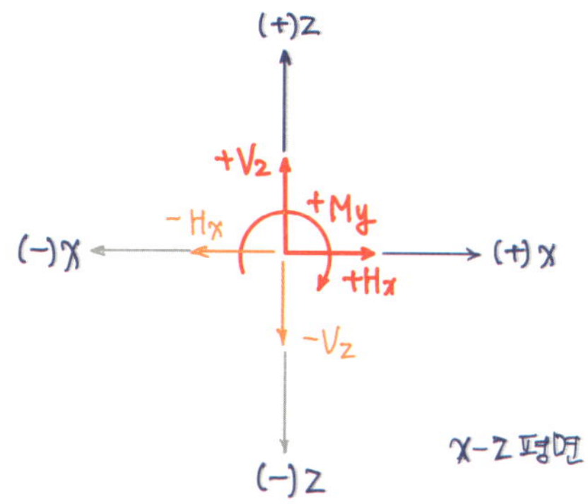

② 변형부호규약(Deformation Sign Convention)

- 정역학적 부호규약을 적용하여 힘의 크기를 구한 이후에 그 힘들이 부재를 어떻게 변형시키는지 즉, 변형형상을 알기 위해 사용.

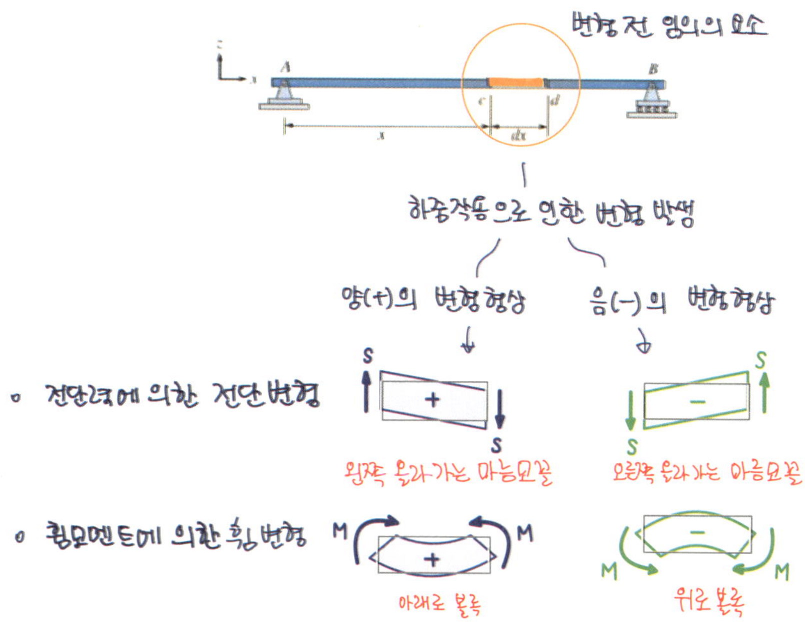

Comment

■ 전단력과 휨모멘트를 구하는 방법(과정)

① 지점의 반력을 구한다(정역학적 부호규약 적용)

② 전단력과 휨모멘트를 구하려는 위치를 절단한다.

③ 절단된 단면 내의 전단력과 휨모멘트가 "+" 변형이 되도록 방향을 고려하여 절단된 부분구조물의 자유물체도를 그린다(절단된 단면 내에 존재하는 내력의 방향은 변형부호규약 적용)

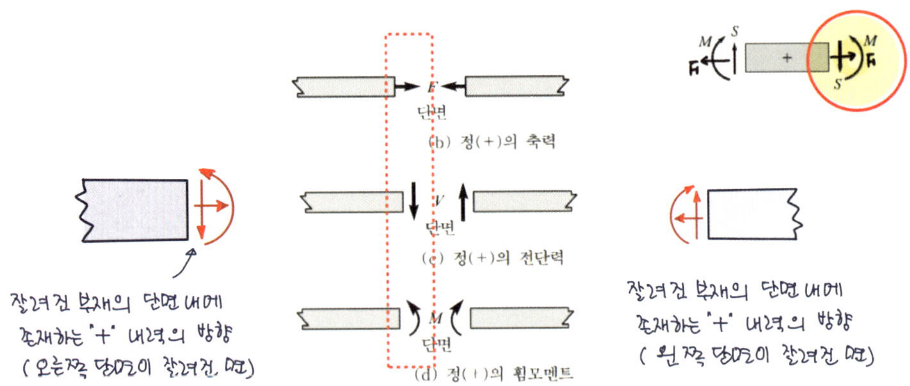

④ 부분구조물에 평형방정식을 적용하여 절단된 단면 내의 전단력과 휨모멘트를 구한다 (정역학적 부호규약 적용)

– 전단력 구할 때 : $\Sigma F=0$ 적용

– 휨모멘트 구할 때 : $\Sigma M=0$ 적용

⑤ 구해진 값이 '+' 이면 그 값 자체가 '양(+)의 변형'을 일으키는 전단력(혹은 휨모멘트)이라는 의미 구해진 값이 '–' 이면 '음(–)의 변형'을 일으키는 전단력(혹은 휨모멘트)을 의미한다.

정리하면

1) 원하는 위치를 가상으로 절단 한 후 왼쪽 부분 구조물을 사용해서 휨모멘트와 전단력을 구하는 경우

– 휨모멘트 M : 시계방향 +, 반시계 방향 –

– 전단력 S : 상향력 +, 하향력 –

2) 원하는 위치를 가상으로 절단 한 후 오른쪽 부분 구조물을 사용해서 휨모멘트와 전단력을 구하는 경우

– 휨모멘트 M : 시계방향 – , 반시계 방향 +

– 전단력 S : 상향력 – , 하향력 +

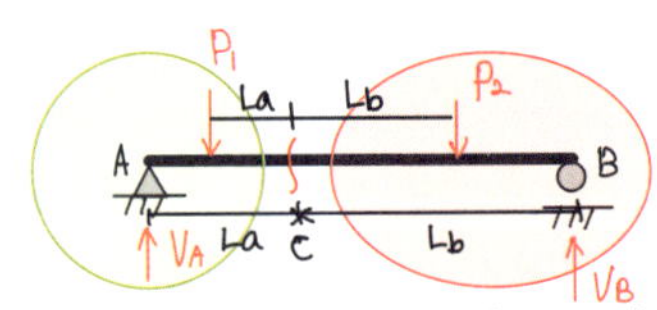

단면력 계산시 시계 방향 "+"

$M_c = V_A \times L_A - P_1 \times L_a$

단면력 계산시 반시계 방향 "+"

$M_c = V_B \times L_B - P_2 \times L_b$

Comment

■ 전단력도(SFD), 휨모멘트도(BMD) & 최대전단력(S_{max}), 최대휨모멘트(M_{max})

- 보에 발생되는 전단력과 휨모멘트는 위치에 따라 변화하기 때문에 이를 결정하기 위한 일반화된 방법을 알아야할 필요가 있다.
- 보의 주요 위치에서 구한 전단력과 휨모멘트 값들을 연결하여 그래프로 나타낸 것을 각각 전단력도(Shear Force Diagram : SFD)와 휨모멘트도(Bending Moment Diagram : BMD)라 한다.
- 전단력도와 휨모멘트도를 그리기 위해서는 정역학적인 부호규약과 변형부호규약을 이해하고 있어야 한다.
- SFD & BMD는 어디에 활용될까?

실제 구조물의 설계에서 최대단면력(최대전단력, 최대휨모멘트 등)의 발생위치와 그 크기를 SFD와 BMD로부터 직관적으로 알 수 있다. 또한 전단력과 휨모멘트가 보의 위치에 따라 어떠한 크기로 변해가는지 한 눈에 알 수 있다. 이 값을 기준으로 구조부재 단면 크기, 단면형상, 사용재료, 보강재가 필요한 부분 등을 결정하는데 사용된다.

■ 전단력도(Shear Force Diagram : SFD)를 그리는 간편한 방법

① 전단력도는 일반적으로 보의 왼쪽에서 오른쪽으로 순차적으로 그려간다.
단, 캔틸레버보는 자유단에서 고정단으로 그려가는 것이 편리하다.

② 지점의 반력은 그 위치에서 전단력의 변화 폭이다(단순보에서는 지점의 반력이 곧 전단력이다).

③ 반력과 집중하중 재하 위치에서는 그 값 만큼 전단력이 변화한다.

④ 하중이 없는 구간은 수평으로 연결한다(집중하중(반력)과 집중하중 사이는 수평으로 연결한다).

⑤ 등분포하중 재하 구간은 1차 직선식의 일정한 기울기(직선식의 기울기 고려)를 갖는다.

⑥ 삼각분포하중의 재하 구간은 2차 곡선식의 형태로 기울기(곡선식의 기울기 고려)가 변화한다.

⑦ SFD에서 전단력 값의 부호가 바뀌는 위치를 찾는다(SFD에서 가로선을 지나가는 위치를 의미함)
전단력의 부호가 바뀌는 위치는 휨모멘트도(BMD)의 기울기가 상승기울기에서 하강기울기로, 또는 하강기울기에서 상승기울기로 바뀌는 위치, 즉, 꼭지점 혹은 변곡점이라는 의미이다.
최대휨모멘트(Mmax)는 전단력도의 부호가 바뀌는 위치들 가운데 한 곳에서 발생한다.

전단력도와 휨모멘트도를 그리는 방법을 글로 설명하고 있지만 글을 읽고 이해하는 것은 결코 쉬운일이 아니다.
글은 처음 한 번 훑어 보고, 문제를 통해서 이해한 후 다시 읽어보면 훨씬 이해가 쉽다.

Comment

■ 휨모멘트도(Bending Moment Diagram ; BMD)를 그리는 간편한 방법

① 휨모멘트도는 일반적으로 보의 왼쪽에서 오른쪽으로 그려간다. 단 캔틸레버 보는 자유단에서 고정단으로 그려가는 것이 편리하다. 모멘트 하중이 지점에 재하되는 경우가 아니라면 단순보 지점의 휨모멘트는 '0'이다.

② 휨모멘트가 변화될 것으로 예상되는 위치에서 휨모멘트를 구한다(전단력도에서 '0' 이 되는 위치, 집중하중 위치, 분포하중이 끝나는 위치, 모멘트하중 위치 등)

③ 휨모멘트 값이 '+' 인지 '–' 인지를 결정하는 것은 변형부호규약에 따른다.
(휨모멘트 부호를 결정하는 것이 여전히 혼란스럽다면 '부록 24' 참고)

④ 모멘트가 변화될 것으로 예상되는 위치에서 구한 모멘트 값들을 선으로 연결한다.
- 집중하중(반력)과 집중하중 사이는 1차 직선식 변화(직선식의 기울기 고려)
- 등분포하중이 재하되는 구간은 2차 곡선식 변화(곡선식의 기울기 고려)
- 삼각분포하중이 재하되는 구간은 3차 곡선식 변화(곡선식의 기울기 고려)
- 모멘트 하중의 재하위치에서 모멘트 하중 값은 곧 휨모멘트의 변화 폭이다.

⑤ 최대휨모멘트(M_{max})는 전단력도에서 전단력 값의 부호가 변하는 위치 가운데 한 곳에서 발생한다.

Comment

DO-01 단순보와 캔틸레버보의 전단력도(SFD), 휨모멘트도(BMD)를 그려보자.

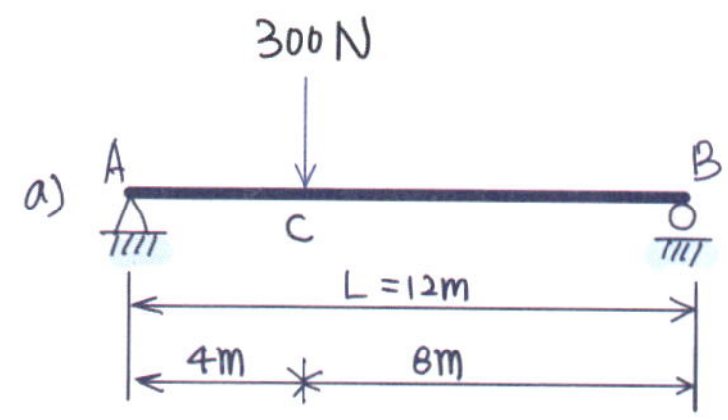

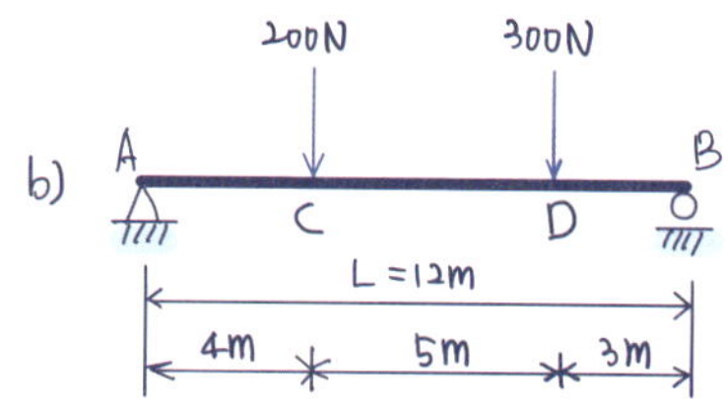

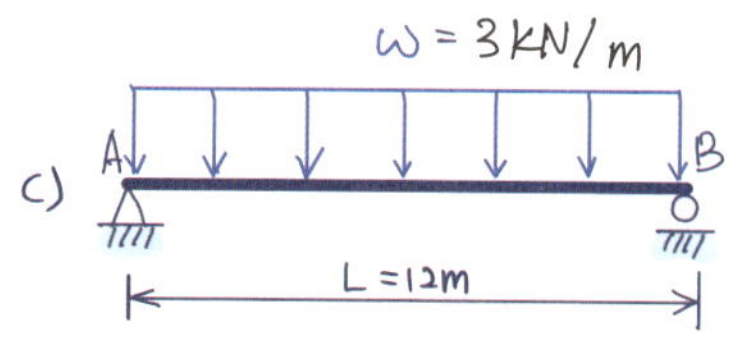

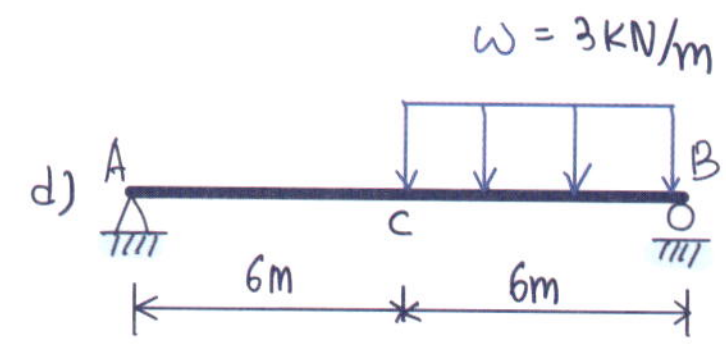

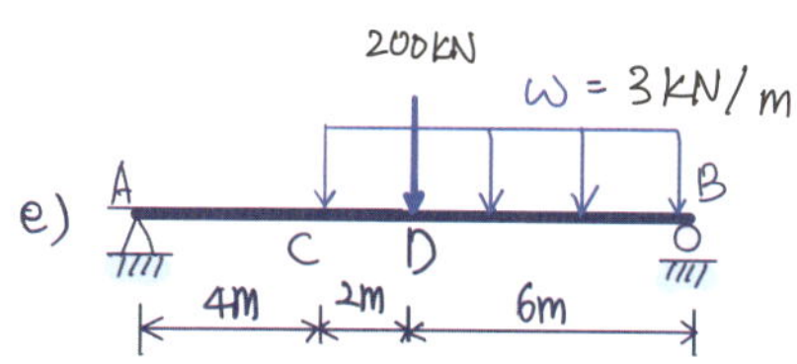

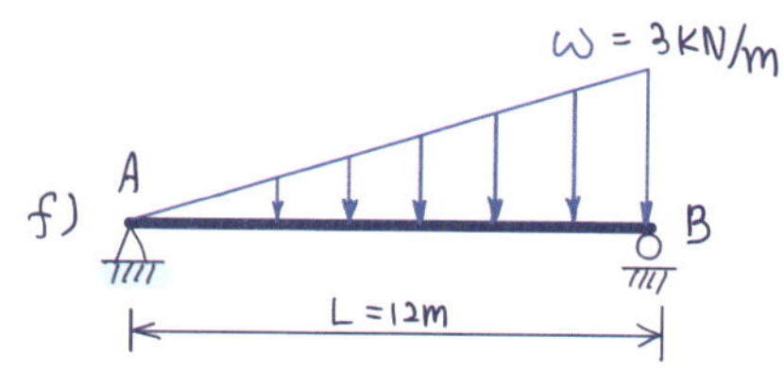

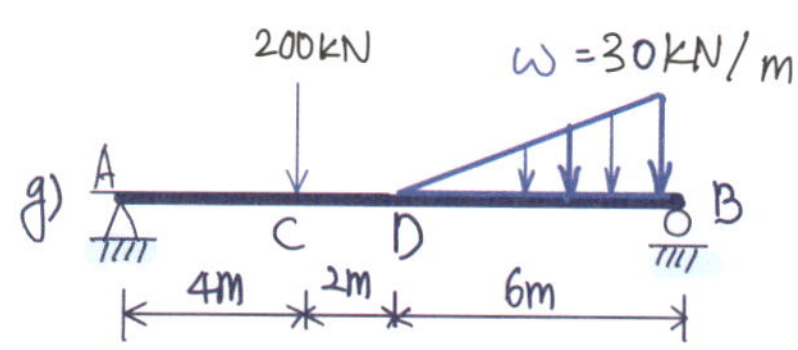

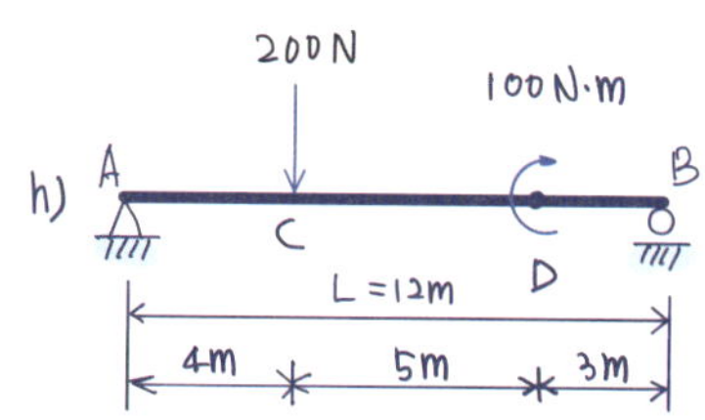

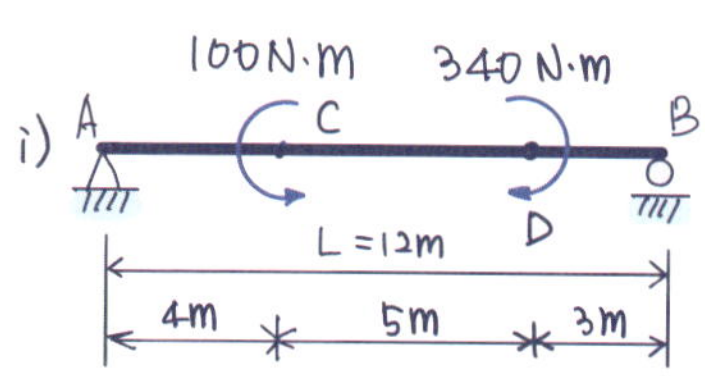

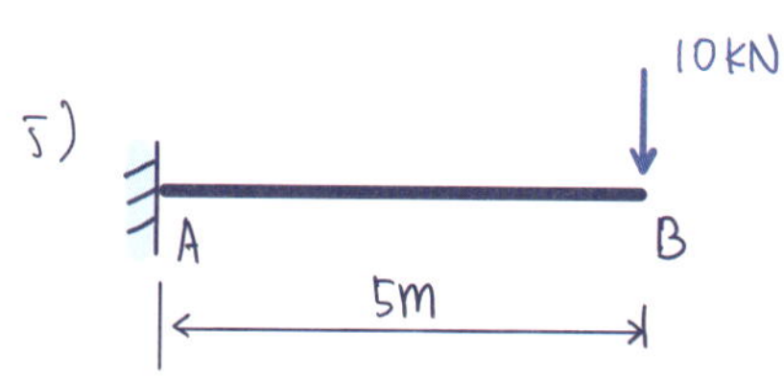

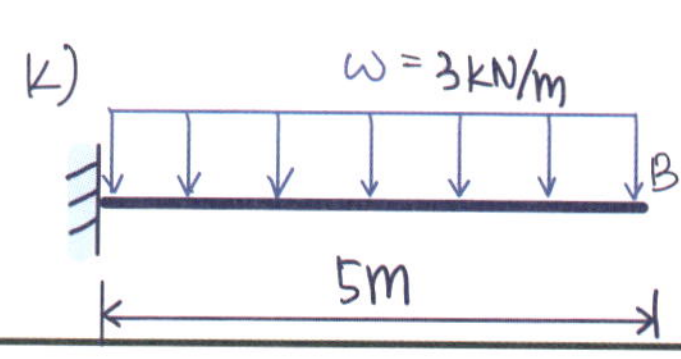

Comment	SFD, BMD를 그리는 방법 & SFD, BMD에서 표현하려고 하는 것들

D0-01-a SFD, BMD 등의 부재력도를 그리기 위해서는 반력의 크기를 알아야 한다.

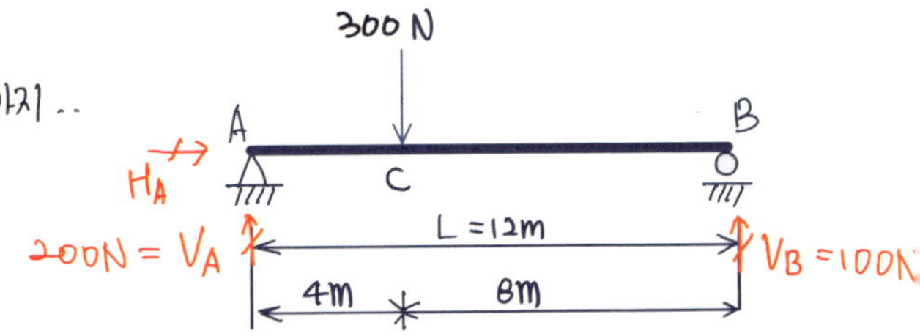

* SFD, BMD를 그릴때 알고 있으면 편리한 몇가지..

- 단순보에서 SFD, BMD는 왼쪽 → 오른쪽 방향으로 그려간다. (켄틸레버보는 자유단 → 고정단)
- 지점 반력, 집중하중은 전단력의 변화폭과 같다
- SFD에서 전단력 부호가 바뀌는 위치 → BMD에서 기울기의 부호(+/ −\)가 바뀌는 위치 (−\ +/)

ex) SFD에서 C점은 "+"에서 "−"로 부호 바뀜 BMD의 C점은 "+ 상승 기울기"에서 "− 하강 기울기"로 바뀌는 점.

→ 변곡점이라는 의미

- 외력(반력, 하중)들 사이는 직선으로 연결된다.
- C점의 전단력 값은 + 200N 혹은 − 100 N 이다.

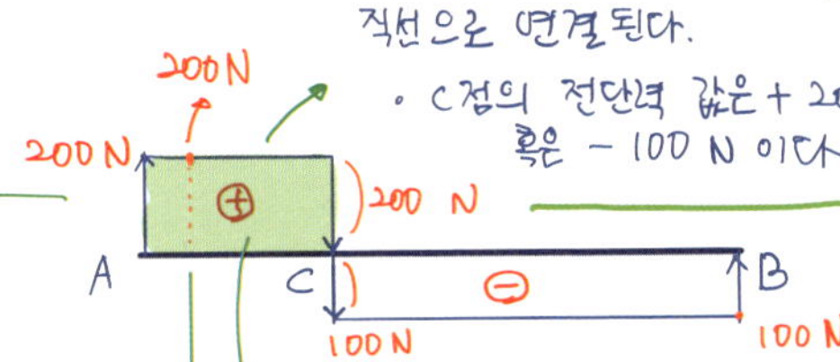

- SFD의 면적은 같은 위치의 휨모멘트 값이다

ex) A~C 구간의 SFD 면적 = 200 × 4 = 800 N·m
C점의 휨Moment 값

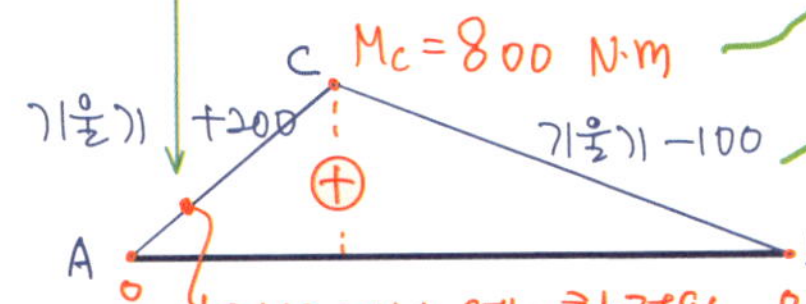

BMD에서 어느 한점의 기울기는 동일위치 SFD의 값이다.

부호가 갖는 의미 = 변형되는 형상

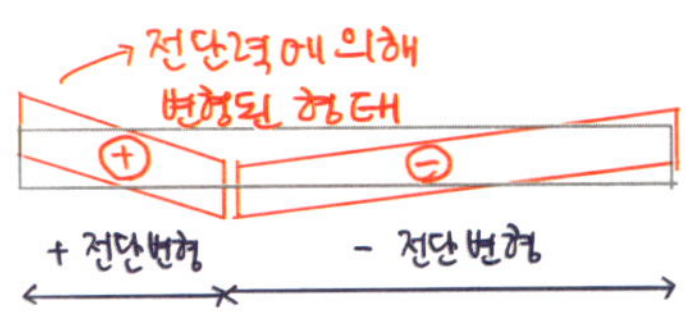

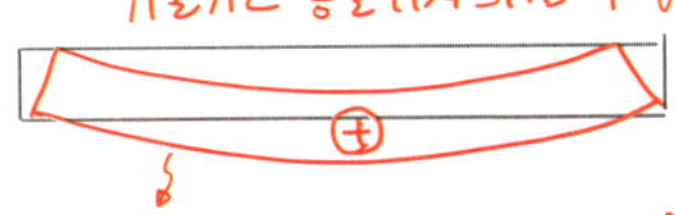

휨Moment에 의해 변형된 형태

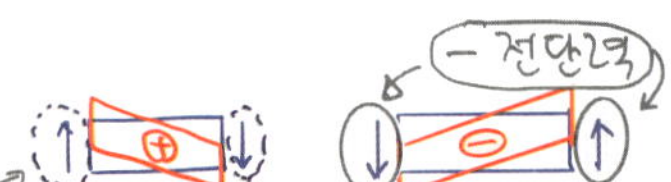

이렇게 변형시키는 전단력을 + 전단력 이라고 한다.

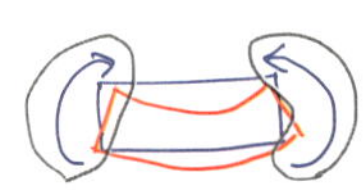

아래로 볼록하게 만드는 휨M가 "+휨M"이다.

Comment

1) 반력

$\Sigma H = 0$ (→⊕) ; $H_A = 0$

$\Sigma V = 0$ (↑⊕) ; $V_A + V_B - 300 = 0$

$V_A + V_B = 300N$

$\Sigma M_B = 0$ (↻⊕) ; $(V_A \times 12) - (300 \times 8) = 0$

$\therefore V_A = 200N(\uparrow)$ $\therefore V_B = 100N(\uparrow)$

2) 특정 위치의 휨 Moment 값

- $M_C = 200 \times 4 = 800N \cdot m$
- $M_A = 200 \times 0 = 0$
- $M_B = 100 \times 0 = 0$

$(or\ 200 \times 12 - 300 \times 8 = 0)$

- 최대 전단력 $S_{max} = 200N$
- 최대 휨모멘트 $M_{max} = 800N \cdot m = M_C$

(∵ 전단력을 1회 적분하면 그 해당 위치에서 휨 M 값이 된다)

- 외력작용위치, 전단력 값에 변화가 있는 위치 등 특정위치의 휨 Moment 값을 구한 후 그 값들을 연결한다.
- $M_A = 0,\ M_C = 800N \cdot m,\ M_B = 0$

※ 훨씬 간단한 방법

$V_A = P \cdot \frac{b}{L} = 300 \cdot \frac{8}{12} = 200N(\uparrow)$

$V_B = P \cdot \frac{a}{L} = 300 \cdot \frac{4}{12} = 100N(\uparrow)$

하중 P를 몇 % 분담할것인지 결정하는 항

※ 하중 P의 67% → V_A

$300 \cdot (0.67) = 200N$

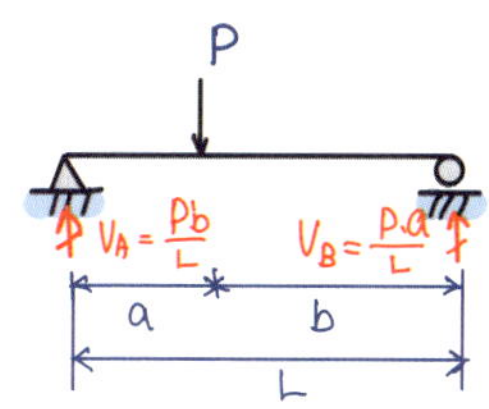

$300 \cdot (0.33) = 100N$

※ 하중 P의 33% → V_B

- 값들을 연결할 때는 SFD를 보고 직선(1차) 혹은 곡선(2차, 3차, ⋯)으로 연결할것인지 판단한다.

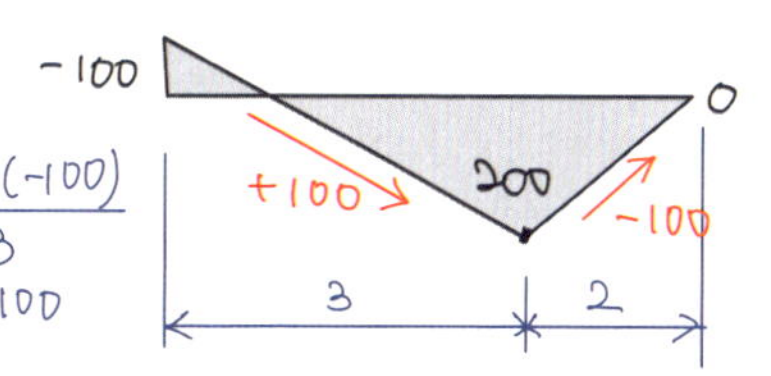

$\frac{200-(-100)}{3} = +100$

$\frac{0-200}{2} = -100$

기울기의 +, −는 값을 기준으로 결정

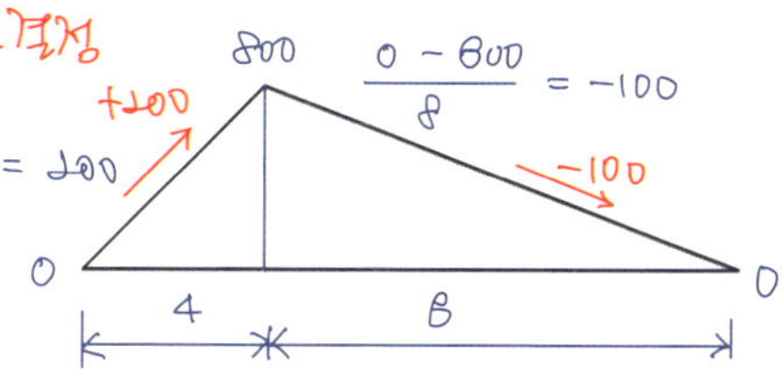

$\frac{800-0}{4} = 200$

$\frac{0-800}{8} = -100$

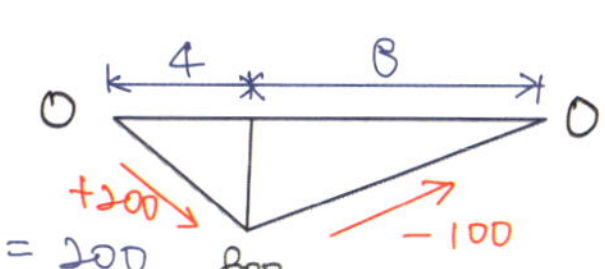

$\frac{800-0}{4} = 200$

$\frac{0-800}{8} = -100$

Comment 「부재력을 구한다」 라는 의미 (부재력 = 단면력 = 내력.)

부재력(member force)은 하중(외력)이 작용할 때 부재의 단면에 발생되는 "「내력」을 구한다" 라는 의미이다. (부재력(member force)은 단면력(section force)과 같은 의미).

- 단순보의 부재력도(SFD, BMD)에 대한 설명 이전에 「내력」을 이해해보자.

- 그림과 같은 단순보에서 AD 구간을 가상으로 분리하고 분리된 부분 구조물에서 평형조건 $\Sigma V=0$ 이 성립하려면 ↑ 위로 올라가는 성분의 힘 100N이 부족하다.

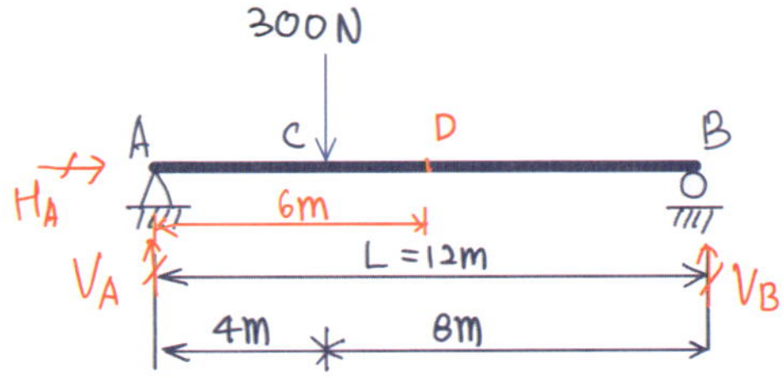

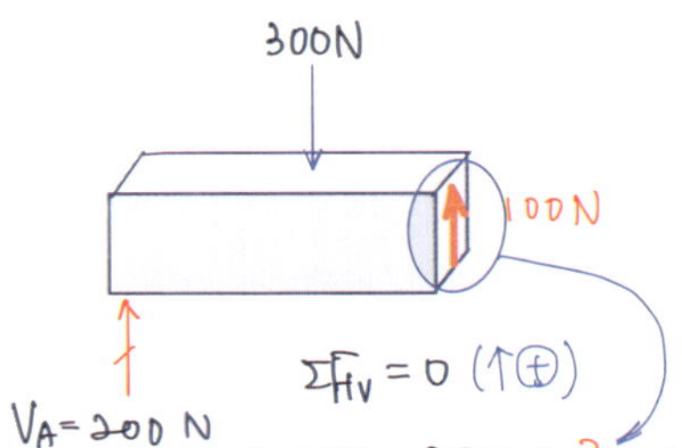

$\Sigma F_V = 0$ (↑⊕)

$200 - 300 + ? = 0$

평형을 이루기 위해 단면의 내부에는 100N의 연직성분 힘이 존재해야 한다.
평형을 이루기 위해 단면 내에 가지고 있어야 하는 힘이 내력이다.
이 내력은 단면과 평행한 성분이기 때문에 전단력이다.

이렇게 「정역학적 부호규약」을 적용하여 "힘의 크기"를 100N으로 결정 → 이 100N이 부재를 어떻게 변형시키는지 보여주는 「변형부호규약」 으로 부터 부호가 결정된다.

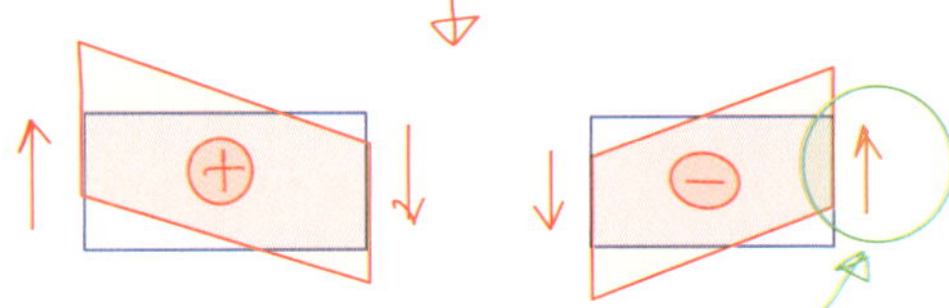

D점 단면 내의 100N은 여기에 해당한다. → 최종적으로 「$S_D = -100$ N」이다.

✳ 부록 24

부록 24에는 휨 M와 전단력을 구할 때 부호를 혼동하지 않고 구하는 방법이 설명되어 있다.

Comment

D0-01-b

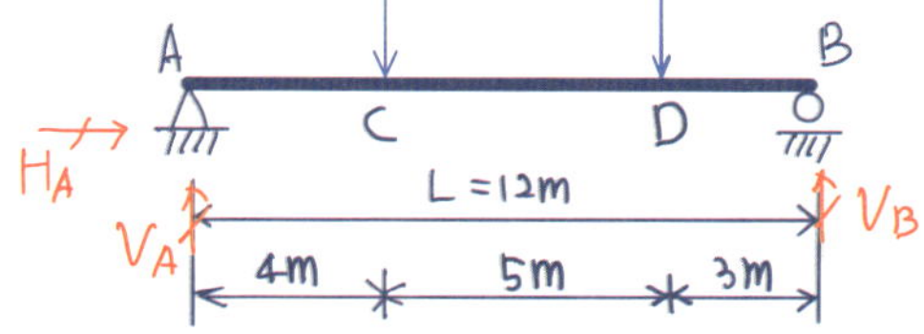

1) 반력

$\Sigma H = 0$ (⊕→) ; $H_A = 0$

$\Sigma V = 0$ (↑⊕) ;

$V_A + V_B - 200 - 300 = 0$

$V_A + V_B = 500N$

$\Sigma M_B = 0$ (⊕↻) ;

$(V_A \times 12) - (200 \times 8) - (300 \times 3) = 0$

$\therefore V_A = (1600+900)/12 = 208.3N$ (↑)

$\therefore V_B = 500 - 208.3 = 291.7N$ (↑)

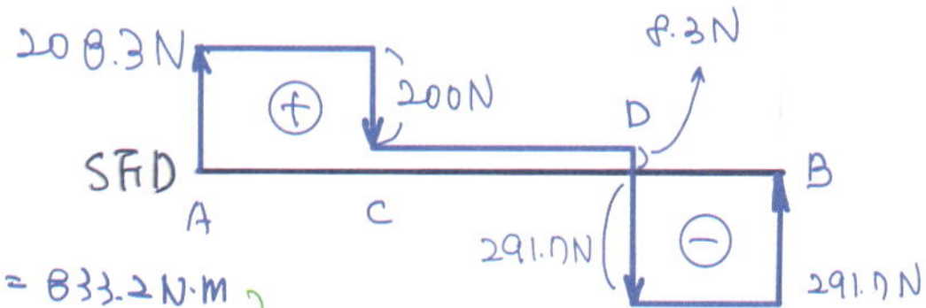

SFD에서

· AC구간 면적

$= 208.3 \times 4 = 833.2N \cdot m$

· AD구간 면적

$= (208.3 \times 4) + (8.3 \times 5)$

$\doteq 875N \cdot m$

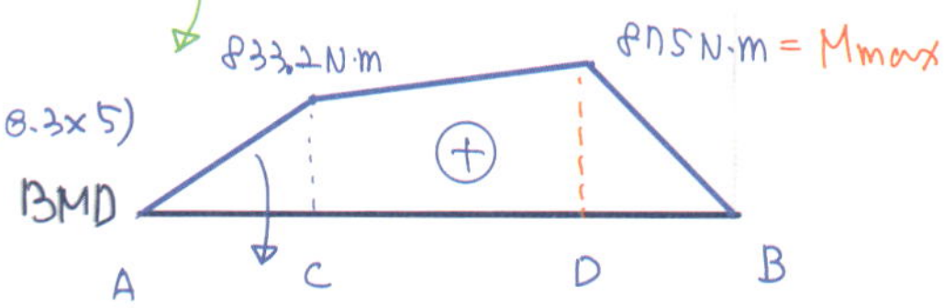

BMD에서 · AC구간 기울기 : +208.3

· CD구간 기울기 : + 8.3

· DB구간 기울기 : − 291.7 N

· S_{max} = ⊖291.7 N

· 음의 전단변형을 일으키는 전단력으로서 크기는 291.7 N 이다

· 음수 291.7이 아님!!

· M_{max} = 875N·m = M_D

2) 특정 위치의 휨 Moment 값

· $M_C = 208.3 \times 4 = 833.2N \cdot m$

· $M_D = (208.3 \times 9) - (200 \times 5) = 874.7 N \cdot m$

$\doteq 875N \cdot m$ D점의 왼쪽부분구조를 이용

· $M_D = 291.7 \times 3 = 875N \cdot m$

D점의 오른쪽부분구조를 이용

소숫점 이하 숫자 때문에 정확히 일치하지 않음.

· $M_A = 208.3 \times 0 = 0$ A ○ ↑208.3N

· $M_B = 291.7 \times 0 = 0$

※ 훨씬 간단한 방법

∘ $V_A = 200 \cdot \frac{8}{12} + 300 \cdot \frac{3}{12} = 208.3N$ (↑)

∘ $V_B = 200 \cdot \frac{4}{12} + 300 \cdot \frac{9}{12} = 291.7N$ (↑)

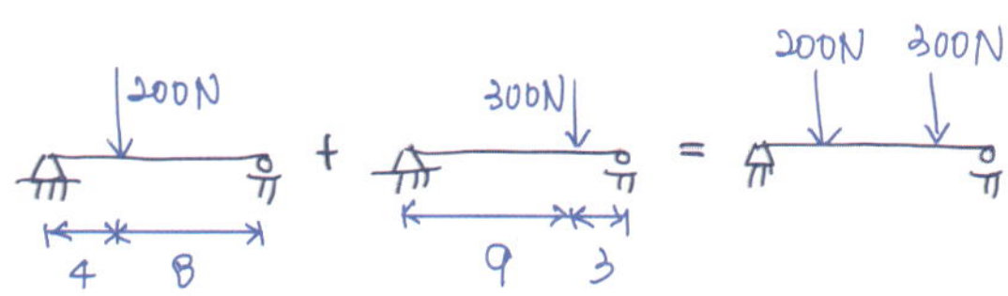

Comment

D0-01-c

c)

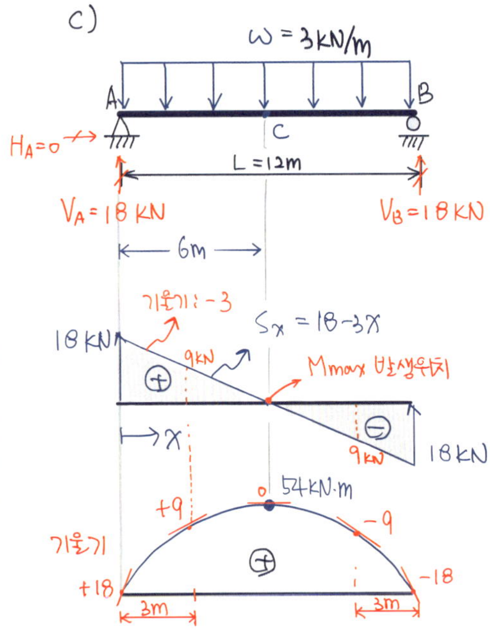

1) 반력

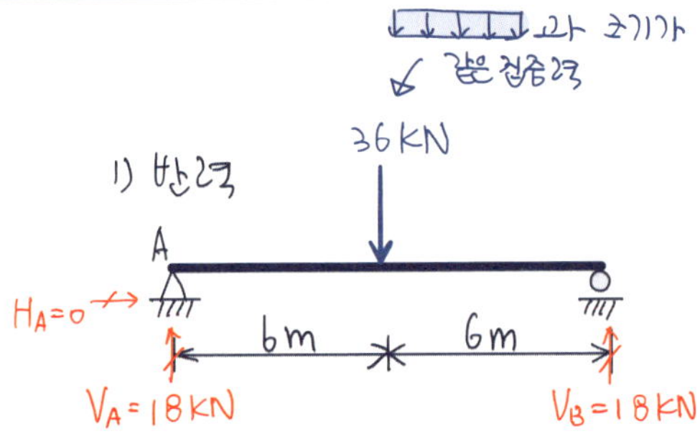

- 분포하중을 등가 집중하중으로 환산한 후 분포하중의 도심에 재하.
  - 환산: 등분포 하중의 면적
- A점으로 부터 x 만큼 떨어진 위치의 전단력 S_x

  $S_x = 18 - 3x$

  → 전단력 값은 18kN에서 시작해서 거리 x에 따라 1m 당 3kN의 비율로 줄어든다

2) 특정위치의 휨Moment 값

- $M_A = M_B = 0$
- $M_c = (18 \times 6) - (3 \times 6 \times 3) = 54\,kN \cdot m$ (힘: 3×6, 거리: 3)

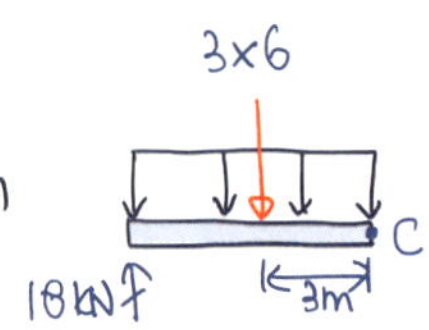

※ 등분포하중의 강도 3kN/m는 등분포하중을 사각형으로 볼때 높이에 해당한다.

- M_c = 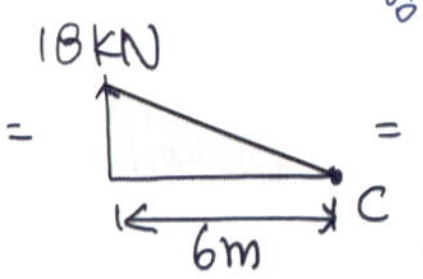 $= 18 \times 6 \times \frac{1}{2} = 54\,kN \cdot m$

→ A~C 구간 SFD의 면적 = M_c

3) 단순보에 등분포 하중이 가득차있는 경우 일반식

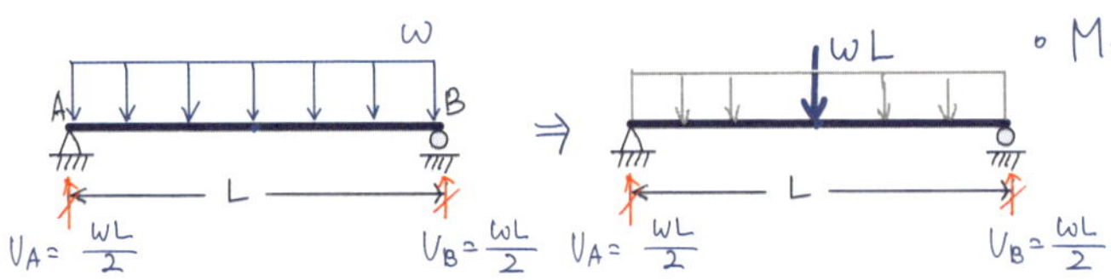

- $M_{max} = \frac{wL}{2} \times \frac{L}{2} - \frac{wL}{2} \cdot \frac{L}{4}$

  $= \frac{wL^2}{8}$

Comment

D0-01-d

d)

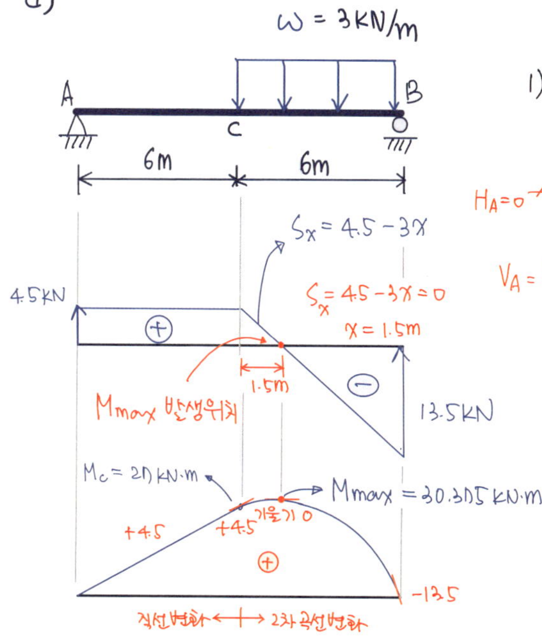

1) 반력

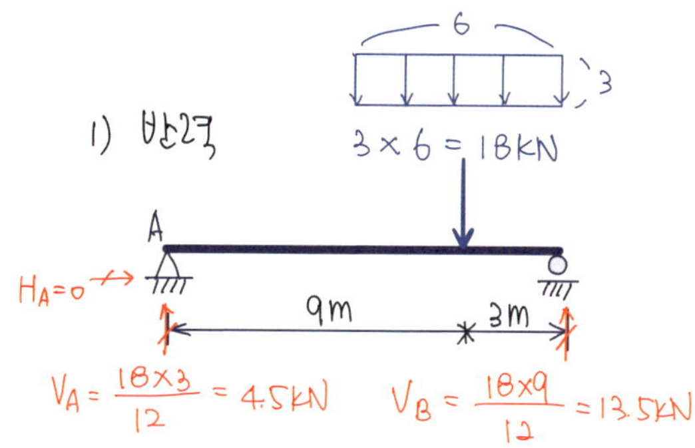

2) 특정위치의 휨Moment 값

- $M_A = 0$
- $M_C = 4.5 \times 6 = 27$ kN·m
- $M_{max} = (4.5 \times 7.5) - (3 \times 1.5 \times \frac{1.5}{2}) = 30.375$ kN·m

Mmax은 A 지점으로 부터 7.5m 떨어진 위치에서 발생한다.

→ SFD에서 전단력 값의 부호가 바뀐다 = BMD의 기울기 부호가 바뀐다 → 변곡점.

- $M_B = 0$

Comment

DO-01-e

e)

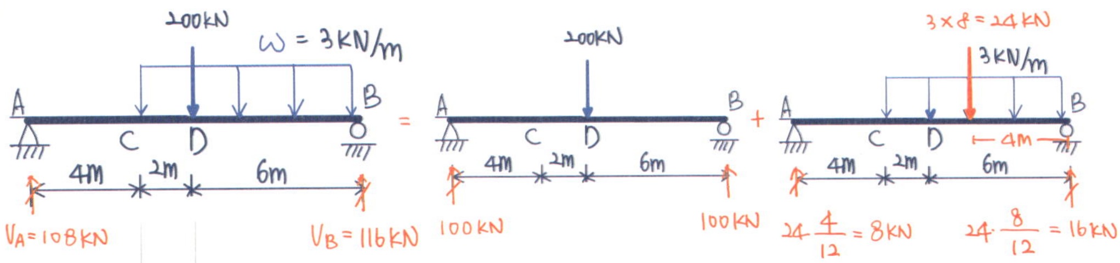

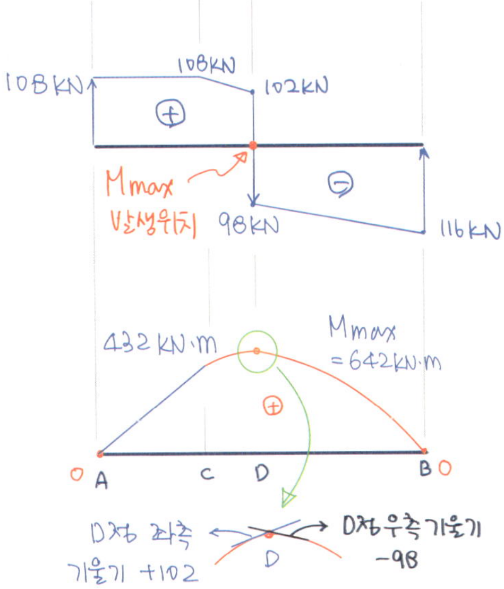

1) 반력

- $V_A = 100kN + 8kN = 108kN\ (\uparrow)$
- $V_B = 100kN + 16kN = 116kN\ (\uparrow)$

2) 특정위치에서 전단력 값

- $S_C = 108kN$
- $S_{D(left)} = 108 - 3 \times 2 = 102kN$
- $S_{D(right)} = 108 - 3 \times 2 - 200$
  $= 98kN$

3) 특정위치의 휨Moment 값

- $M_A = M_B = 0$
- $M_C = (108 \times 4) = 432kN \cdot m$
- $M_D = (108 \times 6) - (3 \times 2 \times 1)$
  $= 642kN \cdot m$

C점의 기울기는 +108에서
D점의 기울기 +102로 변해가므로
⌒ 형태로 연결되어야 한다.

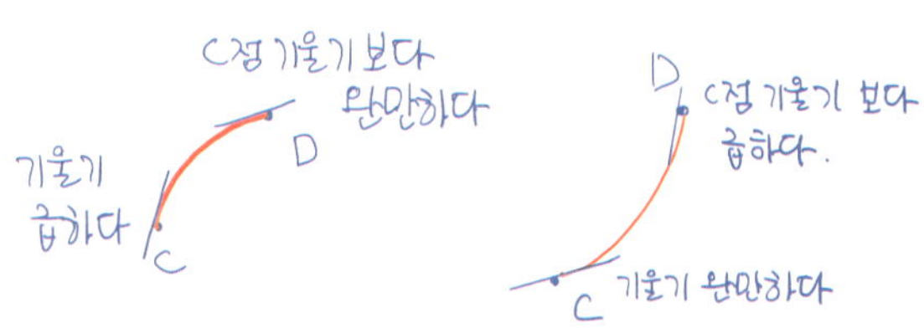

Comment

DO-01-f f)

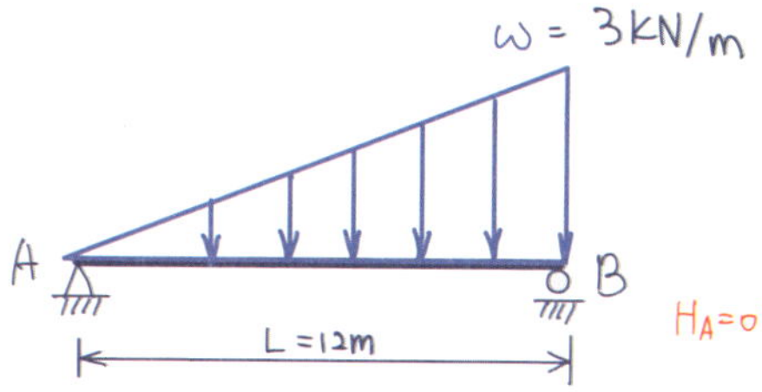

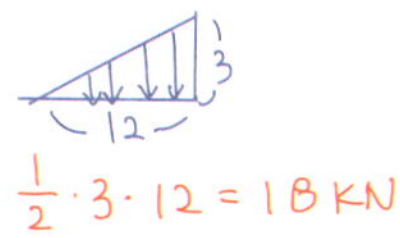

1) 반력

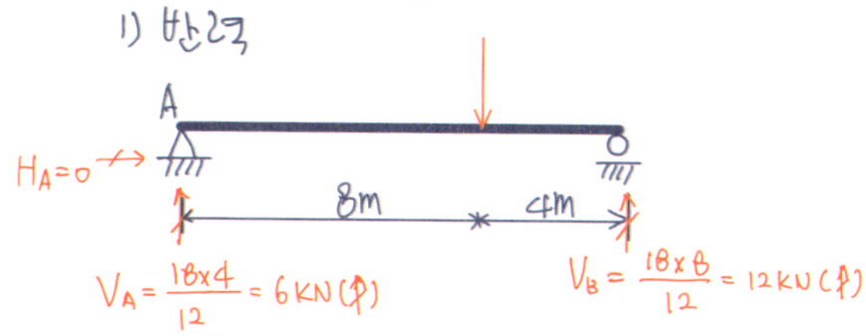

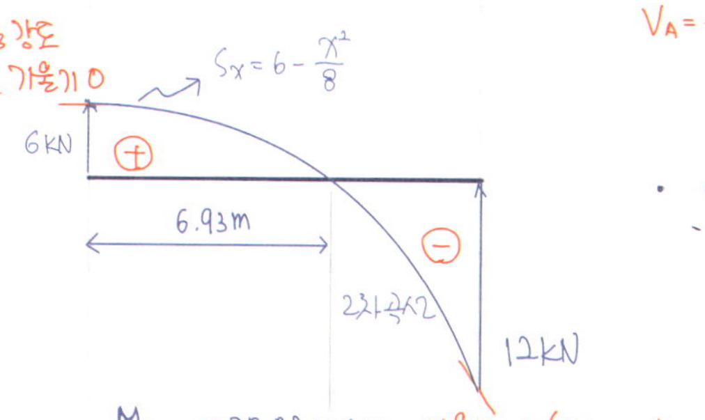

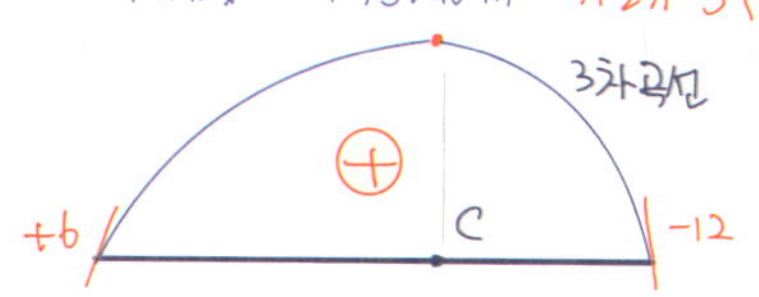

- 삼각분포 하중은 같은 크기의 집중력으로 환산 한후 분포하중의 도심에 재하.

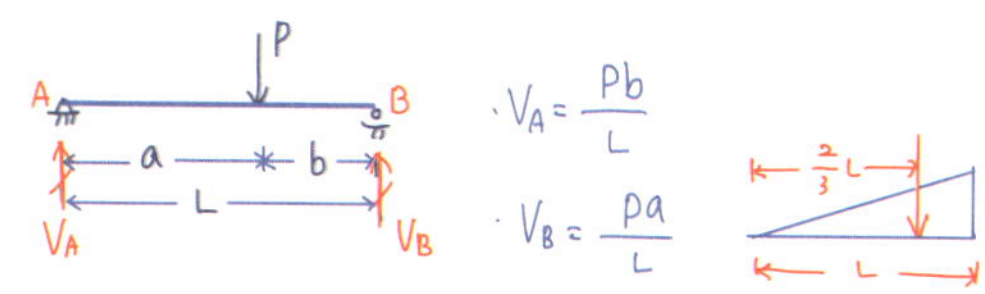

2) 전단력 값의 변화.

- A점으로 부터 x 만큼 떨어진 위치의 전단력 S_x는 x 만큼 떨어진 위치까지 면적이므로

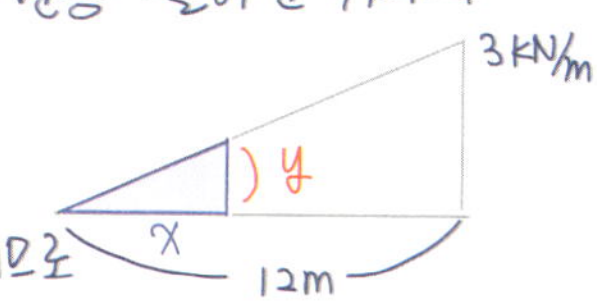

면적을 구하려면 높이 y를 알아야 한다

- 비례식 이용 $3 : 12 = y : x$

$$\therefore y = \frac{3}{12}x = \frac{x}{4}$$

$$\therefore S_x = 6 - \left(\frac{1}{2} x \cdot \frac{x}{4}\right) = 6 - \frac{x^2}{8}$$

전단력 $S_x = 0$ 이 되는 위치 → 부호가 바뀌는 위치

$$S_x = 6 - \frac{x^2}{8} = 0. \quad 6 = \frac{x^2}{8}. \quad x^2 = 48$$

$$\therefore x = \sqrt{48} = 6.93m$$

3) 특정위치의 휨Moment 값

- $M_A = M_B = 0$
- $M_{max} = (6 \times 6.93) - \left(\frac{1}{2} \cdot 6.93 \cdot 1.73 \cdot \frac{6.93}{3}\right)$ (거리)
  $= 27.73\,KN \cdot m$ (면적 = 등가집중력)

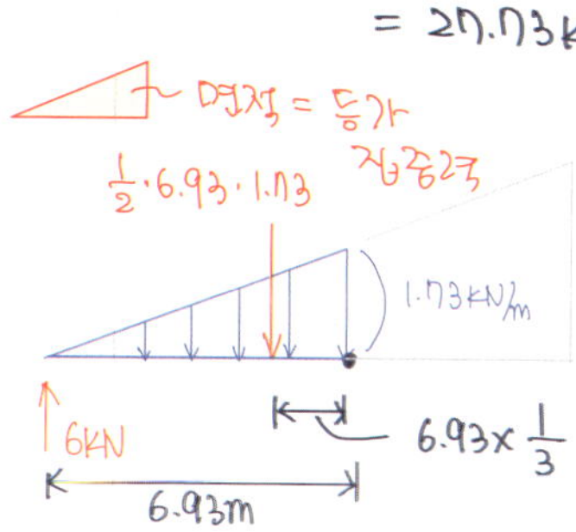

$12 : 3 = 6.93 : y'$

$$y' = \frac{3 \times 6.93}{12} \doteqdot 1.73\,KN/m$$

Comment

DO-01-g

g)

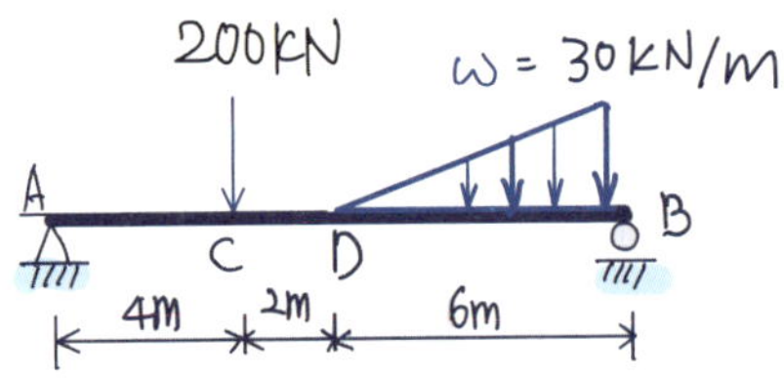

1) 반력

i) $\Sigma V = 0$ (↑⊕)

$V_A + V_B - 200 - \frac{1}{2}\cdot 30 \cdot 6 = 0$

$V_A + V_B = 290\,KN$

ii) $\Sigma M_B = 0$ (⊕)

$(V_A \times 12) - (200 \times 8) - (\frac{1}{2}\cdot 30 \cdot 6 \times 2) = 0$

$\therefore V_A = 1780/12 = 148.3\,KN$ (↑)

$V_B = 290 - 148.3 = 141.7\,KN$ (↑)

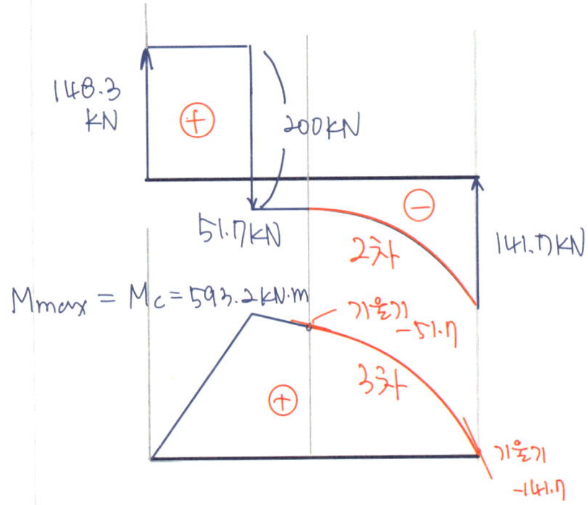

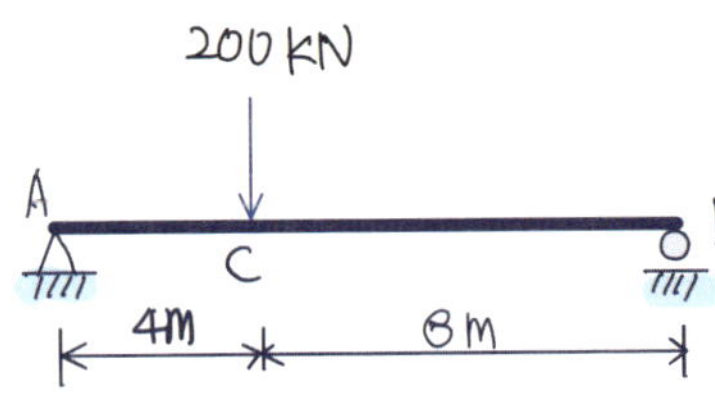

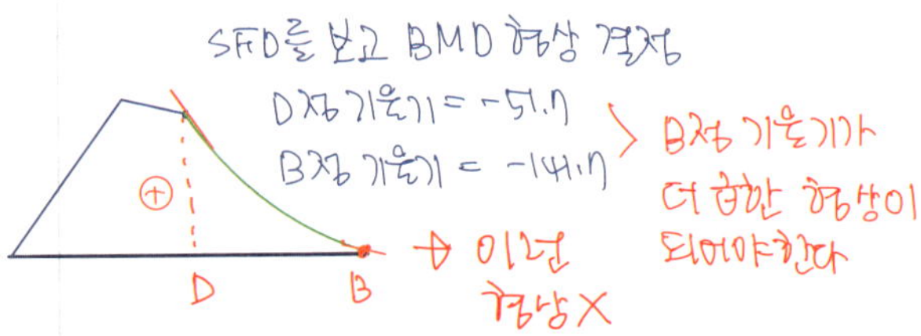

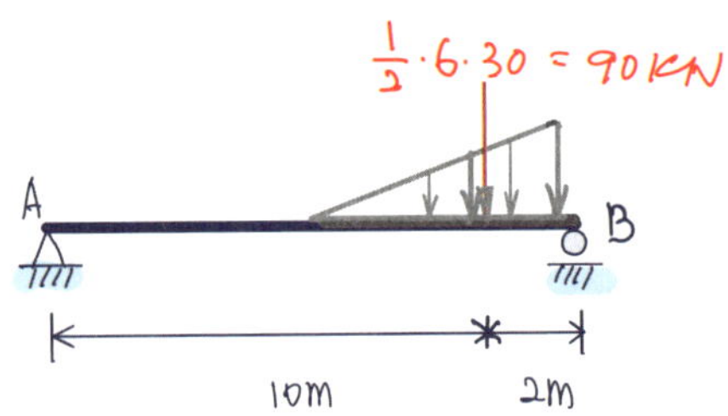

2) 특정 위치에서 전단력 S

$S_{C(left)} = 148.3\,KN$

$S_{C(right)} = 148.3 - 200 = -51.7\,KN$

3) 특정 위치에서 휨모멘트 M

$M_C = 148.3 \times 4 = 593.2\,KN\cdot m$

$M_D = 148.3 \times 6 - (200 \times 2)$

$= 489.8\,KN\cdot m$

$M_A = M_B = 0$

$V_A = \frac{200 \times 8}{12} + \frac{90 \times 2}{12} = 148.3\,KN$ (↑)

$V_B = 290 - 148.3 = 141.7\,KN$ (↑)

$V_B = \frac{200 \times 4}{12} + \frac{90 \times 10}{12} = 141.7\,KN$ (↑)

Comment

DO-01-h

h)

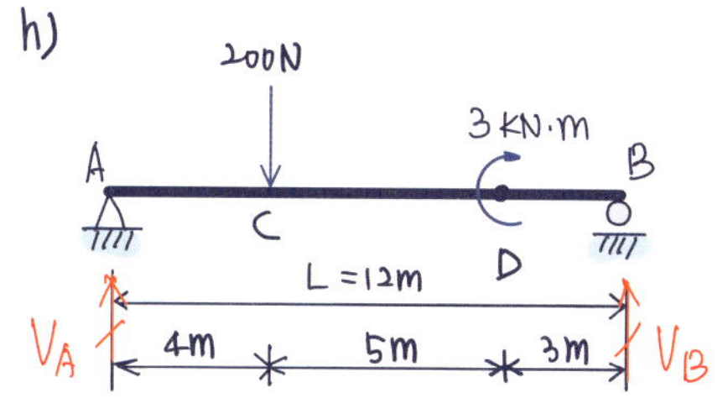

1) 반력

Moment 하중 3kN·m은 연직방향 힘의 성분을 가지고 있지 않으므로 "ΣV=0"에 포함시키면 안된다.

i) $\Sigma V = 0$ (↑⊕)

$V_A + V_B - 200 = 0$, $V_A + V_B = 200N$

ii) $\Sigma M_B = 0$ (⊕↻) 3kN·m = 3000 N·m

$(V_A \times 12) - (200 \times 8) + 3 \times 10^3$

$\therefore V_A = \frac{1}{12}(1600 - 3000) = -116.7N$

$= 116.7N$ (↓) 가정한 반력 방향이 잘못됨.

$V_A + V_B = 200$.

$(-116.7) + V_B = 200$

$\therefore V_B = 200 + 116.7 = 316.7N$ (↑)

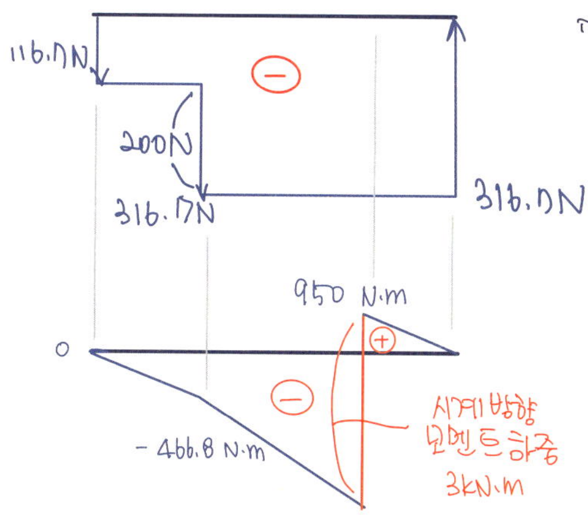

$M_{max} = 2050$ N·m $= M_D$

2) 특정위치의 휨모멘트 M

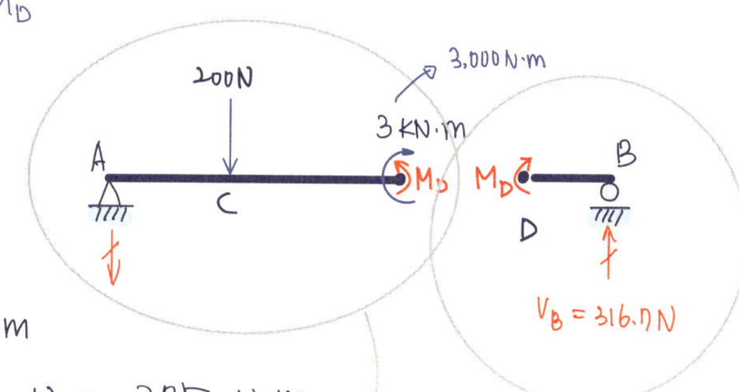

- $M_A = M_B = 0$
- $M_C = -(116.7 \times 4) = -466.8$ N·m
- $M_{D(left)} = -(116.7 \times 9) - (200 \times 5) = -2{,}050$ N·m
- $M_{D(right)} = -(116.7 \times 9) - (200 \times 5) + 3000 = 950$ N·m

시계방향 M 하중 "+"

- $M_D = 316.7 \times 3 = 950$ N·m

M_D를 구하는 과정.

$\Sigma M_D = 0$ (⊕↻)

- $M_D - (316.7 \times 3) = 0$
- $M_D = 316.7 \times 3 = 950$ N·m

Comment

보완설명

부록 24에 설명된 방법으로 휨모멘트를 구해보면……

24 부호 혼동하지 않고 휨모멘트, 전단력 구하기

휨모멘트, 전단력 부호가 혼동되는 이유는 정역학적 부호규약과 변형부호규약이 충돌하기 때문이다.

1) M_c

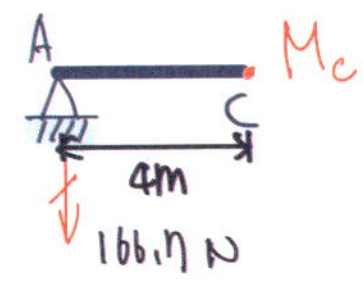

• C 점을 기준으로 시계방향, 반시계 방향의 휨M 를 "=" 의 좌변과 우변에 각각 정리한다.

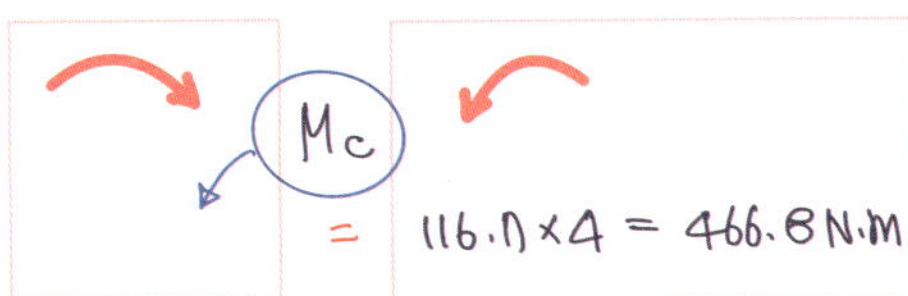

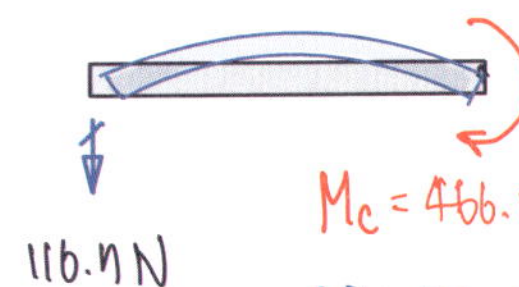

M_c = 466.8 N·m 는 C 점에서 AC 부재를 위로 볼록하게 변형시키는 역할을 하므로 M_c = ⊖466.8 N·m 이다.

C 점을 기준으로 휨M 가 평형을 이루려면 M_c는 시계방향의 466.8N·m 휨M 가 되어야 한다.

∴ $M_c = -466.8\text{N·m}$

※ 구해진 M 가 부분구조물을 어떻게 변형시키려고 하는지에 따라 "+" 혹은 "−" 가 결정된다.

2) $M_{D(left)}$: 3kN·m 미포함

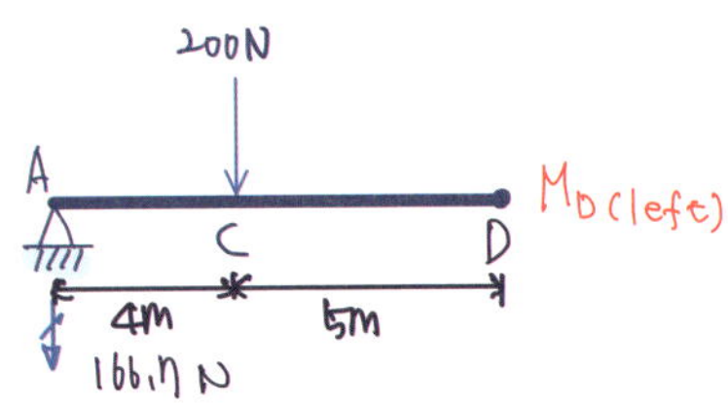

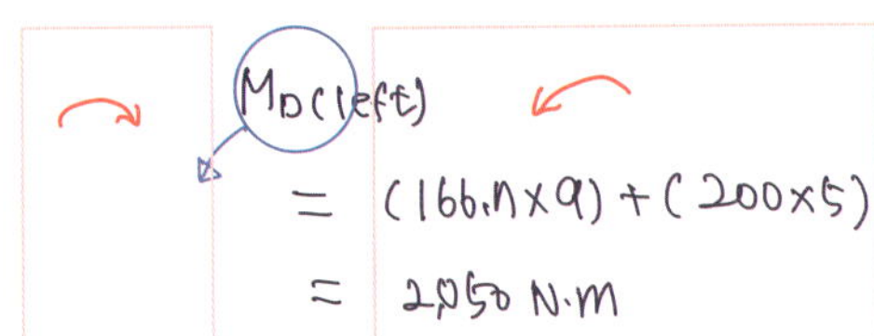

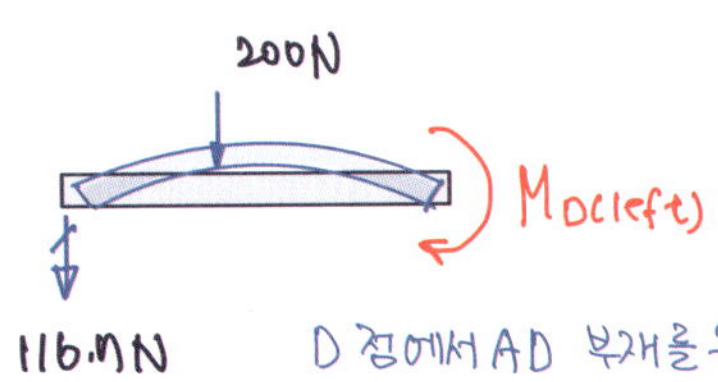

D 점에서 AD 부재를 위로 볼록하게 변형시키는 역할을 하므로 $M_{D(left)}$ = ⊖ 2,050 N·m 이다.

D 점을 기준으로 휨M 가 평형을 이루려면 $M_{D(left)}$는 시계방향의 2,050N·m 휨M 가 되어야 한다.

∴ $M_{D(left)} = -2{,}050\text{N·m}$

Comment

3) $M_{D(right)}$: 3kN·m 포함

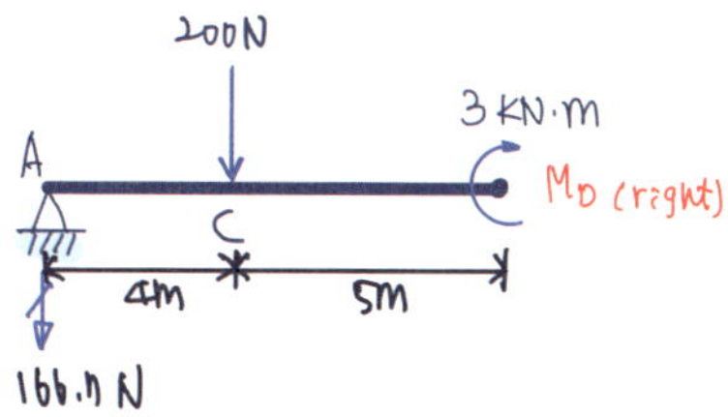

$$\overset{\curvearrowright}{3{,}000} = \overset{\curvearrowleft}{M_{D(right)}} = (166.7\times 9) + (200\times 5)$$
$$= 2{,}050\ \text{N}\cdot\text{m}$$

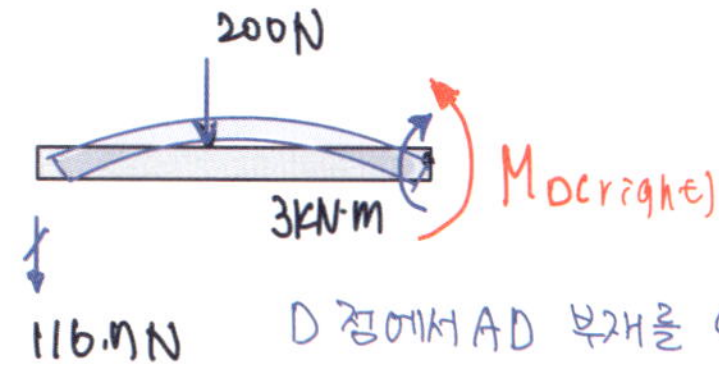

D점에서 AD 부재를 아래로 볼록하게 변형시키는 역할을 하므로
$M_{D(right)} = (+)950$ N·m이다.

D점을 기준으로 휨M가 평형을 이루려면 $M_{D(right)}$는 반시계방향의 950N·m 휨M가 되어야 한다.

$\therefore M_{D(right)} = 950$N·m

보완설명

- D점 오른쪽 부분 구조물을 이용하면…

ⅰ) $M_{D(left)}$: 3kN·m 포함

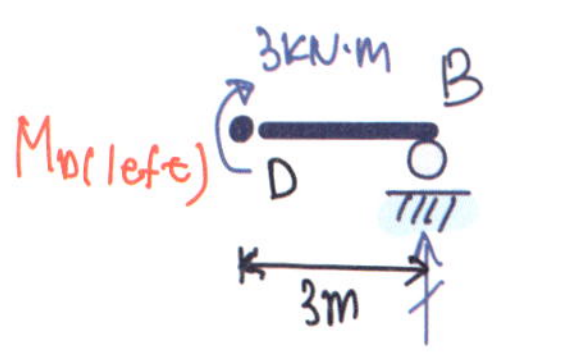

$V_B = 316.7$N

$$\overset{\curvearrowright}{3{,}000} = \overset{\curvearrowleft}{M_{D(left)}} = 316.7\times 3$$
$$3{,}000 = 950 + 2{,}050$$

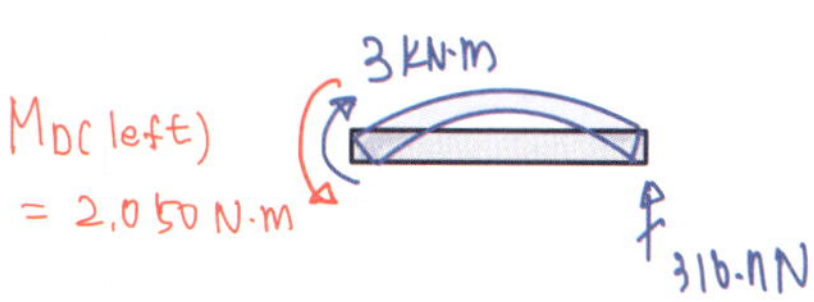

$\therefore M_{D(left)} = -2{,}050$ N·m

ⅱ) $M_{D(right)}$: 3kN·m 미포함.

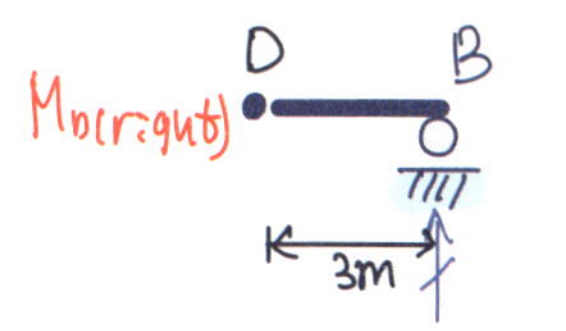

$V_B = 316.7$N

$$\overset{\curvearrowright}{\ } \overset{\curvearrowleft}{M_{D(right)}} = 316.7\times 3$$
$$950 = 950$$

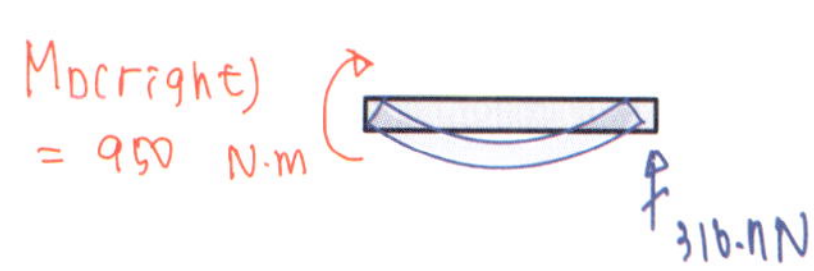

$\therefore M_{D(right)} = 950$N·m

Comment

DO-01-i

i)

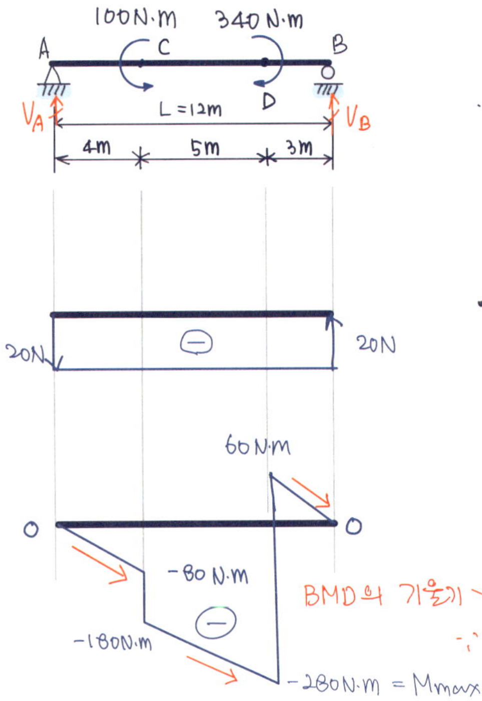

1) 반력

· $V_A + V_B = 0$ → V_A와 V_B를 더하면 "0"이 된다는 의미. $V_A=0$, $V_B=0$ 이라는 의미가 아니다.

· $\Sigma M_B = 0$ (⊕)

$(V_A \times 12) - 100 + 340 = 0$

$\therefore V_A = \frac{1}{12}(100-340) = -\frac{240}{12}$

$= -20N = 20N(\downarrow)$

$V_A + V_B = 0$ 이므로

$\therefore V_B = -V_A = -(-20N) = 20N(\uparrow)$

BMD의 기울기 ↘ 모두 -20으로 동일하다.

∵ SFD가 전구간 -20 이므로…

2) 특정위치의 휨모멘트 M

· $M_A = M_B = 0$

· $M_{C(left)} = -(20 \times 4) = -80N \cdot m$

· $M_{C(right)} = -(20 \times 4) - 100 = -180 N \cdot m$

· $M_{D(left)} = -(20 \times 9) - 100 = -280N \cdot m$

· $M_{D(right)} = -(20 \times 9) - 100 + 340 = 60N \cdot m$

○ M_C (left);

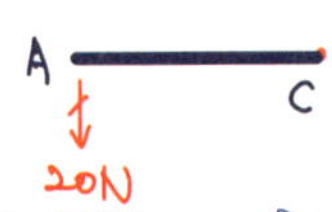

C점의 바로 왼쪽 단면의 휨M 값,
즉 Moment 하중 100N·m을
포함하지 않는다.

○ M_C(right);

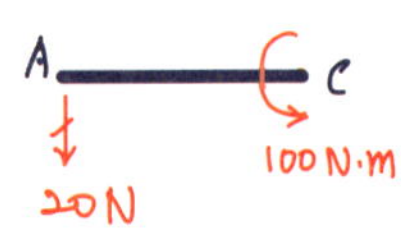

C점의 바로 오른쪽 단면의 휨M 값,
즉 Moment 하중 100N·m가
포함된다.

Comment

D0-01-j

j)

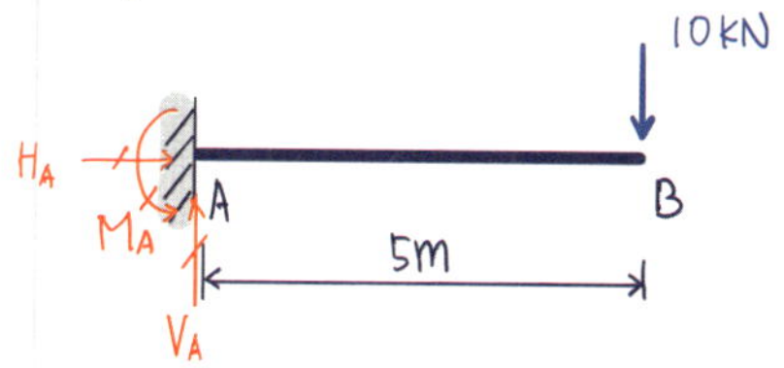

SFD 자유단 B에서 부터 그려가는 경우

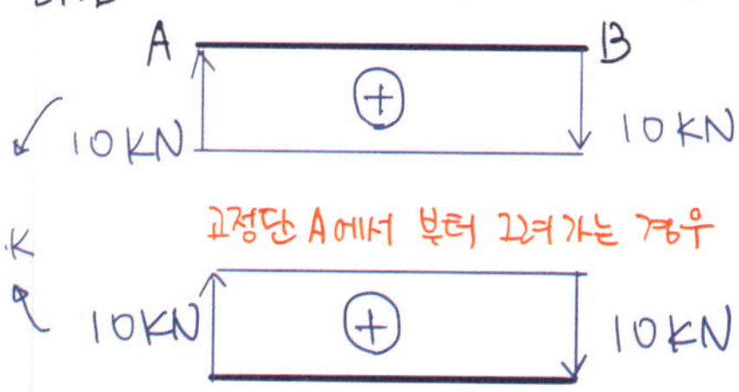

2가지 모두 O.K

* 기준선 위 혹은 아래 쪽에 그리는 것과 +, − 부호는 관계 없다.
왼쪽 ↑ 오른쪽 ↓ 이므로 ⊕ SFD가 된다!!

1) 반력

· $V_A = 10kN (\uparrow)$

· $H_A = 0$

· $M_A = 10 \times 5 = 50kN \cdot m$ (↺)

$\Sigma M_A = 0$ (⊕↻)

↳ A점에서 Moment의 합은 "0"이다.

$-M_A + (10 \times 5) + (V_A \times 0) = 0$

A점에 발생하는 반력 Moment

$\therefore M_A = +50kN \cdot m$ (↺)

> +50kN·m는 크기는 50kN·m이고 방향은 처음 가정한 반시계 방향이 맞다는 의미

∘ (⊕↻) 시계방향을 +로 약속하고 평형방정식 적용. A점의 반력 Moment M_A는 반시계 방향으로(↺) 가정 되었으므로 "−" 값.

∘ 만약 값이 −50kN·m로 떨어지면 크기는 50kN·m이고 방향은 처음 가정한 반시계 방향과 반대 방향이라는 의미
→ 즉, 가정한 반력의 방향이 잘못되었다는 뜻.

BMD

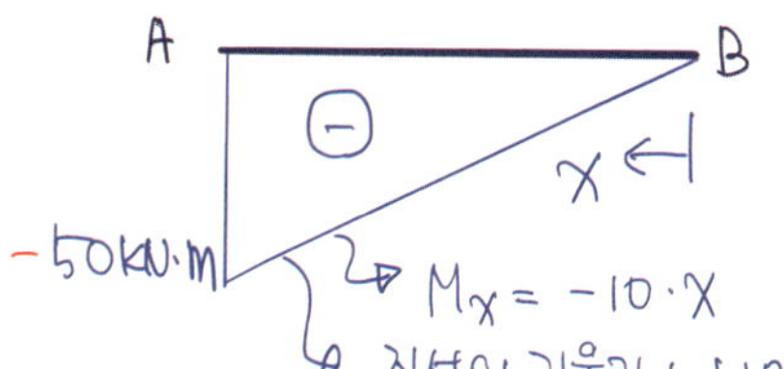

↳ $M_x = -10 \cdot x$

↳ 직선의 기울기 : +10

왼쪽 → 오른쪽 기준

「 −50kN·m → 0kN·m 이므로 상향 기울기 」

+ 전단변형

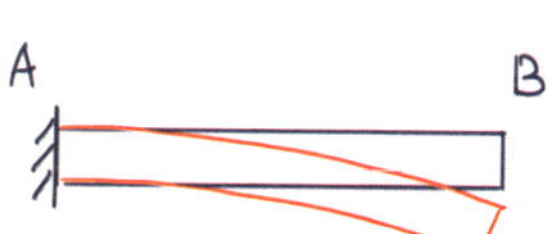

− 휨변형 (위로볼록)

M_A와 10KN이 상호작용하여 위로 볼록한 형태의 휨변형 발생 → ⊖ 휨변형!!

Comment

D0-01-K

K)

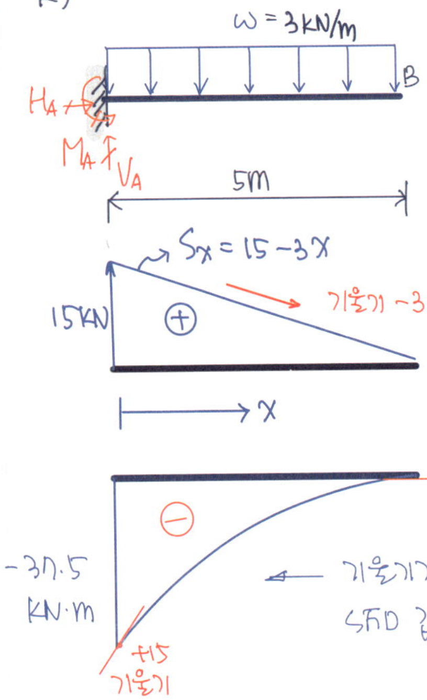

1) 반력

$\Sigma V = 0\ (\uparrow \oplus)$

$V_A - (3 \times 5) = 0 \quad \therefore V_A = 15\text{kN}(\uparrow)$

$\Sigma M_A = 0\ (\oplus \text{ clockwise})$

$-M_A + (3 \times 5 \times 2.5) = 0$

$\therefore M_A = 37.5\text{kN·m}$ (counter-clockwise)

← 기울기가 "+15"에서 "0"으로 감소.
SFD 값을 참고하여 BMD의 곡선 형상을 결정한다.

ex) 분포하중이 부분 재하 된 경우 라면

$M_A = 3 \times 3 \times 3.5 = 31.5\text{kN·m}$

$M_C = -(9 \times 1.5) = -13.5\text{kN·m}$

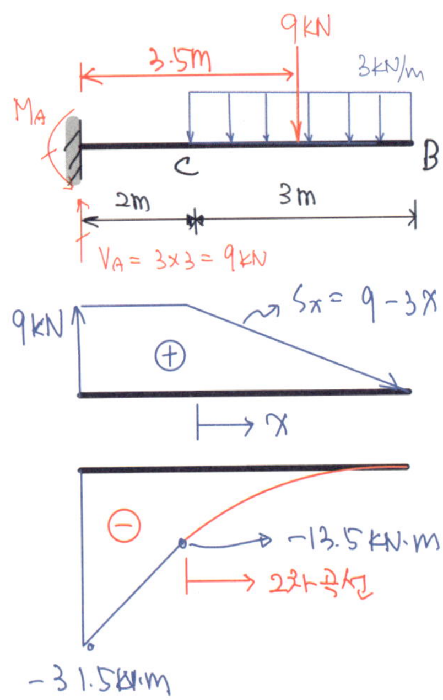

Comment

보완설명 휨모멘트 반력과 휨모멘트 내력의 구분

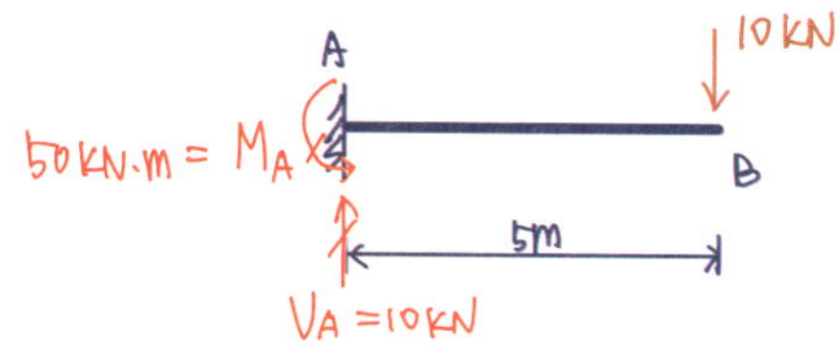

◦ A 지점에 근접한 위치를 절단해보면

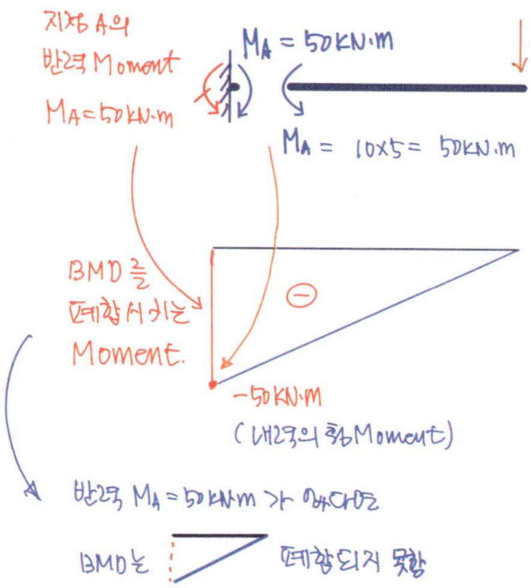

부재의 단면내에 생기는 내력으로서의 휨M는 $M_A = 50kN \cdot m$ → +, −의 결정은
크기

M_A는 ⌒ 변형시키는 역할을 하는 휨M이므로 "−"가 된다.

10kN이 A에 발생시키는 휨M = 10kN × 5m = 50kN·m (↻)

평형이 이루어지려면 A점 단면에

50kN·m (↺) 필요

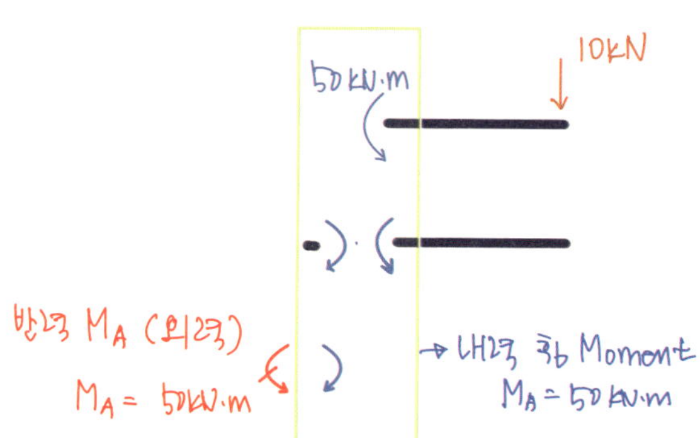

Type	D1. 단순보에서 부재력 구하기 (SFD, BMD)
Frequency	
Comment	단순보 해석 문제는 생각보다 까다로울 수 있다.

D1-01 그림과 같은 단순보에서 C점의 전단력 Sc, C점의 휨 모멘트 Mc 는?

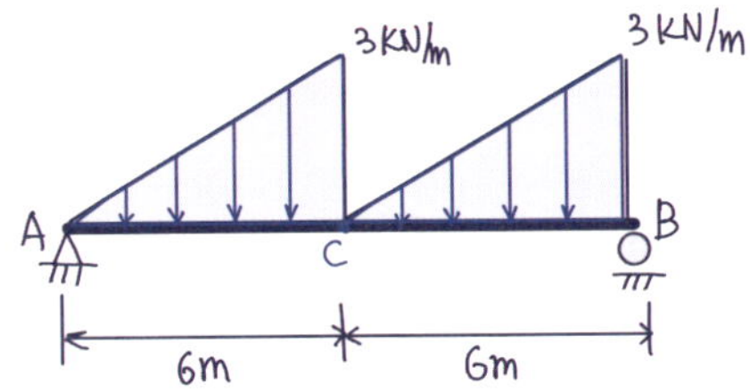

문제풀이

① 등가집중력으로 환산 후 반력구하기

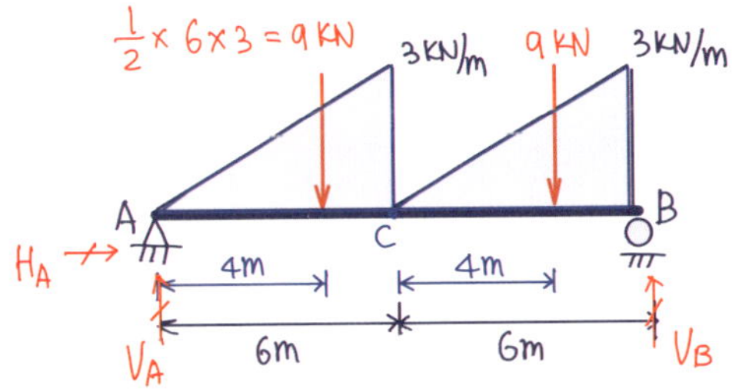

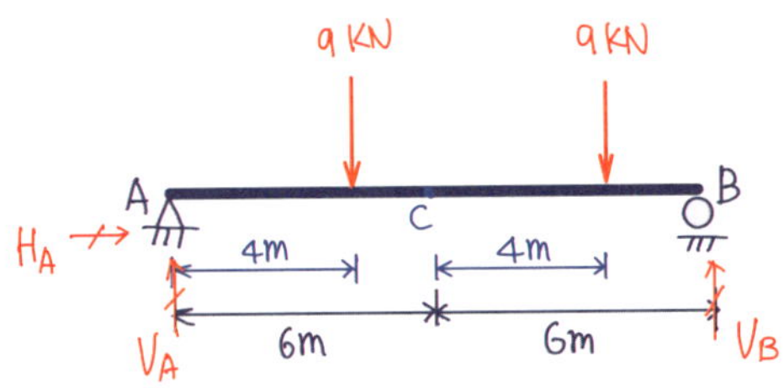

$\Sigma M_B = 0$ (⊕)

$(V_A \times 12) - (9 \times 8) - (9 \times 2) = 0$

$\therefore V_A = 7.5$ KN (↑), $\therefore V_B = 18 - 7.5 = 10.5$ KN (↑)

$\left(V_A = \frac{9 \cdot 8}{12} + \frac{9 \cdot 2}{12} = 7.5 \text{KN} \right)$

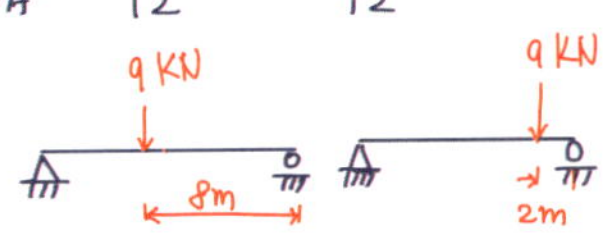

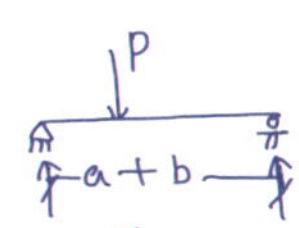

$V_A = \frac{Pb}{L}$ $V_B = \frac{Pa}{L}$

* 반력을 간단하게 구하는 방법

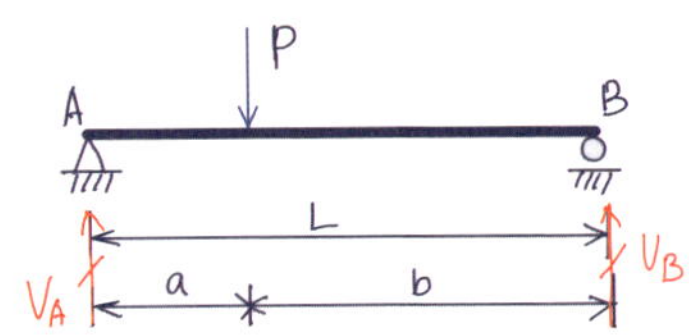

$\Sigma M_B = 0$ (⊕)

$V_A \cdot L - P \cdot b = 0$ $\therefore V_A = \frac{P \cdot b}{L}$

$\therefore V_B = \frac{P \cdot a}{L}$

$P = \frac{1}{2} bh$

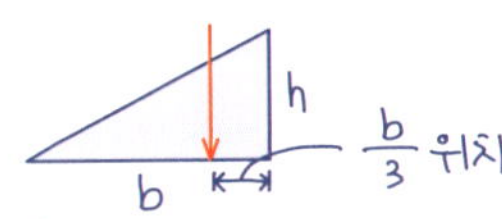

"등가집중력"의 크기 = 분포하중의 면적

Comment

② C점의 전단력을 구하기 위하여 C 점을 가상으로 절단, 절단된 부분 구조물에 평형방정식 적용 ($\Sigma V = 0$, $\Sigma H = 0$)

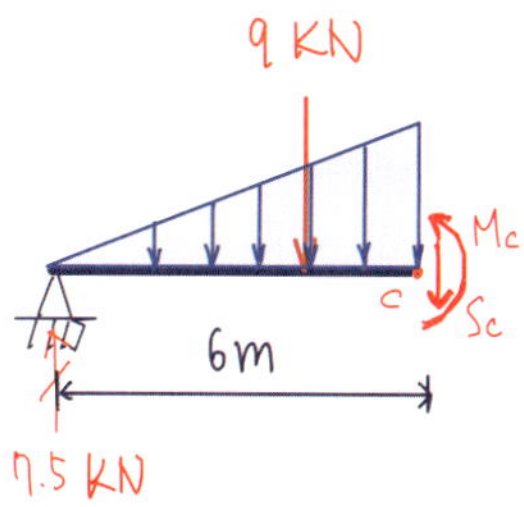

$\Sigma V = 0$ (↑⊕) ;

$7.5 - 9 - S_c = 0$ $\quad \therefore S_c = ⊖1.5$ KN

C점 부재 단면에 음(-) 전단변형을 일으키는 전단력

③ M_c;

$\Sigma M_c = 0$ (⊕↻)

$(7.5 \times 6) - (9 \times 2) - M_c = 0$

$\therefore M_c = 27$ KN·m

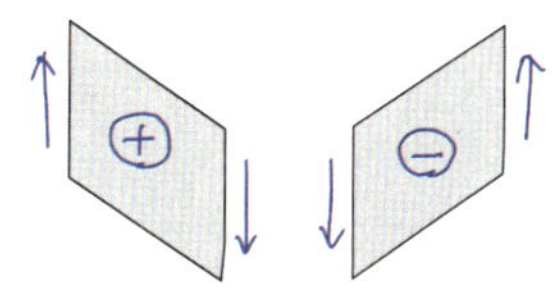

전단변형 부호 규약

보완설명

* 휨모멘트를 구하기 위해 사용한 구조물 일부가

① 절단된 구조물의 왼쪽 부분 이라면...

$\therefore M_c = (7.5 \times 6) - (9 \times 2) = 27$ KN·m

↳ 시계방향 (+)

② 절단된 구조물의 오른쪽 부분 이라면...

$\therefore M_c = (10.5 \times 6) - (9 \times 4) = 27$ KN·m

↳ 반시계 방향 (+)

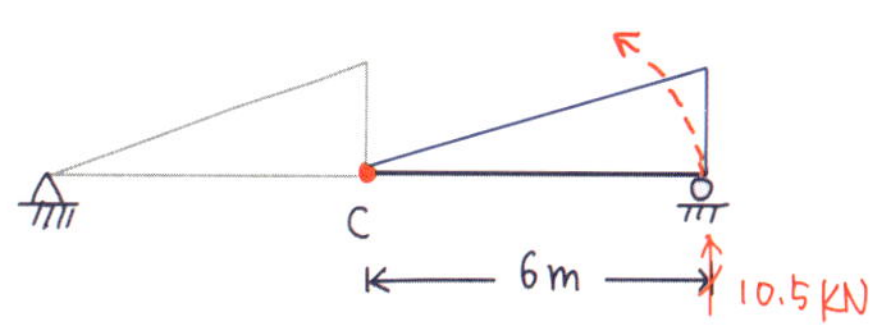

여전히 시계방향 "+", 반시계 방향 "−", + 휨모멘트 − 휨모멘트가 혼동된다면 부록 Z4 참조할 것.

Z4. 부호 혼동하지 않고 휨모멘트, 전단력 구하기

휨모멘트, 전단력 부호가 혼동되는 이유는 정역학적 부호규약과 변형부호규약이 충돌하기 때문이다.

Comment

DI–02 그림과 같은 단순보에서 C점의 전단력 Sc, C점의 휨 모멘트 Mc 는?

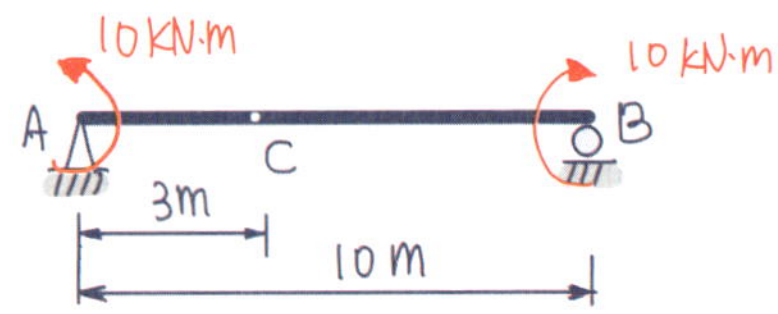

문제풀이

1) 반력

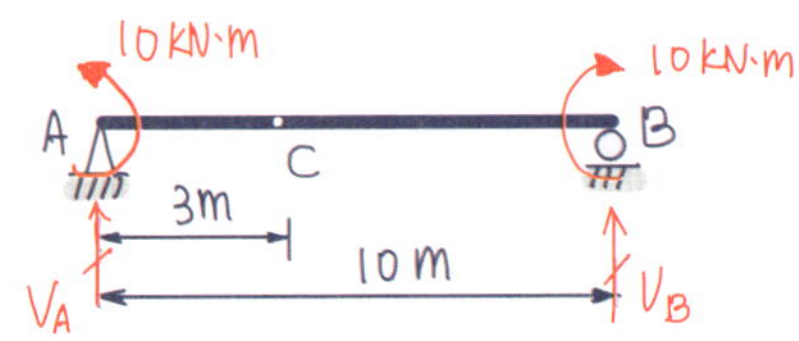

$\Sigma V = 0$ (↑⊕); $V_A + V_B = 0$

→ V_A와 V_B를 더하면 "0"이라는 의미,
V_A와 V_B가 "0"이라는 의미가 아님!!
→ 위 식만으로 V_A, V_B를 결정할 수 없음. $\Sigma M = 0$ 평형조건식 추가 적용 → V_A, V_B 결정가능.

$\Sigma M_B = 0$ (⊕) ; $(V_A \times 10) - 10 + 10 = 0$ ∴ $V_A = 0$, $V_B = 0$

2) C점의 전단력 Sc

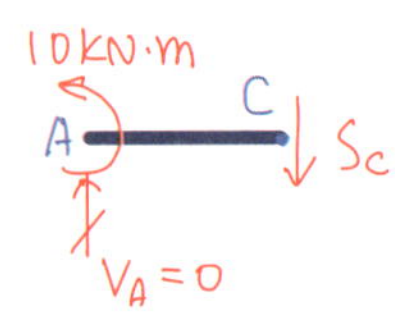

$\Sigma V = 0$ (↑⊕), $0 - S_c = 0$ ∴ $S_c = 0$

3) C점의 휨모멘트 Mc

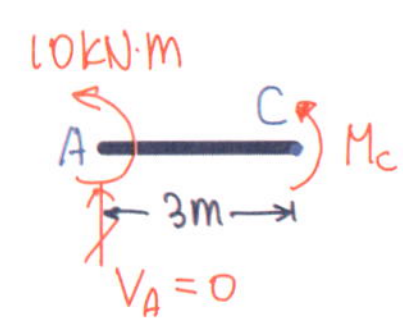

$\Sigma M_c = 0$ (⊕)

$(0 \times 3) - 10 - M_c = 0$ ∴ $M_c = -10\text{kN·m}$

- AB 전구간 전단력은 "0"
- AB 전구간 휨모멘트는 "−10kN·m"
  ↳ 전단력은 '0'이면서
  휨모멘트는 존재하는 상태 → 순수굽힘상태

SFD

BMD

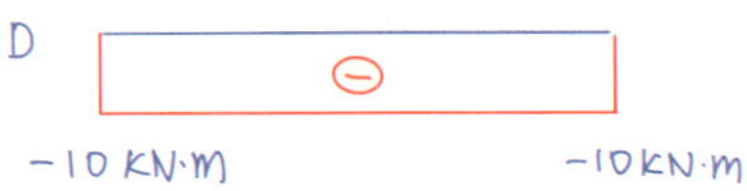

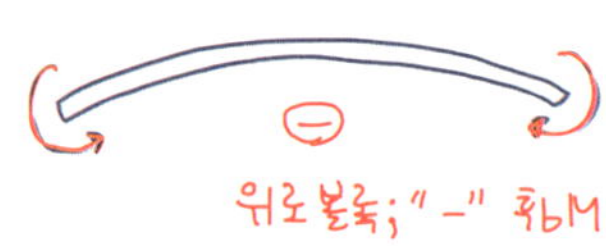

보완설명

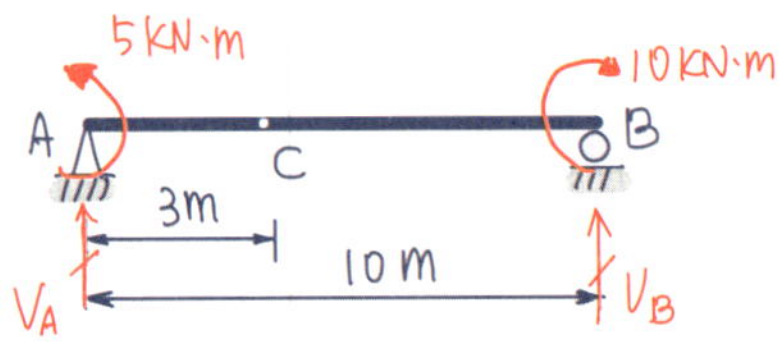

- $V_A + V_B = 0$
- $\Sigma M_B = 0$

$(V_A \times 10) - 5 + 10 = 0$

$V_A = -\frac{5}{10} = -0.5\text{kN} = 0.5\text{kN}(\downarrow)$

$V_B = 0.5\text{kN}(\uparrow)$

Comment

DI-03 그림과 같이 삼각분포하중을 받고 있는 단순보에서 최대휨모멘트가 발생하는 위치 x는 ?

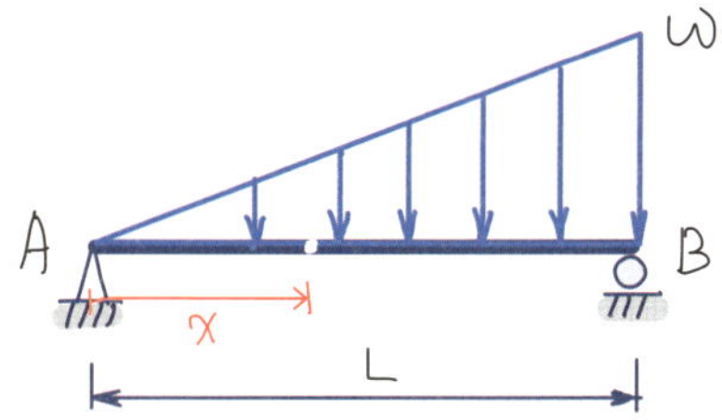

문제풀이

최대 휨모멘트 M_{max} 발생위치 = 전단력의 부호가 바뀌는 위치 (→ 다음 페이지 참고)

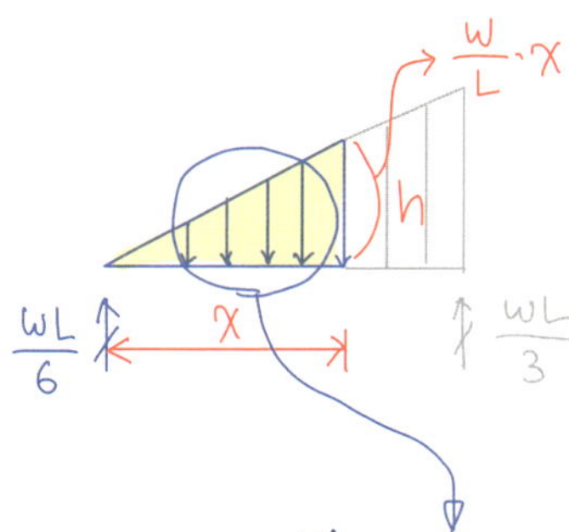

거리 x 만큼 떨어진 위치에서
삼각분포하중의 높이 h

$L : w = x : h$

$h = \frac{w}{L}\cdot x$

∘ 상향력 $V_A = \frac{wL}{6}$, 하향력 $= \frac{1}{2}\cdot x\cdot\frac{w\cdot x}{L}$

즉 $\frac{wL}{6} - \frac{wx^2}{2L} = 0$ 이 되는 거리 x를 구하면 된다.

$\frac{wx^2}{2L} = \frac{wL}{6}$, $\frac{x^2}{2L} = \frac{L}{6}$, $x^2 = \frac{2L^2}{6} = \frac{L^2}{3}$

$\therefore x = \frac{L}{\sqrt{3}} = 0.578L$

보완설명

∘ 삼각분포하중의 경우

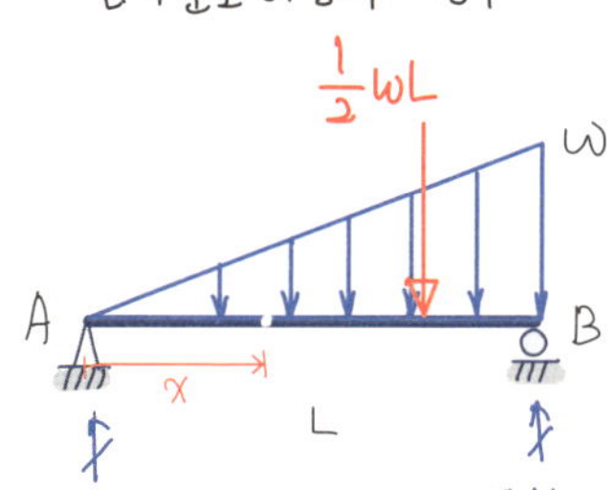

삼각분포하중의 크기
= 면적 = $\frac{1}{2}w\cdot L$

분포하중 크기의 $\frac{1}{3} = \frac{wL}{6}$

분포하중 크기의 $\frac{2}{3} = \frac{2}{6}wL = \frac{wL}{3}$

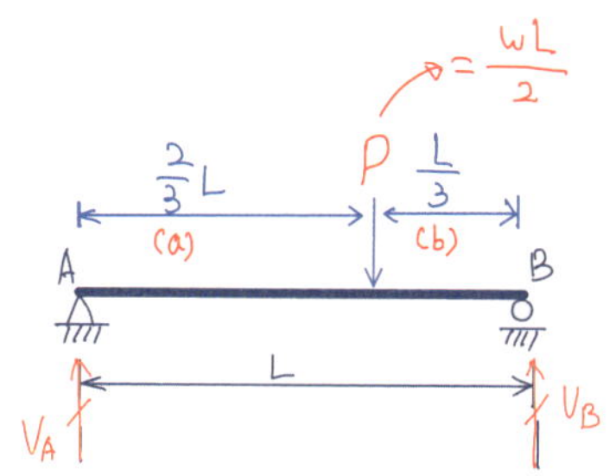

• $V_A = \frac{Pb}{L} = \frac{\frac{wL}{2}\cdot\frac{L}{3}}{L} = \frac{wL}{6}$

• $V_B = \frac{P\cdot a}{L} = \frac{\frac{wL}{2}\cdot\frac{2L}{3}}{L} = \frac{wL}{3}$

Comment

보완설명

* 전단력이 '0'되는 위치? → 전단력도에서 전단력값의 부호가 바뀌는 위치
– (앞 문제의 경우) 상향력인 반력과 하향력인 하중의 누적된 합이 서로 같게 된다는 뜻

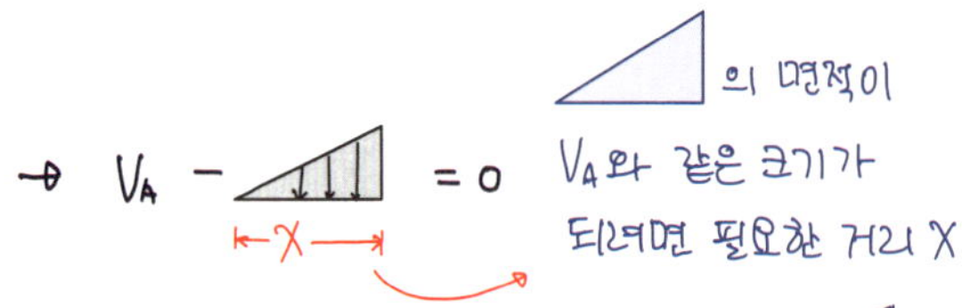

거리 x 일때 높이 h를 알아야
면적을 구할 수 있다.

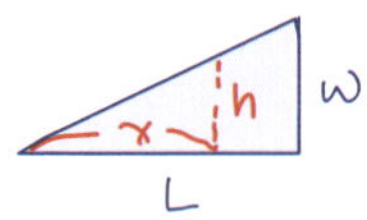

비례식으로 부터 $L : w = x : h$ → $L \cdot h = w \cdot x$

$$\therefore h = \frac{w \cdot x}{L}$$

* 최대 휨모멘트의 발생위치 = BMD에서 기울기의 변곡점 = SFD에서 전단력 값의 부호가 바뀌는 위치

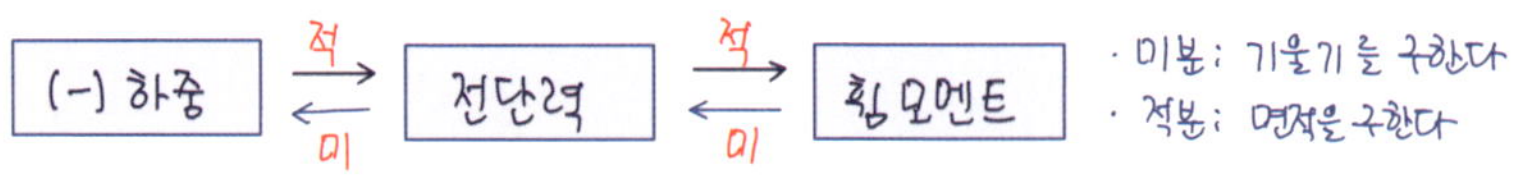

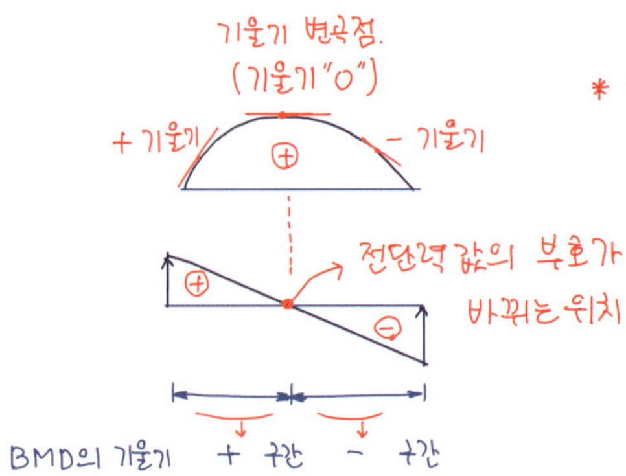

* 최대 휨M ⇒ BMD 에서 기울기 변곡점
기울기가 '+' → '−' 혹은 '−' → '+' 로
변하는 위치 → 전단력도에서
전단력 값의 부호가
바뀌는 위치.

Type	D2. 단순보-양측 지점이 서로 반력(휨모멘트)이 같아지는 하중 작용위치 구하기
Frequency	
Comment	

D2-01

그림과 같은 단순보에서 두 지점의 연직반력이 같은 크기라면 하중의 작용위치 x 는?

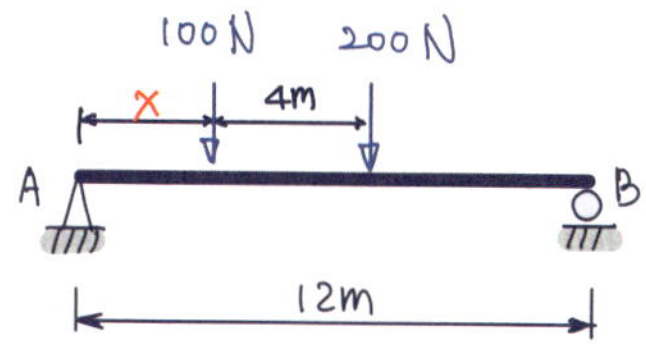

문제풀이

합력을 이용하면 간단하게 해결할 수 있다.
(작용방향이 같고 작용점이 다른 힘들의 합력구하기 → 바리뇽의 정리 A2-01 참조)

A, B 지점의 반력 크기가 같으므로, 작용하고 힘들의 합력을 구한 후 합력을 보의 지간 중앙에 위치시키면 끝.

합력 R = 100+200 =300N
합력 R의 위치 Xc ;
(100N 재하위치를 기준으로 합력 R의 작용점까지의 거리)
300 x Xc = (100 x 0 + 200 x 4)
Xc = 2.67m
(합력 R=300N은 100N 재하위치를 기준으로 2.67m 떨어진 위치에 작용)

- A지점으로부터 100N의 작용위치까지 거리 x :
x = 6.0 – 2.67 = 3.33m

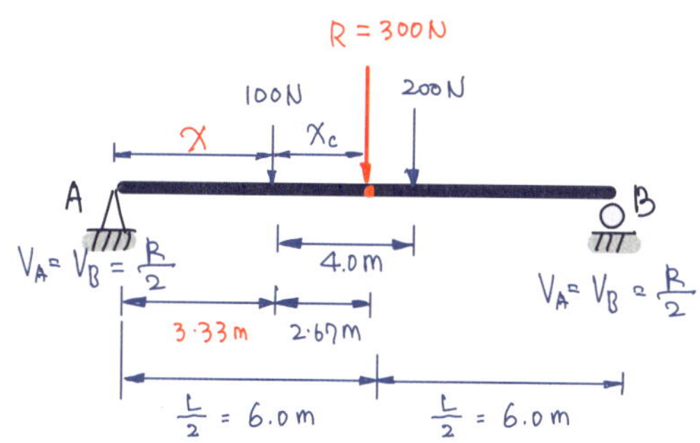

보완설명

문제에서 $V_A = V_B$ 이므로 $\Sigma V = 0$ 의 평형조건에 의해

$\Sigma V = 0$ (↑⊕) $V_A + V_B = 300N$

$\therefore V_A = V_B = 150N$ (↑)

$\Sigma M_A = 0$ (⊕↻)

$(100 \cdot x) + 200(4 + x) - (V_B \cdot 12) = 0$

$300x + 800 - 1800 = 0$

$\therefore x = 3.33m$

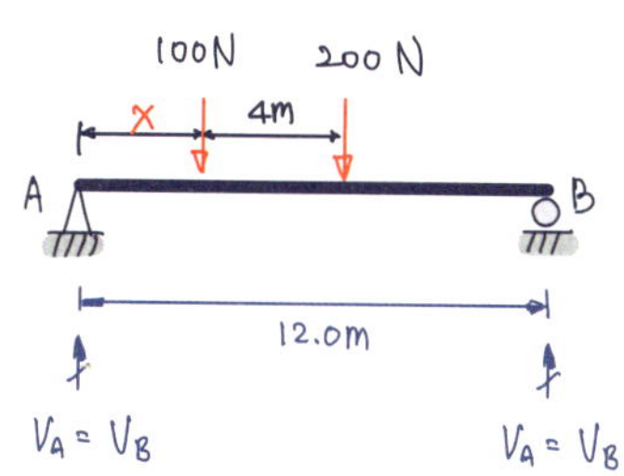

하중이 3개 이상으로 많아지면 합력을 이용하는 방법이 훨씬 간편하다.

Comment

D2-02 그림과 같은 단순보에서 A지점 반력이 B지점 반력의 3배가 되려면 하중의 작용위치 x 는?

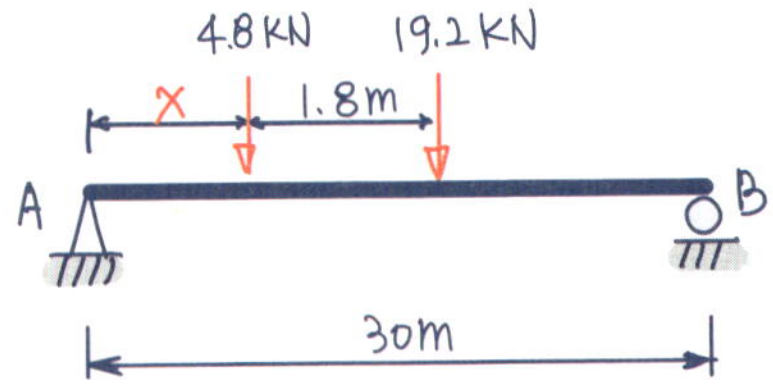

문제풀이

1) $\Sigma V = 0$

· 문제에서 주어진 조건이 $V_A = 3V_B$ 이므로 $V_A + V_B = 3V_B + V_B = 4V_B$ 임을 알수있다.

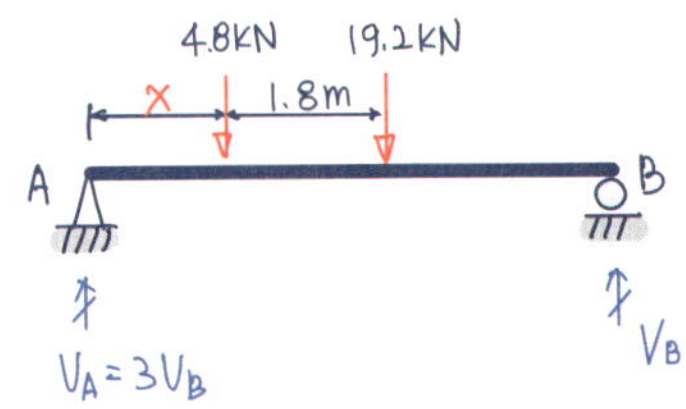

$\Sigma V = 0 (\uparrow \oplus)$; $4V_B - 4.8 - 19.2 = 0$

$\therefore V_B = \frac{24}{4} = 6\ kN\ (\uparrow)$

$\therefore V_A = 3V_B = 3 \times 6 = 18kN\ (\uparrow)$

2) $\Sigma M_A = 0$ (⊕↻)

$(4.8 \cdot x) + (19.2 \cdot (1.8 + x)) - (6 \times 30) = 0$ (6 = V_B)

$4.8x + 34.56 + 19.2x = 180$

$24x = 145.4$

$\therefore x = 6.06m$

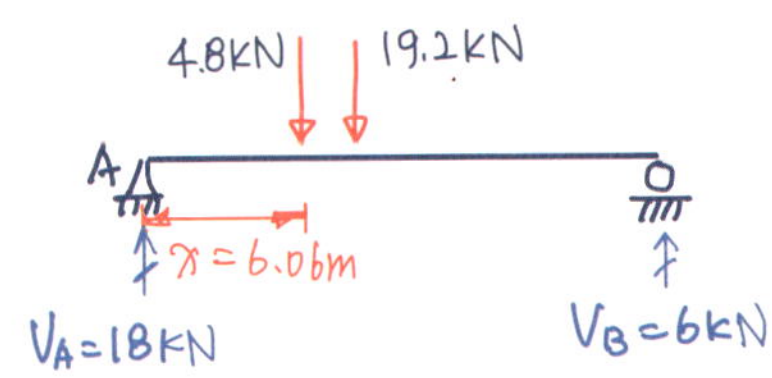

보완설명

A지점과 B지점 반력은 합력 R을 각각 75%, 25%를 분담($V_A=3V_B$)해야 하므로 합력 R은 A지점으로 부터 L/4 떨어진 위치에 있어야 한다

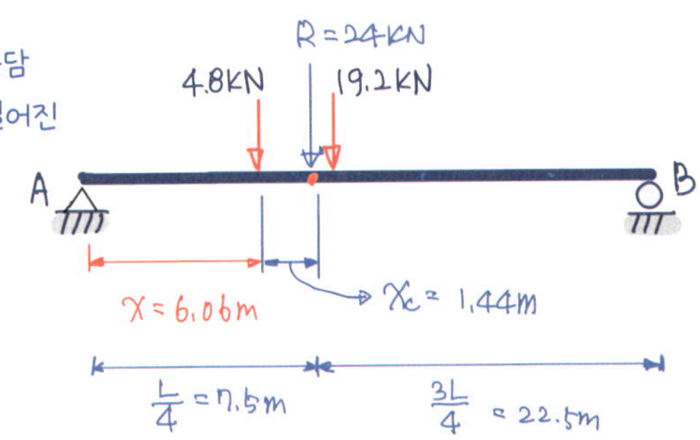

1) 합력 R과 작용위치 xc

합력 R = 4.8 + 19.2 = 24kN

(4.8 x 0) + (19.2 x 1.8) = (24 x xc)

xc = 1.44m

합력 R은 4.8kN 재하위치를 기준으로 1.44m 떨어진 위치에 작용함.

2) A지점으로부터 거리 x

합력 R이 A지점으로부터 7.5m 떨어진 위치에 있으므로 하중 4.8kN 위치까지의 거리 x는

x = 7.5 − 1.44 = 6.06m

Comment

D2-03 그림과 같은 단순보에서 A지점 반력이 B지점 반력의 3배가 되려면 하중의 작용위치 x 는?

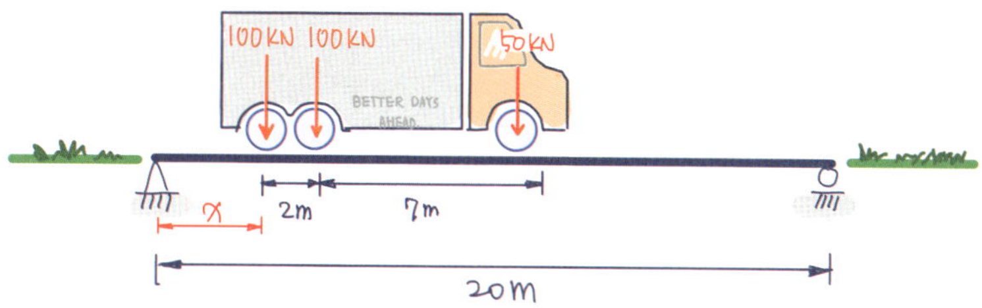

1) 합력 R의 크기와 작용위치 (바리뇽의 정리 A2-01 참조)

$R = 100 + 100 + 50 = 250kN$

100kN(뒷바퀴) 작용점을 기준으로 합력 R의 작용위치 Xc를 구하면

$(100 \times 0)+(100 \times 2) + (50 \times 9) = (250 \times Xc)$

$Xc = 2.6m$

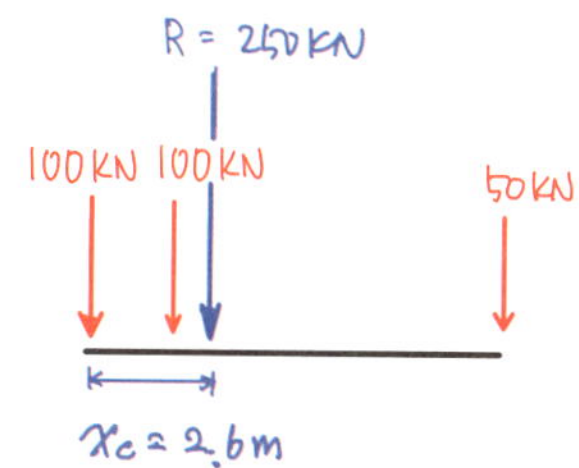

2) 합력 R을 A지점으로 부터 5m 떨어진 위치에 작용시킨다.(A지점 반력이 B지점 반력의 3배 이므로 L/4=20/4=5.0m위치에 합력 R이 작용하여야 한다) → A 지점의 반력이 전체 반력의 75%가 되도록 합력 작용 위치를 조정한다.

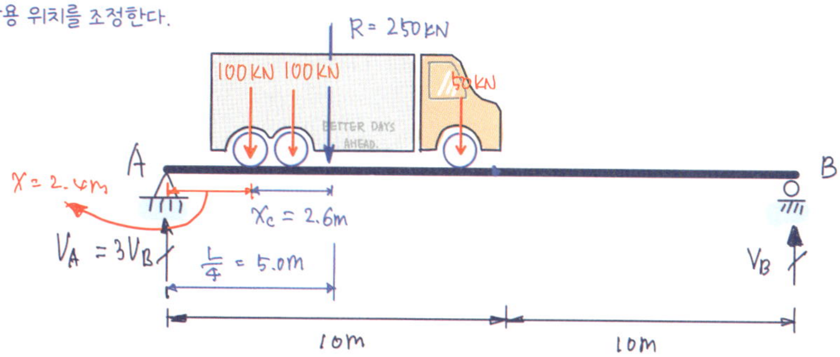

3) A지점으로 부터 뒷바퀴 하중 100kN이 2.4m 떨어진 위치에 있을 때 A지점 반력 B지점 반력의 3배가 된다.

∴ $x = 2.4m$

Type	D3. 내민보-반력, 휨모멘트 구하기
Frequency	
Comment	

D3-01 그림과 같은 내민보에서 C점에 발생되는 휨모멘트 Mc는?

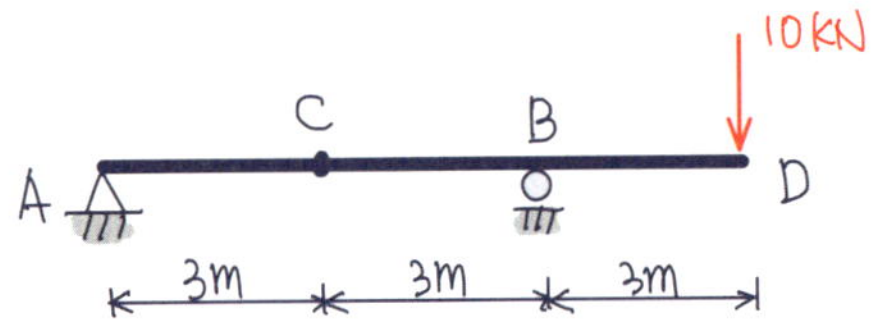

문제풀이

- 평형방정식 $\Sigma V=0$, $\Sigma M=0$ 을 이용한다.
  V_A는 구한 후 $M_c(=V_A \cdot 3)$의 값을 구한다.

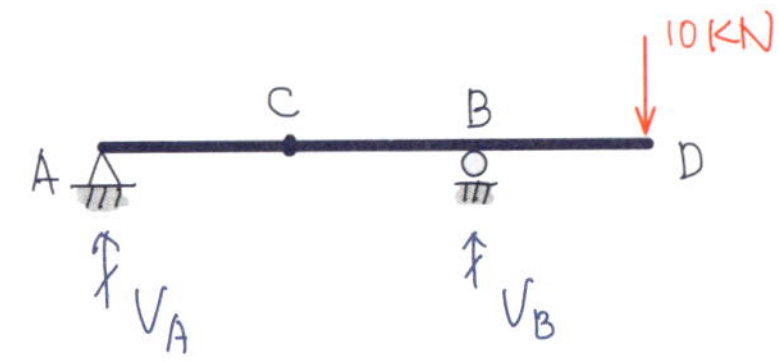

1) $\Sigma V=0$ (↑⊕)

$V_A+V_B-10=0$ ∴ $V_A+V_B=10$

2) $\Sigma M_B=0$ (↻⊕)

$(V_A\times 6)+(V_B\times 0)+(10\times 3)=0$

∴ $V_A = ⊖\dfrac{30}{6} = -5kN = 5kN(↓)$

↳ 가정했던 반력방향(↑)과 반대 방향

3) $M_c = -(5\times 3) = -15\ kN\cdot m$

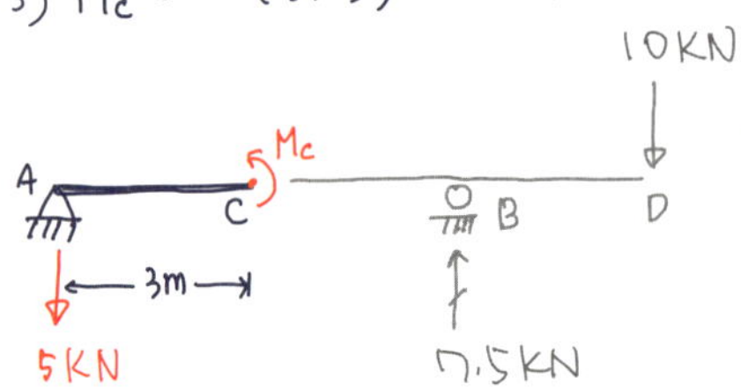

$\Sigma M_c=0$ (↻⊕)

$-(5\times 3)-M_c=0$

∴ $M_c = ⊖15kN\cdot m$

위로 볼록한 휨변형을 일으키는 휨M.

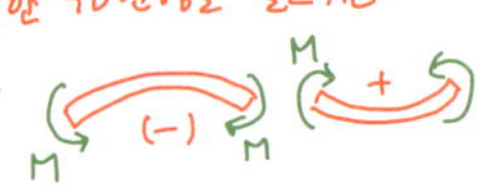

부록 24 참조

Tip 보다 간단하게 반력을 구하려면
힘의 평형 조건중 $\Sigma M=0$을 B점에 바로 적용한다.
B점을 중심으로 왼쪽과 오른쪽에서 발생시키는 Moment의 크기는 서로 같아야 하므로

$(V_A\times 6)=(4\times 3)$

∴ $V_A = 5kN(↓)$

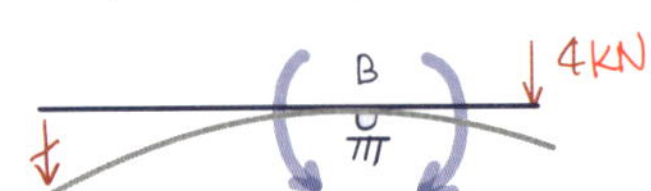

(o)

구조물이 회전하지 않는다.

휨변형 발생하나 구조물은 회전하지 않음. 평형조건 충족

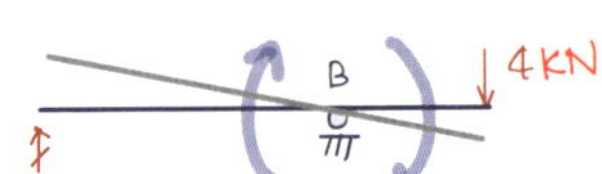

(X)

만약 V_A가 ↑이면 구조물이 시계방향으로 빙글 빙글..

휨변형 발생하지 않고 구조물은 회전함. 평형조건 미충족

Comment

D3-02 그림과 같은 내민보에 발생하는 최대휨모멘트 M_{max} 은?

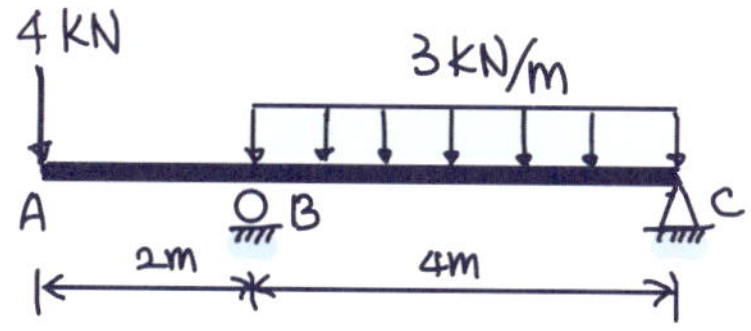

문제풀이

1) $\Sigma M_c = 0$ 을 이용, 반력 V_B와 V_c를 구한다

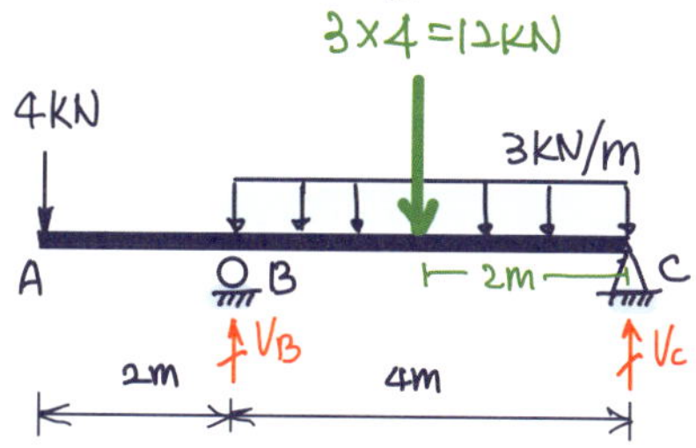

$\Sigma M_c = 0$ (⊕↻)

$-(4\times6)+(V_B\times4)-(12\times2)=0$

$4V_B = 48$

$\therefore V_B = 12\,kN(\uparrow)$　　$\Sigma V=0\,(\uparrow\oplus)$

$\therefore V_c = 4\,kN(\uparrow)$　→　$V_B + V_c = 16\,kN$

2) M_{max} = 전단력의 부호가 바뀌는 위치에서 발생. SFD를 그려보면

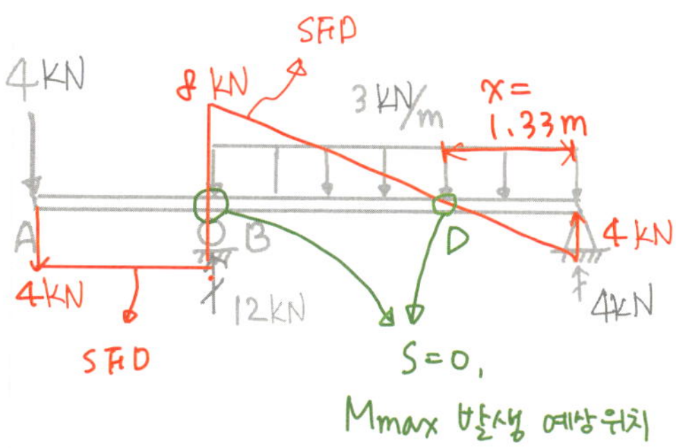

i) B지점,

ii) C지점에서 왼쪽으로 1.33 m 되는 위치에서 전단력 값이 '0'이 되는것을 알수있다. → D점

($4-3x=0$, $x=1.33m$)

$\Sigma M_B = 0$ (⊕↻)

$M_B = -(4\times2) = -8\,kN\cdot m$

$\Sigma M_D = 0$ (⊕↻)

$-(4\times1.33)+(3\times1.33\times\frac{1.33}{2})+M_D=0$

$M_D = (4\times1.33)-(3\times1.33\times\frac{1.33}{2})$

$\therefore M_D = 2.67\,kN\cdot m$

$\therefore M_{max} = M_B = -8\,kN\cdot m$

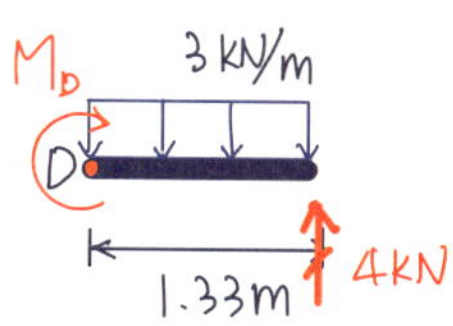

D점 기준으로 오른쪽 부분 구조물 이용.
(4×1.33)은 반시계 방향 회전
→ "+" 모멘트가 된다.

Comment

** 정리해 보면....

어느 한 점을 기준으로 모멘트 값을 구하는 경우 그 점의 왼쪽 구조물을 이용하면 시계방향 모멘트는 "+" 값, 오른쪽 구조물을 이용하면 반시계 방향 모멘트가 "+" 값을 갖는다.!!

보다 간단하게 최대휨모멘트를 구할 수 있다. 하중을 분리하고 이렇게 생각해보자...

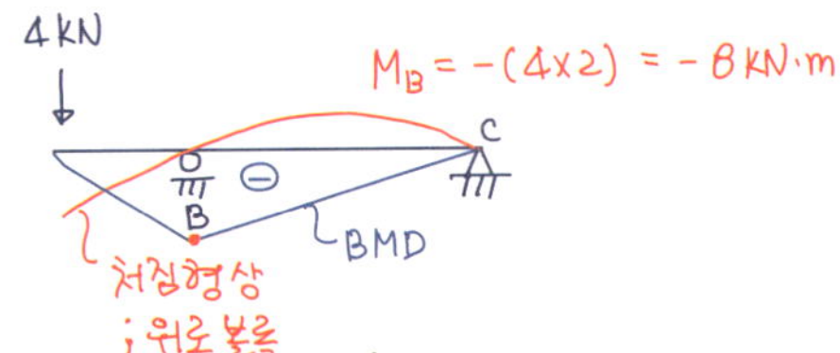

집중하중 4kN은 위로 볼록(-).

\+

등분포하중 3kN/m는 아래로 볼록(+)

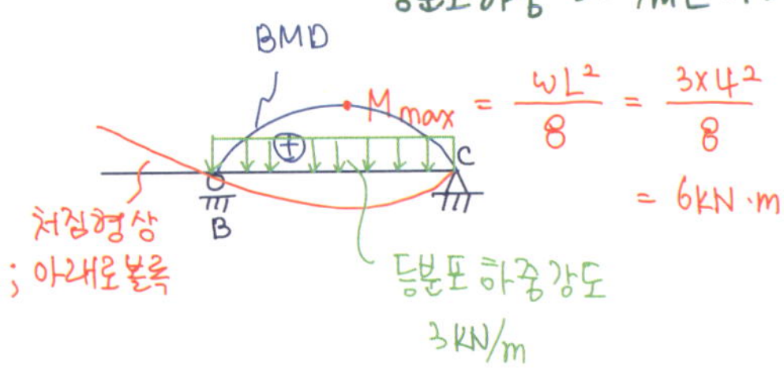

- 3kN/m 가 발생시키는 Moment는 지간 중앙에서 6kN·m, B지점에서는 '0' 결국 −8kN·m 가 Mmax 이다.

- BC구간에서 발생하는 Moment 값은 B점의 값보다 클 수 없다. 왜냐하면 B점을 지나 BC구간으로 들어서면 4kN이 추가로 발생시키는 M 값보다 반력 6kN이 감소시키는 M 값이 더 크기 때문이다.

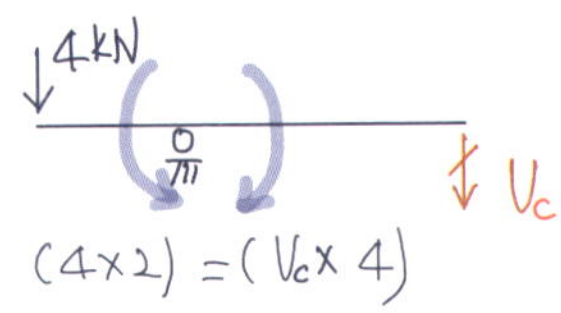

B점을 중심으로 좌우 Moment 값은 서로 같으므로

$(4\times2) = (V_c\times4)$ $\therefore V_c = 2\,kN\,(\downarrow)$

$\therefore V_B = 6\,kN(\uparrow)$

- V_c를 이용하면

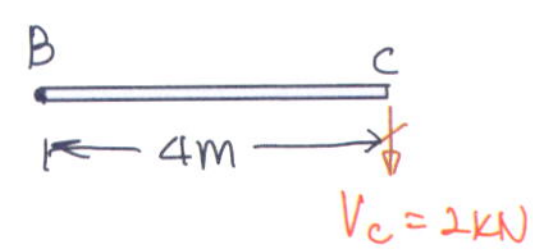

CB구간에 Moment를 발생시키는 외력은 $V_c = 2kN$ 뿐이므로 CB구간의 최대 휨 Moment는

$M_B = -(2\times4) = -8\,kN\cdot m = M_{max}$ 이 된다.

M_B는 시계 방향으로 8kN·m 크기의 휨M가 되어야 힘의 평형이 성립된다.

B점에서 시계 방향의 휨모멘트 M_B는 부분구조물은 위로 볼록하게 변형시키므로 "−" 휨M 이다.

부록 24 참조

구조물의 일부분을 가상으로 절단한 부분구조물에서도 힘의 평형조건은 성립되어야 한다.

시계방향 휨모멘트의 합 = 반시계방향 휨모멘트의 합

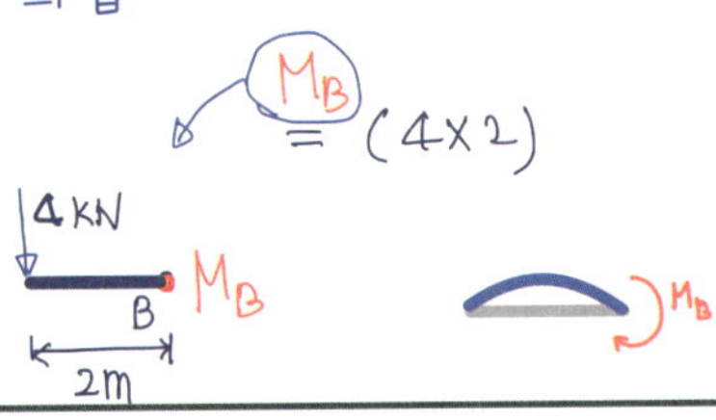

Comment

D3-03 내민보 구조물에서 B점의 휨모멘트와 C점의 휨모멘트의 절대값이 같아지려면 L/a 는?

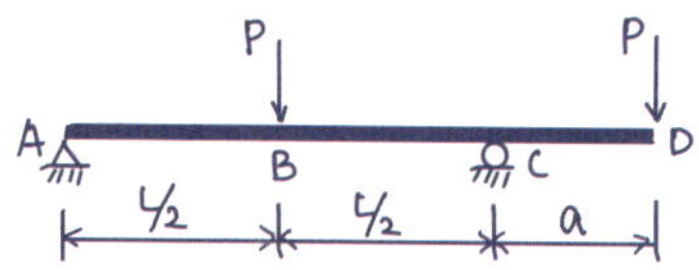

문제풀이

- 문제에서 주어진 조건이 $|M_B| = |M_C|$ 이므로

$M_B = V_A \cdot \frac{L}{2}$, $M_C = -(P \cdot a)$

$V_A \cdot \frac{L}{2} = P \cdot a$ — ①

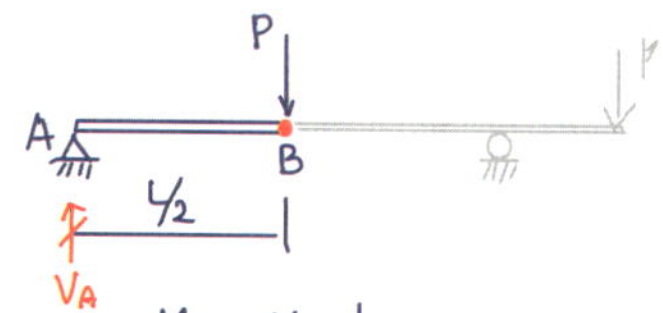

$M_B = V_A \cdot \frac{L}{2}$

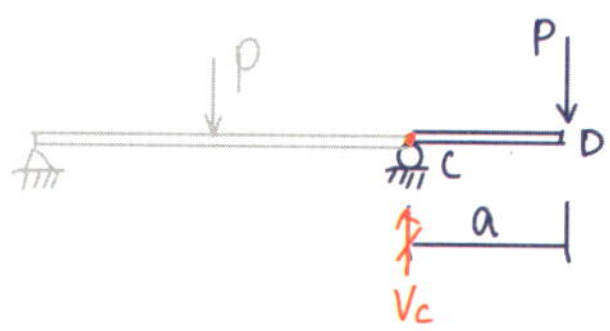

$M_C = -(P \cdot a)$

- V_A를 구해서 ①식에 대입.

$\Sigma M_C = 0$ (⊕↻)

$(V_A \times L) - (P \cdot \frac{L}{2}) + (P \cdot a) = 0$

$\therefore V_A = \frac{1}{L}\left(\frac{PL}{2} - P \cdot a\right) = \frac{P}{2} - \frac{P \cdot a}{L}$

위의 ① 식에서 $V_A \cdot \frac{L}{2} = P \cdot a$

- $\left(\frac{P}{2} - \frac{P \cdot a}{L}\right) \cdot \frac{L}{2} = P \cdot a$

$\frac{L}{4} - \frac{a}{2} = a$, $\frac{L}{4} = \frac{3a}{2}$

$2L = 12a$

$\therefore \frac{L}{a} = 6$

Type	D4. 게르버보 – 반력, 휨모멘트 구하기
Frequency	
Comment	

D4-00 게르버보(Gerber Beam) 이해하기

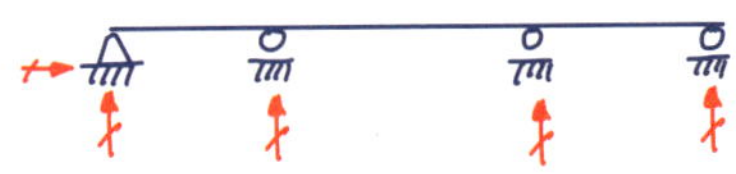

- 반력성분 5개
- 위 구조물의 부정정 차수 $n = r - 3 - h = 5 - 3 - 0 = 2$
  - r: 반력수
  - 3: 평형방정식 수 ($\Sigma F_x = 0$, $\Sigma F_z = 0$, $\Sigma M = 0$)
  - h: 내부힌지 수

∴ 2차 부정정 구조물

↓

부정정 차수 만큼 내부힌지(h)를 설치해서 최초에는 부정정 상태에 있었던 구조물을 정정 구조물로 변경시킨 구조형식의 보를 "게르버보" 라고한다.

2차 부정정 구조물

→ 2차 부정정구조물이므로 내부힌지(h)를 2개 설치해서 게르버보를 만든다. →

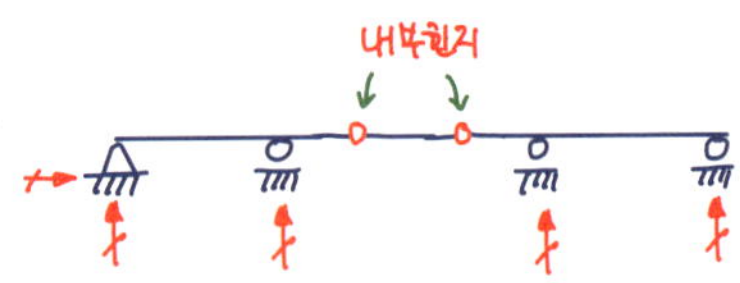

게르버보

- $n = r - 3 - h = 5 - 3 - 2 = 0$

$n = 0$ 이므로 정정구조물.

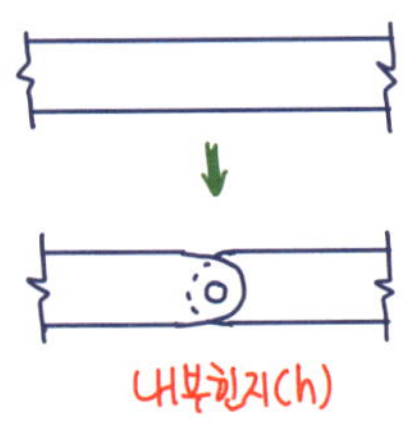

※ 내부힌지(h) 에서는 $\Sigma M = 0$ 이 된다는 사실을 알고 있으므로 평형방정식(적합조건식)으로 사용할수 있다.
(핀으로 연결된 막대기는 휘어지지 않고 접힌다, 즉 힘을 받지 못한다. ⇒ $\Sigma M = 0$)

1차 부정정구조물

↓

h=1개 설치

↓

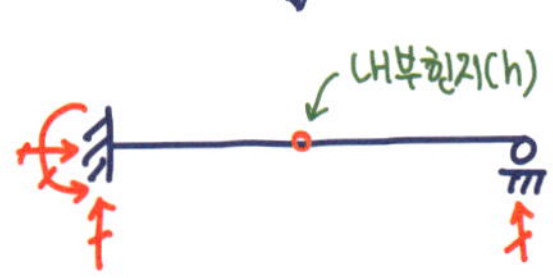

게르버보 구조물 (정정구조물)

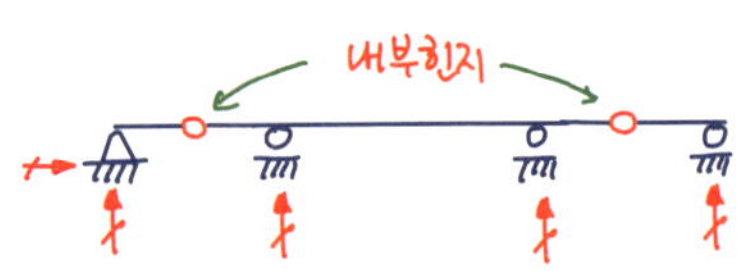

이런 형태로 내부힌지(h)를 설치할수도 있다.

Comment

* 게르버보 해석하는 방법(순서)

1) 내부힌지 제거 후 구조물 분리
2) 내부힌지 위치를 가상의 지점으로 간주
3) 단순보 형상 부분을 먼저 해석
4) 가상의 지점 반력 구한 후 나머지 구조물에 하중으로 재하(방향 바꿔서 재하).
5) 방향 바꿔서 재하 한 하중을 포함하여 나머지 구조물 해석

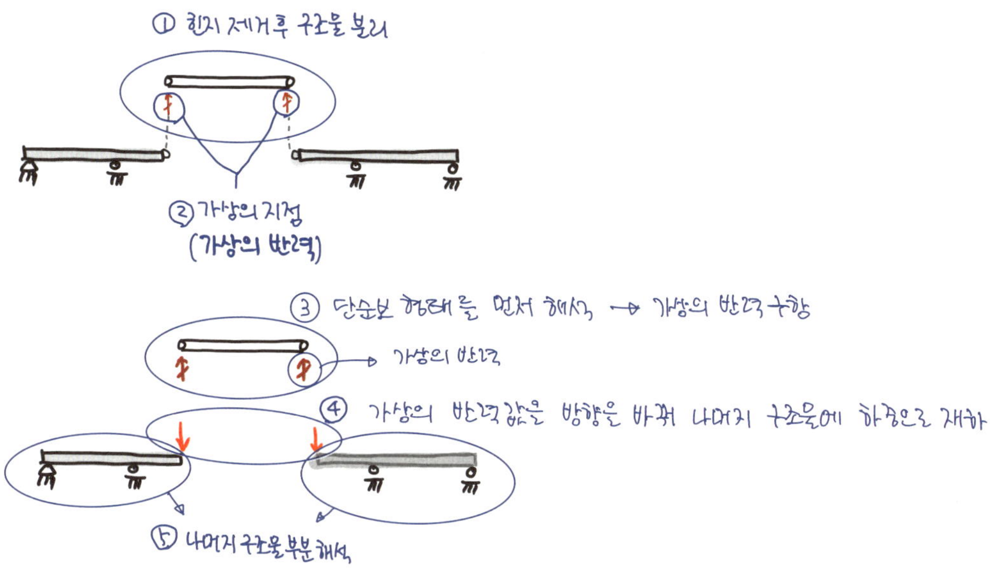

Comment

D4-01 게르버보 구조물의 반력과 B점의 휨모멘트 M_B는?

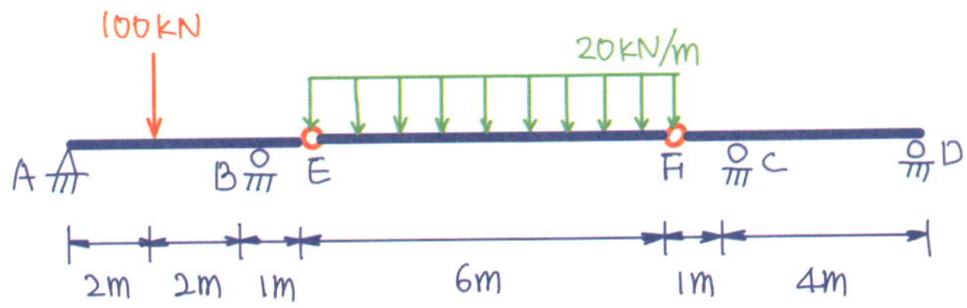

문제풀이

① 내부힌지 제거 후 구조물 분리 → ② 내부힌지 위치는 가상의 지점으로 간주.

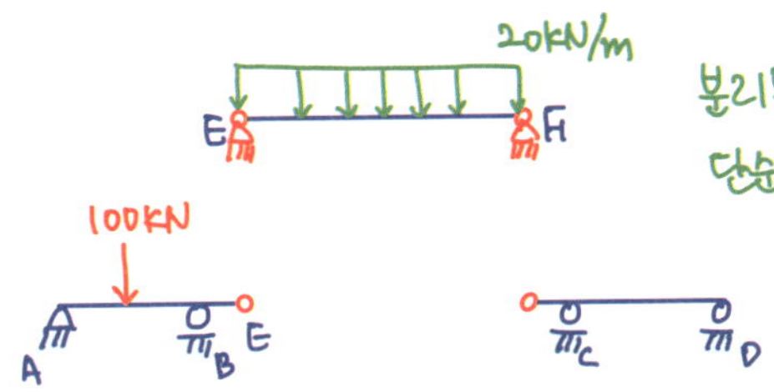

분리된 상태에서 내부힌지는 지점이라 가정했을 때 단순보 형상을 하고 있는 부분을 위쪽으로 위치시킨다 (먼저해석 해야함)

③ 단순보 형상 부분을 먼저 해석 → ④ 가상의 지점 반력 구한 후 나머지 구조물에 하중으로 재하. (방향 바꿔서 재하).

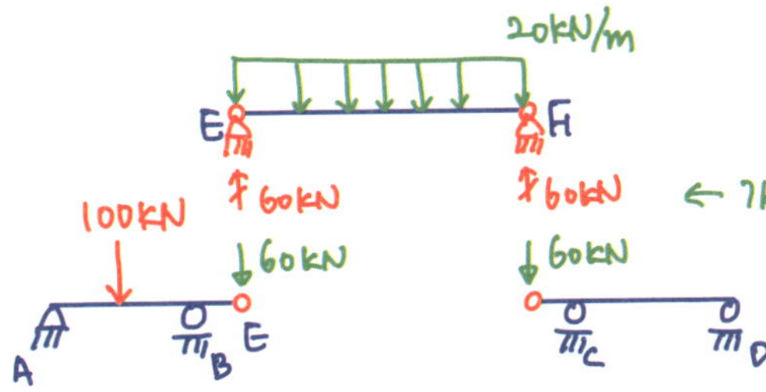

← 가상의 지점반력을 방향을 바꿔서 하중으로 재하.

⑤ 나머지 구조물 해석.

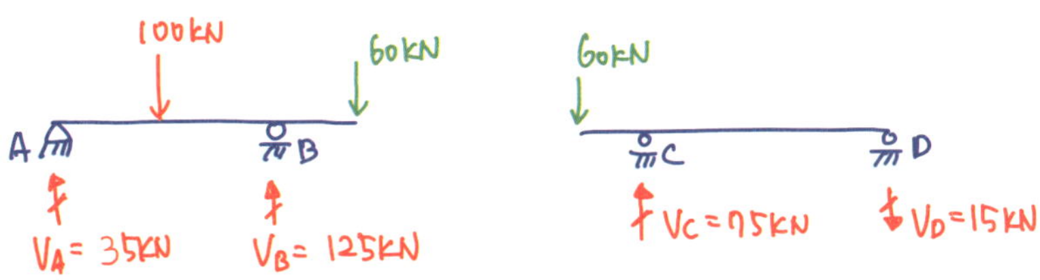

$\Sigma M_D = 0$ (⊕↻)

$-(60\times5)+(V_C\times4)=0$

$\therefore V_C = 75kN\ (\uparrow)$

$\therefore V_D = 15kN\ (\downarrow)$

$\Sigma M_A = 0$ (⊕↻)

$(100\times2)+(60\times5)-(V_B\times4)=0$

$\therefore V_B = 125kN\ (\uparrow)$

$\therefore V_A = 160-125 = 35kN\ (\uparrow)$

⑥ M_B

$\therefore M_B = -(60\times1) = -60tf\cdot m$

Comment

D4-02 그림과 같은 게르버보에서 E점의 휨모멘트 M_E 는?

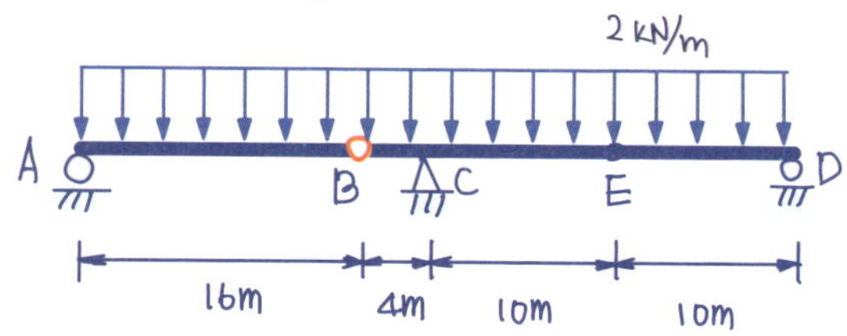

문제풀이

내부힌지를 제거후 구조물을 분리 → 단순보 형상 우선해석

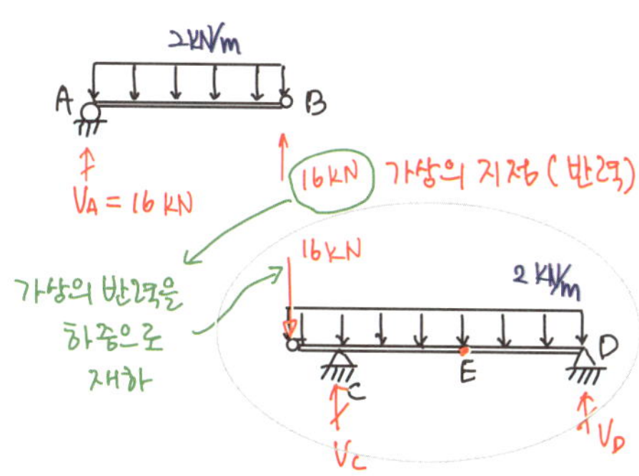

이 부분 구조물을 해석하면 된다!!

① 단순보 형상 부분 해석

· $V_A + V_B = 2\times16 = 32$ kN (가상의 지점 반력)

∴ $V_A = V_B = 16$ kN(↑) ↳ 가상의 반력

② V_B를 나머지 구조물에 하중으로 재하후 해석.

· $V_C + V_D = 16 + (2\times24) = 64$ kN

· $\Sigma M_D = 0$ (⊕↻)

$-(16\times24) + (V_C\times20) - (2\times24\times12) = 0$

$20V_C = 960$

∴ $V_C = 48$ kN (↑) ∴ $V_D = 16$ kN (↑)

③ M_E

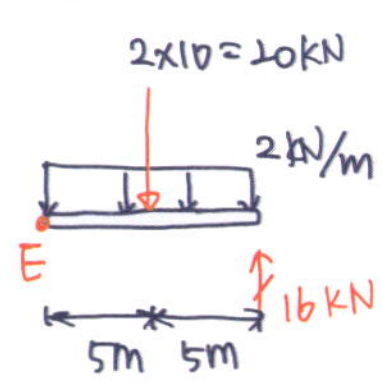

· $M_E = (16\times10) - (2\times10\times5)$

$= 60$ kN·m

∴ $M_E = 60$ kN·m

※ 내민보 반력 조금더 쉽게 구하기.

C점을 중심으로 좌·우측에서 발생하는 휨M는 크기가 같다.

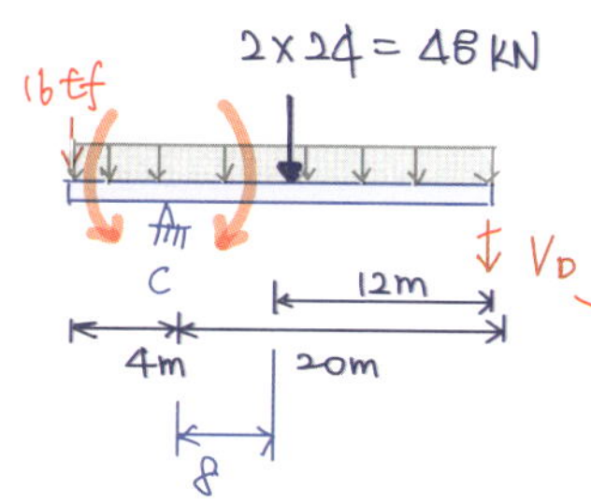

같은 부호를 갖도록 가정하면 실수를 줄일수 있다.

$(16\times4) = (48\times8) + (V_D\times20)$

C점의 왼쪽 / C점의 오른쪽

∴ $V_D = ⊖16$ kN

→ V_D 반력 방향 가정이 잘못되었음 → $V_D = 16$ kN(↑)

Comment

보완설명

참고로 SFD & BMD를 그려보면

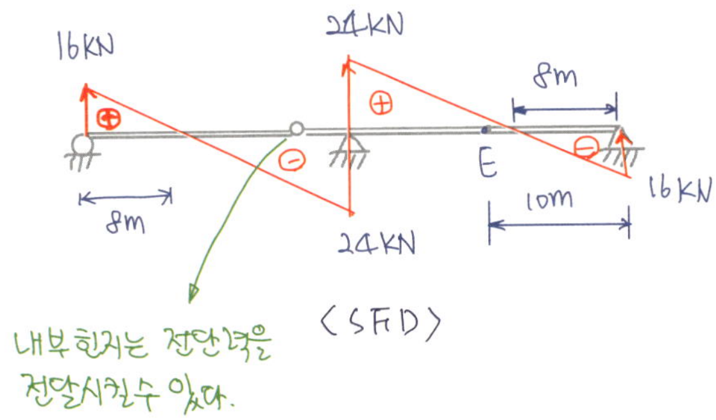

〈SFD〉

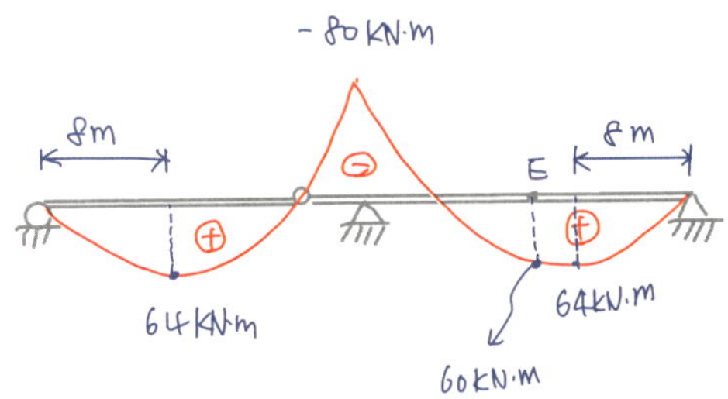

〈BMD〉

Comment

D4-03 C점이 내부힌지인 게르버보의 B지점에 발생되는 휨모멘트 M_B 는?

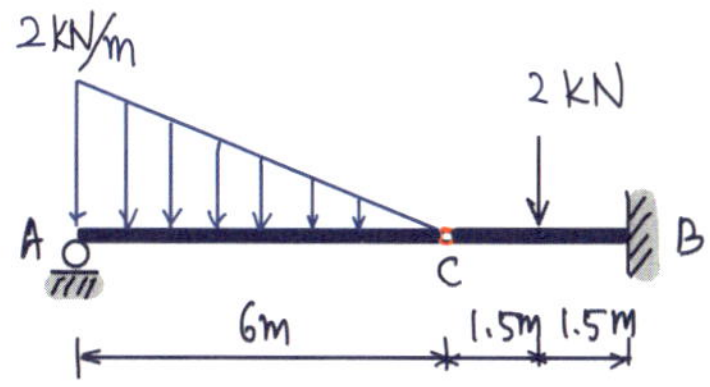

문제풀이

내부힌지를 제거 후 구조물을 분리 → 단순보 형상 우선 해석

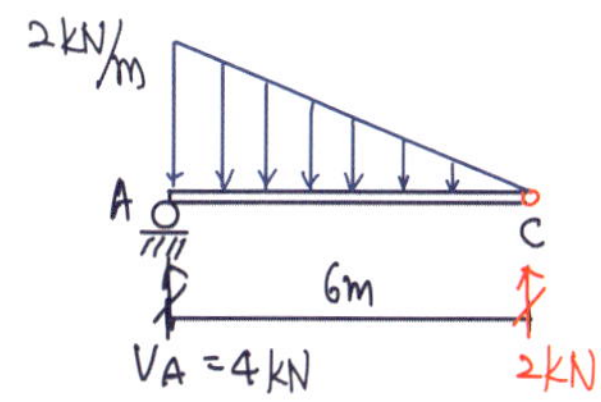

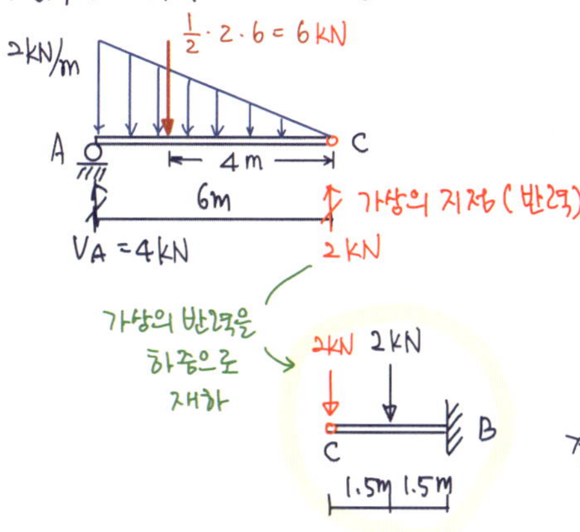

$\therefore M_B = -(2\times3)-(2\times1.5)$

$= -9\text{kN}\cdot\text{m}$

결국은 캔틸레버보를 해석하는 것과 같다.

$\therefore V_B = 4\text{kN}\ (\uparrow)$

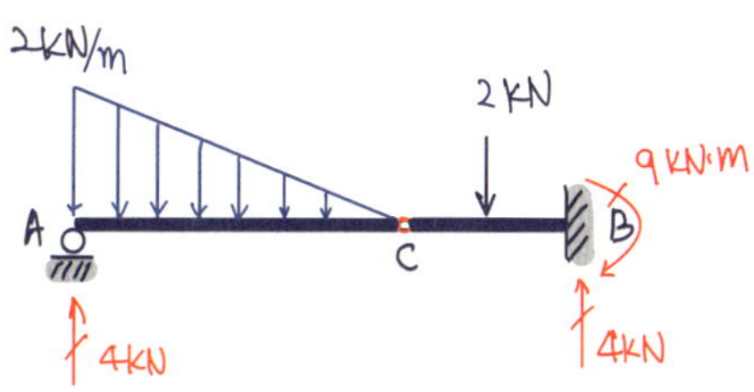

보완설명

SFD & BMD 그려보면...

i) SFD (전단력도)

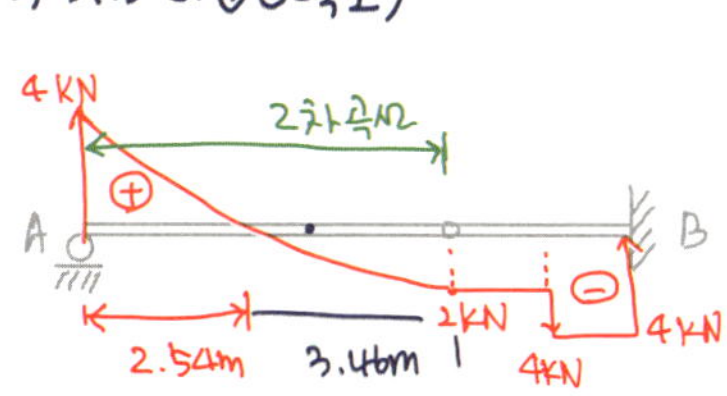

· S=0 인 위치 2.54m.

ii) BMD (휨모멘트도)

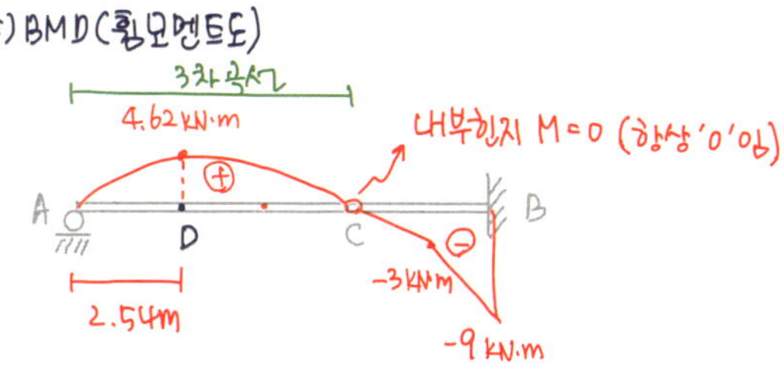

E. 라멘 & 아치의 부재력 해석

Type	E1. 라멘(특히, 3힌지 라멘) 구조물의 반력, 부재력(휨모멘트, 전단력, 축력) 구하기
Frequency	
Comment	

E1-00 라멘 구조물 해석을 위한 기본 개념

1) 특징

- 여러 개의 부재가 서로 일체화 될 수 있도록 강결합(용접연결 등)되어 있는 구조물.
- 일반적으로 보와 기둥이 결합되어 있는 형태
- 부재가 서로 강결합(용접 등)되어있기 때문에 하중 작용 시 구조물의 전체적인 모양은 변 형되어도 강결합된 부재 간 사이각은 변하지 않음. 이러한 이유로 서로 연결된 부재 사이에는 모멘트가 온전히 전달될 수 있음.
- 동일한 하중조건에서 라멘 구조물은 일반적인 보 구조물에 비해 부재 단면을 축소시킬 수 있어 경제적임.

2) 3 힌지(3 hinged) 라멘 구조물

- 양측 지점이 힌지인 1차 부정정 라멘 구조물에 내부힌지를 넣어 정정 라멘구조물로 만든 구조물.
  3 힌지 = 지지점 힌지 2개 + 내부힌지 1개
- 3활절 라멘 구조물 이라고도 함

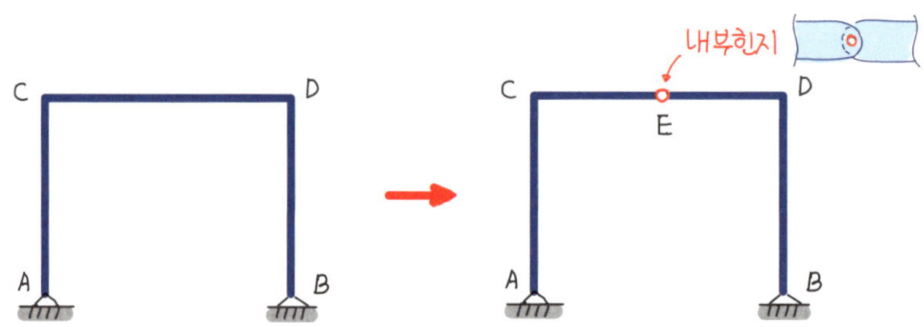

2힌지 라멘구조물(1차 부정정). 3힌지 라멘구조물(정정 구조물)

Comment

3) 라멘 구조물의 해석을 위한 . 전제조건

① 라멘 구조물 내부에 사람이 위치하면서 각각의 부재를 바라보고 있는 것으로 한다.

– 부재의 왼쪽과 오른쪽 구별, 변형부호규약 적용 시 중요

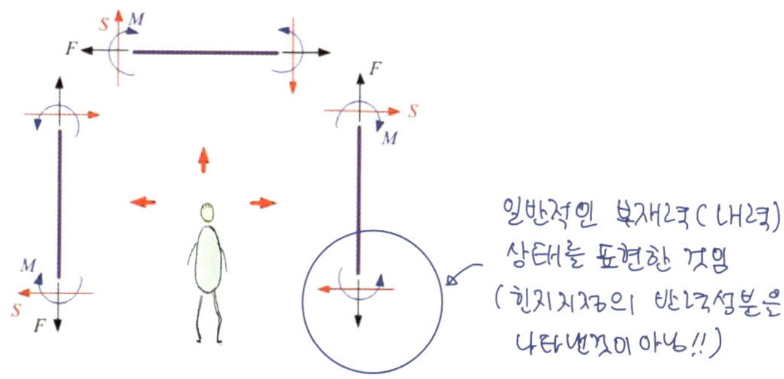

– 각 부재별로 축력, 전단력 성분 이해할 것(부재축과 일치하는 내력 = 축력, 단면과 평행한 방향의 내력 = 전단력(즉, 세로부재는 → 이런 힘이 전단력, 가로부재는 → 이런 힘이 축력).

– 각 부재의 축력, 전단력, 휨모멘트의 '+' 변형 이해할 것.

② 각각의 힌지(힌지지점, 내부지)에서는 모멘트가 항상 0' 이다.

(힌지에 모멘트하중 작용하는 경우 제외)

– 내부힌지에서는 휨모멘트가 0'이다. 3가지 평형방정식에 추가하여 4번째 평형방정식(적합조건식)

으로 이용됨.

③ 라멘 구조물 전체에 변형이 발생하여도 강결합된 부재의 접합부에서 사이각은 변하지 않는다.

4) 라멘 구조물의 축력, 전단력, 휨모멘트 구하기

① 지점의 반력을 구한다(정역학적 부호규약 적용, 3힌지 라멘 구조물의 반력 구하는 방법은 E2-02. 설명 참고)

② 전단력과 휨모멘트를 구하려는 위치에서 구조물을 가상으로 절단한다.

③ 절단된 단면 내의 축력, 전단력, 휨모멘트가 "+" 변형이 되도록 방향을 고려하여 절단된 부분구조의 자유물체도를 그린다(변형부호규약 적용).

④ 부분구조물에 평형방정식을 적용하여 절단된 단면 내의 축력, 전단력, 휨모멘트를 구한다.

(단면력 들의 크기를 구할 때는 정역학적 부호규약 적용, 구한 단면력 값이 '+' 인지 '–' 인지는 변형부호규약에 따른다).

⑤ 구해진 단면력 값이 '+' 이면 '양(+)의 변형'을 일으키는 축력(혹은 전단력, 휨모멘트)을, 구해진 값이 '–' 이면 음(–)의 변형'을 일으키는 축력(혹은 전단력, 모멘트)을 의미한다. 주의 !!

Comment

E1-01. 그림과 같은 라멘구조물의 최대 휨모멘트 Mmax는?..

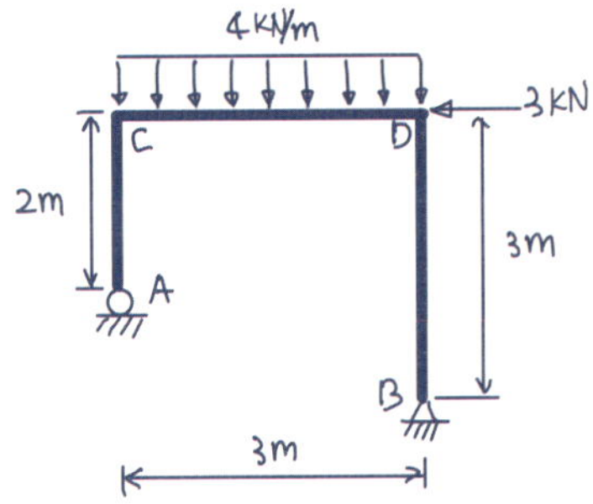

문제풀이

① 평형방정식 적용하여 반력을 구한다.

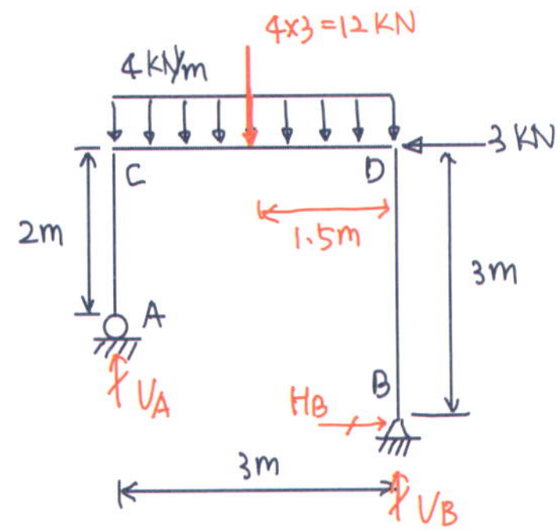

i) $\Sigma H = 0$ (⊕→)

$H_B - 3 = 0 \quad \therefore H_B = 3\,kN\ (\leftarrow)$

ii) $\Sigma V = 0$ (↑⊕)

$V_A + V_B - (4 \times 3) = 0 \qquad \therefore V_A + V_B = 12\,kN$

iii) $\Sigma M_B = 0$ (⊕↻)

$(V_A \times 3) - (4 \times 3 \times 1.5) - (3 \times 3) = 0$

$3V_A = 27 \qquad \therefore V_A = 9\,kN\,(\uparrow) \quad \therefore V_B = 3\,kN\,(\uparrow)$

② Mmax

직선식 ⇒ $9 - 4 \cdot x$

즉 $V_A - w \cdot x$

전단력 값이 '0' 되려면

$9 - 4 \cdot x = 0$

$\therefore x = 2.25m$

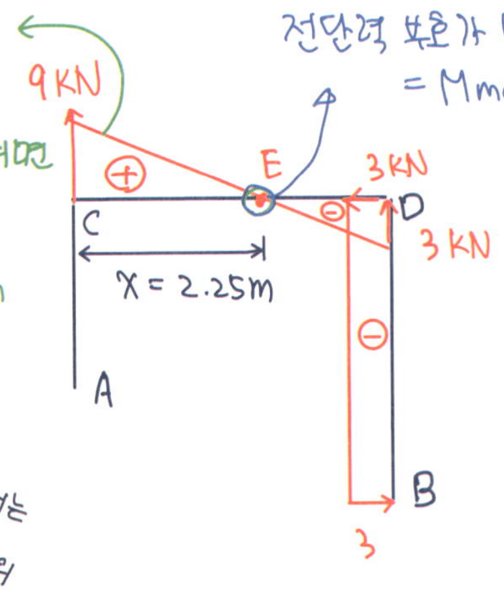

전단력 부호가 바뀌는 위치 = Mmax 발생위치

* 실제 기사시험에서는 SFD를 그려서 Mmax의 위치를 찾으려면 시간이 많이 소요된다. (SFD 그릴 시간 ×)

→ S=0 인 위치,

· 반력 값과 하중의 누적값의 크기가 같아지는 위치!!

* 지점 B는 H_B, V_B가 존재

$\therefore$ · $V_A = 9\,kN\,(\uparrow)$ · $V_B = 3\,kN\,(\uparrow)$

· $H_A = 0$ · $H_B = 3\,kN\,(\leftarrow)$

· $R_A = 9\,kN\,(\uparrow)$ · $R_B = 4.24\,kN\,(\nwarrow)$

Comment

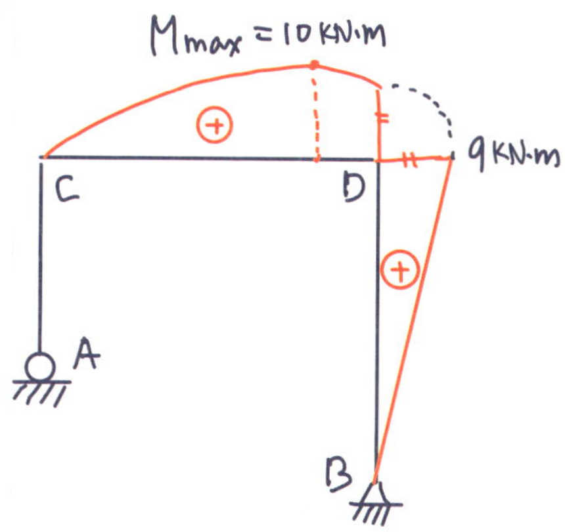

· $M_A = 0$

· $M_B = 0$

· $M_D = (3 \times 3) = 9\ kN \cdot m$

· $M_C = 0$

· $M_E = (9 \times 2.25) - (4 \times 2.25 \times \frac{2.25}{2})$
$= 10.125\ kN \cdot m$

$\therefore M_{max} = M_E = 10.125\ kN \cdot m$

SFD 에서 전단력의 부호가 바뀌는 위치 (M_{max} 발생위치)를 알아냈으면 그 위치에서 Moment 값을 구하면 된다. 즉 $M_E = M_{max}$ 이다.

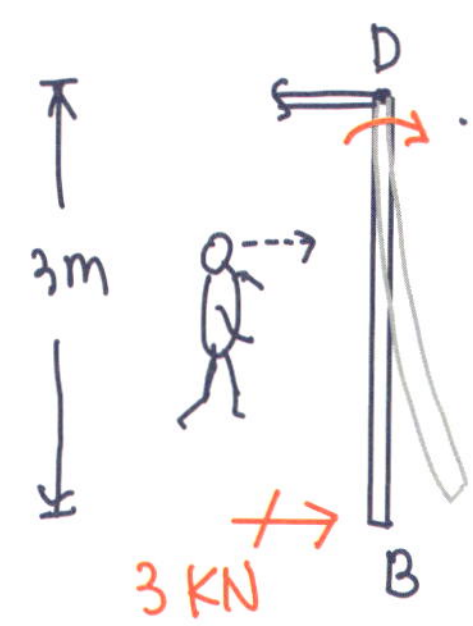

· $M_D = (3 \times 3)$
$= 9\ kN \cdot m$

E점 위치를 가상으로 절단한 후 오른쪽 부분 구조물을 이용해서 M_E 값을 구해보면

* $H_B = 3\ kN$에 의해 DB부재는 아래로 볼록한 변형을 하는 양(+)의 휨변형을 발생시킨다

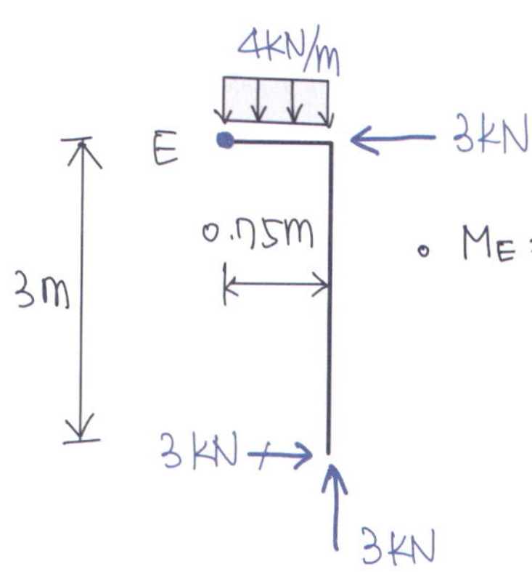

∘ $M_E = (3 \times 0.75) + (3 \times 3) + (3 \times 0) - (4 \times 0.75 \times \frac{0.75}{2})$
$= 10.125\ kN \cdot m$

Comment

EI-02. 그림과 같은 3힌지 라멘 구조물에서 F 점의 축력, 전단력, 휨모멘트 값을 구하시오.

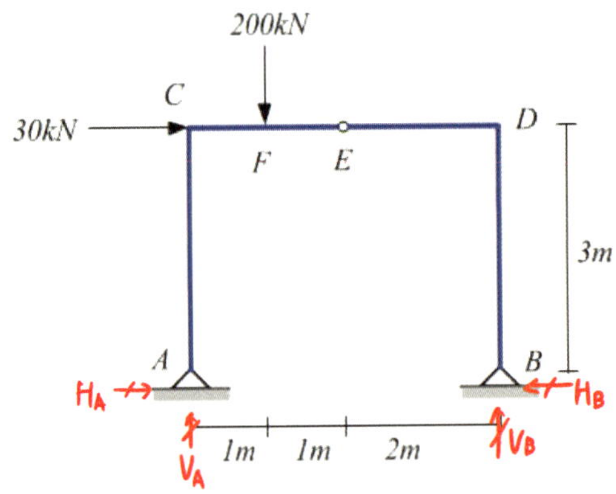

보완설명

- 3힌지 라멘 구조물의 반력 구하기

① 전체 구조물의 자유물체도와 평형방정식을 사용하여 반력 V_A와 V_B를 먼저 구한다.

② 내부힌지를 제거하여 구조물을 분리시킨다.

③ 분리된 한쪽 구조물의 자유물체도와 4번째 평형방정식($\Sigma H_E = 0$)을 사용하여 수평반력 H_A를 구한다.

④ 전체 구조물의 자유물체도와 평형방정식을 사용하여 나머지 수평반력 H_B를 구한다.

문제풀이

1) 반력

① 전체 구조물을 대상으로 평형 방정식 적용 → V_A와 V_B를 구한다.

- $\Sigma F_x = 0$ ($\Sigma H = 0$, $\overrightarrow{\oplus}$) ; $H_A - H_B + 30 = 0$ $\therefore H_A - H_B = -30\,kN$ — ⓐ
- $\Sigma F_z = 0$ ($\Sigma V = 0$, $\uparrow\oplus$) ; $V_A + V_B - 200 = 0$ $\therefore V_A + V_B = 200\,kN$ — ⓑ
- $\Sigma M_B = 0$; $(V_A \times 4) + (30 \times 3) - (200 \times 3) + (H_A \times 0) = 0$

$4V_A = -90 + 600 = 510$ $\therefore V_A = 127.5\,kN(\uparrow)$ — ⓒ

ⓒ → ⓑ

$\therefore V_B = 200 - V_A = 200 - 127.5 = 72.5\,kN(\uparrow)$

Comment

② 내부 힌지를 제거한 부분구조물에 평형방정식 적용 → H_A와 H_B를 구한다.

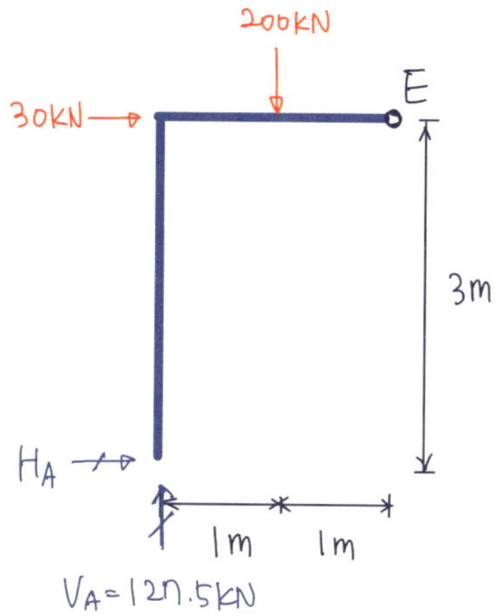

$\Sigma M_E = 0$ (⊕↻) ; 내부힌지(E)에서는 휨M가 항상 "0"이다.

$(127.5 \times 2) - (H_A \times 3) + (30 \times 0) - (200 \times 1) = 0$

$3H_A = 255 - 200 = 55$

$\therefore H_A = 18.3\ kN\ (\rightarrow)$ — ⓓ

ⓓ → ⓐ

$\therefore H_B = 30 + 18.3 = 48.3\ kN\ (\leftarrow)$

2) F점의 축력 A_F, 전단력 S_F, 휨모멘트 M_F

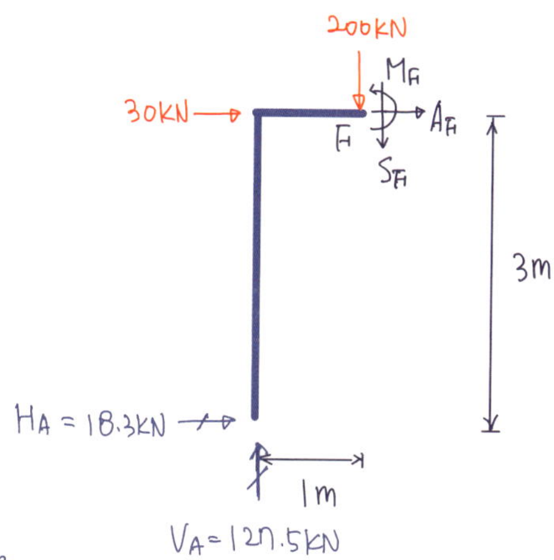

◦ $\Sigma H = 0$ (⊕→)

$18.3 + 30 + A_F = 0$

$A_F = -18.3 - 30 = -48.3\ kN$

◦ $\Sigma V = 0$ (↑⊕) – F점의 바로 왼쪽

$127.5 - S_{F(left)} = 0$

$S_{F(left)} = 127.5\ kN$ → F점의 바로 왼쪽은 200kN이 포함되지 않음.

◦ $\Sigma V = 0$ (↑⊕) – F점의 바로 오른쪽

$127.5 - 200 - S_{F(right)} = 0$

$S_{F(right)} = 127.5 - 200 = -72.5\ kN$

※ 집중하중 작용위치에서는 하중의 크기만큼 전단력이 변화하므로 집중하중 작용점에서는 집중하중을 포함하지 않는 경우(F의 left)와 집중하중을 포함하는 경우(F의 right)로 구분해서 전단력을 구해야 한다.

◦ $\Sigma M_F = 0$ (⊕↻)

$(127.5 \times 1) - (18.3 \times 3) + (30 \times 0) + (200 \times 0) - M_F = 0$

$M_F = (127.5 \times 1) - (18.3 \times 3) + (30 \times 0) + (200 \times 0)$

$= 72.6\ kN \cdot m$

Comment

E1-03. 그림과 같은 3힌지 라멘 구조물의 축력도(AFD), 전단력도(SFD), 휨모멘트도(BMD)를 그리시오.

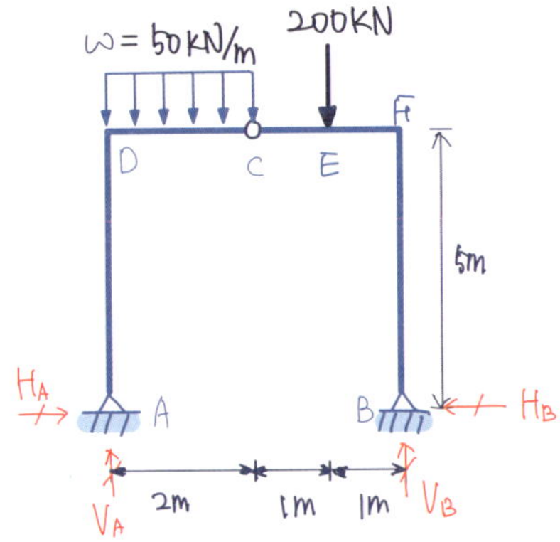

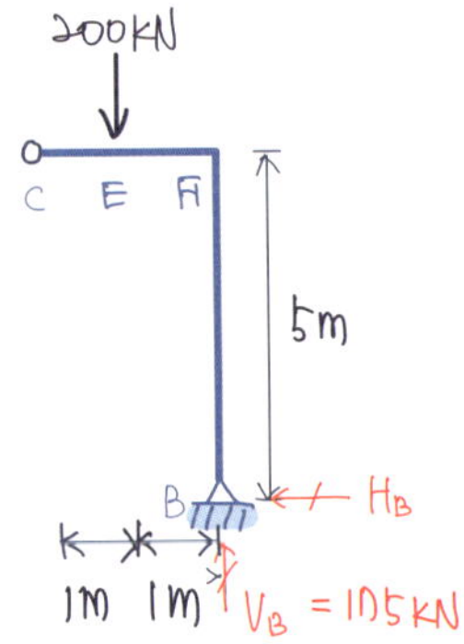

문제풀이

1) 반력

- $V_A + V_B = 50 \times 2 + 200 = 300\,kN$
- $\Sigma M_B = 0$ (⊕↻)

$(V_A \times 4) - (50 \times 2 \times 3) - (200 \times 1) = 0$

$\therefore V_A = \frac{1}{4}(300 + 200) = 125\,kN\,(\uparrow)$

$\therefore V_B = 175\,kN\,(\uparrow)$

- $\Sigma M_C = 0$ (⊕↻) ;

$-(175 \times 2) + (H_B \times 5) + (200 \times 1) = 0$

$\therefore H_B = \frac{1}{5}(150) = 30\,kN\,(\leftarrow)$

$\therefore H_A = 30\,kN\,(\rightarrow)$

2) SFD. BMD. AFD 그리기.

라멘구조물의 부재력도(SFD. BMD. AFD)를 그리는 것은 보구조물의 부재력도를 그리는 것 보다 훨씬 복잡하다(개념이 명확하게 정립되어 있어야 한다.)

* SFD. BMD. AFD는 외력(하중, 반력)이 구조물에 어떠한 경로로, 얼만큼의 크기로 내력을 발생시키면서 전달되어 가는지 즉, 하중이 지점으로 전달되어 가는 전달경로를 보여주는 그림이라 할수 있다.

- SFD : Shear Force Diagram (전단력도)
- BMD : Bending Moment Diagram (휨모멘트도)
- AFD : Axial Force Diagram. (축(방향)력도)

Comment

① 라멘 구조물에서 SFD, BMD, AFD를 그리기 위해 알고 있어야 할 것들.

- 라멘구조물은 여러개의 보 구조물들이 강결합 되어 있는 구조물.
  - → 각각의 부재를 분리해서 생각할 수 있다.
  - → 단, 어느부재의 단부에 발생된 부재력은 강결합된 다른부재에 같은 크기로 전달된다!!
- 부재 사이각은 변형이 발생된 이후에도 최초의 각을 유지한다.
- 축력은 부재의 단면에 직각으로 발생하는 부재력
- 전단력은 부재의 단면에 평행하게 발생하는 부재력

→ 같은 방향의 힘이라도 부재에 따라 축력일수도, 전단력일수도 있다.

- 라멘구조물 부재력도의 "+", "-"의 결정은 안쪽에서 바라보는 시각으로 부재의 왼쪽과 오른쪽을 정의해야 한다.

② SFD, BMD, AFD

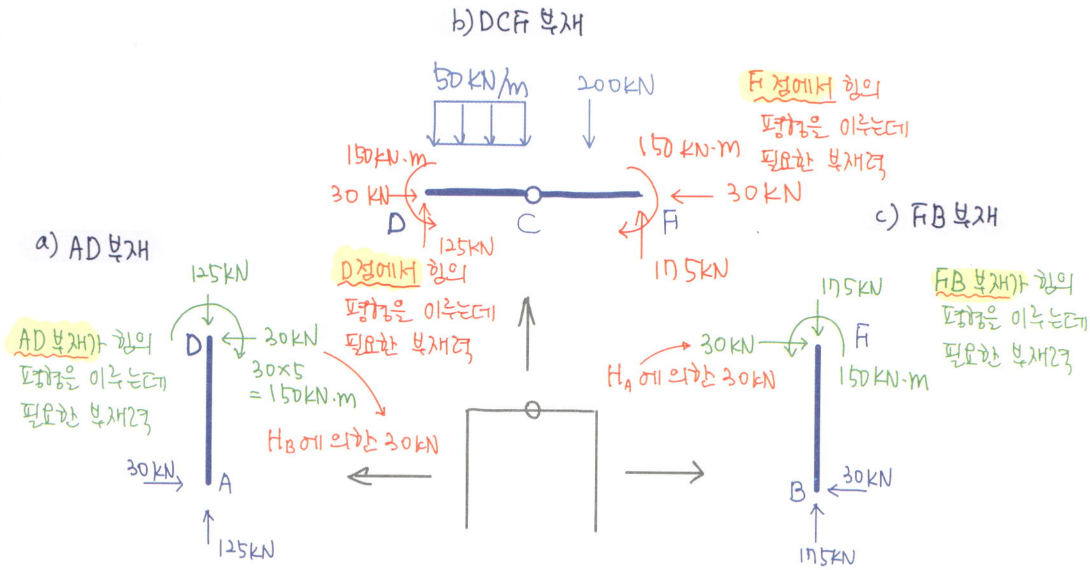

Comment

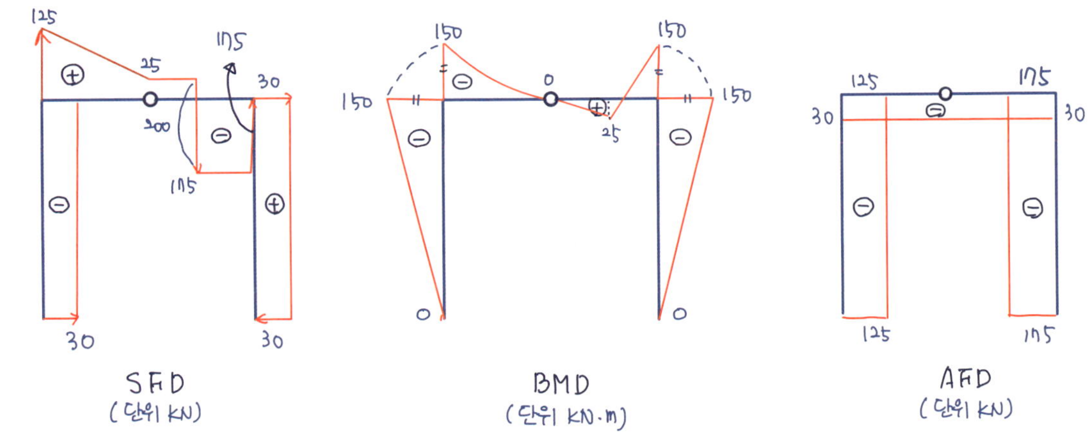

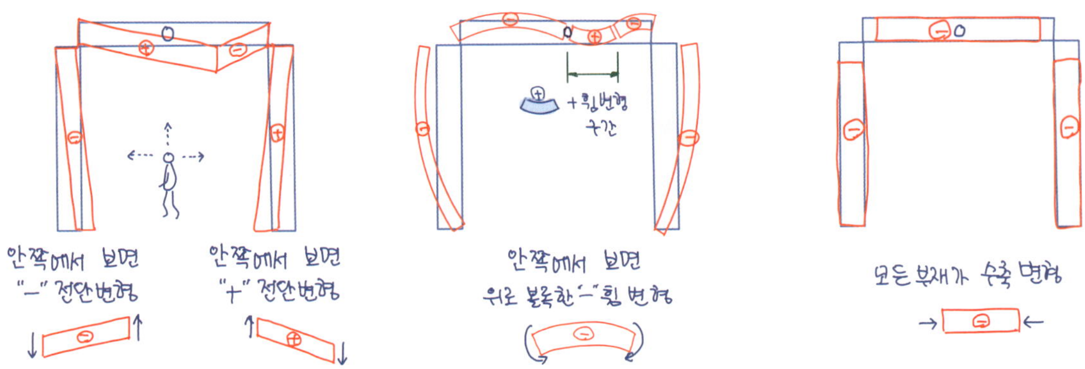

* 부재력도를 보면 구조물의 변형형상을 알수 있다.
변형형상을 이해했다면 SFD, BMD, AFD의 부호에 대한
혼란은 해결되었다고 볼수 있다.

Comment

③ 라멘구조물의 SFD, BMD, AFD를 이해하기 위한 보다 자세한 설명!!

ⓐ 각각의 위치에서 전단력(S), 휨M을 구한다

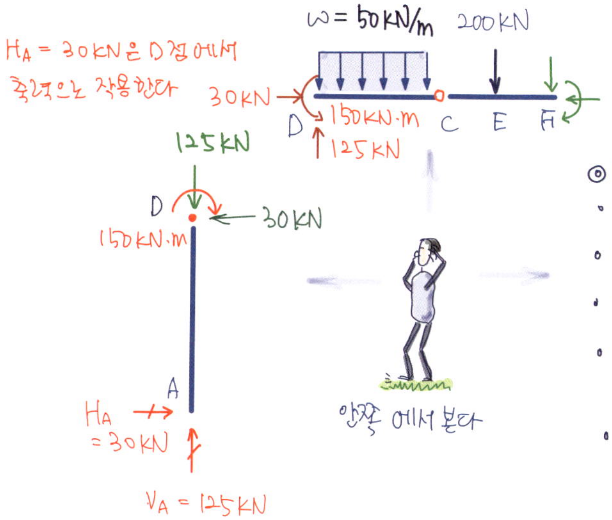

◎ DF 부재

- $S_D = 125kN$
- $S_C = 125 - (50\times2) = 25kN$
- $S_{E(left)} = 125 - (50\times2) = 25kN$
- $S_{E(right)} = 125 - (50\times2) - 200 = -175kN$
- $S_F = 125 - (50\times2) - 200 = -175kN$

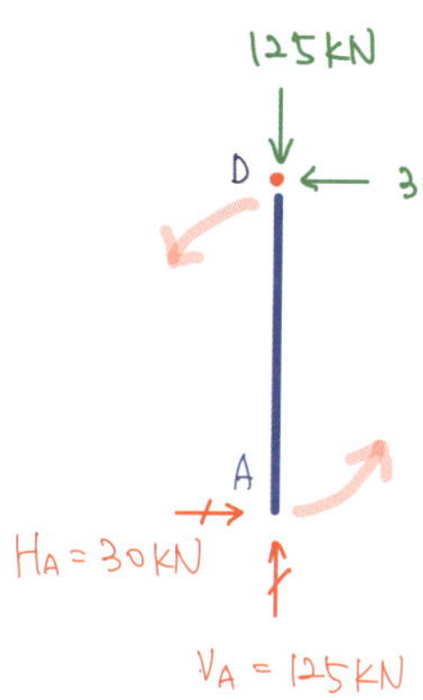

· 반력(외력) 125kN과 30kN에 대응해서 평형을 이루는데 필요한 부재력

· 만약 D점 위치에 125kN, 30kN의 내력만 발생된다면 $\Sigma M = 0$는 성립되지 못함. AC부재는 반시계 방향으로 회전하게 될것이다.

회전하려는 휨모멘트의 크기
$M_D = -(30\times5) = -150kN\cdot m$ 필요

Comment

• $M_D = -(30\times5)+(125\times0) = -150kN\cdot m$

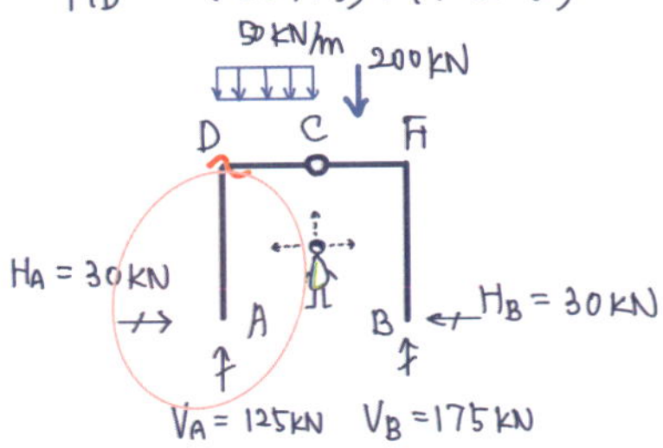

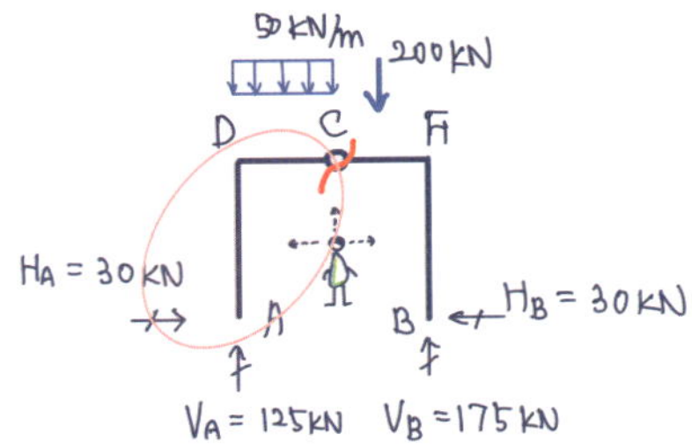

• $M_C = -(30\times5)+(125\times2)-(50\times2\times1)=0$

(내부힌지에서 휨M는 항상 "0"이 된다)

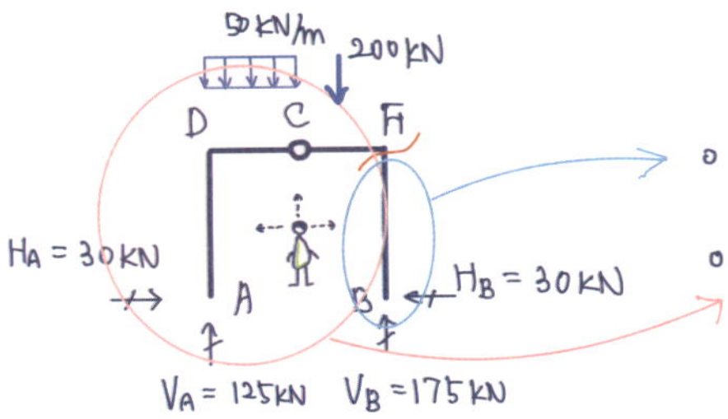

• $M_F = -(30\times5)+(175\times0) = -150kN$ → D。 부호 참고

• $M_F = -(30\times5)+(125\times4)-(50\times2\times3)-(200\times1) = -150kN\cdot m$

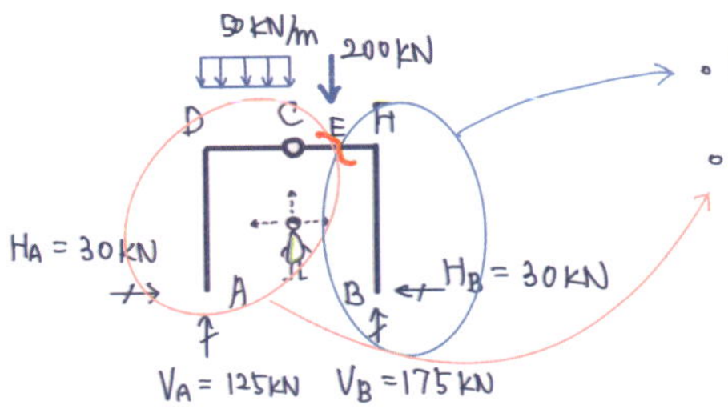

• $M_E = -(30\times5)+(175\times1) = 25kN\cdot m$

• $M_E = -(30\times5)+(125\times3)-(50\times2\times2)+(200\times0) = 25kN\cdot m$

ⓑ AD, BF 부재를 90° 회전시켜 보구조로 처리 이해할수도 있다.

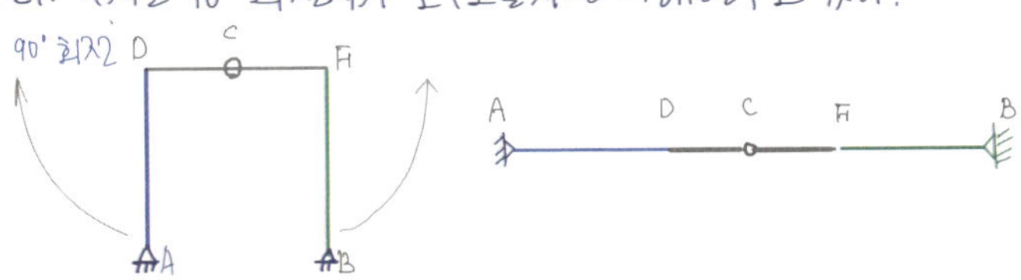

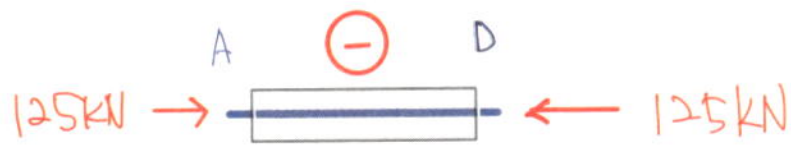

• $V_A = 125kN$은 AD 부재에 축력(압축)으로 작용됨.

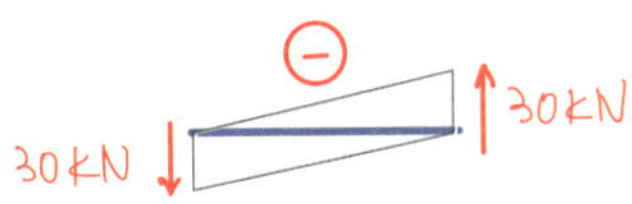

• $H_A = 30kN$은 AD 부재에 (−)전단력으로 작용됨

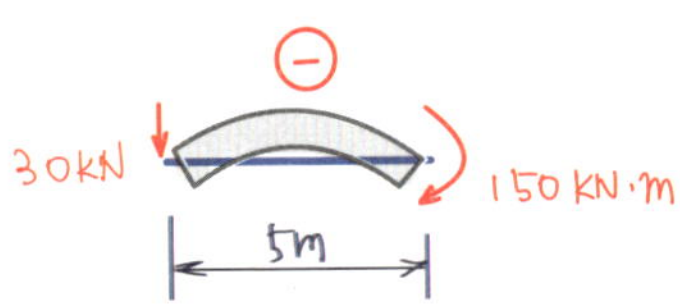

• $H_A = 30kN$은 D점에 (−)휨M 150kN·m (30×5)을 발생시킴.

Comment

ⓒ 두 부재가 만나는 D점에서 부재력의 전달

힘의 크기는 같고 방향이
반대인 힘 생겨남

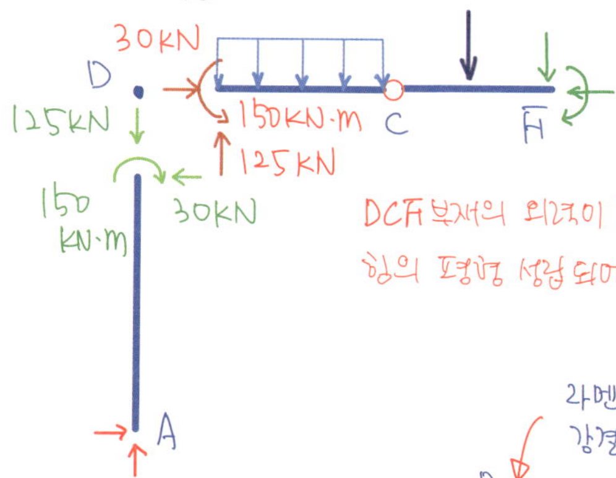

DCF 부재의 외력이 고려된 상태에서
힘의 평형 성립 되어야 한다.

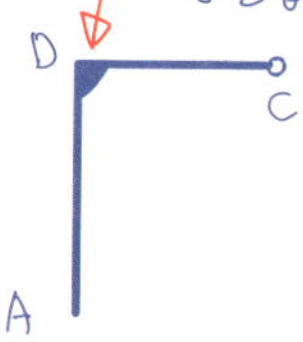

라멘구조는 부재와 부재가
강결합 되어 있어 AD 부재의
D점에 발생된 휨 M는
DC 부재의 D점으로
전달된다.

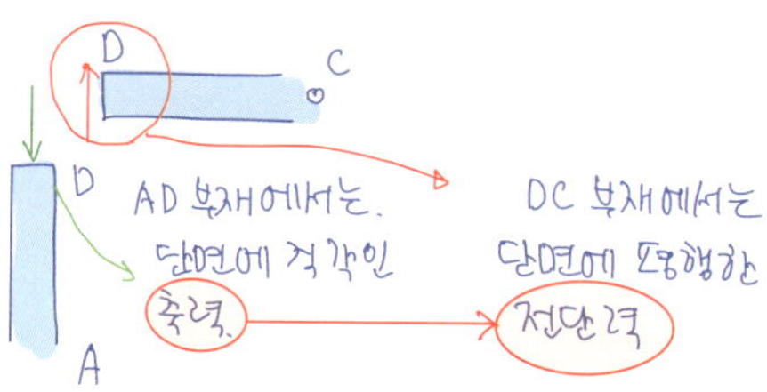

- D 점에서 힘의 평형이 성립되어야 함.
- AD 부재의 부재력은 DC 부재로 전달.
- AD 부재에서 "–" 축력 125KN 은 DCF 부재에서는 전단력으로 변함.
- AD 부재에서 "–" 전단력 30KN은 DCF 부재에서는 "–" 축력으로 변함.

Comment

☀ H_A = 30kN (→)이 H_B = 30kN (←)로 전달되는 경로를 조금 더 자세하게 알아보면 ...

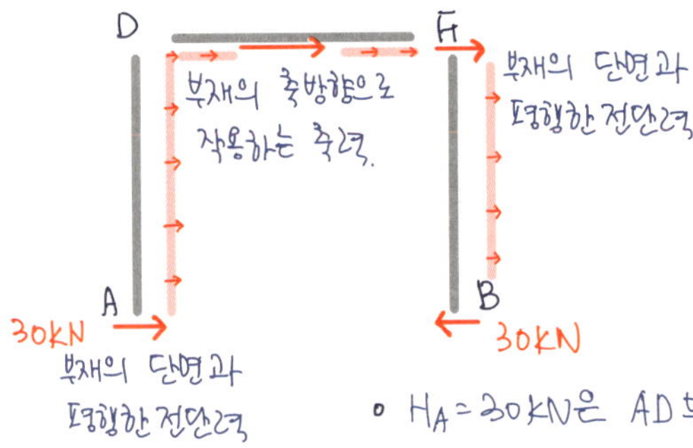

- H_A = 30kN은 AD 부재에서는 "−" 전단력 30kN으로
  DF 부재에서는 "−" 축력 30kN으로,
  FB 부재에서는 "+" 전단력 30kN으로 작용한다.

Type	E2. 아치(특히, 3힌지 아치)구조물의 반력, 부재력 구하기
Frequency	
Comment	

E2-01 다음 그림과 같은 두 종류의 아치구조물의 C점과 D점에서 휨모멘트를 각각 구하시오.

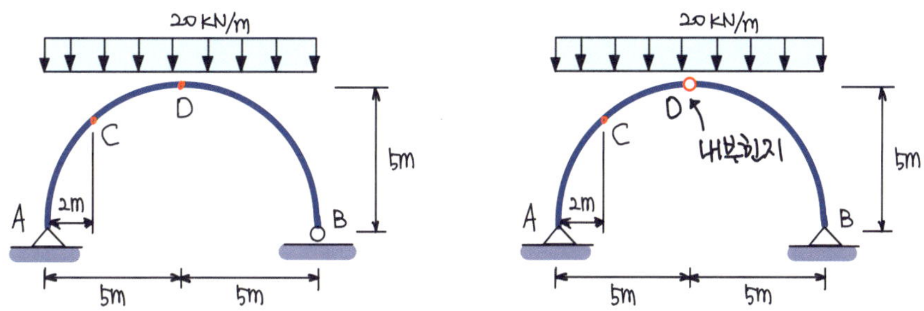

보완설명

■ 아치구조물의 특징

- 부재의 축이 원호 혹은 포물선 모양의 곡선을 이루는 구조물
- 휨모멘트를 감소시켜 지점 간의 거리를 보 구조물에 비해 길게 할 수 있음.
- 일반적으로 보는 휨모멘트 값에 가장 크게 영향을 받는데, 휨모멘트를 감소시킬 수 있다면 지점 간 거리를 길게 할 수 있다.
- 일반적으로 아치 구조물은 수평반력이 양쪽 지점에 생기게 되며 이러한 수평반력은 휨모멘트를 감소시킨다.
- 아치 구조물은 주로 축력을 받는 구조물이다.

※ 아치구조물에서 휨M를 구하는 방법은 보구조물과 동일하다
(∵ 중력 방향으로 하중이 작용하는 경우 투영면적을 이용하기 때문.)

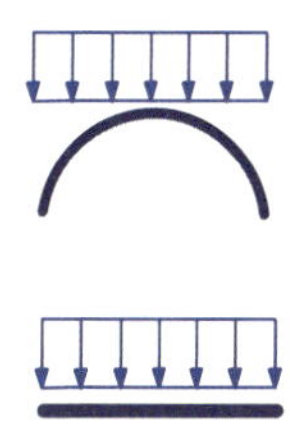

하중 작용 면적을 투영면적으로 고려하면 직선의 보와 같다

문제풀이

a) 2힌지 아치

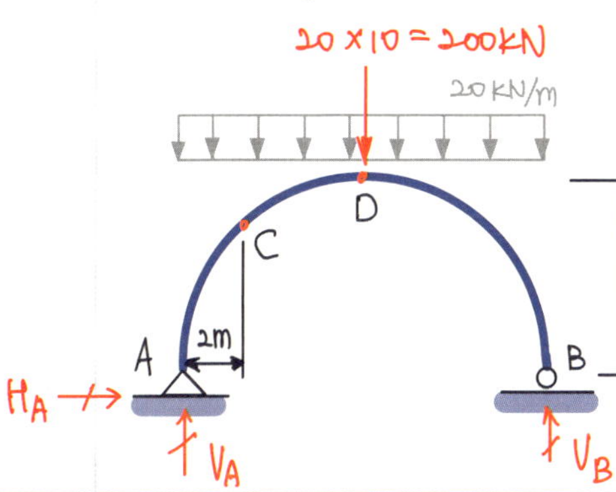

$\sum F_z = 0\ (\uparrow\oplus)$;

$V_A + V_B - 200 = 0 \qquad \therefore V_A + V_B = 200\text{kN}$

$\sum F_x = 0\ (\overset{\rightarrow}{\oplus})$; $\therefore H_A = 0$

$\sum M_B = 0\ (\oplus\circlearrowright)$;

$(V_A \times 10) - (20 \times 10 \times 5) = 0 \qquad \therefore V_A = 100\text{kN}(\uparrow)$

$\therefore V_B = 200 - V_A = 200 - 100 = 100\text{kN}(\uparrow)$

Comment

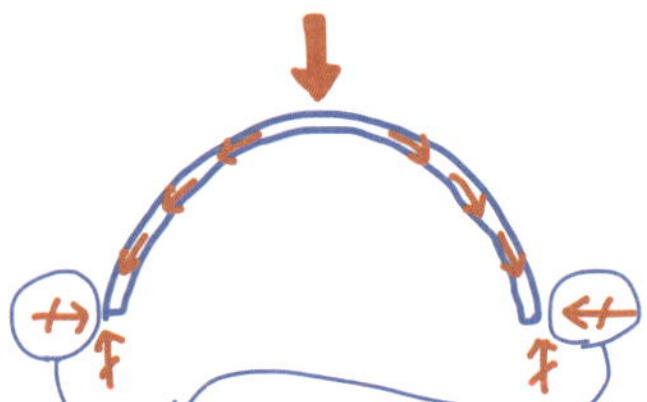

수평반력이 있어야 휨M를 감소시킬수 있다.
(축력이 휨M 감소시키는 역할)

→ 2힌지 아치는 수평반력이 없어 아치 고유의 역학적 장점을 발휘 할수 없다.

2) C 점의 휨M : M_C

- $M_C = (100\times2)-(20\times2\times1) = 160\,kN\cdot m$

3) D점의 휨M : M_D

- $M_D = (100\times5)-(20\times5\times2.5) = 250\,kN\cdot m$

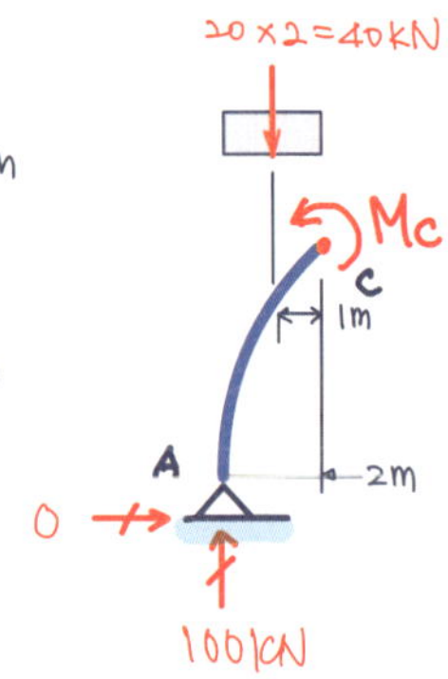

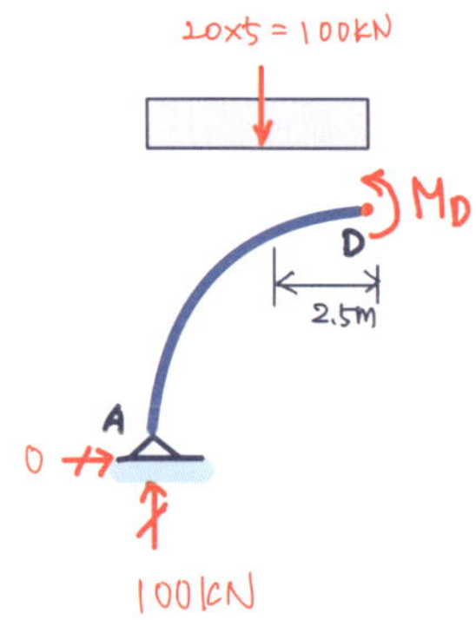

(b) 3힌지 아치

1) 반력 ; 전체 구조물을 대상으로 평형 방정식 적용 → V_A와 V_B를 구한다.

$\Sigma F_x=0\ (\overset{+}{\rightarrow})$; $H_A - H_B = 0$ ∴ $H_A = H_B$

$\Sigma F_z=0\ (\uparrow\oplus)$; $V_A + V_B - 200 = 0$ ∴ $V_A + V_B = 200\,kN$

$\Sigma M_B=0\ (\oplus\circlearrowright)$; $(V_A\times10)-(20\times10\times5)=0$

$10V_A = 1000$ ∴ $V_A = 100\,kN\,(\uparrow)$ ∴ $V_B = 100\,kN\,(\uparrow)$

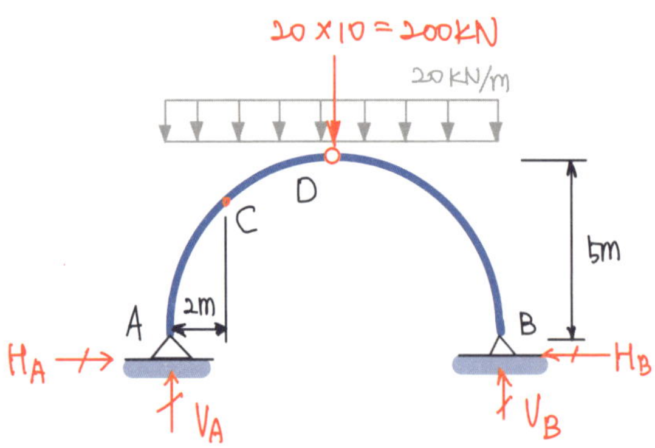

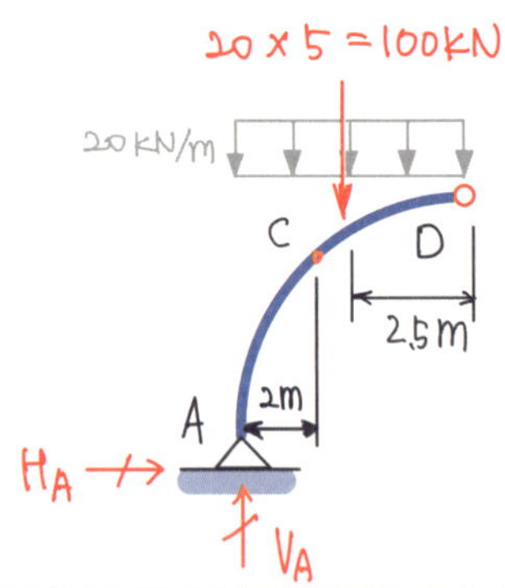

Comment

- H_A와 H_B를 구하기 위해서 D점의 내부힌지 분리

  $\Sigma M_D = 0$ (⊕↻) ;

  $(100\times5) - (H_A\times5) - (20\times5\times2.5) = 0$

  $\therefore H_A = \frac{250}{5} = 50\,kN\,(\rightarrow)$　　$\therefore H_B = 50\,kN\,(\leftarrow)$

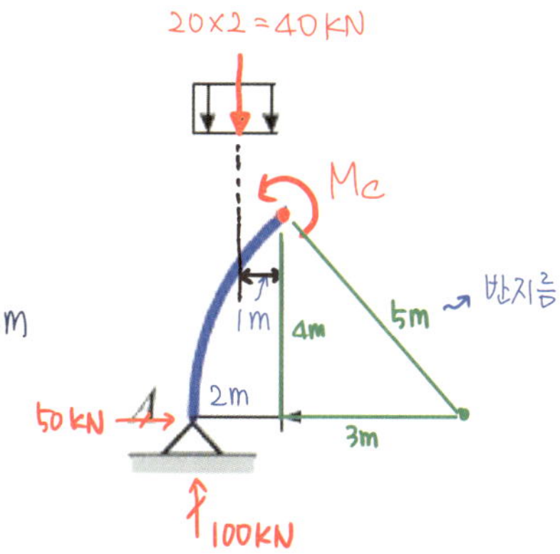

2) M_C

- $M_C = (100\times2) - (50\times4) - (20\times2\times1) = -40\,kN\cdot m$

  4m, 5m, 3m

3) M_D

- $M_D = (100\times5) - (50\times5) - (20\times5\times2.5) = 0$

  → 내부힌지 D점에서는 당연히 "0"이 되어야 한다.

2힌지 & 3힌지 아치의 휨모멘트를 비교해보면......
3힌지 아치 구조물은 수평반력이 휨모멘트를 감소시키는 역할을 하고 있다.

	2힌지 Arch	3힌지 Arch
M_C	160 kN·m	−40 kN·m
M_D	250 kN·m	0

Comment

E2-02 그림과 같은 3 힌지 아치구조물에서 D 점의 휨모멘트는?

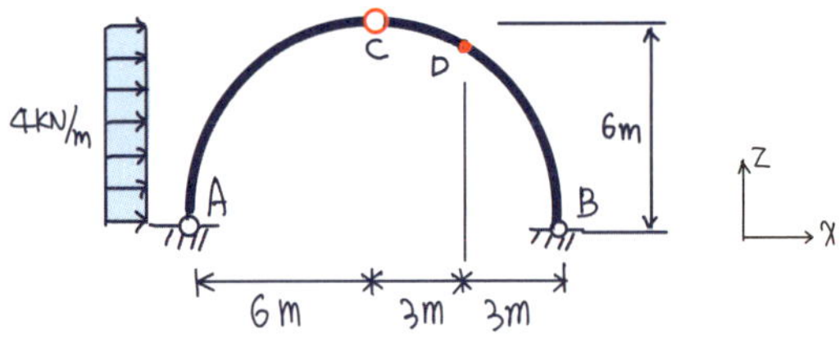

문제풀이

1) 반력

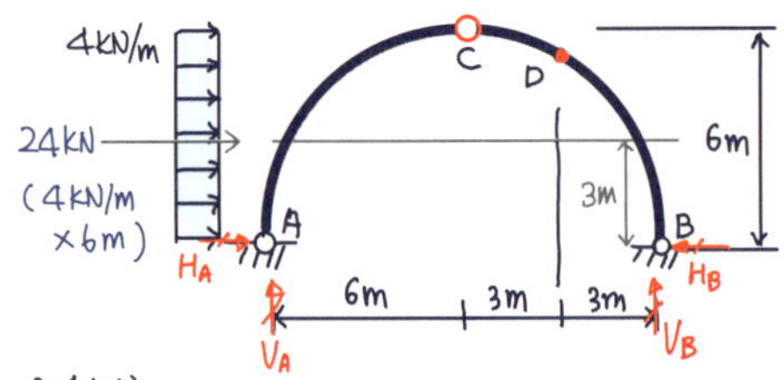

$\Sigma F_z = 0$ (↑⊕) ; $V_A + V_B = 0$ ∴ $V_A = -V_B$

$\Sigma F_x = 0$ (→⊕) ; $H_A - H_B + (4\times6) = 0$

∴ $H_A - H_B = -24kN$

$\Sigma M_B = 0$ (⊕↻) ; $(V_A\times12) + (4\times6\times3) = 0$

∴ $V_A = -72/12 = ⊖6kN = 6kN(↓)$ → 최초 가정했던 V_A 방향이 잘못되었음을 의미.

∴ $V_B = 6kN(↑)$

$\Sigma M_C = 0$ (⊕↻) ;

$M_C = -(6\times6) - (4\times6\times3) - (H_A\times6) = 0$

$6H_A = -36 - 72 = -108$

∴ $H_A = -18kN = 18kN(←)$

∴ $H_B = 24 - 18 = 6kN(←)$

$h = \sqrt{6^2 - 3^2}$
$= 5.196 ≒ 5.2m$

2) M_D : D점의 오른쪽 부분 구조물 이용

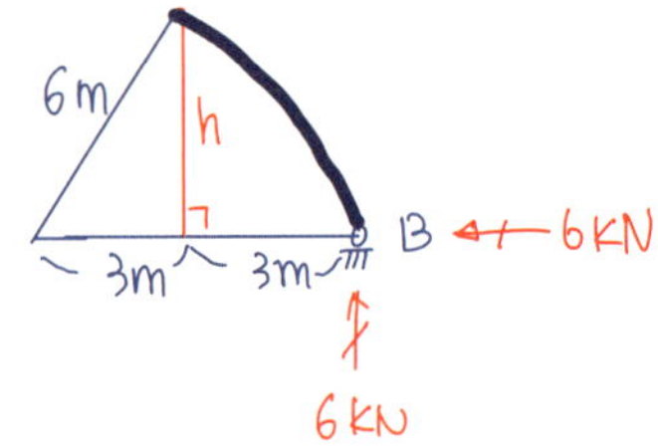

· $M_D = (6\times3) - (6\times5.2) = -13.2kN\cdot m$

∴ $M_D = -13.2kN\cdot m$

Comment

E2-03 그림과 같은 3힌지 아치구조물에서 B점의 수평반력 H_B 는?

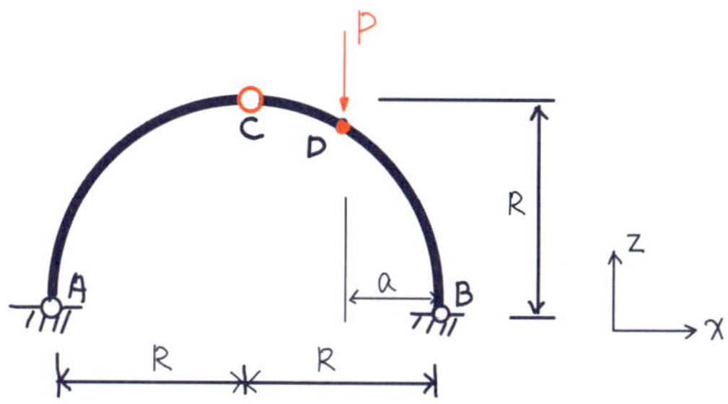

문제풀이

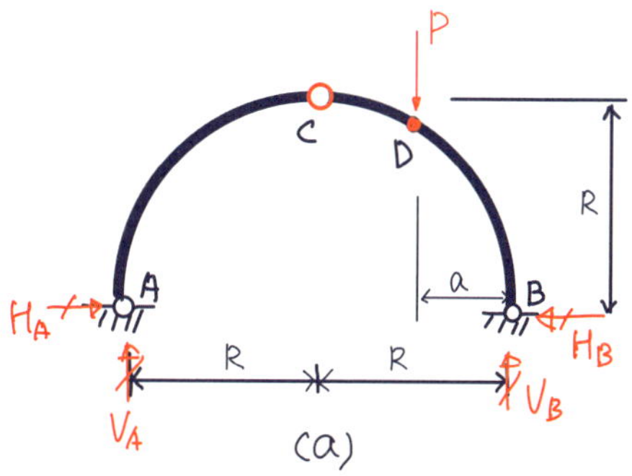

(a)

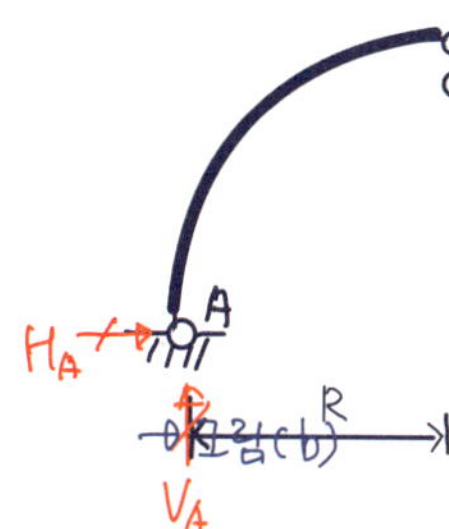

(b)

2) $\Sigma M_C = 0$ (⊕↻)

$(V_A \times R) - (H_A \times R) = 0$

$\frac{P \cdot a}{2R} \cdot R = H_A \cdot R$

$\therefore H_A = \frac{P \cdot a}{2R}$ (→)

$\Sigma M_B = 0$ (⊕↻) → 그림(a)

$(V_A \times 2R) - (P \times a) = 0$

$\therefore V_A = \frac{P \cdot a}{2R}$ (↑)

3) $\Sigma H = 0$ (⊕→) → 그림(a) (←)

$H_A - H_B = 0.$

$\frac{P \cdot a}{2R} - H_B = 0$ $\therefore H_B = \frac{Pa}{2R}$

참고) V_B를 구해보면

$\Sigma V = 0$ (↑⊕)

$V_A + V_B = P$

$\therefore V_B = P - V_A = P - \frac{Pa}{2R} = P\left(1 - \frac{a}{2R}\right)$ (↑)

Comment

E2-04. 그림과 같은 3힌지 아치 구조물에서 C점의 축력, 전단력, 휨모멘트를 각각 구하시오.

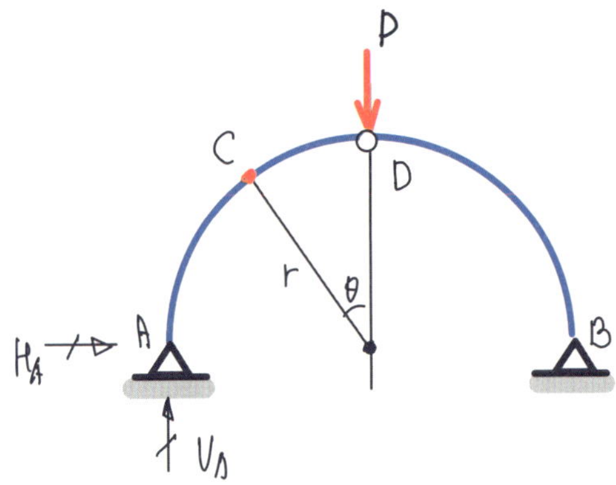

문제풀이

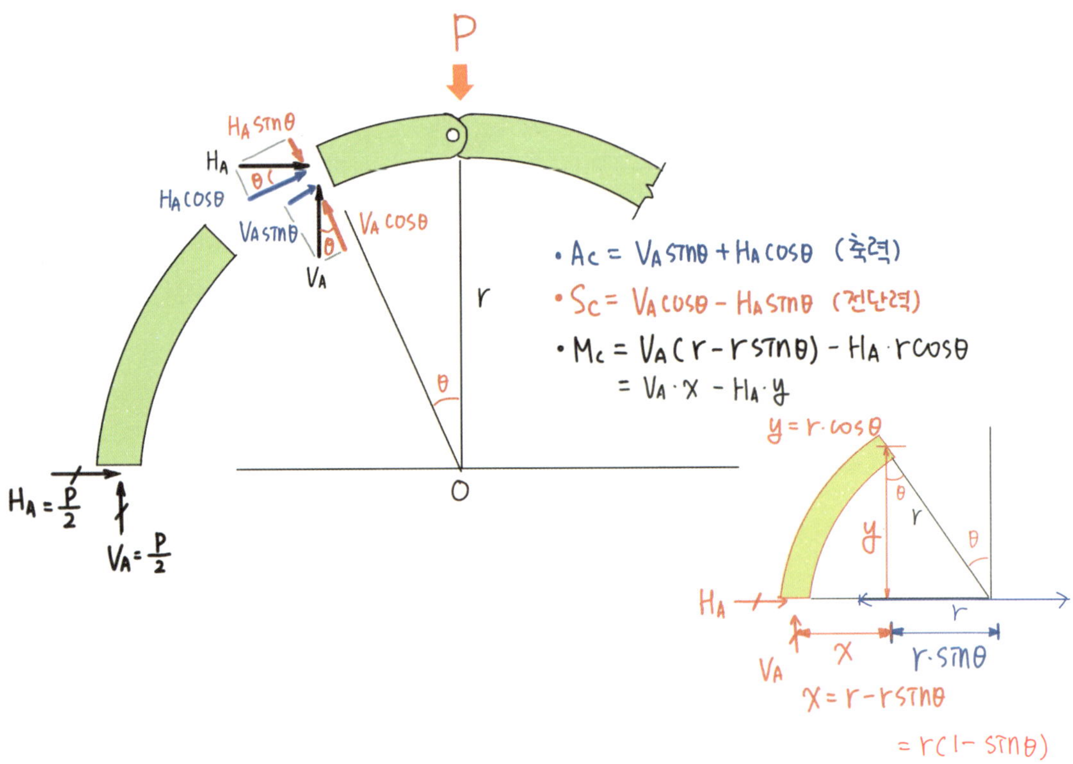

위 그림으로 부터 아치구조물에서 축력과 전단력의 방향은 각각의 위치에서 모두 다르다는 것을 알 수 있다(아치의 부재축은 지속적으로 변하고 있다). 부재축 방향과 일치하면 축력, 부재축과 직각방향 이면 전단력이 된다.

F. 보의 응력 해석

Type	F0. 보에 발생되는 응력을 큰 틀에서 이해하기
Frequency	
Comment	

F0-00. 1) 응력(stress)의 발생 과정

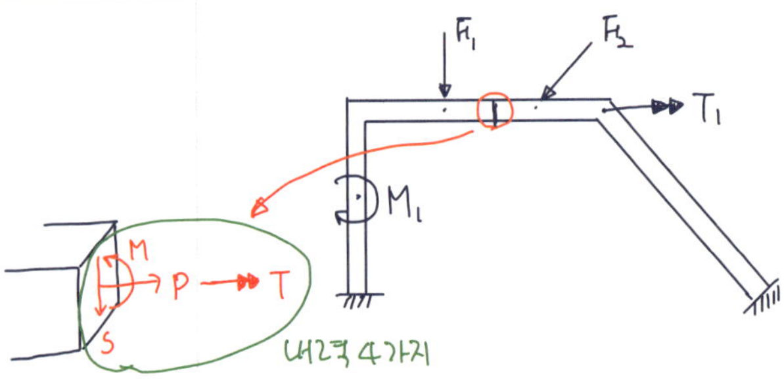

① 외력 (F_1, F_2, M_1, T_1) 은 구조물의 부재내부에 내력을 발생시킨다

② 외력이 발생시킨 내력은 『축력 P, 전단력 S, 휨모멘트 M, 비틀림 T』, 4가지로 구분된다.

③ 내력은 구조부재에 응력과 변형을 발생시킨다.

④ 결국, 『외력 → 내력 → 응력 & 변형』

2) 응력의 종류(명칭)

외력 → 내력 → 응력 → 『응력이 부재 단면에 작용하는 방향』을 기준으로 분류

- 하중
- 반력
- 온도변화
- ⋮

- 축력(축방향력) P → 축응력 $\sigma = \frac{P}{A}$ → 수직응력 (단면에 수직)
- 전단력 S → 전단응력 $\tau = \frac{SG}{Ib}$ → 전단응력 (단면에 평행)
- 휨모멘트 M → 휨응력 $\sigma = \frac{M}{I} \cdot z$ → 수직응력 (단면에 수직)
  - ↳ 수직응력 이라고도 한다
- 비틀림 T → 비틀림응력 $\tau = \frac{T}{I_p} \cdot r$ → 전단응력 (단면에 평행)
  - ↳ 전단응력 이라고도 한다

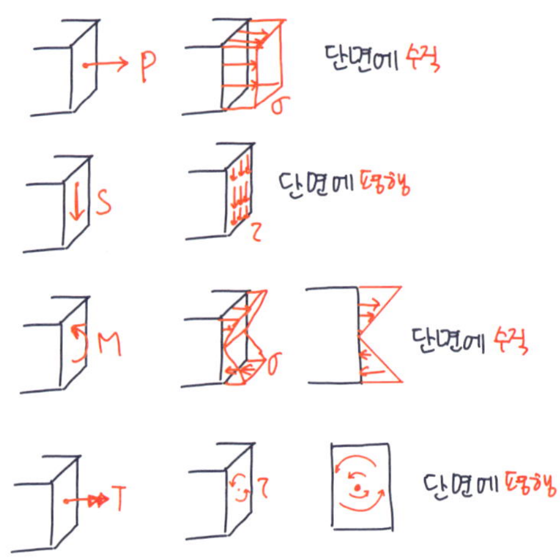

→→ : 비틀림 모멘트 T

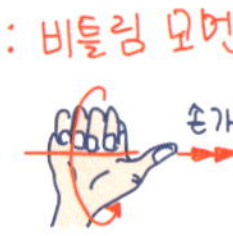

- A : 단면적
- G : 단면 1차 Moment
- b : 단면의 폭
- I : 단면 2차 Moment
- z : 중립축에서 응력을 구하려는 위치까지의 거리
- I_p : 극관성 Moment
- r : 축의 교점에서 비틀림 응력을 구하려는 위치까지의 거리

Comment

3) 한 단계 더 들어가면... 평면응력 변환과 주응력이 기다리고 있다.

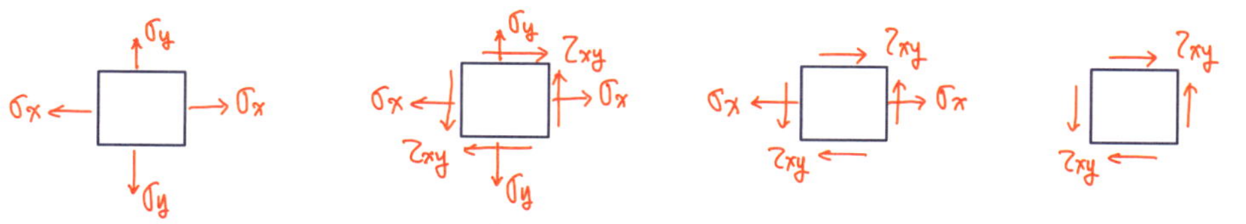

〈수직응력 2축에 동시 발생〉 〈수직응력, 전단응력 동시 발생〉 〈전단응력 발생〉

즉 한 요소에 응력들이 동시에 조합되어 발생하면 주응력 ($\sigma_1, \sigma_2, \tau_1, \tau_2$) 발생.

- 주응력을 알아내려면
  - ① 평면응력 변환식 사용
  - ② 모어원 (Mohr's Circle) 사용 → 부록 23 설명 참고.

o 주응력

$$\sigma_1, \sigma_2 = \frac{\sigma_x + \sigma_y}{2} \pm \sqrt{\left(\frac{\sigma_x - \sigma_y}{2}\right)^2 + \tau_{xy}^2}$$

→ +, − 에 따라 최대 주응력 σ_1, 최소 주응력 σ_2 로 구분

o 최대전단응력

$$\tau_{max} = \pm \sqrt{\left(\frac{\sigma_x - \sigma_y}{2}\right)^2 + \tau_{xy}^2}$$

→ +, − 에 따라 양(+)의 최대전단응력, 음(−)의 최대전단응력으로 이해

→ 음(−)의 값이라고 해서 '0'보다 작은 음수가 아니다. 음(−)의 변형을 일으키는 전단응력이라는 의미

$\tau_1 = +\tau_{max}$

$\tau_2 = -\tau_{max} = \tau_{min}$

으로 표현하기도 한다.

응력	응력을 발생시키는 내력	내력의 작용방향	응력 계산식	응력의 분포	응력방향에 따른 구분
축(방향) 응력	축(방향)력 : P or N	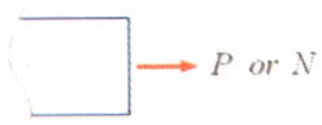	$\sigma = \dfrac{P}{A}$	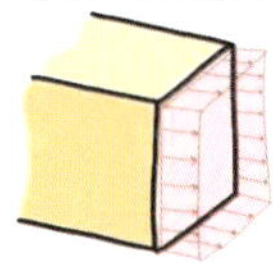 단면 전체의 변형 일정하게 발생, 응력 또한 일정한 크기로 발생	수직응력
전단 응력	전단력 : S or V	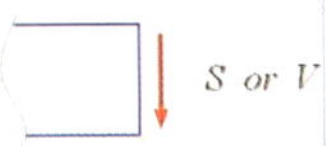	$\tau = \dfrac{SG}{Ib}$, $\tau_{aver} = \dfrac{S}{A}$ $\tau_{\max} = \dfrac{3}{2}\dfrac{S}{A}$ (□) $\tau_{aver} = \dfrac{4}{3}\dfrac{S}{A}$ (○)	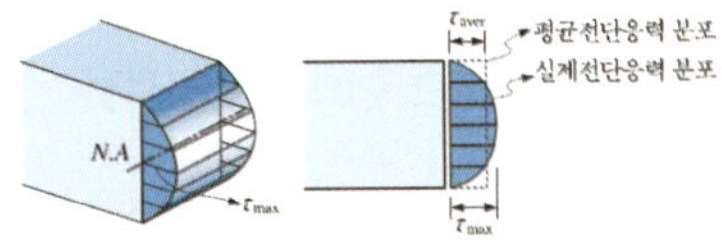 단면의 도심축에서 최대, 단면의 연단에서 '0'	전단응력
휨응력	휨모멘트 : M	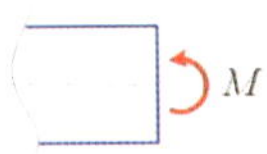	$\sigma = \dfrac{M}{I} z$	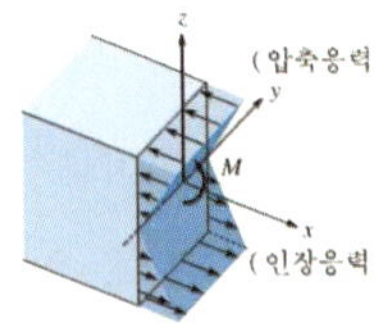 도심축에서 멀어질수록 변형, 응력 커진다	수직응력
비틀림 응력	비틀림모멘트 : T	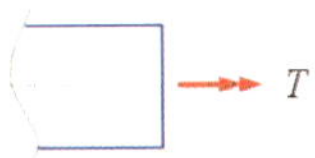	$\tau = \dfrac{T}{I_p} r$	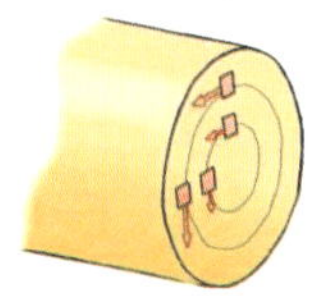 도심에서 멀어질수록 변형, 응력 커진다	전단응력
경사면 응력	ALL		평면응력의 변환식(transformation equation for plane stress) $\sigma_{x'} = \dfrac{\sigma_x + \sigma_z}{2} + \dfrac{\sigma_x - \sigma_z}{2}\cos 2\theta + \tau_{xz}\sin 2\theta$ ($\sigma_{z'}$ 는 $\sigma_{x'}$ 와 90°유지, θ 대신에 $\theta + 90°$를 대입) $\sigma_{z'} = \dfrac{\sigma_x + \sigma_z}{2} - \dfrac{\sigma_x - \sigma_z}{2}\cos 2\theta - \tau_{xz}\sin 2\theta$ $\tau_{x'z'} = -\dfrac{\sigma_x - \sigma_z}{2}\sin 2\theta + \tau_{xz}\cos 2\theta$		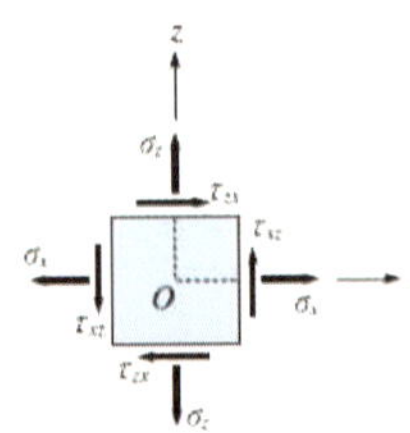
주응력 및 주각	ALL		$\sigma_{1,2} = \dfrac{\sigma_x + \sigma_z}{2} \pm \sqrt{\left(\dfrac{\sigma_x - \sigma_z}{2}\right)^2 + \tau_{xz}^2}$ $\quad \therefore \ \theta_p = \dfrac{1}{2}\tan^{-1}\left(\dfrac{2\tau_{xz}}{\sigma_x - \sigma_z}\right)$ $\tau_{\max} = \tau_1 = \sqrt{\left(\dfrac{\sigma_x - \sigma_z}{2}\right)^2 + \tau_{xz}^2}$		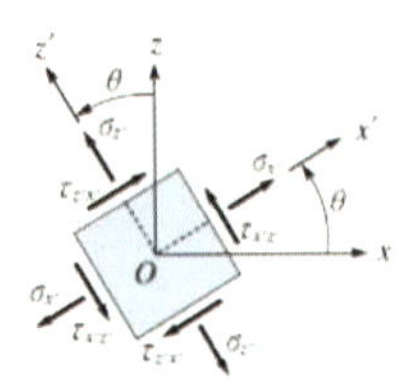

Type	F1. 직사각형/원형단면에서 휨응력 구하기
Frequency	
Comment	

F1-01 반지름이 R인 원형단면을 갖는 보의 전 구간 휨모멘트가 일정할 때 발생가능한 최대 휨응력은?

문제풀이

◦ 휨응력 계산식 $\sigma = \frac{M}{I}\cdot y$ 문제에서 주어진 조건에서 단면이 일정하고 (→ I 값 일정.) M 값도 일정하다면 y가 y_{max} 일때 σ_{max} 이 된다

· $\sigma = \frac{M}{I}\cdot y$ ↑ (M, I → 일정하다면) "y_{max} 일때 σ_{max}"

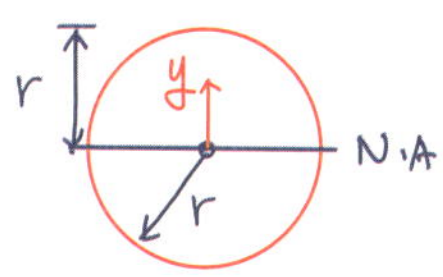

원형 단면에서 중립축으로부터 응력을 구하려는 위치까지의 거리 y는 반지름 r 값과 y_{max}이 같다.

$\therefore y_{max} = r$

$$\therefore \sigma_{max} = \frac{M}{I}\cdot y_{max} = \frac{M}{\frac{\pi D^4}{64}}\cdot r = \frac{M}{\frac{\pi r^4}{4}}\cdot r = \frac{4M}{\pi r^3}$$

$$\frac{\pi D^4}{64} = \frac{\pi(2r)^4}{64} = \frac{16\cdot\pi r^4}{64} = \frac{\pi r^4}{4}$$

Comment

FI-02 그림과 같은 단순보에서 자중에 의해 발생되는 최대 휨응력 σ_{max} 은?(보의 단위중량은 $25kN/m^3$)

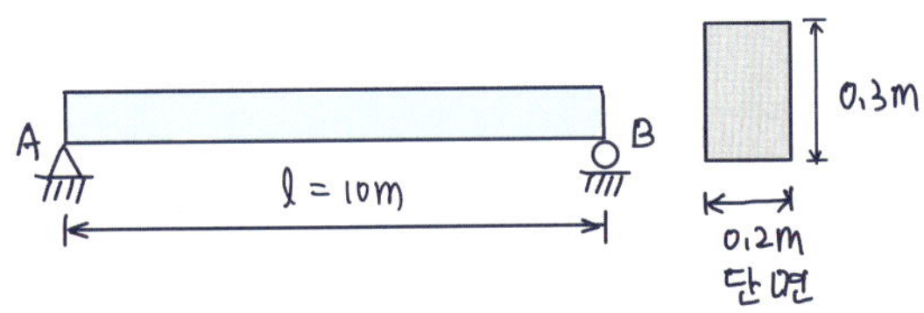

문제풀이

1) 휨응력 $\sigma = \frac{M}{I} \cdot y$ → 좌표축에 따라 x, y, z 으로 변경된다.

- 최대 휨응력 $\sigma_{max} = \frac{M_{max}}{I} \cdot y_{max}$ → 최대 휨응력 발생 조건
  - M_{max}, y_{max} 일 때
    - y_{max} → 단면의 중립축에서 가장 먼 곳.
    - M_{max} → 등분포 하중이 단순보의 지간 구간에 작용하는 경우 보의 중앙에서 발생 $M_{max} = \frac{wl^2}{8}$

- 등분포 하중의 강도, w (크기)

$w = 25 \times 0.2 \times 0.3 = 1.5kN/m = 1.5N/mm$ ($0.2 \times 0.3 = 0.06$)

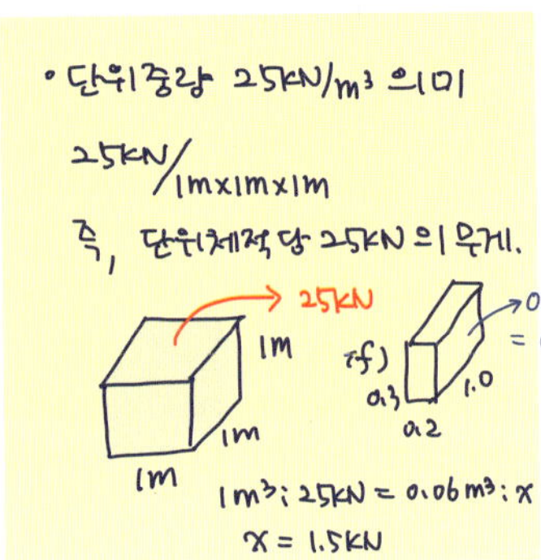

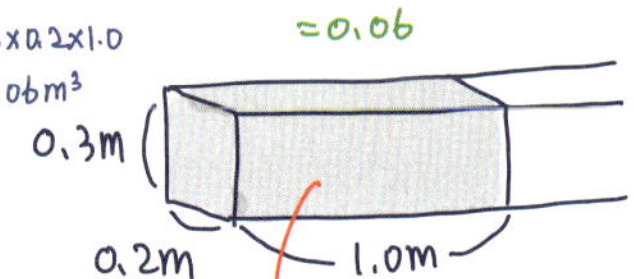

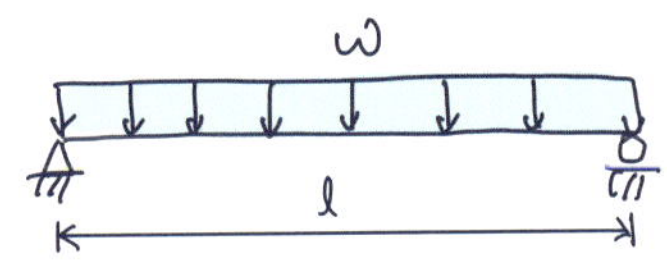

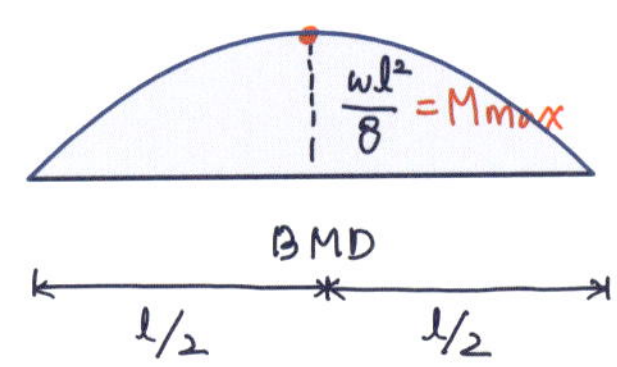

2) $\sigma_{max} = \frac{M_{max}}{\frac{bh^3}{12}} \cdot y_{max} \left(= \frac{M_{max}}{Z} \right)$ Z 단면계수 → $\frac{I}{y_{max}}$

$$= \frac{\frac{wl^2}{8}}{\frac{bh^3}{12}} \cdot \frac{h}{2} = \frac{\frac{wl^2}{8}}{\frac{bh^2}{6}} = \frac{6wl^2}{8bh^2}$$

10m → 10×1000mm

$$= \frac{6 \times 1.5 \times (10 \times 1000)^2}{8 \times 200 \times 300^2} = 6.25N/mm^2 = 6.25MPa$$

보완설명

만약 문제와 동일한 조건에서 단면 내 a-a 위치에서 휨응력을 구하려면?

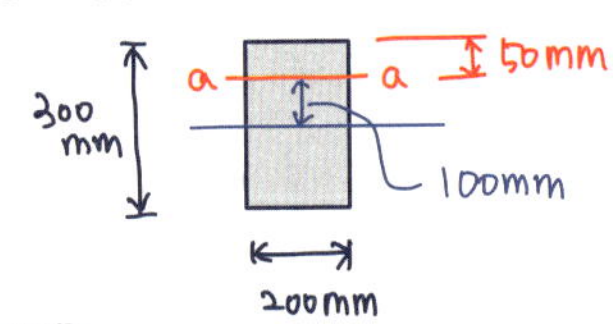

$\sigma = \frac{M_{max}}{I} \cdot y$ → 중립축에서 응력을 구하려는 위치까지의 거리

$$= \frac{1.5 \times (10 \times 1000)^2 / 8}{(200 \times 300^3)/12} \cdot 100 = 4.17N/mm^2 = 4.17MPa$$

Type	F2. 직사각형/원형 단면에서 전단응력 구하기
Frequency	
Comment	

F2-01 그림과 같은 하중으로 인해 단순보에 발생되는 최대 전단응력은?

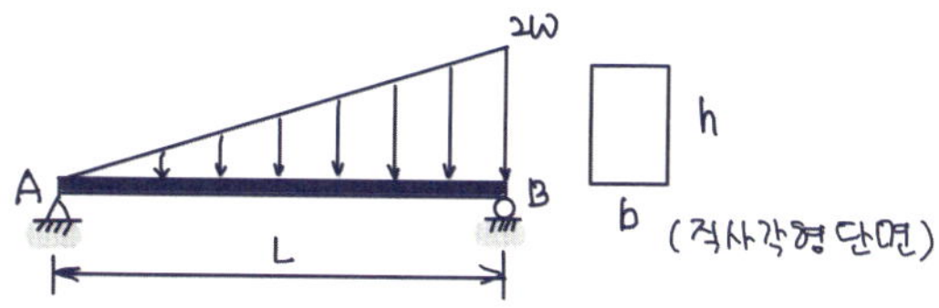

문제풀이

직사각형 단면에서

$\cdot\ \tau_{max} = \frac{3}{2}\frac{S_{max}}{A}$

위 문제에서 S_{max} (최대전단력)은 지점에서 발생 (단순보의 지점(연직) 반력은 전단력의 크기와 같다)

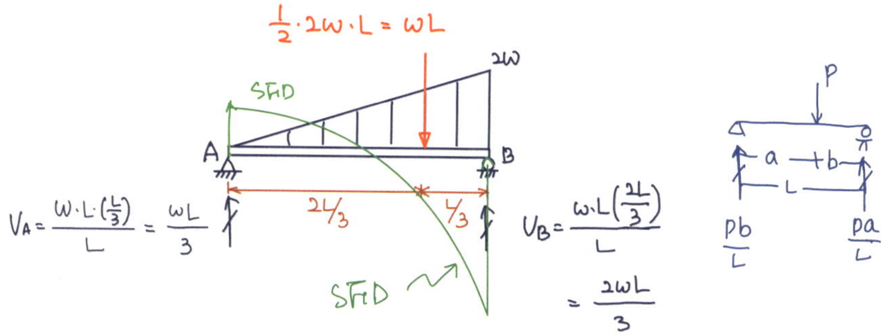

$\circ\ S_{max} = \frac{2wL}{3}$ (→ B지점에서 발생)

$\therefore\ \tau_{max} = \frac{3}{2}\frac{S_{max}}{A} = \frac{3}{2}\cdot\frac{(\frac{2}{3}\cdot wL)}{b\cdot h} = \frac{wL}{bh}$

(τ_{max}은 단면의 중립축에서 발생한다)

Comment

보완설명

– 전단응력 구하는 식들 정리 (평균전단응력, 전단응력, 최대전단응력)

1) 평균전단응력 τ_{aver}

$\tau_{aver} = \dfrac{S}{A}$ → 단면내의 응력분포를 무시한 평균 전단응력.

S : 전단력
G : 단면1차 모멘트
I : 단면2차 모멘트
b : 단면의 폭

2) 전단응력 τ

$\tau = \dfrac{SG}{Ib}$ → 단면내의 응력분포 변화를 구할수 있는 기본식

3) 최대 전단응력 τ_{max} → 단면의 중립축에서 $\tau = \dfrac{SG}{Ib}$ 를 구하라는 의미.

$\tau_{max} = \dfrac{S_{max} \cdot G_{max}}{I \cdot b}$ → 전단력 S 이 최대인 위치의 단면 중립축에서 τ_{max} 발생

↳ G_{max} 발생

4) 평균전단 응력 τ_{aver} 를 이용해서 간단하게 구하는 τ_{max}

단면이 직사각형, 원형단면이라면 평균전단응력 $\tau_{aver} = \dfrac{S}{A}$ 로 부터 τ_{max}을 간단하게 구할수 있다.

① 직사각형 단면에서

$\tau_{max} = \dfrac{3}{2}\tau_{aver} = \dfrac{3}{2}\dfrac{S}{A}$

② 원형단면에서

$\tau_{max} = \dfrac{4}{3}\tau_{aver} = \dfrac{4}{3}\dfrac{S}{A}$

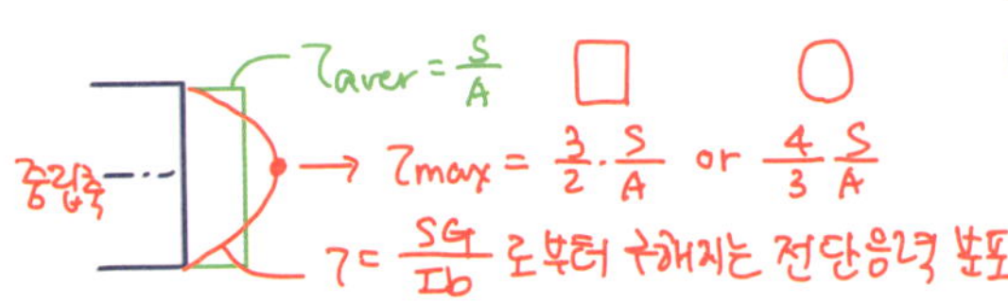

변형율 게이지를 부착하면 특정위치의 (point) 변형율을 직접 얻을수 있다.

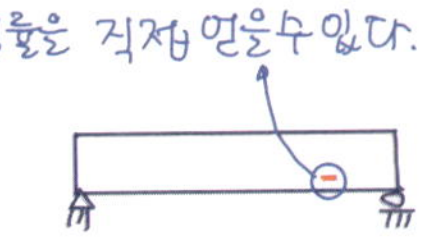

• 전단에 대한 Hooke's Law 로 부터 얻어진 $\tau = G \cdot \gamma$ 는 어느 특정 위치에서 전단응력을 구할수 있는 식이다. 전단탄성계수 G는 재료의 특성 값으로서 재료가 생산될때 결정되고, 전단변형율 γ는 변형율(전단변형량) 게이지 등을 통하여 얻을수 있다.

Comment

F2-02. 그림과 같은 직사각형 단면에 전단력 S=60kN 이 작용하고 있을 때 다음을 구하여라.

1) 최대 전단응력 τ_{max}

2) 최소 전단응력 τ_{min}

3) 중립축으로부터 아래쪽으로 120mm 떨어진 A 점의 전단응력 τ_A

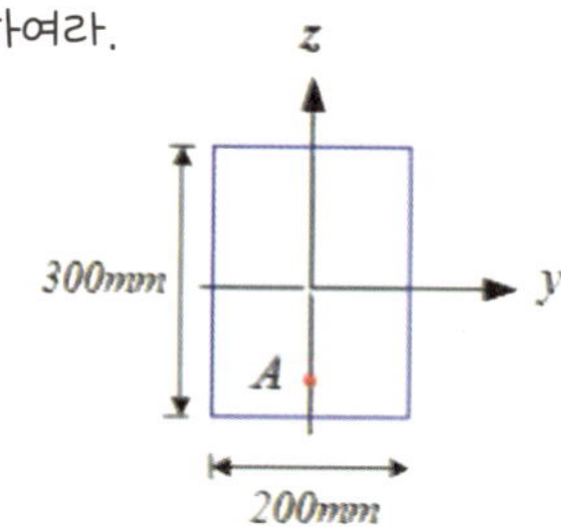

문제풀이

다음 페이지에서 설명하는 * ' . i. 전단응력 구할 때 단면 1차모멘트 G 값 구하기 먼저 이해하고 올 것!!

※ 직사각형, 원형 단면의 경우 τ_{max} 과 τ_{min} 은 평균전단응력을 구하는 식 $\tau_{aver} = \frac{S}{A}$ 을 이용하여 간단하게 구할 수 있다.

- 직사각형 단면
  - $\tau_{max} = \frac{3}{2}\cdot\tau_{aver} = \frac{3}{2}\cdot\frac{S}{A}$ → 중립축에서 τ_{max} 발생.
  - $\tau_{min} = 0$ → 단면의 최상단, 최하단에서 τ_{min} 발생
- 원형 단면
  - $\tau_{max} = \frac{4}{3}\tau_{aver} = \frac{4}{3}\frac{S}{A}$ → 중립축에서 τ_{max} 발생.
  - $\tau_{min} = 0$ → 단면의 최상단, 최하단에서 τ_{min} 발생

1) τ_{max} → 중립축에서 전단응력 τ를 구하라는 의미

$$\therefore \tau_{max} = \frac{S\cdot G_y}{I_y\cdot b} = \frac{60\times1000\times2.25\times10^6}{4.5\times10^8\times200} = \frac{6\times2.25\times10^{10}}{4.5\times2\times10^{10}} = 1.5\ N/mm^2 = 1.5MPa$$

$$\left(S = 60\times1000N,\quad b = 200mm,\quad I_y = \frac{200\times300^3}{12} = 4.5\times10^8\ mm^4 \right.$$

$$\left. G_y = 200\times150\times75 = 2.25\times10^6\ mm^3 \right)$$

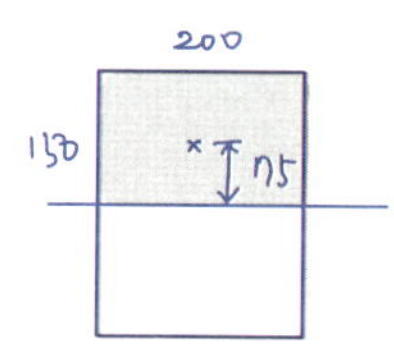

→ τ_{aver} 를 이용하면 ; $\tau_{max} = \frac{3}{2}\ \frac{60\times1000}{200\times300}$

$= 1.5MPa$ 훨씬 간단하다!!

2) τ_{min} → 단면의 최상단, 최하단에서 전단응력을 구하라는 의미임. 그런데.... 단면 내에서 전단응력 분포를 생각해보면 계산하지 않아도 최소전단응력은 무조건 '0' 이다.

$$\therefore \tau_{min} = \frac{60\times1000\times0}{4.5\times10^8\times200} = 0$$

Comment

3) τ_A

$$\therefore \tau_A = \frac{60\times1000\times810{,}000}{4.5\times10^8\times200} = 0.54\text{MPa}$$

$$G_y = 200\times30\times135 = 810{,}000\ \text{mm}^3$$

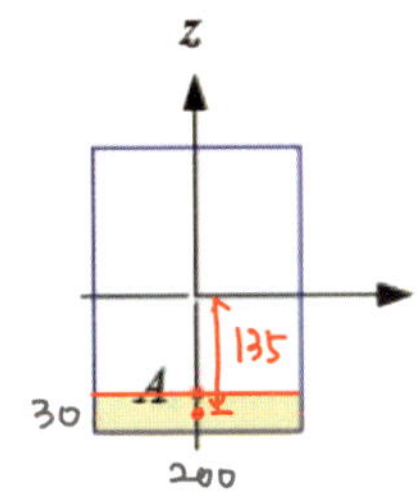

* 직사각형 단면의 전단응력 분포

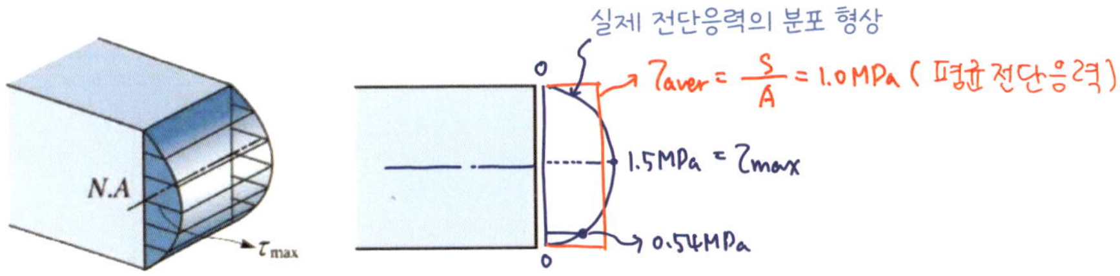

보완설명

* 전단응력 구할 때 단면 1차모멘트 G 값 구하기

그림과 같은 단면에서 A, B, C, D 위치에 대한

(Z_1 = 100 mm , Z_2 = 150 mm)
단면 1차모멘트 G를 구하여라.

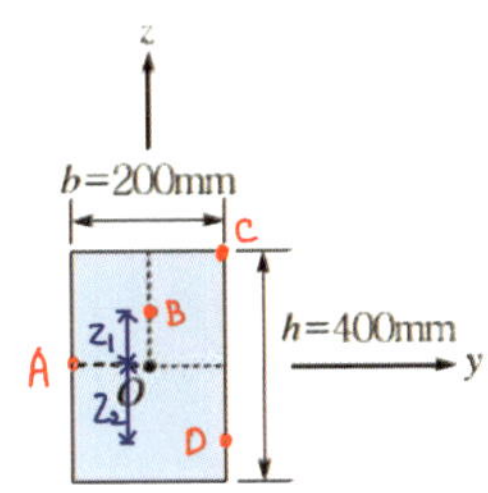

① A 위치의 단면1차모멘트

$$G_A = (200\times200)\times100 = 4.0\times10^6\ \text{mm}^3$$

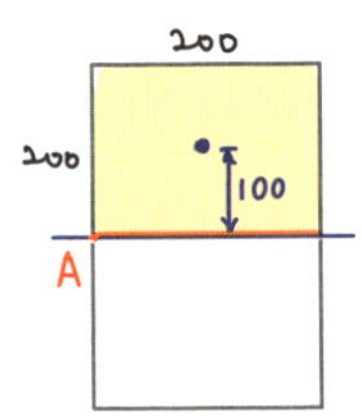

② B 위치의 단면1차모멘트

$$G_B = (200\times100)\times150 = 3.0\times10^6\ \text{mm}^3$$

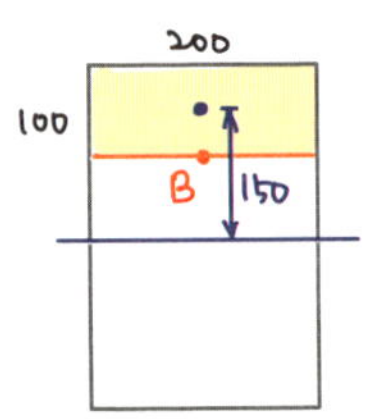

Comment

③ C 위치의 단면1차모멘트

$G_C = (200 \times 0) \times 200 = 0$

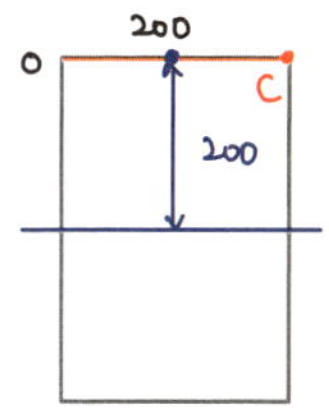

④ D 위치의 단면1차모멘트

$G_D = (200 \times 50) \times 175 = 1.75 \times 10^6 mm^3$

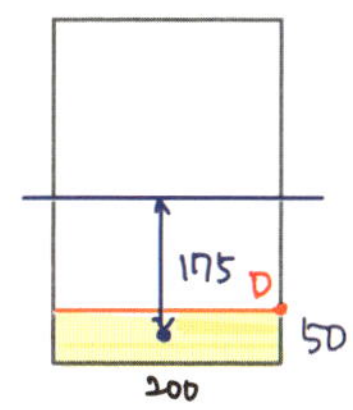

→ 기준축의 아래쪽 이므로 −175mm를 적용해야 하지 않을까?

✳ $G_D = -1.75 \times 10^6 mm^3$ 이 맞지 않나?

"$G_D = (200 \times 50) \times -175 = -1.75 \times 10^6 mm^3$"

위쪽에서 부터 시작되는 면적(200×350)을 사용해서 G_D를 구할수도 있다.

$G_D = (200 \times 350) \times 25 = 1.75 \times 10^6 mm^3$

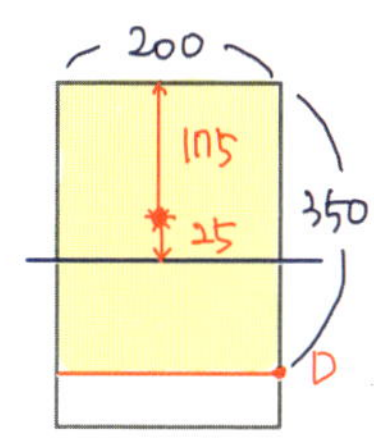

D점의 단면1차 M는 $+1.75 \times 10^6 mm^3$ 이 된다.

→ 전단응력을 구하는데 필요한 G_D는 $(+)1.75 \times 10^6 mm^3$ 일수도 있고 $(-)1.75 \times 10^6 mm^3$ 일수도 있다.

즉, 전단응력을 구하기 위한 목적으로 단면1차 M을 구할때는 그 값의 +, −는 의미가 없다.

(그러나 단면의 도심을 구하기 위한 목적으로 단면1차 M을 구할때는 +, −를 고려해야 한다)

✳ 전단응력을 계산할 때 전단 '.' 력 값 S는 +, − 인지 왜 구분할까?

전단력 S가 (+) 값인지 (−) 값을 갖게 되는지에 따라 변형형상이 달라지게 된다. 즉, 전단력의 부호는 전단변형 형상을 의미한다.

(+) 전단력은 (+) 전단응력을 발생시키고 (−) 전단력은 (−) 전단응력을 발생시킨다.

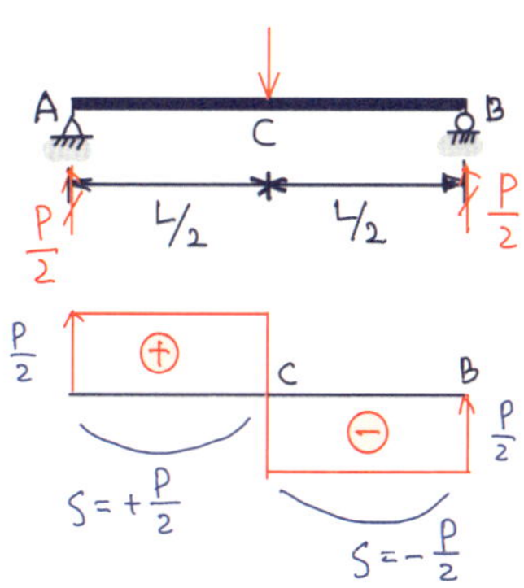

전단응력을 구할 때 단면 1차모멘트 값은 일반적으로 절대값을 사용한다.

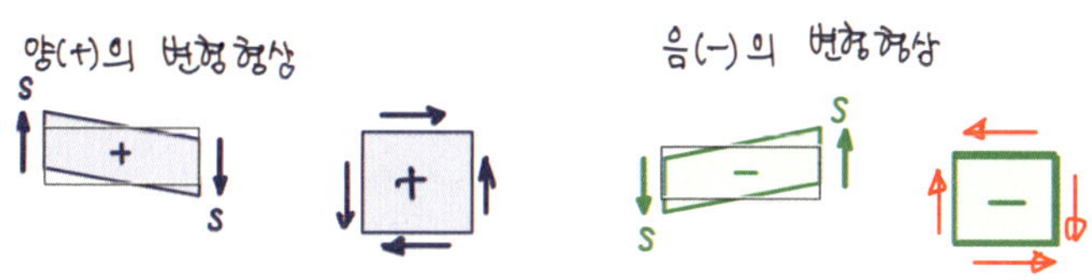

(+) 전단력. (+) 전단응력. (−) 전단력 (−) 전단응력

$\tau = \frac{SG}{Ib}$ $\quad \tau = \frac{-SG}{Ib} \Rightarrow \tau = \frac{SG}{Ib}$

Comment

F2-03 그림과 같은 단순보에 발생될 수 있는 최대 전단응력은? (단, 보의 단면은 직경이 D인 원형단면이다)

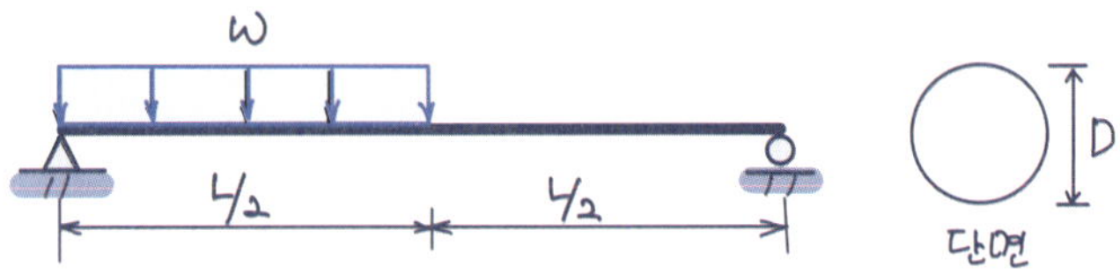

문제풀이

원형단면에서 최대 전단응력 τ_{max} 을 구하려면 최대 전단력 S_{max} 을 알아야 한다.

- $\tau_{max} = \dfrac{4}{3} \cdot \dfrac{S_{max}}{A}$
- 단면적 $A = \dfrac{\pi D^2}{4}$ 으로 일정.
- 단순보의 경우 S_{max} 은 지점에서 발생

$$V_A = \frac{\left(w \cdot \frac{L}{2}\right) \cdot \left(\frac{3}{4}L\right)}{L} = \frac{3wL}{8} \; (\uparrow)$$

$$\therefore S_{max} = \frac{3}{8}wL$$

$$\therefore \tau_{max} = \frac{4}{3} \cdot \frac{\frac{3}{8}wL}{\frac{\pi D^2}{4}} = \frac{4}{3} \cdot \frac{12wL}{8\pi D^2}$$

$$= \frac{2wL}{\pi D^2}$$

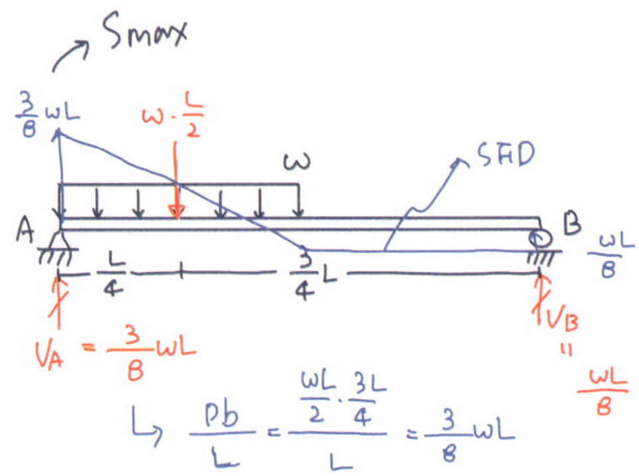

Comment 휨응력과 전단응력 응용 – 하중의 최대치 구하는 문제

F2–04. 그림과 같은 단순보에서 집중하중 P가 발생시키는 응력이 허용응력을 초과하지 않게 하려면 집중하중 P의 최대치는?
(단, 허용휨응력 50MPa, 허용전단응력 10MPa 이다)

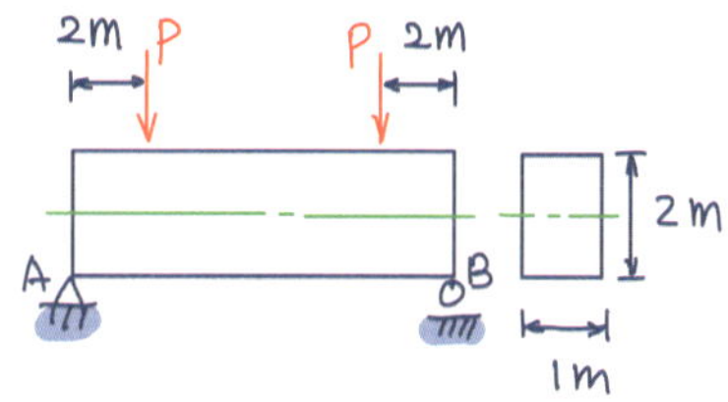

문제풀이

* 하중 P에 의해 발생되는 최대휨응력 $\sigma_{max} \leq$ 허용휨응력 σ_a

$$\sigma_{max} = \frac{M_{max}}{I} \cdot y_{max} \left(= \frac{M_{max}}{Z} \right)$$ → M_{max} 구하는 것이 point!!

* 하중 P에 의해 발생되는 최대전단응력 $\tau_{max} \leq$ 허용전단응력 τ_a

$$\tau_{max} = \frac{3}{2} \frac{S_{max}}{A}$$ → S_{max} 구하는 것이 point!!

1) S_{max} 과 M_{max} 구하기

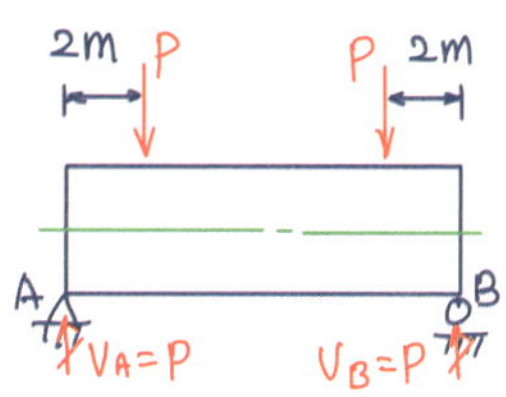

$V_A = V_B = P$
(대칭구조, 대칭하중)

SFD

$S_{max} = P$

BMD

$M_{max} = 2P$

2) σ_{max} 과 τ_{max} 구하기

- $\sigma_{max} = \dfrac{2P}{\frac{1 \times 2^3}{12}} \cdot (1) = 3P$

- $\tau_{max} = \dfrac{3}{2} \cdot \dfrac{P}{1 \times 2} = \dfrac{3}{4}P$

3) P의 최대치

- $\sigma_{max} \leq \sigma_a$ 이므로

  $3P \leq 50\text{MPa}$ ∴ $P = 16.7\text{MN}$

- $\tau_{max} \leq \tau_a$ 이므로

  $\frac{3}{4}P \leq 10\text{MPa}$

  $\therefore P = \dfrac{40}{3} = 13.3\text{MN}$

∴ $P_{max} = 13.3\text{MN}$

(If P = 14MN 이라면 이미 전단파괴 발생)

보완설명

* 단위

$$\frac{2P\ (\text{N}\cdot\text{m})}{\frac{1 \times 2^3}{12}\ (\text{m}^4)} \cdot (1)\ \text{m} = 3P\ (\text{N/m}^2) \leq 50\ \text{MPa}\ (10^6\ \text{N/m}^2)$$

$3P = 50$, $P(\text{N}) = \dfrac{50 \times 10^6\ (\text{N/m}^2)}{3\ (1/\text{m}^2)} = 16.7 \times 10^6\ \text{N} = 16.7\text{MN}$

Comment

F2-05 등분포 하중이 작용하는 직사각형 단면의 단순보가 있다. 그림에 표시된 A~I 점을 기준으로 물음에 답하시오.

1) 최대, 최소 휨모멘트 발생 위치.
2) 최대, 최소 전단력 발생 위치
3) 최대, 최소 휨응력 발생 위치.
4) 최대, 최소 전단응력 발생 위치

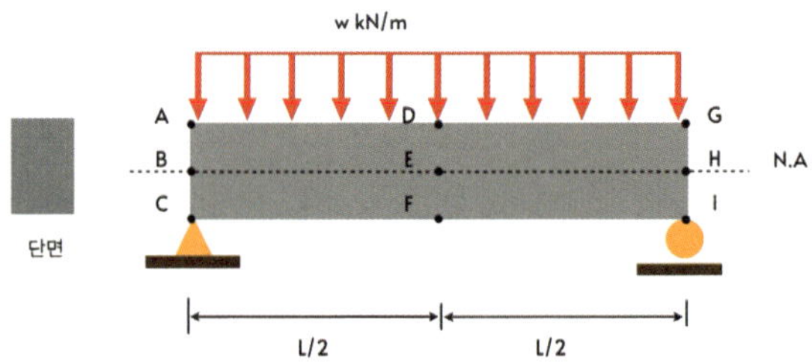

보완설명

- M_{max}, S_{max} (M_{min}) (S_{min}) → 외력이 발생시키는 휨모멘트, 전단력은 보의 어느 위치에서 구하는지에 따라 다르다. (A=B=C, D=E=F, G=H=I)
- σ_{max}, τ_{max} (σ_{min}) (τ_{min}) → 휨모멘트, 전단력이 발생시키는 휨응력과 전단응력은 부재의 중립축에서 얼마나 떨어져 있는지에 따라 변한다. (A≠B≠C, D≠E≠F, G≠H≠I)

'최대(max)' : 절대값으로 가장 큰 값
'최소(min)' : 값이 '0' 이라는 의미(가장 큰 (−)음수 값을 찾으라는 의미가 아님)

- $\sigma = \frac{M}{I}y \rightarrow \sigma_{max} = \frac{M_{max}}{I} y_{max}$ → M 값이 최대인 곳에서 y가 최대인 단면내의 위치 (보의 지간 중앙 + 단면의 상·하단)

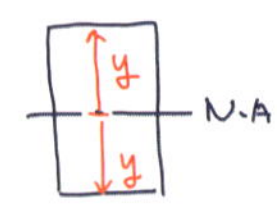

- $\tau = \frac{SG}{Ib} \rightarrow \tau_{max} = \frac{S_{max} \cdot G_{max}}{I \cdot b}$ (S_{max} → 보의 지점부, G_{max} → 단면의 중립축)

※ 단면이 일정하면 I는 변하지 않는다.

※ 최대 전단응력 τ_{max}은 단면의 중립축에서 발생 → 중립축의 단면폭 b 적용

문제풀이

1) · 최대 휨모멘트 M_{max} 발생위치 : D, E, F
· 최소 휨모멘트 M_{min} 발생위치 : A, B, C, G, H, I ($M_{min}=0$)

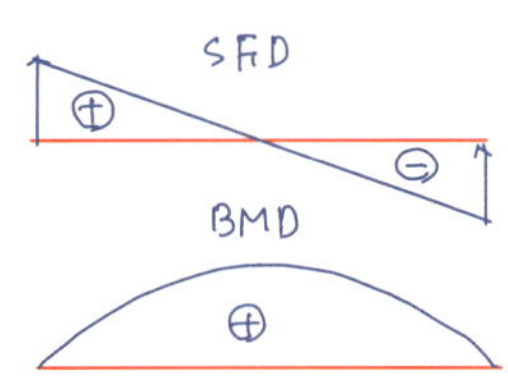

2) · 최대 전단력 S_{max} 발생위치 : A, B, C, G, H, I
· 최소 전단력 S_{min} 발생위치 : D, E, F ($S_{min}=0$)

3) · 최대 휨응력 σ_{max} 발생위치 : D, F
· 최소 휨응력 σ_{min} 발생위치 : A, B, C, E, G, H, I ($\sigma_{min}=0$)
(B, E, H : 중립축 $y=0 \rightarrow \sigma=0$ / A, C, G, I : $M=0 \rightarrow \sigma=0$)

4) · 최대 전단응력 τ_{max} 발생위치 : B, H
· 최소 전단응력 τ_{min} 발생위치 : A, C, G, I, D, F, E ($\tau_{min}=0$)
(A, C, G, I : 단면 1차 모멘트 $G=0 \rightarrow \tau=0$ / D, F, E : $S=0 \rightarrow \tau=0$)

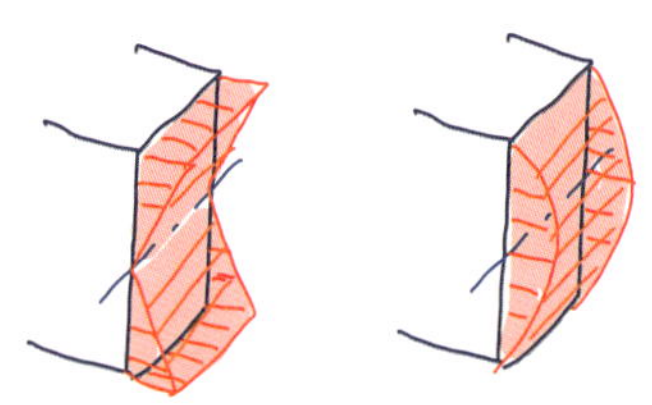

〈휨응력분포〉 〈전단응력 분포〉

Comment

F2−06

등분포하중과 집중하중이 작용하는 단순보가 있다. 단면은 하부플렌지가 상부플렌지 보다 큰 비대칭 I 형 단면이다. 다음의 4가지 응력이 발생하는 위치를 A~I 점을 기준으로 답하시오.

1) 최대 휨응력 2) 최대전단응력 3) 휨응력 '0' 4) 전단응력 '0'

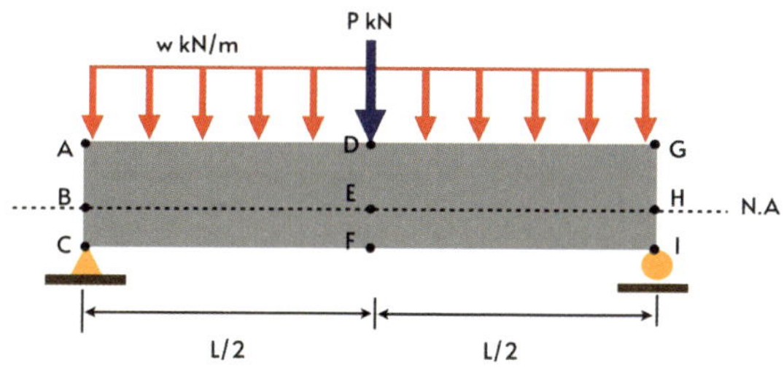

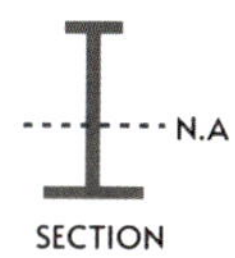

문제풀이

1) 최대 휨응력 발생 위치 : D

최대 휨모멘트 Mmax 발생하는 위치의 단면에서 중립축으로부터 가장 멀리 떨어진 위치 ymax 에서 최대 휨응력 발생함

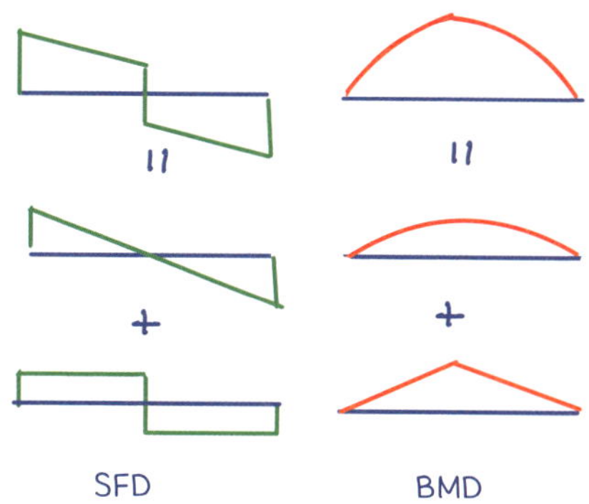

2) 최대 전단응력 발생 위치 : B, H

최대 전단력 Smax 발생하는 위치의 단면에서, 단면 1차모멘트가 최대가 되는 위치(=중립축)에서 최대 전단응력 발생함

3) 휨응력 '0' 인 위치 : A, B, C, E, G, H, I

휨모멘트 M=0 인 위치 혹은 중립축(y=0)에서 휨응력은 '0' 이 됨.

: B, E, H (중립축 y=0)

: A, B, C, G, H, I (휨모멘트 M=0)

4) 전단응력 '0' 인 위치 : A, C, D, F, G, I

전단력 S=0 인 위치 혹은 단면 1차모멘트가 '0' 인 위치 (단면의 상,하 연단)에서 전단응력은 '0'이 됨.

: A, C, D, F, G, I (단면 1차모멘트 G=0)

: 해당 문제에서 전단력 S='0' 인 위치는 없음.

보의 지간 중앙 단면의 상단

$$\cdot\ \sigma = \frac{M}{I}y \rightarrow \sigma_{max} = \frac{M_{max}}{I}\,y_{max}$$

보의 지점부 단면의 중립축

$$\cdot\ \tau = \frac{SG}{Ib} \rightarrow \tau_{max} = \frac{S_{max}\,G_{max}}{I \cdot b}$$

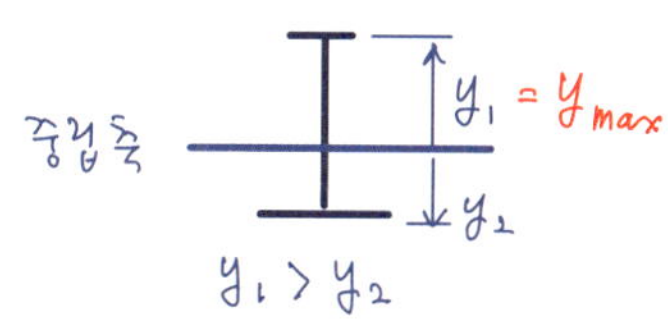

하부플렌지가 더 큰 비대칭 단면이므로 중립축은 하부 플렌지 측에 가까워진다.

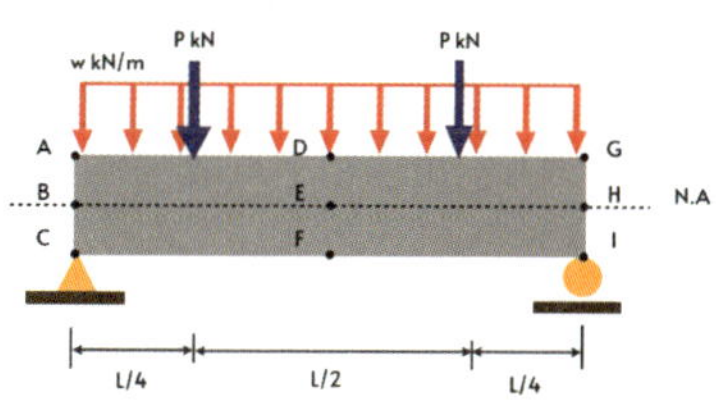

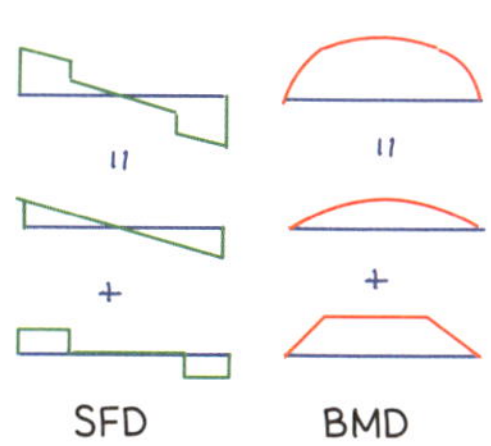

이런 하중 조건이라면 전단력 'S=0' 위치는 D, E, F

Type	F3. I 형 단면에서 전단응력 구하기
Frequency	
Comment	

F3-01. 다음 그림과 같은 단면을 갖는 단순보의 최대 전단응력은?

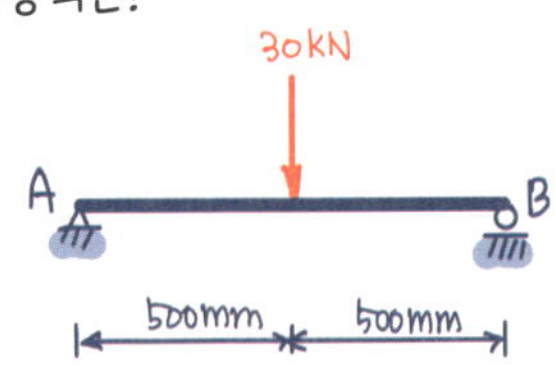

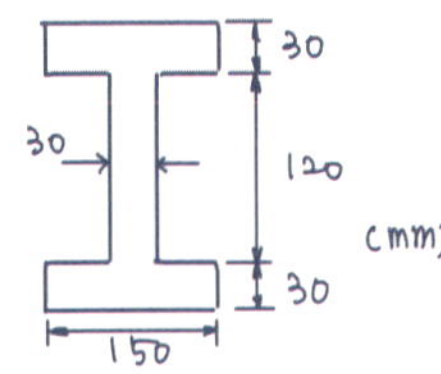

< 단면>

보완설명

* 최대전단응력 이 발생되는 조건을 먼저 생각해보면....
  - 전단력이 최대 값이 되어야 한다. Smax → 단순보의 경우 지점에서 발생, 지점 반력이 곧 전단력 !!
  - 단면 1차모멘트가 최대 값이 되어야 한다. Gmax → 단면의 중립축에서 최대값이 된다.
  - 단면이 일정하면 단면 2차모멘트 값은 일정하다.
  - 단면의 폭 b 는 중립축의 값을 사용한다. 만약 단면의 폭이 전단응력을 구하려는 위치에서 변한다면, 폭 b 가 작은 값을 사용하는 것이 안전측으로 설계된다.

문제풀이

* 최대전단응력 : 지점 위치에서 전단력(=반력), 지점 위치 단면의 중립축에서 단면 1차모멘트 필요
(이 문제에서는 전단력의 값(절대값)이 전 구간에서 같기 때문에 어느 위치에서 구해도 상관없다)

- $\tau_{max} = \dfrac{S_{max} \cdot G}{I \cdot b}$

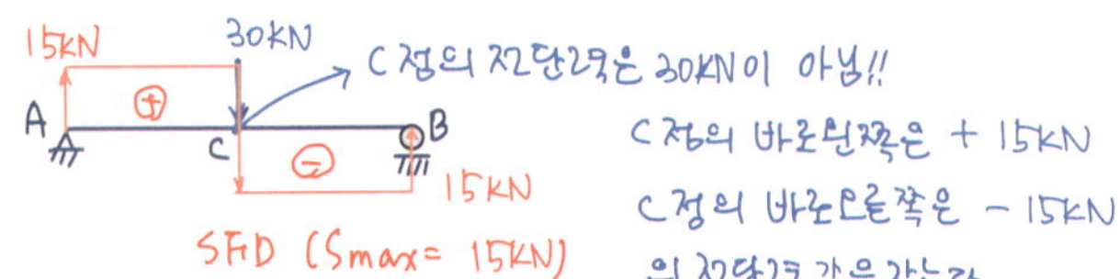

- $S_{max} = 15\,kN = 15{,}000\,N$
- $I = \dfrac{BH^3}{12} - \dfrac{B'H'^3}{12} = \dfrac{150 \times 180^3}{12} - \dfrac{120 \times 120^3}{12} = 55{,}620{,}000\ mm^4$

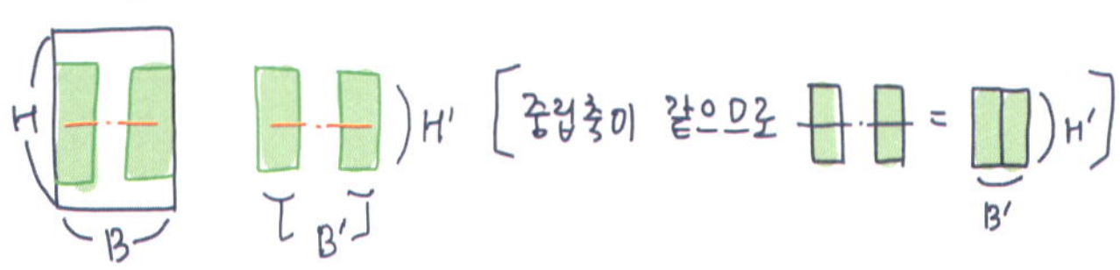

- $b = 30mm$ (최대 전단응력은 단면의 중립축에서 발생되므로 중립축 위치의 단면의 폭 b=30 mm사용)

- $G = (150 \times 30 \times 75) + (30 \times 60 \times 30)$
  $= 391{,}500\ mm^3$

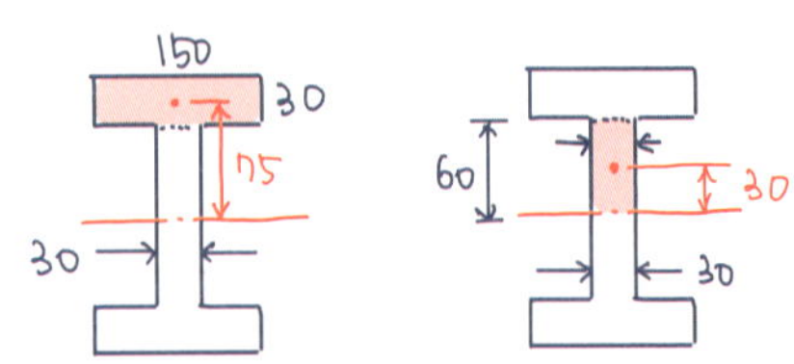

2) τ_{max} 계산

$$\therefore \tau_{max} = \frac{15{,}000 \times 391{,}500}{55{,}620{,}000 \times 30} = 3.52\,N/mm^2 = 3.52\,MPa$$

Comment

F3-02

그림과 같은 H 형 단면(WF 단면)에서 다음에 묻는 응력을 구하시오.
(단, 전단력 S=30kN 임)

1) 단면의 최대전단응력 ; τ_{max}
2) 단면의 최소전단응력 ; τ_{min}
3) 웨브(web)의 최소전단응력 ; $\tau_{min(web)}$
4) 플렌지(flange)의 최대전단응력 ; $\tau_{max(flange)}$

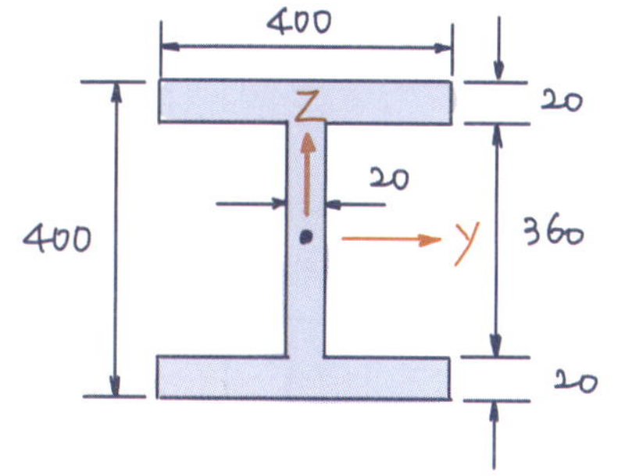

문제풀이

1) τ_{max} → 중립축의 전단응력을 의미!!

↗ 중립축에 대한 단면 1차 M

$$\therefore \tau_{max} = \frac{S \cdot G_y}{I_y \cdot b} = \frac{30\times10^3 \times 1,844\times10^3}{6.56\times10^8 \times 20} = 4.216\ N/mm^2 = 4.216\ MPa.$$

↳ 중립축위치의 단면폭

$$\cdot\ I_y = \frac{400\times400^3}{12} - \frac{380\times360^3}{12} = 6.56\times10^8\ mm^4$$

$$\cdot\ G_y = (\underbrace{400\times20}_{면적1}\times190) + (\underbrace{20\times180}_{면적2}\times90) = 1,844,000\ mm^3$$

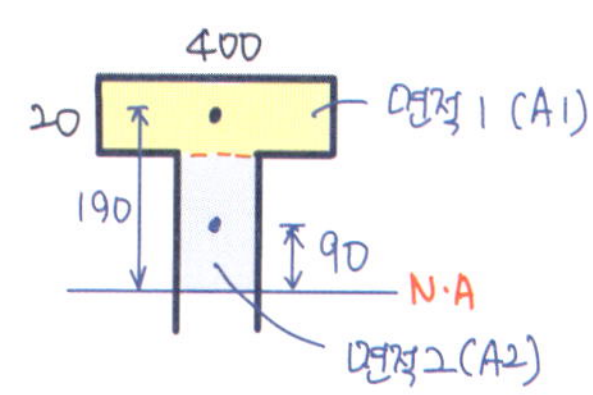

2) τ_{min} → 단면의 최상단, 최하단의 전단응력을 의미!!

$$\therefore \tau_{min} = \frac{30\times10^3\times0}{6.56\times10^8\times400} = 0$$

3) $\tau_{min(web)}$ → Web(복부) 에서 중립축과 가장 멀리 떨어진 위치 = Web과 flange의 접합부

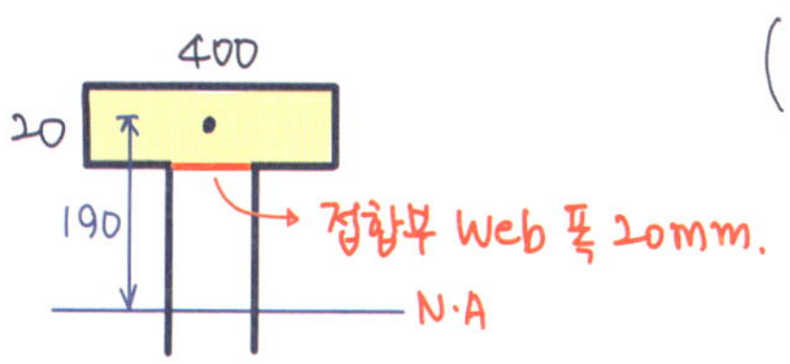

$\cdot\ b = 20mm$ (web 폭)

$\cdot\ G_y = 400\times20\times190 = 1,520,000\ mm^3$

↳ 응력을 구하려는 위치가 web과 flange의 접합부 이므로 면적은 접합부의 바깥쪽이 되어야 한다. 결과적으로 flange의 면적과 같음.

$$\therefore \tau_{min(web)} = \frac{30\times10^3\times1.52\times10^6}{6.56\times10^8\times20} = 3.476\ N/mm^2 = 3.476\ MPa$$

Comment

4) $\tau_{max}(flange)$ → flange에서 발생되는 최대전단응력
= flange에서 중립축과 가장 가까운위치 = web과 flange의 접합부

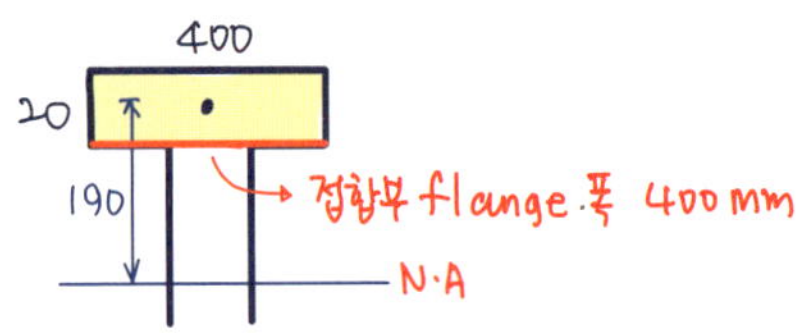

· $b = 400mm$ (flange 폭)

· $G_y = 400 \times 20 \times 190 = 1,520,000\ mm^3$

→ 응력을 구하려는 위치가 web과 flange의 접합부 이므로 면적은 접합부의 바깥쪽이 되어야 한다. 결과적으로 flange의 면적과 같음.

$$\therefore \tau_{max}(flange) = \frac{30 \times 10^3 \times 1.52 \times 10^6}{6.56 \times 10^8 \times 400} = 0.174\ N/mm^2 = 0.174\ MPa$$

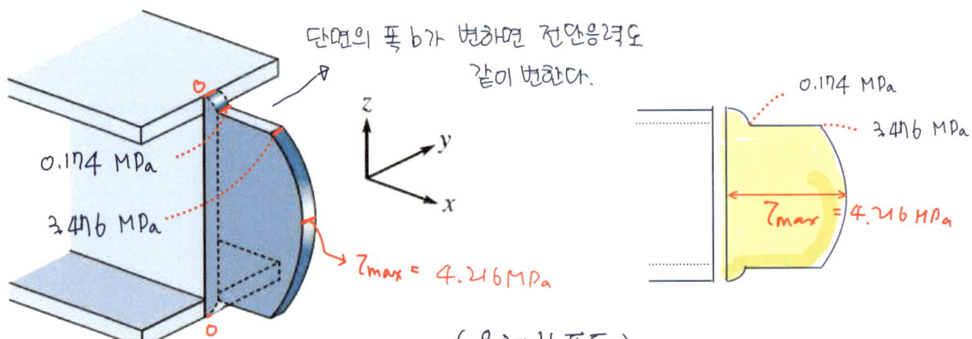

(응력분포도)

◦ H형강의 최대전단응력을 대략적으로 알아보려면 전단력을 web의 면적으로 나눠준다.
(실무에서 간단하게 계산하는 방법)

ex) 이 문제의 경우
$\tau_{max} = 4.216\ MPa$ → $\tau = \frac{SG}{Ib}$로 계산한 참 값
$\tau_{max}(간략계산) = \frac{30 \times 1000}{20 \times 360} = 4.16MPa$ → 간략검토한 값

보완설명

■ WF보(Wide Flange beam, H-beam)는 웨브(web)와 플랜지(flange)로 나누어진 보로써 특히, 플랜지가 넓은 보를 의미 ➡ web는 전단력, flange는 휨모멘트에 효과적으로 견디도록 설계된 단면형태

Type	F4. Box형 단면에서 전단응력 구하기
Frequency	
Comment	

F4-01.

그림과 같은 상자형단면에서 다음에 묻는 응력을 구하시오.
(단, 전단력 S=30kN 임)

1) 단면의 최대전단응력 ; τ_{max}
2) 단면의 최소전단응력 ; τ_{min}
3) 웨브(web)의 최소전단응력 ; $\tau_{min(web)}$
4) 플렌지(flange)의 최대전단응력 ; $\tau_{max(flange)}$

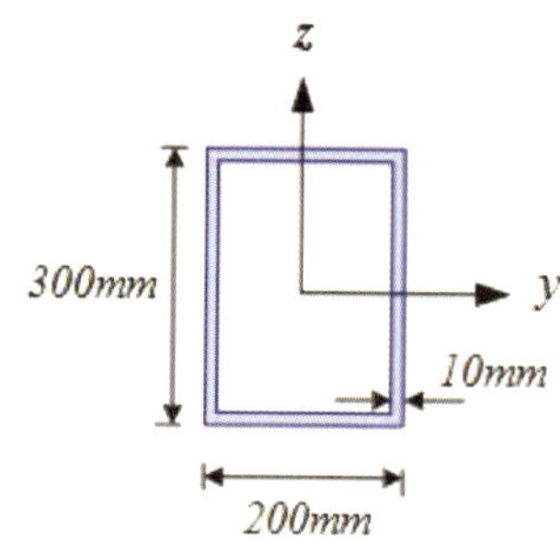

• $\tau = \dfrac{SG}{Ib}$ → 응력을 구하려는 위치에서 G 값을 구하는 것이 point!!

※ 상자형 단면도 H형 단면처럼 web와 flange로 구분된다.
web는 전단력, flange는 휨모멘트를 견디는 역할을 한다.

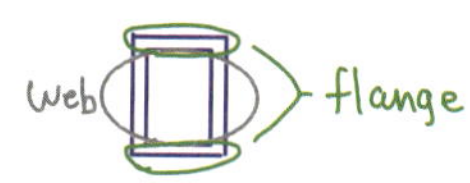

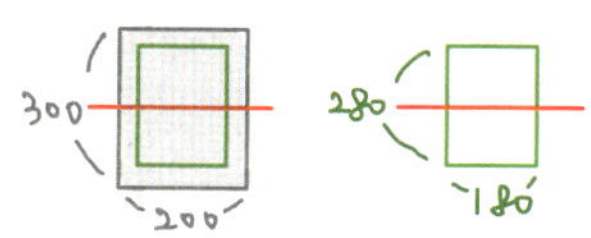

중립축이 동일하기 때문에 $\dfrac{BH^3}{12} - \dfrac{bh^3}{12}$ 적용가능하다.

$$I_y = \frac{BH^3}{12} - \frac{bh^3}{12} = \frac{200\times300^3}{12} - \frac{180\times280^3}{12} = 4.5\times10^8 - 3.29\times10^8 = 1.21\times10^8\ mm^4$$

문제풀이

1) 최대 전단응력 τ_{max} → 중립축 위치의 전단응력

$$\therefore \tau_{max} = \frac{30\times10^3\times486\times10^3}{1.21\times10^8\times 20} = 6.025\ N/mm^2 = 6.025\ MPa$$

↳ 2×10mm = 20mm (중립축에서 web 2개의 폭)

• $G_y = (200\times10\times145) + 2\times(10\times140\times70) = 290{,}000 + 196{,}000 = 486{,}000\ mm^3$

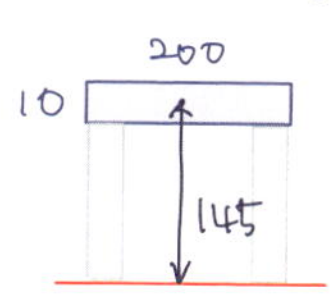

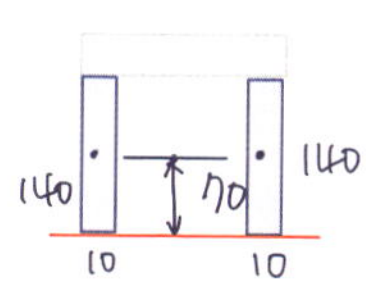

Comment

2) τ_{min} → 단면의 최상단, 최하단의 전단응력을 의미!!

$$\therefore \tau_{min} = \frac{30\times10^3\times0}{1.21\times10^8\times400} = 0$$

↳ 단면의 최상단 · 최하단의 단면폭.

3) $\tau_{min(web)}$ → Web(복부) 에서 중립축과 가장 멀리 떨어진 위치 = Web과 flange의 접합부

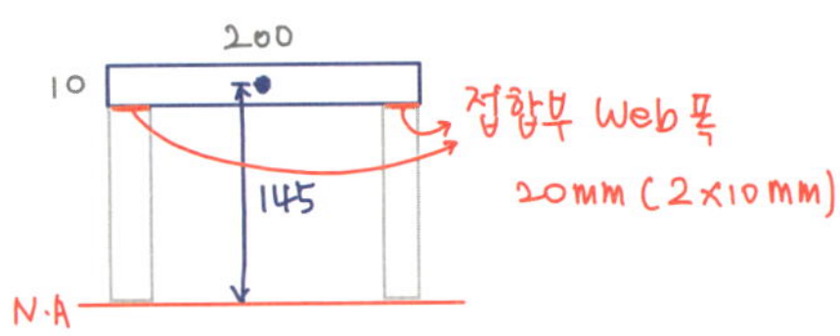

- $b = 20mm$ $(= b_{web})$
- $G_y = 200\times10\times145 = 290{,}000\ mm^3$

응력을 구하려는 위치가 web과 flange의 접합부이므로 면적은 접합부의 바깥쪽이 되어야 한다. 결과적으로 flange의 면적과 같음.

$$\therefore \tau_{min(web)} = \frac{30\times10^3\times290\times10^3}{1.21\times10^8\times20} = 3.60\ N/mm^2 = 3.60\ MPa$$

4) $\tau_{max(flange)}$ → flange에서 발생되는 최대전단응력
= flange에서 중립축과 가장 가까운위치 = web과 flange의 접합부

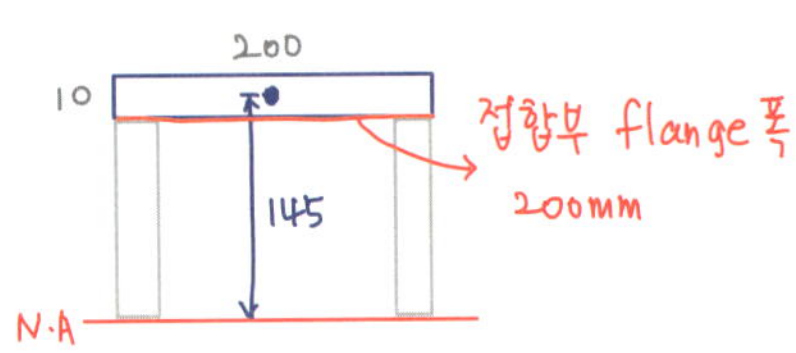

- $b = 200mm$ (flange 폭)
- $G_y = 200\times10\times145 = 290{,}000\ mm^3$

응력을 구하려는 위치가 web과 flange의 접합부이므로 면적은 접합부의 바깥쪽이 되어야 한다. 결과적으로 flange의 면적과 같음.

$$\therefore \tau_{max(flange)} = \frac{30\times10^3\times290\times10^3}{1.21\times10^8\times200} = 0.36\ N/mm^2 = 0.36\ MPa$$

Type	F5. T형 단면에서 전단응력 구하기
Frequency	
Comment	

F5-01 그림과 같은 T형 단면을 가진 단순보에 집중하중이 작용할 때 이 보에 발생하는 최대 전단응력은?

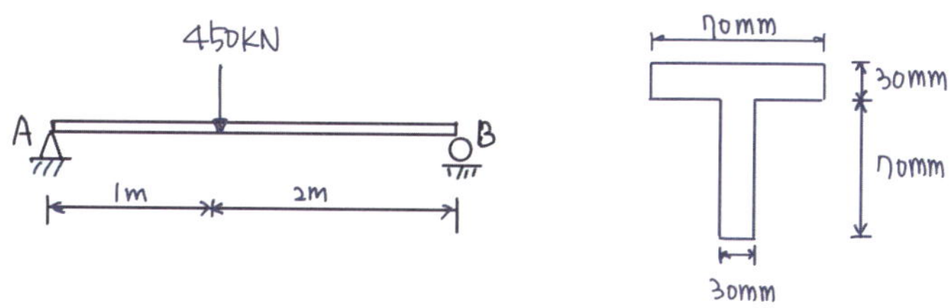

문제풀이

$$\tau_{max} = \frac{S_{max} \cdot G}{I\,b}$$ → 중립축에서 τ_{max} 발생.

1) 중립축 위치 계산

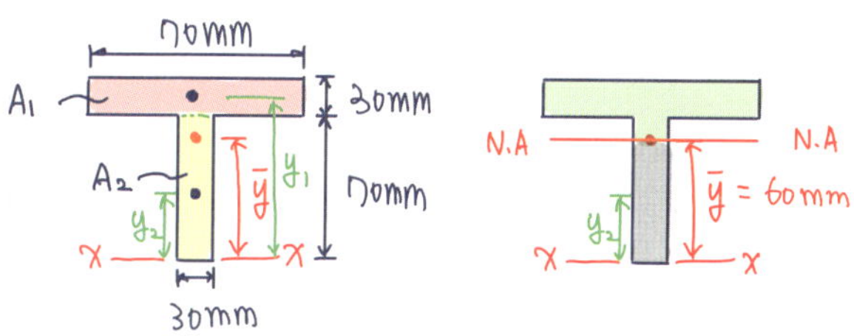

$$\therefore \bar{y} = \frac{A_1 \cdot y_1 + A_2 \cdot y_2}{A_1 + A_2} = \frac{70 \times 30 \times 85 + 30 \times 70 \times 35}{70 \times 30 + 30 \times 70}$$

$= 60\,mm$

τ_{max} 계산과정을 정리하면

① 최대 전단응력 τ_{max}은 단면의 중립축에서 발생되므로 단면 1차 모멘트를 이용하여 중립축을 구한다

② 구해진 중립축을 기준으로 단면 최외측 연단으로 부터 중립축까지의 '면적' × '중립축에서부터 면적의 도심까지의 거리' 즉 단면 1차 모멘트 G를 구한다.

③ 전체 단면의 단면 2차 모멘트를 구한다.

④ S_{max}을 구한다. (단순보에서는 지점 반력중 하나)

⑤ τ_{max}을 구한다.

2) G값 계산 (중립축 기준으로 위쪽, 아래쪽 모두 사용 가능)

- 중립축 아래쪽 단면 이용.

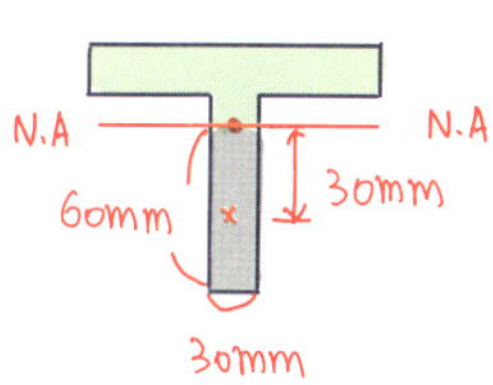

$\therefore G = (\underbrace{60 \times 30}_{면적} \times \underbrace{30}_{거리}) = 54{,}000\,mm^3 = 54 \times 10^3\,mm^3$

(만약 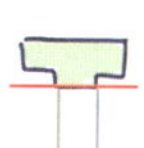 을 이용하면
$G = (70 \times 30 \times 25) + (30 \times 10 \times 5) = 54{,}000\,mm^3$)

Comment

3) 단면 2차 M; I 값 계산 (도심축이 아닌 임의축에 대한 $I = \frac{bh^3}{12} + A \cdot y^2$)

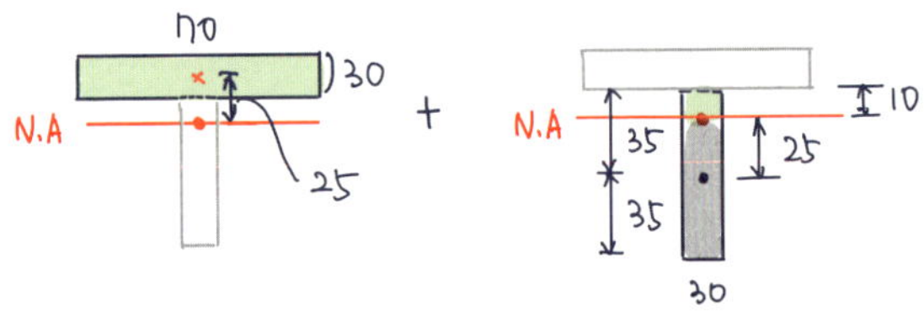

$$I = \left(\frac{70 \times 30^3}{12} + 70 \times 30 \times 25^2 \right) + \left(\frac{30 \times 70^3}{12} + 30 \times 70 \times 25^2 \right)$$

$$= 147 \times 10^4 + 217 \times 10^4 = 364 \times 10^4 \ mm^4$$

$$\therefore I = 364 \times 10^4 \ mm^4$$

보완설명

단면 2차모멘트 I는 $\frac{bh^3}{3}$ 을 이용해서 구하는 것이 보다 편리하다. (B2-05 참조)

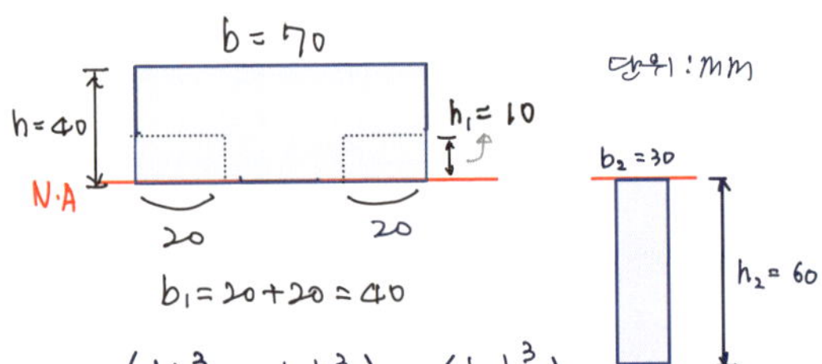

$$I = \left(\frac{bh^3}{3} - \frac{b_1 h_1^3}{3} \right) + \left(\frac{b_2 h_2^3}{3} \right)$$

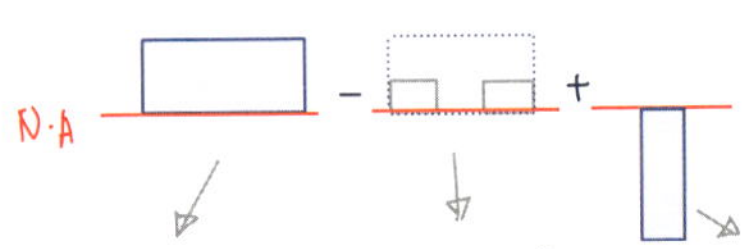

$$= \left(\frac{70 \times 40^3}{3} - \frac{40 \times 10^3}{3} \right) + \left(\frac{30 \times 60^3}{3} \right)$$

$$= 1,480,000 + 2,160,000 = 3,640,000 \ mm^4$$

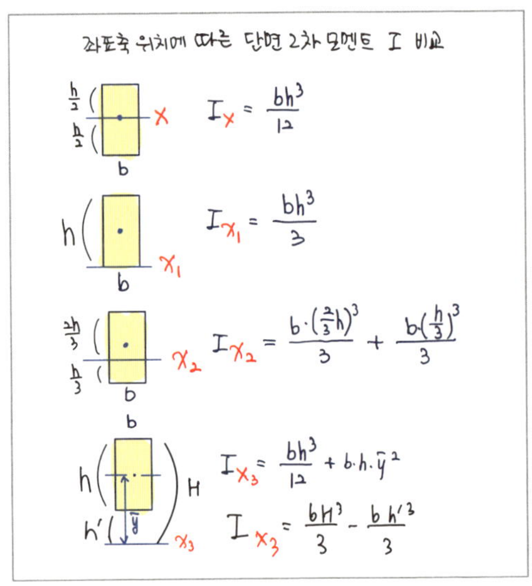

Comment

4) S_{max}

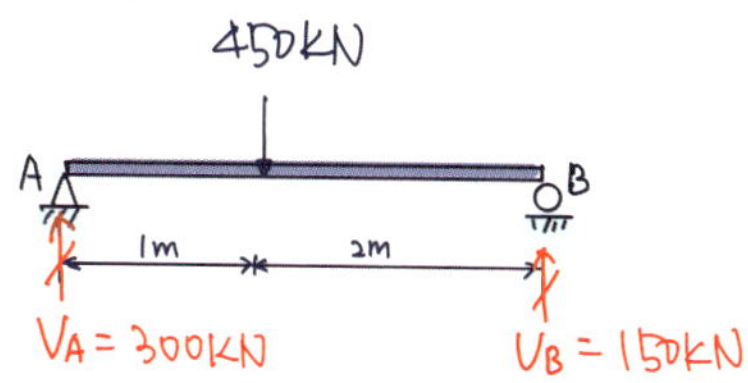

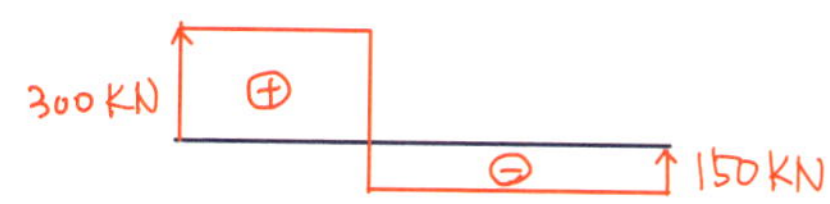

$\therefore S_{max} = 300kN$

5) τ_{max}

$$\therefore \tau_{max} = \frac{(300\times10^3)\times(54\times10^3)}{(364\times10^4)\times(30)} = 148.35\ N/mm^2 = 148.35\ Pa$$

↳ 중립축 위치의 단면폭 = Web 폭

보완설명

※ T 형 단면에서 전단응력을 구하는 문제는 많은 시간이 필요함.
경우에 따라서는 중립축의 위치나 단면 2차모멘트 등이 제시될 수 있음.

※ I 값을 이렇게 구할수도 있다.

단면의 밑변(윗변)과 좌표축이 일치하는 경우

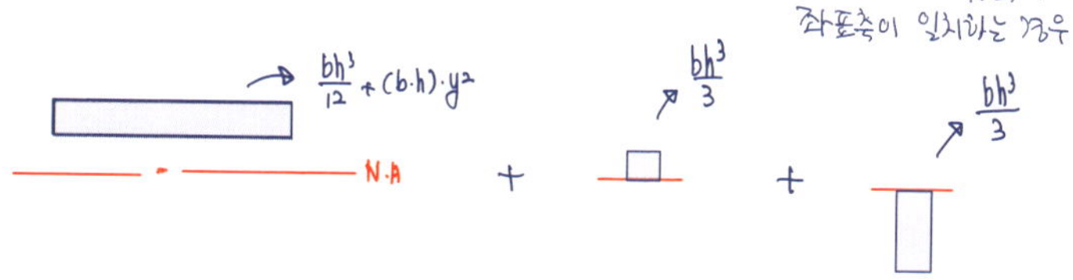

$$I = \left(\frac{70\times30^3}{12} + 70\times30\times25^2\right) + \left(\frac{30\times10^3}{3}\right) + \left(\frac{30\times60^3}{3}\right)$$

$$= 147\times10^4 + 1.0\times10^4 + 216\times10^4 = 364\times10^4\ mm^4$$

Type	F6. 비틀림응력(전단응력) 구하기 / 전단중심, 전단흐름 개념이해 및 응용
Frequency	
Comment	

F6-01 켄틸레버보 구조형식의 속이 꽉찬 강봉이 그림과 같은 조건일 때 최대 전단응력은?

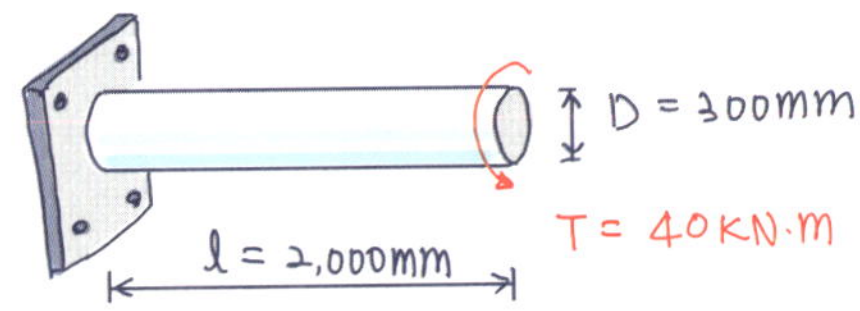

문제풀이

비틀림 응력 τ

$$\tau = \frac{T}{I_p}\cdot r \rightarrow \tau_{max} = \frac{T_{max}}{I_p}\cdot r_{max}$$

→ 최대 비틀림 모멘트 (T_{max})

↓ 도심으로 부터 가장 먼곳까지의 거리 (원형 단면에서는 반지름) (r_{max})

- $T = 40\,kN\cdot m$
- $r_{max} = 150mm$

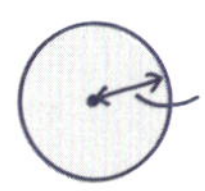

- $I_p = I_x + I_y = 2I_x = 2\cdot\frac{\pi\cdot 300^4}{64} = 795{,}215{,}000\,mm^4$

$$\therefore \tau_{max} = \frac{40\times 1{,}000\times 1{,}000\times 150}{795{,}215{,}000} = 7.545\,N/mm^2 = 7.545\,MPa$$

(kN → N, m → mm, r_{max})

💡 보의 길이 L은 비틀림응력에 영향을 미치지 않는다!! $\tau = \frac{T}{I_p}\cdot r$

길이 L이 포함되는 항이 없음.

보완설명

비틀림 모멘트는 비틀림응력을 발생시킴.

- 비틀림응력은 단면에 평행하게 생기는 응력이라는 측면에서 전단응력이라 할수 있음.
- 비틀림은 좌표축 원점(교차점)을 중심으로 멀어질수록 커진다. (단면 내에서)
- 극관성 모멘트 $I_p = \int r^2 dA = \int (x^2+y^2)\,dA$

$$= \int x^2 dA + \int y^2 dA$$

$$= I_y + I_x = 2I_x = 2I_y$$

원형 단면에서 $I_x = I_y$

$$\left(I_x = \frac{\pi D^4}{64},\ I_y = \frac{\pi D^4}{64}\right)$$

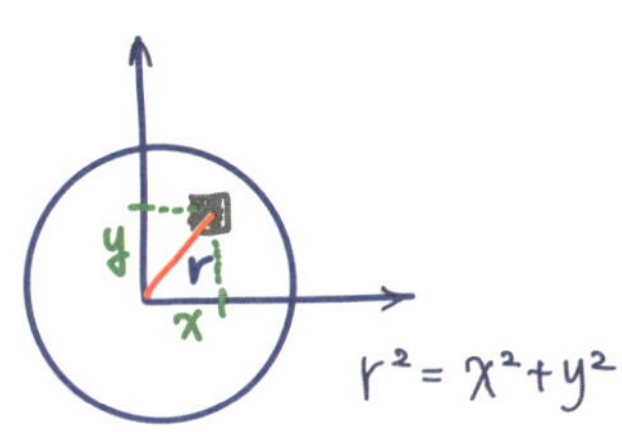

Comment

F6-02 같은 크기의 비틀림모멘트를 받고 있는 중실단면(A), 중공단면(B)의 강봉에 발생되는 최대전단응력의 비를 중실단면 기준으로 구하시오.

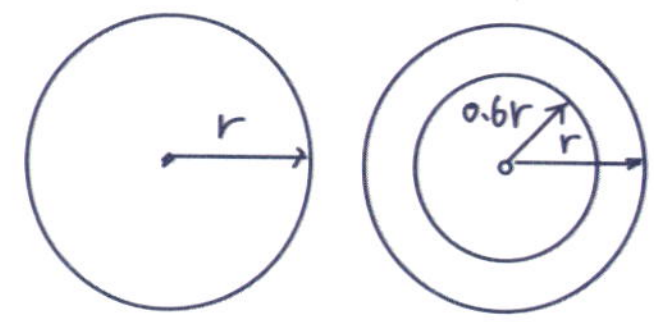

(A) (B)

문제풀이

- $\tau = \frac{T}{I_p} \cdot r$ 에서 r 은 단면의 도심으로부터 단면 최외측 연단까지의 거리이므로 중실단면(A)와 중공단면 (B)에서 모두 동일한다. 결국 단면 2차 극관성모멘트 Ip 를 비교하는 문제임.

$$I = \frac{\pi D^4}{64} = \frac{\pi (2r)^4}{64} = \frac{16\pi r^4}{64} = \frac{\pi r^4}{4}$$

- $I_{p(A)} = I_x + I_y = 2I = 2 \cdot \frac{\pi r^4}{4} = \frac{\pi r^4}{2}$
- $I_{p(B)} = 2I = 2\left(\frac{\pi \cdot r^4}{4} - \frac{\pi \cdot (0.6r)^4}{4}\right) = \frac{\pi r^4}{2}(1 - 0.6^4) = \frac{\pi r^4}{2} \cdot 0.8704$

$$\therefore \tau_A : \tau_B = \frac{T \cdot r}{I_{p(A)}} : \frac{T \cdot r}{I_{p(B)}} = \frac{1}{I_{p(A)}} : \frac{1}{I_{p(B)}} = \frac{1}{\frac{\pi r^4}{2}} : \frac{1}{\frac{\pi r^4}{2} \cdot 0.8704}$$

$$= \frac{1}{1} : \frac{1}{0.8704} = 1 : 1.15$$

Comment

F6-03. 그림과 같은 중공원형 단면을 갖는 강봉에 비틀림모멘트 T가 작용하여 최대전단변형률 $\gamma_{max} = 750 \times 10^{-6}$rad 을 발생시켰다. 이 때 강봉에 작용하는 비틀림모멘트 T 는? (전단탄성계수 G=8.4GPa 이다)

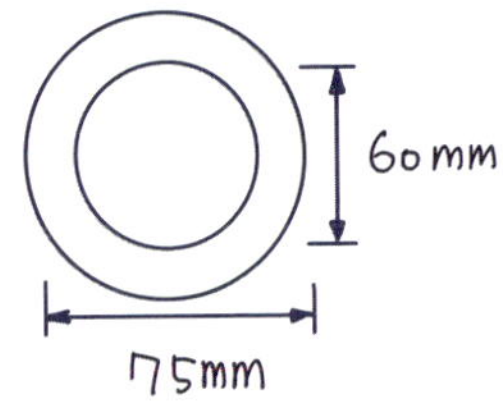

문제풀이

문제에서 요구하는 비틀림모멘트 T를 구하기 위해서 T가 포함되어 있는 식들을 먼저 생각해보면

단면의 반지름

$$\circ\ \tau = \frac{T}{I_p} \cdot R \ \rightarrow\ T = \frac{\tau \cdot I_p}{R}$$

→ 문제에서 주어지지 않았으므로 구해야 한다.

문제에서 전단변형률 γ_{max}이 주어져 있으므로 $\tau = G \cdot \gamma$를 이용해서 전단응력 τ 계산한다.

→ 전단변형률

$$\circ\ \tau = G \cdot \gamma = 8.4 \times 10^9 \times 750 \times 10^{-6} = 6{,}300{,}000\ N/m^2 = 6.3MPa$$

→ G가 일정하므로 γ_{max}을 사용하면 τ_{max}이 구해진다

$$\therefore\ \tau_{max} = 6.3\ MPa = 6.3\ N/mm^2$$

$$\cdot\ I_p = I_x + I_y = 2I = 2\left[\frac{\pi}{64}(75^4 - 60^4)\right] = 1{,}834{,}000\ mm^4$$

$$\therefore\ T = \frac{\tau \cdot I_p}{R} = \frac{6.3 \times 1{,}834 \times 10^3}{75/2} = 308{,}112\ N \cdot mm = 308\ N \cdot m$$

$$\therefore\ T = 308\ N \cdot m$$

비틀림 응력 τ_{max}은 단면의 최외측에서 발생.

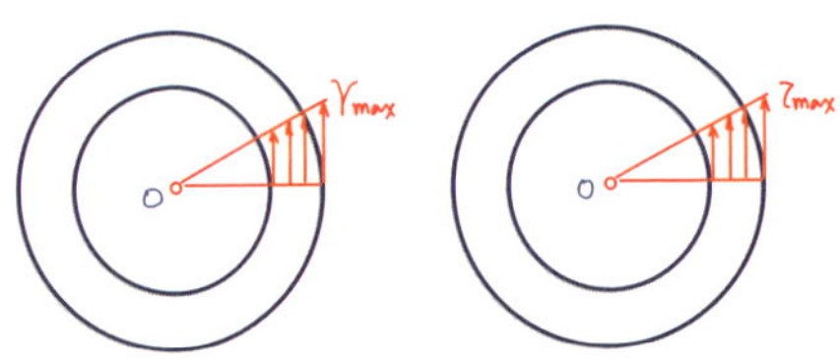

O 점으로 부터 멀어질수록 변형↑, 변형이 커지면 $\tau = \frac{T}{I_p} \cdot R$ 이므로 τ도 비례적으로 커진다.

비틀림 모멘트 T에 의한 최대 전단변형률 γ_{max}은 단면 내 최외측 연단에서 발생

$$\tau_{max} = \frac{T_{max}}{I_p} \cdot R$$

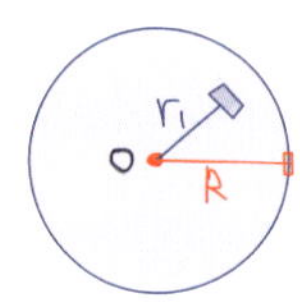

Comment

F6-04 그림과 같이 웨브(두께 10mm)와 플렌지(두께 20mm)의 두께가 다른 상자형 단면에 비틀림모멘트 50kN.m가 작용할 때 최대전단응력은?

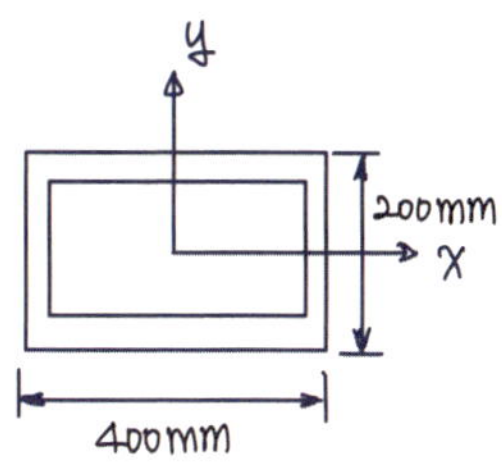

문제풀이

- 전단흐름 f를 유발시키는 비틀림모멘트 $T = 2f \cdot A_m$

↳ 다음 page 설명참조.

→ A_m ; 두께 t의 중심선 내측 면적

$T = 2f \cdot A_m = 2 \cdot \tau \cdot t \cdot A_m$

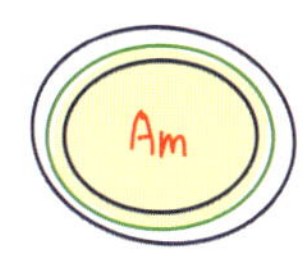

웨브($t_w = 10mm$), 플렌지($t_f = 20mm$) 두께가 다르므로

① Web의 전단응력

$$\tau_w = \frac{T}{2tA_m} = \frac{T}{2 \cdot t_w \cdot b \cdot h} = \frac{50 \times 1000 \times 1000}{2 \times 10 \times 390 \times 180} = 35.6 \, N/mm^2$$

$= 35.6 \, MPa$

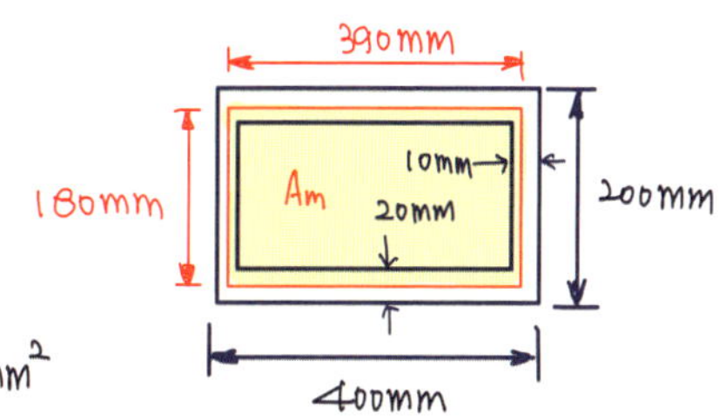

② Flange의 전단응력

$$\tau_f = \frac{T}{2t_f \cdot b \cdot h} = \frac{50 \times 1000 \times 1000}{2 \times 20 \times 390 \times 180} = 17.8 \, N/mm^2$$

$= 17.8 \, MPa$

Web과 Flange 에서 계산된 전단응력 값을 비교해보면 최대 전단응력은 Web에서 발생하는 것을 알수 있다.

$\therefore \tau_{max} = \tau_w = 35.6 \, MPa$

Comment

※ 전단흐름 ; f (Shear Flow)

보완설명

ⅰ) 두께가 얇은 비원형 단면 ⅱ) 두께가 변화하는 중공(속이 빈) 단면

ⅰ), ⅱ) 에 해당하는 경우 전단응력은 전단흐름(Shear Flow)을 고려해야 한다.

- 전단흐름 $f = \tau \cdot t$ → 두께가 얇은 관에 발생되는 전단력의 크기는 어느위치에서나 일정.
  (유량 $Q = A \cdot V$ 개념)
  두께 t가 커지면 τ는 감소 / 두께 t가 작아지면 τ는 증가 〉 f가 일정하므로

→ 전단흐름 f는 단위길이 당 발생되는 "전단력" 이라 할 수 있다.

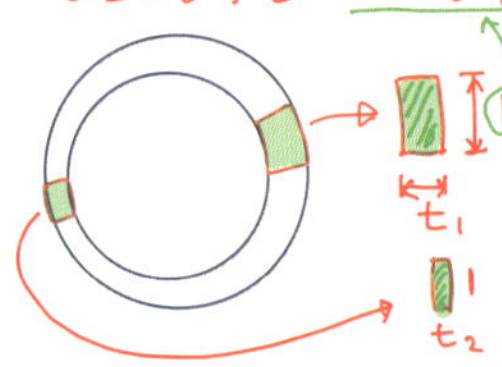

$(1) \times \tau_1 \Rightarrow$ 면적 $(t_1 \times 1)$ × 전단응력 τ_1 = 전단력 (f)

$1 \times \tau_2 \Rightarrow$ 면적 $(t_2 \times 1)$ × 전단응력 τ_2 = 전단력 (f)

→ 두께 t가 달라도 전단흐름 f (전단력)의 크기는 일정.

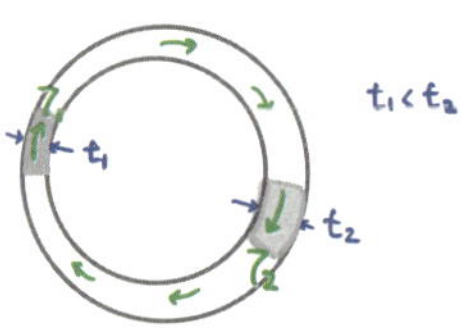

$f = \tau_1 (t_1 \times 1) = \tau_2 (t_2 \times 1)$

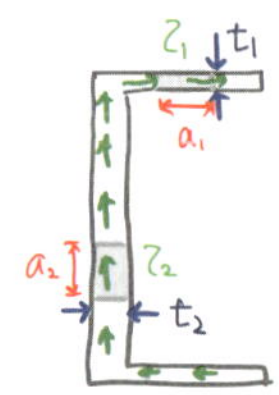

$f = \tau_1 \cdot t_1 = \tau_2 \cdot t_2$

※ 전단흐름 ; 수리학의 유량공식 $Q = A \cdot V$의 개념.
유량 Q는 수로의 단면적 A의 크고 작음에 상관없이 항상 일정하다. (Q = constant = $A\uparrow V\downarrow$, $A\downarrow V\uparrow$)
(A ; 수로 단면, V ; 유속)

＊ $Q = A \cdot V$ 의 개념을 이용하여 f를 전단흐름이라 한다 (shear flow)

※ 전단흐름 f의 응용

$\tau = \dfrac{\text{전단력}}{\text{단면적}}$ → 전단력 = τ · 단면적

- $f = \tau \cdot A$ → f를 단위길이당 전단력으로 이해하면 → $\tau \cdot A = \tau \cdot t \cdot (1) = \tau \cdot t$ (두께 t, 단위길이 (1), 면적 A)
  $= \tau \cdot t$
- 전단응력 $\tau = \dfrac{SG}{Ib} = \dfrac{SG}{It}$
- 위의 ⊏형 단면 그림을 참고하면 f는 일정하므로 $f = \tau_1 \cdot A_1 = \tau_1 \cdot t_1 \cdot a_1 = \tau_2 \cdot A_2 = \tau_2 \cdot t_2 \cdot a_2$ (단위길이 "1")

$\therefore f = \tau_1 \cdot t_1 = \tau_2 \cdot t_2$ $\tau \cdot t = \dfrac{SG}{It}$, $f = \dfrac{SG}{I}$ (S : 전단력, G : 단면1차M, I : 단면2차M)

⇨ $f = \dfrac{SG}{I}$ 이므로 A와 B 부재의 접합면에 발생되는 단위길이당의 전단력 f를 알수 있다면 필요한 연결재(못)의 간격 P를 구할수 있다.

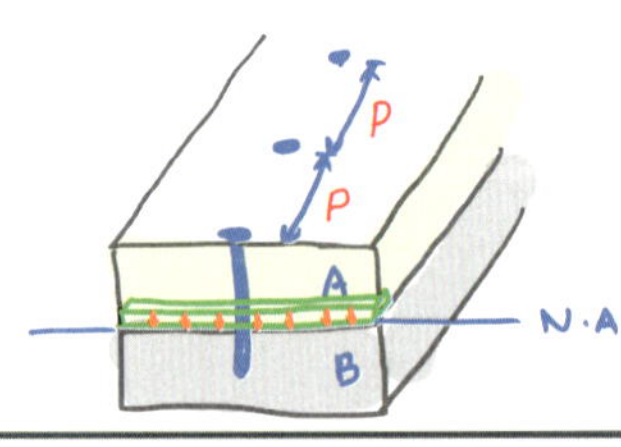

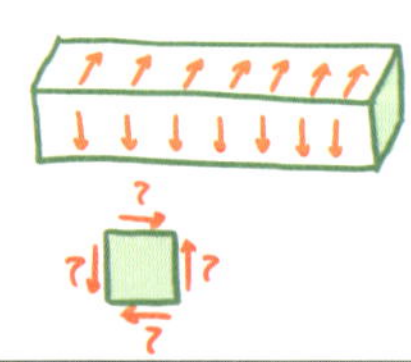

Comment

F6-05

그림과 같이 A, B 판재를 못으로 연결하여 T형 단면의 캔틸레버 보를 만들려고 할 때 못의 최대 간격은?
- 캔틸레버 보의 전구간 단면에 발생된 전단력 S = 200kgf,
- 못 1개의 허용전단력 110kgf, T형 단면의 단면2차모멘트 11,354 cm^4

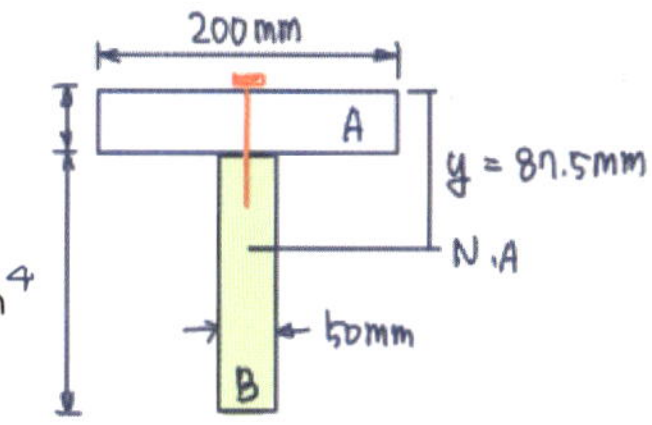

문제풀이

전단흐름 f 를 이용하는 문제. A, B 부재의 접합면에서 단위길이당 발생되는 f를 구하는것이 point!!

$\cdot f = \tau \cdot t = \dfrac{S \cdot G}{I}$ 이므로

$\cdot S = 200kgf$ (T형단면에 작용하는 전단력)

$\cdot I = 11{,}354 cm^4$

$\cdot G = (20 \times 5)(8.75 - \frac{5}{2}) = 625 cm^3$

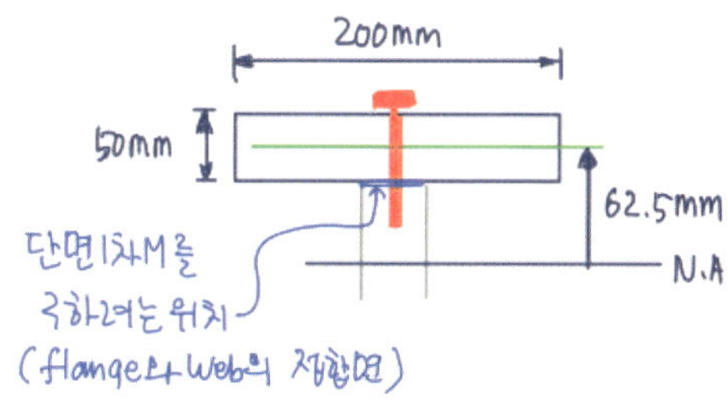

$\therefore f = \dfrac{200 \times 625}{11{,}354} = 11 kgf/cm$ → 1cm 당 11kgf의 전단력이 AB 부재의 접합면에 작용한다.

$\therefore$ 못의 최대 배치 간격 $p = \dfrac{110 kgf}{11 kgf/cm} = 10cm$

- 1개의 못이 110kgf을 견디고, 1cm당 작용하는 전단력 f는 11kgf/cm이므로 배치 간격 p는 10cm 보다 작아야 한다.

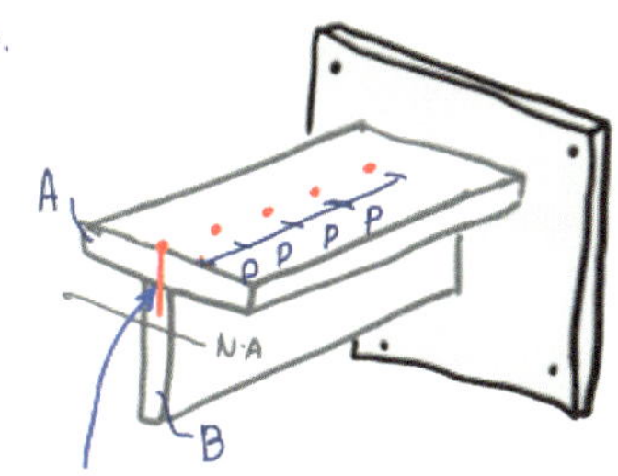

플렌지와 웨브의 접합부에서 "단위길이당 전단력(전단흐름 f)"을 구해야 한다.

※ 전단력 S 와 전단흐름 f (단위길이당 전단력)의 구분

보완설명

전단력 S = 200kgf (단면에 평행)

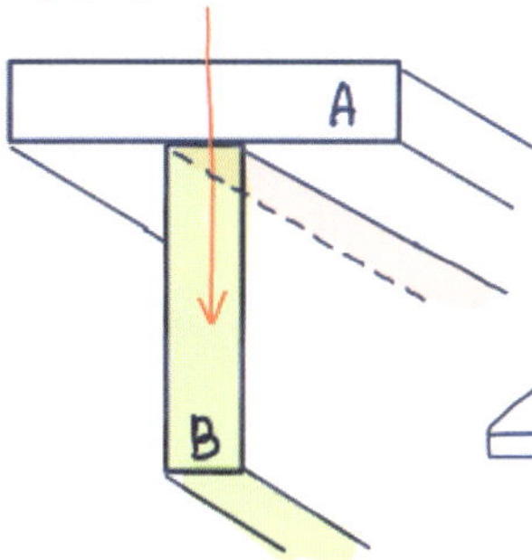

S=200kgf에 의해 단면 내에 전단응력 τ 발생

전단응력 τ는 단면 내에서 위치에 따라 변함.

그 중 A와 B 부재 접합부의 전단응력 τ_{AB} → 전단흐름 $f = \tau \cdot t$

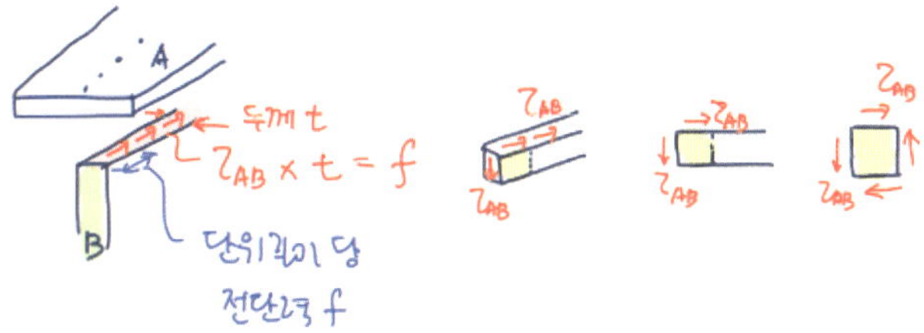

Type	F7. 주응력(평면응력변환, 모아원) 구하기
Frequency	
Comment	

F7-01. 다음과 같은 응력을 받고 있는 평면요소에서 주응력은?

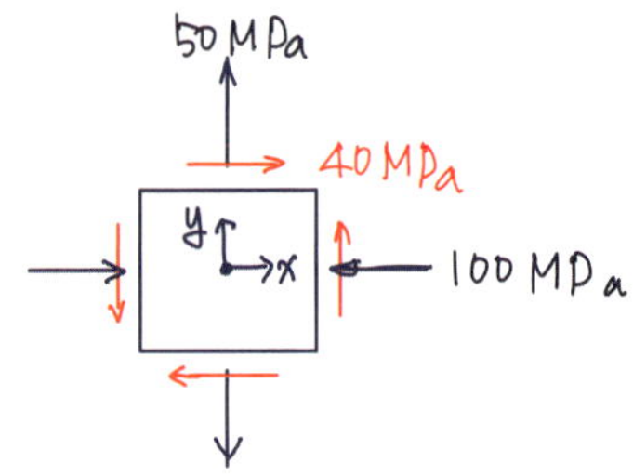

문제풀이

∘ 평면요소에 작용하고 있는 응력을 정리 (부호결정 주의)

$$\begin{cases} \sigma_x = -100\,MPa \\ \sigma_y = +50\,MPa \\ \tau_{xy} = +40\,MPa \end{cases}$$

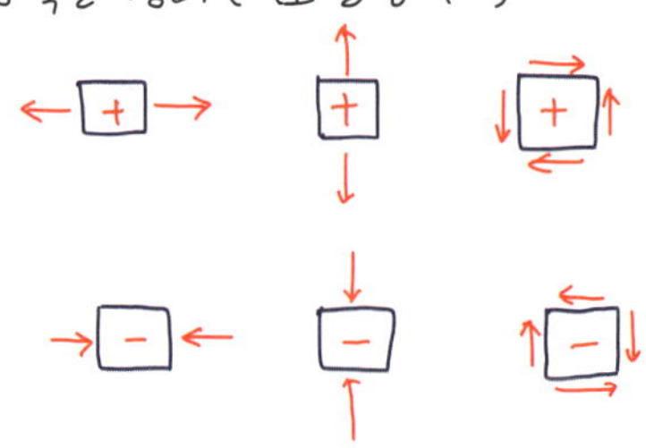

1) 최대 주응력 $\sigma_{max} = \sigma_1$

$$\therefore \sigma_1 = \frac{(-100)+(50)}{2} \oplus \sqrt{\left(\frac{(-100)-(50)}{2}\right)^2 + 40^2}$$

$$= -25 \oplus 85 = 60\,MPa$$

2) 최소 주응력 $\sigma_{min} = \sigma_2$

$$\therefore \sigma_2 = \frac{(-100)+(50)}{2} \ominus \sqrt{\left(\frac{(-100)-(50)}{2}\right)^2 + 40^2}$$

$$= -25 \ominus 85 = -130\,MPa$$

보완설명

∘ 주응력 $\sigma_{1,2} = \frac{\sigma_x + \sigma_y}{2} \pm \sqrt{\left(\frac{\sigma_x - \sigma_y}{2}\right)^2 + \tau_{xy}^2}$

→ +, − 에 따라 최대 주응력(σ_1), 최소 주응력(σ_2)으로 구분

∘ 최대전단 응력 $\tau_{max} = \pm\sqrt{\left(\frac{\sigma_x - \sigma_y}{2}\right)^2 + \tau_{xy}^2}$

→ +, − 에 따라 양(+)의 최대전단응력, 음(−)의 최대전단응력으로 이해

→ 음(−)의 값이라고 해서 '0' 보다 작은 음수가 아니다. 음(−)의 변형을 일으키는 전단응력이라는 의미

Comment

보완설명

※ 평면응력의 특별한 경우

① 단축응력 ($\sigma_y = 0,\ \tau_{xy} = 0$ 인 상태, 혹은 $\sigma_x = 0,\ \tau_{xy} = 0$ 인 상태)

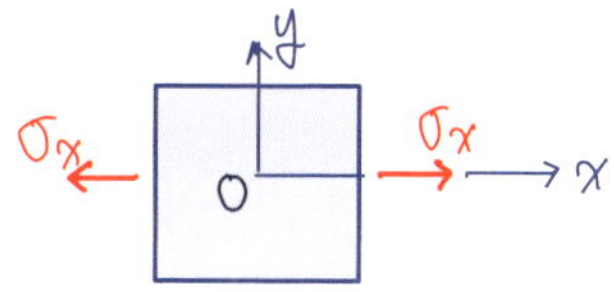

$$\sigma_1 = \frac{\sigma_x + 0}{2} + \sqrt{\left(\frac{\sigma_x + 0}{2}\right)^2 + 0^2} = \frac{\sigma_x}{2} + \sqrt{\left(\frac{\sigma_x}{2}\right)^2}$$

$$= \frac{\sigma_x}{2} + \frac{\sigma_x}{2} = \sigma_x$$

$$\tau_1 = \sqrt{\left(\frac{\sigma_x - 0}{2}\right)^2 + 0^2} = \frac{\sigma_x}{2}$$

∴ 최대 주응력 $\sigma_1 = \sigma_x$

∴ 최대 전단응력 $\tau_1 = \dfrac{\sigma_x}{2}$

② 순수전단 ($\sigma_x = 0,\ \sigma_y = 0$ 인 상태)

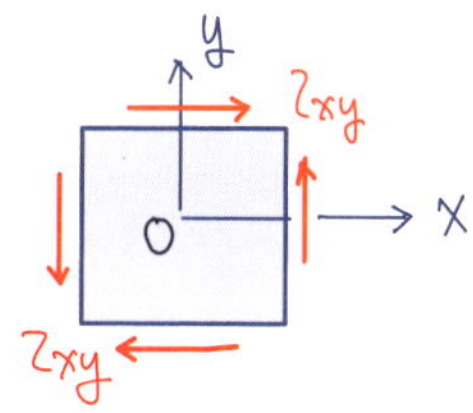

$$\sigma_1 = \frac{0 + 0}{2} + \sqrt{\left(\frac{0 - 0}{2}\right) + \tau_{xy}^2} = \tau_{xy}$$

$$\tau_1 = \sqrt{\left(\frac{0 - 0}{2}\right)^2 + \tau_{xy}^2} = \tau_{xy}$$

∴ 최대 주응력 $\sigma_1 = \sigma_x$

∴ 최대 전단응력 $\tau_1 = \dfrac{\sigma_x}{2}$

③ 2축응력 ($\tau_{xy} = 0$ 인 상태)

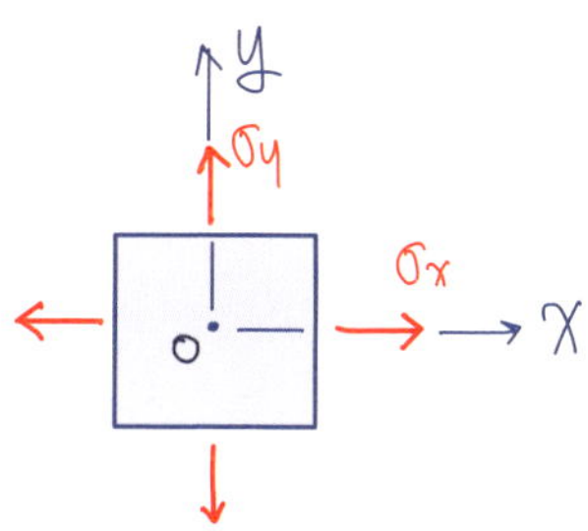

$$\sigma_1 = \frac{\sigma_x + \sigma_y}{2} + \sqrt{\left(\frac{\sigma_x - \sigma_y}{2}\right)^2 + 0^2}$$

$$= \frac{\sigma_x + \sigma_y}{2} + \frac{\sigma_x - \sigma_y}{2} = \sigma_x$$

$$\tau_1 = +\sqrt{\left(\frac{\sigma_x - \sigma_y}{2}\right)^2 + 0^2} = \frac{\sigma_x - \sigma_y}{2}$$

∴ 최대 주응력 $\sigma_1 = \sigma_x$

∴ 최대 전단응력 $\tau_1 = \dfrac{\sigma_x - \sigma_y}{2}$

Type	F8. 곡률, 곡률반경 개념 이해 및 응용
Frequency	
Comment	

F8–01 지름이 d 인 강선이 반지름 r 인 원통 위로 굽어져 있을 때, 이 강선 내의 최대 휨모멘트는?

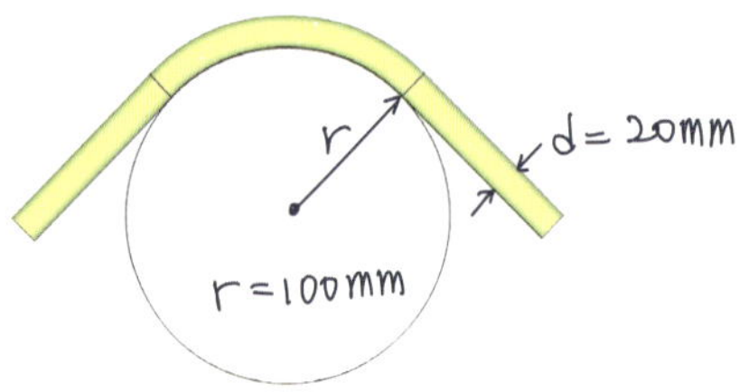

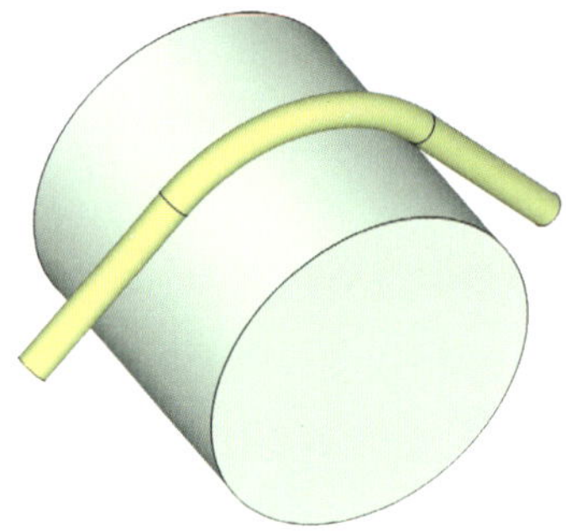

$E = 2\times10^5\,MPa \left(= 2\times10^5\,N/mm^2\right)$

문제풀이

* 휨모멘트 M 과 곡률반경 R 사이의 관계를 이해하는 것이 중요

휨모멘트 M 과 곡률반경 R $\left(R = \text{곡률 } k \text{ 의 역수},\quad R = \frac{1}{k}\right)$ → 다음페이지 설명참고.

$$\therefore M = \frac{1}{R}\cdot E\cdot I = k\cdot E\cdot I$$

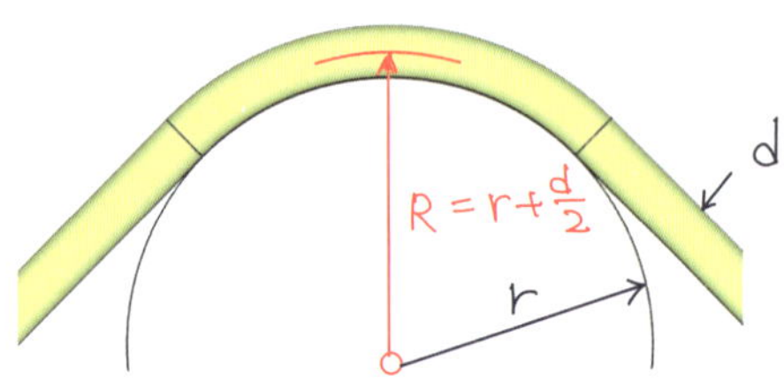

∘ 곡률반경 $R = r + \frac{d}{2} = 100 + \frac{20}{2}$
$= 110\,mm$

∘ $I = \frac{\pi D^4}{64} = \frac{\pi\times20^4}{64} = 7{,}854\ mm^4$

$$\therefore M_{max} = \frac{1}{110}\cdot 2\times10^5 \times 7{,}854 = 14{,}280{,}000\ N\cdot mm$$
$$= 14.28\ kN\cdot m$$

Comment

F8-02. 휨모멘트와 곡률반경 R (혹은 곡률 k) 과의 관계

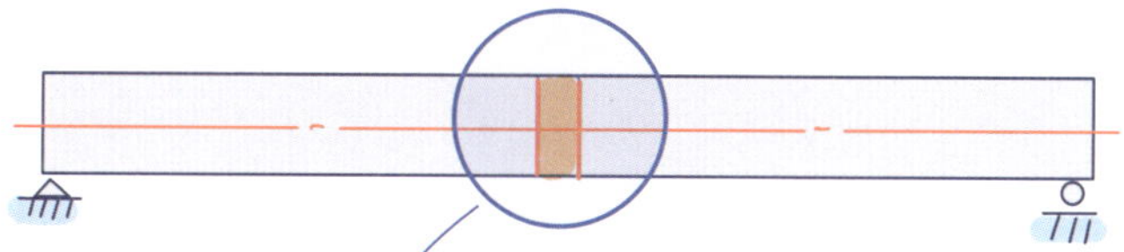

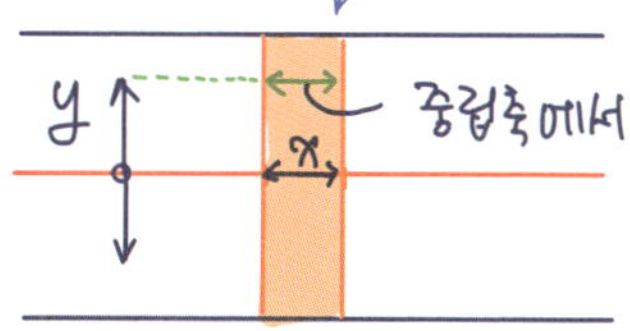

중립축에서 거리 y만큼 떨어진위치의 x.

최초의 x는 y의 값에 관계없이 모두 같다.

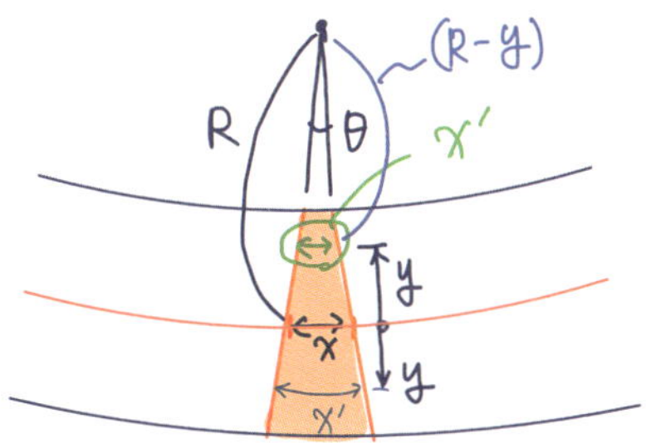

휨변형이 발생하면 x는 y값에따라 x'로 변한다.

→ 중립축의 위쪽은 줄어들고, 중립축의 아래쪽은 늘어난다.

- 중립축 위치의 $x = R\cdot\theta$, 중립축의 변형률 $\varepsilon_x = 0$.

- 중립축에서 어느정도 떨어진 y위치의 $x' = (R-y)\cdot\theta$

y 위치의 변형률 $\varepsilon_x = \dfrac{x'-x}{x} = \dfrac{(R-y)\theta - R\cdot\theta}{R\theta} = \dfrac{R\theta - y\cdot\theta - R\theta}{R\cdot\theta} = -\dfrac{y}{R}$

∘ $\varepsilon = -\dfrac{y}{R} = -k\cdot y$ (곡률 $k = \dfrac{1}{R}$, R = 곡률반경)

$\sigma = E\cdot\varepsilon = E\cdot\left(-\dfrac{y}{R}\right)$

$\sigma = (-)\dfrac{M}{I}\cdot y$ 좌표축설정에 따라 +, - 갖는다.

→ $\dfrac{E\cdot y}{R} = \dfrac{My}{I}$, $\dfrac{E}{R} = \dfrac{M}{I}$

$\therefore M = \dfrac{EI}{R} = \dfrac{1}{R}\cdot EI = k\cdot EI$

G. 트러스 부재력 해석

Type	G0. 트러스 구조물 해석을 위해 알아야 할 기본사항
Frequency	
Comment	

G0-00　1) 트러스 구조물 해석을 위한 가정 조건

■ 트러스는 가늘고 긴(slender) 여러 부재들이 기본적으로 삼각형의 형태를 이루면서 서로 결합되어 있는 구조물.

① 모든 하중은 절점에만 작용한다. → 트러스 해석의 기본 가정들 중 가장 중요한 핵심 조건!!

- 기본적으로 트러스 구조물의 하중 전달 경로를 생각해보면 바닥판 위의 하중 → 바닥판 → 세로보 → 가로보 → 트러스로 순차적으로 전달됨.
- 가로보는 트러스의 절점(조인트)에 연결되어 있다. 즉, 하중은 트러스의 절점으로 전달 될 수 밖에 없는 구조.!! (트러스 구조물에 분포하중이 재하되는 경우는 없다. 오로지 집중하중)

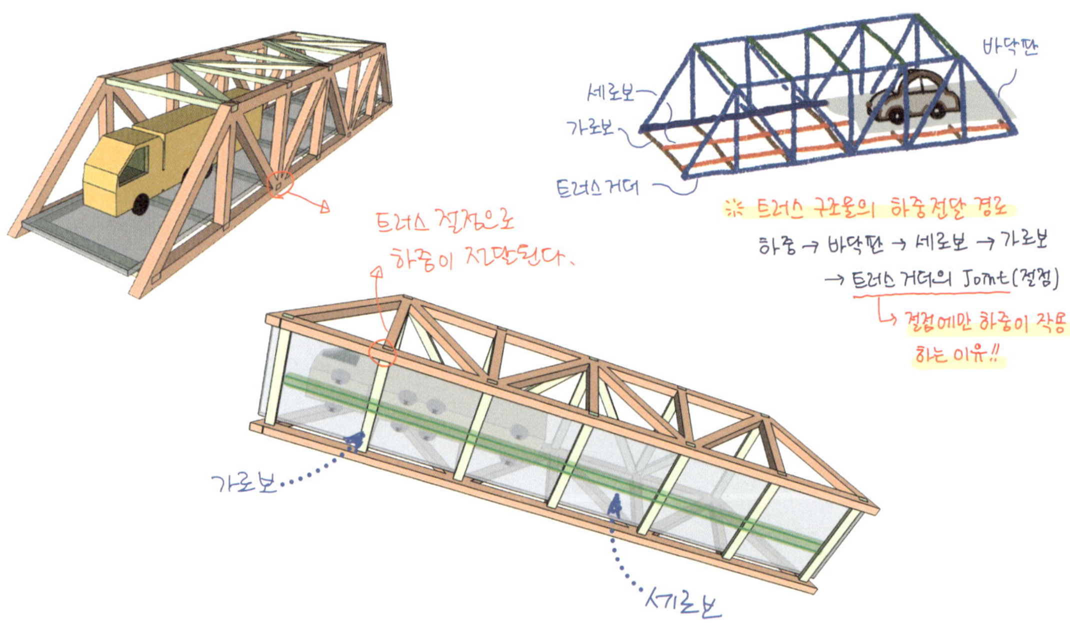

Comment

② 부재들은 마찰이 없는 매끄러운 핀으로 연결되어 있다. 즉, 부재들은 힌지로 연결되어 있다.

- 실제 부재들은 핀(힌지)연결이 아니라 볼트 등으로 단단하게 강결합 되어 있지만, 하중이 절점에만 작용하기 때문에 트러스 부재들에는 휨모멘트와 전단력이 발생하지 않게 되고 휨모멘트와 전단력이 발생하지 않는 부재들은 절점(연결부)을 힌지연결로 가정할 수 있다.

  만약, 절점에서 부재들 사이의 연결을 강결합으로 본다면 삼각형 형태로 연결된 라멘구조물이 된다.

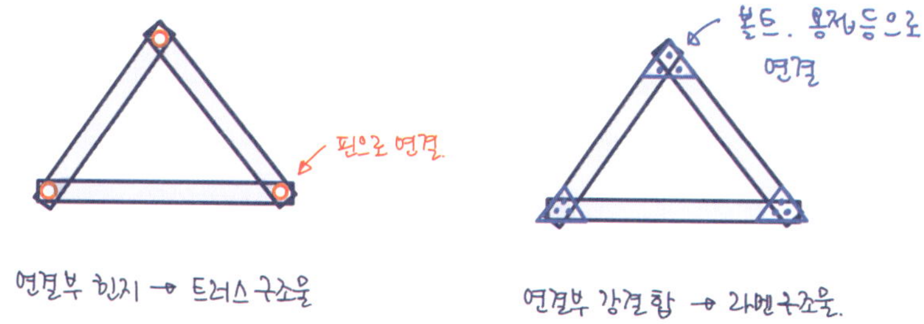

③ 각 부재에는 축력(인장력(Tensile force) 혹은 압축력(Compressive force))만 존재한다.

즉, 부재에 전단력 이나 휨모멘트가 발생하지 않는다. → 트러스 구조물에 모멘트하중이 재하되는 경우는 없다. 오로지 집중하중..

④ 어느 한 절점과 인접한 절점을 연결하는 부재는 모두 직선 부재이다.

→ 곡선 트러스를 표현하려면 직선 부재를 짧게 연결해서 곡선을 표현한다.

⑤ 외력은 트러스와 동일 평면 내에 있다.

보완설명 트러스는 구조 효율이 극대화된 경제적인 구조물이다. 하중을 지지점으로 전달시키는데 필요한 부분만 남겨둔 형태임.

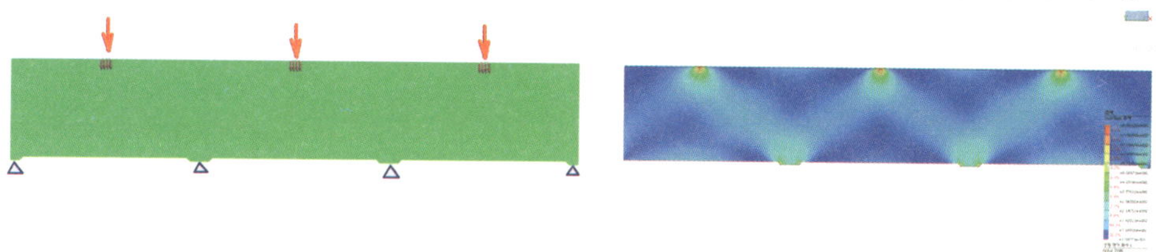

높이가 높은 부재에 하중이 작용하면 하중 작용점과 지지점을 직선으로 연결한 형태와 유사한 경로로 하중이 전달된다. 구조해석 프로그램을 이용하면 하중이 부재 내에서 어떠한 형태로 전달되는지 알 수 있다.
하중을 지지점으로 전달시키는데 필요한 부분 만을 남기면 트러스 형상을 얻을 수 있다.
(하중 전달에 역할을 하지 못하는 부분은 제거)

Comment

2) 인장력과 압축력의 표현

- 인장력의 표현 : '+' 혹은 'T'로 표기, 절점에서 멀어지는 힘
- 압축력의 표현 : '−' 혹은 'C'로 표기, 절점으로 모이는 힘

ex) F_{BA} : 절점 B와 절점 A를 연결하고 있는 부재에 생기는 부재력(F_{AB}와 같은 의미)

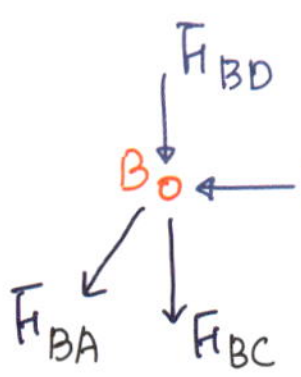

• F_{BA}, F_{BC} → 인장력 : 절점에서 멀어지는 화살표로 표현

• F_{BD}, F_{BE} → 압축력 : 절점으로 모여드는 화살표로 표현.

※ 예를들어 F_{BA} = 30kN(인장) = 30kN(T) T : Tensile Force

F_{BD} = 30kN(압축) = 30kN(C) C : Compressive Force

truss 부재에는 「축력」만 존재. (전단력, 휨모멘트는 존재하지 않음)

◦ 트러스 구조물에는 압축력을 담당하는 아치구조와 인장력을 담당하는 케이블 구조가 조합되어 있다.

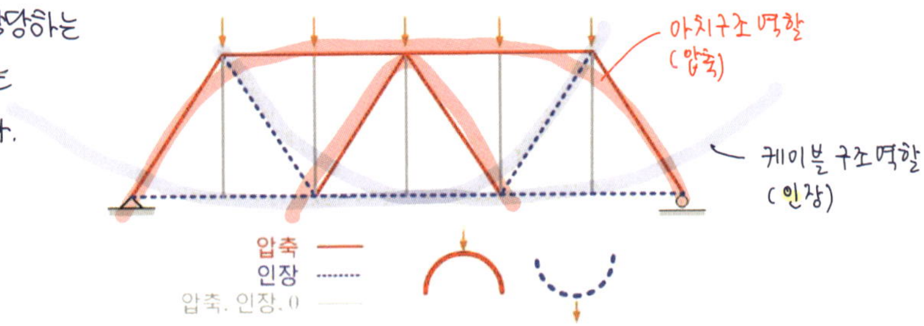

※ 절점을 기준으로 부재력의 인장, 압축을 구분한다.

• 빨강색 화살표는 압축력을 받고 있는 부재를 표현

◦ 파랑색 화살표는 인장력을 받고 있는 부재를 표현.

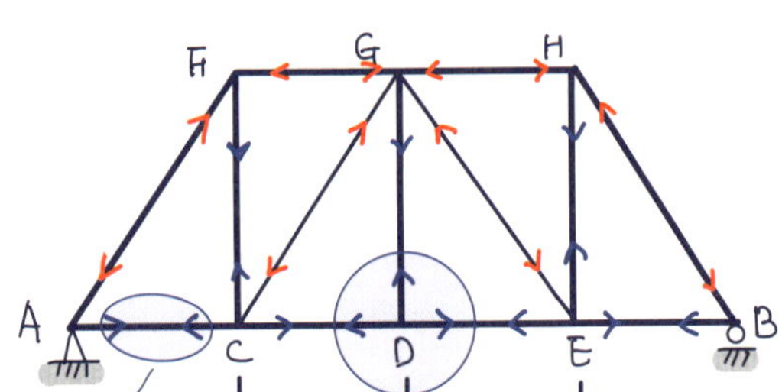

◦ 부재의 중간에서 보면 압축되는 느낌을 받는다. 속지 말자!!

◦ 인장력을 받고 있는 부재이면 절점에서 멀어지는 화살표를...

• 트러스 부재는 절점을 기준으로 인장, 압축을 판단!!

Comment

GO-01. 트러스 해석법

■ 단면법(Section Method, '절단법' 이라고도 함)

1) 기본 개념

① 임의의 위치(절점과 절점사이)에서 트러스 구조물을 가상 절단 하였을 때 작용하는 외력(하중, 반력)과 부재 내에 생기는 축력사이에는 힘의 평형($\Sigma V = 0$, $\Sigma H = 0$, $\Sigma M = 0$)이 이루어져야 한다.

② 구하고 싶은 부재력 만을 선택적으로 구할 수 있지만 계산 결과를 검산하기 어렵다는 단점이 있다.

2) 해석방법

① 반력을 구한다.

② 구하고 싶은 부재가 포함되도록 절단하고 절단된 부재들에서 나타나는 미지의 부재력을 모두 표시한다.

③ 절단된 한쪽 구조물에 대해 평형방정식을 적용한다.

→ 구하고 싶은 부재가 사재, 수직재이면 $\Sigma V = 0$, $\Sigma H = 0$ 평형방정식을 우선 적용

→ 구하고 싶은 부재가 상현재, 하현재이면 $\Sigma M = 0$ 평형방정식을 우선 적용

(구하고 싶은 부재력 이외의 부재력들이 모이는 점에 모멘트 중심 설정)

■ 절점법(Joint Method, '격점법' 이라고도 함)

1) 기본 개념

① 각 절점을 중심으로 부재를 가상 절단 하였을 때 작용하는 외력(하중, 반력)과 부재 내에 생기는 축력사이에는 힘의 평형(혹은)이 이루어져야 한다.

② 부재력을 순차적으로 구해가기 때문에 어느 하나의 부재력이 잘못 구해지면 그 이후 구해진 부재력은 모두 틀리게 되는 단점이 있다.

2) 해석방법

① 반력을 구한다.

② 지점의 절점을 우선 절단한 상태에서 힘의 평형($\Sigma V = 0$, $\Sigma H = 0$) 조건을 적용하여 지점의 절점에 연결된 부재의 부재력을 구한다.

③ 미지의 부재력이 2개가 넘지 않는 절점을 찾아가며 힘의 평형($\Sigma V = 0$, $\Sigma H = 0$) 조건을 적용하여 부재력을 순차적으로 구한다.

Type	G1. 단면법과 절점법으로 일반적인 트러스의 부재력 구하기
Frequency	
Comment	

G1-01 다음 트러스 구조물에서 FG, CD, CG, DG 부재에 발생되는 부재력을 각각 구하시오.

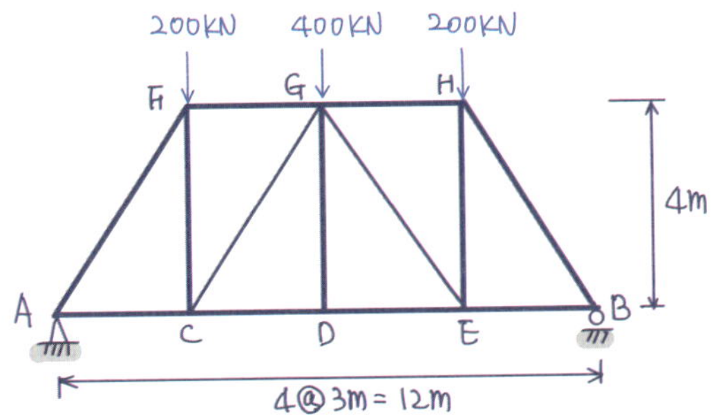

Sol. 트러스를 구성하는 부재들 중 원하는 부재의 부재력 만을 구하고 싶을 때는 단면법을 이용한다.

- F_{FG} : 상현재, F_{CD} : 하현재, F_{CG} : 사재, F_{DG} : 수직재 → 각각의 부재력을 구하는 개별적인 문제

1) 반력 : 문제의 트러스 구조물은 형상과 하중이 모두 대칭인 조건을 활용하면 쉽게 반력을 구할 수 있다.

$\Sigma V = 0$, $V_A + V_B = 800\,kN$ ∴ $V_A = 400\,kN(\uparrow)$, $V_B = 400\,kN(\uparrow)$, $H_A = 0$

2) FG 부재의 부재력 ; F_{FG}

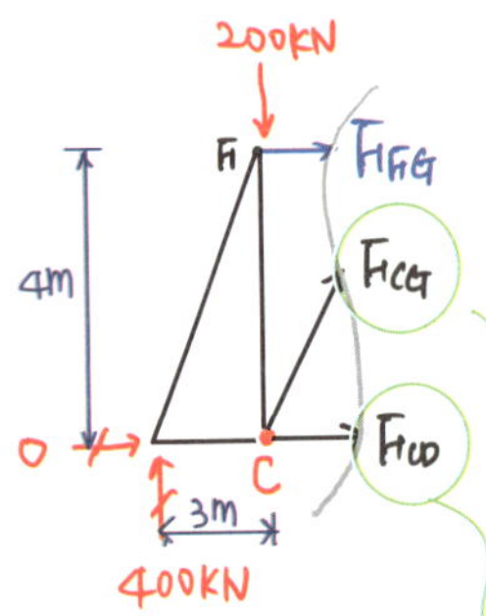

구하려는 부재가 포함되도록 가상으로 절단하면 다른 부재들(F_{CG}, F_{CD})이 같이 절단되면서 미지수로 나타나는데, 이렇게 원하지 않는 미지수를 제거하기 위해서 F_{CG} 와 F_{CD} 를 연장해 보았을 때 그 연장선들의 교점에 해당하는 절점(C점)을 모멘트의 기준점으로 설정한다. → 부재력과 모멘트 기준점 사이에 편심거리가 '0' 가 되어 원하지 않는 부재력들은 사라지게 된다.

F_{FG}를 구하는데 방해가 되는 미지수, 즉, 제거해야하는 미지수(부재력)

$\Sigma M_C = 0\ (\oplus)$;

$(400\times3) + (200\times0) + (F_{CG}\times0) + (F_{CD}\times0) + (F_{FG}\times4) = 0$

$4F_{FG} = -1200$ → 화살표의 방향이 F 점을 향하도록 수정되어야 한다. → 압축력이 된다.

∴ $F_{FG} = \ominus 300\,kN = 300\,kN$ (압축력)

해석을 시작할때 F_{FG}를 인장력으로 가정하였으나

그 값이 ⊖300KN으로 얻어짐. → 부재력을 인장력으로 가정하였으나 잘못 가정되었다는 의미.

3) F_{CD} ; F_{FG}를 2)에서 구했으나 아직 모르는 상태라고 가정하고...

$\Sigma M_G = 0$ (⊕↻) → F_{FG}와 F_{CG}를 제거시킬수 있는 위치 (G점)
즉, FG부재와 CG부재가 만나는 절점을 Moment 중심으로 한다.

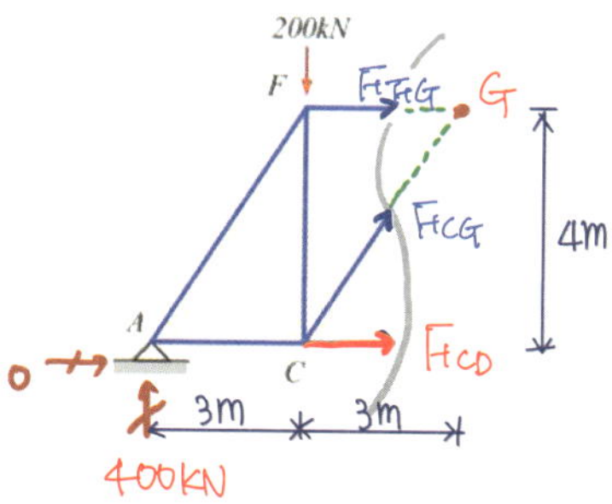

$$(400 \times 6) - (200 \times 3) - (F_{CD} \times 4) + (F_{FG} \times 0) + (F_{CG} \times 0) = 0$$

$$4F_{CD} = 1800$$

$$\therefore F_{CD} = 450\,kN(T)$$

4) F_{CG} ; F_{FG}와 F_{CD}를 제거시키려면 두부재축의 연장선이 만나는 절점을 기준으로 $\Sigma M=0$ 적용 해야하지만 F_{FG}와 F_{CD}가 만나는 절점이 없으므로 $\Sigma V=0$ or $\Sigma H=0$ 적용검토.

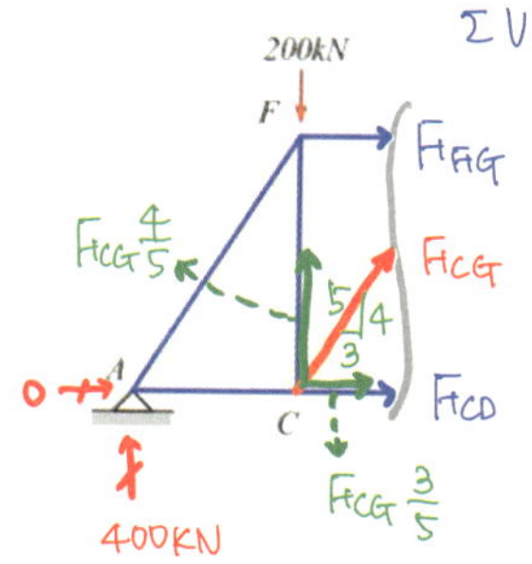

$\Sigma V = 0$ (↑⊕) ; $400 - 200 + F_{CG}\frac{4}{5} = 0$

$F_{CG} = \frac{5}{4}(-200) = ⊖250\,kN = 250\,kN(C)$

↳ 인장력으로 가정해서 부재력 계산. → "−" 나옴 → 가정이 잘못됨. → 압축력을 받는 부재임.

※ 만약 $\Sigma H=0$을 이용한다면

$\Sigma H = 0$ (⊕→) ; 미지수가 많아 계산 X

$F_{FG} + F_{CD} + F_{CG}\frac{3}{5} = 0$

└ 모두 미지수 ┘

5) F_{DG}

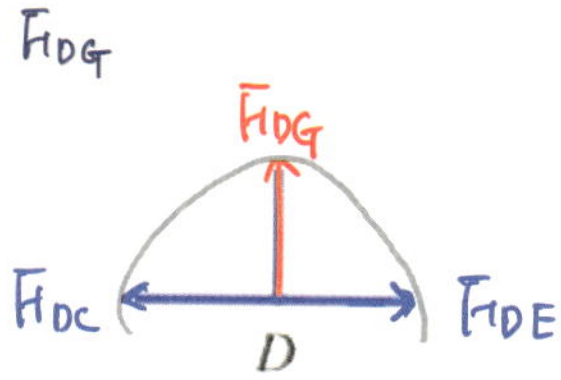

$\Sigma V = 0$ (↑⊕)

$\therefore F_{DG} = 0$

Comment

보완설명

☀ 보다 simple한 방법으로 부재력 F_{CG}를 구해보자. (힘의 평형 $\Sigma V=0$을 적용) → 부록 24에서 설명하는 내용과 같은개념.

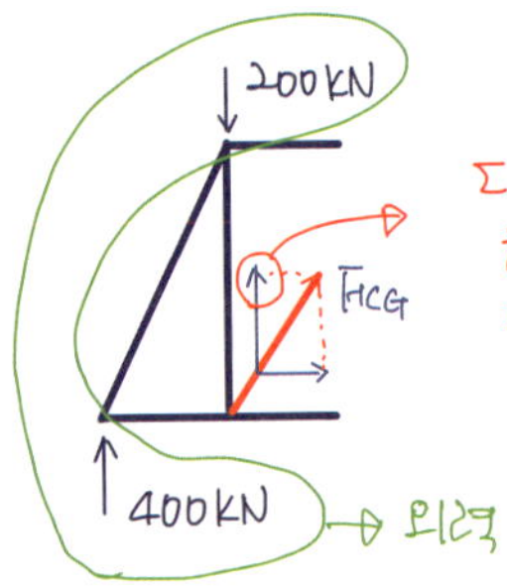

$\Sigma V=0$ 이 되기 위해서는 하향 내력(부재력) 200KN이 필요함.

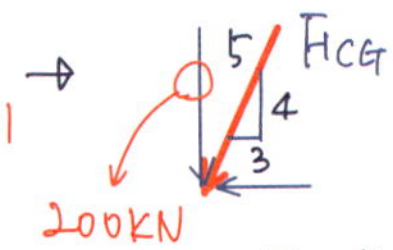

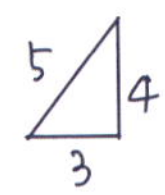

- F_{CG} 부재력은 비례식을 사용하면

$4:5 = 200KN : F_{CG}$

$\therefore F_{CG} = \frac{200\times5}{4} = 250KN(C)$

"$\Sigma V=0$" 을 적용하면 외력의 크기는 "$400-200=200KN$"

(상향 ↑ 200KN = 외력의 합력
하향 ↓ 200KN = 내력(트러스 부재력) 이 있어야 평형이 됨.

F_{FG}, F_{CD} 는 연직성분의 내력을 가지고 있지 않음. 연직성분은 F_{CG} 에 들어있다.

- 이 방법으로 F_{AF} 를 구해보면 $F_{AF}=?$

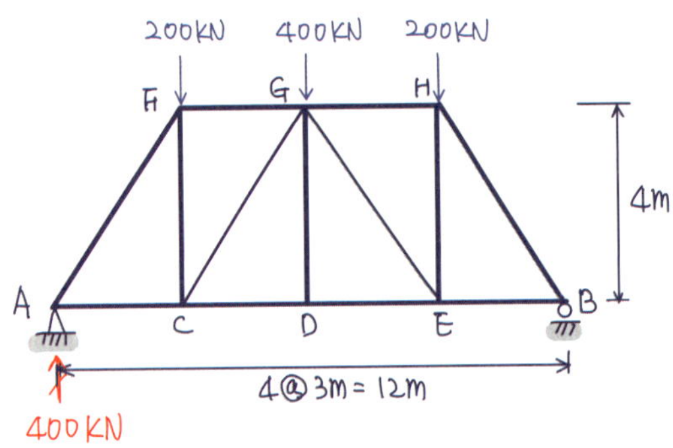

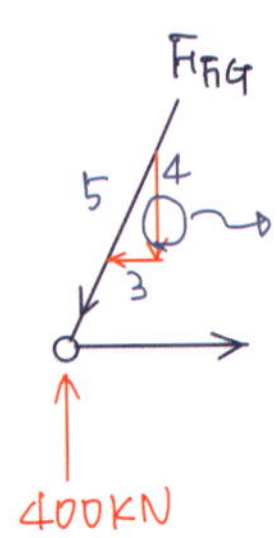

400KN 이 되어야 "$\Sigma V=0$" 성립.

$4:5 = 400KN : F_{FG}$

$\therefore F_{FG} = \frac{5}{4}\times400 = 500KN(C)$

- 외력은 400KN ↑
- 내력(부재력)이 400KN ↓ 되어야 $\Sigma V=0$ 성립.

Comment

G1-02 다음 그림과 같은 트러스 구조물에서 BC 부재의 부재력은 ?

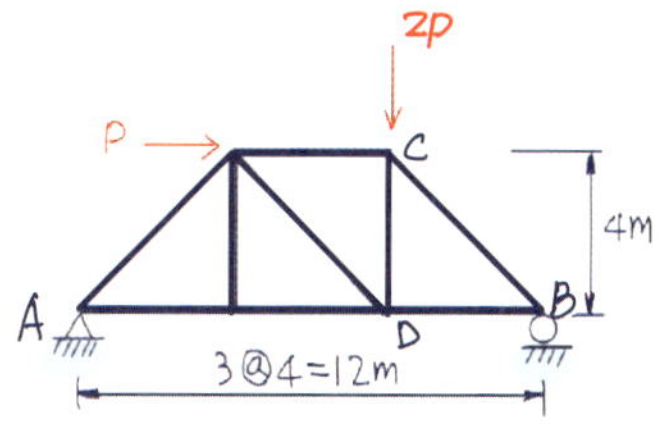

Sol.

반력을 구한 후 B절점을 분리시켜 힘의 평형조건 ($\Sigma H=0$, $\Sigma V=0$)을 적용 → 절점법

1) 반력

$\Sigma V = 0$ (↑⊕)

$V_A + V_B = 2P$

$\Sigma M_A = 0$ (⊕↻) → V_B만 알면 F_{BC}를 구할수 있음.

$-(V_B \times 12) + (2P \times 8) + (P \times 4) = 0$

$\therefore V_B = \frac{20P}{12} = \frac{5}{3}P\,(\uparrow)$

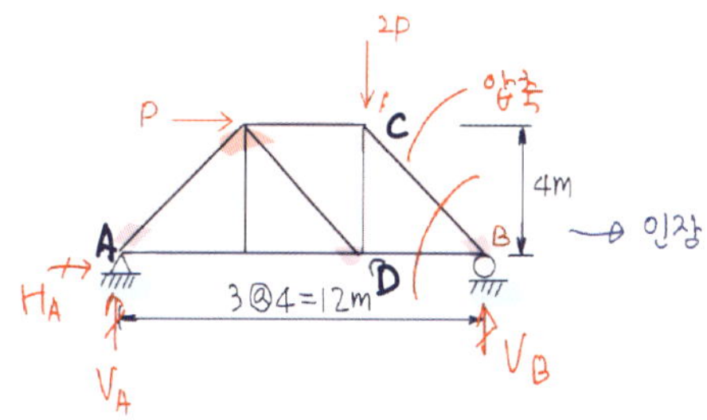

$\Sigma H = 0$ (⊕→) ; B절점을 분리하여 절점법을 적용하는데 반력 H_A는 필요하지 않다.

$H_A + P = 0$ $\therefore H_A = -P = P\,(\leftarrow)$ 즉, H_A는 구하지 않아도 된다.

2) 절점 B 분할 → F_{BC} 구한다.

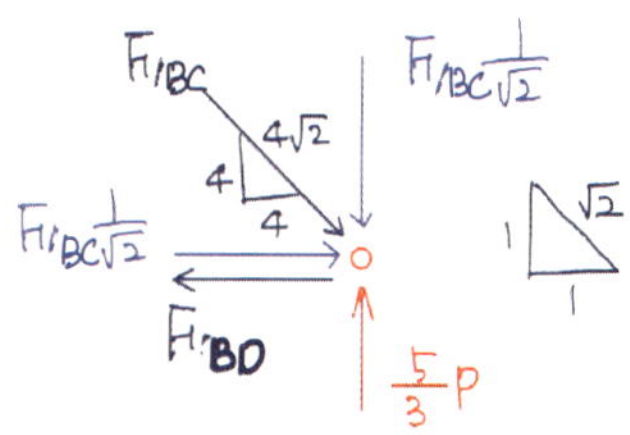

$\Sigma V = 0$ (↑⊕)

$\frac{5}{3}P - F_{BC}\frac{1}{\sqrt{2}} = 0$

$\therefore F_{BC} = \frac{5\sqrt{2}}{3}P = 2.36P$ (압축)

(B절점을 향해 모이는 힘이므로)

• 변의 비율

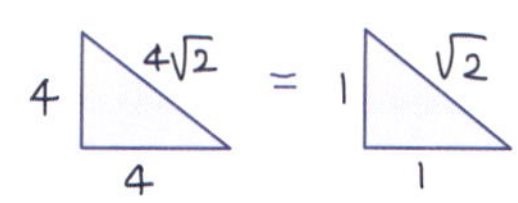

보완설명

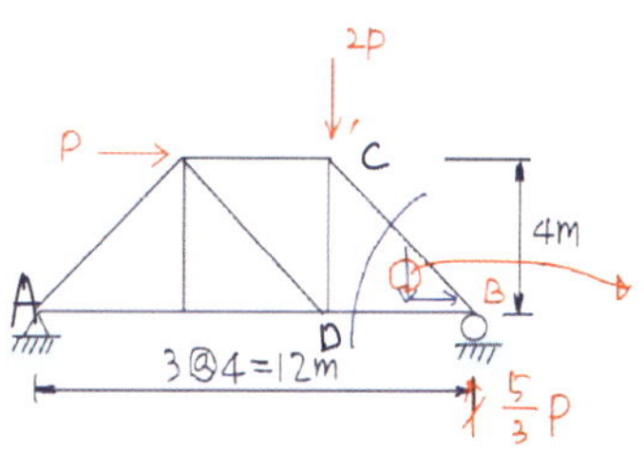

• 외력 $\frac{5}{3}P$ (상향 ↑) = 내력 $\frac{5}{3}P$ (하향 ↓)

→ $\frac{5}{3}P\,(\downarrow)$ 가 되어야 한다.

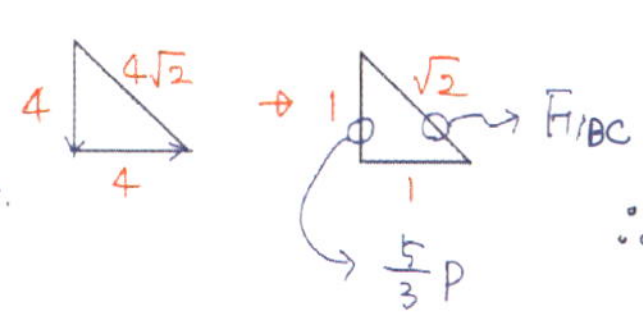

$1 : \sqrt{2} = \frac{5}{3}P : F_{BC}$

$\therefore F_{BC} = \frac{5}{3}P \cdot \sqrt{2} = \frac{5\sqrt{2}}{3}P\,(C)$

Comment

GI-03 다음 트러스 구조물의 모든 부재력을 구하시오.

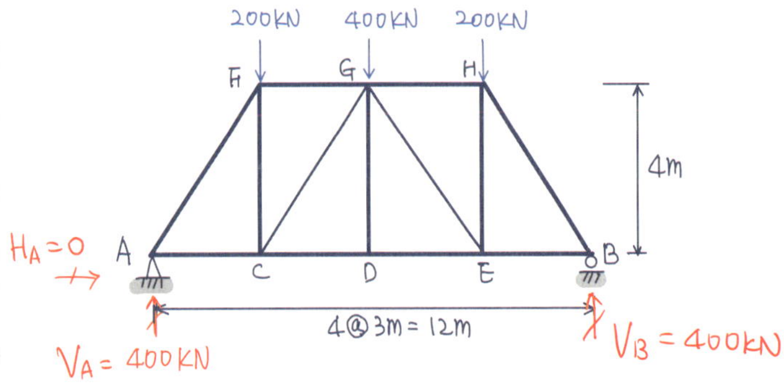

모든 부재력을 구할 때는 절점법이 효과적이다.

1) 반력 → GI-01 문제 풀이 참고.

* 각 절점에서 힘의 평형이 이루어져야 한다는 힘의 평형 조건 이용.

2) Joint A ; 반력 값을 포함한 A 절점을 기준으로 구조물을 분리시킨다.

• F_{AF}는 압축력, F_{AC}는 인장력으로 가정

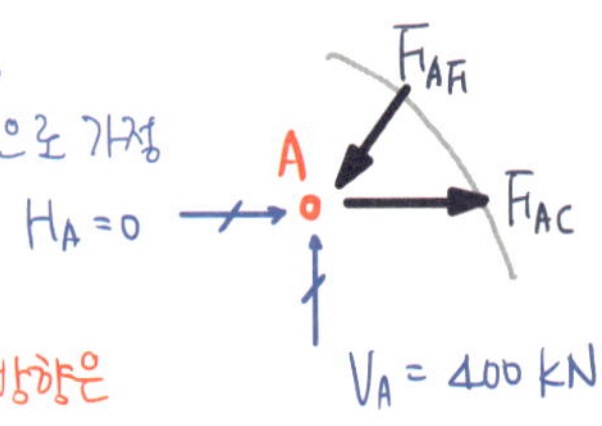

분리된 상태에서 힘의 평형을 고려한다. 즉 $\Sigma H=0$, $\Sigma V=0$ 를 적용한다. F_{AF}는 경사진 힘이므로 $\Sigma H=0$, $\Sigma V=0$을 적용시키기 위해 F_{AF}을 수평력과 수직력으로 분해한다

• 부재력의 방향은 가정해서 계산한다.
→ 계산된 결과값이 "+"이면 가정한 방향이 옳다.
결과값이 "−"이면 가정한 방향이 잘못되었다는 의미이다.

• $F_{AF}\frac{4}{5}$ 의미; 경사지게 작용하는 힘 F_{AF}의 수직분력(성분)의 크기는 F_{AF}의 $\frac{4}{5}$에 해당하는 값이다.

값의 크기는 가져오고 방향은 바꿔서 최종적으로 인장력인지 압축력인지 판단.

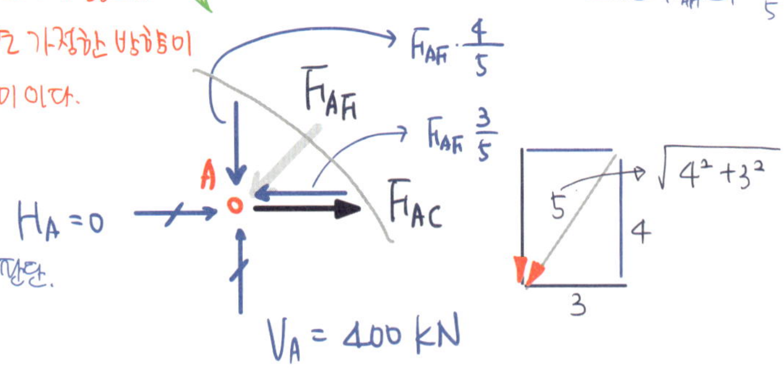

Comment

① $\Sigma V=0\ (\uparrow\oplus)$

$-F_{AF}\frac{4}{5}+400=0$ $\therefore F_{AF}=\frac{5}{4}\cdot 400=500N(C)$

값이 "+" 이므로 가정한 F_{AF}의 방향이 옳다. 그래서 압축력

② $\Sigma H=0\ (\rightarrow\oplus)$

$F_{AC}-F_{AF}\cdot\frac{3}{5}=0$ $\therefore F_{AC}=500\cdot\frac{3}{5}=300N(T)$

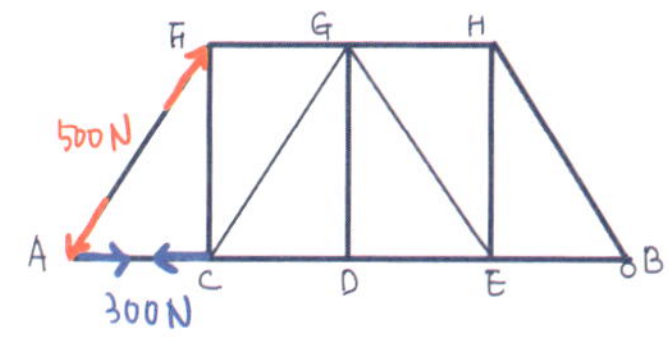

· Joint A와 연결된 부재의 부재력 F_{AF}, F_{AC}를 구한 이후에는 이 두 부재와 연결된 절점 Joint C와 Joint F 중 어느 Joint(절점)를 먼저 해석하는 것이 보다 쉽게 부재력을 구할수 있을것인지 판단한다

→ 연결 부재수가 상대적으로 적은 절점을 우선 검토한다. (C점보다 F점이 쉽다)

3) Joint F

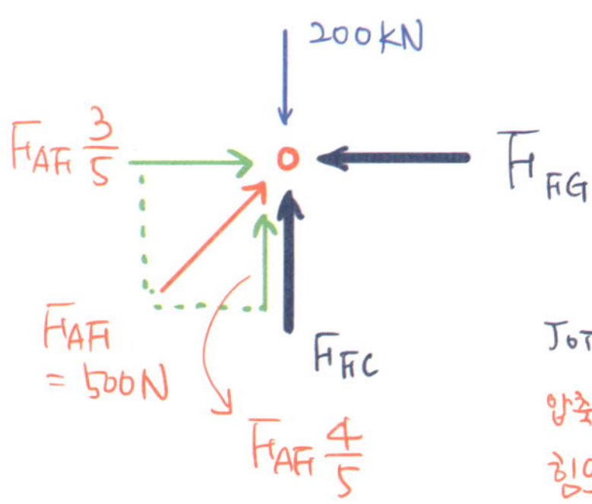

Joint A에서 F_{AF} = 500N 압축력으로 구해짐.

압축력은 어느 절점을 기준으로 하더라도 항상 절점을 향하는 힘으로 표현된다.

① $\Sigma V=0\ (\uparrow\oplus)$

$F_{AF}\frac{4}{5}+F_{FC}-200=0$

가정한 부재력의 화살표 방향을 바꿔준다. 절점에서 멀어지는 힘으로 표현되므로 인장력임.

$\therefore F_{FC}=-500\frac{4}{5}+200=\ominus 200N=200N(T)$

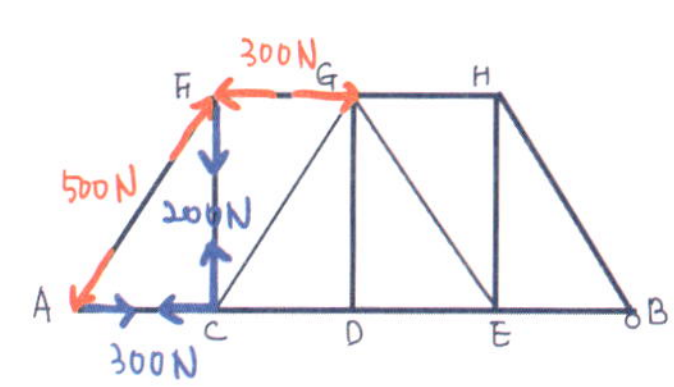

② $\Sigma H=0\ (\rightarrow\oplus)$

$F_{AF}\frac{3}{5}-F_{FG}=0$ $\therefore F_{FG}=500\cdot\frac{3}{5}=300N(C)$

Comment

4) Joint C

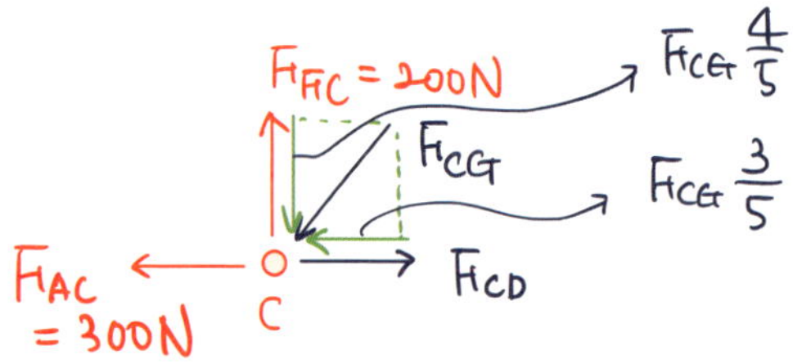

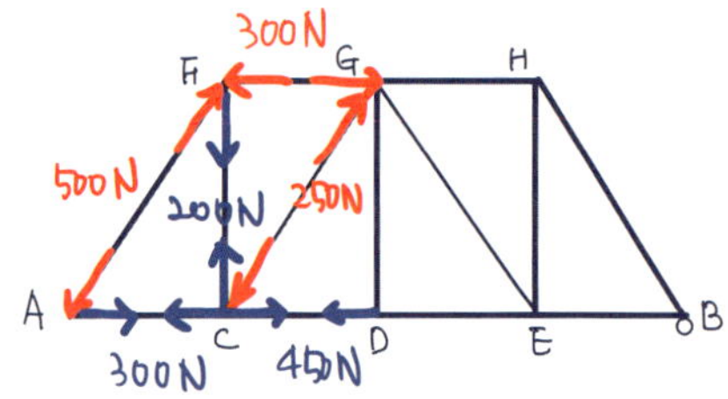

① $\Sigma V = 0 (\uparrow \oplus)$

$$F_{FC} - F_{CG}\frac{4}{5} = 0 \quad \therefore F_{CG} = \frac{5}{4} \cdot 200 = 250N(C)$$

② $\Sigma H = 0 (\overrightarrow{\oplus})$

$$-F_{AC} + F_{CD} - F_{CG}\frac{3}{5} = 0 \quad \therefore F_{CD} = F_{AC} + F_{CG}\frac{3}{5}$$

$$= 300 + 250 \cdot \frac{3}{5} = 450N(T)$$

5) Joint D

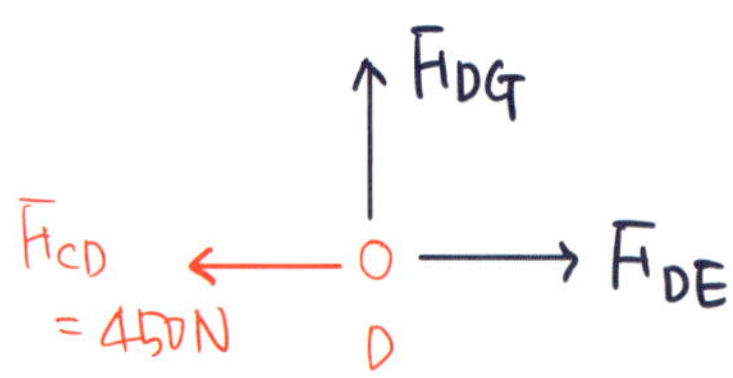

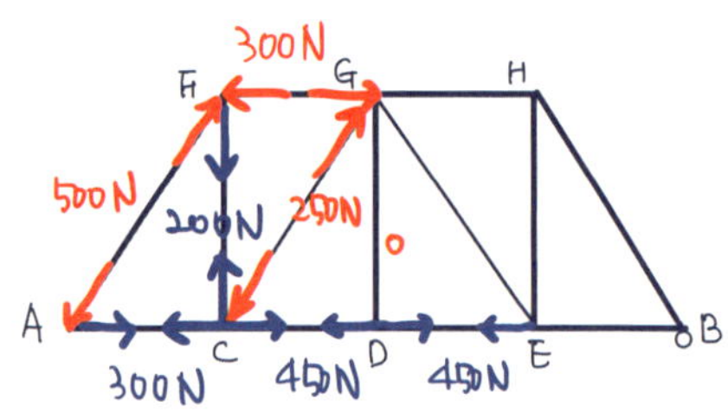

① $\Sigma V = 0 (\uparrow \oplus)$

$$\therefore F_{DG} = 0$$

② $\Sigma H = 0 (\overrightarrow{\oplus})$

$$-F_{CD} + F_{DE} = 0$$

$$\therefore F_{DE} = F_{CD} = 450N$$

Joint H, Joint E, Joint B 에서 평형조건을 적용하여 나머지 부재력을 모두 구해야 하지만, 이 문제의 경우 하중조건, 구조물의 형상이 GD 부재를 기준으로 대칭이므로 부재력 또한 대칭이 된다.

Type	G2. 부재력이 '0' 인 부재 판별하기
Frequency	
Comment	각 절점을 기준으로 힘의 평형이 성립되어야 함. 힘의 평형을 이루는데 필요없는 부재의 부재력은 '0' 이다.

G2-00

부재력이 "0"인 부재를 찾는 과정은 생각보다 간단하다.

– 각 절점을 중심으로 가상 절단한 후 평형방정식($\Sigma Fx=0(=\Sigma H=0)$, $\Sigma Fy=0(=\Sigma V=0)$) 적용하는 것만으로 부재력이 "0" 인 부재를 알아 낼 수 있다.

– 평형방정식을 적용하기 위한 좌표축은 꼭 x 축(수평)과 y축(수직)일 필요는 없다.!! 부재의 배치, 힘들의 방향에 따라 $\Sigma Fx' = 0$, $\Sigma Fy' = 0$ 의 적용도 가능하다.

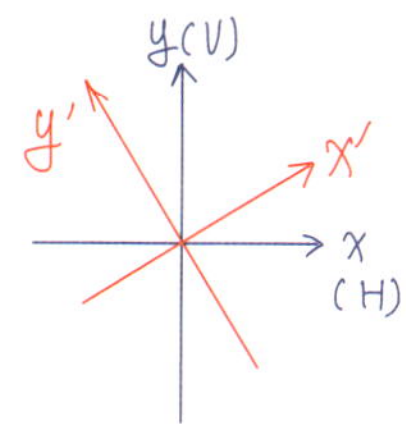

1) 2개의 부재가 한 절점에서 만나고 외력이 작용하지 않는 경우 : 부재력은 모두 '0'이다.

ⓐ

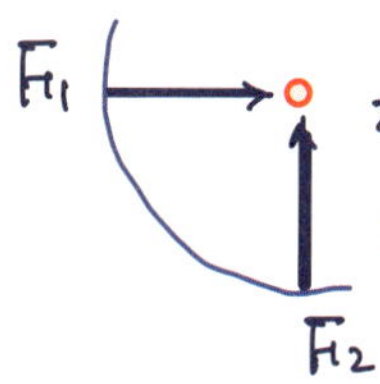

$\Sigma V=0$, $F_2=0$ → (연직방향 힘의 합력은 "0" 이 되어야 하는데 연직 방향 힘의 성분은 F_2 1개만 존재하므로 $F_2=0$ 이 될수 밖에 없다는 개념).

$\Sigma H=0$ $F_1=0$

ⓑ

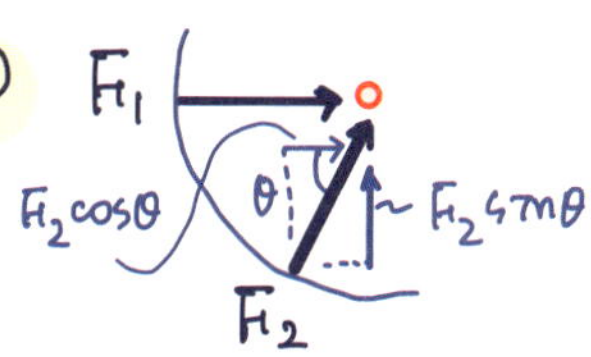

$\Sigma V=0$, $F_2 \sin\theta = 0$ ∴ $F_2=0$ ($\sin\theta$는 "0"이 아니므로 F_2가 "0" 이 되어야 한다.)

$\Sigma H=0$, $F_1 + F_2\cos\theta = 0$ ∴ $F_1=0$

· ⓐ ⓑ 적용 예시

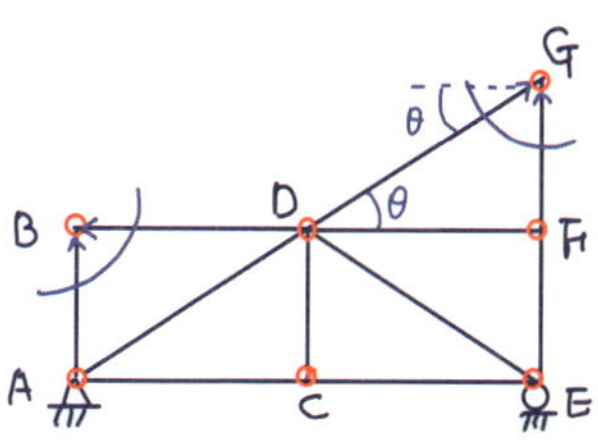

· 절점 B – ⓐ $F_{AB} = F_{BD} = 0$ ($= F_{BA}$) → $\Sigma V=0$, $F_{BA}=0$ / $\Sigma H=0$, $F_{BD}=0$

· 절점 G – ⓑ $F_{GD} = F_{GF} = 0$ → $\Sigma H=0$, $F_{GD}\cos\theta=0$ ∴ $F_{GD}=0$ / $\Sigma V=0$, $F_{GD}\sin\theta + F_{GF}=0$ ∴ $F_{GF}=0$

잠깐!! 부재력이 '0'인 부재는 왜 필요할까?

–시공 중 트러스의 안정성 확보

–작용하는 하중(이동하중)의 위치변화

–트러스 부재의 좌굴안정성 확보 등

Comment

2) 2개의 부재가 한 절점에서 만나고 어느 한 부재축 방향으로 외력이 작용하는 경우

: 외력작용 방향과 일치하지 않는 다른 한개의 부재력은 '0'이다.

ⓒ

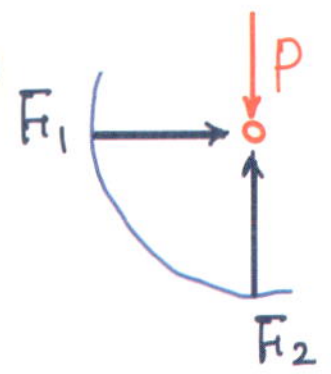

$\Sigma V=0$, $F_2=P$

$\Sigma H=0$ $F_1=0$

ⓓ

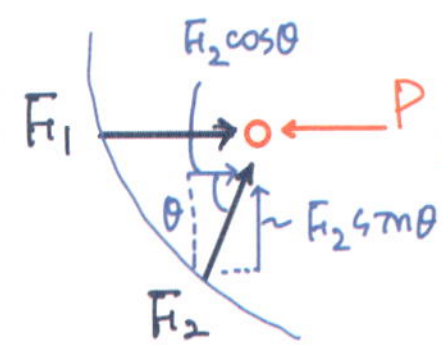

$\Sigma V=0$, $F_2\sin\theta=0$ $\therefore F_2=0$

$\Sigma H=0$, $F_1+F_2\cos\theta-P=0$ ($F_2=0$)

$\therefore F_1=P$

◦ ⓒ ⓓ 적용예시

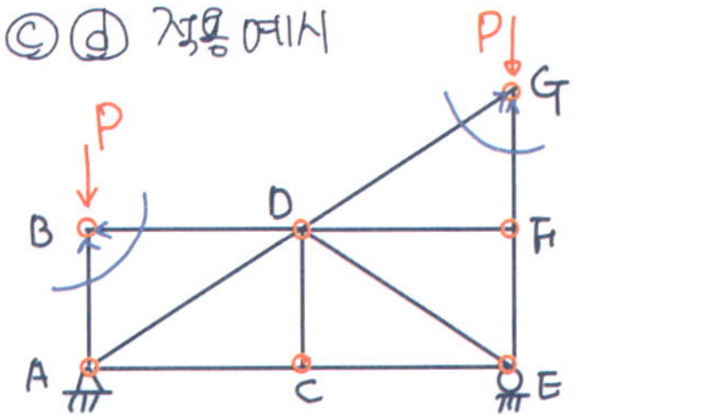

· 절점 B – ⓒ $F_{AB}=P$, $F_{BD}=0$

· 절점 G – ⓓ $F_{GF}=P$, $F_{GD}=0$

3) 3개의 부재가 모이는 절점에 외력이 작용하지 않는 경우

: 동일 축 선상에 놓인 두개의 부재력은 크기가 서로 같고 나머지 하나의 부재력은 '0'이다.

ⓔ

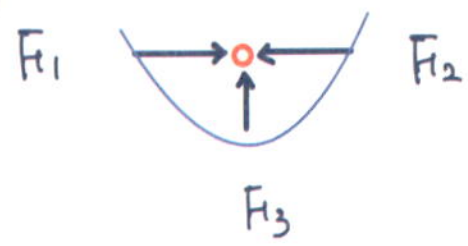

$\Sigma V=0$, $F_3=0$

$\Sigma H=0$, $F_1=F_2$

ⓕ

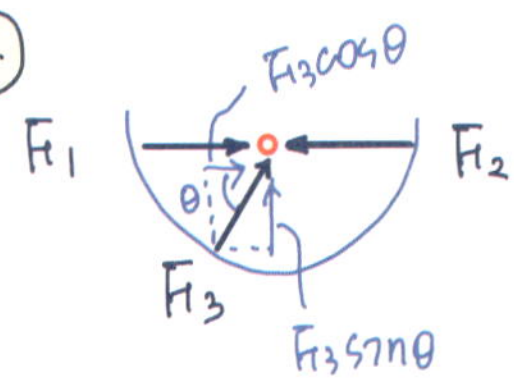

$\Sigma V=0$, $F_3\sin\theta=0$ $\therefore F_3=0$

$\Sigma H=0$, $F_1-F_2+F_3\cos\theta=0$ ($F_3=0$)

$\therefore F_1=F_2$

◦ ⓔ ⓕ 적용예시

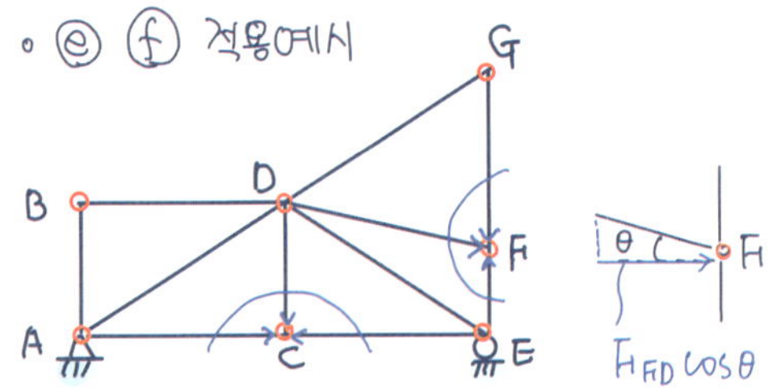

· 절점 C – ⓔ $\Sigma V=0$, $F_{CD}=0$

· 절점 F – ⓕ $\Sigma H=0$, $F_{FD}\cos\theta=0$ $\therefore F_{FD}=0$

수평방향 성분은 $F_{FD}\cos\theta$ 뿐이므로 "$F_{FD}\cos\theta=0$" 이 되려면 $\cos\theta\neq0$ 이므로 $F_{FD}=0$ 이 되어야 한다.

$\Sigma V=0$ $F_{FE}-F_{FG}-F_{FD}\sin\theta=0$ ($F_{FD}=0$)

$\therefore F_{FE}=F_{FG}$.

Comment 부재력이 '0' 인 부재를 찾을 때는 2개 부재가 연결된 절점 우선 검토 후 3개 부재가 연결된 절점을 검토

4) 2개의 부재가 연결된 절점에서 부재력이 '0' 인 부재 찾는 방법 정리

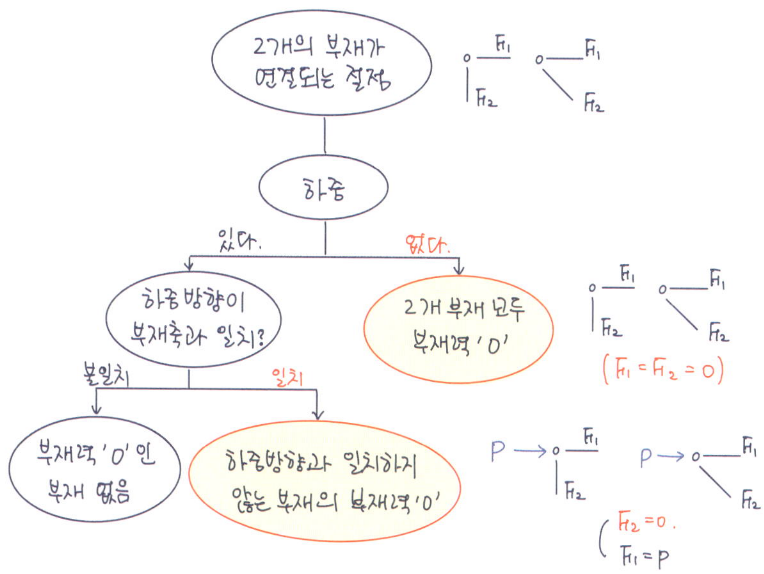

5) 3개의 부재가연결된 절점에서 부재력이 '0' 인 부재 찾는 방법 정리

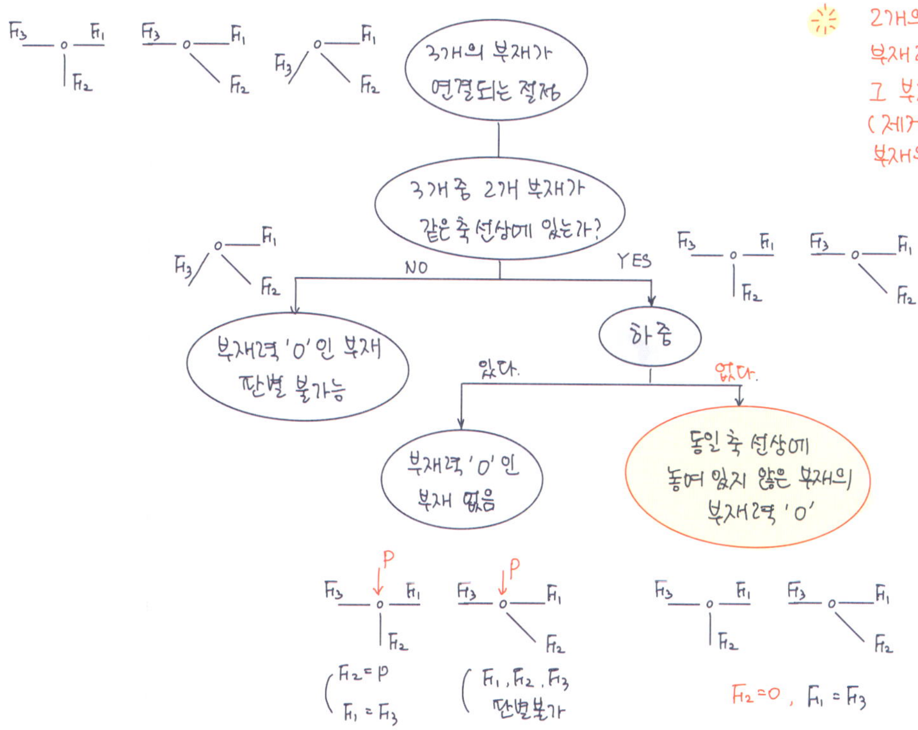

2개의 부재가 모이는 절점에서 부재력이 '0' 인 부재가 결정되면 그 부재는 존재하지 않는다고 가정하고 (제거한 상태에서) 절점에 연결된 부재의 갯수를 고려해야 한다.

Comment

G2-01. 다음 그림과 같은 트러스 구조물에서 부재력이 발생하지 않는 부재는?

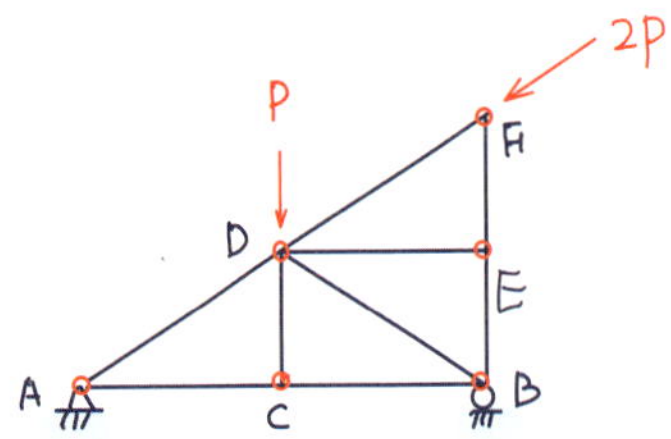

Sol.

1) 부재력이 '0'인 부재 찾는 순서 ; 부재력 '0'인 부재를 찾았으면 그 부재는 지워 버린다.

반력표시

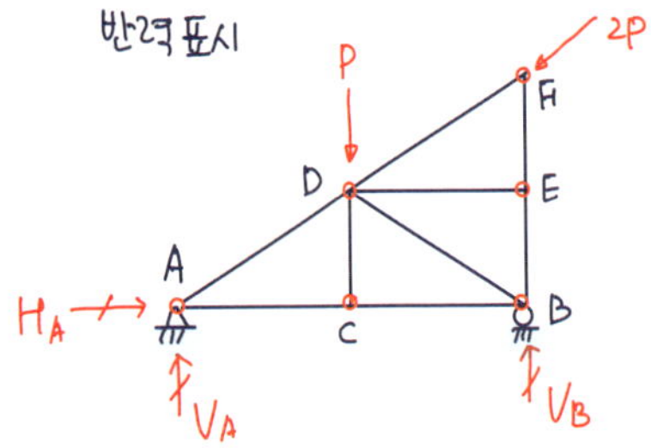

① 반력(외력(하중)) 표시 → 반력은 하중으로 표현한다.

② 2개 부재가 연결되는 절점에서 우선 검토

③ 3개 부재가 연결되는 절점에서 검토

2) 2개 부재 연결 절점

① Joint F

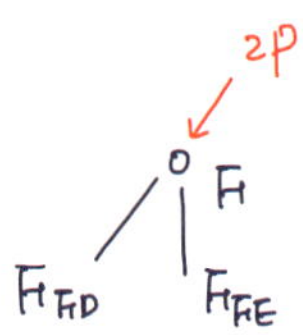

$\therefore F_{FE} = 0$

$F_{FD} = 2P$

• 이렇게 생각할 수 있다.

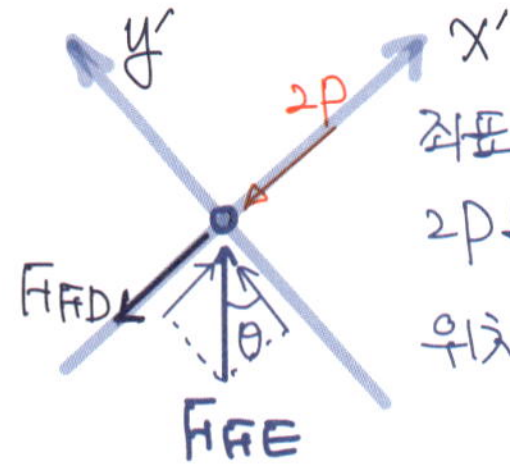

좌표축을 회전시켜 보면 2P와 F_{FD}는 일직선상에 위치하고 있음.

$\Sigma F_{y'} = 0$ (↖⊕)

$F_{FE} \cdot \cos\theta = 0$

(F_{FE} = 0, $\cos\theta \neq 0$)

$\Sigma F_{x'} = 0$ (↗⊕)

$2P - F_{FD} = 0$

$\therefore 2P = F_{FD}$

② Joint E

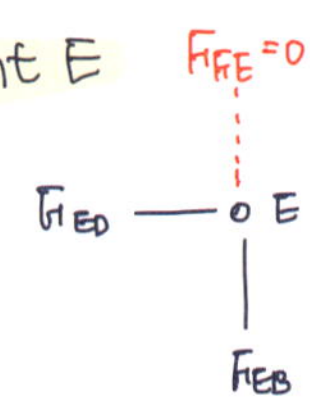

$\therefore F_{ED} = F_{EB} = 0$

3) 3개 부재 연결절점.

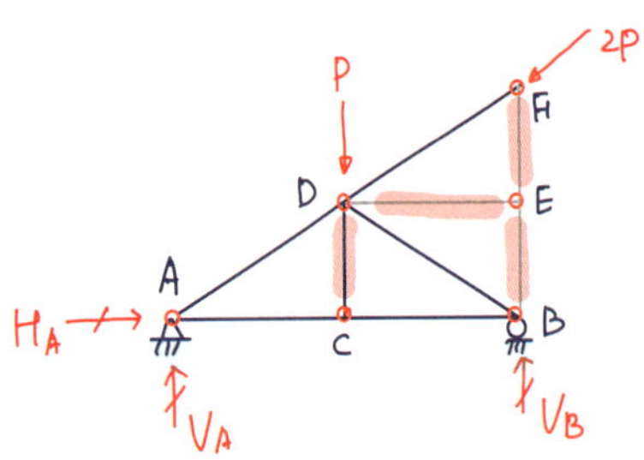

③ Joint C

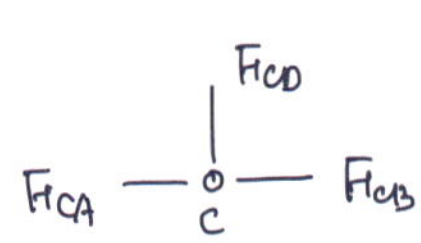

$\therefore F_{CD} = 0$

$\therefore F_{CA} = F_{CB}$

→ 서로 크기가 같다

• 절점 C 이외에도 3개의 부재가 연결되는 절점은 A, D, B가 있으나 부재력이 '0'인 부재는 없음.

Ans. $F_{FE} = F_{ED} = F_{EB} = F_{CD} = 0$

Comment

G2-02 다음 그림과 같은 트러스 구조물에서 부재력이 발생하지 않는 부재는?

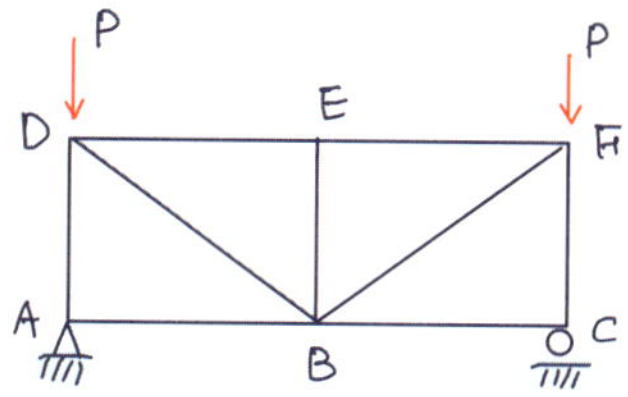

Sol.

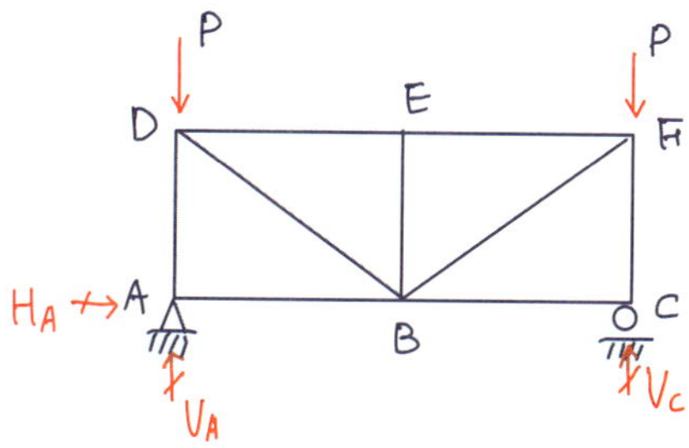

- 2개의 부재가 연결되는 절점은 없음
- 3개의 부재가 연결되는 절점 중 하중이 없고 부재축이 일치하는 부재가 있는 절점을 우선 검토한다.

- 절점 E

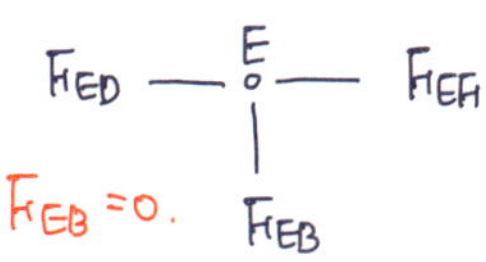

$\therefore F_{EB} = 0$, $F_{ED} = F_{EF}$

- 절점 C

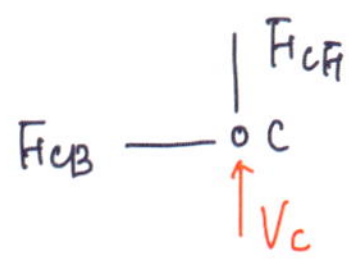

$\therefore F_{CB} = 0$, $F_{CF} = V_C$

- 절점 A

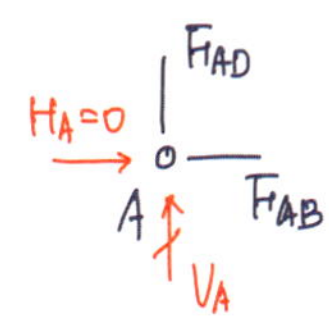

$\therefore F_{AB} = 0$, $F_{AD} = V_A$

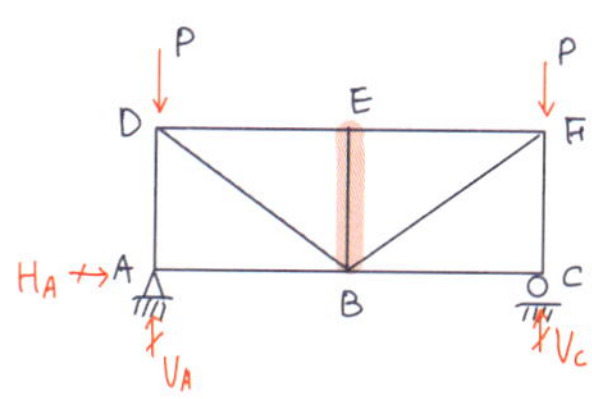

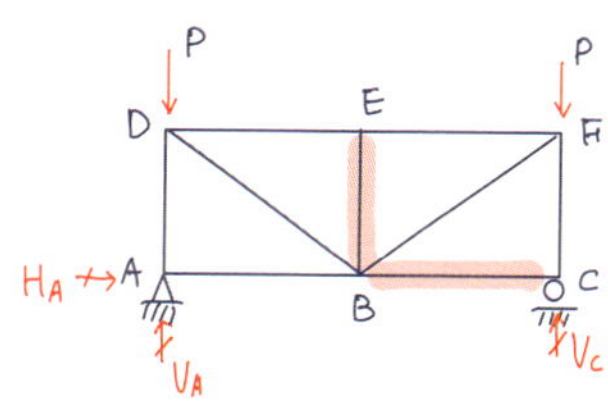

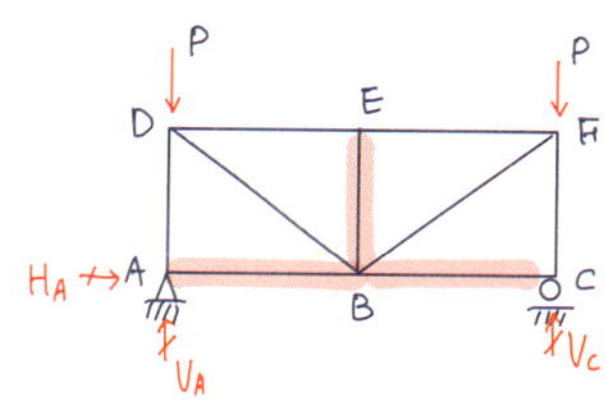

- 절점 B

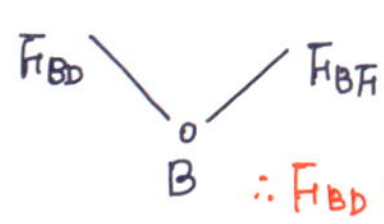

$\therefore F_{BD} = F_{BF} = 0$

- 절점 D (or 절점 F)

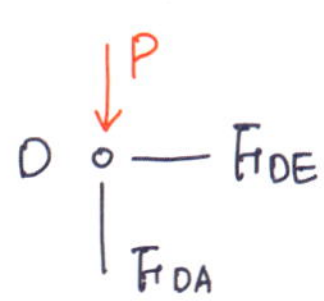

$\therefore F_{DE} = 0$, $F_{DA} = P$

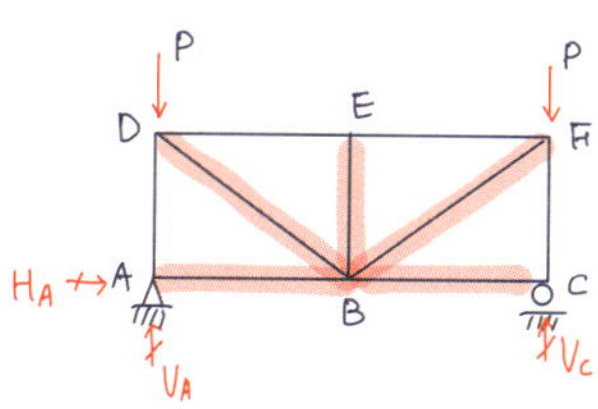

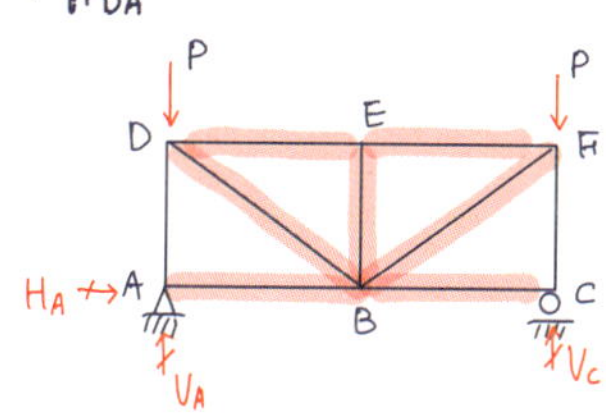

Ans. $F_{AB} = F_{BC} = F_{BD} = F_{BF} = F_{BE} = F_{DE} = F_{FE} = 0$ (9개 부재 중 7개 부재력이 '0')

Type	G3. K-truss 부재력 구하기
Frequency	
Comment	

G3-01 다음 K-truss 에서 CD 부재와 LI 부재의 부재력은?

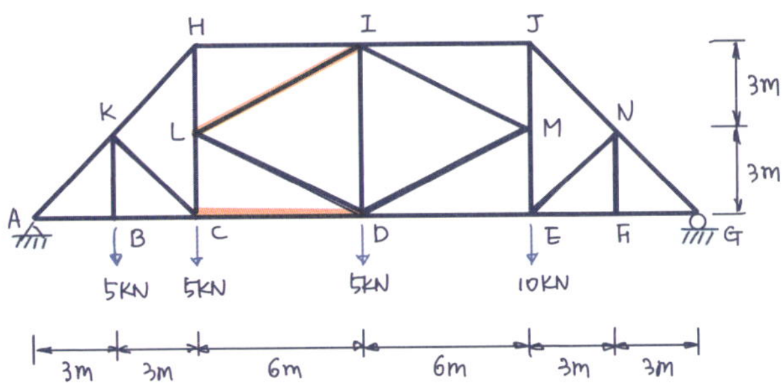

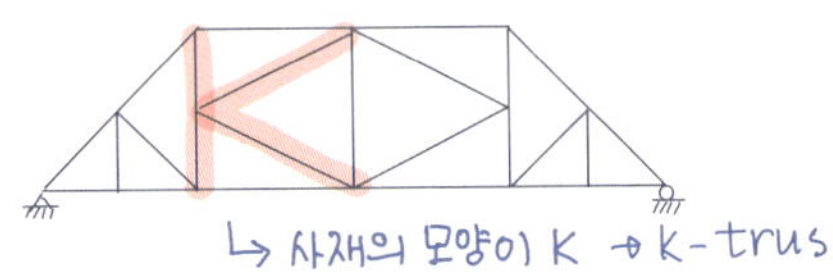

Sol. K-truss의 부재력은 어떻게 절단하는지가 중요!!

상현재, 하현재의 부재력은 대부분 일반적인 트러스와 같이 하나의 평형방정식을 적용하여 구할 수 있으나 사재의 부재력을 구하기 위해서는 최소한 두 단계를 거쳐야 한다.

1) 반력

$\Sigma M_G = 0$ (⊕↻)

$(V_A \times 24) - (5 \times 21) - (5 \times 18) - (5 \times 12) - (10 \times 6) = 0$

$\therefore V_A = 315/24 = 13.13\,\text{KN}\,(\uparrow)$, $V_B = 25 - 13.13 = 11.87\,\text{KN}\,(\uparrow)$

2) F_{CD}

F_{CD}를 구하기 위해 트러스 구조물을 절단하는 경우 F_{CD}를 제외한 나머지 부재력(미지수 F_{HL}, F_{HI}, F_{CL})을 제거하기 위해서 H 점에 모멘트 중심을 두고 $\Sigma M_H = 0$ 을 적용한다.

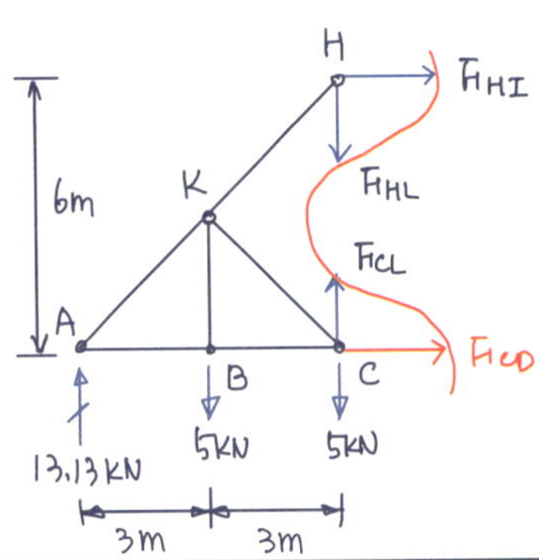

$\Sigma M_H = 0$ (⊕↻)

$(13.13 \times 6) - (5 \times 3) - (5 \times 0) + (F_{HI} \times 0)$

$+ (F_{HL} \times 0) + (F_{CL} \times 0) - (F_{CD} \times 6) = 0$

$6 F_{CD} = 63.8\,\text{kN·m}$

$\therefore F_{CD} = 10.6\,\text{KN}$ (인장)

Comment

보완설명

2)-1 F_{CD} ; 부재를 이렇게 절단해서 구할 수도 있다.

오른쪽 그림과 같이 절단하면 F_{CL}, F_{KH} 부재력이 미지수로 나타남.

이 두개의 미지수를 제거하기 위해서 H 점을 기준으로 모멘트 취함.

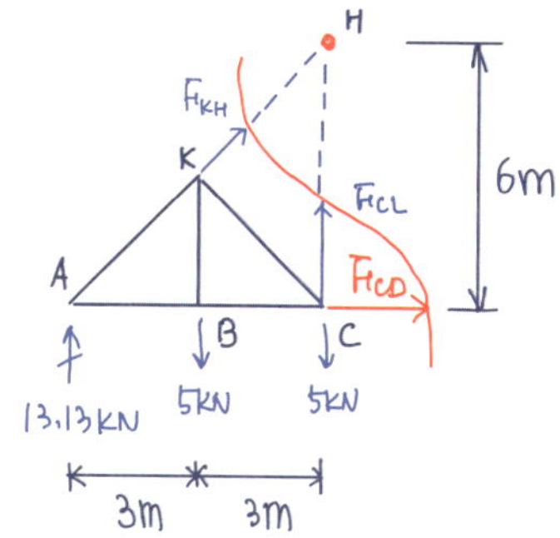

$$\Sigma M_H = 0 \; (\circlearrowright +)$$

$$(13.13 \times 6) - (5 \times 3) - (5 \times 0) + (F_{KH} \times 0) + (F_{CL} \times 0) - (F_{CD} \times 6) = 0$$

$$6 F_{CD} = 63.8 \text{ KN}\cdot\text{m}$$

$$\therefore F_{CD} = 10.6 \text{ KN (인장)}$$

3) F_{LI} ; K-truss의 사재 부재력을 구하는 과정은 복잡하다.

a) 첫 번째 방법 : 일반적으로 상현재 혹은 하현재의 부재력을 먼저 구한 후 그 값을 이용해서 사재의 부재력을 구하게 된다.(다음 페이지에 풀이과정 설명)

b) 두 번째 방법 : 구조물을 절단할 때 나타나는 사재 F_{LI}, F_{LD} 를 연직과 수평 성분의 힘으로 분해한 후 $\Sigma V=0$, $\Sigma H=0$ 로부터 연립방정식을 세워 부재력을 구할 수 있다.

c) 세 번째 방법 : 만약, 사재의 기하학적 형상이 대칭이라면 위의 2가지 방법보다 쉽게 해결할 수 있다. 단, 아치작용을 하는 사재와 케이블 작용을 하는 사재를 구분 할 수 있어야 한다.

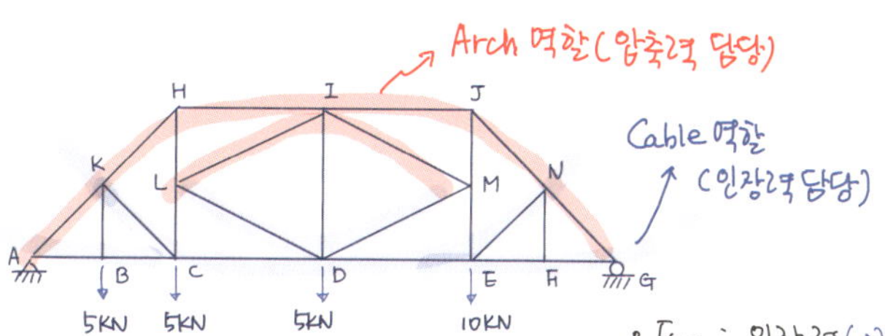

- F_{LD} : 인장력(+)
- F_{LI} : 압축력(−)

- 사재의 기하형상은 대칭이므로 두개의 사재 F_{LD} 와 F_{LI} 에는 같은 크기의 부재력이 발생하지만 케이블 작용을 하는 부재는 인장력, 아치 작용을 하는 부재는 압축력이 발생한다.

Comment

– 세 번째 방법으로부터 대칭 부재는 서로 힘의 크기는 같고 힘의 방향은 반대라는 개념을 이용하여 사재의 부재력을 구할 수 있다. 부재력을 구하려는 사재가 포함되도록 가상으로 절단 한 후 힘의 평형 조건이 성립되도록 한다.

연직방향 외력의 합 = 13.13 – 5 – 5 = 3.13 kN (→ 절단된 truss 구조물에서 힘의 평형이 이루어지려면 하향력 3.13kN 이 부족함)
3.13kN은 사재가 감당해야 할 몫.

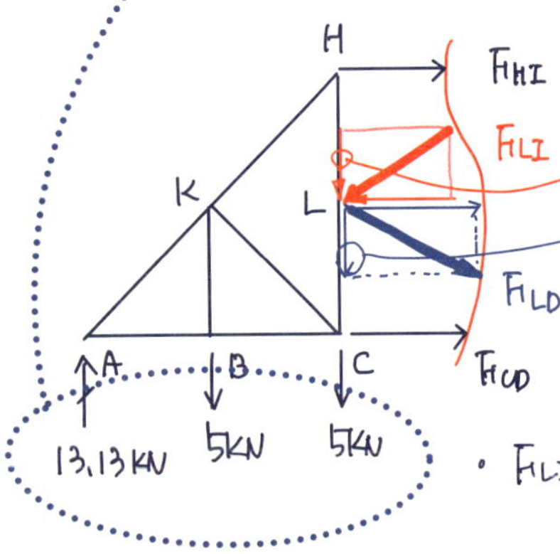

↳ 반력도 외력이다.

FLI의 연직성분 = FLD의 연직성분 → 두 연직성분(내력)의 합은 3.13kN (하향)이 되어야 한다.

• 두 부재의 연직성분 크기는 서로 같으므로 각각 1.565kN씩 (3.13/2) 나눠서 분담하게 된다.

• FLI는 압축력, FLD는 인장력 이지만 연직 방향 성분은 모두 하향

• 평형방정식 세울 때는 하향(–), 상향(+)
• 부재력의 크기가 결정되고 난 이후에는 부재의 변형을 기준으로 신장(인장력 +) 수축(압축력 –) 판단한다.

• FLI의 연직분력은 1.565kN (하향) 이 되어야 한다.

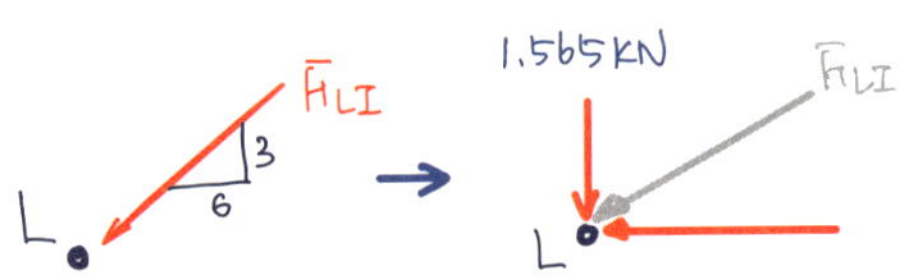

• FLI의 연직분력이 1.565kN 이므로 FLI가 분해되기 전 경사진 상태의 부재력의 크기는 간단하게 계산할 수 있다.

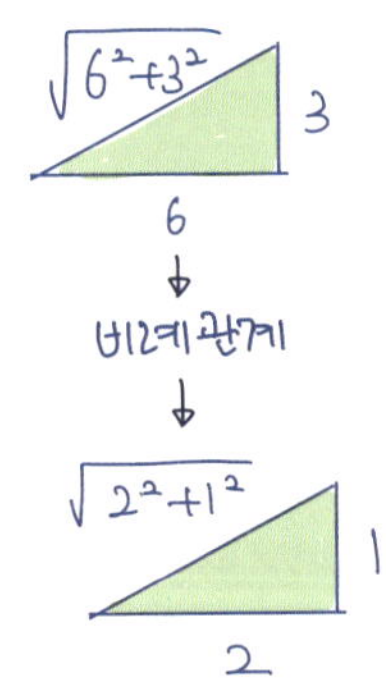

$1 : \sqrt{5} = 1.565\text{kN} : F_{LI}$

$\therefore F_{LI} = 1.565 \times \sqrt{5} = 3.5\text{kN}$ (C, 압축)

$\therefore F_{LD} = 3.5\text{kN}$ (T, 인장)

Comment

3)-1 F_{LI} ; 앞서 소개한 방법보다 훨씬 복잡하다.

K-truss 에서 사재의 부재력을 구하려면 절단했을 때 나타나는 상현재 혹은 하현재의 부재력 중 1개는 알고 있어야 한다.

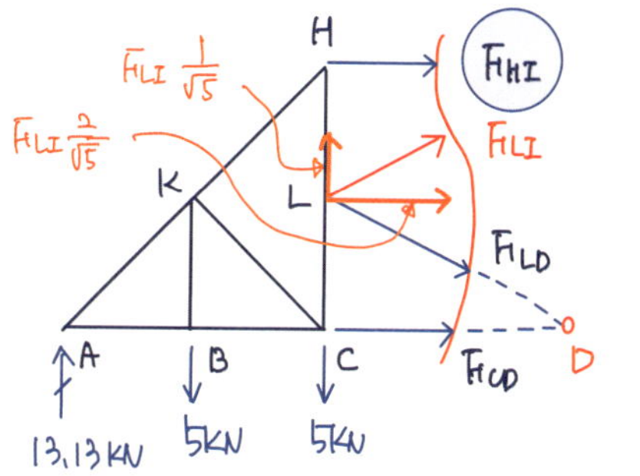

· F_{LI}을 구하기 위해서 D점 기준으로 Moment를 취한다.

$\Sigma M_D = 0$ (⊕↻)

$(F_{CD}\times 0) + (F_{LD}\times 0) + (F_{LI}\frac{2}{\sqrt5}\times 3) + (F_{LI}\frac{1}{\sqrt5}\times 6)$

$+ (F_{HI}\times 6) = 0$

→ 제거하려는 미지수 F_{LD}, F_{CD}, F_{HI} 중 F_{HI}는 제거되지 않는다.

→ F_{LI}를 구하려면 F_{HI}를 먼저 구해야 한다.

· F_{HI}는 F_{CD}를 구하는 것처럼 절단한 후 C점 기준으로 Moment를 취한다.

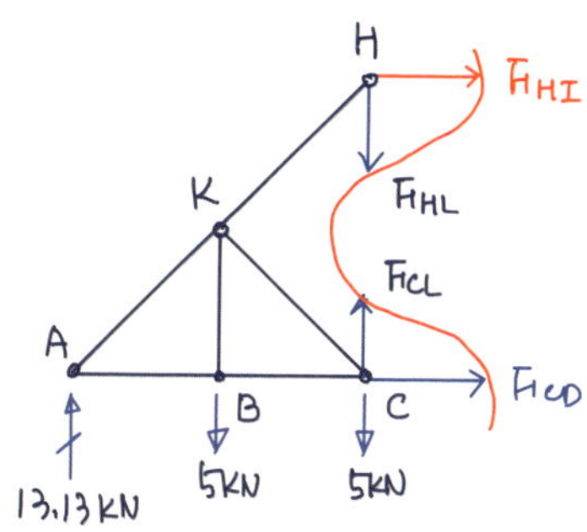

$\Sigma M_C = 0$ (⊕↻)

$(13.13\times 6) - (5\times 3) + (F_{HI}\times 6) = 0$

$\therefore F_{HI} = -10.63\text{kN} = 10.63\text{kN}$(압축)

" F_{HI}의 화살표 방향 가정이 잘못됨. 즉 절점으로 모이는 방향으로 바꿈 → 압축력 "

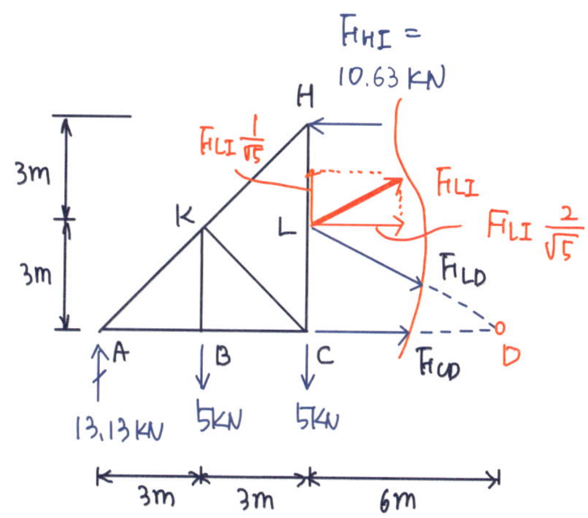

· F_{LI} 구하기 위해 $\Sigma M_D = 0$ (⊕↻)

$(13.13\times 12) - (5\times 9) - (5\times 6) - (10.63\times 6)$

$+ (F_{LI}\frac{2}{\sqrt5}\times 3) + (F_{LI}\frac{1}{\sqrt5}\times 6) = 0$

$18.78 + 5.37F_{LI} = 0$

$\therefore F_{LI} = -3.5\text{kN} = 3.5\text{kN}$(압축)

Type	G4. 응용 트러스 부재력 구하기
Frequency	
Comment	

G4-01 다음 구조물에서 A, C 지점의 반력 R_A 와 R_C 는?

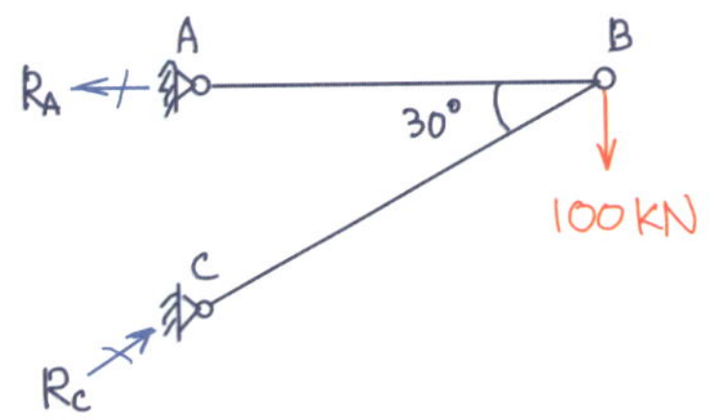

Sol.

반력 R_A와 R_C를 구하는 문제이지만 A절점과 C절점을 각각 분리해서 평형을 생각해보면 「$R_A = F_{AB}$, $R_C = F_{CB}$」임을 알수 있다. (A.B.C는 힌지절점 → 트러스구조물임.)

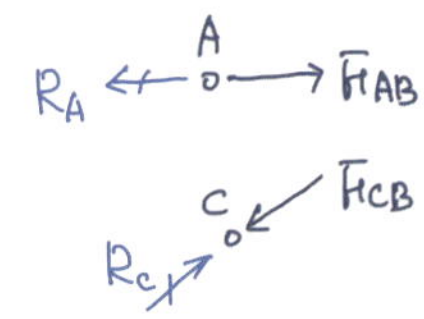

• 결국 F_{AB}와 F_{CB}를 구하는 문제 → B절점을 분리해 절점법 사용 ($\Sigma V=0$, $\Sigma H=0$)

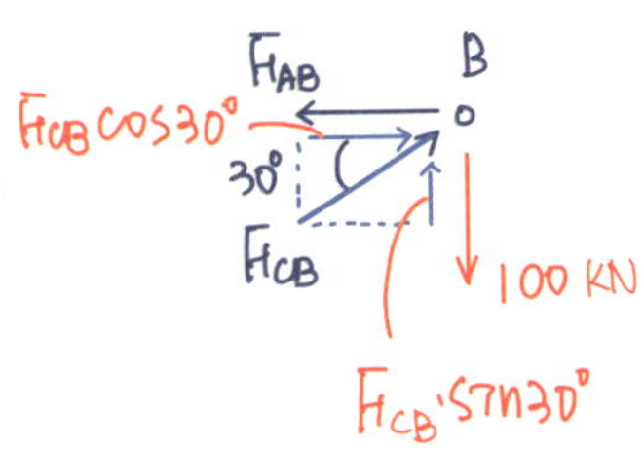

$\Sigma V = 0$ (↑⊕)

$-100 + F_{CB}\sin 30° = 0$

$\therefore F_{CB} = 200$ KN (압축)

$\Sigma H = 0$ (⊕→)

$-F_{AB} + F_{CB}\cos 30° = 0$

$F_{AB} = 200\cos 30° = 173.2$ kN

$\therefore F_{AB} = 173.2$ kN (인장)

$\therefore R_A = 173.2$ KN (←)

$\therefore R_C = 200$ KN (↗)

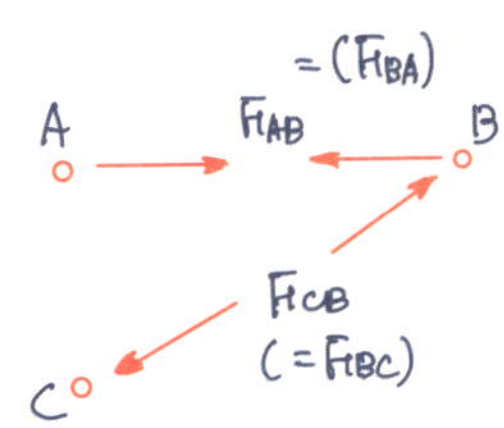

각절점을 기준으로 표현한다.
인장력 (절점에서 멀어짐)
압축력 (절점으로 모임)

A4 유형설명 참고

보완설명 Lami의 정리를 이용해보면 .... 크기가 같다.

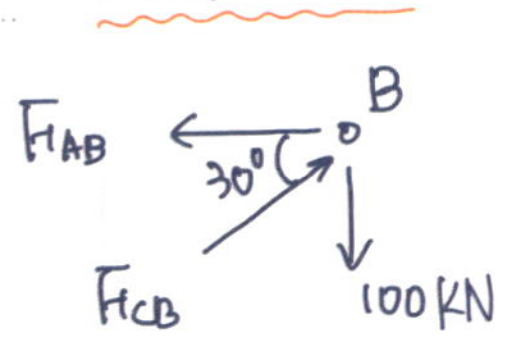

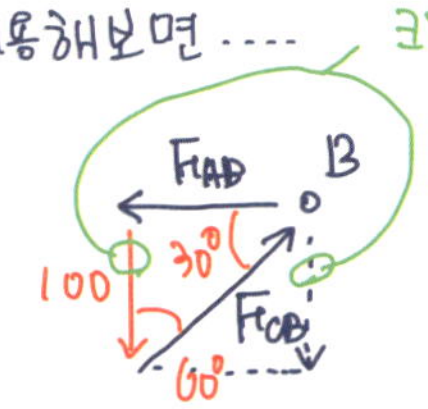

• $\dfrac{100}{\sin 30} = \dfrac{F_{AB}}{\sin 60}$ $\therefore F_{AB} = 173.2$ KN (인장)

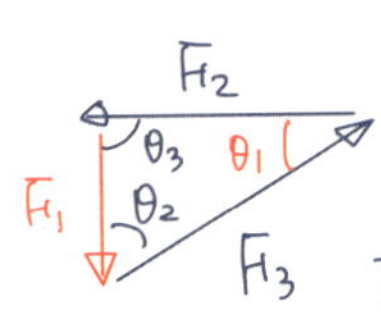

$\dfrac{F_1}{\sin\theta_1} = \dfrac{F_2}{\sin\theta_2} = \dfrac{F_3}{\sin\theta_3}$

• $\dfrac{100}{\sin 30} = \dfrac{F_{CB}}{\sin 90}$ $\therefore F_{CB} = 200$ KN (압축)

Comment

G4-02 다음과 같은 구조물에서 부재 AB, AC 에 발생되는 부재력은?

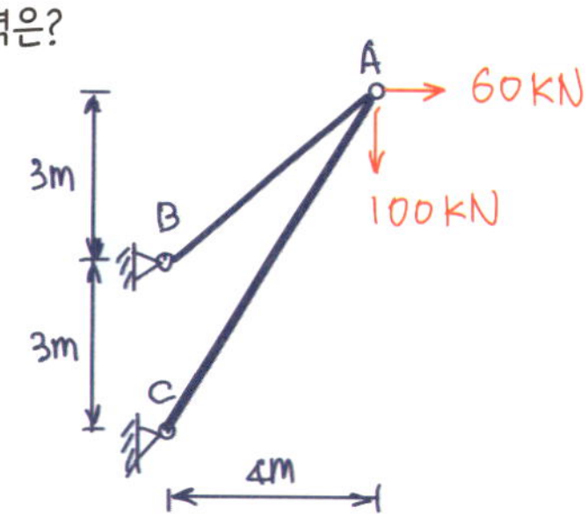

보완설명

가능하면 부재력이 인장 혹은 압축인지를 예측하고 절점에서 부재력 방향을 설정하면 계산과정에서 혼동하지 않는다.

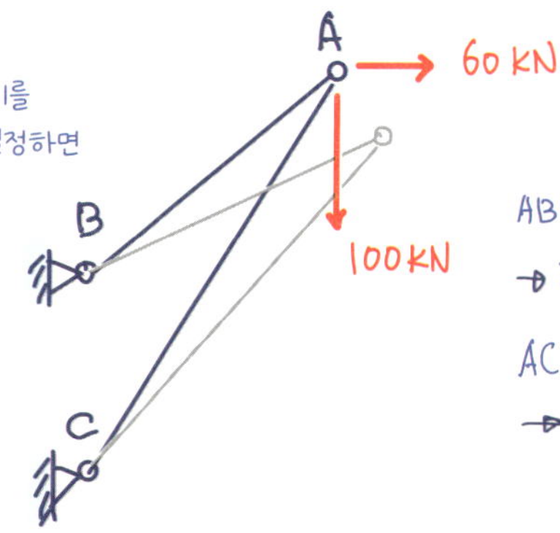

AB 부재는 늘어날것으로 보인다. → F_{AB} = 인장력
→ 절점을 기준으로 보면 멀어지는 힘으로 표현.

AC 부재는 줄어들것으로 보인다 → F_{AC} = 압축력
→ 절점을 기준으로 보면 모이는 힘으로 표현.

Sol.

A, B, C 점 모두 힌지로 표현되어 있으므로 트러스 구조물.
B 점에서 평형방정식 (ΣV=0, ΣH=0) 적용.

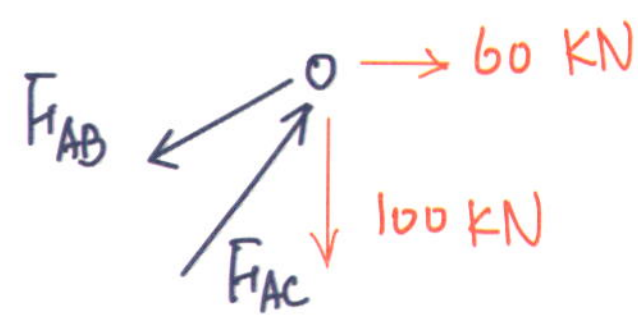

∘ $\Sigma H = 0$ (→⊕)

$$-F_{AB}\frac{4}{5} + F_{AC}\frac{4}{\sqrt{52}} + 60 = 0 \quad \text{— ①}$$

∘ $\Sigma V = 0$ (↑⊕)

$$-F_{AB}\frac{3}{5} + F_{AC}\frac{6}{\sqrt{52}} - 100 = 0 \quad \text{— ②}$$

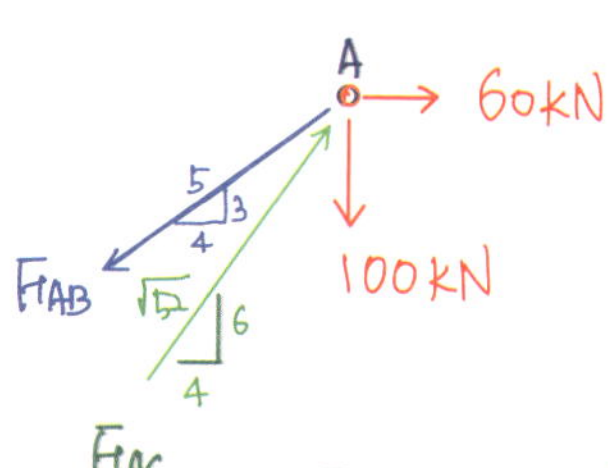

F_{AB}와 F_{AC}를 수평, 수직으로 분해한후 평형 방정식 적용.

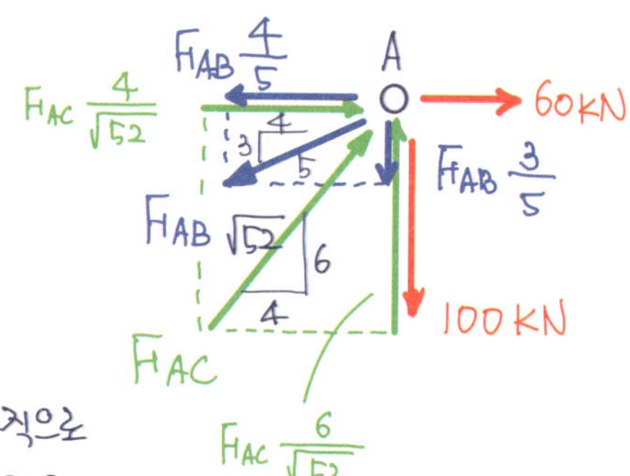

Comment

① 식과 ② 식을 연립하여 정리한다.

① × $\frac{3}{4}$ − ②

$$-\left(F_{AB}\frac{4}{5}\cdot\frac{3}{4}\right) \oplus \left(F_{AC}\cdot\frac{4}{\sqrt{52}}\cdot\frac{3}{4}\right) + 60\cdot\frac{3}{4} = 0$$

$$-\left|\; -F_{AB}\frac{3}{5} \quad \oplus F_{AC}\frac{6}{\sqrt{52}} \quad -100 = 0\right.$$

$$\ominus F_{AC}\frac{3}{\sqrt{52}} + 55 = 0$$

∴ $F_{AC} = +132.2\text{ kN} = 132.2\text{ kN}$ (압축)

↳ 가정했던 (압축력) 부재력과 일치.

$F_{AC} = +132.2\text{ kN}$을 ① 식에 대입해서 F_{BC}를 구한다.

$$-\left(F_{AB}\cdot\frac{4}{5}\right) + \left(132.2\cdot\frac{4}{\sqrt{52}}\right) + 60 = 0$$

$$F_{AB}\cdot\frac{4}{5} = 132.2\text{ kN}$$

∴ $F_{AB} = 166.7\text{ kN}$ (인장)

H. 기둥 해석

Type	H0. 기둥에 대한 이해
Frequency	
Comment	

H0–00

기둥(Column) : 압축력을 전담하는 부재

1) 기둥의 분류

- 짧은 기둥 : 단주
- 중간 기중 : 중간주
- 긴 기둥 : 장주

이렇게 기둥을 구분하는 기준은 '세장비'

2) 세장비 : 기둥의 가늘고 긴 정도를 수치로 표현

- 세장비(slenderness ratio, λ)

3) 단주에서 꼭 알아야 할것.

- 편심(1축 혹은 2축) 하중이 작용할 때 기둥 단면내에 발생되는 응력 구하기
- 단면의 핵(핵거리)

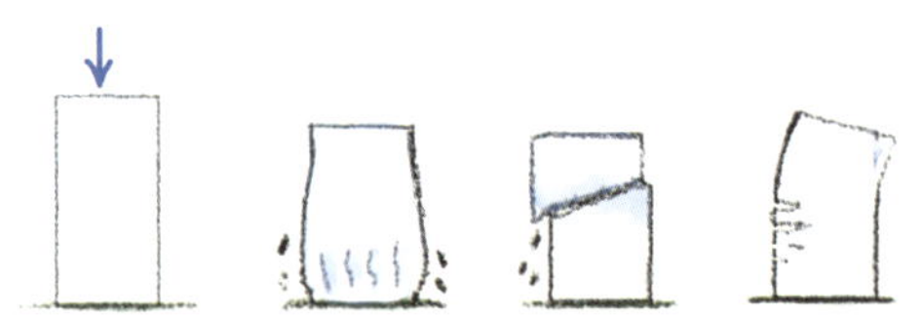

단주(짧은 기둥)는 주로 압축과 휨에 의해 지배 된다.

4) 장주에서 꼭 알아야 할 것

- 좌굴하중(좌굴응력) 구하기
- 장주 양단의 지지조건 등에 따르는 좌굴하중 상호비교

∘ 장주(긴 기둥)는 좌굴(buckling)에 지배된다.
→ 사람이 무릎을 구부리면서 주저앉는것 같은 형상으로 파괴(failure).

5) 중간주

- 중간주의 파괴거동은 단주와 장주의 사이 어딘가에.... 일반적으로 실험식으로부터 결정된다.

Type	H1. 세장비 구하기
Frequency	
Comment	세장비 개념, 구하는 방법

H1-00 세장비(slenderness ratio : λ)

1) 개요

–기둥은 그 형상과 길이에 따라 두툼하고 짧은 형태의 단주(Short column), 가늘 고 긴 형태의 장주(long column), 그 사이의 중간주(middle column)로 구분

–단주, 장주, 중간주를 구분하는 방법으로 세장비(slenderness ratio, λ)를 사용

–단주, 장주, 중간주를 구분하기 위한 세장비(λ) 값은 적용되는 설계기준, 사용되는 재료의 종류에 다를 수 있음.

– 예 : 도로교설계기준, SM400 강재의 경우

단 주 : $\lambda \le 20$

중간주 : $20 < \lambda \le 93$

장 주 : $\lambda > 93$

2) 세장비 구하기

■ 세장비(λ)

$$\lambda = \frac{l}{r} = \frac{l}{\sqrt{\frac{I}{A}}}$$

r : 기둥의 단면2차반경(회전반경)

l : 기둥의 길이

A : 기둥의 단면적

I : 기둥의 단면2차모멘트

「B5-01」 참고

※ I_x와 I_z의 구분

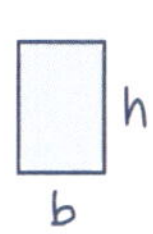

직사각형단면의 도심축에 대한 I 값은 $\frac{bh^3}{12}$

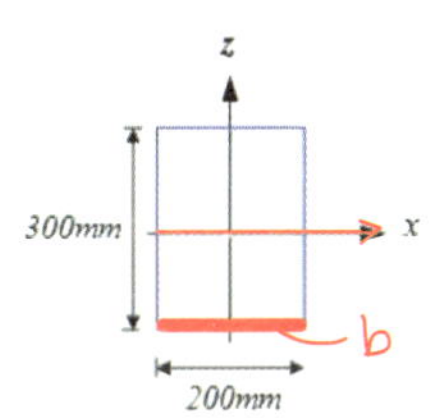

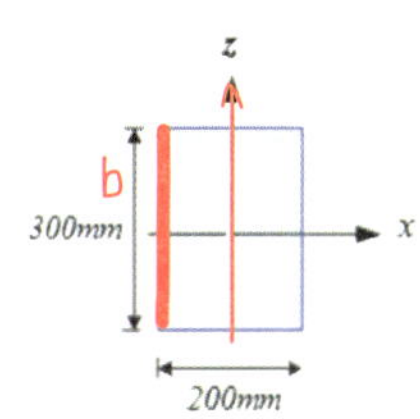

$$I_x = \frac{200 \times 300^3}{12}$$

$$I_z = \frac{300 \times 200^3}{12}$$

좌표축과 나란한 변이 폭에 해당하는 "b"가 된다!!

Comment

– 기둥의 단면이 정사각형 혹은 원형과 같이 2축 대칭이 아니라면 각각의 축에 대한 세장비를 구한 후 보다 안전한 설계를 위하여 상대적으로 큰 세장비 값을 사용해야 한다.

세장비가 크다 = 기둥이 가늘고 길다 = 쉽게 휘어진다

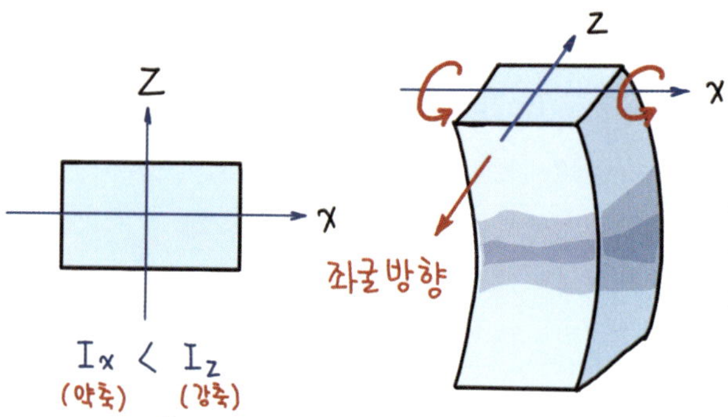

↑ 강축·약축은 I 값을 구해보면 알수있다.

직사각형 단면을 갖는 장주는 압축하중이 점차 증가해 가다 장주가 버틸 수 있는 압축하중의 어느 한계치에 도달하게 되면 약축인 x 축을 중심으로 z 축 방향으로 휘게 될 것이다.

- 최대 세장비 (λ_{max})

$$\lambda_{max} = \frac{l}{r_{min}} = \frac{l}{\sqrt{\frac{I_{min}}{A}}}$$

→ 일반적으로 안전측의 설계를 위해서 λ_{max} 을 사용하며 흔히 "세장비" 라고 말하면 λ_{max} 을 의미한다.

세장비 λ와 단면 2차모멘트 I 값과의 관계

$$\lambda\uparrow = \frac{l\uparrow}{r\downarrow} = \frac{l\uparrow}{\sqrt{\frac{I\downarrow}{A(\text{일정})}}} \rightarrow \lambda_{max} = \frac{l_{max}}{r_{min}} = \frac{l_{max}}{\sqrt{\frac{I_{min}}{A(\text{일정})}}}$$

→ 설계시 λ_{max} 사용 → r_{min} 사용 → I_{min} 사용.

유효세장비(effective slenderness ratio) : 기둥의 양단 지지조건을 고려한 세장비

– 기둥 양단의 지지조건에 따라 기둥의 유효길이(Le)를 적용해야 할 필요가 있을 때 사용함.
(장주에서 보완 설명)

– 일반적으로 기둥 양단의 지지조건이 언급되지 않는 경우 Le = L 이다.

$$\therefore \lambda_e = \frac{l_e}{r_{min}}$$

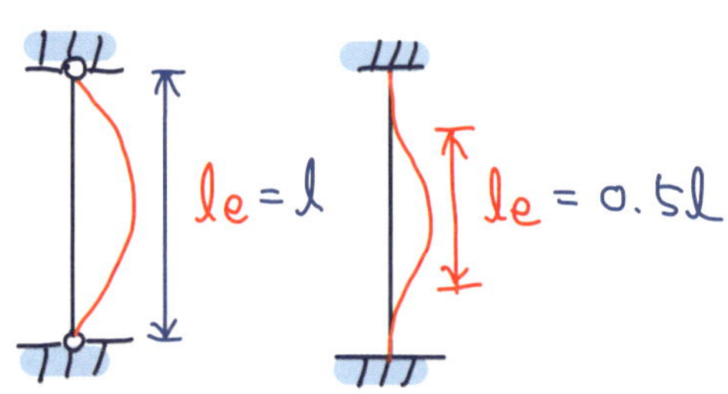

Comment

H1-01 기둥의 양단은 힌지로 지지되고 있으며 길이는 5m, 단면은 20cm x 30cm의 직사각형 일 때 이 기둥의 세장비는?

Sol.

∘ 세장비 $\lambda = \frac{l}{r} = \frac{l}{\sqrt{I/A}}$ 을 이용해서 λ를 직접구하는 유형(r_{max}을 찾는 것이 중요)

세장비 λ에는 I 값이 포함되어 있으므로 좌표축에 따라 (x, y 좌표축 이라 하면...)

$I_x \to r_x \to \lambda_x$, $I_y \to r_y \to \lambda_y$ 등으로 연계된다.

$$\lambda_x = \frac{l_e}{r_x} = \frac{l_e}{\sqrt{\frac{I_x}{A}}} \qquad \lambda_y = \frac{l_e}{r_y} = \frac{l_e}{\sqrt{\frac{I_y}{A}}}$$

(λ_x, λ_y 중 큰값이 λ_{max})

∘ 세장비는 상대적 큰 값을 사용하므로 (보다 불리한 조건 반영하기 위해서) λ_{max}을 구해야 한다.

$r_{min} \leftarrow I_{min}$ 을 찾으면 됨.

「$\lambda_{max} \leftarrow r_{min} \leftarrow I_{min}$」

· $I = \frac{30 \times 20^3}{12} = 20{,}000\text{cm}^4$ (당연히 $\frac{20 \times 30^3}{12}$ 보다 작다)

· $A = 20 \times 30 = 600\text{cm}^2$

· $l_e = 500\text{cm}$ (양단힌지는 $l_e = l$ 이다. 문제에서 기둥 양단의 지지조건에 대한 별도의 언급이 없는 경우 $l_e = l$ 사용)

$$\therefore \lambda = \frac{500}{\sqrt{\frac{20{,}000}{600}}} = 86.6$$

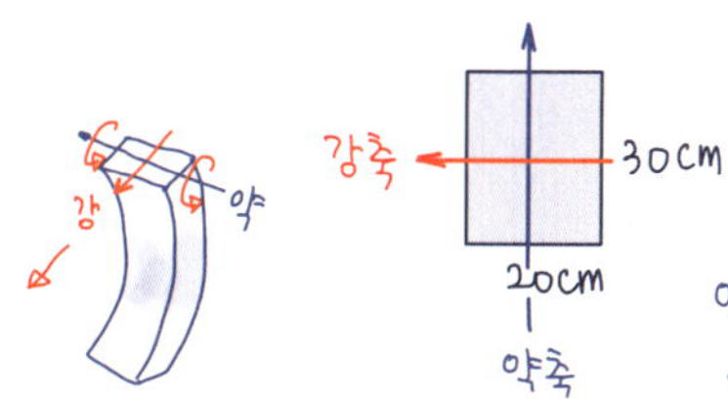

약축을 중심으로 강축 방향으로 휘게 된다

Comment 세장비 공식을 이용해서 단면의 직경을 결정하는 응용문제

HI-02 길이가 5m인 기둥이 있다. 단면은 직경이 D인 원형이며 세장비는 100으로 설계하려고 한다. 이 때 직경 D는?

Sol.

기둥양단의 지지조건에 대한 별도의 언급이 없으면 기본적인 지지조건인 양단 힌지 조건으로 가정하면 된다.

$$\lambda = \frac{l}{r} = \frac{l}{\sqrt{I/A}} = \frac{l}{D/4} = \frac{4l}{D} = \frac{4\times500}{D} = \frac{2{,}000}{D}$$

$$\left(\sqrt{I/A} = \sqrt{\frac{\pi D^4}{64} \Big/ \frac{\pi D^2}{4}} = \sqrt{\frac{D^2}{16}} = \frac{D}{4}\right)$$

$$\lambda = 100 = \frac{2{,}000}{D}$$

$$\therefore D = \frac{2{,}000}{100} = 20\text{cm}$$

- 원형단면(직경 D)은 I 값이 좌표축에 관계 없이 일정하므로 회전반경 r 값 역시 일정.
- 기둥의 지지조건에 따르는 유효길이(l_e)는 「장주」 부분에서 보완설명함.

Type	H2. 단주(짧은 기둥)의 응력 구하기(1축 편심, 2축 편심)
Frequency	
Comment	

H2-00

편심하중을 받는 단주의 응력

1) 기본 개념

① 중심압축단주 : P가 단주의 도심 G에 작용하는 경우, 압축응력은 전단면에 거쳐 동일한 크기로 발생(그림 a)

$$\sigma_c = \frac{P}{A}$$ (P: 축방향 압축력, A : 기둥의 단면적)

② 편심압축단주 : P가 단주의 도심 G에 작용하지 않는 경우, 압축응력은 전단면에 거쳐 동일한 크기로 발생하지 않음(그림 b, c, d).

→ 도심 G부터 P의 작용점까지의 편심거리(e_x)가 어느 한계치 이상으로 크면 단면 내의 한쪽은 압축응력, 다른 한쪽은 인장력이 발생된다(그림 c). 기둥의 압축력을 견디도록 하는 것이 주목적인 구조물이다.

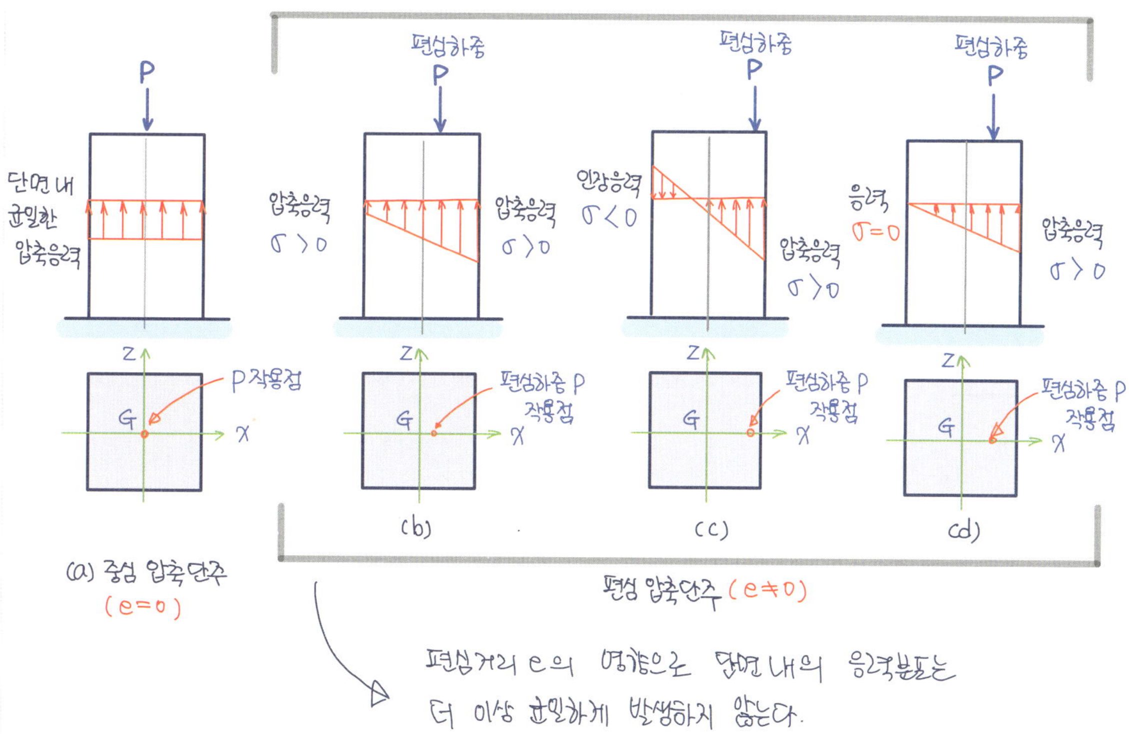

Comment

2) 편심하중을 받는 단주의 응력분포(1축 편심)

– 도심축에서 편심거리 e 만큼 떨어진 위치에 하중 P가 작용할 때 발생되는 응력은 하중 P를 도심축으로 옮긴 상태에서 발생되는 압축응력과 'P x e' 만큼의 모멘트하중이 발생시키는 휨응력을 중첩시켜 얻을 수 있다.

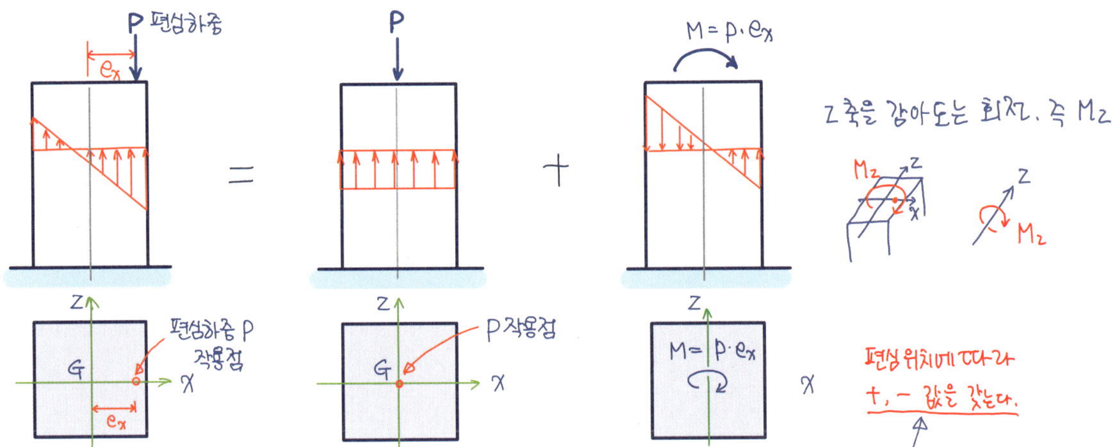

$$\sigma = \frac{P}{A} + \frac{M_Z}{I_Z} \cdot x \left(= \frac{P\,e_x}{I_Z}\,x \right)$$

σ: 편심하중을 받는 단주의 응력

$\frac{P}{A}$: 도심에 하중 P가 작용할 때 기둥 단면에 생기는 응력 (균일한 압축응력)

$\frac{M_Z}{I_Z} \cdot x$: $P \cdot e_x$에 의해 기둥단면에 생기는 응력 (휨응력)

x: 응력을 구하려는 위치에 따라 +, – 값을 갖는다.

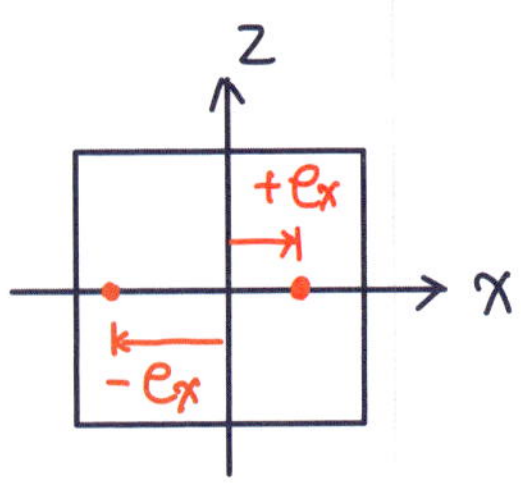

3) 편심하중을 받는 단주의 응력(1축 편심)

$$\sigma = \frac{P}{A} + \frac{M_Z}{I_Z} \cdot x = \frac{P}{A} + \frac{P \cdot e_x}{I_Z} \cdot x$$

(e_x, x: +, – 부호를 갖는다!!)

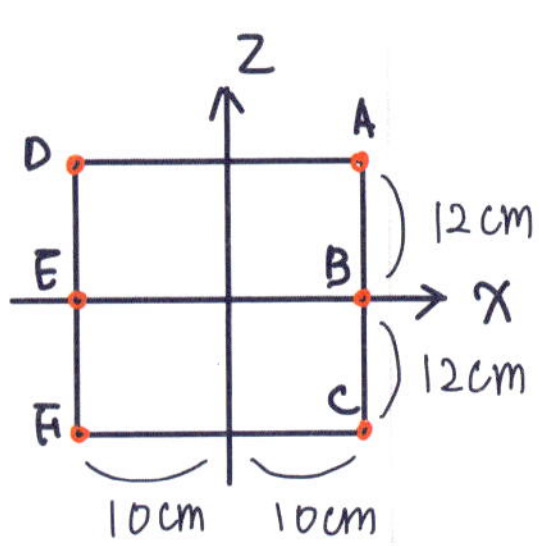

- $\sigma_c = \frac{P}{A}$ → 도심으로 옮겨진 압축하중 P에 의한 압축응력 ; 그림(b)
- $\sigma_{bz} = \frac{M_Z}{I_Z} \cdot x = \frac{P \cdot e_x}{I_Z} \cdot x$ → Z축에 대한 휨모멘트 $M_Z = P \cdot e_x$ 가 발생시키는 휨응력 ; 그림(c)

여기서, I_Z : z축에 대한 단면2차모멘트,

e_x : 편심거리(좌표축에 기준해서 '+', '–' 부호 고려해야 함)

σ_{bz} : 휨응력(아래첨자 'b' 와 'z'는 z축을 중심으로 발생하는 'bending'을 의미)

x : 중립축에서부터 응력을 구하고 싶은 위치까지의 거리 (좌표축에 기준해서 '+', '–' 부호 고려해야 함)

- 각 위치의 x값 (예) A=B=C=⊕10, D=E=F=⊖10

Comment

※ 편심 하중에 의한 단주의 응력 분포 (1축 편심)

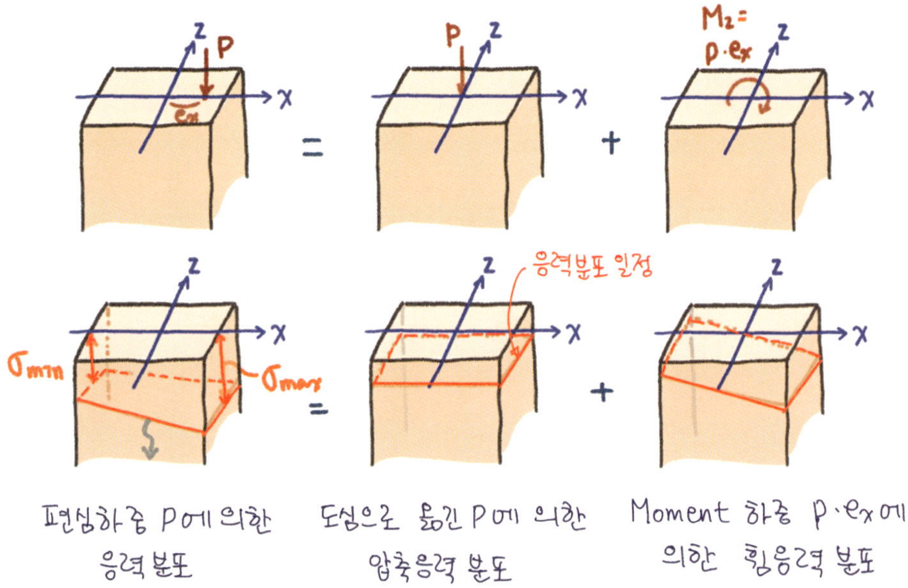

$$\sigma = \frac{P}{A} + \frac{M_z}{I_z} \cdot x$$

Comment

H2-01 압축하중 P=2,000kN이 그림과 같은 단주의 단면에 편심하중으로 작용할 때 단면 내에 발생되는 최대응력과 최소응력을 각각 구하여라.

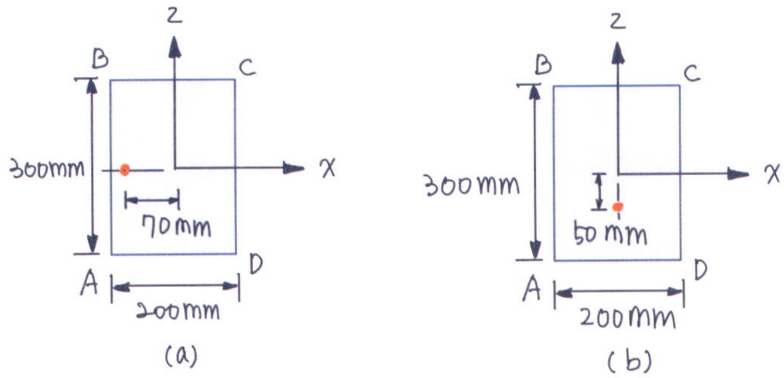

Sol.

편심하중이 작용하면 단면 내에서는 축응력(P/A)과 휨응력($\frac{M}{I}\cdot x$)이 동시에 발생한다.

1) (a) 단면

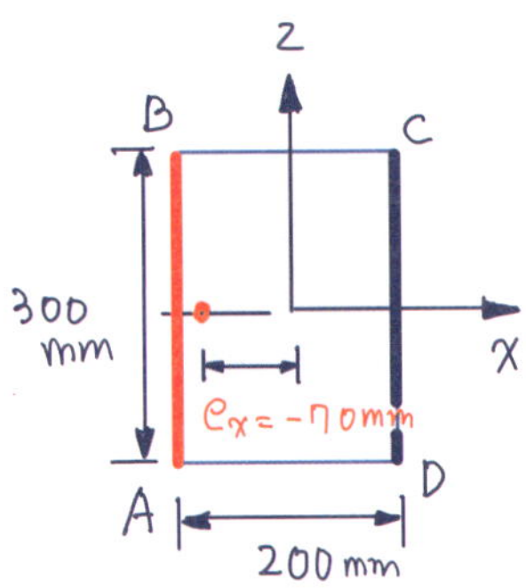

P에 의한 압축응력

$$\circ\ \sigma_{CD} = \frac{P}{A} + \frac{M_z}{I_z}\cdot x \qquad (M_z \rightarrow P\cdot(-e_x))$$

$$\circ\ \sigma_{AB} = \frac{P}{A} + \frac{M_z}{I_z}\cdot(-x) \qquad (M_z \rightarrow P\cdot(-e_x))$$

P와 e 에의한 휨응력.

e_x와 x 의 부호에 따라 $\frac{M_z}{I_z}\cdot x \left(= \frac{P\cdot e_x}{I_z}\cdot x\right)$ 항은 최종적으로 + 혹은 − 값을 갖게됨.

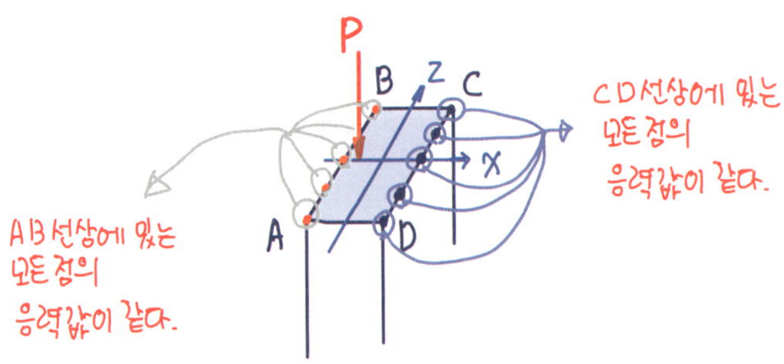

• Z축을 중심으로 M_z 발생 → I_z 사용됨.
최대응력은 AB 선상에서
최소응력은 CD 선상에서 발생
(AB선상의 응력, CD 선상의 응력은 모두 동일 (편심이 X축 선상에 위치하므로)

Comment

- $\sigma_{max} = \sigma_{AB} = \dfrac{2{,}000 \times 10^3}{200 \times 300} + \dfrac{2{,}000 \times 10^3 \times (-70)}{\dfrac{300 \times 200^3}{12}} \cdot (-100)$

편심거리가 x축선상에 있으므로 휨이 발생하는 기준축(중립축)은 Z축임.

↳ 중립축에서 AB 연단까지의 x축 선상 거리 (−100mm)

$= 33.3 + 70 = 103.3\,N/mm^2 = 103.3\,MPa$ (압축응력)

- $\sigma_{min} = \sigma_{CD} = \dfrac{2{,}000 \times 10^3}{200 \times 300} + \dfrac{2{,}000 \times 10^3 \times (-70)}{\dfrac{300 \times 200^3}{12}} \cdot (100) = 33.3 - 70 = -36.7\,N/mm^2$

$= -36.7\,MPa$ (인장응력)

2) (b) 단면

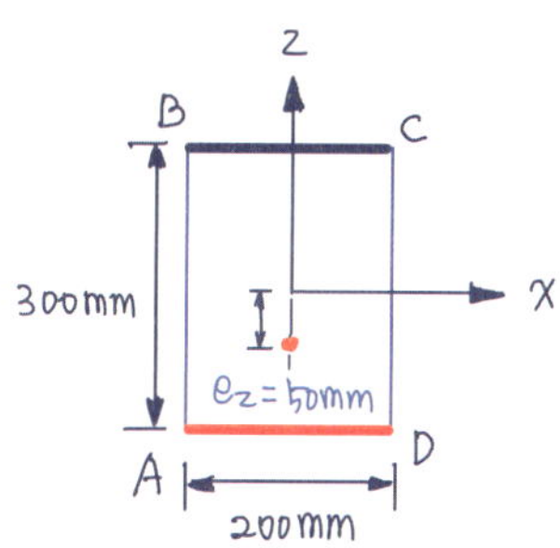

- $\sigma = \dfrac{P}{A} + \dfrac{M_x}{I_x} \cdot z = \dfrac{P}{A} + \dfrac{P \cdot (e_z)}{I_x} \cdot (z)$

+, − 부호를 갖는다

- $\sigma_{min} = \sigma_{BC} = \dfrac{2{,}000 \times 10^3}{200 \times 300} + \dfrac{2{,}000 \times 10^3 \times (-50)}{\dfrac{200 \times 300^3}{12}} \cdot (150)$

$= 0$

- $\sigma_{max} = \sigma_{AD} = \dfrac{2{,}000 \times 10^3}{200 \times 300} + \dfrac{2{,}000 \times 10^3 \times (-50)}{\dfrac{200 \times 300^3}{12}} \cdot (-150)$

$= 66.6\,N/mm^2 = 66.6\,MPa$ (압축응력)

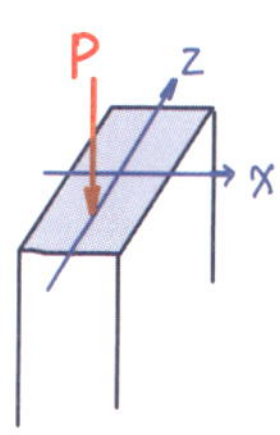

Comment　2축 편심하중을 받는 단주의 응력

H2-02　다음 그림과 같이 편심하중 P가 작용하는 경우 A, B, C, D 점에 발생되는 응력은?

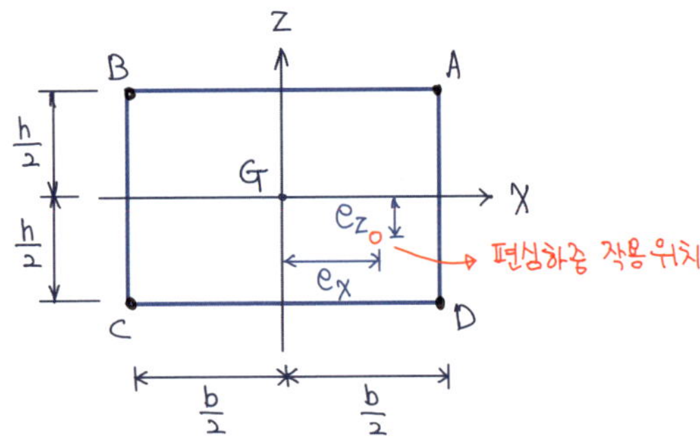

* 2축 편심하중이 작용할 때 단면 내 임의 점에서 발생되는 응력
(2축 편심 : 하중이 작용하는 위치가 단면의 도심을 통과하는 x축과 z축 선상에 있지 않는 경우)

$$\sigma = \sigma_c + \sigma_{bz} + \sigma_{bx} = \frac{P}{A} + \frac{P \cdot e_x}{I_z} \cdot x + \frac{P \cdot e_z}{I_x} \cdot z$$

− Mz 가 발생시키는 휨응력 : $\sigma_{bz} = \frac{M_z}{I_z} \cdot x = \frac{P \cdot e_x}{I_z} \cdot x \rightarrow \frac{P \cdot e_x}{I_z} \cdot x$

− Mx 가 발생시키는 휨응력 : $\sigma_{bx} = \frac{M_x}{I_x} \cdot z = \frac{P \cdot e_z}{I_x} \cdot z \rightarrow \frac{P \cdot (-e_z)}{I_x} \cdot z$

e_x와 e_z는 하중의 작용위치(편심위치)에 따라, x와 z은 응력을 구하려는 위치에 따라 +, − 값을 갖는다.
『위 문제에서 e_x는 "+", e_z는 "−"』

· $I_z = \frac{hb^3}{12}$, $I_x = \frac{bh^3}{12}$

* A, B, C, D 점의 응력

$$\sigma_A = \frac{P}{A} + \frac{P \cdot e_x}{I_z} \cdot \frac{b}{2} + \frac{P \cdot (-e_z)}{I_x} \cdot \frac{h}{2}$$

$$\sigma_B = \frac{P}{A} + \frac{P \cdot e_x}{I_z} \cdot \left(-\frac{b}{2}\right) + \frac{P \cdot (-e_z)}{I_x} \cdot \frac{h}{2}$$

$$\sigma_C = \frac{P}{A} + \frac{P \cdot e_x}{I_z} \cdot \left(-\frac{b}{2}\right) + \frac{P \cdot (-e_z)}{I_x} \cdot \left(-\frac{h}{2}\right)$$

$$\sigma_D = \frac{P}{A} + \frac{P \cdot e_x}{I_z} \cdot \frac{b}{2} + \frac{P \cdot (-e_z)}{I_x} \cdot \left(-\frac{h}{2}\right)$$

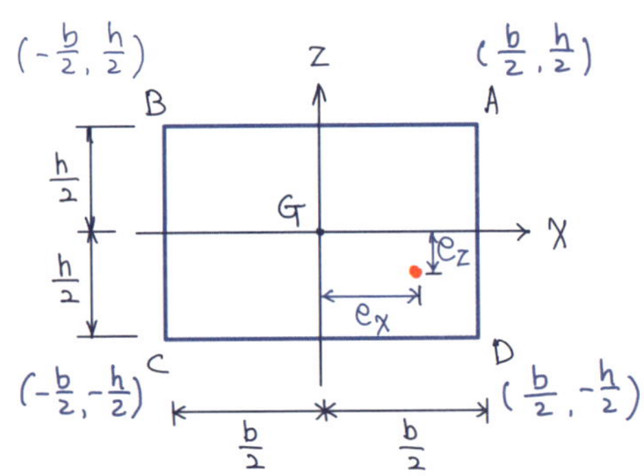

Comment

- 2축 편심하중에 의한 응력분포 :

  · 2축편심하중 = 중심 압축하중 + M_z + M_x ($M_z = P \cdot e_x$, $M_x = P \cdot e_z$)

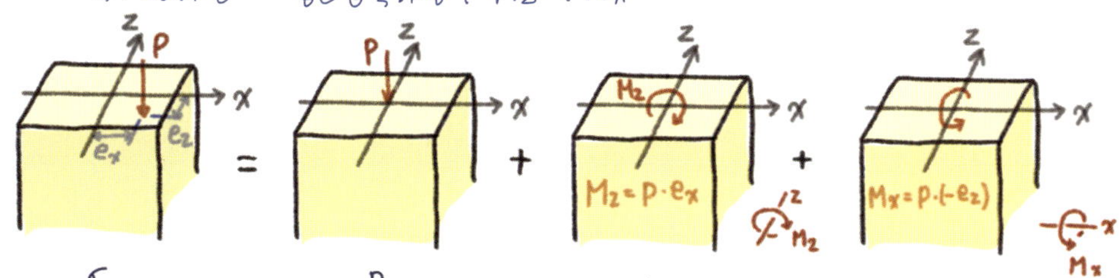

$$\sigma = \frac{P}{A} + \frac{M_z}{I_z} \cdot x + \frac{M_x}{I_x} \cdot z$$

(P에 의한 압축응력) (Mz에 의한 휨응력) (Mx에 의한 휨응력)

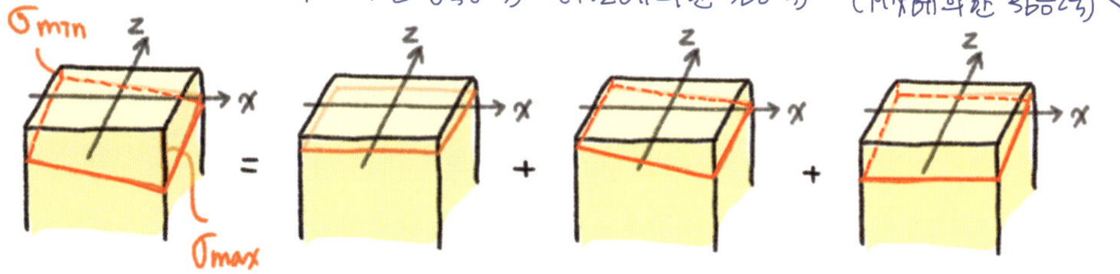

$M_z = P \cdot e_x$

x ; A, B, C, D 점의 x축 좌표값 ($\frac{b}{2}$ or $-\frac{b}{2}$)

$M_x = P \cdot (-e_z)$

z ; A, B, C, D 점의 z축 좌표값 ($\frac{h}{2}$ or $-\frac{h}{2}$)

Comment

H2-03 그림과 같은 2축 편심하중이 작용하는 경우 단면 내 B, D 점 위치에 발생되는 응력은?(압축력 P=20kN)

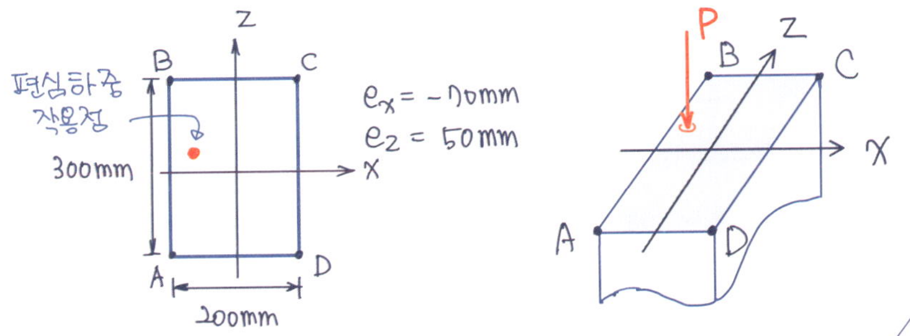

$e_x = -70mm$
$e_z = 50mm$

Sol.

- e_x, e_z의 부호, B, D 점의 x, z 좌표값 및 부호에 주의해야 한다.

1) $$\sigma_B = \frac{P}{A} + \frac{P\cdot(-e_x)}{I_z}\cdot(-x) + \frac{P\cdot e_z}{I_x}\cdot(z)$$

$$= \frac{20\times10^3}{200\times300} + \frac{-1.4\times10^6}{200\times10^6}(-100) + \frac{1.0\times10^6}{450\times10^6}(150)$$

$$= 0.33 + 0.7 + 0.33 = 1.36\,N/mm^2 = 1.36MPa(\text{압축응력})$$

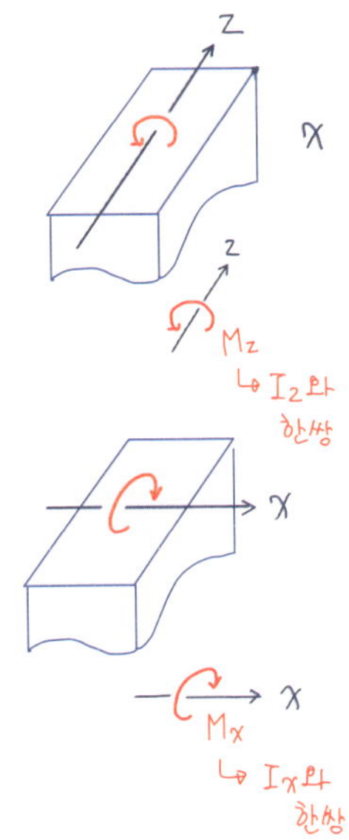

- $M_z = P\cdot(-e_x) = 20\times10^3\times(-70) = -1,400,000\ N\cdot mm$
  $= -1.4\times10^6\ N\cdot mm$
- $M_x = P\cdot(e_z) = 20\times10^3\times(50) = 1,000,000\ N\cdot mm$
  $= 1.0\times10^6\ N\cdot mm$
- $I_x = \frac{200\times300^3}{12} = 450\times10^6\,mm^4$, $I_z = \frac{300\times200^3}{12} = 200\times10^6\,mm^4$

2) $$\sigma_D = \frac{P}{A} + \frac{P\cdot(-e_x)}{I_z}\cdot(x) + \frac{P\cdot e_z}{I_x}\cdot(-z)$$

$$= \frac{20\times10^3}{200\times300} + \frac{-1.4\times10^6}{200\times10^6}(100) + \frac{1.0\times10^6}{450\times10^6}(-150)$$

$$= 0.33 - 0.7 - 0.33 = -0.7\,N/mm^2 = -0.7\,MPa(\text{인장응력})$$

↳ 편심이 어느 한계를 벗어나면 단면 내에 인장응력이 생길 수 있다 → 「단면의 핵」

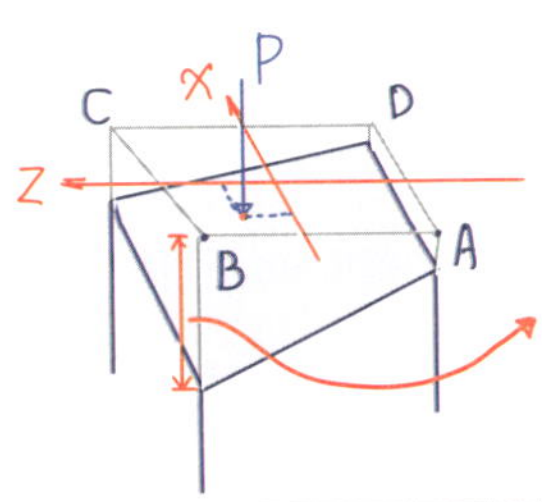

상대적으로 많이 찌그러지는 위치에서 보다 큰 압축응력이 발생한다.

Type	H3. 단면의 핵 구하기
Frequency	
Comment	직사각형 단면, 원형단면의 핵거리 암기

H3-00

단면의 핵(Core) 이란 ?

- 압축력은 압축응력을 인장력은 인장응력을 발생시킨다고 알고 있었는데… (사실 여기에는 힘이 도심에 작용한다는 전제조건이 포함되어 있다), 압축력이 인장응력을 발생시킬 수도 있다는 사실…
- 기둥 부재는 단면의 크기가 일반 구조부재들에 비해서 상대적으로 크다. 이런 경우 힘이 기둥 단면의 도심에만 작용하는 것은 오히려 일반적이지 못하다.

편심거리 : 도심축과 하중 작용점 사이의 거리.

- 기둥 단면에 작용하는 힘이 단면의 도심이 아닌 위치에 작용하면, 힘은 편심거리와 곱해져 휨모멘트를 발생시키게 되고, 이렇게 생긴 휨모멘트가 일정 한계를 넘어가면 단면의 한쪽에는 인장응력이 생기게 된다.
- 편심거리가 점점 커지면 단면 내의 응력분포 불균형도 점점 심해지게 되고, 편심거리가 어느 한계에 도달하면 응력분포는 삼각형 모양을 하게 되는데 삼각형의 꼭지점은 응력이 '0'이 된다는 의미이다.
- 단부의 응력이 '0'이라는 것은 단부의 응력이 압축응력에서 인장응력으로 바뀌게 되는 순간으로써 이때 편심압축력의 작용점을 핵점(core point)이라 한다.
- 이 핵점 들을 연결해서 만든 도형의 내부를 단면의 핵(core)이라 한다.
- 단면의 핵 내부에 압축력이 작용하면 단면에는 압축응력만 생기고 인장응력은 생기지 않는다. 특히, 압축력에는 강하지만 인장력에는 약한 콘크리트 기둥에서는 단면의 핵이 상대적으로 중요하다.

※ 핵거리 e = ? → 핵거리 "$e = e_3$"

스티로폼을 수면에 올려 놓고 손가락(P)으로 누른다.
이때 스티로폼이 물에 잠기는 형태를 이해 한다면
「핵거리」도 보다 쉽게 이해할 수 있다.

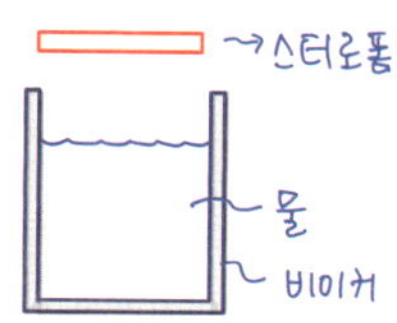

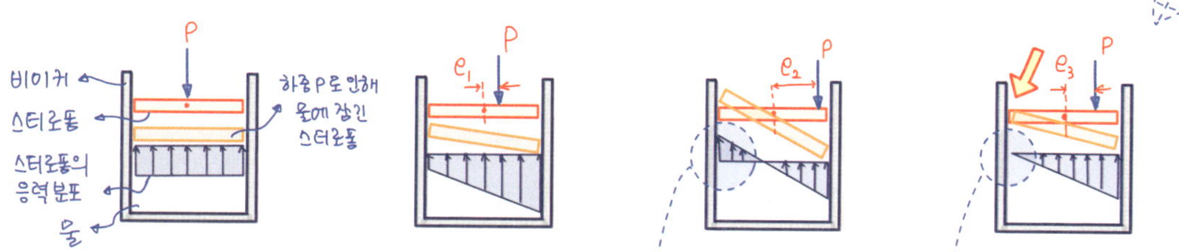

스티로폼이 수평을 유지하면서 물속으로 잠긴다 → 압축응력을 고르게 받는상태

편심 e로 인해 스티로폼의 한쪽은 더 많이 가라앉음.

편심 e가 상대적으로 커서 스티로폼의 한쪽이 수면위로 떠 오른다. 「인장응력 발생」

스티로폼의 한쪽이 수면위치와 일치한다. ↓ $\sigma = 0$ 인 상태

※ $\sigma = 0$ 인 상태를 만들어 내는 편심거리 e를 핵거리 라 한다.

Comment

2) 직사각형 단면의 핵

① 압축력 P가 만큼 양(+)의 x축 위에 있는 경우, σ_{AB}=0 이 되는 편심거리 e_x를 구하면 된다.

$$\sigma_{AB} = \frac{P}{A} + \frac{P e_x}{I_z} x = 0$$

$$\frac{1}{A} = -\frac{e_x}{I_z} x$$

$$e_x = -\frac{I_z}{A x}$$

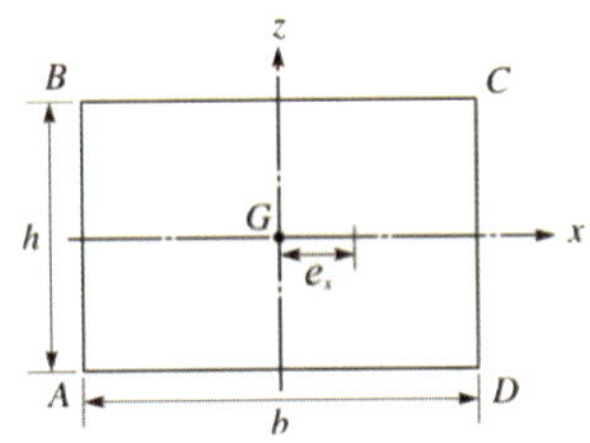

여기에서 $I_z = hb^3/12$, 도심에서 AB단부까지의 거리 $x = -b/2$를 고려하여 e_x를 구하면

$$e_x = -\frac{I_z}{A\left(-\frac{b}{2}\right)} = \frac{\frac{hb^3}{12}\cdot\frac{2}{b}}{A} = \frac{\frac{hb^2}{6}}{A} = \frac{hb^2}{6hb} = \frac{b}{6}$$

➡ 위 식은 AB 단부의 응력 "σ_{AB}=0"이 되는 하중 작용점은 +x축 방향으로 "$b/6$"만큼 떨어진 점이 된다는 의미

② 압축력 P가 만큼 음(-)의 x축 위에 있는 경우, σ_{CD}=0 이 되는 편심거리 e_x를 구하면 된다. 도심에서 CD 단부까지의 거리 $x = b/2$가 되므로

$$e_x = -\frac{I_z}{A\left(\frac{b}{2}\right)} = -\frac{\frac{hb^3}{12}\cdot\frac{2}{b}}{A} = -\frac{\frac{hb^2}{6}}{A} = -\frac{hb^2}{6hb} = -\frac{b}{6}$$

➡ 위 식은 CD 단부의 응력 "σ_{CD}=0"이 되는 하중 작용점은 -x축 방향으로 "$b/6$"만큼 떨어진 점이 된다는 의미

보완설명

도심축과 중립축의 구분 : 도심축은 단면 1차 모멘트가 '0', 중립축은 휨변형률이 '0', 대칭단면이고 재질이 균질하면 도심축=중립축(예 : 콘크리트 단면 하부에 강판을 덧 붙인 경우는 휨에 영향을 미치는 재질이 균질하지 않아 도심축 ≠ 중립축)

Comment

③ 압축력 P가 만큼 양(+)의 z축 위에 있는 경우, σ_{AD}=0 이 되는 편심거리 e_z를 구하면 된다.

$$\sigma_{AD} = \frac{P}{A} + \frac{P\,e_z}{I_x}\,z = 0$$

여기에서 $I_x = bh^3/12$, 도심에서 AD 단부까지의 거리 $x = -h/2$를 고려하여 e_z를 구하면

$$e_z = -\frac{I_x}{A\,z} = -\frac{\frac{bh^3}{12}}{A(-\frac{h}{2})} = -\frac{\frac{bh^3}{12}}{bh(-\frac{h}{2})} = \frac{h}{6}$$

➡ 위 식은 AD 단부의 응력 "σ_{AD}=0"이 되는 하중 작용점은 +z축 방향으로 "$h/6$"만큼 떨어진 점이 된다는 의미

④ 압축력 P가 만큼 음(-)의 z축 위에 있는 경우, σ_{BC}=0 이 되는 편심거리 e_x를 구하면 된다. 도심에서 BC 단부까지의 거리 $x = h/2$가 되므로

$$e_z = -\frac{I_x}{A\,z} = -\frac{\frac{bh^3}{12}}{A(\frac{h}{2})} = -\frac{\frac{bh^3}{12}}{bh(\frac{h}{2})} = -\frac{h}{6}$$

➡ 위 식은 BC 단부의 응력 σ_{BC}가 "0"이 되는 하중 작용점은 -z축 방향으로 "$h/6$"만큼 떨어진 점이 된다는 의미

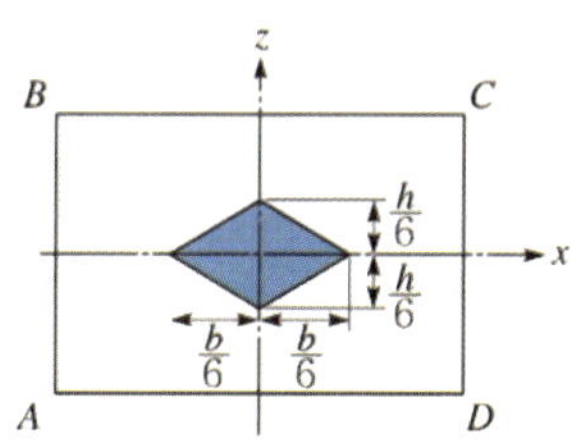

➡ 직사각형 단면을 갖는 단주의 경우

- 단면의 핵은 마름모꼴 모양임
- 핵거리 $e_x = \frac{b}{6}$, $e_z = \frac{h}{6}$

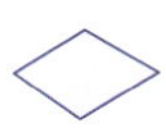

내부에 하중이 작용하면 단면전체에 압축응력만 발생

선위에 하중이 작용하면(편심)위치의 반대편 단면연단응력은 "0"

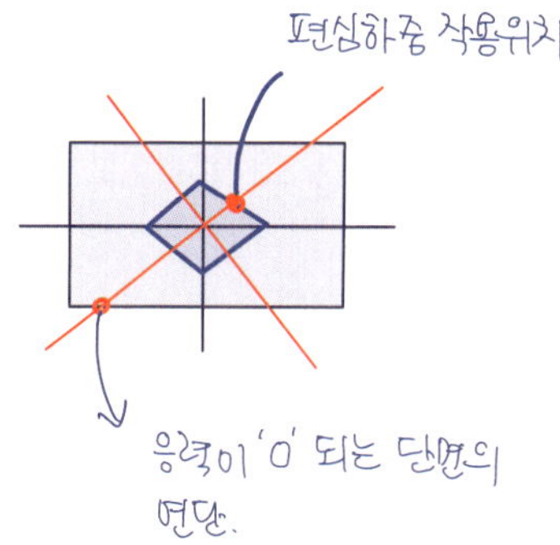

Comment

H3-01 다음 그림과 같은 원형단면의 핵거리 e 는?

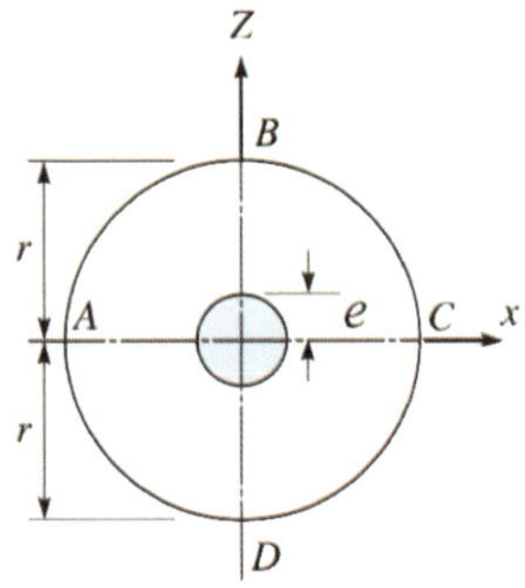

Sol.

반지름 r인 원형단면이므로 핵거리 e는 기준축에 관계없이 같은 값을 갖는다.

$\sigma_A = 0$ 이 되는 e_x 값을 구한다. ($\sigma_D = 0$ 이 되는 e_z 값도 e_x와 같다)

$$\circ\ \sigma_A = \frac{P}{A} + \frac{P\cdot e}{I}(-r) = \frac{P}{\pi r^2} - \frac{P\cdot e}{\frac{\pi r^4}{4}}\cdot r = \frac{1}{1} - \frac{e}{\frac{r}{4}} = 1 - \frac{4e}{r} = 0$$

↑ 응력을 구하려는 A점 까지의 거리

$$\left[I_x = I_z = \frac{\pi D^4}{64} = \frac{\pi (2r)^4}{64} = \frac{\pi 16 r^4}{64} = \frac{\pi r^4}{4} \right]$$

$$\frac{4e}{r} = 1 \qquad \therefore e = \frac{r}{4} \quad \left(\text{지름이 } D \text{라면 } e = \frac{D}{8}\right)$$

단면의 형상에 따른 단면의 핵

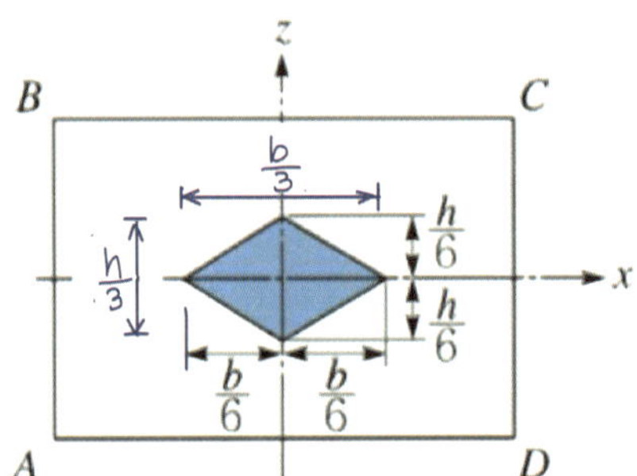

$e_x = \pm \frac{b}{6}$, $e_z = \pm \frac{h}{6}$

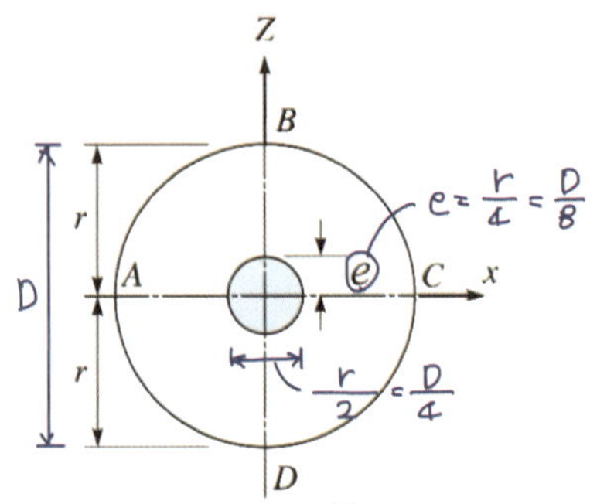

$e = \pm \frac{r}{4} = \pm \frac{D}{8}$

$\frac{b}{6}$ 와 $\frac{b}{3}$ 혼동하지 말것.

핵거리 $e = \frac{b}{6}, \frac{h}{6}$ 임.

↓

도심축으로 부터의 거리

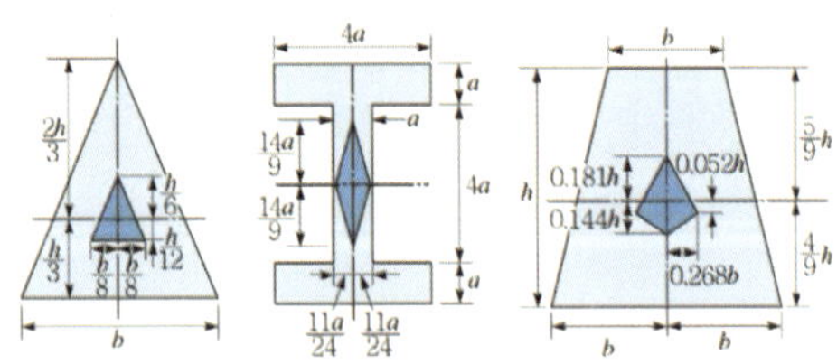

직사각형 원형 단면의 핵거리는 암기!!

Comment

H3-02 그림과 같이 속이 빈 파이프 형상을 하고 있는 단면의 핵거리 e 는?

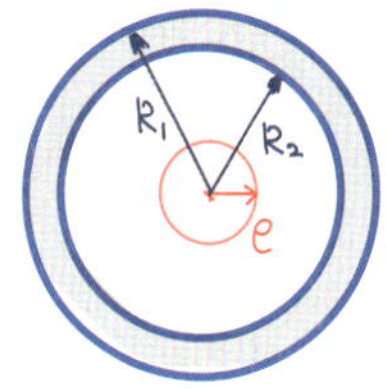

Sol.

$\sigma_A = 0$ 이 되는 편심거리 e_x 를 구하면 된다.

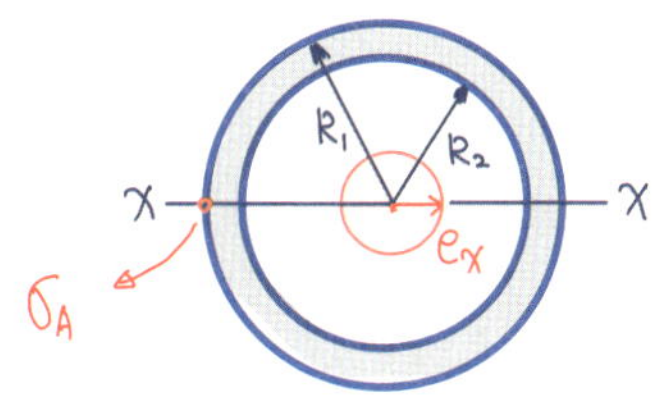

편심의 반대쪽 연단에서 응력이 "0" 될때의 편심거리 e 의 값 = 핵거리

$$\sigma_A = \frac{P}{A} + \frac{P \cdot e}{I}(-R_1) = 0, \quad \frac{P}{A} - \frac{P \cdot e \cdot R_1}{I} = 0$$

$$A = \pi R_1^2 - \pi R_2^2 = \pi(R_1^2 - R_2^2)$$

$$I = \frac{\pi R_1^4}{4} - \frac{\pi R_2^4}{4} = \frac{\pi}{4}(R_1^4 - R_2^4) = \frac{\pi}{4}(R_1^2 - R_2^2)(R_1^2 + R_2^2)$$

$$\frac{P}{A} = \frac{P \cdot e \cdot R_1}{I}$$

$$\frac{1}{A} = \frac{e \cdot R_1}{I}, \quad \frac{1}{\pi(R_1^2 - R_2^2)} = \frac{e \cdot R_1}{\frac{\pi}{4}(R_1^2 - R_2^2)(R_1^2 + R_2^2)}$$

$$1 = \frac{4 \cdot e \cdot R_1}{(R_1^2 + R_2^2)}$$

$$4eR_1 = R_1^2 + R_2^2$$

$$\therefore e = \frac{R_1^2 + R_2^2}{4R_1}$$

Type	H4. 장주의 좌굴하중 Pcr 구하기, 좌굴하중 상대적 비교
Frequency	
Comment	

H4-00

장주

1) 기본 개념

- 좌굴(buckling) : 가늘고 긴 압축력을 받는 부재가 항복응력에 도달하기 이전에 횡방향 으로 큰 변형을 동반하면서, 결국 압축력에 견디지 못하고 파괴되는 현상
- 좌굴하중(buckling load) : 좌굴이 생기게 되는 그 시점의 압축하중(압축력)으로써, Pcr로 표기.
  좌굴하중 = 임계하중(critical load)= 오일러 하중(Euler's load)
- 장주의 해석과 설계는 좌굴(buckling)에 의해 지배되기 때문에 좌굴하중 Pcr의 크기를 알아내는 것이 무엇보다 중요

  레온하르트 오일러(Leonard Euler) : 좌굴현상을 이론적으로 정립하여 1759년에 오일러의 좌굴이론을 발표한 스위스의 수학자

2) 좌굴하중 Pcr

- 좌굴하중 Pcr은 기둥(압축부재)의 유효좌굴길이(Le), 탄성계수(E), 단면2차모멘트(I)에 의해서 결정

→ 유효좌굴길이(Le : Effective Buckling Length)

경계조건에 따라 다양한 형태로 나타나는 좌굴형상을 양단 힌지(hinge)인 기둥이 갖는 좌굴형상과 비교한 길이를 유효좌굴길이(Effective Buckling Length) 또는 환산좌굴길이(Reduced Buckling Length)라고 한다. 다시말해, 어떤 기둥이 양단 힌지의 기둥이 보이는 좌굴형상을 재현하는데 필요한 길이이다.

예를들어, 고정-자유단의 경계조건을 갖는 기둥이 힌지-힌지 경계조건을 갖는 기둥의 좌굴형상을 재현하려면 실제 기둥길이의 2배가 필요하므로 '고정-자유단' 기둥의 유효좌굴길이 Le = 2L (참고로 '힌지-힌지 기둥의 유효좌굴길이 Le = L)

장주의 양단 지지(경계)조건의 변화에 따라 좌굴하중 Pcr 계산식도 변화함 → 분자항 $\pi^2 EI$를 고정시키고 분모항의 유효좌굴길이 L_e^2를 기본식에 반영하는것이 편리하다.

$$P_{cr} = \frac{\pi^2 EI}{L_e^2}$$

기둥(압축부재)에 작용하는 압축하중 P와 좌굴하중 Pcr를 비교하면 좌굴발생 여부를 미리 확인 할 수 있다.

P < Pcr : 안정

P = Pcr : 중립

P > Pcr : 불안정, 좌굴발생

Comment

- 장주의 대표적인 경계조건에 따른 유효좌굴길이, 좌굴하중

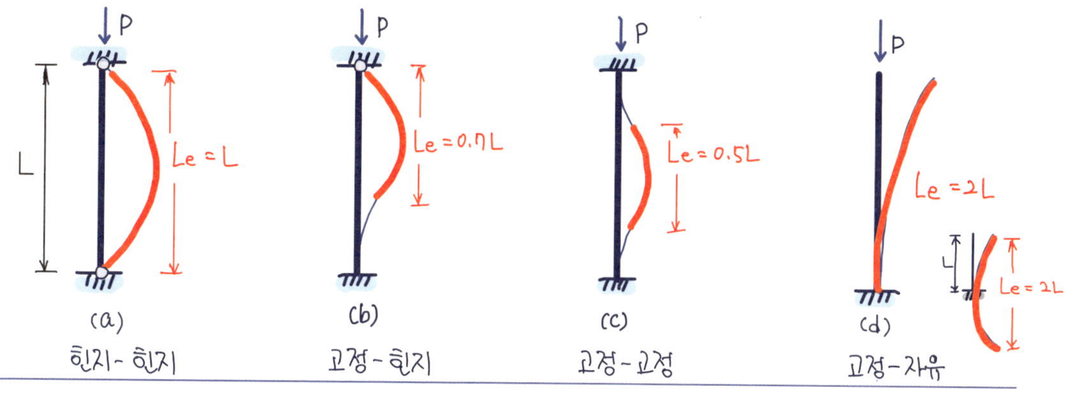

	(a) 힌지-힌지	(b) 고정-힌지	(c) 고정-고정	(d) 고정-자유
좌굴하중 (Pcr)	$\frac{\pi^2 EI}{L^2}$	$\frac{\pi^2 EI}{(0.7L)^2} = \frac{2\pi^2 EI}{L^2}$	$\frac{\pi^2 EI}{(0.5L)^2} = \frac{4\pi^2 EI}{L^2}$	$\frac{\pi^2 EI}{(2L)^2} = \frac{0.25\pi^2 EI}{L^2}$
유효좌굴길이 (Le)	L	0.7L	0.5L	2L

·Le = 힌지-힌지 조건의 좌굴형상이 재현되는 길이

유효좌굴길이 Le를 사용함으로써 기둥양단의 지지상태(경계조건)를 좌
계산식에 반영할 수 있다. 즉, 경계조건이 달라도 Pcr을 계산하여 상

보완설명

좌굴하중 Pcr을 결정짓는 변수들!! ; $P_{cr} = \frac{\pi^2 EI}{L_e^2}$

① 기둥의 재질(재료) : 탄성계수 E

② 단면의 형상(모양). : 단면 2차 모멘트 I

→ 좌굴은 휨에 의한 대변형, 즉, 휘어지면서 파괴.
(휨에 저항하는 단면의 성질 : 단면 2차 모멘트 I)
(압축에 저항하는 단면의 성질 : 단면적 A)

재질 ↑ 단면형상 ↑
EI : 휨강성
(휨에 저항하는 역량)

③ 기둥의 길이 → 유효좌굴길이 Le

④ 기둥의 양단 지지형태(지지조건)

⑤ 좌굴형상을 결정짓는 형상함수 : π

③+④를 동시에 고려하고 있는 항이 유효좌굴길이 "Le" 이다.

Comment

보완설명 좌굴하중 Pcr은 보의 처짐곡선의 미분 방정식으로부터 구할 수 있다.

보의 처짐곡선식, $EI\kappa = (-)M$ ($\rightarrow \kappa = y''$, κ : 곡률. 처짐 y를 2번 미분하면 곡률 κ가 된다)

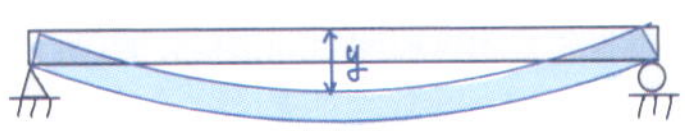

• 휨M과 곡률 κ와의 관계 (FB-02 참조)

$EIy'' = -M = -P\cdot y$, $\quad EIy'' + Py = 0$ (P → 좌굴하중 Pcr)

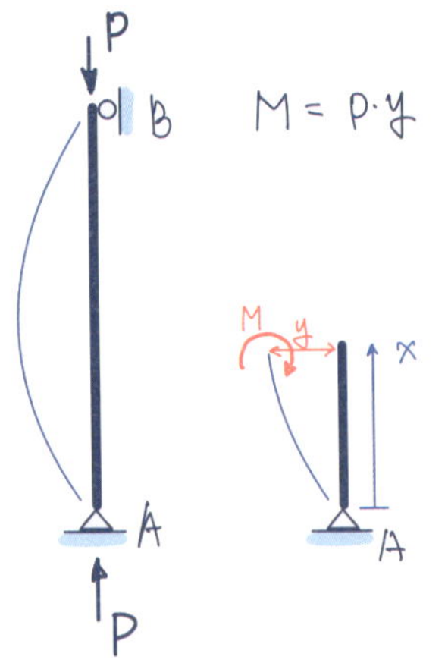

$y'' + \dfrac{P}{EI}\cdot y = 0$

$\dfrac{d^2y}{dx^2} + \alpha^2 \cdot y = 0 \quad \left(\alpha^2 = \dfrac{P}{EI}\right)$

2차 미분방정식의 일반해는 다음과 같다.

$y = C_1 \sin\alpha x + C_2 \cos\alpha x$

경계조건을 이용해서 해를 구하면

$x = 0$ 일때 처짐 $y = 0$ → A점

$x = l$ 일때 처짐 $y = 0$ 이므로 → B점

i) $x = 0$, $y = C_1 \sin\alpha\cdot 0 + C_2 \cos\alpha\cdot 0 = 0$

$= 0 + C_2 \cdot 1 = 0 \quad \therefore C_2 = 0$

ii) $x = l$. $y = C_1 \cdot \sin\alpha l + 0 \cdot \cos\alpha l = 0$

$= C_1 \sin\alpha l = 0$ → $C_1 = 0$ 이면 거리 x에 상관없이 처짐 y는 항상 "0"이 되므로 처짐곡선을 정의하지 못한다.

$C_1 \neq 0$,

「$\sin\alpha l = 0$」이 되어야 한다.

$\sin\alpha l = 0$ 이 되려면 $\alpha l = 0$ 이 되어야 하므로 $\alpha l = \pi, 2\pi, 3\pi$

가장 첫번째로 보여지는 좌굴형상은

「$\alpha l = \pi$」 일때 이므로

$\alpha = \dfrac{\pi}{l}$, $\alpha^2 = \dfrac{\pi^2}{l^2} = \dfrac{P}{EI}$

$\rightarrow Pl^2 = \pi^2 EI$.

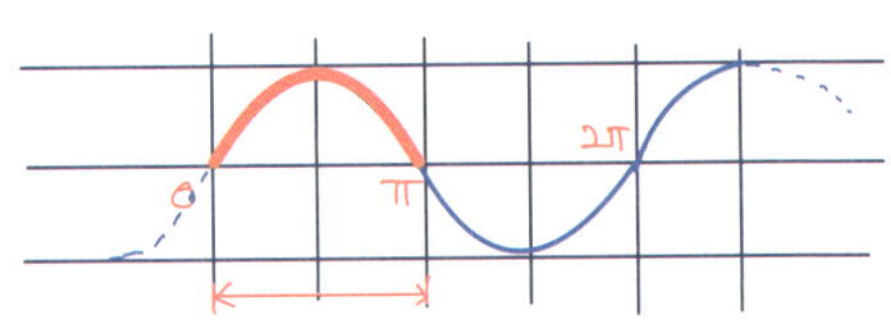

장주의 좌굴 형상과 동일하다.

$\therefore P = \dfrac{\pi^2 EI}{l^2}$ → 좌굴하중 $P_{cr} = \dfrac{\pi^2 EI}{L^2}$

Comment

H4-01. 그림과 같이 지지조건이 다른 장주의 좌굴하중 비 a : b : c : d 는?
(단, 기둥의 길이 L, 탄성계수 E는 모두 동일하며, (a)를 기준으로 좌굴하중 비를 구하여라)

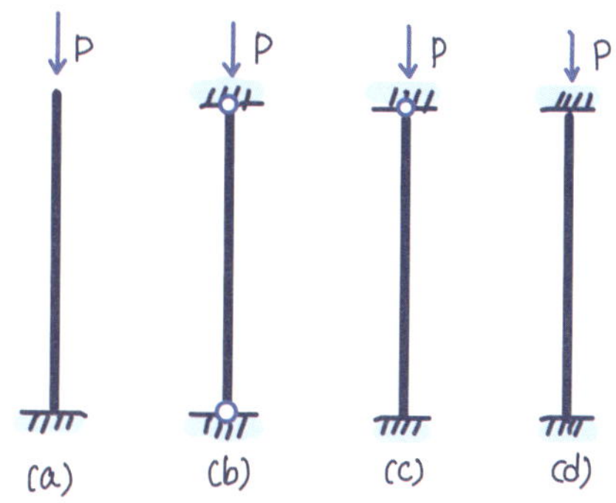

Sol.

좌굴하중 P_{cr}

$$P_{cr} = \frac{\pi^2 EI}{Le^2}$$ → E, I가 일정하므로 좌굴하중 비는 결국 유효좌굴길이 Le^2 에 의해 결정된다.

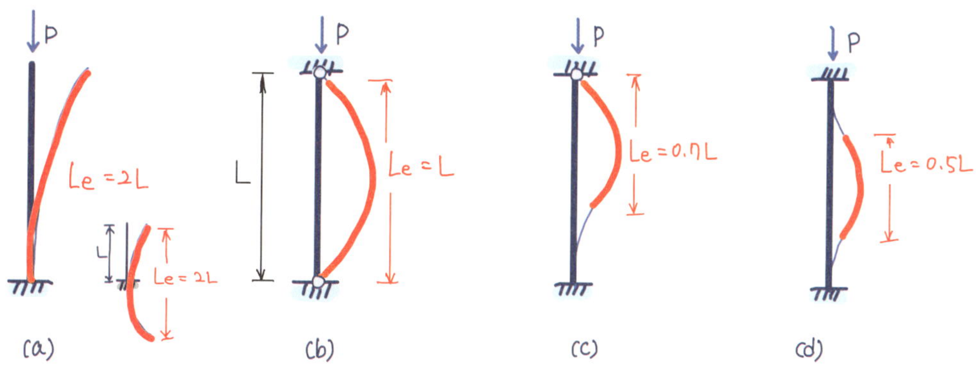

$$P_{cr(a)} : P_{cr(b)} : P_{cr(c)} : P_{cr(d)}$$

$$\frac{\pi^2 EI}{(2L)^2} : \frac{\pi^2 EI}{L^2} : \frac{\pi^2 EI}{(0.7L)^2} : \frac{\pi^2 EI}{(0.5L)^2}$$

$$\frac{1}{4} : \frac{1}{1} : \frac{1}{0.49} : \frac{1}{0.25}$$

$$1 : 4 : 8 : 16$$

단면의 형상, 재질, 부재의 길이 등 모든 조건이 동일한 조건에서 기둥 양단의 경계조건이 「고정 - 고정」 인 경우는 「고정 - 자유」 인 경우에 비해 16배 더 큰 압축하중을 견딜수 있다.
→ 즉, 좌굴하중 P_{cr} 이 16배 크다는 의미.

이렇게 바꿔주면 16배 더 큰 하중을 견딜수 있다.

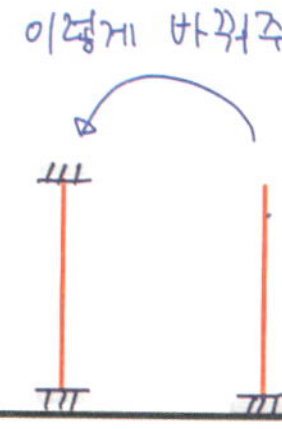

Comment

H4-02 양단이 힌지로 지지되고 직사각형 단면(20mm x 40mm)을 갖는 막대의 좌굴하중은?
(탄성계수 E=800MPa, 기둥의 길이 L=2.5m 이다)

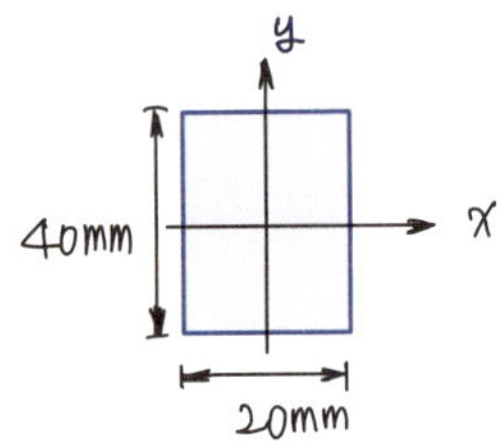

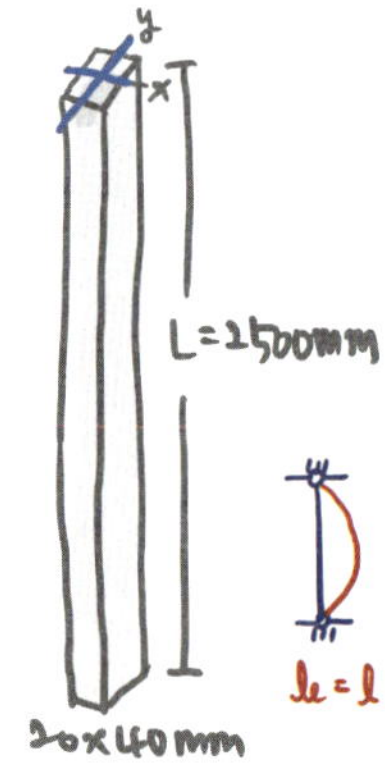

Sol.

$P_{cr} = \frac{\pi^2 EI}{Le^2}$ → 양단힌지 $Le = L$ → $\frac{\pi^2 EI}{L^2}$

I_x, I_y 값이 다르므로 좌굴하중 P_{cr} 도 x축 혹은 y축에 따라 달라진다.

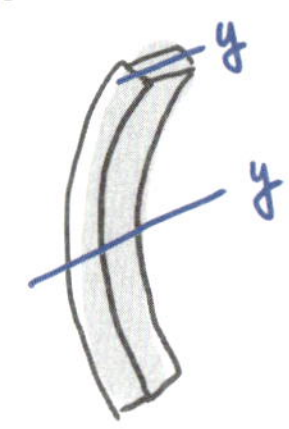

- $I_x = \frac{20 \times 40^3}{12} = 106,667\ mm^4$
- $I_y = \frac{40 \times 20^3}{12} = 26,667\ mm^4$

I 값이 큰 축이 강축이다. $I_x > I_y$ 이므로 I_x의 기준축이 되는 x축이 강축, y축이 약축이 된다.

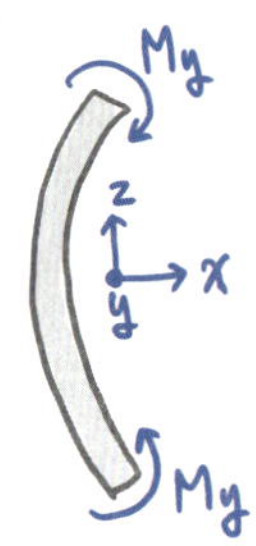

1) x축을 중심축으로 휘어지면서 좌굴이 발생할 때의 좌굴하중 ; P_{cr-x}
(I_x 값 사용됨)

$$P_{cr-x} = \frac{\pi^2 \cdot E \cdot I_x}{L^2} = \frac{\pi^2 \times 800 \times 106,667}{2500^2} = 134.7\text{N}$$

2) y축을 중심축으로 휘어지면서 좌굴이 발생할 때의 좌굴하중 : P_{cr-y}
(I_y 값 사용됨)

$$P_{cr-y} = \frac{\pi^2 \cdot E \cdot I_y}{L^2} = \frac{\pi^2 \times 800 \times 26,667}{2500^2} = 33.7\text{N}$$

3) $P_{cr} = P_{cr-y} = 33.7\text{N}$ → 즉, 33.7N의 압축력이 작용하면 y축을 중심으로 x축 방향으로 휘면서 좌굴이 발생된다.
만약 50N이 작용한다면 이미 좌굴이 발생되어 파괴된 상태. → $P_{cr} = 134.7\text{N}$ (X) 주의!!

Comment

H4-03　H4-02 문제에서 막대의 양단 지지조건이 힌지-고정으로 변화되었다면 좌굴하중은?
(지지조건 이외의 모든 조건은 동일하다)

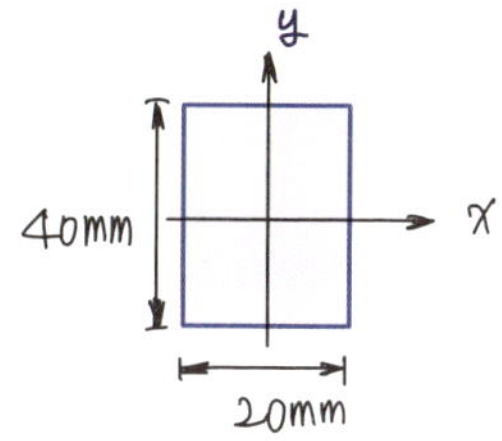

Sol.

1) $P_{cr} = \dfrac{\pi^2 EI}{Le^2} \rightarrow Le = 0.7L \rightarrow \dfrac{\pi^2 EI}{(0.7L)^2}$

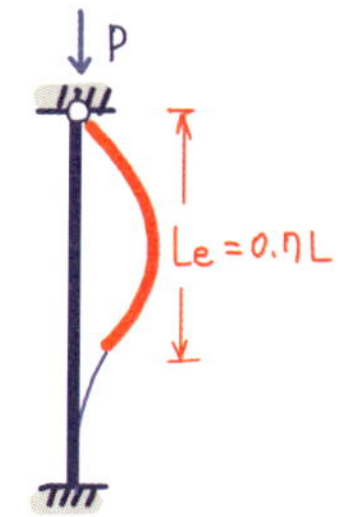

H4-02 문제에서 y축을 중심으로 좌굴이 발생한다는 것을 알고 있다. (I_y 값 사용됨)

2) $P_{cr-y} = \dfrac{\pi^2 \cdot E \cdot I_y}{(0.7 \times L)^2} = \dfrac{\pi^2 \cdot E \cdot I_y}{0.49L^2} \fallingdotseq \dfrac{2 \times \pi^2 \times 800 \times 26{,}667}{2500^2}$

$= 67.4\ N$

$\therefore\ P_{cr} = P_{cr-y} = 67.4\ N$

→ 즉, 양단 힌지로 지지되고 있는 장주를 힌지-고정의 지지조건으로 바꿔주면 2배의 하중을 견딜수 있게 된다.

고정-힌지

$\dfrac{\pi^2 EI}{(0.7L)^2} = \dfrac{2\pi^2 EI}{L^2}$

보완설명

※ 좌굴응력 σ_{cr}

$\sigma_{cr} = \dfrac{P_{cr}}{A} = \dfrac{\pi^2 EI}{Le^2} \cdot \dfrac{1}{A}$

$= \dfrac{I}{A} \cdot \dfrac{\pi^2 E}{Le^2} = r^2 \cdot \dfrac{\pi^2 E}{Le^2} = \dfrac{r^2}{Le^2} \cdot \dfrac{\pi^2 E}{1} = \dfrac{\pi^2 E}{\lambda_e^2}$

$r = \sqrt{\dfrac{I}{A}} \rightarrow r^2 = \dfrac{I}{A}$

$\lambda_e = \dfrac{Le}{r} \rightarrow \lambda_e^2 = \dfrac{Le^2}{r^2}$　$\dfrac{1}{\lambda_e^2} = \dfrac{r^2}{Le^2}$

세장비 λ는 별도의 조건이나 언급이 없는경우 유효세장비 λe와 같은 의미로 쓰일수 있다.

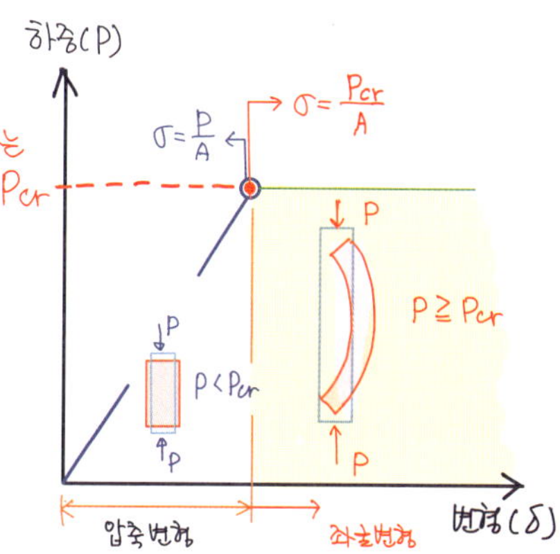

Comment

보완설명

이런 경계조건(지지조건)도 알아두자.

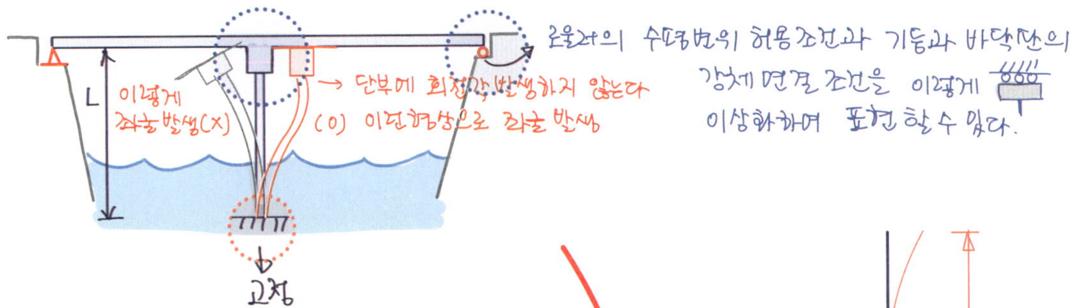

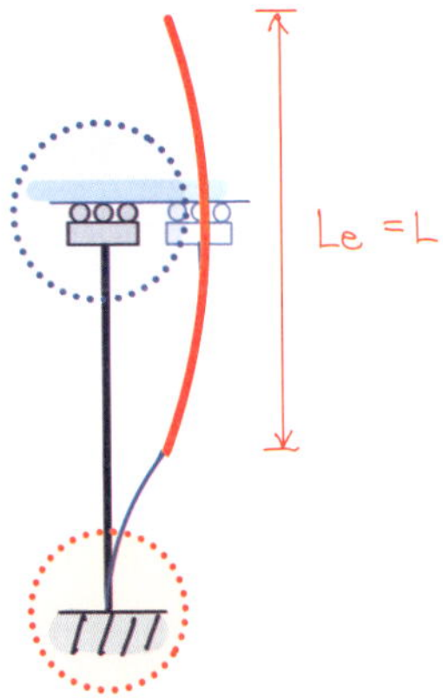

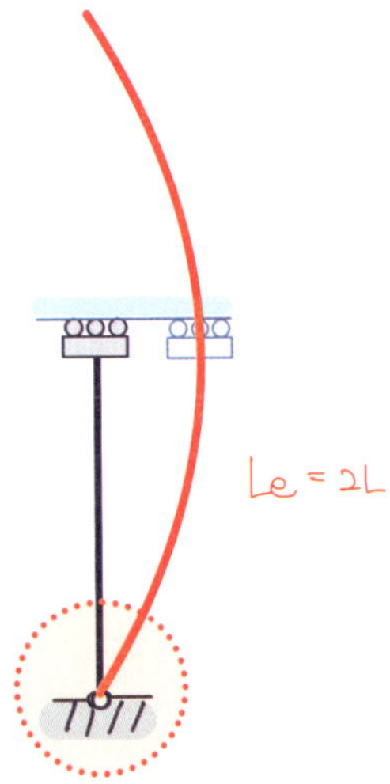

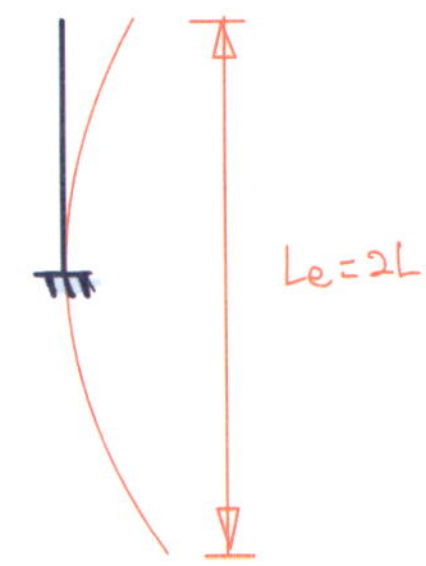

고정–자유 경계조건을 갖는 기둥의 유효좌굴길이와 같다.

$$P_{cr} = \frac{\pi^2 EI}{Le^2} = \frac{\pi^2 EI}{L^2}$$

<지지조건이 고정지점이므로 회전각이 생기지 않는다.>

$$P_{cr} = \frac{\pi^2 EI}{Le^2} = \frac{\pi^2 EI}{(2L)^2} = \frac{\pi^2 EI}{4L^2}$$

<하단의 지지조건이 힌지지점으로 바뀐다면 ….>

1. 영향선과 절대최대휨모멘트

Type	II. 이동하중에 의한 최대반력, 최대전단력, 최대휨모멘트 구하기
Frequency	
Comment	영향선의 정의와 용도, 영향선 그리는 방법에 대한 설명

II-01

1. 영향선의 정의와 용도

1) 정의

- 1개의 단위하중이 구조물 위를 이동해 갈 때 지점반력, 임의 점의 단면력(전단력, 휨모멘 트 등)은 단위하중의 위치에 따라 시시각각 변화하게 되는데, 단위하중의 재하위치에 따라 변화되는 반력이나 단면력 값을 단위하중이 재하된 위치의 바로 밑에 표시하고 표시 된 값(점)들을 연결하여 그린 그림을 '영향선'라고 한다.
  - 전단력과 휨모멘트에 대한 영향선은 구조물의 임의 위치에 대해서 각각 그릴 수 있음 즉, 하나의 구조물에 무수히 많은 '영향선'이 존재
  - 단위하중(unit load)이란? : 하중의 크기가 "1"인 하중으로 단위가 없는 하중

2) 용도

- 이동하중(자동차, 열차 등)이 구조물 위를 이동해 갈 때 임의 점에서 발생되는 최대단면력(최대전단력 S_{max} 과 최대휨모멘트 M_{max}), 최대반력을 구하는데 사용된다.
- 최대단면력으로부터 이동하중이 구조물 위를 이동해 갈 때 임의 점에서 발생되는 최대응력(최대전단응력, 최대휨응력 등)을 구하는데 사용된다.
- 최대단면력 및 최대응력이 발생하는 이동하중의 재하위치를 결정할 수 있다.

- 철도교와 같이 당황스러울 만큼 많은 열차바퀴 하중을 고려해야 하는 경우 영향선을 이용하면 반력, 전단력, 휨모멘트를 보다 간편하게 구할 수 있다.
- 정하중은 이동하중의 특별한 형태(이동하중이 어떤 특정위치에 놓여있는 그 순간은 정하중이 된다고 볼 수 있다)이기 때문에 이동하중, 정하중 모두 영향선에 적용이 가능하다.

Comment

2. 영향선을 그리는 간단한 방법

• Muller–Breslau 방법 :

반력, 전단력, 휨모멘트의 영향선은 각각의 부재력에 상응하는 구속을 해제하고 단위 변위(회전)를 가했을 때 발생하는 처짐형상과 같다.

① 반력 영향선 – 해당 지점의 연직방향 구속력을 제거하기 위해 지지력 제거

• A 지점의 연직반력 영향선

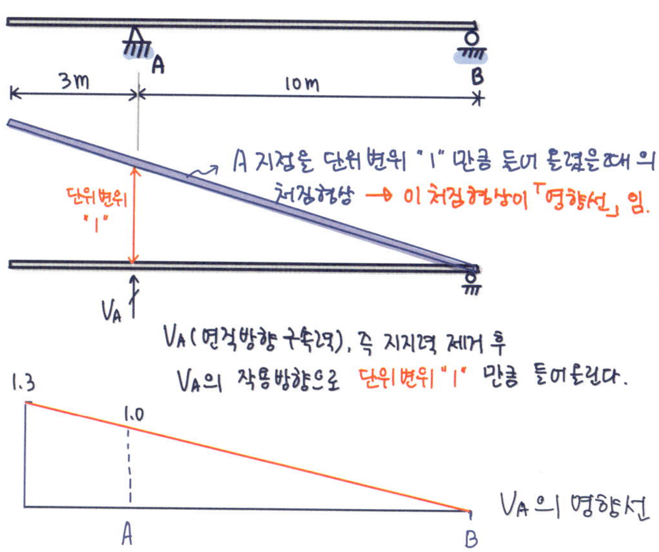

※ 반력 영향선도의 높이 값 단위
→ 무차원(단위없음)
V_A (반력) = 이동하중의 크기 × 영향선도 높이 값
(tf, kN) (tf, kN) (무차원)

* 참고 : 양측 내민보의 경우.

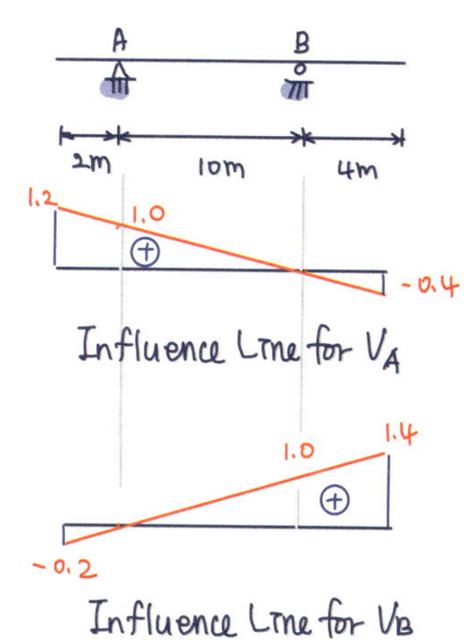

② B 지점의 연직반력 V_B의 영향선

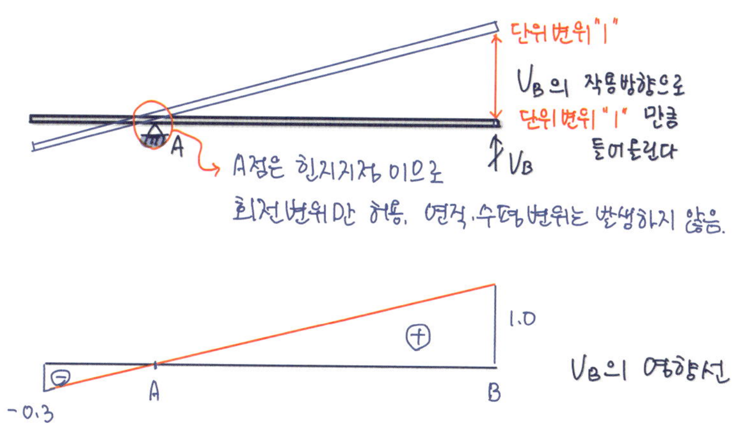

② 전단력 영향선

• C점의 전단력 영향선 : 해당 위치의 전단저항력(단면과 평행한 연직방향)을 제거하기 위해 부재를 절단

– C 점 위치의 전단력에 대한 영향선을 그리기 위해서 C 점을 절단한 후 단위변위 '1' 을 발생시킨다.

– 단위변위 '1' 이 발생된 보의 처짐 형상이 C 점의 전단력 영향선이 된다.

– 단위변위 '1' 을 발생시키기 위해서 절단된 C 점의 왼쪽 부재는 아래쪽으로 a/L 만큼 내리고, 오른쪽 부재는 위쪽으로 b/L 만큼 올린다(a/L + b/L = 1).

주의!!: L = 지점 사이의 길이(부재 전체 길이 아님!!)

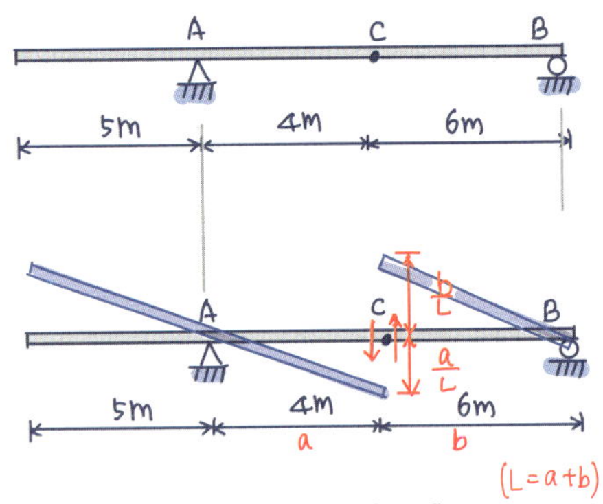

A, B점은 지점이므로 처짐은 발생하지 않음. 회전변위는 발생

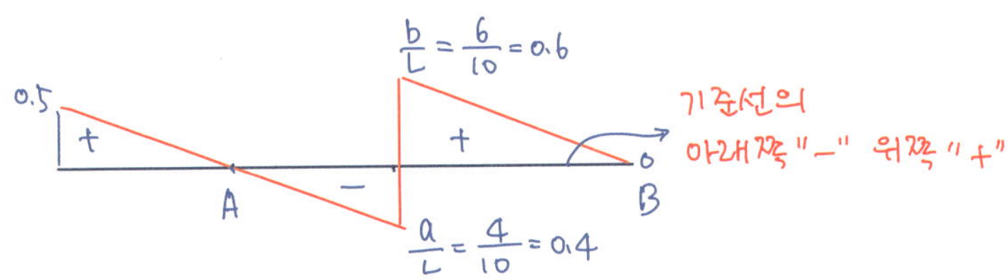

보완설명

☀ 전단력 영향선도의 높이 값 단위
→ 무차원 (단위 없음)

• 전단력 값 = 이동하중의 크기 × 영향선도 높이 값
(tf, kN) (tf, kN) (무차원)

영향선 높이 a/L or b/L
→ 「길이/길이」 → 단위가 없음.

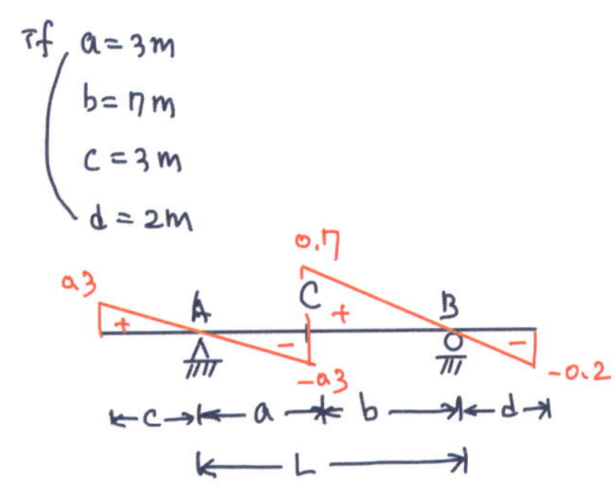

지점사이의 거리가 L

Comment

③ 휨모멘트 영향선

- C점의 휨모멘트 영향선 : 해당 위치의 휨저항력을 제거하기 위해 부재에 내부힌지 삽입

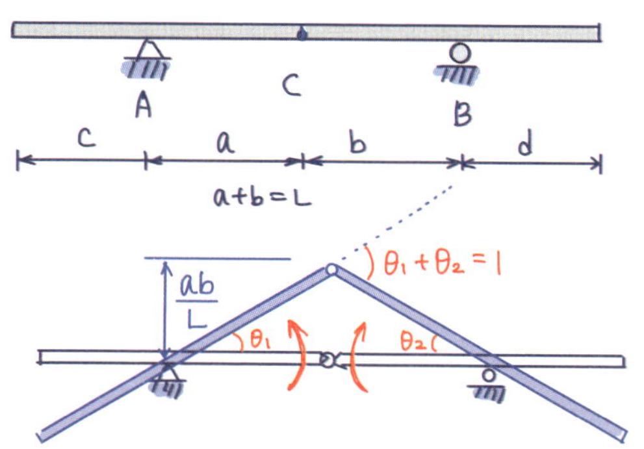

※ 휨모멘트 영향선

구하려는 위치에 내부힌지를 설치한 후 꺾어 올린다.

(꺾어 올렸을때 $\theta_1+\theta_2=1$ 이 되도록)

→ $\frac{a \cdot b}{L}$ 만큼 꺾어 올리면 그 크기가 단위회전변위 1 이 된다.

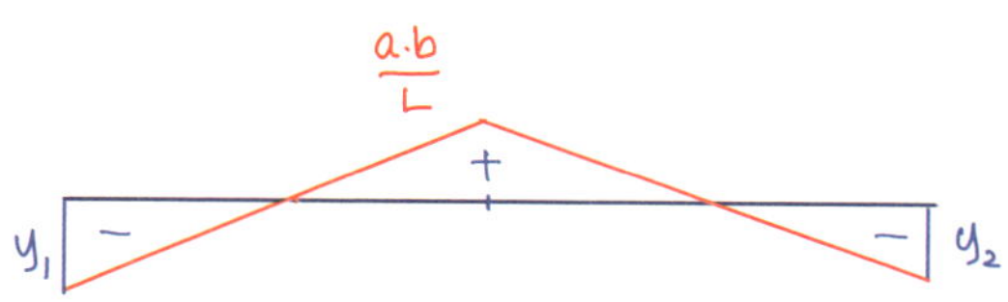

※ 휨모멘트 영향선도의 높이 값 단위

→ m (길이단위)

휨모멘트값 (tf·m) (kN·m) = 이동하중의 크기 (tf, kN) × 영향선도 높이 값 (m)

영향선의 높이 $\frac{a \cdot b}{L}$ → $\frac{길이 \times 길이}{길이}$ = 길이(m)

ㄷf ; a = 4m, b = 6m, c = 3m, d = 3m 라면

$\frac{4 \times 6}{10} = 2.4m$

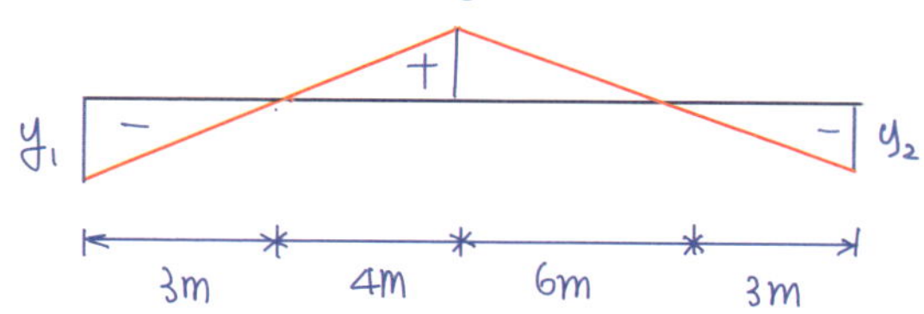

- $4 : 2.4 = 3 : y_1$

  $y_1 = \frac{2.4 \times 3}{4} = 1.8m$

- $6 : 2.4 = 3 : y_2$

  $y_2 = \frac{2.4 \times 3}{6} = 1.2m$

Comment

보완설명

C점(내부힌지)을 $\frac{ab}{L}$ 만큼 꺾어 올리면 "$\theta = \theta_1 + \theta_2 = 1$" 이 될까?

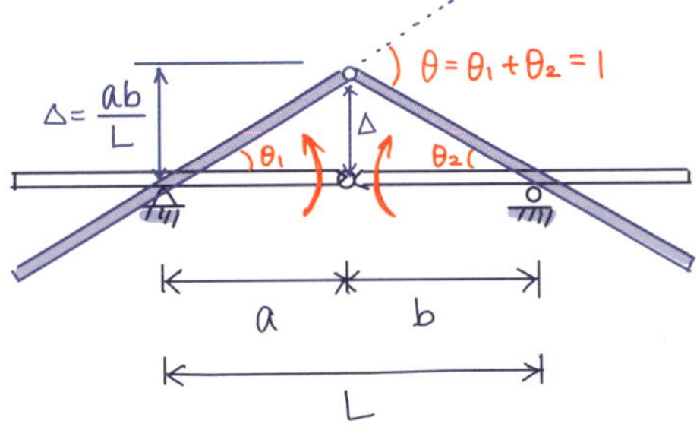

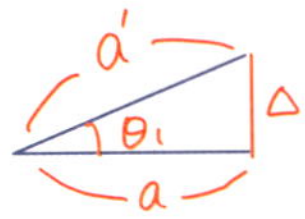

$a \approx a'$

$\Delta = a \cdot \theta_1$

$$\Delta = a \cdot \theta_1 = b \cdot \theta_2 = (L-a) \cdot \theta_2$$

$$\theta_1 = \frac{(L-a)}{a} \cdot \theta_2 \quad — ①$$

$$\theta_1 + \theta_2 = 1 \quad — ②$$

θ1과 θ2를 더한 값은 단위변위 "1"rad이 되어야 한다.

①, ② 식을 조합해서 정리하면

$$\frac{L-a}{a} \cdot \theta_2 + \theta_2 = 1$$

$$\theta_2\left(\frac{L-a}{a} + 1\right) = 1, \quad \theta_2\left(\frac{L-a}{a} + \frac{a}{a}\right) = 1$$

$$\theta_2\left(\frac{L-a+a}{a}\right) = 1, \quad \theta_2\left(\frac{L}{a}\right) = 1$$

$$\therefore \theta_2 = \frac{a}{L} \quad — ③$$

③ → ① 대입

$$\therefore \theta_1 = \frac{L-a}{a} \cdot \frac{a}{L} = \frac{L-a}{L} = \frac{b}{L}$$

$\Delta = a \cdot \theta_1$ 이므로

$$\therefore \Delta = a \cdot \frac{b}{L} = \frac{a \cdot b}{L}$$

Comment

II-02 그림과 같은 이동하중이 B지점에서 A지점 방향으로 이동해 갈 때 A지점의 최대연직반력, C점의 최대전단력, C점의 최대휨모멘트는?

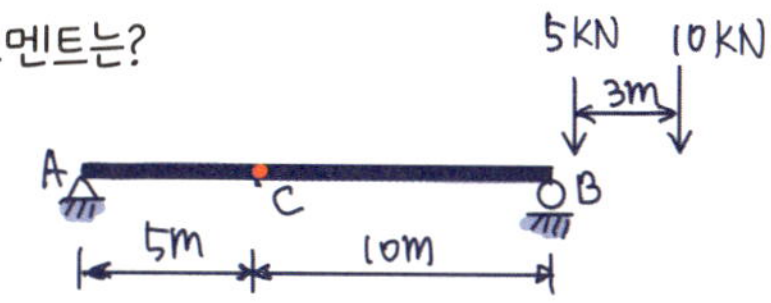

Sol.

하중이 이동해가면서 C 점에 큰 부재력을 발생시킬 것으로 예상되는 경우의 수를 고려해야 한다.

1) A 지점의 최대 반력 : V_{Amax}.

- CASE1 : $5 \times 1.0 + 10 \times 0.8 = 13$ KN
- CASE2 : $5 \times 0 + 10 \times 1.0 = 10$ KN

A 지점을 통과한 하중

$\therefore V_{Amax} = 13$ KN

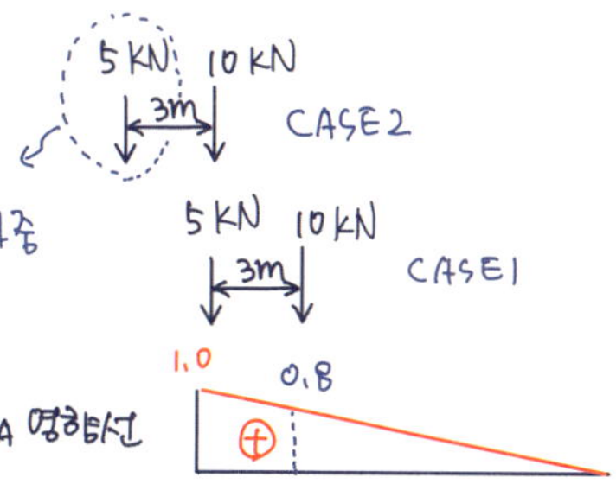

V_A 영향선

영향선의 높이 값들은 비례식으로 찾는다.

$15 : 1.0 = 12 : y$

$y = 12/15 = 0.8$

2) C 점의 최대 전단력 : S_{cmax}.

- CASE1 : $5 \times 0.67 + 10 \times 0.47 = 8.05$ KN
- CASE2 : $5 \times (-0.132) + 10 \times 0.67 = 6.04$ KN
- CASE3 : $5 \times (-0.132) + 10 \times (-0.33) = -3.96$ KN

$\therefore S_{cmax} = 8.05$ KN

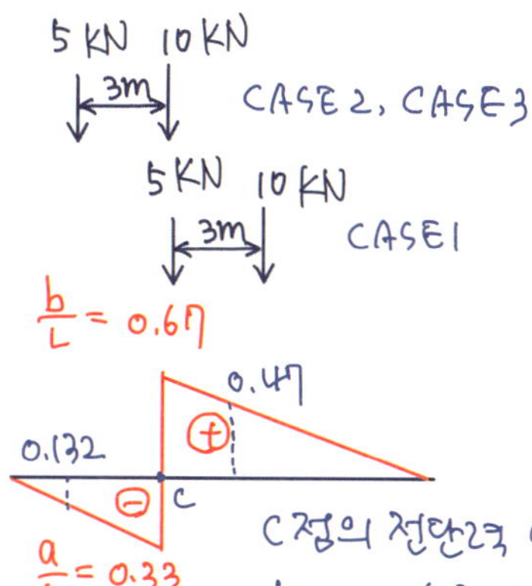

S_c 영향선

C점의 전단력 영향선도의 높이 값은 (종거)

「+0.67」 이면서 「-0.33」 이다.

계산과정에서 필요에 따라 선택적으로 사용해야 한다

※ 영향선도 활용.

- 집중하중 x 영향선도 높이,
- 분포하중 x 영향선도 면적
- Moment 하중 x 영향선도 기울기

Comment

3) C 점의 최대 휨모멘트 ; M_{cmax}

- CASE1 : $5\times3.33+10\times2.33=39.95$ kN·m
- CASE2 : $5\times1.33+10\times3.33=39.95$ kN·m

∴ $M_{cmax}=39.95$ kN·m

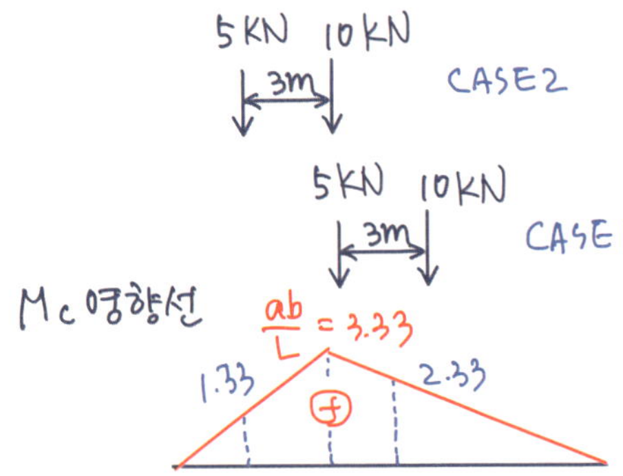

보완설명

전단력, 휨모멘트 등 부재력의 최댓값은 절대 값 개념이다.

예) 전단력 영향선

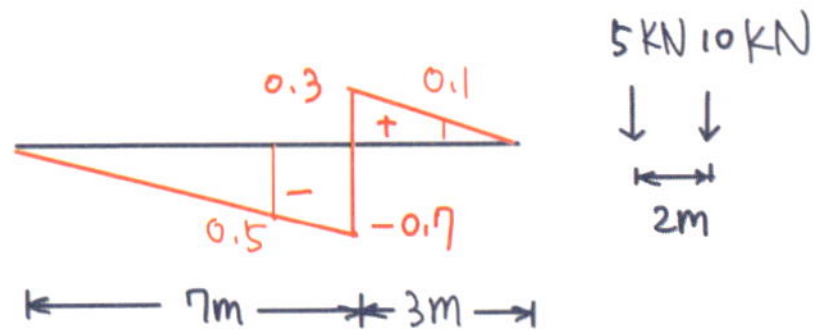

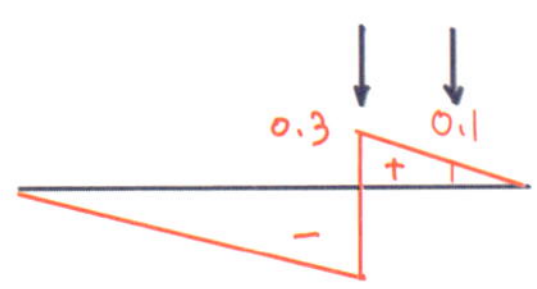

- 앞바퀴 C점인 경우 ; CASE1

  $S=5\times0.3+10\times0.1=2.5$ kN

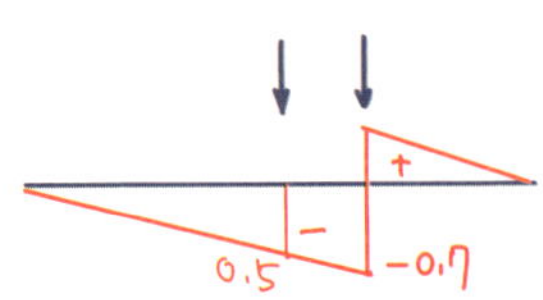

- 뒷바퀴 C점인 경우 ; CASE2

  $S=5\times(-0.5)+10\times(-0.7)=-9.5$ kN

∴ $S_{max}=\ominus 9.5$ kN → 음의 전단변형을 일으키는 전단력이라는 의미

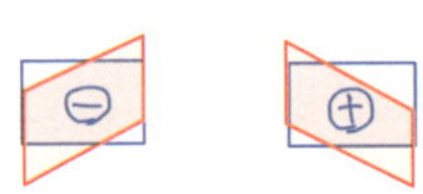

Comment

II-03 그림과 같은 내민보 구조물에 등분포 이동하중이 E점에서 A점 방향으로 연속된 상태로 이동해 갈 때 B지점의 최대연직반력, C점의 최대전단력, C점의 최대휨모멘트는?

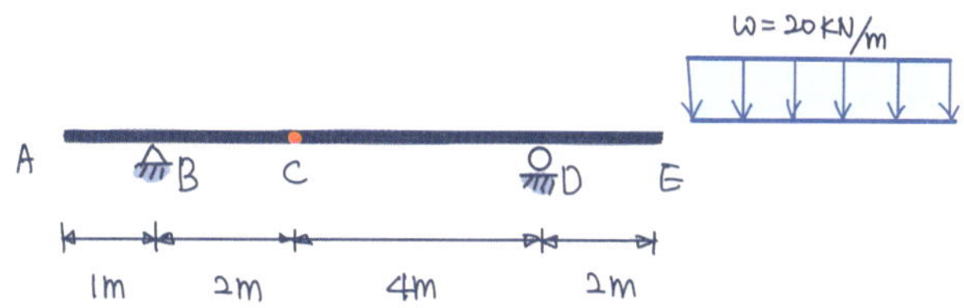

Sol.

등분포 하중이 E위치에서 A위치로 이동해가면서 상대적으로 큰 반력이나 부재력을 발생시킬 것으로 예상되는 경우의 수를 고려해야 한다. 이 문제에서는 등분포하중이 내민보 전체에 재하되어 있다는 전제 조건이 없으므로 등분포하중이 순차적으로 부분 재하되는 경우도 고려해야 한다.

1) B 지점의 최대반력 V_{Bmax}

- B지점의 반력 영향선 : B지점 위치에서 상향으로 '1' 만큼 들어 올린다.

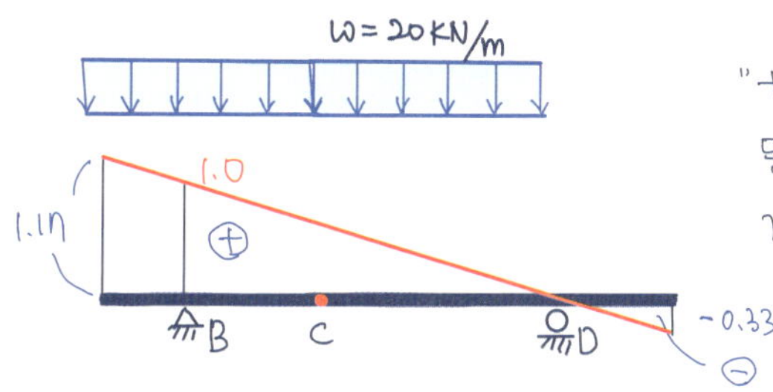

"+" 구간에만 하중이 재하되도록 고려.
등분포하중이 구조물에 진입 후 마지막으로 빠져 나가는 경우에 해당.

$6 : 1.0 = 7 : y_1$
$y_1 = 7/6 = 1.167 \fallingdotseq 1.17$

$6 : 1.0 = 2 : y_2$
$y_2 = \frac{2}{6} = 0.33$

$\therefore V_{Bmax} = \frac{1}{2} \times 7 \times 1.17 \times 20 = 81.9\text{kN}$

등분포 하중은 영향선도의 면적과 곱해진다.

Comment

2) C점의 최대전단력 S_{Cmax}

- C점의 전단력 영향선 : C점을 절단하여 단위변위 "1"을 발생시킨다

$w = 20kN/m$: CASE 1 (등분포 하중이 빠져나가는 경우)

$w = 20kN/m$: CASE 2 (등분포 하중이 진입하는 경우)

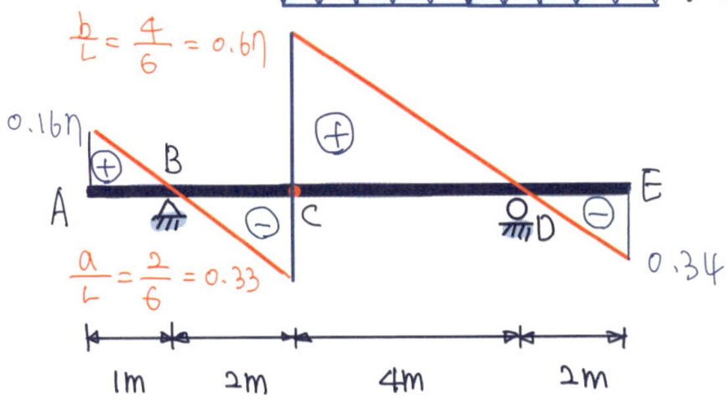

- CASE 1 : $S_C = \frac{1}{2}(1 \times 0.167 \times 20) - \frac{1}{2}(2 \times 0.33 \times 20) + \frac{1}{2}(4 \times 0.67 \times 20)$

$= 1.67 - 6.6 + 26.8 = 21.87kN$

- CASE 2 : $S_C = \frac{1}{2}(4 \times 0.67 \times 20) - \frac{1}{2}(2 \times 0.34 \times 20)$

$= 26.8 - 6.8 = 20.0kN$

$\therefore S_{Cmax} = 21.87kN$

3) C점의 최대휨모멘트 M_{Cmax}

- C점의 휨모멘트영향선 : C점에 힌지를 생성시켜 단위변위 "1"을 발생시킨다

$w = 20kN/m$: CASE 1 (등분포 하중이 빠져나가는 경우)

$w = 20kN/m$: CASE 2 (등분포 하중이 진입하는 경우)

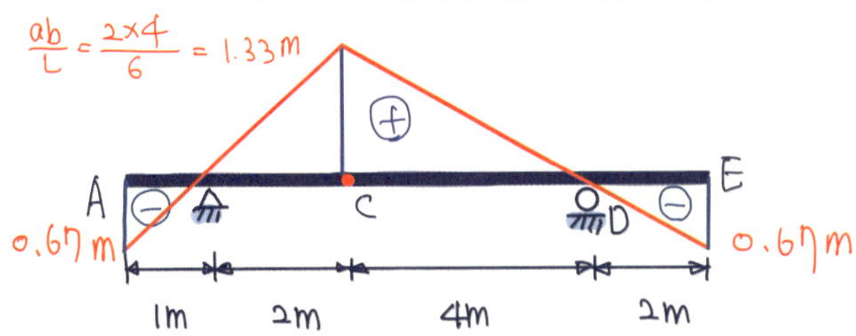

- 휨M 영향선도의 높이(종거)는 'm' 단위를 갖는다.

$\frac{a \cdot b}{L} = \frac{2m \times 4m}{6m} = 1.33m$

Comment

- CASE 1 : $M_c = \frac{1}{2}(6 \times 1.33 \times 20) - \frac{1}{2}(1 \times 0.67 \times 20)$ (m × m × kN/m)

$$= 79.8 - 6.7 = 73.1\,kN \cdot m$$

- CASE 2 : $M_c = \frac{1}{2}(6 \times 1.33 \times 20) - \frac{1}{2}(2 \times 0.67 \times 20)$

$$= 79.8 - 13.4 = 66.4\,kN \cdot m$$

$\therefore M_{c\,max} = 73.1\,kN \cdot m.$

보완설명

- 만약 등분포하중이 연속되지 않을 수 있다는 조건이 추가되면 "+" 구간에만 등분포하중을 재하시킬수 있다.

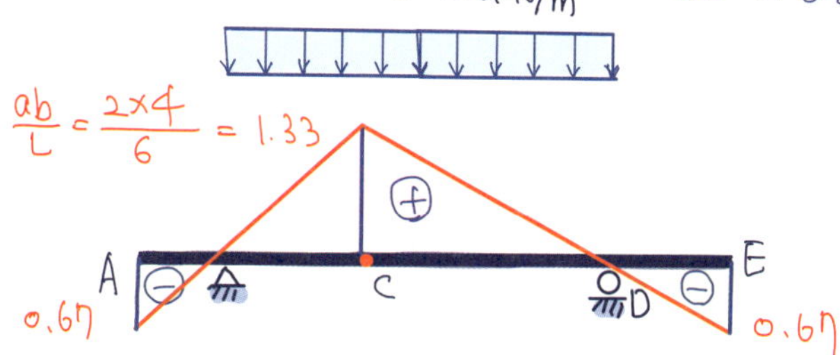

$\therefore M_{c\,max} = \frac{1}{2}(6 \times 1.33 \times 20)$

$= 79.8\,kN \cdot m$

- F점에 대한 전단력과 휨모멘트의 영향선을 그려 보면 (overhang 구간)

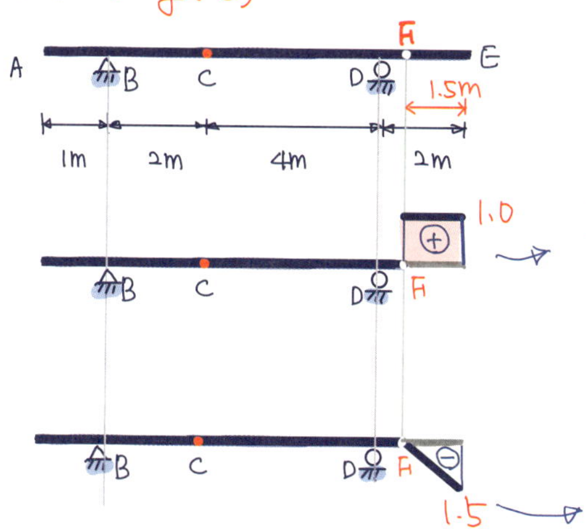

B, D는 지점이고 BDF 구간의 부재는 연속되어 있기 때문에 F점을 절단하고 BDF 부재에 하향 변위를 발생시키려 해도 변위가 발생되지 않는다. 그러므로, 단위 변위 "1"은 FE 구간에서 발생되어야 한다.

BCF 구간은 꺾일수 없으므로 단위변위 θ=1 이 발생 되려면 FE 구간이 1.5m 이므로 E점은 1.5m 만큼 하향으로

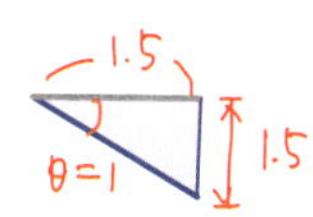

→ 이러한 특성은 캔틸레버 보에서 두드러 진다.

Comment

II-04 그림과 같은 캔틸레버보 구조물에 등분포 이동하중이 C점에서 A점 방향으로 연속된 상태로 이동해 갈 때 B점의 최대전단력, B점의 최대휨모멘트는?

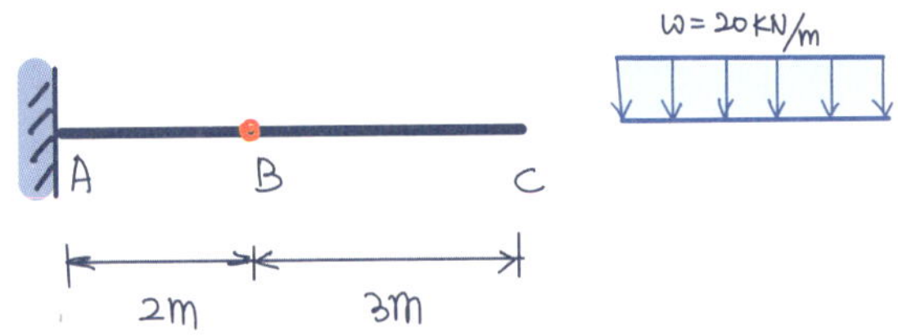

Sol.

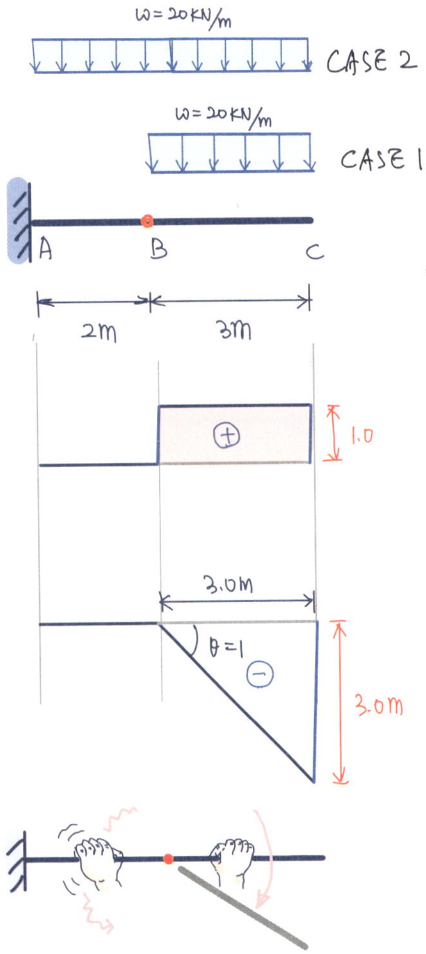

1) $S_{B\,max}$

∘ CASE1 ;

$$S_{B\,max} = 20 \times 3 \times 1.0 = 60\,kN$$

∘ CASE2

$$S_{B\,max} = (20 \times 3 \times 1.0) + (20 \times 2 \times 0) = 60\,kN$$

$$\therefore S_{B\,max} = 60\,kN$$

2) $M_{B\,max}$

∘ CASE1

$$M_{B\,max} = -\frac{1}{2}(20 \times 3.0 \times 3.0) = -90\,kN\cdot m$$

∘ CASE2

$$M_{B\,max} = -\frac{1}{2}(20 \times 3.0 \times 3.0) + (20 \times 2.0 \times 0) = -90\,kN\cdot m$$

$$\therefore M_{B\,max} = -90\,kN\cdot m$$

보완설명 등분포 이동하중이 재하되는 켄틸레버보의 B점에 발생되는 최대 전단력과 최대 휨모멘트는 BC구간에만 부분 재하되는 CASE1과 전구간에 재하되는 CASE2 모두 같은 값이 얻어진다(AB 구간의 영향선 종거(높이)가 "0"이기 때문). 또한, AB 구간에만 등분포 이동하중이 재하되는 CASE3을 고려해 볼 수 있겠으나 결국 얻어지는 값은 '0' 으로써 의미가 없게된다.

Comment

보완설명

영향선을 이렇게 이용할 수도 있다.
예를 들어 그림과 같이 복잡한 하중 재하 조건에서 C 점 위치에서 발생되는 휨모멘트를 구하려 한다면.....

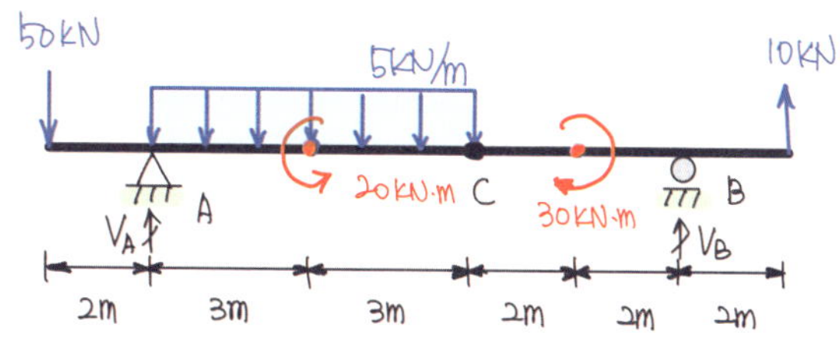

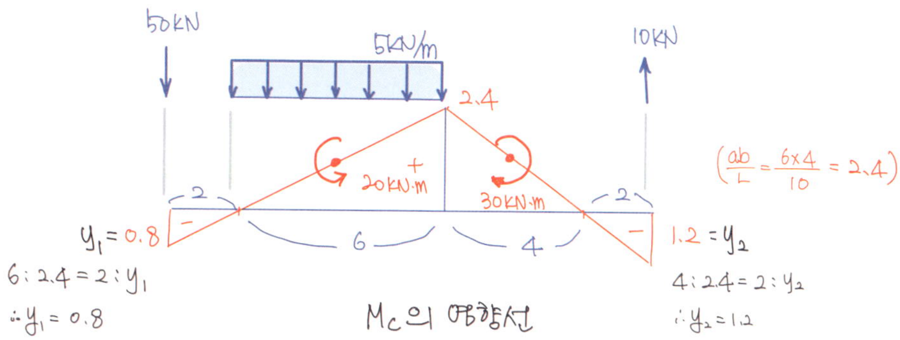

집중하중×높이 / 분포하중×면적 / 모멘트하중×기울기

$$M_C = [50\times(-0.8)] + \left[5\times\tfrac{1}{2}\times2.4\times6\right] + [-20\times0.4] + [-30\times(-0.6)]$$

집중하중×높이

$$+ [-10\times(-1.2)]$$

$$= -40 + 36 - 8 + 18 + 12$$

$$= 18\text{kN}\cdot\text{m}$$

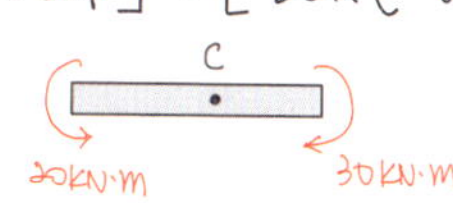

C점을 위로 볼록하게 변형시키므로 모두 "−" 모멘트하중이다.

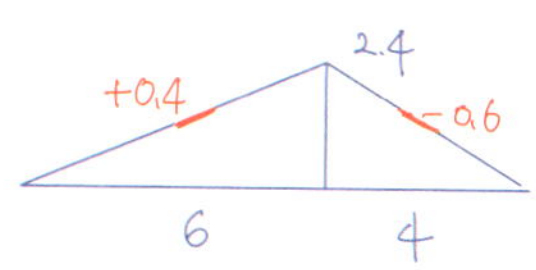

Type	I2. 절대 최대전단력, 절대 최대휨모멘트 구하기
Frequency	
Comment	

I2-00

이동하중으로 인한 절대 최대전단력(Sabs.max)과 절대 최대휨모멘트(Mabs.max)

- 최대 전단력, 최대 휨모멘트 : 이동하중으로 인해 구조물의 어떤 특정 위치에서 발생되는 전단력과 휨모멘트 중 최대치로써 이동하중이 재하되는 다양한 CASE를 고려해서 영향선을 이용하여 구한다.
- 이동하중이 구조물을 통과해 갈 때 해당 구조물에 발생되는 최대 휨모멘트와 최대 전단력의 발생위치를 찾기 위해서는 무수히 많은 경우의 수에 대해 반복 해석해야 한다('위치', '이동하중' 모두 변수이다)
- 이렇게 반복해석을 통해 결정된 최대 휨모멘트와 최대 전단력을 각각 절대 최대휨모멘트와 절대 최대 전단력이라고 한다.
- 그러나, 이동하중이라 하더라도 켄틸레버보, 단순보에 대해서는 최대 휨모멘트와 최대 전단력이 발생하는 위치와 그 크기를 간단하게 결정할 수 있다.

절대최대휨모멘트($M_{abs.max}$: Absolute Maximum Moment) : 이동하중이 구조물을 지나갈 때 발생되는 최대휨모멘트 가운데 가장 큰 값. 즉, 무수히 많은 임의의 점에서 얻어지는 최대휨모멘트 가운데 가장 큰 값

절대최대전단력($S_{abs.max}$: Absolute Maximum Shear Force) : 이동하중이 구조물을 지나갈 때 발생되는 최대전단력 가운데 가장 큰 값. 즉, 무수히 많은 임의의 점에서 얻어지는 최대전단력 가운데 가장 큰 값

절대 최대전단력과 절대 최대휨모멘트 발생위치

구분		발생위치	발생조건
켄틸레버보	절대 최대전단력	지점(지점과 인접한 단면)	이동하중이 구조물에 가장 큰 연직반력이 발생되도록 재하되는 경우
	절대 최대휨모멘트	지점(지점과 인접한 단면)	큰 하중이 자유단에 재하되는 경우 가능성 높음(최대 휨모멘트 반력이 발생되도록 재하되는 경우)
단순보	절대 최대전단력	최대 반력 발생 지점(지점과 인접한 단면)	최대반력이 발생하는 이동하중 재하 조건
	절대 최대휨모멘트	이동하중의 합력 R과 가까운 하중 사이의 거리를 2등분한 위치를 보의 중앙과 일치시켰을 때 가까운 하중이 재하되는 위치 (보완 설명 참고)	이동하중이 집중하중 군으로 이루어진 경우
		보의 중앙	등분포 이동하중 혹은 1개의 집중 이동하중

Comment

보완설명

절대 최대휨모멘트($M_{abs.max}$) 발생 위치 및 크기 (보완설명)

(a) 이동하중의 합력 R과 합력 R의 작용위치를 구한다.

(b) 이동하중의 합력 R과 가까운 하중 사이의 거리를 2등분하고 2등분된 위치를 보의 중앙과 일치시킨다.

(c) 이동하중의 합력 R과 인접한 하중이 재하되는 포인트(위치)의 단면에서 절대 최대휨모멘트가 발생된다.

(d) 위의 (c)에서 결정된 위치에서 휨모멘트를 구하면 그값이 절대 최대휨모멘트가 된다.

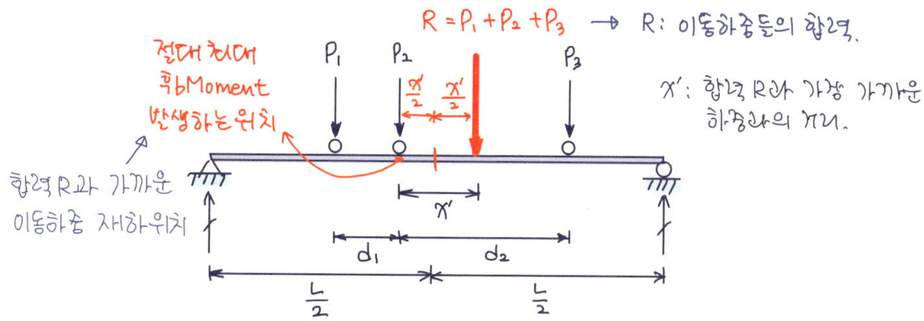

Comment

12-01. 그림과 같은 단순보를 이동하중이 지나갈 때 발생되는 절대최대휨모멘트는?

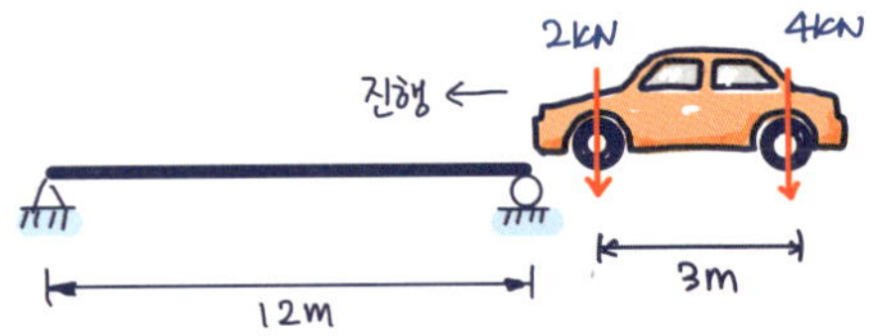

Sol.

1) 합력 R의 크기와 작용위치 → 바리뇽의 정리 이용.

· $R = 2 + 4 = 6$ kN

· 2kN 작용점을 기준으로 R의 작용위치를 구하면

$(2\times0)+(4\times3) = 6\times x \quad \therefore x = 2\text{m}$

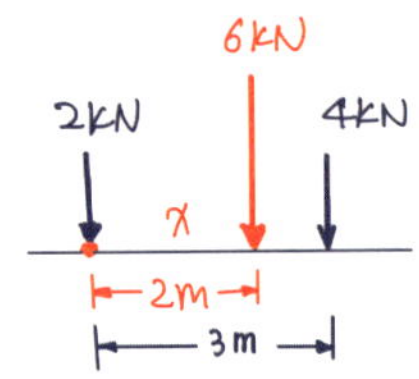

2) 합력 R과 이동하중을 구조물에 재하 → 이동하중 2kN과 4kN 중 합력 R과 가까운 하중 4kN 사이의 중간위치를 보의 중앙점과 일치시켜 재하한다.

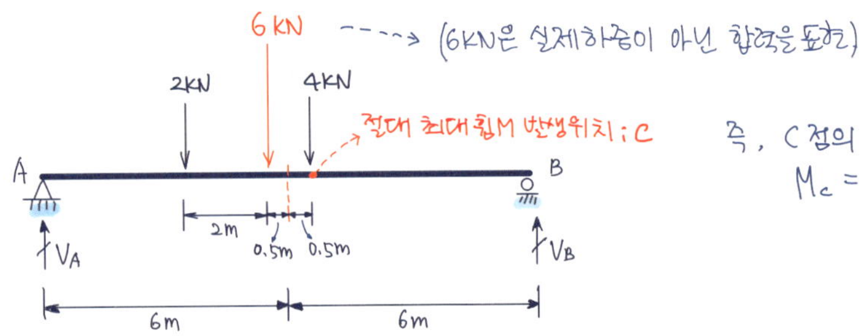

즉, C점의 휨Moment

$M_c = M_{abs,max}$ 가 된다.

3) M_c의 영향선을 이용하여 절대 최대 휨모멘트 $M_{abs.max}$ 구하는 방법

$\therefore M_{abs.max} = 4\times2.98 + 2\times1.605 = 15.13 \text{ kN}\cdot\text{m}$ → 하중 × 영향선 종거(높이)

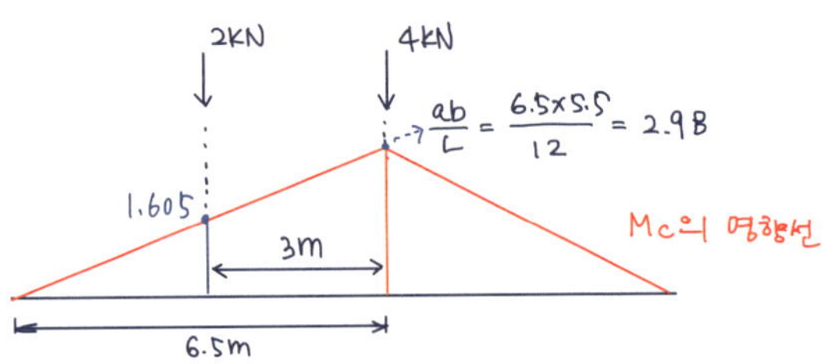

$6.5 : 2.98 = 3.5 : y$

$y = 1.605$

$6.5 : 2.98 = 5.5 : y$

$y = 2.52$

Comment

4) 일반적인 방법으로 절대 최대 휨모멘트 $M_{abs.max}$ 구하는 방법

절대 최대휨모멘트를 구할 때 영향선을 이용하면 오히려 번거로울 수 있다.
이동하중의 재하 위치와 절대 최대휨모멘트가 발생되는 위치를 알고 있으므로 합력 R을 이용하여 반력을 구하고, 절대 최대휨모멘트가 발생되는 위치의 휨모멘트 값을 구하면 된다.

∘ 합력 R을 이용하여 반력 V_B를 구한후 $M_c = V_B \times 5.5$

$$V_B = \frac{R \cdot a}{L} = \frac{6 \times 5.5}{12} = 2.75\text{kN} (\uparrow)$$

$$\therefore M_{abs.max} = M_c = 2.75 \times 5.5 = 15.13\text{kN·m}$$

∘ 반력 V_A를 이용하면

$$V_A = \frac{R \cdot b}{L} = \frac{6 \times 6.5}{12} = 3.25\text{kN} (\uparrow)$$

$$\therefore M_{abs.max} = M_c = (V_A \times 6.5) - (2 \times 3)$$

→ 놓치면 안됨!! 합력 R은 반력을 구하는 단계 까지만 사용할것!!

$$= (3.25 \times 6.5) - (2 \times 3) = 15.13\text{kN·m}$$

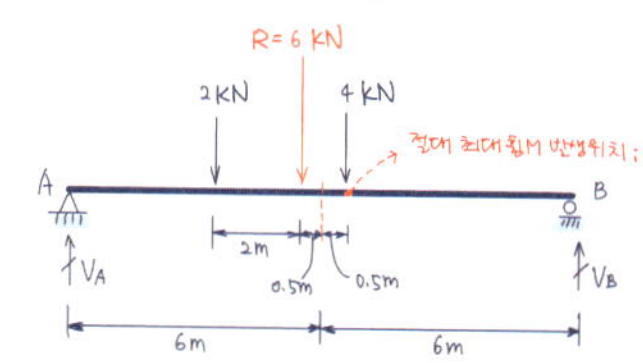

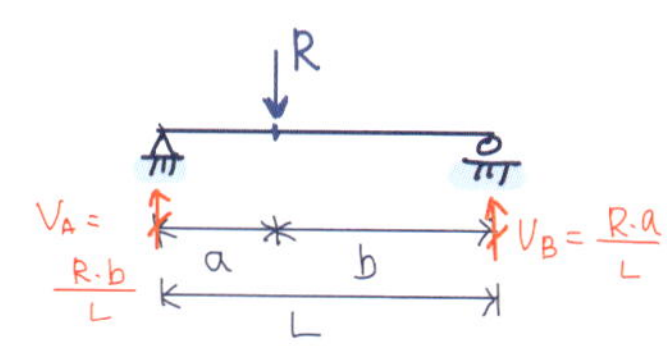

보완설명

"주의" ＊ 영향선을 이용하지 않고 $M_{abs.max}$을 직접 구하는 경우 지점과 $M_{abs.max}$ 발생위치 사이에 이동하중이 존재하면 그 이동하중의 영향도 반영해야 한다.

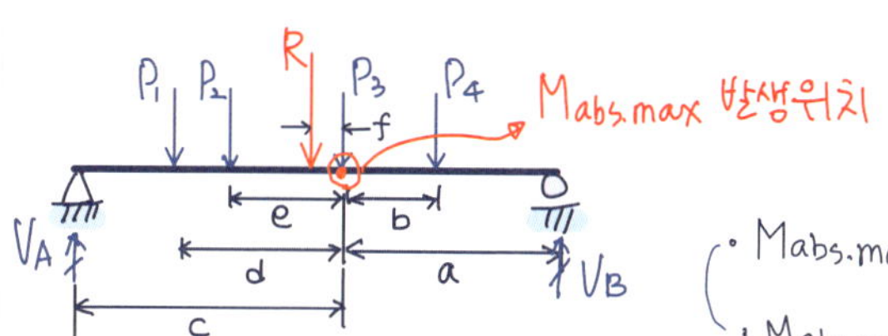

$\cdot\ M_{abs.max} = V_A \cdot c - P_1 \cdot d - P_2 \cdot e$

$\cdot\ M_{abs.max} = V_B \cdot a - P_4 \cdot b - P_3 \cdot 0$

R은 이동하중의 합력!! 이동하중과 합력 R을 중복해서 반영하는 실수 하지 않도록...

$M_{abs.max} = V_A \cdot c - R \cdot f$

$\cdot\ M_{abs.max} = V_A \cdot c - P_1 \cdot d - P_2 \cdot e - R \cdot f$

→ 설마...이렇게 하진 않겠지? 잘못된 식 전개.

Comment

I2-02 지간이 20m인 단순보를 그림과 같은 차량이 지나갈 때 발생되는 절대최대휨모멘트는?

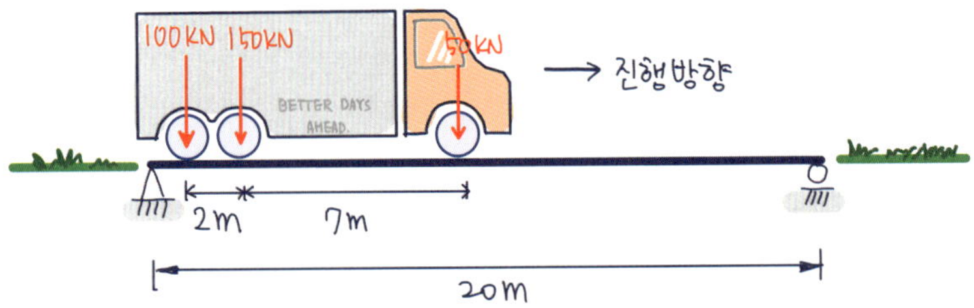

Sol.

1) 합력 R과 R의 작용위치 → 바리뇽의 정리 이용.

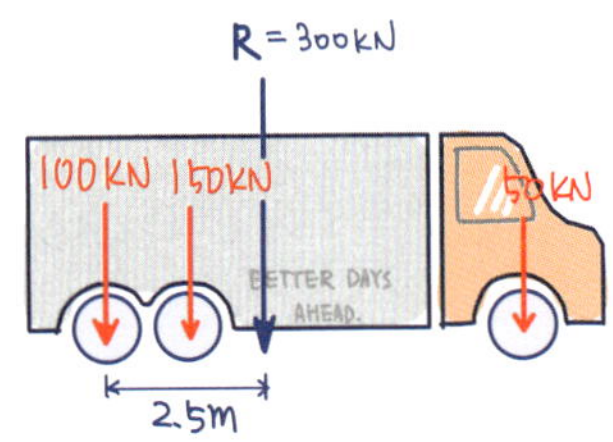

- $R = 100 + 150 + 50 = 300\,kN$
- 100KN 작용점(뒷바퀴)을 기준으로 R의 작용위치를 구하면

$(100 \times 0) + (150 \times 2) + (50 \times 9) = 300 \cdot x$

$750 = 300x \quad \therefore x = 2.5m$

2) 합력 R과 이동하중을 구조물에 재하 → 이동하중 중 합력 R과 가까운 하중사이의 중간위치를 보의 중앙점과 일치시켜 재하한다.

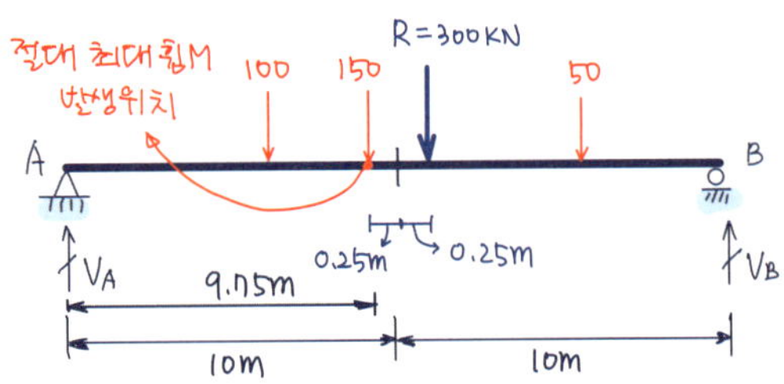

3) 절대 최대 휨모멘트 $M_{abs.max}$

$M_{abs.max}$은 A 지점으로 부터 9.75m 떨어진 중간바퀴하중 재하위치에서 발생한다.

- 반력 V_A는 합력 R을 이용하면 간단하게 구할 수 있다. ($V_A = P \cdot b / L$ 개념 이용)

이 문제에서 하중 P는 합력 R을 의미한다(집중하중)

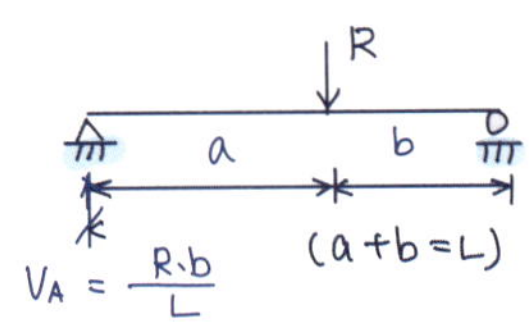

- $V_A = \dfrac{300 \times 9.75}{20} = 146.25\,kN\ (\uparrow)$

$\therefore M_{abs.max} = 146.25 \times 9.75 - (100 \times 2)$

$= 1226\,kN \cdot m$

→ 영향선을 이용하는 것 보다 간편하다.

(단, 합력 R은 반력을 구하는 단계 까지만 사용)

J. 처짐과 처짐각

Type	J0. 처짐(처짐각)에 접근하는 새로운 시각
Frequency	
Comment	처짐(처짐각)을 구하는 문제를 크게 5가지 유형으로 분류.

J0-00. • 처짐을 구하려는 구조물과 하중의 유형 분류 → 구조물과 하중의 재하형태에 따라 유형을 정리하면 5가지의 유형으로 정리할수 있음

→ 유형별로 공략

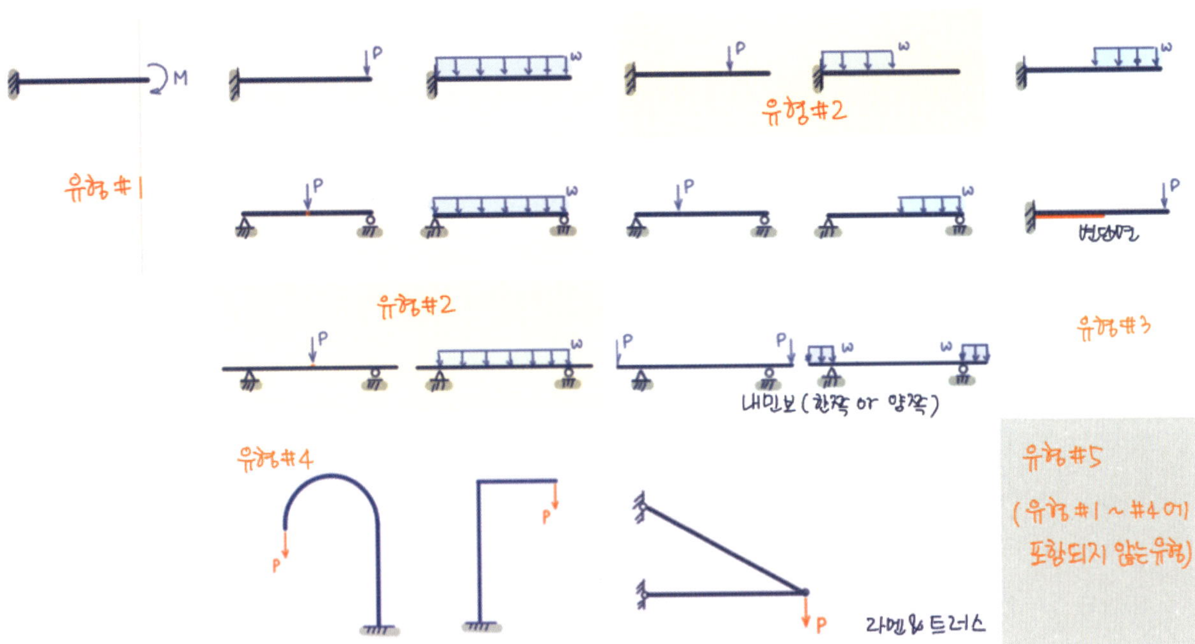

Level I
- 유형 #1 : 공액보법 사용하여 δ, θ 구하는식 유도한 후 암기!! → J_1 & J_2 참고. (추천하는 방법)
  (가상일의 방법도 가능)
- 유형#2 : 유형#1의 δ, θ 외우고 있는 값 + 공액보법 개념 활용 → 쉽게 구할수 있다.

Level II
- 유형#3 : 공액보법 (추천2) or 가상일의 방법 사용해서 직접구한다.
- 유형#4 : 가상일의 방법 사용해서 직접구한다.

Level III
- 유형 #5 : 유형 #1, #2, #3, #4 에 포함되지 않는유형 → 다시 말하면 어려운문제.

※ 참고) 하중이 조합되는 경우 → 각각 δ, θ 구해서 더해준다.

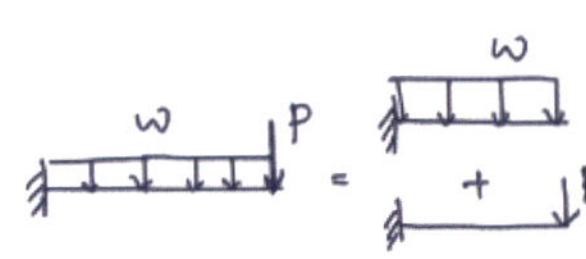

Comment

JO-01

1. 처짐(δ) 과 처짐각(θ) 이 발생하는 형상을 이해하고 그릴 수 있어야 한다.

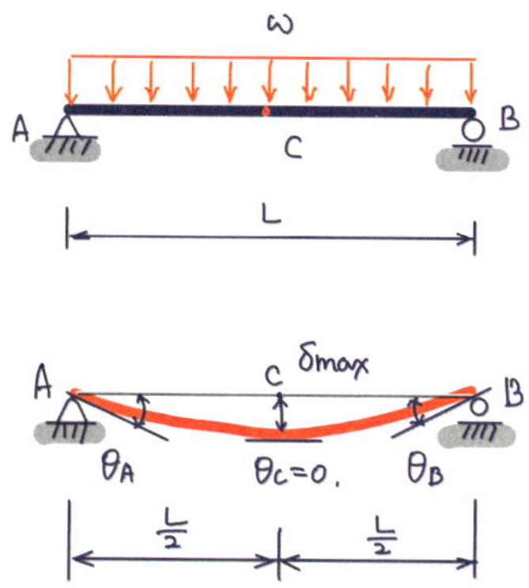

힌지지점과 로울러 지점으로 구성된 단순보의 처짐과 처짐형상

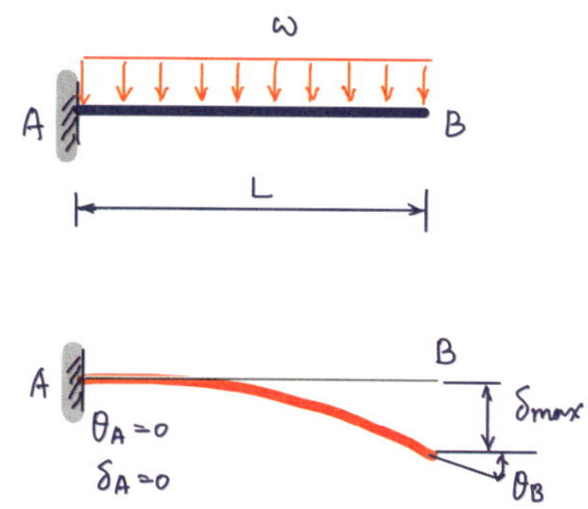

고정지점과 자유단으로 구성된 캔틸레버보의 처짐과 처짐형상

- 힌지, 로울러 지점 : $\delta=0$, $\theta\neq0$
- 고정단 지점 : $\delta=0$. $\theta=0$
- 자유단 : $\delta\neq0$, $\theta\neq0$.

∘ 반력 성분이 있다 = 반력성분의 변위는 발생하지 않는다.

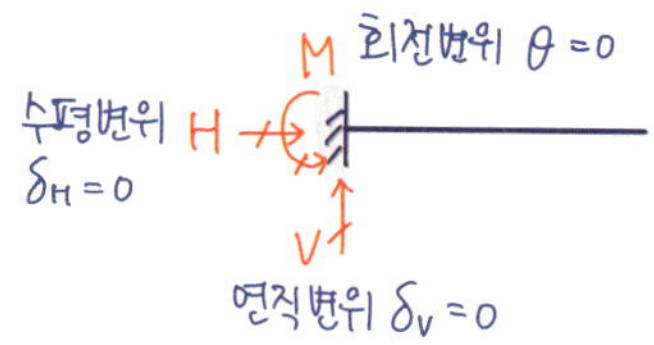

2. 처짐과 처짐각을 구하는 대표적인 방법

1) 공액보법 : 단순보, 켄틸레버보, 내민보 등 보 구조물에 적합
(모멘트면적법 – 탄성하중법 – 공액보법)

2) 가상일법 : 모든 구조물에 적합. 특히, 라멘구조물, 트러스 구조물에 적합

• 구조물의 처짐을 발생시키는 내력(부재력)은?

모든 내력(휨모멘트, 전단력, 축력, 비틀림)은 구조물의 처짐에 영향을 주지만, 휨에 지배되는 보 구조물의 경우 휨모멘트가 처짐을 발생시키는 절대적 원인이라 할 수 있으며, 휨모멘트에 의해 발생되는 처짐 만 고려하여도 안전성이나 사용성 측면에서 문제는 없다(단, 지간에 비해 부재의 두께가 두꺼운 보 구조물은 전단력에 의한 처짐을 고려해야 한다).

Comment

J0-02. 3. 공액보법

1) 공액보법 적용 순서(J1-01, J1-03 문. 제 풀이 과정을 같이 보면서 이해하는 방법 추천!!)

① 실제 구조물(보)의 휨모멘트도(BMD)를 그린다.

② 실제 구조물을 공액보로 바꾼다.

공액보(Conjugate beam) : 처짐과 처짐각을 구하기 위한 목적으로 실제보의 경계(구속)조건을 변화시켜 실제보에 대응하도록 만든 가상의 보를 '공액보'라고 한다.

– 실제보를 공액보로 바꾸는 기본 원리 :

실제보의 지점에서 처짐각(θ), 처짐(δ)이 '0' 이 되는지(처짐각, 처짐이 발생하지 않는다는 의미)⋯.

실제보의 처짐각(θ), 처짐(δ)은 공액보의 전단력, 휨모멘트와 각각 대응된다.

실제보의 A 지점은 처짐각(θ), 처짐(δ)이 모두 발생하지 않는('0' 이 되는) 고정단이므로, 공액보에서는 전단력(S)과, 휨모멘트(M)가 모두 '0'이 되는 경계조건, 즉 자유단으로 바꿔줘야 한다.

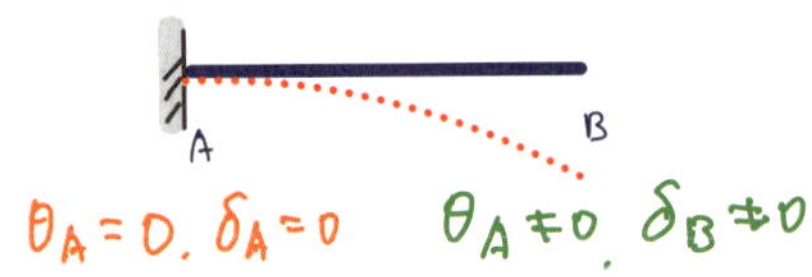

(a) 실제보

실제보의 B 지점은 처짐각(θ), 처짐(δ)이 모두 발생하는('0' 이 아닌) 자유단이므로, 공액보에서는 전단력(S)과, 휨모멘트(M)가 모두 '0'이 아닌 경계조건, 즉 고정단으로 바꿔줘야 한다.

(b) 공액보

– 실제보를 공액보로 바꾸는 원리를 정리해보면 :

고정단 ⟷ 자유단

외측지점의 힌지(혹은 로울러) ⟷ 외측지점의 힌지(혹은 로울러).

내측지점의 힌지(혹은 로울러) ⟷ 부재 내부 힌지

Comment

J0-02

– 실제보를 공액보로 바꾸는 예

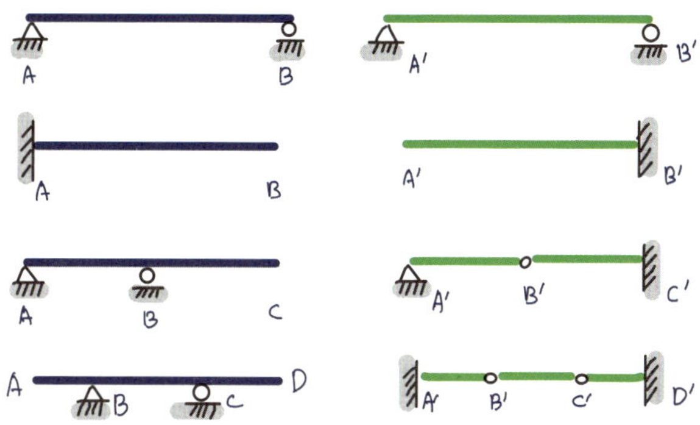

실제보. 공액보 → 실제보와 구분하기 위해서 A → A', B → B' 등으로 " ' " 을 붙인다.

③ 실제 구조물의 BMD를 휨강성 EI 로 나눈 탄성하중($\frac{M}{EI}$)을 공액보에 재하한다(재하 방향에 주의!!).

- 탄성하중 : 휨모멘트도(BMD)를 휨강성 EI 로 나눈 선도($\frac{M}{EI}$)를 가상의 공액보에 하중으로 다시 재하 할 때 이 하중을 탄성하중이라 함.
- 탄성하중($\frac{M}{EI}$)을 재하하는 방법 :
  – 실제보의 BMD 값이 '+' 이면 공액보에 하향으로 재하
  – 실제보의 BMD 값이 '–' 이면 공액보에 상향으로 재하

④ 탄성하중이 재하된 공액보를 해석하여 필요한 위치의 반력, 전단력, 휨모멘트를 구한다.

⑤ 처짐 : 실제보의 한 점에서 처짐은 $\frac{M}{EI}$ 선도를 탄성하중으로 재하시킨 가상의 공액보에서 해당 점의 휨모멘트 값과 같다.

공액보에서 휨모멘트 = 실제 구조물에서 처짐 $\delta_A = \frac{M_{A'}}{EI}$

– 공액보에서 '+' 휨모멘트 = 실제 구조물에서 하향의 처짐

– 공액보에서 '–' 휨모멘트 = 실제 구조물에서 상향의 처짐

⑥ 처짐각 : 실제보의 한 점에서 기울기는 $\frac{M}{EI}$ 선도를 탄성하중으로 재하시킨 가상의 공액보에서 해당 점의 전단력 값과 같다.

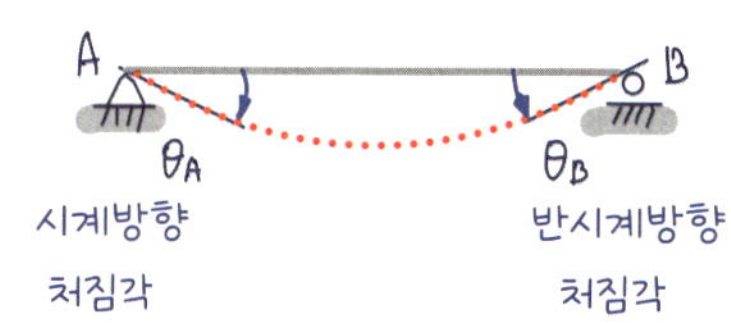

공액보에서 전단력 = 실제 구조물에서 처짐각 $\theta_A = \frac{S_{A'}}{EI}$

– 공액보에서 '+' 전단력 = 실제 구조물에서 시계방향의 처짐각

– 공액보에서 '–' 전단력 = 실제 구조물에서 반시계방향의 처짐각

Comment

J0-03.

4. 가상일의 방법(=단위하중법)

- 처짐(처짐각)을 구하려고 하는 위치에 가상의 단위하중 '1' 을 작용시켜 처짐이나 처짐각을 구하는 방법이다.
  - 처짐(δ)을 구할 때는 가상의 집중하중 '1' 을 재하
  - 처짐각(θ)을 구할 때는 가상의 단위모멘트하중 '1' 을 재하
- 라멘구조물과 트러스 구조물의 처짐(처짐각)을 구하는데 적합함.
  - 보, 라멘 구조물에서 처짐(δ) 혹은 처짐각(θ)을 구하는 경우 : $\delta.\theta = \int_0^L \frac{Mm}{EI}dx$

    식에서 M : 실제 하중에 의한 휨모멘트

    m : 가상의 단위하중 '1' 에 의한 모멘트

    (처짐을 구할 때는 가상의 집중하중 '1' 을 재하하여 얻은 휨모멘트,

    처짐각을 구할 때는 가상의 단위모멘트하중 '1' 을 재하하여 얻은 휨모멘트)

  - 트러스 구조물 처짐(δ) 혹은 처짐각(θ)을 구하는 경우 : $\delta, \theta = \sum \frac{Ff\,L}{EA}$

    식에서 F : 실제 하중에 의한 트러스 부재력

    f : 가상의 단위하중 1'에 의한 트러스 부재력

    L : 트러스 부재의 길이

보완설명

* 가상일의 방법 - 트러스 → 처짐을 구하는 식이 적분식 형태가 아닌 이유!!

- 트러스 구조물의 부재는 축력만 존재
- 하나의 부재에 생기는 축력은 그 부재의 길이방향 위치와 상관없이 일정하므로 적분과정이 필요하지 않다(즉, 거리 x 에 따라서 축력 값이 변하지 않는다)

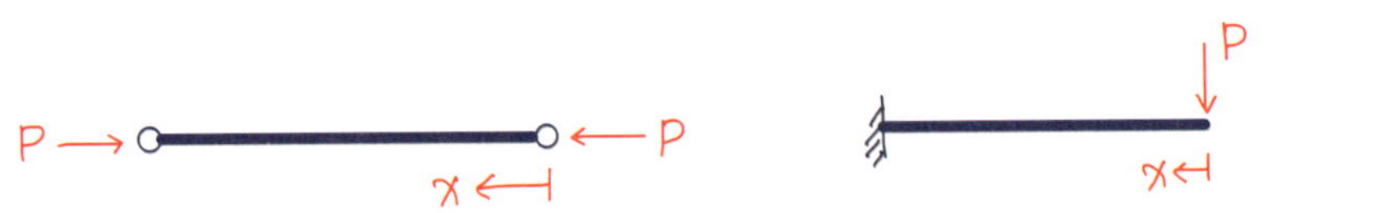

축력 $P_x = -P$ → 축력 P_x 값이 x 에 따라 변하지 않고 일정함, 적분불필요.

$M_x = -P \cdot x$ → M 값이 x 에 따라 변하므로 적분필요.

- 각각의 부재에 생기는 축력이 발생시키는 처짐량을 구한후 더해주면 된다.

$$\delta = \sum \frac{F \cdot f \cdot L}{EA} = \frac{F_1 f_1 L_1}{E_1 \cdot A_1} + \frac{F_2 f_2 L_2}{E_2 A_2} + \cdots\cdots$$

Type	J1. 유형#1 의 처짐, 처짐각 구하기 (유형 #1 의 처짐, 처짐각 공액보법을 이용해서 개념을 이해한 후 암기 !!):
Frequency	
Comment	단순보 중앙 집중하중+공액보법 적용

J1-01. 그림과 같은 단순보에서 A, B, C 점의 처짐각과 C 점의 처짐은 ? (EI는 일정하다)

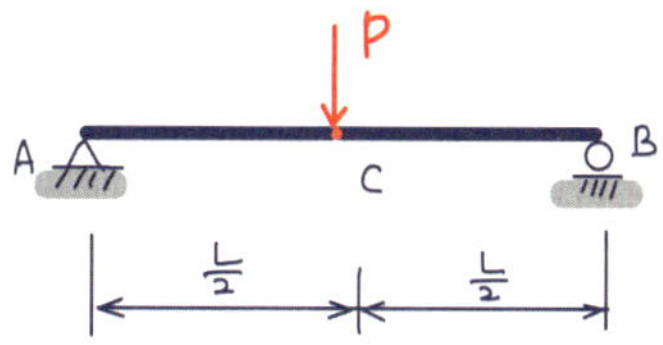

Sol.

1) BMD

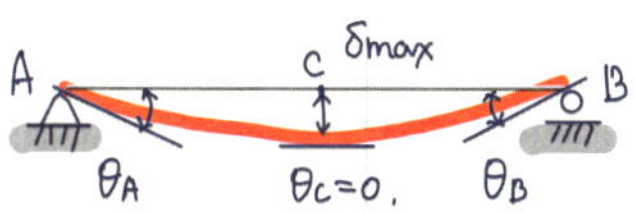

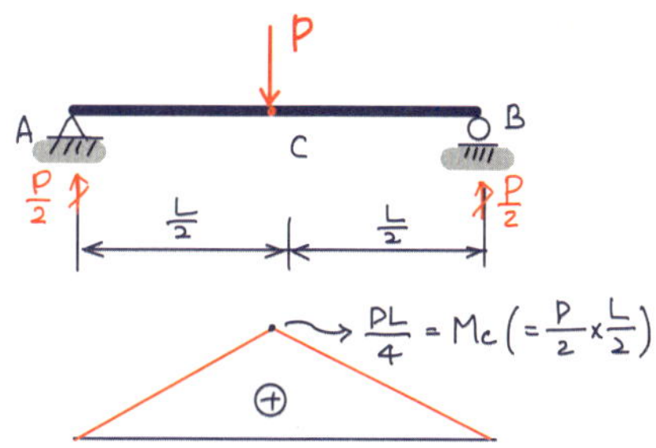

2) 실제보 → 공액보 변환, 공액보에 탄성하중재하

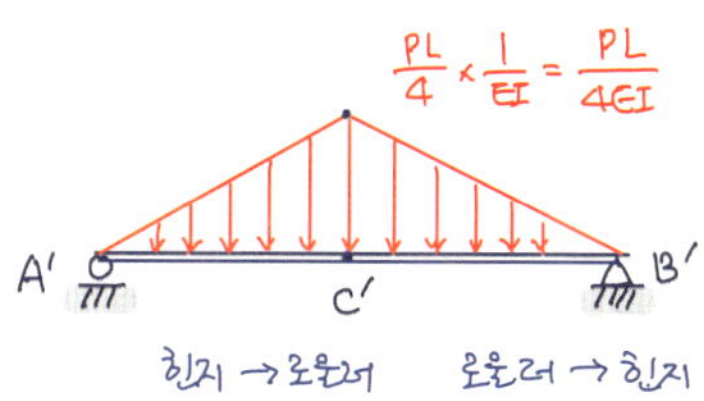

- 탄성하중 재하 방향 : '+' BMD × $\frac{1}{EI}$ → 하향재하
  '−' BMD × $\frac{1}{EI}$ → 상향재하
- 공액보의 위치는 A′, B′, C′ 처럼 " ′ " 를 붙여 실제보의 위치를 의미하는 문자와 구분한다.

3) θ_A , θ_B

- θ_A = 실제보의 A점 처짐각 = 공액보의 전단력 $S_{A'}$ (= 공액보의 A점 반력 $V_{A'}$)
- θ_B = 실제보의 B점 처짐각 = $S_{B'}$ (= $V_{B'}$) → 엄밀히 하면 반력 $V_{A'}$, $V_{B'}$ 로는 처짐각의 발생 방향은 알수없다. $V_{A'}$, $V_{B'}$ 는 크기 값만 활용하고 처짐각 방향은 전단력 값을 기준으로 결정!

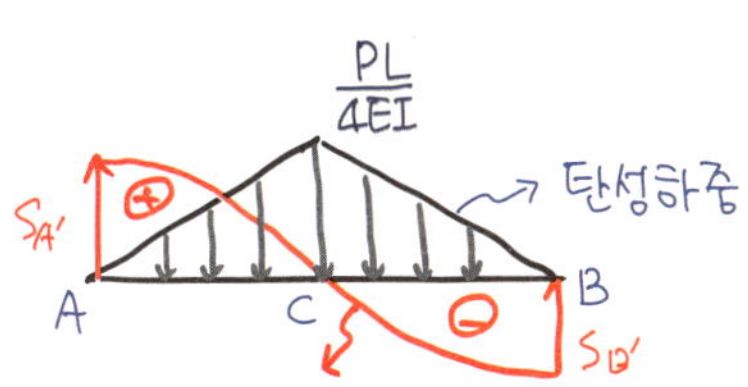

SFD : 탄성하중으로 공액보에 발생되는 전단력도.

AC구간 : + 전단력 , CB구간 : − 전단력

Comment

- $V_A' = S_A' = \frac{1}{2} \cdot \frac{L}{2} \cdot \frac{PL}{4EI} = \frac{PL^2}{16EI}$

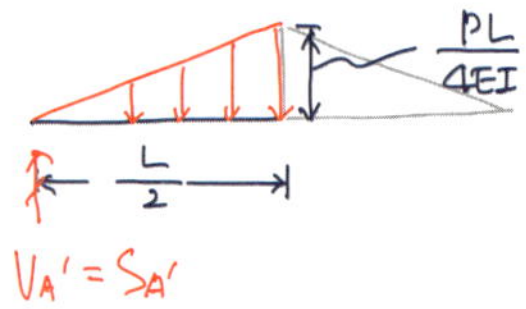

→ 보의 중앙 C 점을 기준으로 대칭하중 이므로 전체 하중의 ½이 A' 점의 반력이 된다.

$\therefore S_A' = \oplus \frac{PL^2}{16EI}, \quad \therefore \theta_A = \frac{PL^2}{16EI}$ (↻)

↳ 공액보에서 전단력 값의 부호는 처짐각의 방향을 의미한다.

"+" ; 시계방향 "−" ; 반시계 방향

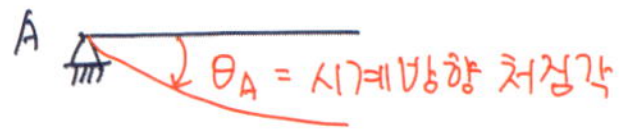

→ 공액보에서 전단력 값이 "+" 이므로….

$\therefore S_B' = -\frac{PL^2}{16EI} \quad \therefore \theta_B = \frac{PL^2}{16EI}$ (↺) → 공액보에서 B' 점의 전단력 값이 "−" 이므로 반시계 방향 처짐각

4) $\theta_C = S_C'$

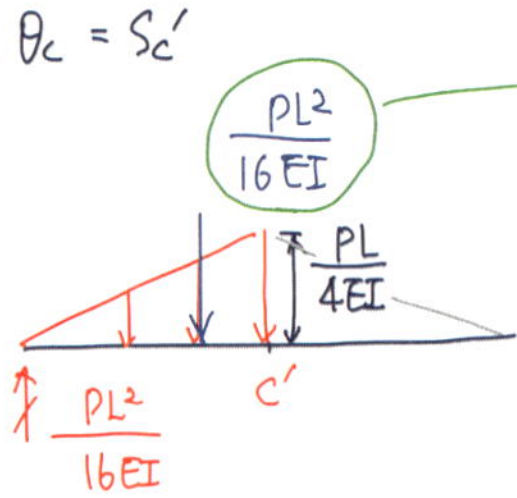

$S_C' = \frac{PL^2}{16EI} - \frac{1}{2} \cdot \frac{L}{2} \cdot \frac{PL}{4EI} = 0$

$\therefore \theta_C = S_C' = 0$

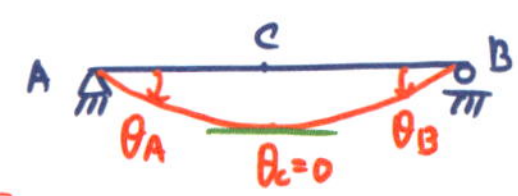

C 점의 처짐각 "0" 이라는 의미 → 즉 수평이다.

5) $\delta_C = M_C'$

↳ C점의 처짐은 공액보에서 C' 점의 휨모멘트와 같다

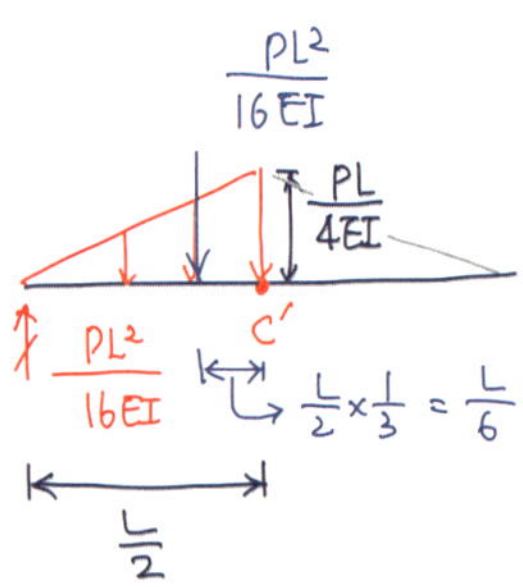

$\therefore M_C' = \left(\frac{PL^2}{16EI} \times \frac{L}{2}\right) - \left(\frac{PL^2}{16EI} \times \frac{L}{6}\right)$

$= \oplus \frac{PL^3}{48EI}$ (↓)

↳ 공액보에서 휨모멘트 값의 부호는 처짐의 방향을 의미한다.

"+" ; 하향처짐 "−" ; 상향처짐

"+" 값이면 아래방향으로 처짐이 발생한다는 의미!!

Comment

JI-02. 그림과 같은 단순보에서 C 점의 처짐을 가상일의 방법으로 구하여 (EI는 일정하다)

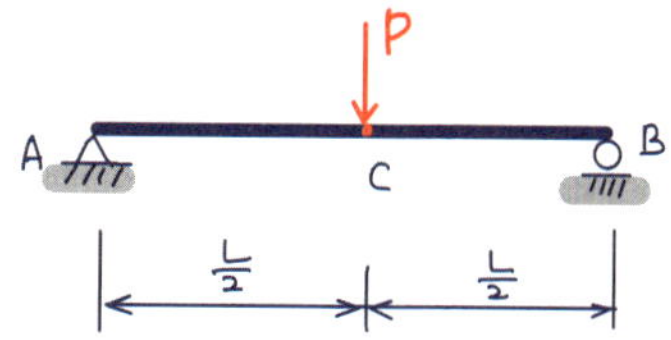

Sol.

1) θ 혹은 δ 를 구하기 위한 기본식

$$\theta, \delta = \int \frac{M m}{EI} dx$$

→ M과 m을 구하는 것이 point!!

- M : 실제하중이 발생시키는 휨M
- m : 가상의 단위하중 "1"이 발생시키는 휨m.

[처짐 δ 를 구하려면 처짐이 예상되는 방향으로 집중하중(단위하중) "1"을 재하

[처짐각 θ 를 구하려면 처짐각이 발생할것으로 예상되는 방향으로 모멘트 하중(단위하중) "1"을 재하.

2) M_x와 m_x ; A, B 지점사이 C 점에 하중 P가 존재. → C점을 기준으로 Moment 값 일반식이 불연속됨.
→ C점을 기준으로 AC구간, BC구간으로 구분해서 M_x와 m_x 식 유도한다.

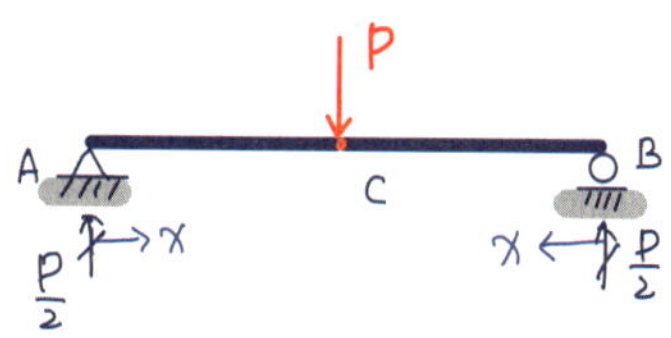

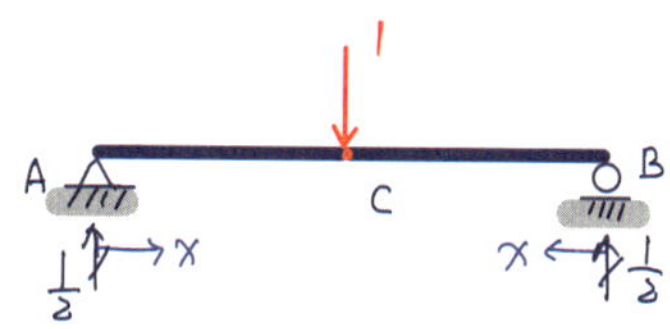

- AC구간 $M_x = \frac{P}{2} \cdot x$
- BC구간 $M_x = \frac{P}{2} \cdot x$

- AC 구간 $m_x = \frac{1}{2} \cdot x$
- BC 구간 $m_x = \frac{1}{2} x$

3) δ_c

$$\delta_c = \int_A^C \frac{M \cdot m}{EI} dx + \int_B^C \frac{M \cdot m}{EI} dx = \int_0^{\frac{L}{2}} \frac{\left(\frac{P}{2}x\right)\left(\frac{x}{2}\right)}{EI} dx + \int_0^{\frac{L}{2}} \frac{\left(\frac{P}{2}x\right)\left(\frac{x}{2}\right)}{EI} dx$$

$$= \frac{P}{4EI} \int_0^{\frac{L}{2}} x^2 dx + \frac{P}{4EI} \int_0^{\frac{L}{2}} x^2 dx = 2 \times \frac{P}{4EI} \left[\frac{x^3}{3} \right]_0^{\frac{L}{2}}$$

$$= \frac{P}{2EI} \cdot \frac{L^3}{24} = \frac{PL^3}{48EI} (\downarrow) \qquad \therefore \delta_c = \frac{PL^3}{48EI} (\downarrow)$$

$$\int_0^L x^n dx = \left[\frac{x^{n+1}}{n+1} \right]_0^L = \left(\frac{L^{n+1}}{n+1} - \frac{0^{n+1}}{n+1} \right) = \frac{L^{n+1}}{n+1}$$

Comment

보완설명

x의 시작점을 A점으로만 하면 ....

· AC구간 : $M_x = \frac{P}{2} \cdot x$ $m_x = \frac{x}{2}$ ← M_x의 계산식에서 P 대신 1 대입.

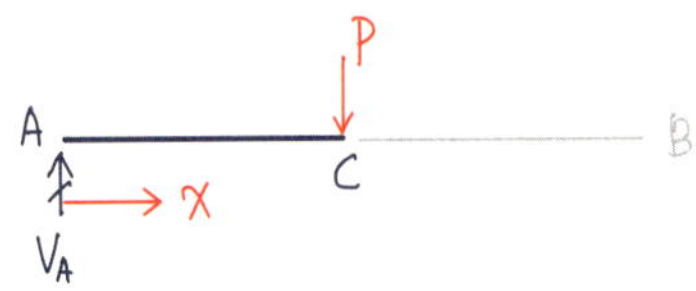

· CB구간 : $M_x = \frac{P}{2}x - P(x - \frac{L}{2}) = \frac{Px}{2} - Px + \frac{PL}{2} = -\frac{Px}{2} + \frac{PL}{2} = \frac{P}{2}(L-x)$

$m_x = \frac{(L-x)}{2}$ ← M_x의 계산식에서 P 대신 1 대입.

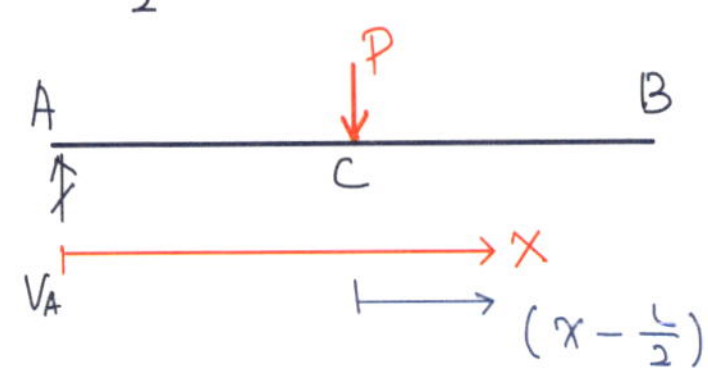

$$\therefore \delta_C = \int_0^{\frac{L}{2}} \frac{(\frac{P}{2}x)(\frac{x}{2})}{EI} dx + \int_{\frac{L}{2}}^{L} \frac{(\frac{P}{2}(L-x))(\frac{L-x}{2})}{EI} dx$$ → 식을 전개해서 계산하기 복잡하다..

Comment 켄틸레버보 자유단 집중하중+공액보법 적용

JI-03 그림과 같은 켄틸레버보에서 A, B 점의 처짐각과 B 점의 처짐은 ?(EI는 일정하다)

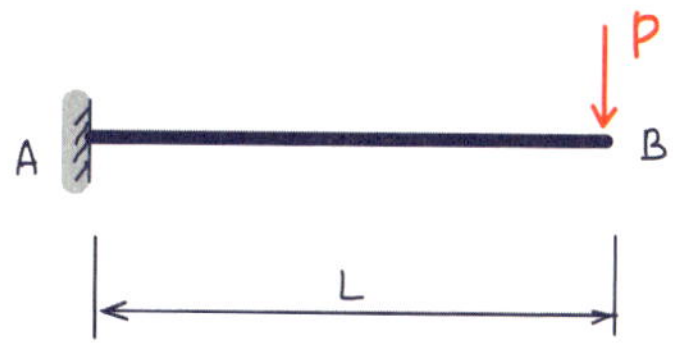

Sol. 먼저 켄틸레버보의 처짐 형상을 이해하면 쉽게 접근할수 있다.

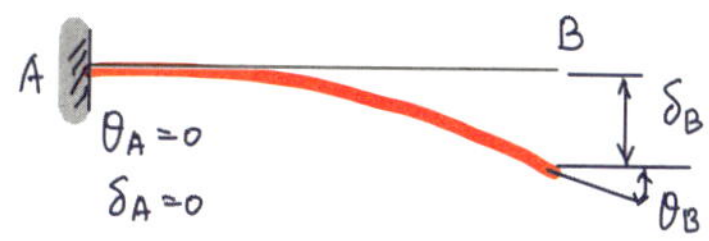

A는 고정지점이므로 회전변위 (회전각, 처짐각 θ_A)가 생기지 않는다.

↘ 처짐이 생긴후 B점의 기울기(= 처짐각)

1) BMD

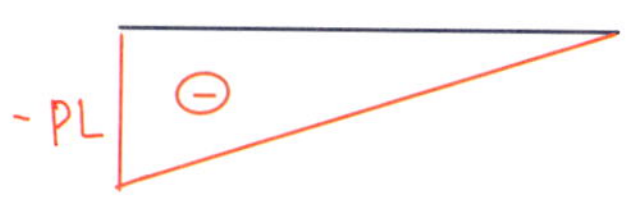

$M_A = -(P \times L) = -PL$

위로 볼록한 변형 ⇒ '−' Moment

2) 실제보 → 공액보 변환, 공액보에 탄성하중 재하

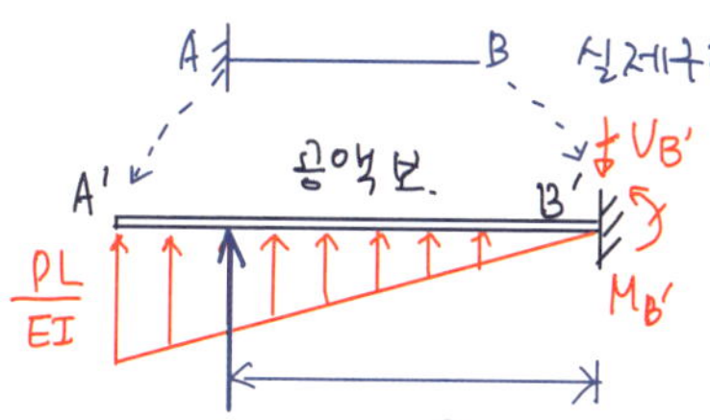

$\frac{1}{2} \cdot \frac{PL}{EI} \cdot L = \frac{PL^2}{2EI}$

$\frac{1}{2} \cdot \frac{PL}{EI} \cdot L \cdot \frac{2}{3}L = \frac{PL^3}{3EI}$

$\frac{1}{2} \cdot \frac{PL}{EI} \cdot L$ $\quad \frac{2}{3}L$

면적 × 거리

"−" 휨모멘트 × $\frac{1}{EI}$ = ⊖탄성하중

↳ 탄성하중을 상향으로 재하.

전단력도의 +, −
(SFD)

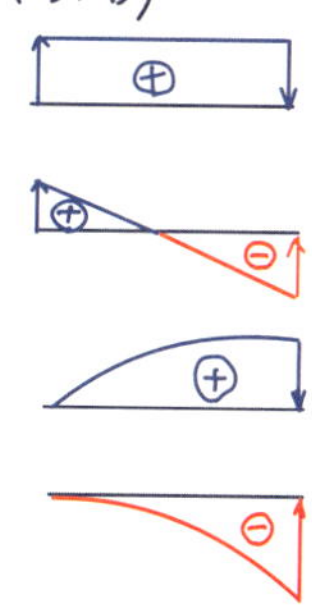

+ : 왼쪽 ↑, 오른쪽 ↓

− : 왼쪽 ↓ 오른쪽 ↑

3) θ_A, θ_B

· θ_A = 실제보의 A점 처짐각 = 공액보의 전단력 $S_{A'}$

· θ_B = 실제보의 B점 처짐각 = $S_{B'}$

B'점의 전단력 $S_{B'}$ 크기는 $V_{B'}$와 같음.
+, − 는 전단력도로부터 알수있음.

SFD

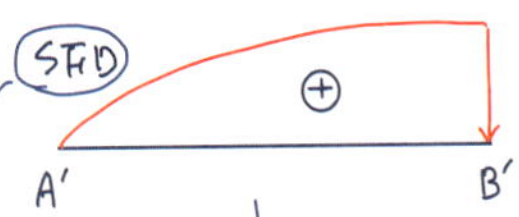

$\frac{PL}{EI} \cdot \frac{1}{2} \cdot L = \frac{PL^2}{2EI}$; B'점의 전단력 ($S_{B'}$)

$\therefore\ \theta_A = S_{A'} = 0$ $\quad\therefore\ \theta_B = S_{B'} = \frac{PL^2}{2EI}$ (↻)

$S_{A'} = 0$

전구간에서 전단력 값은 "+"이다 ⇒ 전구간 회전각 (=처짐각)은 시계방향으로 발생한다.

* θ를 구하려는 위치에서 전단력의 +, − 여부를 알수있으면 SFD는 그리지 않아도 된다.

$S_{B'}$ 값이 "+" $\frac{PL^2}{2EI}$ 이므로 시계방향 회전을 의미.

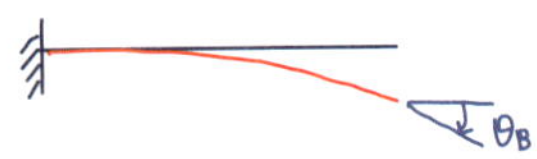

4) $\delta_B = M_{B'}$

↳ B점의 처짐은 공액보에서 B'점의 휨모멘트와 같다

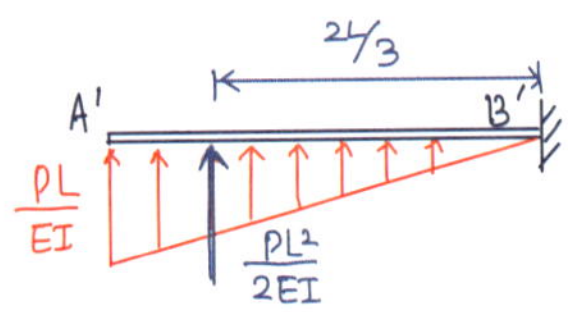

· $M_{B'} = \frac{1}{2} \cdot \frac{PL}{EI} \cdot L \times \frac{2}{3} L = \frac{PL^3}{3EI}$

$\therefore\ \delta_B = M_{B'} = \frac{PL^3}{3EI}$ (↓)

"+" 값이면 아래방향으로 처짐이 발생한다는 의미!!

Comment

JI-04 그림과 같은 켄틸레버보에서 A, B 점의 처짐각과 B 점의 처짐은 ?
(EI는 일정하다, 가상일의 방법 사용)

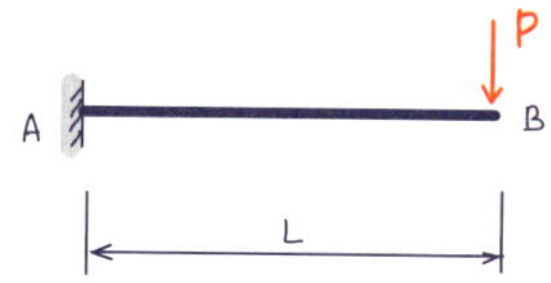

Sol.

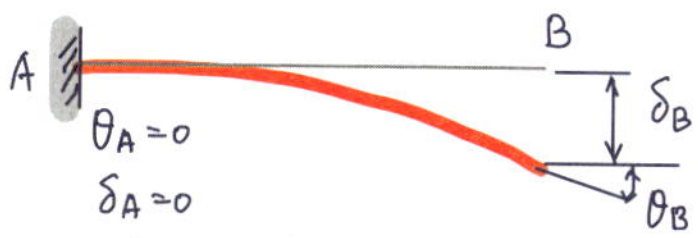

A는 고정지점이므로 회전변위 (회전각, 처짐각 θ_A)가 생기지 않는다.

→ 처짐이 생긴후 B지점의 기울기(= 처짐각)

1) θ 혹은 δ 를 구하기 위한 기본식

$$\theta, \delta = \int \frac{Mm}{EI} dx$$

→ M과 m을 구하는 것이 Point!!

- M : 실제하중이 발생시키는 휨M
- m : 가상의 단위하중 "1" 이 발생시키는 휨m.

[처짐 δ를 구하려면 처짐이 예상되는 방향으로 집중하중(단위하중) "1"을 재하
처짐각 θ를 구하려면 처짐각이 발생할것으로 예상되는 방향으로 모멘트하중(단위하중) "1"을 재하.

2) 실제하중 P에의한 휨Moment ; M_x

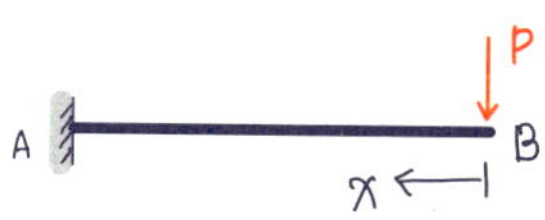

· $M_x = -P \cdot x$ → B~A 구간에 하중의 변화, E·I 값의 변화가 없으므로 전구간을 하나의 구간으로 보고 적분식을 세워도 문제없음.

3) 가상의 단위하중 "1"에 의한 휨Moment ; m_x → 처짐 δ_B를 구하기 위한.

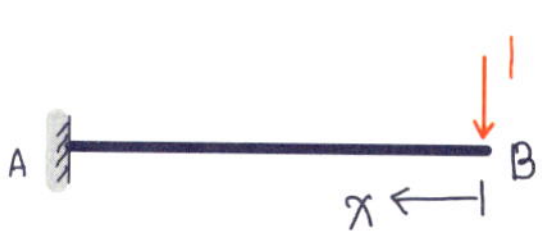

P에의한 B점의 처짐발생 방향이 하향으로 예상되므로 가상의 단위하중 "1"을 하향으로 재하한다.

· $m_x = -1 \cdot x = -x$

Comment

4) 가상의 단위 모멘트 하중 "1"에 의한 휨BM : m_x → 처짐각 θ_B를 구하기 위한.

P에의한 B점의 처짐각 발생 방향이 시계방향으로 예상되므로 가상의 단위 모멘트 하중 "1"을 시계방향으로 재하한다.

5) δ_B

$$\delta_B = \int_B^A \frac{Mm}{EI}dx = \int_0^L \frac{(-P\cdot x)(-x)}{EI}dx = \frac{P}{EI}\int_0^L x^2 dx = \frac{P}{EI}\left[\frac{x^3}{3}\right]_0^L$$

$$= \frac{PL^3}{3EI}\ (\downarrow)$$

→ + 값이면 단위하중 "1"의 재하방향으로 처짐 발생. 즉 하향처짐. If "−" 값이 나오면 단위하중 재하 방향과 반대 방향으로 처짐 발생

6) θ_B

$$\theta_B = \int_B^A \frac{Mm}{EI}dx = \int_0^L \frac{(-P\cdot x)(-1)}{EI}dx = \int_0^L \frac{Px}{EI}dx = \frac{P}{EI}\int x\,dx$$

$$= \frac{P}{EI}\left[\frac{x^2}{2}\right]_0^L = \frac{PL^2}{2EI}\ (\curvearrowright)$$

→ + 값이므로 단위 Moment 하중 재하방향과 같은 시계방향 처짐각.

Comment 켄틸레버보 등분포하중+공액보법 적용

J1-05 그림과 같은 켄틸레버보에서 B 점의 처짐각과 처짐은 ? (EI는 일정하다)

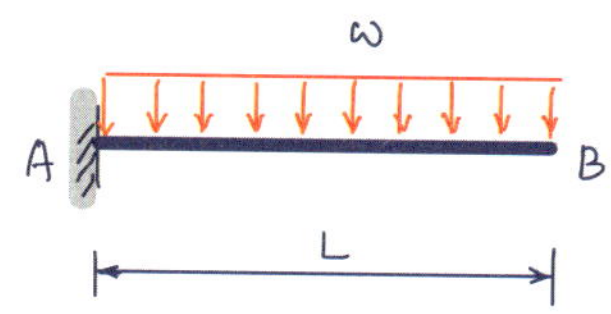

Sol.

먼저 켄틸레버보의 처짐 형상을 이해하면 쉽게 접근할수 있다.

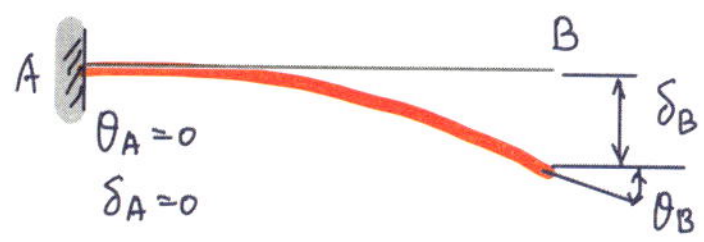

1) BMD

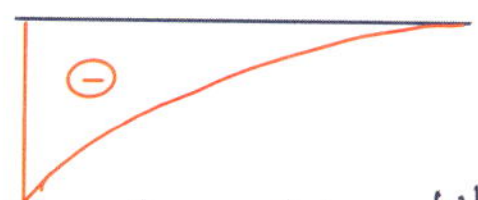

$M_A = -\left(w \cdot L \cdot \frac{L}{2}\right) = -\frac{wL^2}{2}$

위로 볼록한 변형 ⇒ '−' Moment

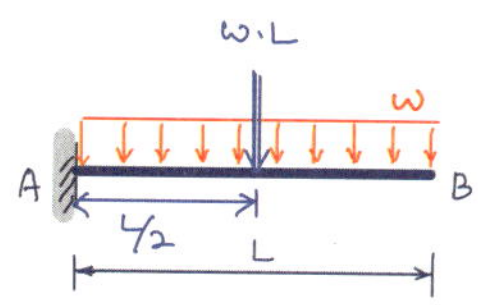

2) 실제보 → 공액보 변환, 공액보에 탄성하중재하

하중의 면적 = 반력 (지점이 한곳밖에 없으므로 모든 하중은 B' 점에서 감당해야 한다.

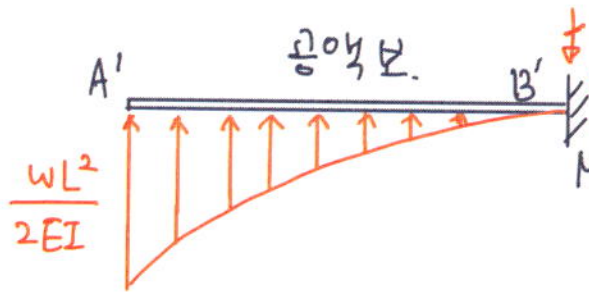

$V_{B'} = \frac{1}{3} \cdot \frac{wL^2}{2EI} \cdot L = \frac{wL^3}{6EI}$

$M_{B'} = \left(\frac{1}{3} \cdot \frac{wL^2}{2EI} \cdot L\right) \cdot \frac{3}{4}L = \frac{wL^4}{8EI}$

"−" 휨모멘트 × $\frac{1}{EI}$ = ⊖탄성하중

↳ 탄성하중은 상향으로 재하.

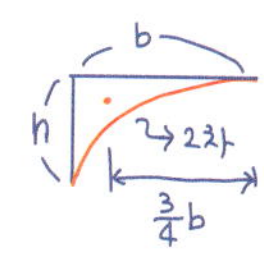

· 면적 = $\frac{1}{3}bh$

· 도심 = $\frac{3}{4}b$

→ 2page 뒤에 설명.

3) θ_B

· θ_B = 실제보의 B점 처짐각 = $S_{B'}$

SFD

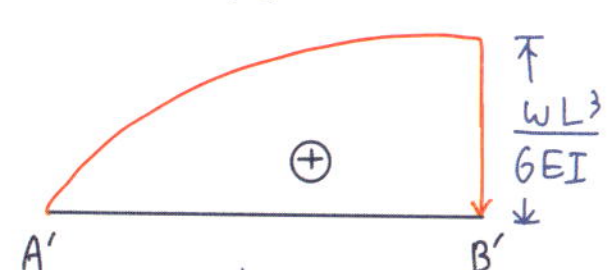

$\therefore S_{B'} = +\frac{wL^3}{6EI}$ $\therefore \theta_B = \frac{wL^3}{6EI} (\circlearrowright)$

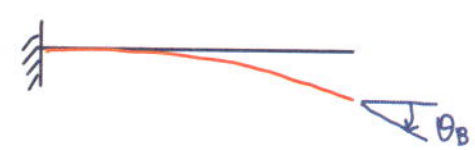

$S_{A'} = 0$

전구간에서 전단력 값은 "+"이다 ⇒ 전구간 회전각 (=처짐각)은 시계방향으로 발생한다.

Ans. $\therefore \theta_B = \frac{wL^3}{6EI} (\circlearrowright)$, $\delta_B = M_{B'} = \frac{wL^4}{8EI} (\downarrow)$

Comment

4) $\delta_B = M_B'$

↳ B점의 처짐은 공액보에서 B' 점의 휨모멘트와 같다

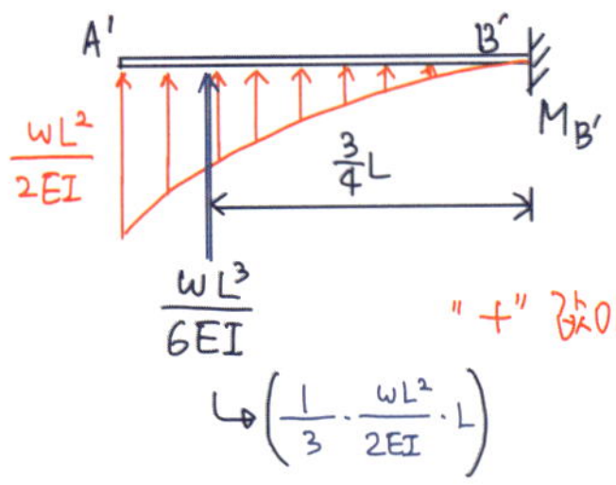

· $M_{B'} = \frac{wL^3}{6EI} \times \frac{3}{4}L = \frac{wL^4}{8EI}$

∴ $\delta_B = M_{B'} = \frac{wL^4}{8EI}$ (↓)

"+" 값이면 아래방향으로 처짐이 발생한다는 의미!!

Comment

빗변이 1차 직선이 아닌 도형의 면적과 도심

보완설명

삼각형의 빗변이 n차 곡선이라면…. 면적과 도심은 이렇게 구할 수 있다

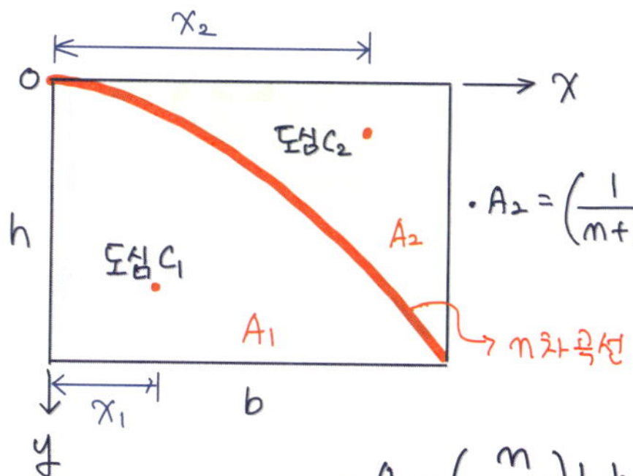

- $A_2 = \left(\dfrac{1}{m+1}\right) \cdot bh$
- $x_2 = \left(\dfrac{m+1}{m+2}\right) \cdot b$

ex)

- $A_1 = \left(\dfrac{m}{m+1}\right) b \cdot h$
- $x_1 = \frac{1}{2} x_2$

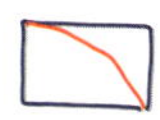

$A = b \cdot h$ 이므로 A_2는 A_1의 나머지 면적.

ex)

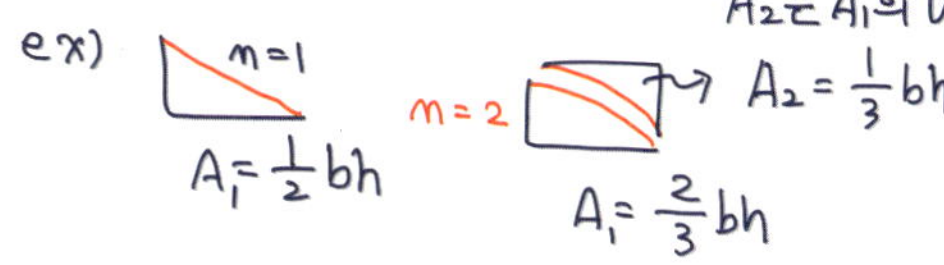

	면적	x_2 (x_2')	x_1 (x_1')	면적	
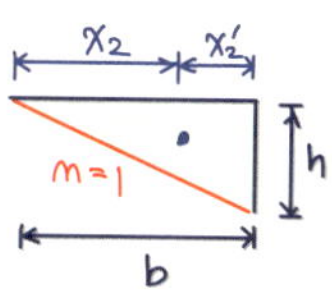	$\frac{1}{2}bh$	$\frac{2}{3}b$ ($\frac{1}{3}b$)	$\frac{2}{6}b$ ($\frac{2}{3}b$) ↱ $\frac{1}{3}b$ (× $\frac{1}{2}$)	$\frac{1}{2}bh$	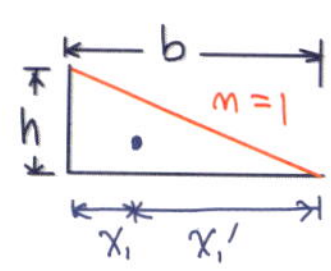
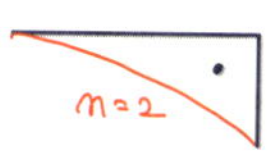	$\frac{1}{3}bh$	$\frac{3}{4}b$ ($\frac{1}{4}b$)	$\frac{3}{8}b$ ($\frac{5}{8}b$) (× $\frac{1}{2}$)	$\frac{2}{3}bh$	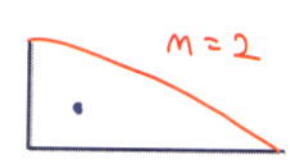
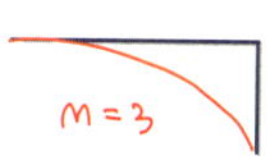	$\frac{1}{4}bh$	$\frac{4}{5}b$ ($\frac{1}{5}b$)	$\frac{4}{10}b$ ($\frac{6}{10}b$) (× $\frac{1}{2}$)	$\frac{3}{4}bh$	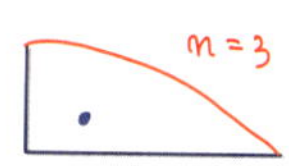

Comment 단순보 등분포하중+공액보법 적용

JI-06 그림과 같은 단순보에서 A, B 점의 처짐각과 C 점의 처짐은 ? (EI는 일정하다)

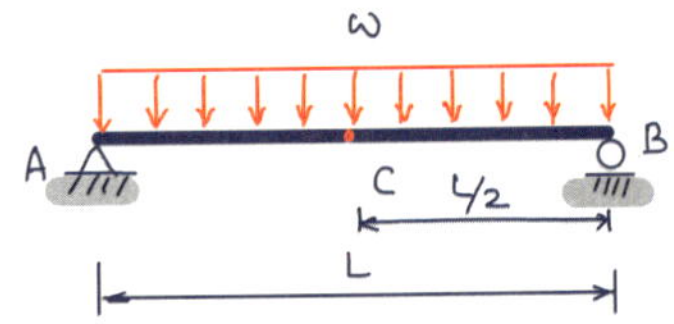

Sol.

1) BMD

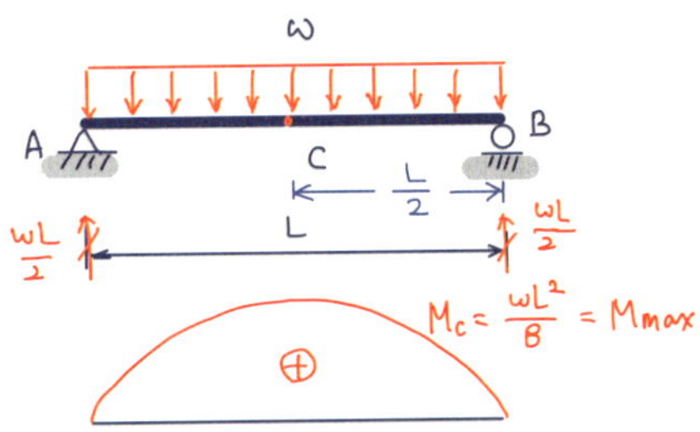

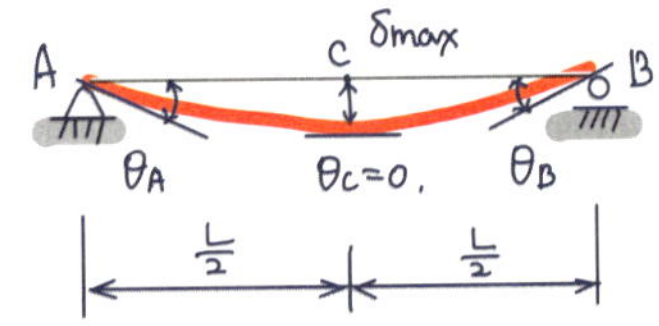

2) 실제보 → 공액보 변환, 공액보에 탄성하중 재하

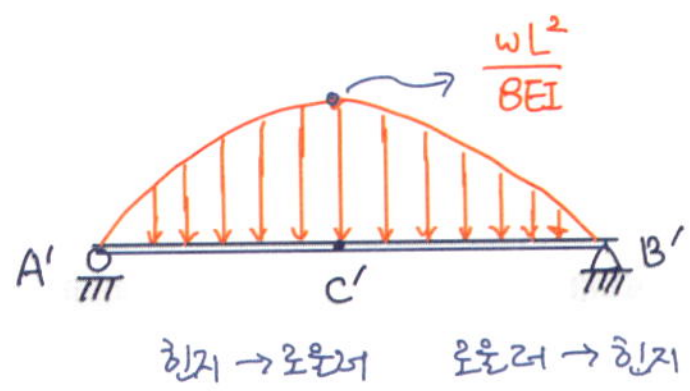

3) θ_A, θ_B ($\theta_A = S_A'$, $\theta_B = S_B'$)

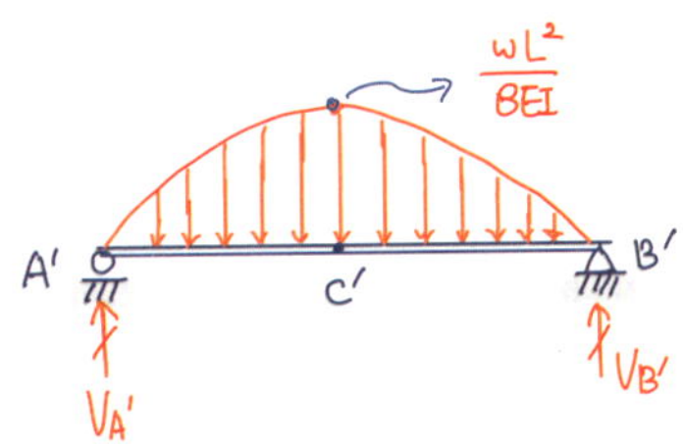

· 탄성하중과 구조물이 C점을 중심으로 대칭이므로

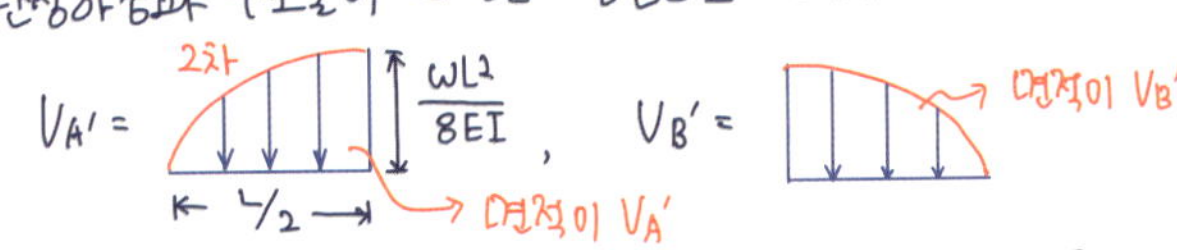

$\therefore V_A' = \frac{2}{3} \cdot \frac{wL^2}{8EI} \cdot \frac{L}{2} = \frac{wL^3}{24EI}$ $\quad \therefore V_B' = \frac{wL^3}{24EI}$

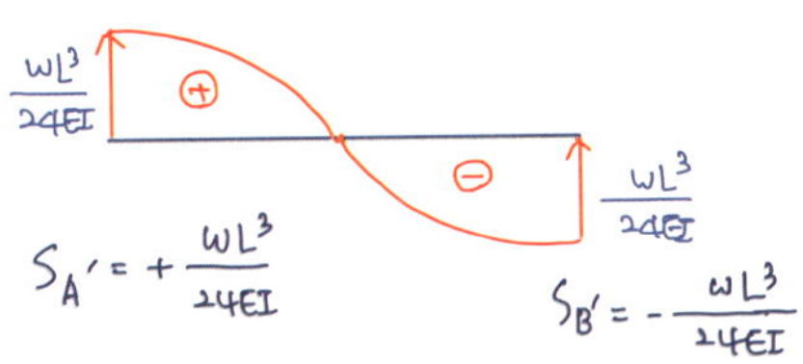

$\therefore \theta_A = \frac{wL^3}{24EI}$ (↻) → 전단력 S_A'가 + 값이므로 시계방향

$\therefore \theta_B = \frac{wL^3}{24EI}$ (↺) → S_B'가 − 값이므로 반시계 방향.

Comment

4) $\delta_c = M_c'$

↳ C점의 처짐은 공액보에서 C' 점의 휨모멘트와 같다

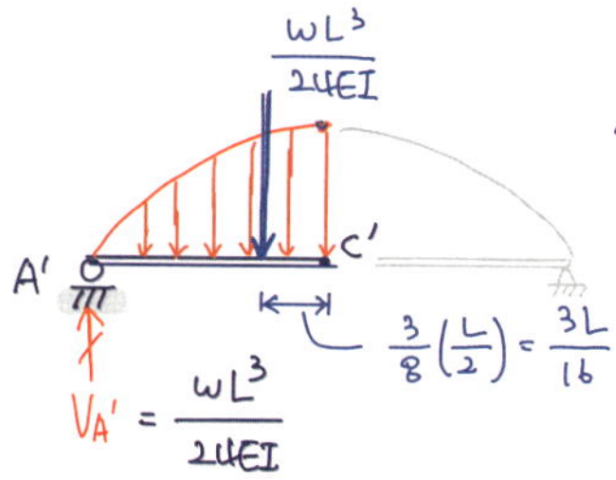

$$\cdot\ M_c' = \frac{wL^3}{24EI}\cdot\frac{L}{2} - \frac{wL^3}{24EI}\cdot\frac{3L}{16}$$

$$= \frac{wL^4}{24EI}\left(\frac{8}{16} - \frac{3}{16}\right) = \frac{wL^4}{24EI}\cdot\frac{5}{16} = +\frac{5wL^4}{384EI}$$

$$\therefore\ \delta_c = \frac{5wL^4}{384EI}(\downarrow)$$

"+" 값이면 아래방향으로 처짐이 발생한다는 의미!!

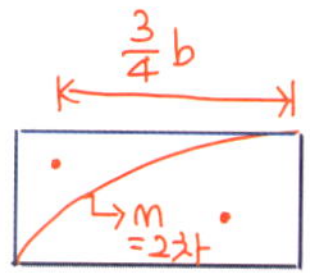

$b = \frac{L}{2}$

↳ $\frac{1}{2}\times\frac{3}{4}b = \frac{3}{8}\cdot\frac{L}{2} = \frac{3L}{16}$

Comment 켄틸레버보 자유단 모멘트하중+공액보법 적용

JI-07 그림과 같은 켄틸레버보에서 B 점의 처짐각과 처짐은 ? (EI는 일정하다)

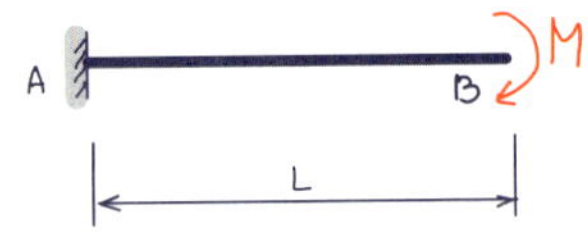

Sol.

먼저 켄틸레버보의 처짐 형상을 이해하면 쉽게 접근할수 있다.

A는 고정지점이므로 회전변위 (회전각, 처짐각 θ_A)가 생기지 않는다.

↘ 처짐이 생긴후 B점의 기울기 (= 처짐각)

1) BMD

· AB 모든 위치에서 휨모멘트 값은 일정하다.

$\Sigma M_A=0$ (⊕)

$-M_A+M=0$

$\therefore M_A=M$

↳ 결과값이 "+"로 나오면 가정한 반력의 방향이 맞다는의미. 결국 M_A 크기는 M과 같고 방향은 서로반대임.

만약 $M=10\,kN\cdot m$ 이라면 A지점의 Moment 반력 M_A의 크기는 $10\,kN\cdot m$ 이고 방향은 평형방정식 $\Sigma M_A=0$ 에서 적용된 반시계 방향이 된다.

2) 실제보 → 공액보 변환, 공액보에 탄성하중 재하

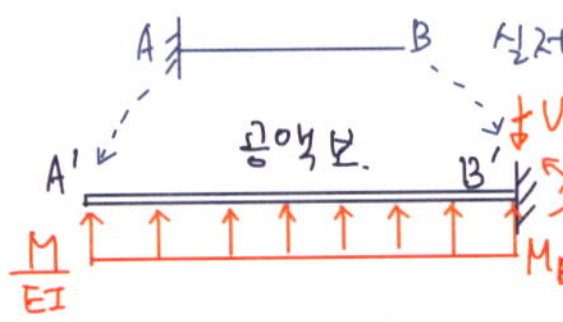

$V_{B'}=\frac{M}{EI}\cdot L=\frac{ML}{EI}$

$M_{B'}=\frac{M}{EI}\cdot L\cdot\frac{L}{2}=\frac{ML^2}{2EI}$

"−" 휨모멘트 × $\frac{1}{EI}$ = ⊖탄성하중

↳ 탄성하중을 상향으로 재하.

3) θ_B

$\theta_B=S_{B'}$, $S_{B'}=\frac{ML}{EI}$

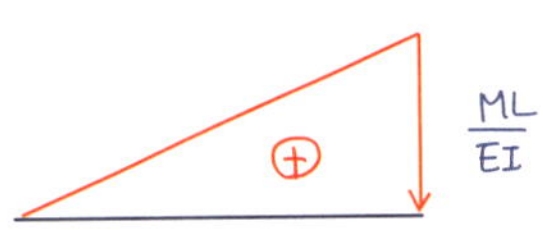

$\therefore\ \theta_B=\frac{ML}{EI}$ (↻)

4) $\delta_B=M_{B'}$

$M_{B'}=\left(\frac{ML}{EI}\cdot L\right)\times\frac{L}{2}=\frac{ML^2}{2EI}$

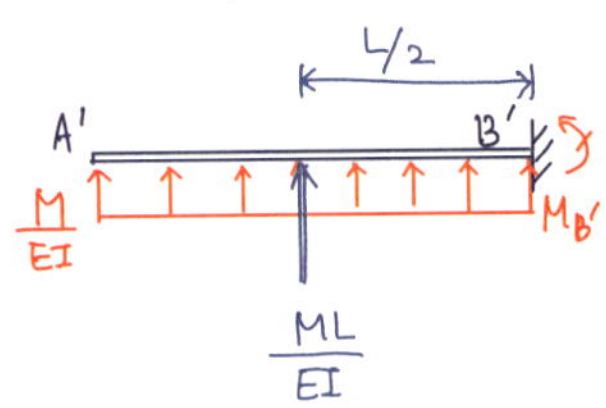

Comment JI-01 ~ JI-07 문제를 모두 이해하고 하중과 구조물 조건에 따른 처짐과 처짐각 수치들은 암기!!

보완설명

구조물과 하중재하상태	처짐각 θ(radian)		처짐 δ	
	$\theta_A = 0$	$\theta_B = \frac{ML}{1EI}$	$\delta_A = 0$	$\delta_B = \frac{ML^2}{2EI}$
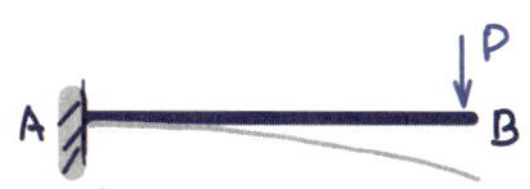	$\theta_A = 0$	$\theta_B = \frac{PL^2}{2EI}$	$\delta_A = 0$	$\delta_B = \frac{PL^3}{3EI}$
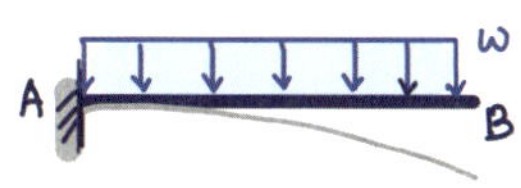	$\theta_A = 0$	$\theta_B = \frac{wL^3}{6EI}$	$\delta_A = 0$	$\delta_B = \frac{wL^4}{8EI}$
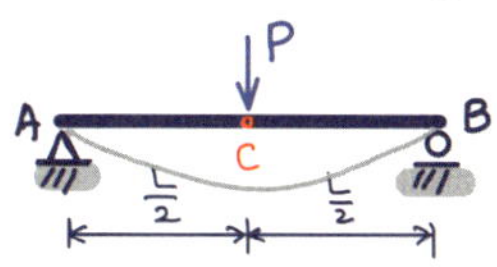	$\theta_A = \frac{PL^2}{16EI}$	$\theta_B = -\frac{PL^2}{16EI}$	$\delta_A = \delta_B = 0$	$\delta_C = \frac{PL^3}{48EI}$
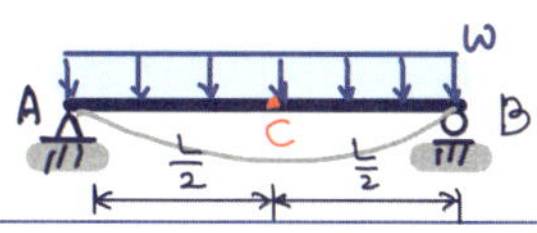	$\theta_A = \frac{wL^3}{24EI}$	$\theta_B = -\frac{wL^3}{24EI}$	$\delta_A = \delta_B = 0$	$\delta_C = \frac{5wL^4}{384EI}$

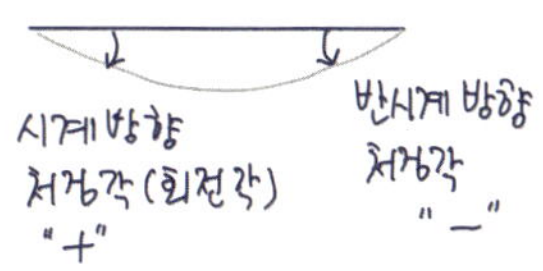

↓ 하향처짐 "+" ↑ 상향처짐 "−"

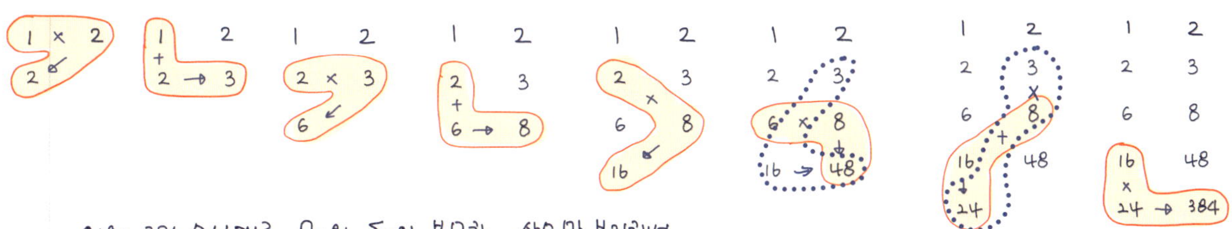

- 위의 그림 순서대로 θ_B와 δ_B의 분모항 상수만 분리해서 정리하면 재미있는 관계를 볼수있다.
- 처짐각(θ) 단위 : rad , 처짐단위(δ) : m (길이) , EI의 단위 : tf·m², N·m²…

집중하중	L^2	L^3
분포하중	L^3	L^4

Type	J2. 유형 #2 의 처짐, 처짐각 구하기
Frequency	
Comment	

J2-01 캔틸레버 보의 B, C 점 위치에서 처짐각과 처짐은 ?
(EI는 보의 전구간에서 일정하다).

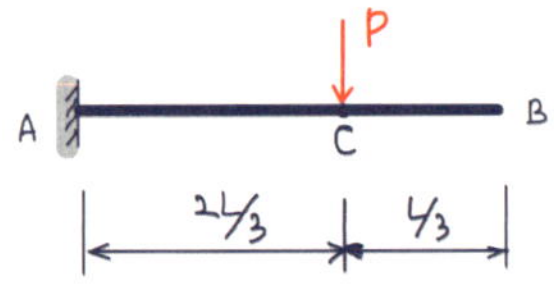

Sol.

※ 개념이해 중요!!

먼저 켄틸레버 보의 처짐 형상을 이해하면 쉽게 접근할수 있다.

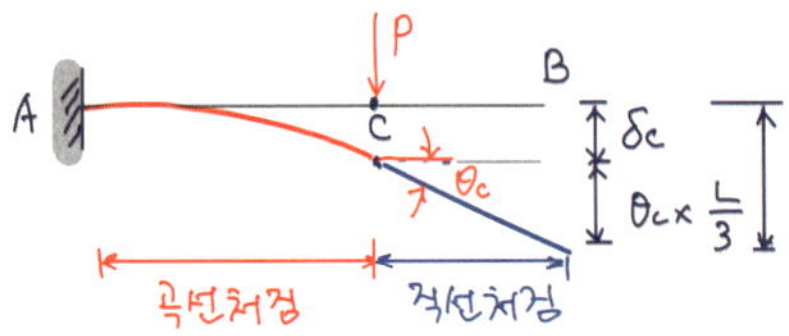

$\delta_B = \delta_c + \theta_c \times \frac{L}{3}$

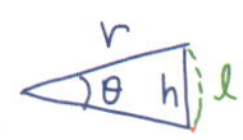

호의 길이 $l = r \cdot \theta$
사이각 θ가 미소하다면
$l = h$로 볼수있음.

- AC구간은 처짐 형상이 곡선이고, CB구간은 직선임.
- CB구간의 처짐각은 C점의 처짐각 θ_c를 유지함.
- 처짐각 θ는 그 점의 기울기를 의미함

※ 위의 설명을 이해했다면 켄틸레버 보의 중간에 하중이 작용하는 CASE의 문제는 쉽게 해결 가능.
(앞 표에 정리된 5가지 형태의 수치는 암기 해야 한다)

1) θ_c, δ_c

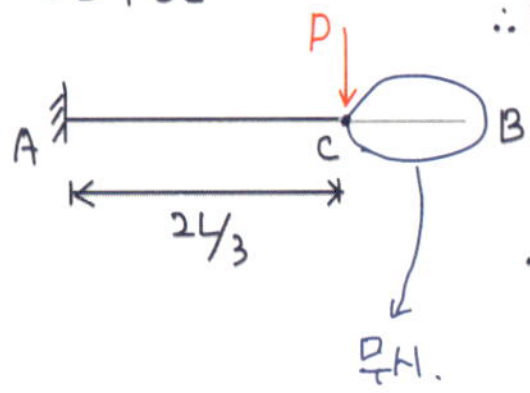

$$\therefore \theta_c = \frac{P\left(\frac{2}{3}L\right)^2}{2EI} = \frac{P \cdot 4L^2}{2EI \cdot 9} = \frac{2PL^2}{9EI} (\circlearrowright)$$

$$\therefore \delta_c = \frac{P\left(\frac{2}{3}L\right)^3}{3EI} = \frac{P \cdot 8L^3}{3EI \cdot 27} = \frac{8PL^3}{81EI} (\downarrow)$$

2) θ_B, δ_B

- θ_B는 θ_c의 처짐각을 일정하게 유지하므로 $\theta_B = \theta_c$.

$$\therefore \theta_B = \frac{2PL^2}{9EI} (\circlearrowright)$$

- $\delta_B = \delta_c + \theta_B \times \frac{L}{3} \rightarrow \delta_c +$

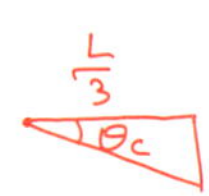

$h = \theta_c \cdot \frac{L}{3}$

$$= \frac{8PL^3}{81EI} + \frac{2PL^2}{9EI} \cdot \frac{L}{3} = \frac{8PL^3}{81EI} + \frac{2PL^3}{27EI} = \frac{8PL^3 + 6PL^3}{81EI} = \frac{14PL^3}{81EI} (\downarrow)$$

Comment

※ 다시 정리해보면...

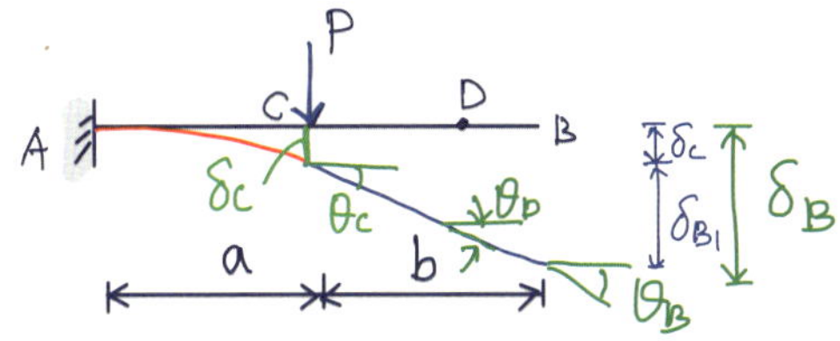

- 자유단과 하중작용점 사이의 처짐각은 하중 작용점의 처짐각과 같다
  - $\theta_C = \theta_B = \theta_D$
  - θ_C = C~B 구간의 부재 처짐각과 동일,

- 자유단과 하중작용점 사이의 처짐 (δ_{B_1})은 하중작용점의 처짐각 × 자유단과 하중작용점 사이의 거리
  - $\delta_{B_1} = \theta_C \times b$
  - $\delta_B = \delta_C + \delta_{B_1} = \delta_C + \theta_C \cdot b$

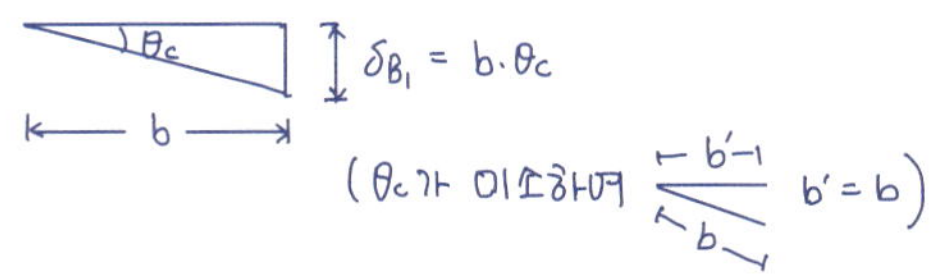

보완설명

일반적으로 공액보법을 이용하여 δ_B를 구하려면

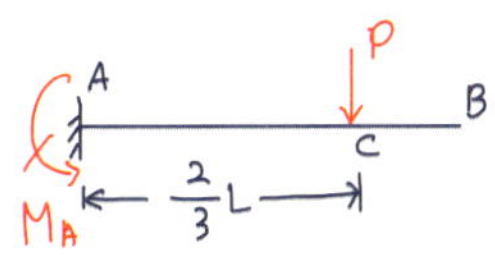

- $M_A = P \cdot \frac{2}{3}L = \frac{2}{3}PL$

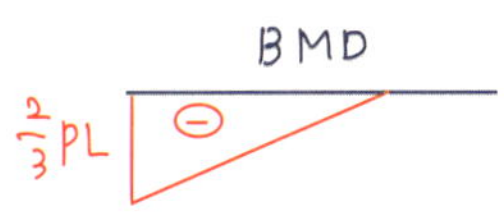

$$\therefore \delta_B = M_{B'}' = \frac{1}{2} \cdot \frac{2PL}{3EI}\,\frac{2}{3}L \cdot \left(\frac{2}{3}L \cdot \frac{2}{3} + \frac{L}{3}\right) = \frac{2PL^2}{9EI}\left(\frac{4L}{9} + \frac{3L}{9}\right)$$

$$= \frac{2PL^2}{9EI}\left(\frac{7L}{9}\right) = \frac{14PL^3}{81EI}\ (\downarrow)$$

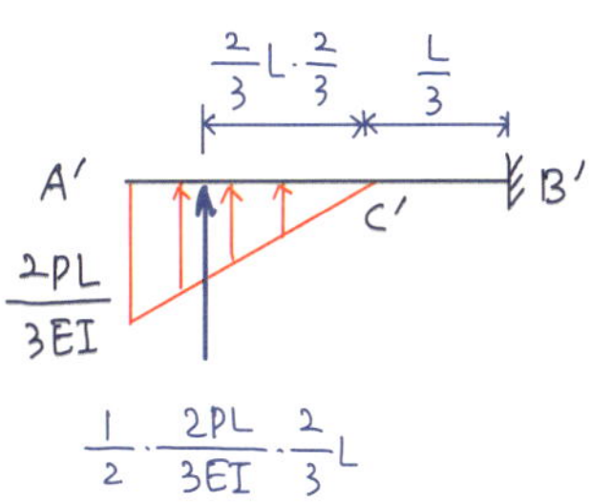

Comment

J2-02-A 그림과 같이 휨강성 EI가 변하는 켄틸레버보에서 C점, B점의 처짐각과 처짐은?

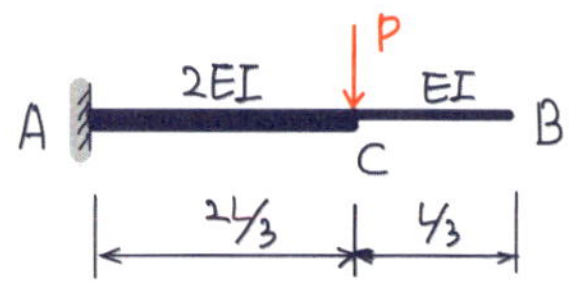

Sol.

처짐 δ_c를 구하는 방법은 "J2-01" 문제의 개념과 동일하다

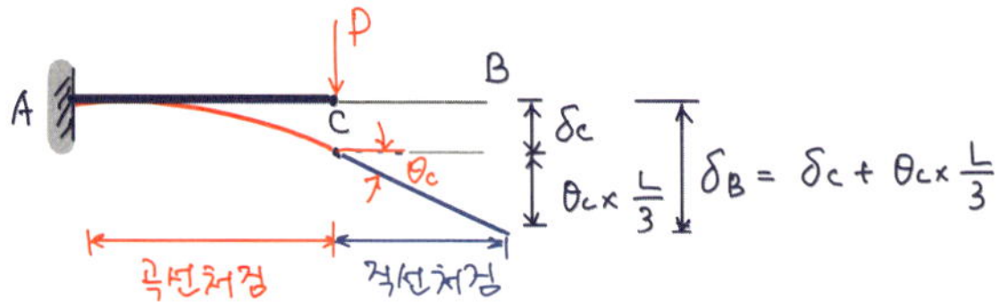

→ 휨강성이 변하는 경우에도 이러한 방법을 사용하는데는 문제가 없다.

- AC구간은 처짐 형상이 곡선이고, CB구간은 직선임.
- CB구간의 처짐각은 C점의 처짐각 θ_c를 유지함.

기본 $\theta = \frac{PL^2}{2EI}$, $\delta = \frac{PL^3}{3EI}$

1) θ_c, δ_c

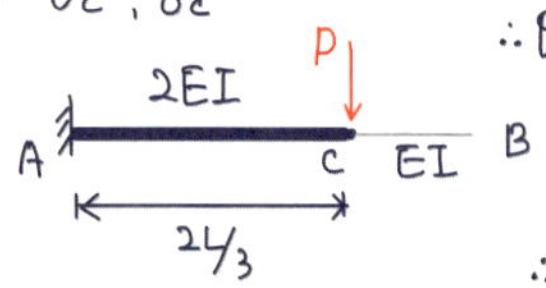

$$\therefore \theta_c = \frac{P\left(\frac{2}{3}L\right)^2}{2(2EI)} = \frac{P \cdot 4L^2}{4EI \cdot 9} = \frac{PL^2}{9EI} \ (\circlearrowright)$$

$$\therefore \delta_c = \frac{P\left(\frac{2}{3}L\right)^3}{3(2EI)} = \frac{P \cdot 8L^3}{6EI \cdot 27} = \frac{4PL^3}{81EI} \ (\downarrow)$$

2) θ_B, δ_B

- $\theta_B = \theta_c = \frac{PL^2}{9EI} \ (\circlearrowright)$
- $\delta_B = \delta_c + \theta_c \times \frac{L}{3}$ → $\delta_c +$ 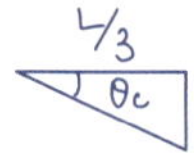 $h = \theta_c \cdot \frac{L}{3}$

$$= \frac{4PL^3}{81EI} + \frac{PL^2}{9EI} \cdot \frac{L}{3} = \frac{4PL^3}{81EI} + \frac{PL^3}{27EI} = \frac{4PL^3 + 3PL^3}{81EI} = \frac{7PL^3}{81EI} \ (\downarrow)$$

Comment

J2-02-B 그림과 같이 휨강성 EI가 변하는 켄틸레버보에서 C점, B점의 처짐각과 처짐은?

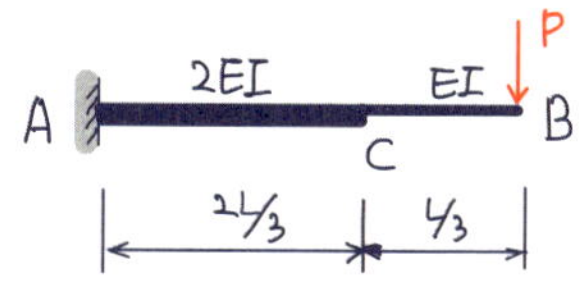

Sol.

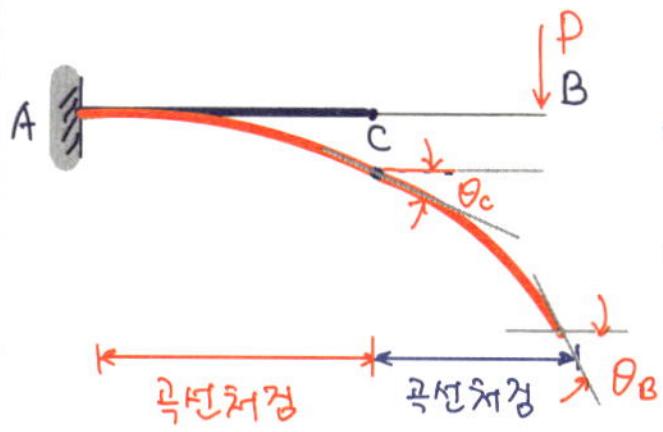

- AC구간과 CB 구간 모두 처짐 형상이 곡선임.
- $\theta_c \neq \theta_B$

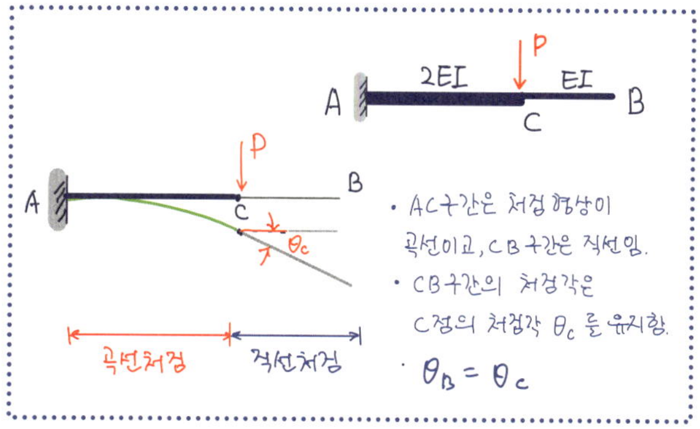

1) BMD

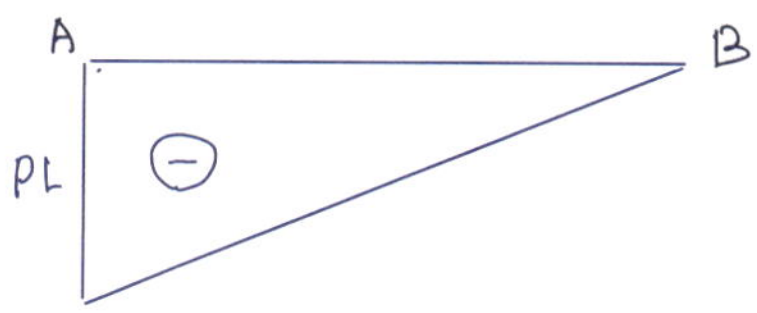

2) 탄성하중

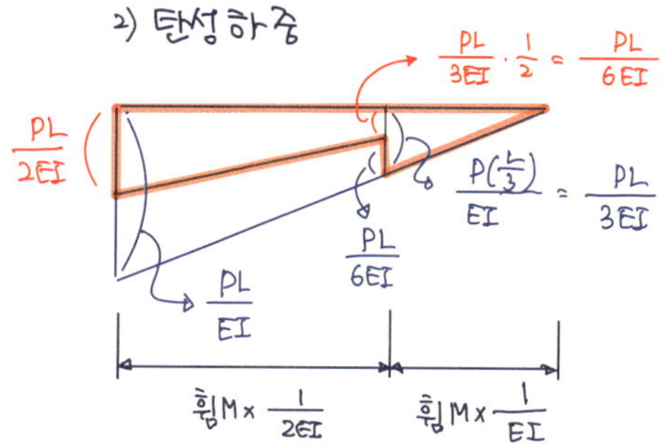

3) 공액보 + 탄성하중

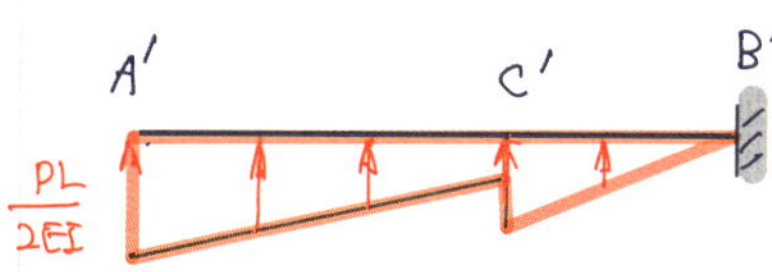

4) $\delta_c = M_{c'}$, $\theta_c = S_{c'}$

$$M_{c'} = \frac{PL}{6EI}\cdot\frac{2L}{3}\cdot\left(\frac{1}{2}\cdot\frac{2L}{3}\right) + \frac{1}{2}\cdot\frac{PL}{3EI}\cdot\frac{2L}{3}\cdot\left(\frac{2}{3}\cdot\frac{2L}{3}\right) = \frac{2PL^3}{54EI} + \frac{4PL^3}{81EI}$$

$$= \frac{12PL^3 + 16PL^3}{324EI} = \frac{7PL^3}{81EI}$$

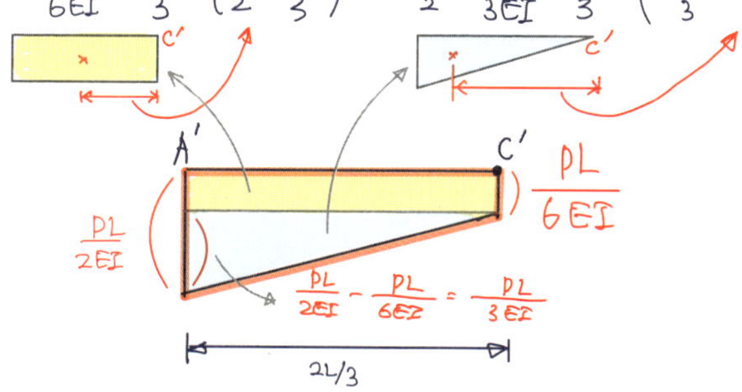

$$\therefore \delta_c = \frac{7PL^3}{81EI}\ (\downarrow)$$

Comment

$$\cdot\ S_c' = \frac{PL}{6EI}\cdot\frac{2L}{3} + \frac{1}{2}\cdot\frac{PL}{3EI}\cdot\frac{2L}{3} = \frac{2PL^2}{9EI} \qquad \therefore\ \theta_c = \frac{2PL^2}{9EI}\ (\circlearrowright)$$

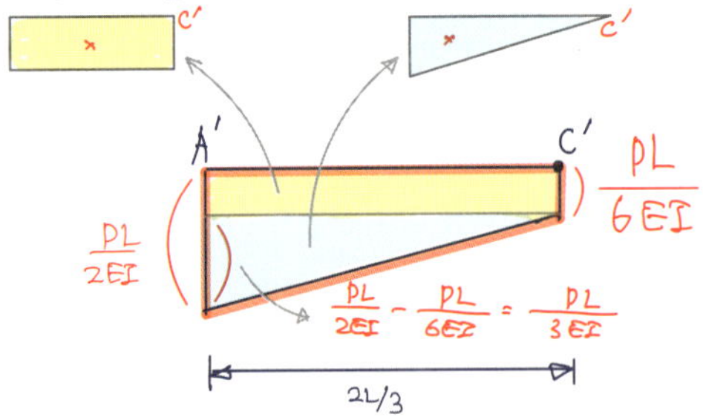

5) $\delta_B = M_B'$, $\theta_B = S_B'$

$$\cdot\ M_B' = \frac{1}{2}\cdot\frac{PL}{2EI}\cdot L\cdot\left(\frac{2}{3}\cdot L\right) + \frac{1}{2}\cdot\frac{PL}{6EI}\cdot\frac{L}{3}\cdot\left(\frac{2}{3}\cdot\frac{L}{3}\right)$$

$$= \frac{PL^3}{6EI} + \frac{PL^3}{162EI} = \frac{28PL^3}{162EI} = \frac{14PL^3}{81EI}$$

$$\therefore\ \delta_B = \frac{14PL^3}{81EI}\ (\downarrow)$$

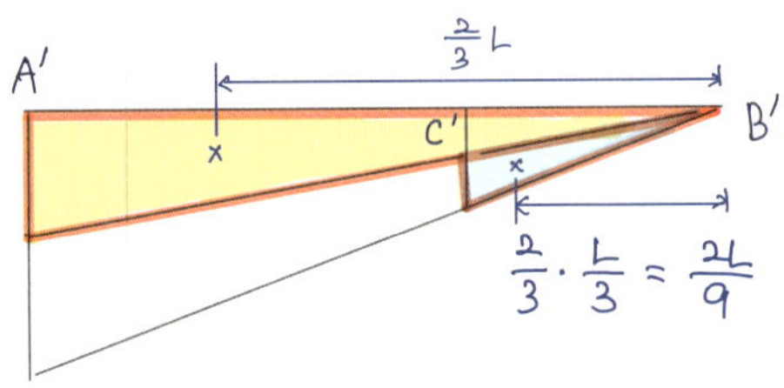

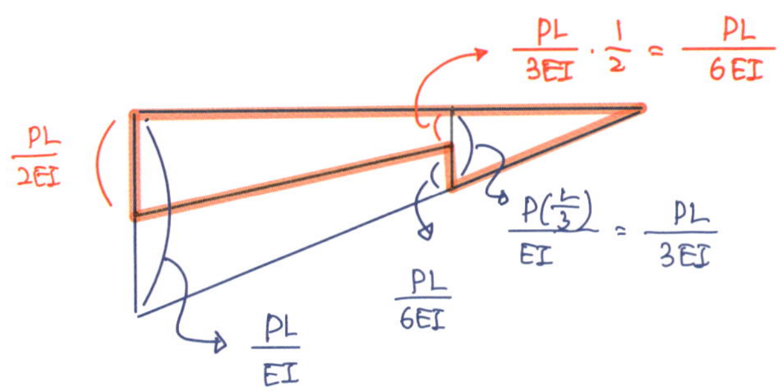

$$\cdot\ S_B' = \frac{1}{2}\cdot\frac{PL}{2EI}\cdot L + \frac{1}{2}\cdot\frac{PL}{6EI}\cdot\frac{L}{3} = \frac{5PL^3}{18EI}$$

$$\therefore\ \theta_B = \frac{5PL^3}{18EI}\ (\circlearrowright)$$

Comment

J2-03　그림과 같은 하중이 작용할 때 B 점의 처짐은 ?

(P=100kN, w=20kN/m, a=2m, b=1m, E=20GPa)

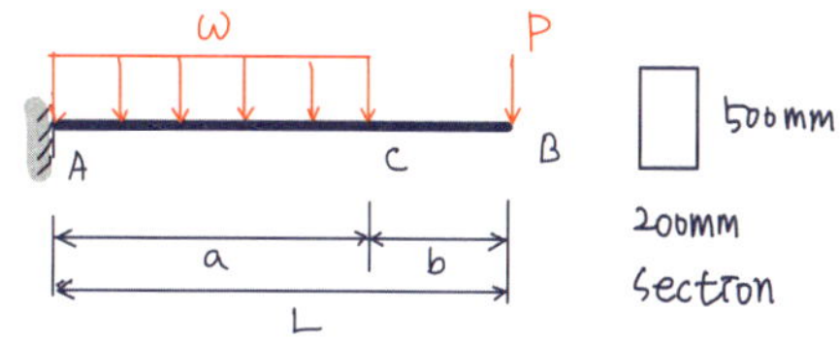

Sol.

탄성범위 내에서 이루어지는 처짐 해석이므로 중첩의 원리를 적용할수 있다.

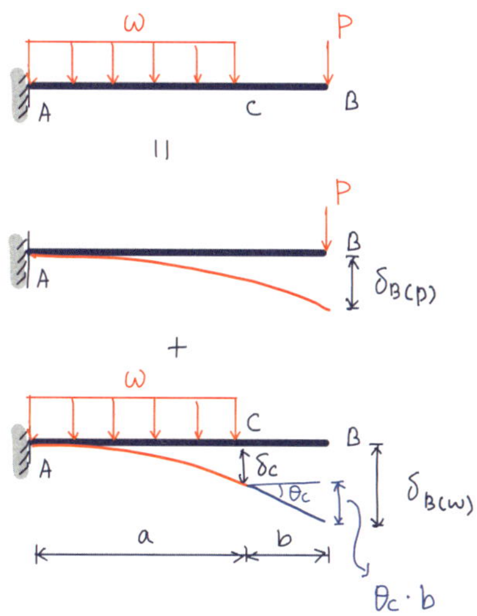

1) 하중P에 의한 B점의 처짐 : $\delta_{B(P)}$

$$\cdot\ \delta_{B(P)} = \frac{PL^3}{3EI}\ (\downarrow)$$

2) 등분포하중w에의한 B점의 처짐 : $\delta_{B(w)}$

$$\cdot\ \delta_{B(w)} = \delta_{c(w)} + \theta_{c(w)} \cdot b$$

$$= \frac{w \cdot a^4}{8EI} + \theta_{c(w)} \cdot b = \frac{wa^4}{8EI} + \frac{wa^3}{6EI} \cdot b$$

등분포하중 w가 A~C 구간에 발생시키는 처짐. / 등분포하중 w가 C~B 구간에 발생시키는 처짐

$$= \frac{wa^3}{24EI}(3a+4b)\ (\downarrow)$$

3) 하중P와 w에 의한 B점의 처짐 ; δ_B

$$\therefore \delta_B = \frac{PL^3}{3EI}(\downarrow) + \frac{wa^3}{24EI}(3a+4b)(\downarrow)$$

→ 만약 처짐의 방향이 서로 다르면 부호를 고려해야 한다.

4) 위의 δ_B 계산식에 해당되는 수치 대입해서 정리!

$$\therefore \delta_B = \frac{100 \times 3^3}{3 \times 41{,}600} + \frac{20 \times 2^3 \times (3\times2 + 4\times1)}{24 \times 41{,}600} = 0.0216 + 0.0016 = 0.0232\text{m} = 23.2\text{mm}$$

→ kN과 m 단위로 통일해서 정리.

$E = 20\ \text{GPa} = 20 \times 10^9\ \text{N/m}^2$ ($\text{GPa} = 10^9 \times \text{N/m}^2$)

$I = \frac{0.2 \times 0.5^3}{12} = 2.08 \times 10^{-3}\ \text{m}^4$

$E \cdot I = 41{,}600{,}000\ \text{N}\cdot\text{m}^2 = 41{,}600\ \text{kN}\cdot\text{m}^2$

Ans. $\delta_B = 0.0232\text{m} = 23.2\text{mm}$

Comment

J2-04 그림과 같은 모멘트하중과 집중하중이 작용할 때 B 점의 처짐은 ? (단, $M=P \times L/2$)

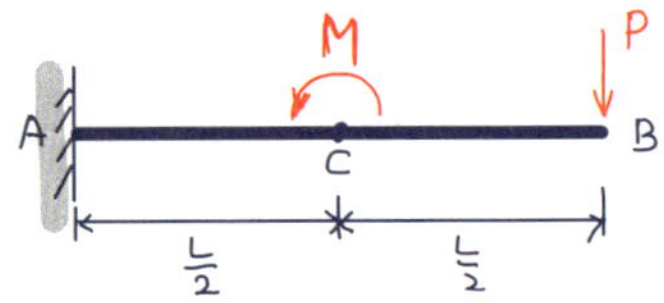

Sol. 탄성범위 내에서 이루어지는 처짐 해석이므로 중첩의 원리를 적용할수 있다.

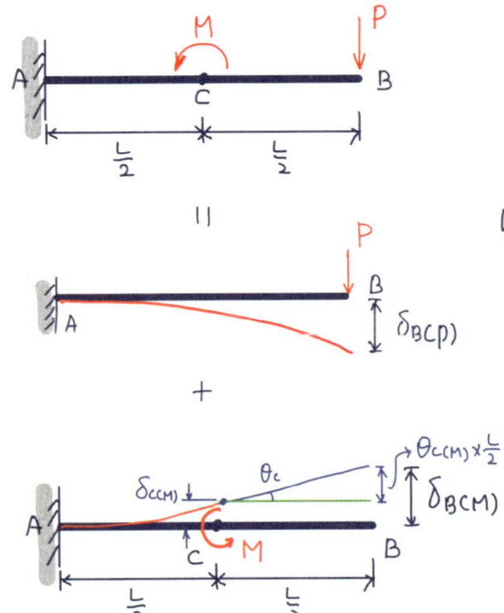

1) 하중 P에 의한 B점의 처짐 ; $\delta_{B(P)}$

$$\delta_{B(P)} = \frac{PL^3}{3EI}$$

2) 하중 M에 의한 B점의 처짐 ; $\delta_{B(M)}$

$$\delta_{B(M)} = \delta_{C(M)} + \theta_{C(M)} \cdot \frac{L}{2}$$

$$= \frac{M\left(\frac{L}{2}\right)^2}{2EI} + \frac{M\left(\frac{L}{2}\right)}{EI} \cdot \frac{L}{2} = \frac{ML^2}{8EI} + \frac{ML^2}{4EI}$$

$$= \frac{3ML^2}{8EI} = \frac{3\left(P \cdot \frac{L}{2}\right) \cdot L^2}{8EI} = \frac{3PL^3}{16EI} \ (\uparrow)$$

↳ 상향처짐.

C~B 구간은 C점의 처짐각(기울기)을 유지한다.

3) P와 M에 의한 B점의 처짐 ; δ_B

$$\delta_B = \frac{PL^3}{3EI} - \frac{3PL^3}{16EI} = \frac{16PL^3 - 9PL^3}{48EI} = \frac{7PL^3}{48EI} \ (\downarrow)$$

Ans. $\delta_B = \frac{7PL^3}{48EI} \ (\downarrow)$

Comment

J2-05 그림과 같은 내민보 구조물에서 하중이 작용할 때 A 점과 C점의 처짐비 $|\delta_A| : |\delta_C|$는 ?
(단, 모든 부재의 EI는 일정하다)

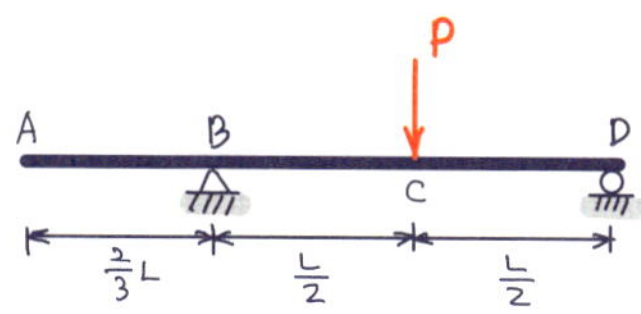

Sol. 내민보의 처짐형상을 생각해보자

1) δ_C

내민보 구간에 하중이 없으므로 지점간 (B~D) 구간은 단순보와 같은 처짐형상을 보인다.

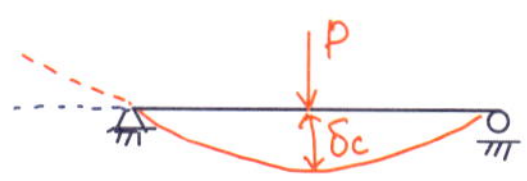

$\therefore \delta_C = \frac{PL^3}{48EI} (\downarrow)$

2) δ_A

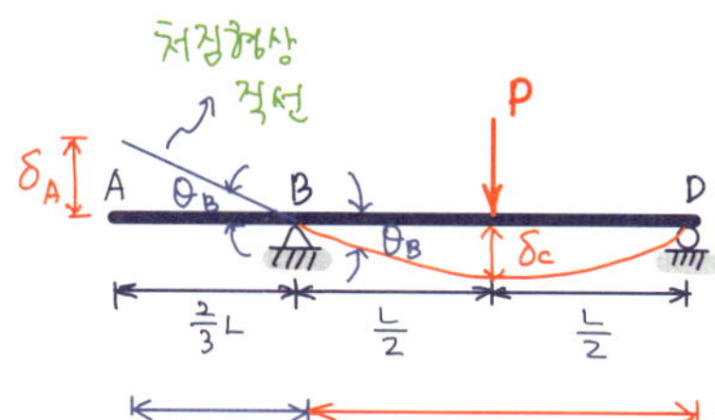

AB구간의 처짐은 θ_B의 처짐각이 $\frac{2}{3}L$ 길이 만큼 유지되는 형상임.

BD 구간의 처짐은 단순보의 중앙에 집중하중 P가 재하되는 경우와 같다.

$\theta_B = \frac{PL^2}{16EI}$ 이므로 $\quad \therefore \delta_A = \theta_B \cdot \frac{2}{3}L = \frac{PL^2}{16EI} \cdot \frac{2}{3}L = \frac{PL^3}{24EI} (\uparrow)$

3) $|\delta_A| : |\delta_C|$

$\frac{PL^3}{24EI} : \frac{PL^3}{48EI} = 2 : 1$

Comment

보완설명

공액보법을 적용해서 δ_A를 구해보면 → 복잡하다!!

① BMD

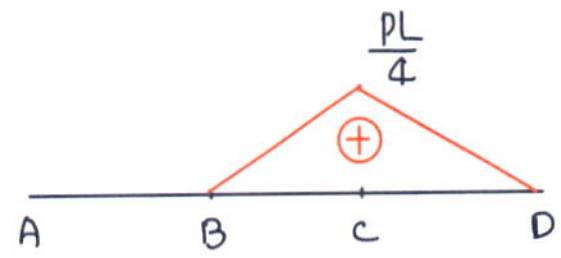

② 공액보 + 탄성하중

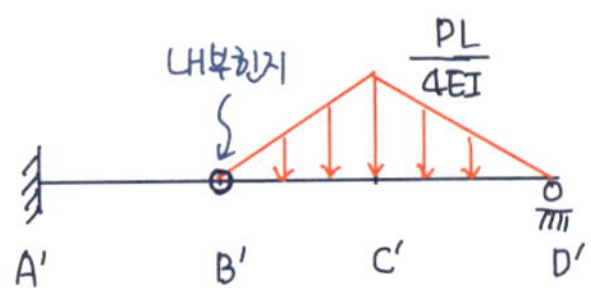

→ 내민보는 게르버보로 변환된다. → 게르버보 D4유형 참고.

③ $\delta_A = M_{A'}$ 이므로

– 공액보가 게르버보 형식을 가지고 있는 경우 내부힌지 핀을 제거하고, 구조물이 분리된 상태에서 가상의 지점을 반영했을 때 단순보 형태를 하고 있는 부분을 먼저 해석한다.

분리된 위치에 가상의 반력이 존재한다고 가정

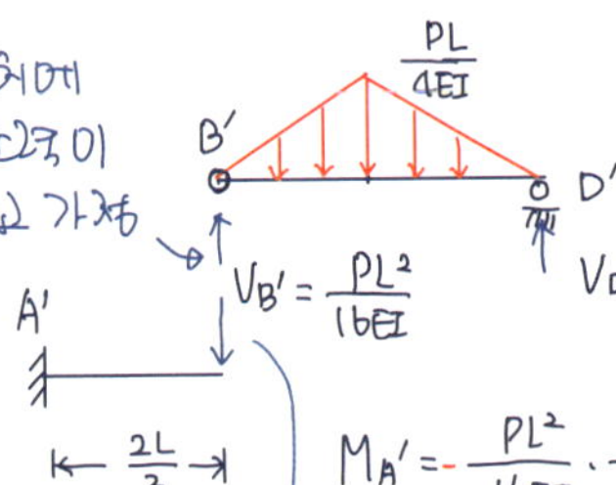

$V_{B'} = \dfrac{PL^2}{16EI}$

$V_{D'} = \dfrac{1}{2} \cdot \dfrac{PL}{4EI} \cdot \dfrac{L}{2} = \dfrac{PL^2}{16EI}$

대칭구조, 대칭하중 상태이므로 반력은 삼각분포하중을 1/2씩 단부에 나눠 갖는다.

$M_{A'} = -\dfrac{PL^2}{16EI} \cdot \dfrac{2}{3}L = -\dfrac{PL^3}{24EI} = \dfrac{PL^3}{24EI}\ (\uparrow)$

(−) 상향처짐

가상의 반력은 나머지 부분 구조물에 방향을 바꿔서 하중으로 재하한다.

Comment

J2-06 그림과 같은 내민보 구조물에서 하중이 작용할 때 A 점과 D점의 처짐 비 $|\delta_A| : |\delta_D|$ 는?
(단, 모든 부재의 EI는 일정하다)

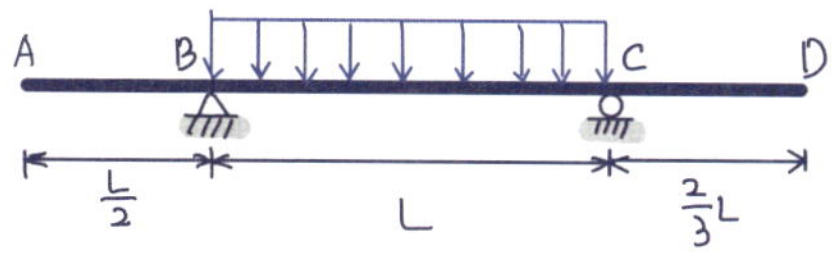

Sol. 내민보의 처짐형상을 생각해보자

1) 내민보구간에 하중이 없으므로 단순보 거동과 동일하다.

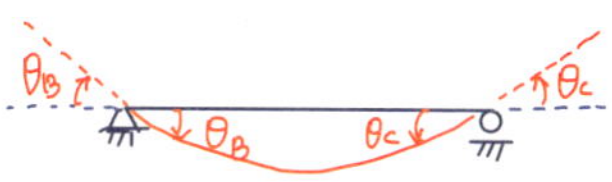

$\therefore \theta_B = \dfrac{wL^3}{24EI}$ (↻)

$\therefore \theta_C = \dfrac{wL^3}{24EI}$ (↺)

2) δ_A, δ_D

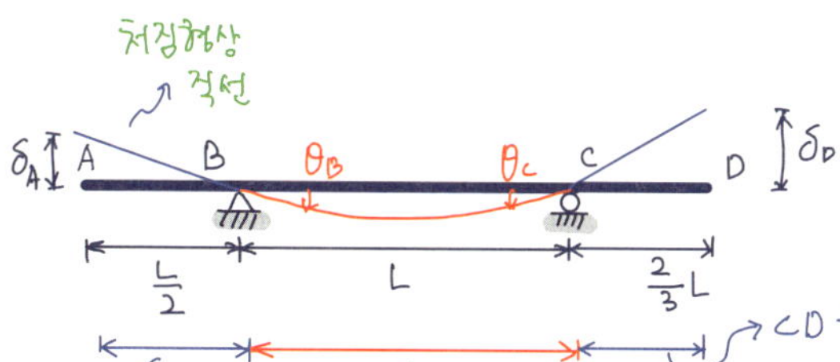

AC 구간의 처짐은 θ_B의 처짐각이 $\frac{L}{2}$ 길이 만큼유지되는 형상이다.

BD 구간의 처짐은 단순보 지간 전체에 등분포하중 w가 재하되는 경우와 같다.

CD 구간처짐은 θ_C가 $\frac{2}{3}L$ 길이만큼 유지되는 형상을 보인다.

$\theta_B = \dfrac{wL^3}{24EI}$ 이므로

$\therefore \delta_A = \theta_B \cdot \dfrac{L}{2}$

$= \dfrac{wL^3}{24EI} \times \dfrac{L}{2} = \dfrac{wL^4}{48EI}$ (↑)

$\theta_C = \dfrac{wL^3}{24EI}$ 이므로

$\therefore \delta_D = \theta_C \cdot \dfrac{2}{3}L$

$= \dfrac{wL^3}{24EI} \cdot \dfrac{2}{3}L$

$= \dfrac{wL^4}{36EI}$ (↑)

3) $\delta_A : \delta_D = \dfrac{wL^4}{48EI} : \dfrac{wL^4}{36EI}$

$= \dfrac{1}{48} : \dfrac{1}{36} = \dfrac{1}{8} : \dfrac{1}{6} = 6 : 8$

$= 3 : 4$

$\therefore \delta_A : \delta_D = 3 : 4$

→ 결국 내민보의 내민 길이에 비례해서 처짐이 발생한다.

양변에 ×6

$\dfrac{L}{2} : \dfrac{2}{3}L = \dfrac{1}{2} : \dfrac{2}{3} = 3 : 4$

Ans. $\delta_A : \delta_D = 3 : 4$

Comment

보완설명

공액보법을 적용해서 δ_A와 δ_D를 구해보면 → 복잡하다!!

① BMD (실제 구조물)

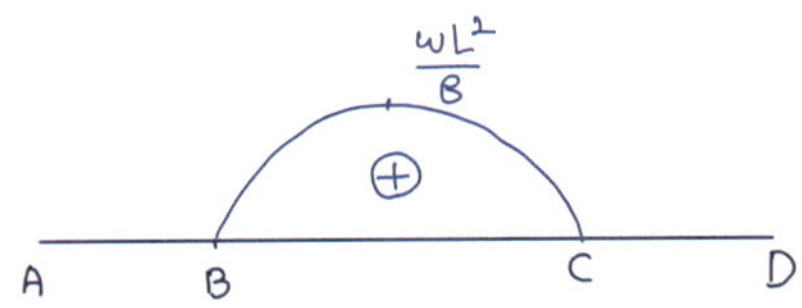

② 공액보+ 탄성하중

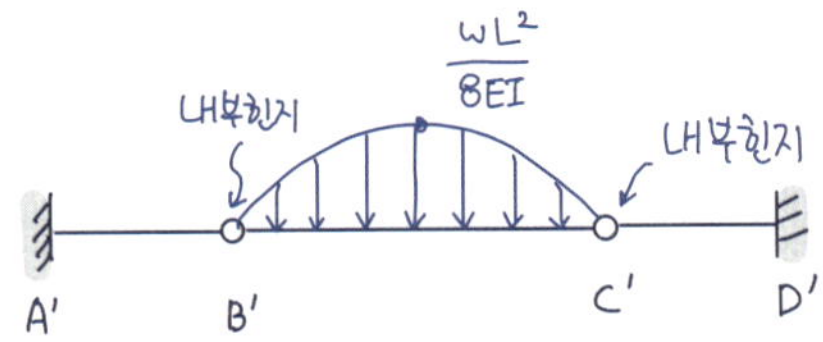

→ 내민보는 게르버보로 변환된다.

③ $\delta_A = M_A'$, $\delta_D = M_D'$ 이므로 ...

• 공액보가 게르버보 형식을 띠고 있는 경우 내부힌지 떼어 제거하고, 구조물이 분리된 상태에서 단순보 형태를 하고 있는 부분을 먼저 해석한다.

• 분리된 위치에 가상의 반력이 존재한다고 가정.

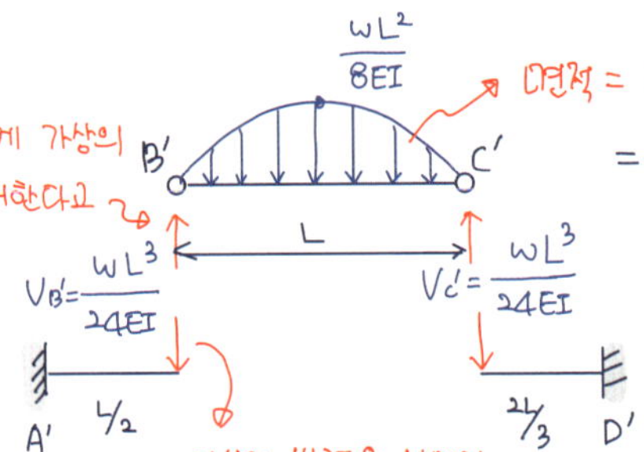

• 가상의 반력을 나머지 구조물 부분에 하중으로 재하.

면적 = 재하되는 탄성하중의 양

$$= \frac{wL^2}{8EI} \times \frac{2}{3} \times L = \frac{wL^3}{12EI}$$

→ 가상반력 $V_{B'} = V_{C'}$

$$= \frac{1}{2} \cdot \frac{wL^3}{12EI} = \frac{wL^3}{24EI}$$

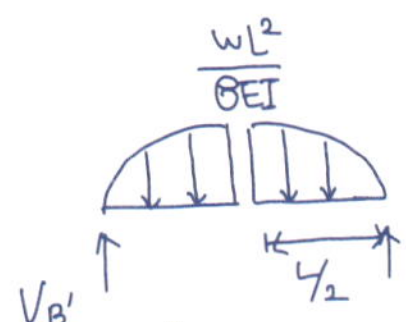

$$V_{B'} = \frac{wL^3}{24EI}$$

$$V_{C'} = \frac{wL^2}{8EI} \times \frac{L}{2} \times \frac{2}{3} = \frac{wL^3}{24EI}$$

• $\delta_A = M_A' = \ominus\left(\frac{wL^3}{24EI} \cdot \frac{L}{2}\right) = -\frac{wL^4}{48EI} = \frac{wL^4}{48EI}$ (↑)

• $\delta_D = M_D' = \ominus\left(\frac{wL^3}{24EI} \cdot \frac{2L}{3}\right) = -\frac{wL^4}{36EI} = \frac{wL^4}{36EI}$ (↑)

위로 볼록한 휨 변형을 발생시키는 Moment

"—" 휨 M → 상향처짐 발생

④ $\delta_A : \delta_D = \frac{1}{48} : \frac{1}{36} = 3 : 4$

Type	J3. 유형 #2 의 처짐, 처짐각 구하기.
Frequency	
Comment	

J3–01 그림과 같은 단순보에서 A 점의 처짐각과 C 점의 처짐은 ? (EI는 일정하다)

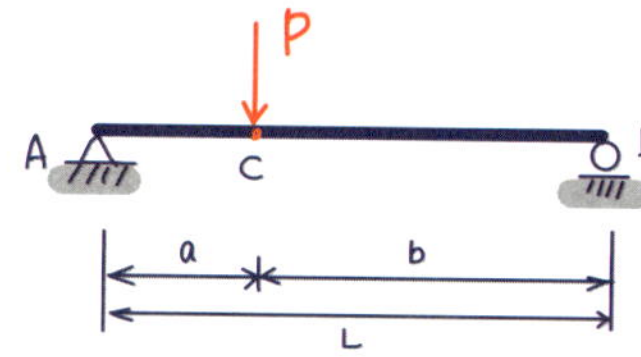

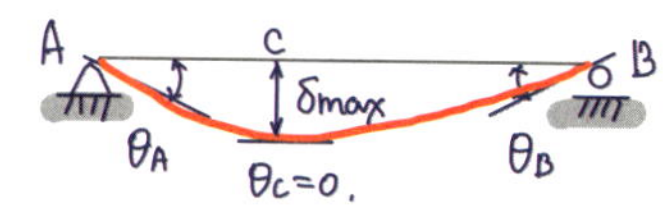

Sol.

1) BMD

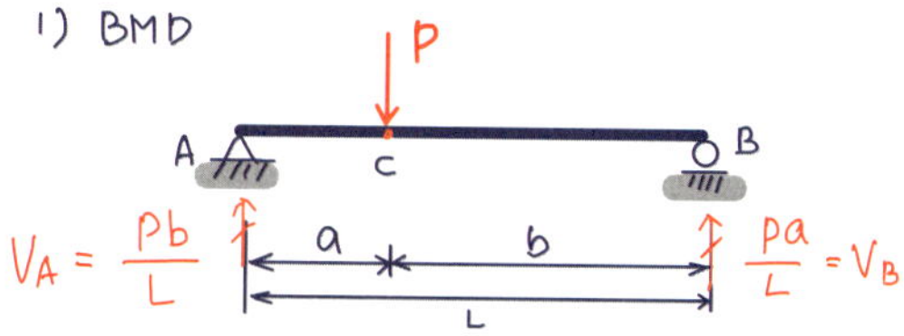

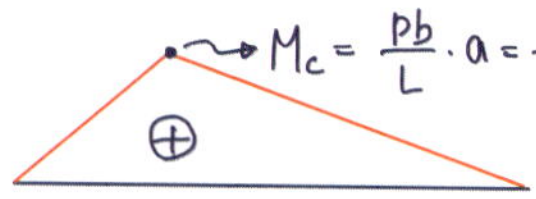

$M_c = \frac{Pb}{L} \cdot a = \frac{Pab}{L}$

$\Sigma M_B = 0$ (↻⊕) $V_A \times L - P \cdot b = 0$

$\therefore V_A = \frac{Pb}{L}$ (↑)

2) 실제보 → 공액보로 변환,
공액보에 탄성하중재하

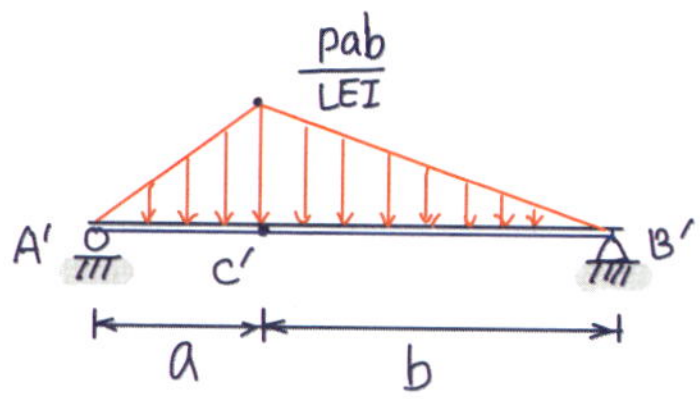

- 탄성하중 재하 방향 : '+' BMD × $\frac{1}{EI}$ → 하향재하
  '–' BMD × $\frac{1}{EI}$ → 상향재하
- 공액보의 위치는 A′, B′, C′ 처럼 "′" 를 붙여 실제보의 위치와 구분한다

3) $\theta_A = S_A{'}$

- θ_A = 실제보의 A점 처짐각 = 공액보의 전단력 $S_A{'}$ (= 공액보의 A점 반력 $V_A{'}$)

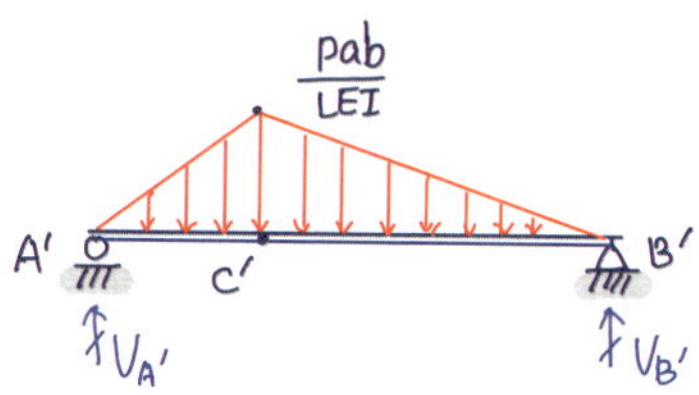

$\frac{Pab}{LEI} \cdot \frac{1}{2} \cdot a = \frac{Pa^2b}{2LEI}$ $\quad \frac{Pab^2}{2LEI} = \frac{Pab}{LEI} \cdot \frac{1}{2} \cdot b$

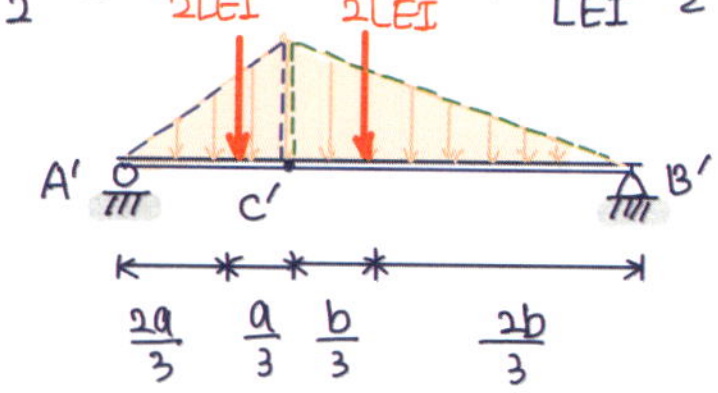

$\Sigma M_{B'} = 0$ (↻⊕)

$$V_A{'} \cdot L - \frac{Pa^2b}{2LEI} \cdot \left(\frac{a}{3} + b\right) - \frac{Pab^2}{2LEI}\left(\frac{2}{3}b\right) = 0$$

$$V_A{'} = \frac{1}{L}\left(\frac{Pa^3b}{6LEI} + \frac{Pa^2b^2}{2LEI} + \frac{Pab^3}{3LEI}\right) = \frac{Pab}{6EIL^2}(a^2 + 3ab + 2b^2) = \frac{Pab}{6EIL^2}(a+b)(a+2b)$$

$$= \frac{Pab}{6EIL}(a+2b) = \frac{Pab}{6EIL}(L+b)$$

$$\therefore \theta_A = \frac{Pab}{6EIL}(L+b) \ (↻)$$

Comment

4) $\delta_c = M_c'$

$$M_c' = V_A' \cdot a - \frac{Pa^2b}{2LEI} \cdot \frac{a}{3} = \frac{Pab}{6EIL}(L+b) \cdot a - \frac{Pa^3b}{6EIL}$$

$$= \frac{Pa^2b}{6EIL}(a+b+b) - \frac{Pa^3b}{6EIL} = \frac{Pa^2b}{6EIL}(a+2b) - \frac{Pa^3b}{6EIL}$$

$$= \frac{Pa^3b}{6EIL} + \frac{Pa^2 2b^2}{6EIL} - \frac{Pa^3b}{6EIL} = \frac{Pa^2b^2}{3EIL} (\downarrow)$$

Ans. $\theta_A = \frac{Pab}{6EIL}(L+b)(\circlearrowright)$ $\delta_c = \frac{Pa^2b^2}{3EIL}(\downarrow)$

Comment 캔틸레버보 등분포하중 부분재하+공액보법 적용

J3-02 그림과 같은 캔틸레버보에서 B 점의 처짐각과 처짐은 ? (EI는 일정하다)

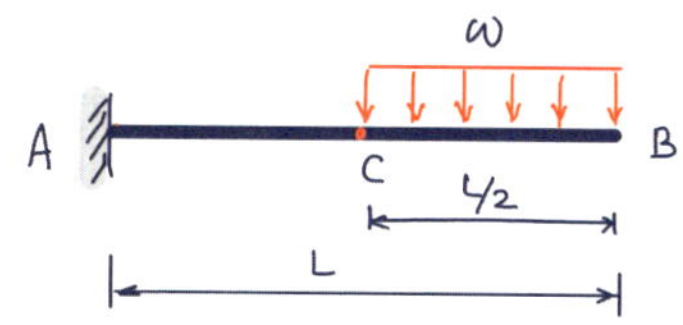

Sol.

∘ 공액보 법을 이용한다

1) BMD

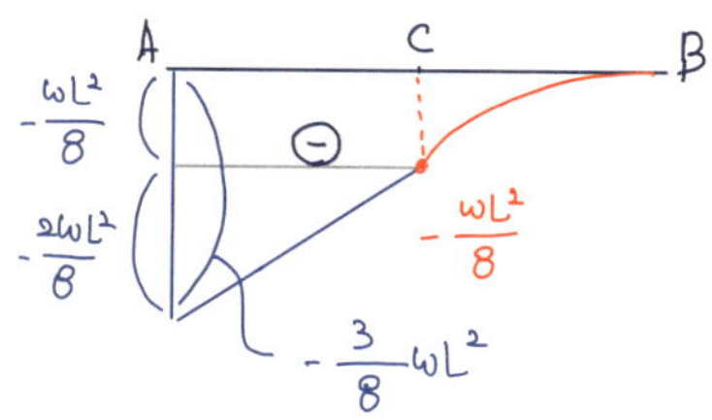

$\cdot\ M_C = -\left(w\cdot\frac{L}{2}\cdot\frac{L}{4}\right) = -\frac{wL^2}{8}$

$\cdot\ M_A = -\left(w\cdot\frac{L}{2}\cdot\frac{3}{4}L\right) = -\frac{3wL^2}{8}$

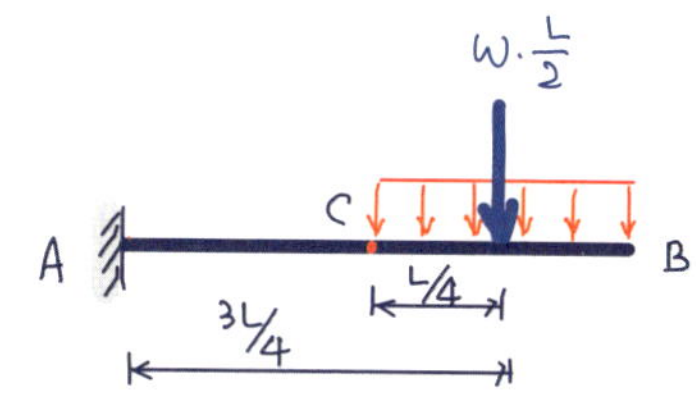

2) 공액보 + 탄성하중

∵ '−' BMD 이므로 탄성하중은 상향으로 재하.

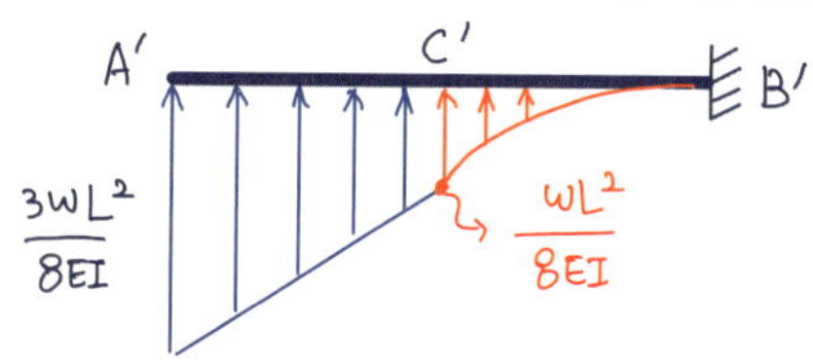

3) $\theta_B = S_{B'}$, $\delta_B = M_{B'}$

∘ B′점의 전단력 = A′ ~ B′ 구간의 하중

$$S_{B'} = \frac{wL^2}{8EI}\cdot\frac{L}{2} + \frac{1}{2}\cdot\frac{2wL^2}{8EI}\cdot\frac{L}{2} + \frac{1}{3}\cdot\frac{wL^2}{8EI}\cdot\frac{L}{2} = \frac{7wL^3}{48EI}$$

$$\therefore\ \theta_B = \frac{7wL^3}{48EI}\ (↻)$$

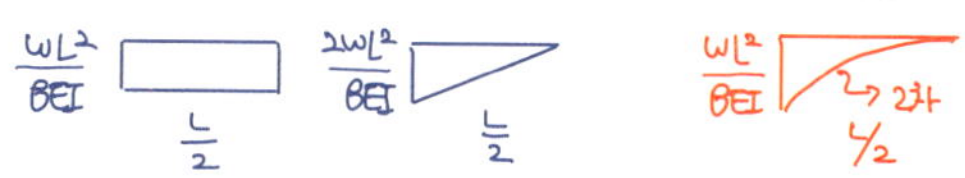

$$\circ\ M_{B'} = \frac{wL^2}{8EI}\cdot\frac{L}{2}\cdot\frac{3L}{4} + \frac{1}{2}\cdot\frac{2wL^2}{8EI}\cdot\frac{L}{2}\cdot\frac{5L}{6} + \frac{1}{3}\cdot\frac{wL^2}{8EI}\cdot\frac{L}{2}\cdot\frac{3L}{8} = \frac{3wL^4}{64EI} + \frac{5wL^4}{96EI} + \frac{wL^4}{128EI}$$

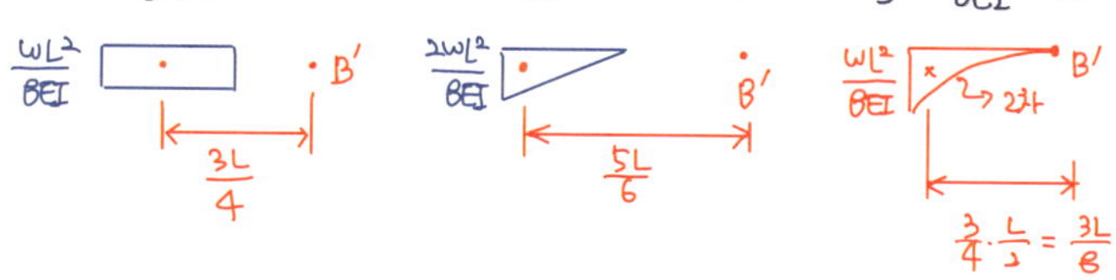

$$= \frac{18wL^4 + 20wL^4 + 3wL^4}{384EI}$$

$$= \frac{41wL^4}{384EI}$$

$$\therefore\ \delta_B = \frac{41wL^4}{384EI}\ (\downarrow)$$

Comment

Sol. 앞의 풀이 과정이 복잡하고 번거롭다면 중첩의 원리를 적용하여 이런 방법을 생각해 볼 수 있다. CB 구간에 등분포 하중이 재하되어 있는 하중 조건은 캔틸레버 전체 AB구간에 등분포 하중이 재하된 상태에서 AC 구간에 하중이 재하된 상태를 뺀 경우와 같다.

• $\theta_B = \theta_{B'} - \theta_{B''}$ • $\delta_B = \delta_{B'} - \delta_{B''}$

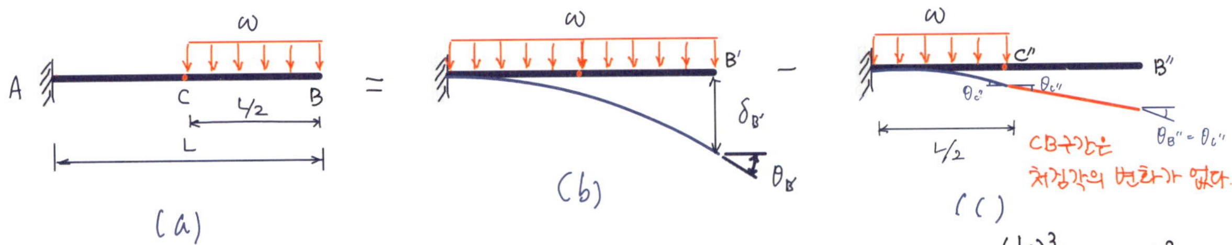

• $\theta_{B'} = \dfrac{wL^3}{6EI}$ (↻)

• $\delta_{B'} = \dfrac{wL^4}{8EI}$ (↓)

• $\theta_{B''} = \theta_{c''} = \dfrac{w\left(\frac{L}{2}\right)^3}{6EI} = \dfrac{wL^3}{48EI}$ (↻)

• $\delta_{B''} = \delta_{c''} + \theta_{c''} \cdot \dfrac{L}{2}$

$= \dfrac{w\left(\frac{L}{2}\right)^4}{8EI} + \dfrac{w\left(\frac{L}{2}\right)^3}{6EI} \cdot \dfrac{L}{2}$

$= \dfrac{wL^4}{128EI} + \dfrac{wL^4}{96EI} = \dfrac{7wL^4}{384EI}$ (↓)

$\therefore \theta_B = \theta_{B'} - \theta_{B''} = \dfrac{wL^3}{6EI} - \dfrac{wL^3}{48EI} = \dfrac{7wL^3}{48EI}$ (↻)

$\therefore \delta_B = \delta_{B'} - \delta_{B''} = \dfrac{wL^4}{8EI} - \dfrac{7wL^4}{384EI} = \dfrac{41wL^4}{384EI}$ (↓)

Comment

J3-03 그림과 같은 내민보 구조물의 A 점과 지간 중앙 C 점의 처짐은?

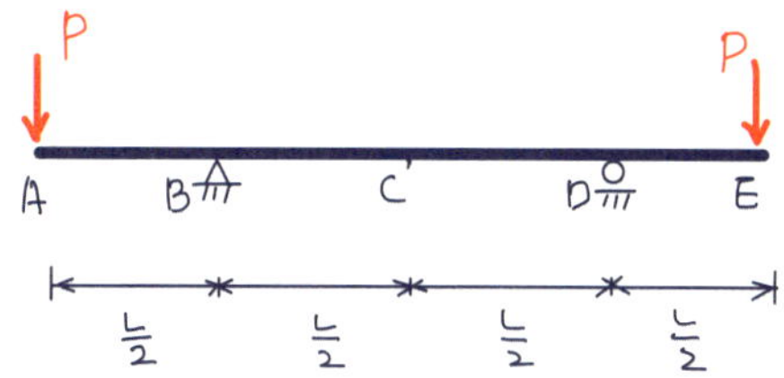

Sol.

1) BMD

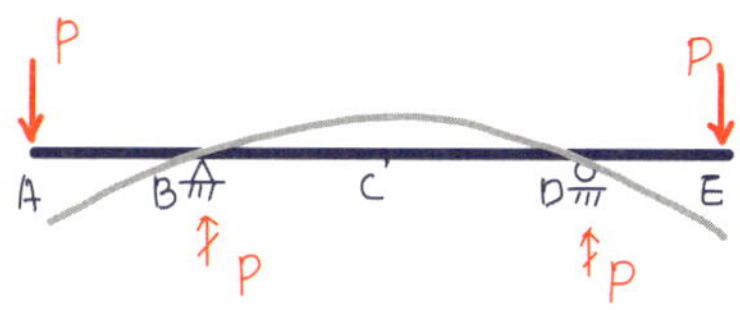

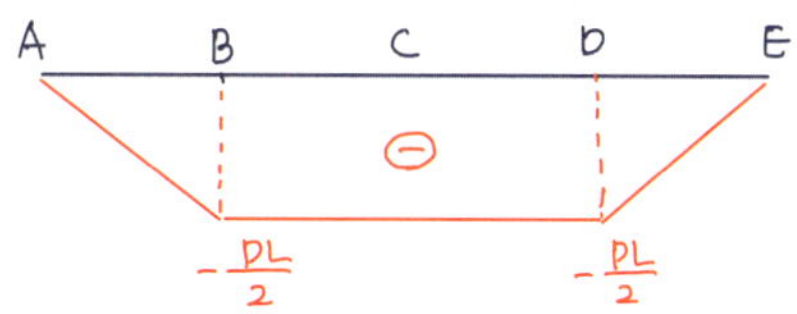

· 대칭구조, 대칭하중이므로 $V_B = V_D = P(\uparrow)$

· $M_A = 0$

· $M_B = -\left(P \cdot \frac{L}{2}\right) = -\frac{PL}{2}$

· $M_C = -(P \cdot L) + \left(P \cdot \frac{L}{2}\right) = -\frac{PL}{2}$

· $M_D = -\left(P \cdot \frac{L}{2}\right) = -\frac{PL}{2}$

· $M_E = 0$

2) 공액보 + 탄성하중

∘ 휨M 값들에 $\frac{1}{EI}$ 이 곱해지면 「탄성하중」이 되고, 이 탄성하중은 휨M 값이 − 이면 상향으로, + 이면 하향으로 재하된다.

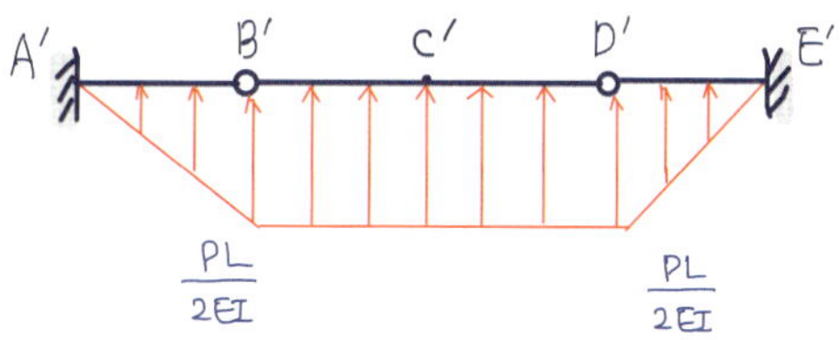

→ 게르버보 형태로 변함.

내부힌지를 제거하고 구조물을 분리시킨 후 단순보 형상을 하는 부분을 먼저 해석한다.

자유단 → 고정단, 내부지점 → 내부힌지

3) $\delta_A = M_A'$

→ 게르버보 D4유형 참고.

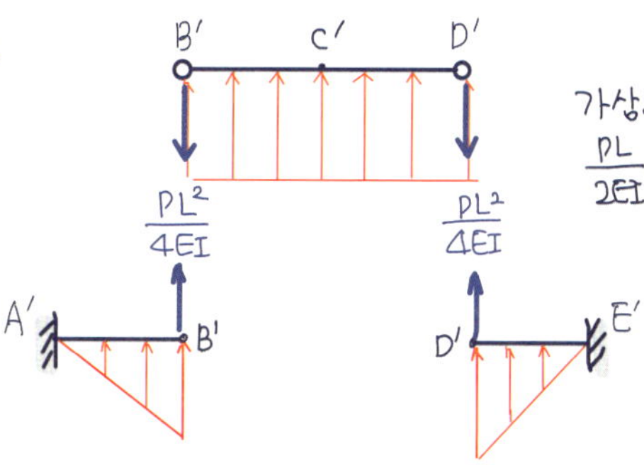

가상의 반력 (↑↑↑↑↑↑ 의 $\frac{1}{2}$)

$\frac{PL}{2EI} \times L \times \frac{1}{2} = \frac{PL^2}{4EI}$

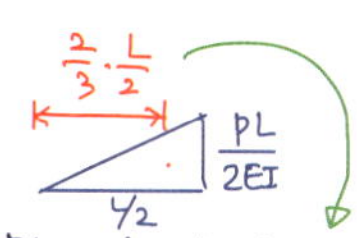

$$\cdot M_A' = \frac{PL^2}{4EI} \cdot \frac{L}{2} + \frac{PL}{2EI} \cdot \frac{L}{2} \cdot \frac{1}{2} \cdot \left(\frac{2}{3} \cdot \frac{L}{2}\right)$$

$$= \frac{PL^3}{8EI} + \frac{PL^3}{24EI} = \frac{PL^3}{6EI}$$

$$\therefore \delta_A = \frac{PL^3}{6EI}(\downarrow)$$

$M_A' = +$; 하향처짐

$M_C' = -$; 상향처짐

$$\cdot M_C' = -\left(\frac{PL^2}{4EI} \cdot \frac{L}{2}\right) + \left(\frac{PL}{2EI} \cdot \frac{L}{2} \cdot \frac{L}{4}\right) = -\frac{PL^3}{8EI} + \frac{PL^3}{16EI}$$

$$= -\frac{PL^3}{16EI} \qquad \therefore \delta_C = \frac{PL^3}{16EI}(\uparrow)$$

Type	J4. 라멘 구조물의 처짐 및 처짐각 구하기(+응용)
Frequency	
Comment	라멘 구조물 처짐, 처짐각 + 가상일의 방법

J4-01 그림과 같은 라멘구조물에서 C 점의 연직처짐 δ_{cv}, 수평처짐 δ_{cH}, 처짐각 θ_c 를 각각 구하여라.

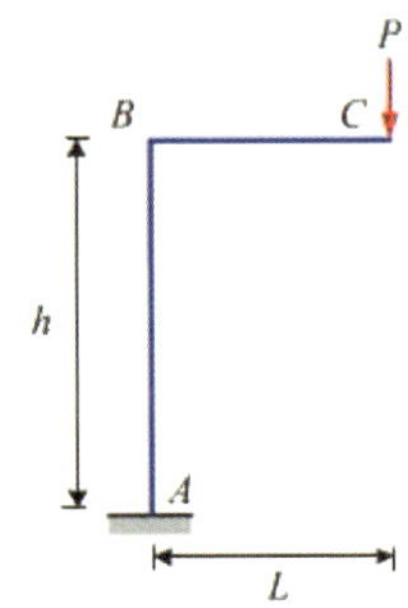

Sol.

- 라멘 구조물의 처짐과 처짐각은 가상일의 방법을 이용한다.

$$\delta, \theta = \int \frac{M \cdot m}{EI} dx$$

- 실제 하중 P가 발생시키는 M_x 와 δ_{cv}, δ_{cH}, θ_c 를 구하기 위한 각각의 m_x

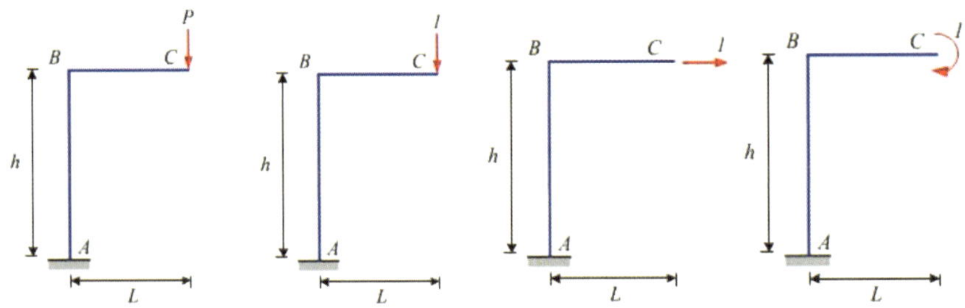

① 실제구조물 역계 ② δ_{CV} 를 위한 가상구조물 역계 ③ δ_{CH} 를 위한 가상구조물 역계 ④ θ_C 를 위한 가상구조물 역계

- 기본적으로 적분구간을 CB구간, BA구간으로 나누고 x의 원점을 각각 C점과 B점으로 설정.
- x의 원점을 A와 B 점으로 하게되면 A지점의 반력값이 포함된 상태로 식이 전개되어 복잡해진다.

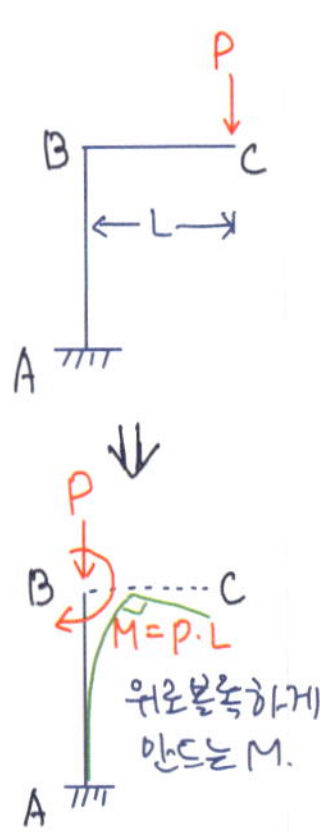

BA 부재는 위와 같은 하중을 받는것과 같다.

1) P에 의한 M_x

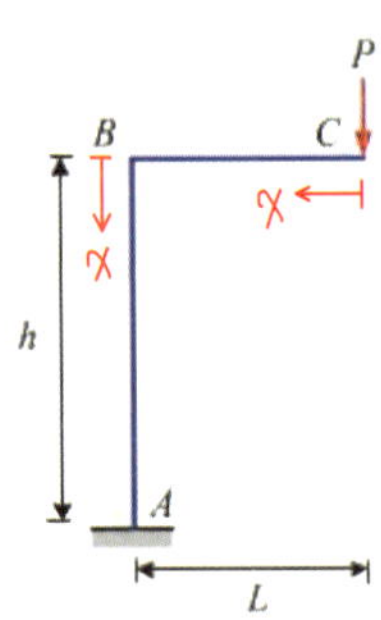

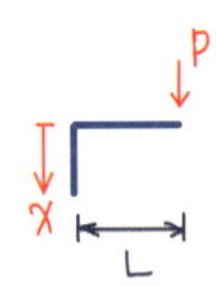

- CB 구간 : $M_x = -P \cdot x$
- BA 구간 : $M_x = -P \cdot L$

BA구간은 거리 x에 관계없이 M값의 크기가 $-P \cdot L$로 일정하다.

2) δ_{cv}, 단위하중 1 에 의한 m_x

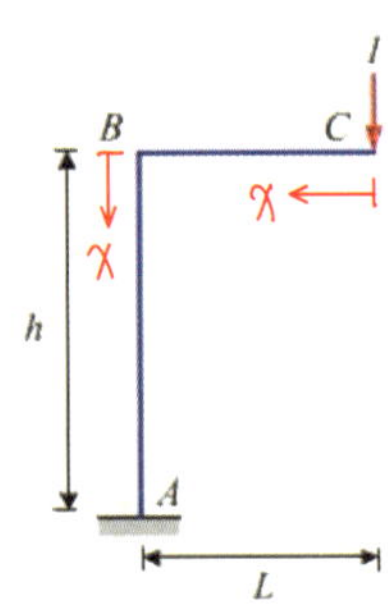

- CB 구간 : $m_x = -1 \cdot x$
- BA 구간 : $m_x = -1 \cdot L$

Comment

• 1)과 2)를 이용해서 δ_{CV}를 구한다

$$\therefore \delta_{CV} = \int_C^B \frac{M_x \cdot m_x}{EI} dx + \int_B^A \frac{M_x \cdot m_x}{EI} dx = \int_0^L \frac{(-Px)(-x)}{EI} dx + \int_0^h \frac{(-PL)(-L)}{EI} dx$$

$$= \frac{P}{EI}\left[\frac{x^3}{3}\right]_0^L + \frac{PL^2}{EI}\left[x\right]_0^h = \frac{PL^3}{3EI} + \frac{PL^2h}{EI} = \frac{PL^2(L+3h)}{3EI} (\downarrow)$$

3) δ_{CH}, 단위하중 1 에 의한 m_x

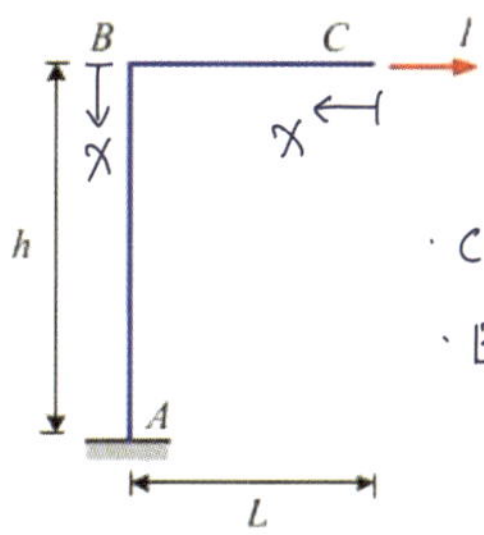

· CB구간 ; $m_x = 0$

· BA구간 ; $m_x = -1 \cdot x$

4) θ_C, 단위하중(모멘트) 1 에 의한 m_x

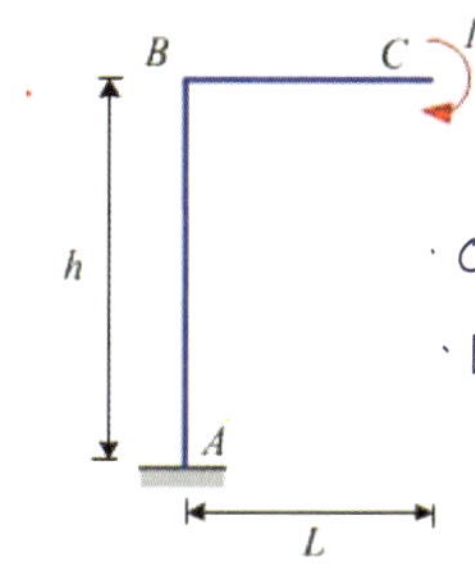

· CB구간 ; $m_x = -1$

· BA구간 ; $m_x = -1$

• 1)과 3)을 이용해서 δ_{CH}를 구한다

$$\therefore \delta_{CH} = \int_C^B \frac{M_x \cdot m_x}{EI} dx + \int_B^A \frac{M_x \cdot m_x}{EI} dx = \int_0^L \frac{(-Px)(0)}{EI} dx + \int_0^h \frac{(-PL)(-x)}{EI} dx$$

$$= 0 + \frac{PL}{EI}\left[\frac{x^2}{2}\right]_0^h = \frac{PLh^2}{2EI} (\rightarrow)$$

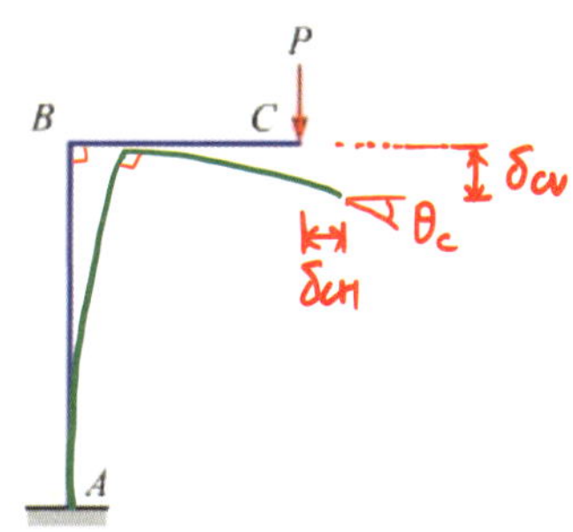

• 1)과 4)를 이용해서 θ_C를 구한다

$$\therefore \theta_C = \int_C^B \frac{M_x \cdot m_x}{EI} dx + \int_B^A \frac{M_x \cdot m_x}{EI} dx = \int_0^L \frac{(-Px)(-1)}{EI} dx + \int_0^h \frac{(-PL)(-1)}{EI} dx$$

$$= \frac{P}{EI}\left[\frac{x^2}{2}\right]_0^L + \frac{PL}{EI}\left[x\right]_0^h = \frac{PL^2}{2EI} + \frac{PLh}{EI} = \frac{PL(L+2h)}{2EI} (\circlearrowright)$$

Comment

J4-02 다음 라멘 구조에서 C 점의 연직처짐 δ_{cv}는?
(단, EI = 20,000 kN.m^2)

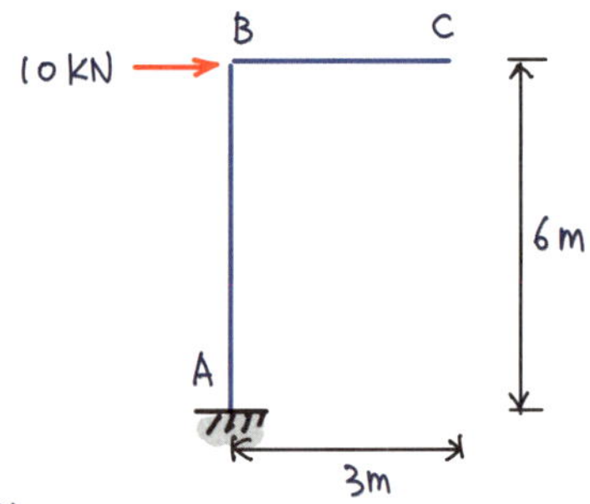

Sol.

○ 실제하중에 의한 M_x , 가상의 단위하중에 의한 m_x

• M_x

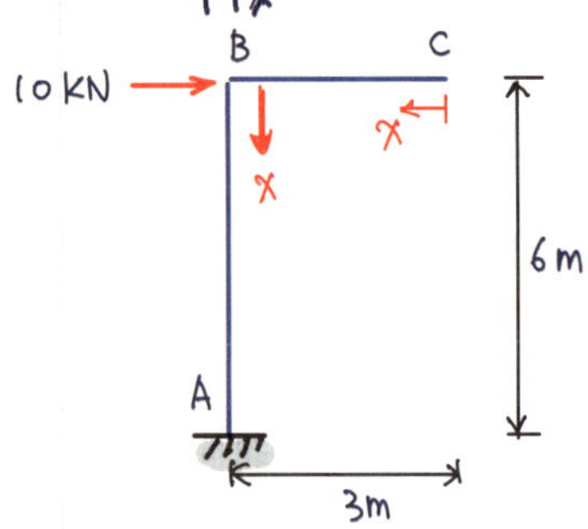

• CB구간 ; $M_x = 0$
$m_x = -1 \cdot x$

• BA구간 ; $M_x = -10 \cdot x$
$m_x = -1 \cdot 3 = -3$

• m_x

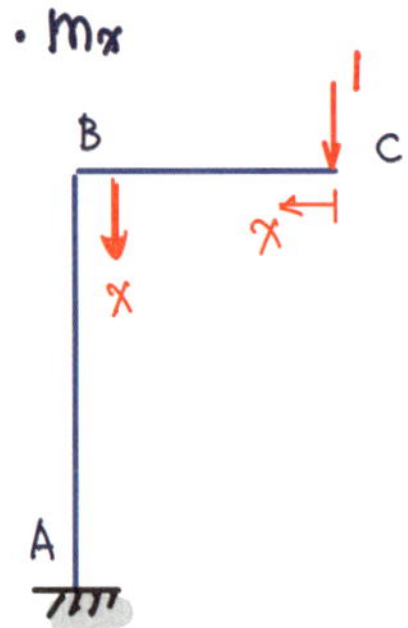

$$\therefore \delta_{cv} = \int_B^A \frac{M_x \cdot m_x}{EI} dx = \int_0^6 \frac{(-10x)(-3)}{EI} dx = \frac{30}{EI}\int_0^6 x\,dx = \frac{30}{EI}\left[\frac{x^2}{2}\right]_0^6$$

$$= \frac{30 \times 6^2}{2 \times 20{,}000} = 0.027\text{m} = 27\text{mm}(\downarrow)$$

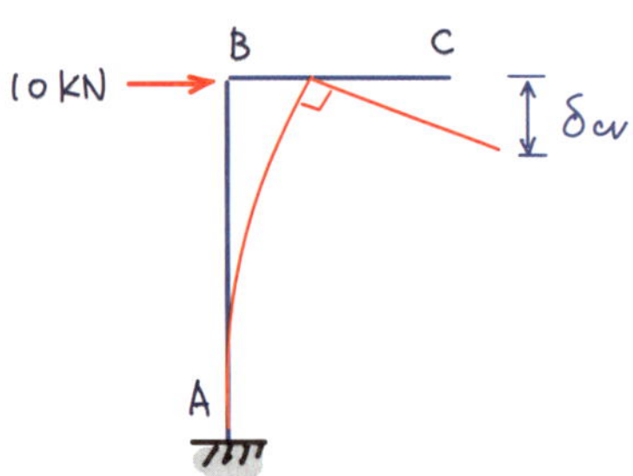

Comment

J4-03 그림과 같은 구조물에서 B점의 수평처짐은? (단, EI는 일정하다)

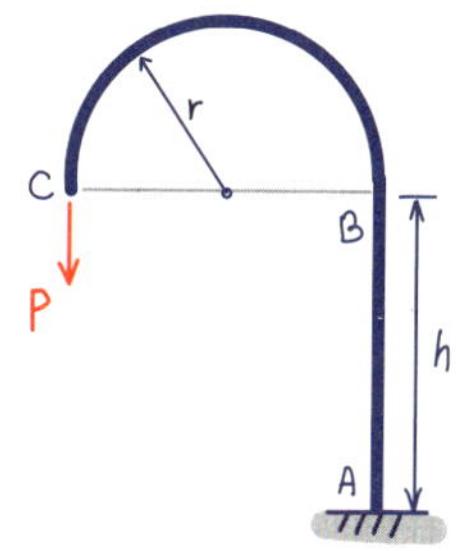

Sol. 라멘구조물의 처짐을 구하는 문제

1) 실제하중 P에 의한 휨M : M_x

→ CB구간(C ⌒ B)은 θ의 범위에 따라 다음과 같이 2단계로 구분.

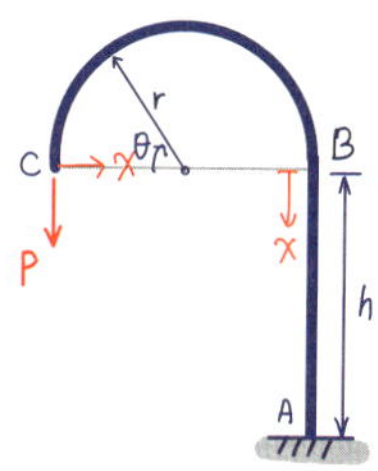

- CB구간 $0 \le \theta \le 90°$

x의 원점 C

$M_x = -P(r - r\cos\theta) = Pr(\cos\theta - 1)$ → Fig①

$90 \le \theta \le 180°$

$M_x = -P(r + r\sin(\theta - 90°))$ → Fig②

$= -P(r + r\cos\theta)$

$= -Pr(1 + \cos\theta)$

- BA구간 $M_x = -(P \cdot 2r)$

만약 $90° \le \theta \le 180°$ 범위 구간의 x원점을 B로 하면

x의 원점 B → $0 \le \theta \le 90°$ → Fig③

$M_x = -P(r + r\cos\theta) = -Pr(1 + \cos\theta)$

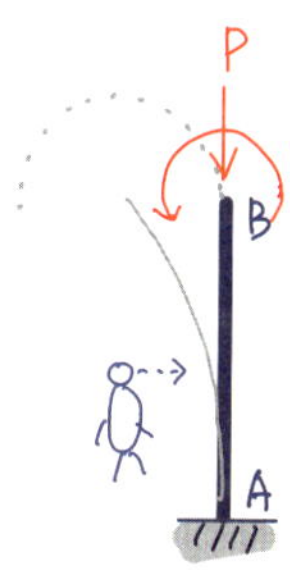

M의 크기는 P·2r 이고 위로볼록한 변형을 발생시키므로 "−".

· BA 부재 관점에서 보면

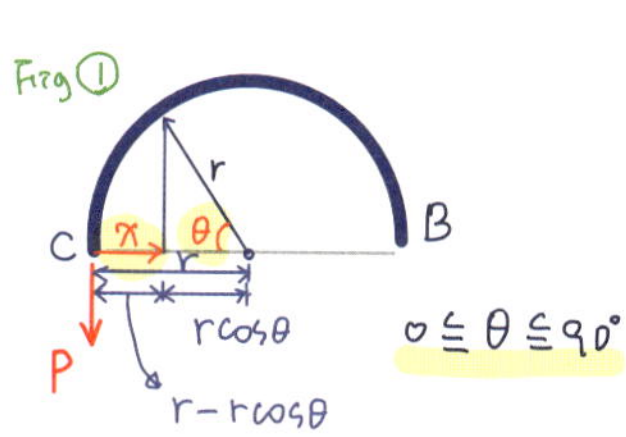

x만큼 떨어진 위치에서

휨M = $-P(r - r\cos\theta)$

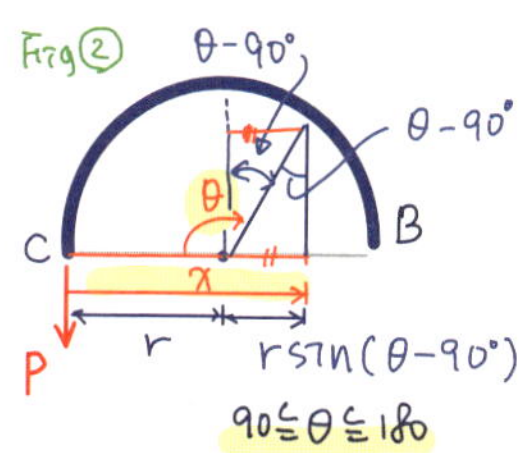

x만큼 떨어진 위치에서

휨M = $-P(r + r\cos\theta)$

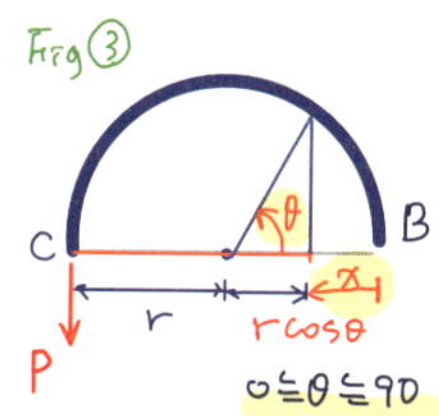

x만큼 떨어진 위치에서

휨M = $-P(r + r\cos\theta)$

Fig②와 Fig③은 x의 원점을 'C'로 하느냐 'B'로 하느냐에 따라 휨M을 계산한 것임.
결국 x의 원점은 C, B 어디로 하더라도 결과는 같음.

Comment

2) 단위하중 "1"에 의한 휨M : m_x

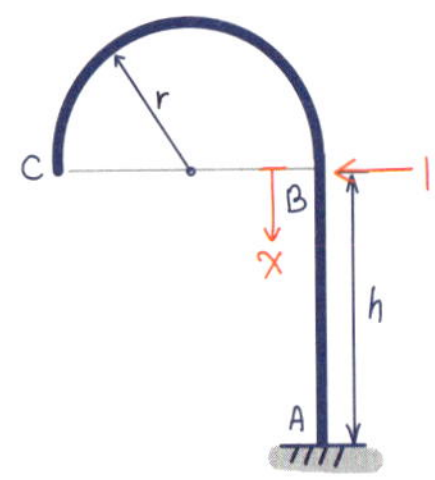

- CB구간 $m_x = 0$
  (CB구간은 하중이 없으므로 모든구간에서 $m_x = 0$)
- BA구간 $m_x = -1 \cdot x$

3) δ_{BH}

$$\delta_{BH} = \int_C^B \frac{M_x \cdot \cancel{m_x}^{\,0}}{EI} dx + \int_B^A \frac{M_x \cdot m_x}{EI} dx$$

$$= \int_0^h \frac{(-2pr)(-x)}{EI} = \frac{2pr}{EI}\left[\frac{x^2}{2}\right]_0^h = \frac{2pr}{EI}\left(\frac{h^2}{2}\right) = \frac{prh^2}{EI} (\leftarrow)$$

※ 문제는 복잡해 보이지만 CB구간 "$m_x=0$" 이므로 CB구간 M_x를 구할필요가 없어서 생각보다 어렵지 않다!!

Comment

J4-04 그림과 같은 구조물에서 B점의 수평처짐은? (단, EI는 일정하다)

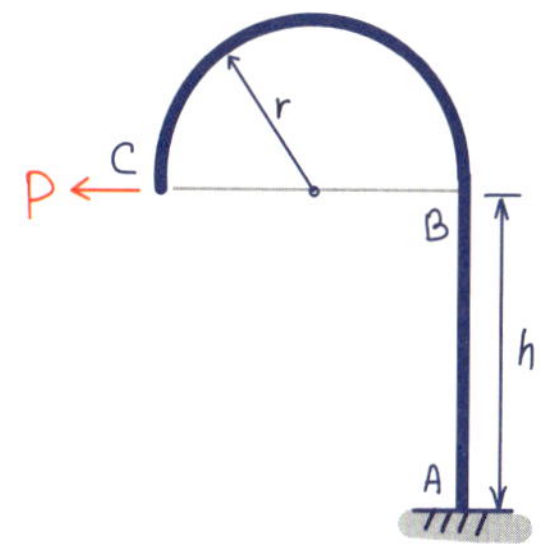

Sol.

라멘구조물의 처짐을 구하는 문제.

1) 실제하중 P에 의한 휨M : M_x

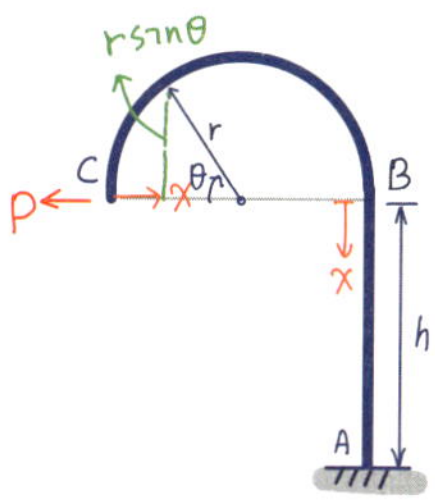

- CB구간 (x의 원점 C) $0 \le \theta \le 90°$, $M_x = P \cdot r\sin\theta$

  (x의 원점 B) $0 \le \theta \le 90°$, $M_x = P \cdot r\sin\theta$

- BA구간 $M_x = -P \cdot x$

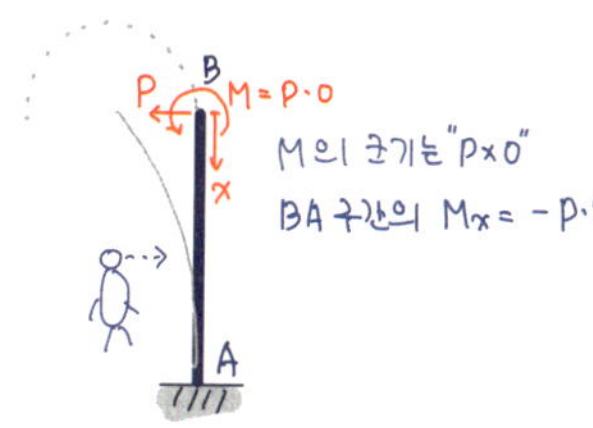

· BA 부재 관점에서 보면

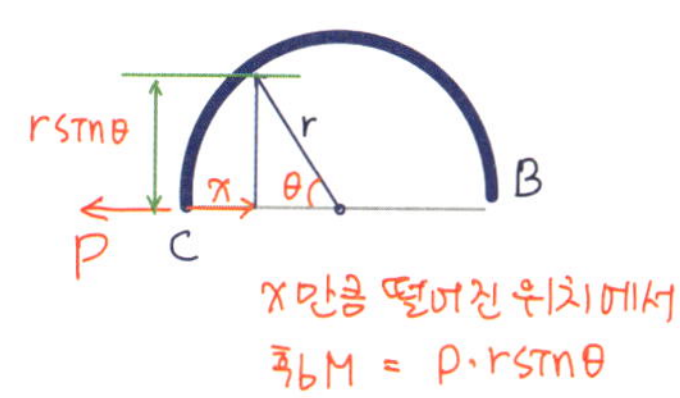

2) 단위하중 "1"에 의한 휨M : m_x

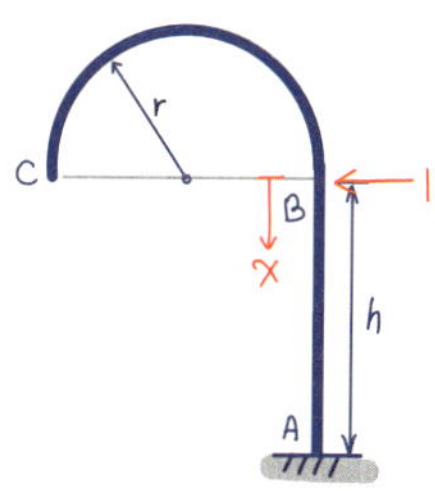

- CB구간 $m_x = 0$

  (CB구간은 하중이 없으므로 모든구간에서 $m_x = 0$)

- BA구간 $m_x = -1 \cdot x$

3) δ_{BH}

$$\delta_{BH} = \int_C^B \frac{M_x \cdot m_x}{EI} dx + \int_B^A \frac{M_x \cdot m_x}{EI} dx$$

$$= \int_0^h \frac{(-Px)(-x)}{EI} = \frac{P}{EI}\int_0^h x^2 dx = \frac{P}{EI}\left[\frac{x^3}{3}\right]_0^h$$

$$= \frac{Ph^3}{3EI} \ (\leftarrow)$$

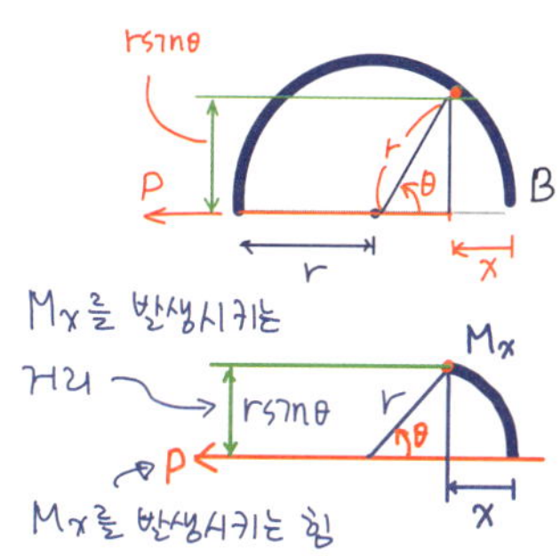

Comment 트러스 구조물의 처짐은 가상일의 방법을 이용한다.

J5-01 그림과 같은 트러스 구조물의 절점 C 에 발생되는 수평처짐은 ?

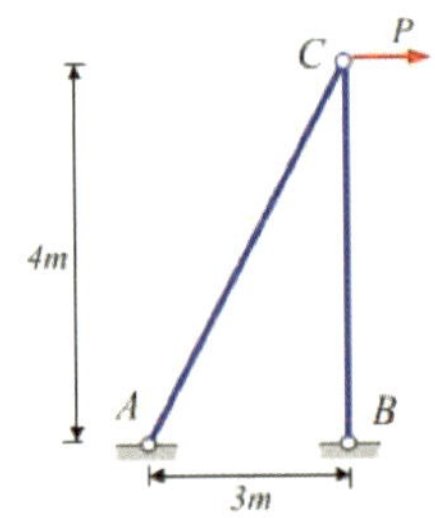

Sol. 트러스 구조물의 처짐은 적분이 필요하지 않다. → J0. 설명참조

$$\delta = \Sigma \frac{F f L}{EA}$$

트러스는 축력만이 존재하므로 축강성 "EA"가 사용된다.

◦ 절점C를 중심으로 부분구조물 자유물체도 작도 → 평형방정식 적용하기 위한 힘의 분해. (H와 V 방향으로 분해)

1) 절점법을 이용하여 실제하중 P에 의한 부재력 F를 구한다.

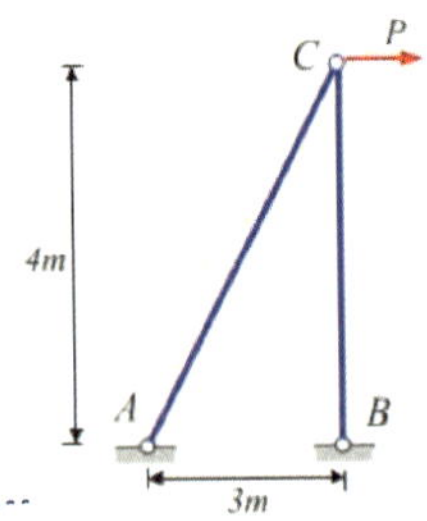

<실제하중>

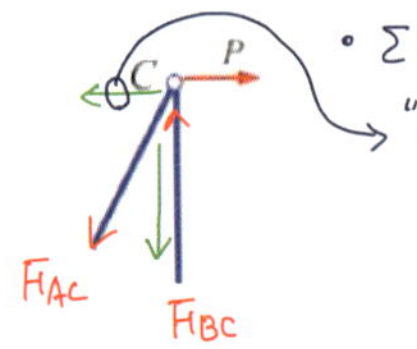

• $\Sigma H = 0$ 이 성립하려면 "←"의 크기는 "→" P가 되어야 한다.
(크기는 같고 방향은 반대)

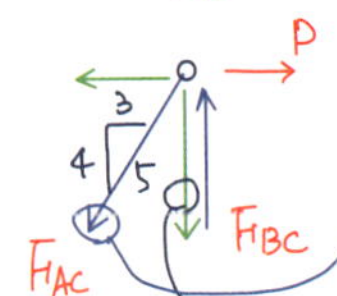

$3 : 5 = P : F_{AC}$

$\therefore F_{AC} = \frac{5}{3}P\,(T)$

$3 : 4 = P : F_{AC\text{-}V}$

$\therefore F_{AC\text{-}V} = \frac{4}{3}P$

$\Sigma V = 0$ 이 성립하려면 $\uparrow F_{BC}$는 "↓"과 크기는 같고 방향은 서로 반대가 되어야 하므로

$\therefore F_{BC} = \frac{4}{3}P\,(C)$ ＊ T : 인장력 C : 압축력

＊ 일반적인 방법으로 구해보면...

$\Sigma F_x = 0\ (\oplus\!\!\rightarrow)$

$P - F_{AC}\frac{3}{5} = 0$

$\therefore F_{AC} = \frac{5}{3}P\,(T)$

$\Sigma F_y = 0\ (\uparrow\oplus)$

$F_{BC} - F_{AC}\frac{4}{5} = 0$

$F_{BC} - \left(\frac{5}{3}P\right)\frac{4}{5} = 0$

$\therefore F_{BC} = \frac{4}{3}P\,(C)$

2) 절점법을 이용하여 가상하중 "1"에 의한 부재력 f를 구한다.

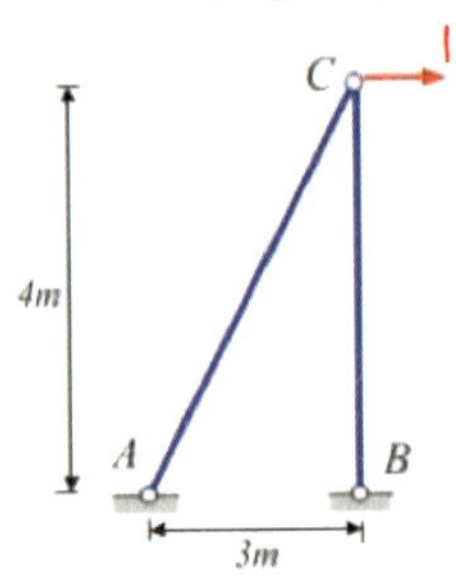

• 하중작용 방향(P)과 가상하중 "1"의 작용방향이 같으므로 P 대신 1을 대입하면 O.K.

$\therefore f_{AC} = \frac{5}{3}\cdot(1)\,(T)$ $\therefore f_{BC} = \frac{4}{3}\cdot(1)\,(C)$

3) δ_{CH}

압축력을 "−"로 대입. 인장과 압축을 구분해서 부호부여함.

$$\delta_{CH} = \frac{F_{AC}\cdot f_{AC}\cdot L_{AC}}{E_{AC}\cdot A_{AC}} + \frac{F_{BC}\cdot f_{BC}\cdot L_{BC}}{E_{BC}\cdot A_{BC}} = \frac{\left(\frac{5}{3}P\right)\left(\frac{5}{3}\right)(5) + \left(-\frac{4}{3}P\right)\left(-\frac{4}{3}\right)(4)}{EA}$$

$$= \frac{125P + 64P}{9EA} = \frac{189P}{9EA} = \frac{21P}{EA}\ (\rightarrow)$$

(+ 값이 얻어지면 가상의 하중 작용방향으로 처짐 발생)

Comment

J5-02 그림과 같은 트러스 구조물에서 C 점의 수직처짐과 수평처짐을 구하시오.(단, P=600N, E=2.0GPa, AC 부재의 단면적은 100mm², BC 부재의 단면적은 200mm²)

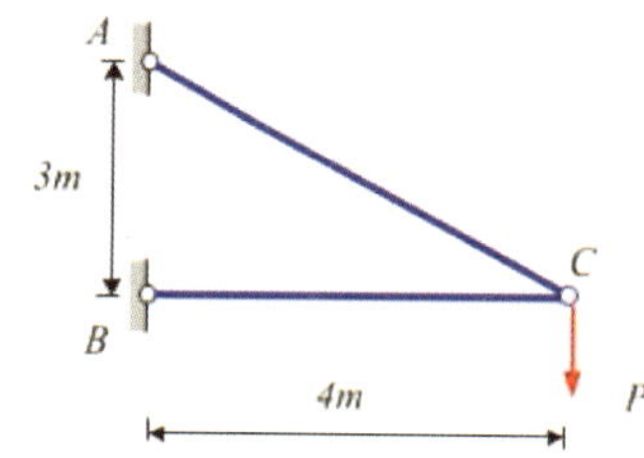

Sol.

1) 하중 P에 의해 발생되는 실제 부재력 F

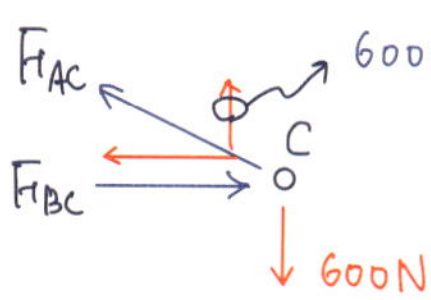

600N 이 되어야 $\Sigma V=0$ 성립.

∘ F_{AC}는 부재의 기울기 비례관계를 이용하면 쉽게 구할 수 있다.

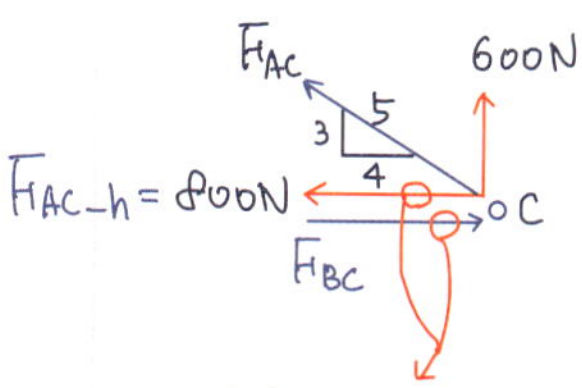

$3:5 = 600N : F_{AC}$

$\therefore F_{AC} = \frac{5}{3} \times 600N = 1{,}000N\ (T)$

두힘의 크기가 같고 방향은 서로 반대가 되어야 $\Sigma H=0$ 성립

$3:4 = 600 : F_{AC-h}$

$\therefore F_{AC-h} = 2400/3 = 800N$

$\therefore F_{BC} = 800N\ (C)$

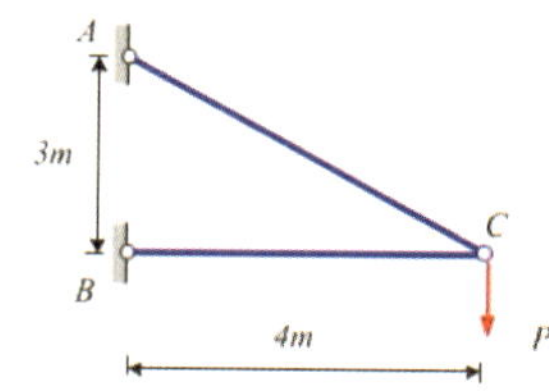

① 실제구조물 역계

2) 연직방향 단위하중 "1"에 의한 가상의 부재력 f ; δ_{cv}

(→ 600N이 "1"이 되었다고 생각하면 ...)

$\therefore f_{AC} = \frac{5}{3} \times 1 = 1.67\ (T)$

$\therefore f_{BC} = f_{AC}\frac{4}{5} = 1.67 \cdot \frac{4}{5} = 1.33\ (C)$

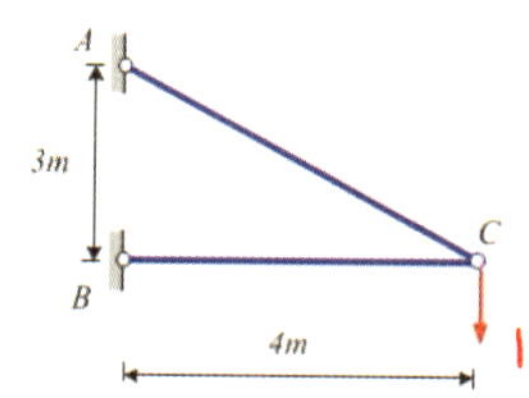

② δ_{CV}를 위한 가상구조물 역계

3) 수평방향 단위하중 "1"에 의한 가상의 부재력 f ; δ_{CH}

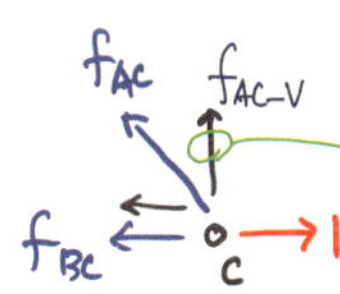

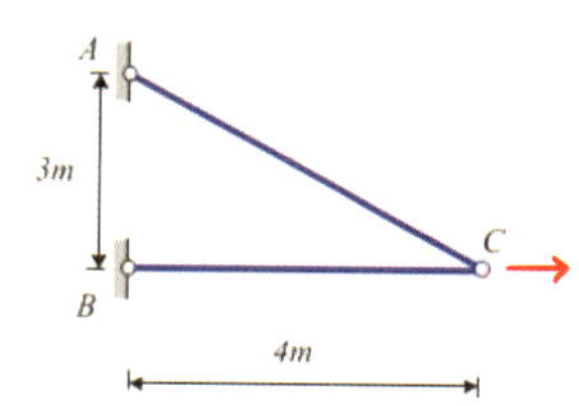

③ δ_{CH}를 위한 가상구조물 역계

$\Sigma V=0\ (\uparrow\oplus)\quad f_{AC}\frac{3}{5} = 0. \quad \therefore f_{AC}=0$

$\Sigma H=0\ (\overset{\oplus}{\rightarrow})\quad \therefore f_{BC} = 1\ (T)$

연직방향 성분은 f_{AC-V} 밖에 없음.
그런데 $\Sigma V=0$ 이 되어야 함. $\Sigma V=0$을 만족하려면 $\therefore f_{AC-V}=0$
→ $f_{AC-V}=0$ 이면 "$f_{AC}=0$"

Comment

4) δ_{cv} 계산

압축(C)은 "−"로 부호고려.

$$\therefore \delta_{cv} = \frac{1{,}000 \times 1.67 \times 5{,}000}{2{,}000 \times 100} + \frac{(-800) \times (-1.33) \times 4000}{2{,}000 \times 200} = 41.75 + 10.64 = 52.39\text{mm}(\downarrow)$$

N·mm로 단위통일

$E = 2.0\text{GPa} = 2.0 \times 1000\text{ MPa} = 2.0 \times 1000\text{ N/mm}^2$

5) δ_{CH} 계산

$$\therefore \delta_{CH} = \frac{1{,}000 \times 0 \times 5{,}000}{2{,}000 \times 100} + \frac{(-800) \times (+1) \times (4{,}000)}{2{,}000 \times 200}$$

$$= 0 - 8.0 = -8.0\text{mm} = 8.0\text{mm}(\leftarrow)$$

(−) → 단위하중 재하방향(→)과 반대방향으로 처짐 발생.

〈처짐형상〉

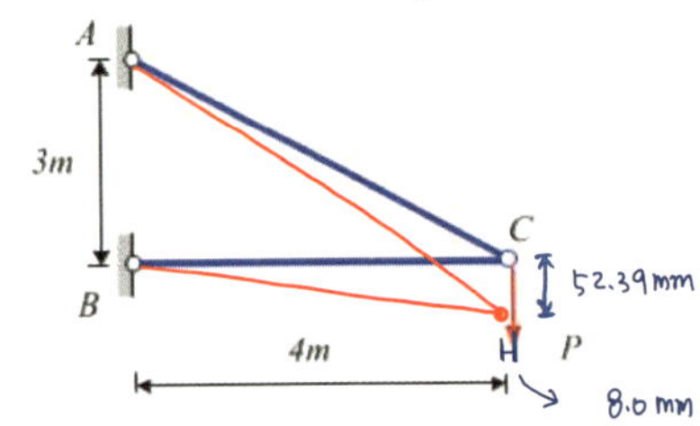

보완설명

◦ F_{AC}와 F_{BC}를 일반적인 방법으로 구해보면....

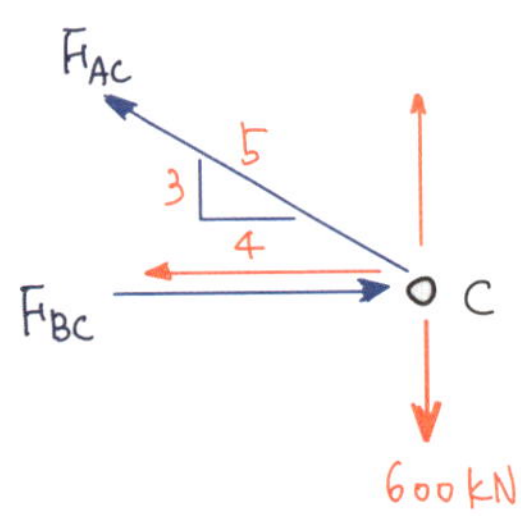

$\Sigma V = 0\ (\uparrow \oplus)$

$-600 + F_{AC}\frac{3}{5} = 0$

$F_{AC} = \frac{5}{3} \cdot 600 = 1{,}000\text{N}(T)$

$\Sigma H = 0\ (\overrightarrow{\oplus})$

$F_{BC} - F_{AC}\frac{4}{5} = 0$

$F_{BC} = 1000 \cdot \frac{4}{5} = 800\text{N}(C)$

Ans $\therefore \delta_{cv} = 52.39\text{mm}(\downarrow)$ $\therefore \delta_{cH} = 8.0\text{mm}(\leftarrow)$

K. 탄성변형

Type	K1. 탄성변형-외력일(=외적일, External Work)구하기
Frequency	
Comment	외력일과 내력일(=변형에너지=탄성변형에너지), 외력일=외적일, 내력일=내적일

K1-00

1) 외력일(External Work)

구조물의 외부에서 외력(=하중, P)이 작용하여 변위(δ)가 생길 때 한 일을 외력일 이라 한다.

① 축하중 P가 한 외력일 W_{eP}

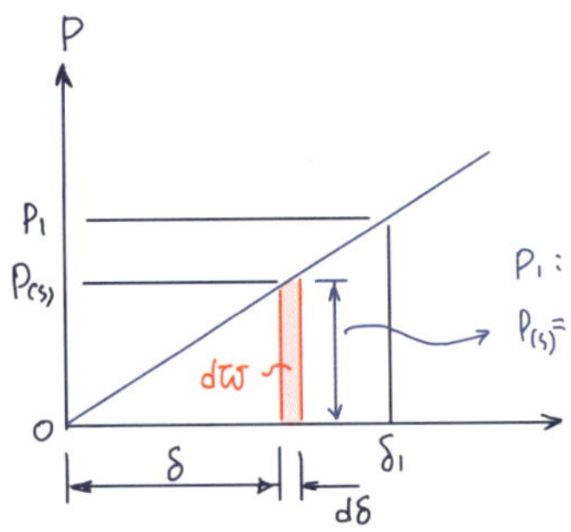

$P_1 : \delta_1 = P_{(\delta)} : \delta$

$P_{(\delta)} = \frac{P_1}{\delta_1} \cdot \delta = K \cdot \delta$

→ 직선의 기울기 spring 강성.

↑ 하중 P가 '0'에서 부터 서서히 커지면서 변위 δ도 '0'에서 부터 서서히 증가하는 상태.

$$\cdot \ W_e = \int_0^{\delta_1} dW = \int_0^{\delta_1} P_{(\delta)} \cdot d\delta = \int_0^{\delta_1} \frac{\delta}{\delta_1} \cdot P_1 \, d\delta$$

$$= \frac{P_1}{\delta_1} \int_0^{\delta_1} \delta \, d\delta = \frac{P_1}{\delta_1} \left[\frac{\delta^2}{2} \right]_0^{\delta_1} = \frac{P_1 \cdot \delta_1}{2}$$

$$\therefore W_e = \frac{P \cdot \delta}{2}$$

하중과 변위 관계 graph에서 직선 아래 부분의 면적
↓
삼각형 면적

② 휨모멘트(M)가 한 외력일 W_{eM}

$$W_e = \frac{M \cdot \theta}{2}$$

→ M 하중은 처짐각(회전각) θ와 연관. (M은 θ와, P는 δ와 커플)

③ 축하중 P와 휨모멘트 M이 동시에 작용하여 한 외력일 : $W_e = W_{eP} + W_{eM}$

$$W_e = \frac{P \cdot \delta}{2} + \frac{M\theta}{2}$$

※ 하중이 순차적으로 작용하는 경우 각 하중이 한 일.

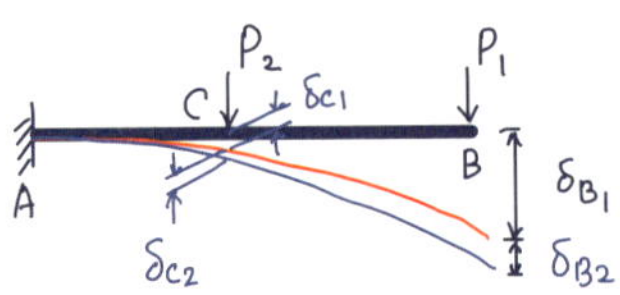

• P_1 작용후 P_2 작용

- P_1이 한일 $= \frac{1}{2} P_1 \delta_{B1} + P_1 \delta_{B2}$

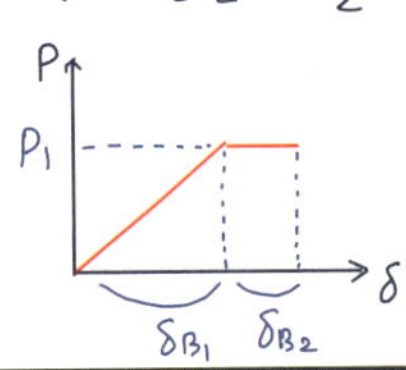

• P_2가 C점의 처짐에 대해 한일 $= \frac{1}{2} P_2 \cdot \delta_{C2}$

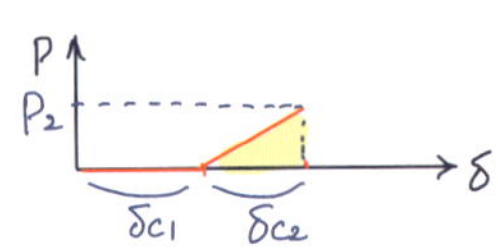

if) P_1과 P_2가 동시에 작용한다면 B점의 처짐에 대해 한일 $= \frac{1}{2} P_1 (\delta_{B1} + \delta_{B2}) + \frac{1}{2} P_2 (\delta_{B1} + \delta_{B2})$

Comment

KI-01

다음 그림과 같은 조건에서 하중 P_1 으로 인한 B점의 처짐은 3cm, P_2로 인한 B점의 처짐은 2cm, P_2 로 인한 C 점의 처짐은 0.8cm 였다. P_1 이 먼저 작용한 후 P_2가 작용하였을 때 P_1 과 P_2가 각각 한 일을 구하여라.

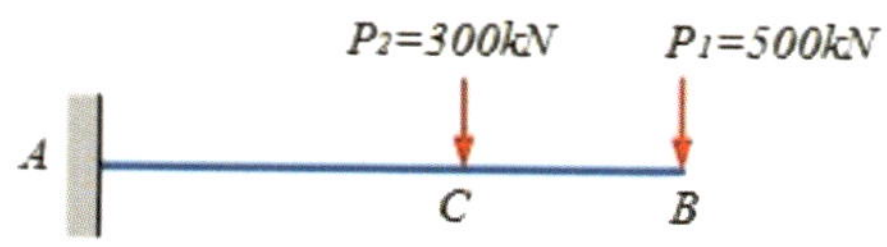

Sol.

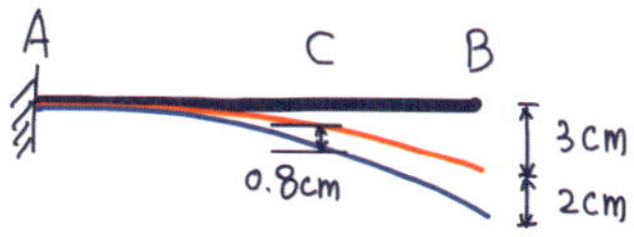

• P_1에 의한 B점의 처짐 그래프

• P_1이 한 일 (외적일)

$$\therefore W_{e_{P_1}} = \frac{1}{2} \cdot 500 \times 3 + 500 \times 2 = 1{,}750 \text{ kN} \cdot \text{cm}$$

• P_2에 의한 C점의 처짐 그래프

• P_2가 한 일 (외적일)

$$\therefore W_{e_{P_2}} = \frac{1}{2} \cdot 300 \times 0.8 = 120 \text{ kN} \cdot \text{cm}$$

Type	K2. 탄성변형 – 내력일(내적일) 구하기
Frequency	
Comment	

K2-00

1) 내력일(Internal Work)

구조물의 외부에서 외력이 작용하면 구조물에는 내력(① 축력, ② 휨모멘트, ③ 전단력, ④ 비틀림)이 생기는데 이 내력이 변형을 일으키면서 한 일을 내력일(내적일)이라 한다.

① 축력 F가 한 내력일 W_{iF}

: 외력 P에 의해 부재 내부에 발생된 내력 F가 변형을 일으키면서 하는 일 (외력=내력, P=F)

$$W_{ip} = \frac{F \cdot \delta}{2} = \frac{F}{2} \cdot \frac{FL}{AE} = \frac{F^2 L}{2AE}$$

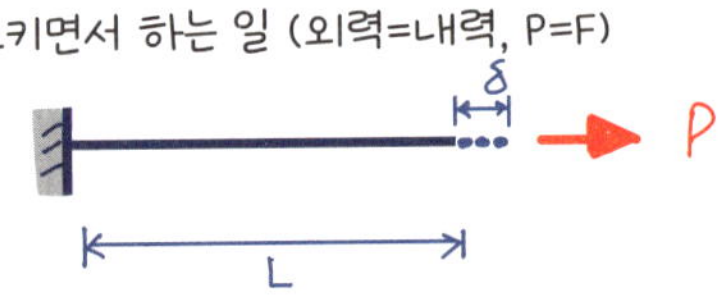

② 휨모멘트(M)가 한 내력일 W_{iM}

: 외력에 의해 부재 내부에 발생된 내력 휨모멘트 M_i가 변형을 일으키면서 하는 일

$$W_{iM} = \int_0^L \frac{M^2}{2EI} dx$$

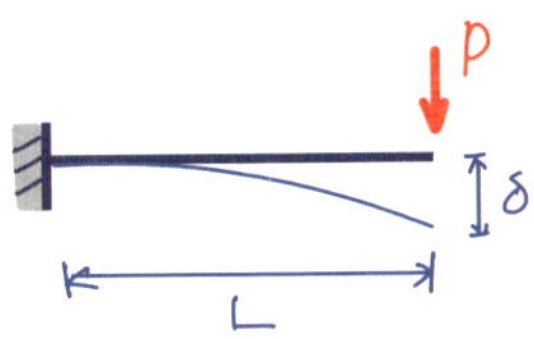

모멘트하중(외력)이 직접 작용하여 보의 모든 위치의 휨모멘트(내력) 값이 같다면 내력일은 간단하게 구할 수 있다.

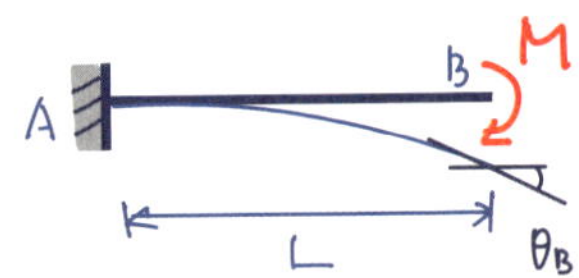

$W_e = W_{iM}$

$W_e = \frac{M\theta_B}{2} \left(\theta_B = \frac{ML}{EI}\right)$

$W_{iM} = \frac{M\theta_B}{2} = \frac{M}{2} \cdot \frac{ML}{EI} = \frac{M^2 L}{2EI}$

③ 전단력 S가 한 내력일 W_{iS}

$$W_{iS} = \int_0^L k \frac{S^2}{2GA} dx \quad (k : \text{전단형상계수})$$

④ 비틀림모멘트 T가 한 내력일 W_{iT}

$$W_{iT} = \frac{T\phi}{2} = \frac{T}{2} \cdot \frac{T \cdot L}{G \cdot I_p} = \frac{T^2 L}{2GI_p}$$

$\left(\phi_p = \frac{TL}{GI_p}\right) \rightarrow \delta = \frac{PL}{EA}$ 같은형태

+8=iz * 외력일(외적일, We) = 내력일(내적일, WiT)

* 변형에너지(strain energy) : 탄성체 내부에 축적되는 에너지 즉, 내적일

Comment

K2-01 그림과 같은 켄틸레버보에 발생되는 탄성변형에너지는?(EI는 일정하다)

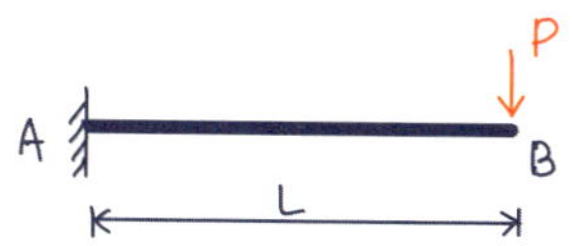

Sol.

탄성변형에너지 = 내적일 → 하중 P는 휨변형을 발생시킨다.

$$W_i = \int_0^L \frac{M^2}{2EI}dx = \int_0^L \frac{(-P\cdot x)^2}{2EI}dx = \frac{P^2}{2EI}\left[\frac{x^3}{3}\right]_0^L$$

$$= \frac{P^2}{2EI}\left(\frac{L^3}{3}\right) = \frac{P^2L^3}{6EI}$$

• 켄틸레버보는 자유단을 x의 시작점으로 설정하는 것이 편리하다.

※ 하중이 P 라고해서 "$W_T = \int \frac{P^2}{2EA}dx$" 를 적용하면 안된다.

↳ 축력이 발생시키는 변형에너지 (축방향 변형)

보완설명

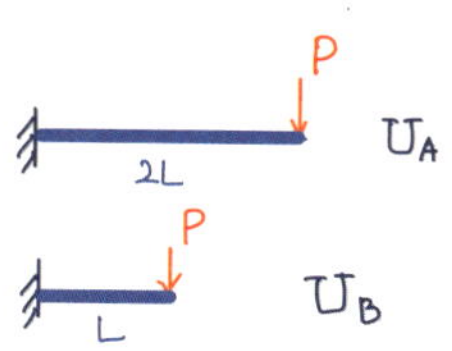

Q) 변형에너지 $U_A : U_B$

$$U = W_{TM} = \int \frac{M_x^2}{2EI}dx$$

$$U_A = \int_0^{2L} \frac{(-P\cdot x)^2}{2EI}dx = \frac{P^2}{2EI}\left[\frac{x^3}{3}\right]_0^{2L} = \frac{P^2(2L)^3}{6EI} = \frac{8P^2L^3}{6EI}$$

$$U_B = \int_0^{L} \frac{(-P\cdot x)^2}{2EI}dx = \frac{P^2}{2EI}\left[\frac{x^3}{3}\right]_0^{L} = \frac{P^2(L)^3}{6EI} = \frac{P^2L^3}{6EI}$$

켄틸레버보에서 변형에너지는 길이 L의 3제곱, 하중 P의 제곱

→ 즉 동일조건에서 부재의 길이가 2배 이면 변형 Energy는 2^3이므로 「8배」

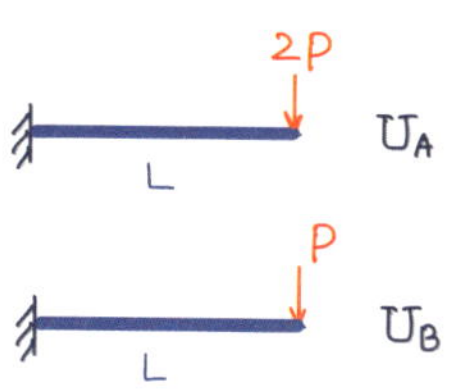

Q) 변형 Energy $U_A : U_B = ?$

$U_A : U_B = 4 : 1$

↳ P의 제곱, $(2P)^2 : P^2 = 4 : 1$

$$\int_0^L x^n dx = \left[\frac{x^{n+1}}{n+1}\right]_0^L = \left(\frac{L^{n+1}}{n+1} - \frac{0^{n+1}}{n+1}\right) = \frac{L^{n+1}}{n+1}$$

Comment

K2-02 그림과 같은 켄틸레버보에 발생되는 탄성변형에너지는?(EI는 일정하다)

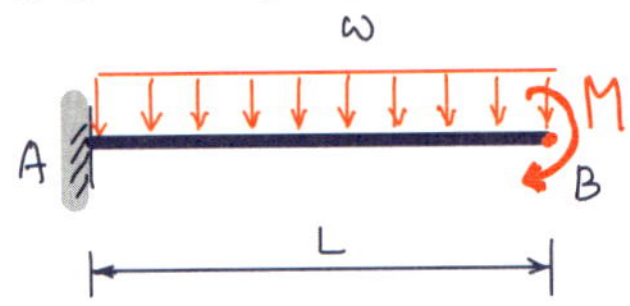

Sol. 탄성범위 내의 변형을 전제로 하므로 중첩을 고려해서 변형 Energy를 구할 수 있다.

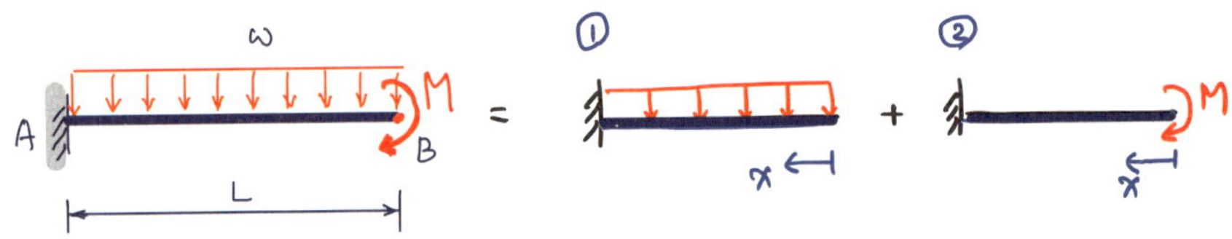

1) $U_{①} = W_{TM} = \int_0^L \frac{M_x^2}{2EI}dx = \int_0^L \frac{1}{2EI}\left(-\frac{wx^2}{2}\right)^2 dx$

$= \frac{1}{2EI}\int_0^L \frac{w^2x^4}{4}dx = \frac{w^2}{8EI}\int_0^L x^4 dx$

$= \frac{w^2}{8EI}\left[\frac{x^5}{5}\right]_0^L = \frac{w^2L^5}{40EI}$

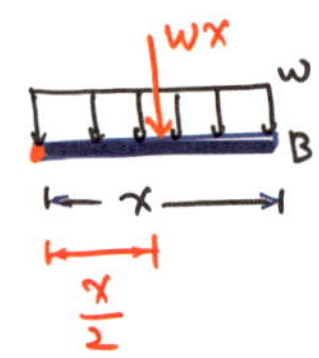

$M_x = -\frac{wx^2}{2}$

2) $U_{②} = W_{TM} = \int_0^L \frac{M_x^2}{2EI}dx = \int_0^L \frac{(-M)^2}{2EI}dx = \frac{M^2}{2EI}\int_0^L dx$

$= \frac{M^2}{2EI}[x]_0^L = \frac{M^2L}{2EI}$

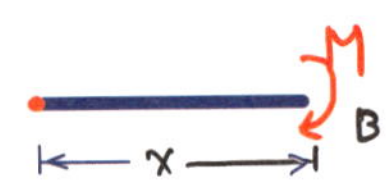

$M_x = -M$

$\therefore U = U_{①} + U_{②} = \frac{w^2L^5}{40EI} + \frac{M^2L}{2EI}$

Comment

K2-03 그림과 같은 단순보에 발생되는 탄성변형에너지는?(EI는 일정하다)

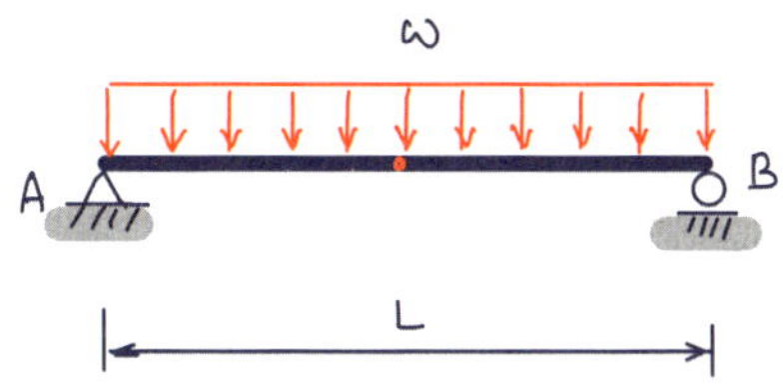

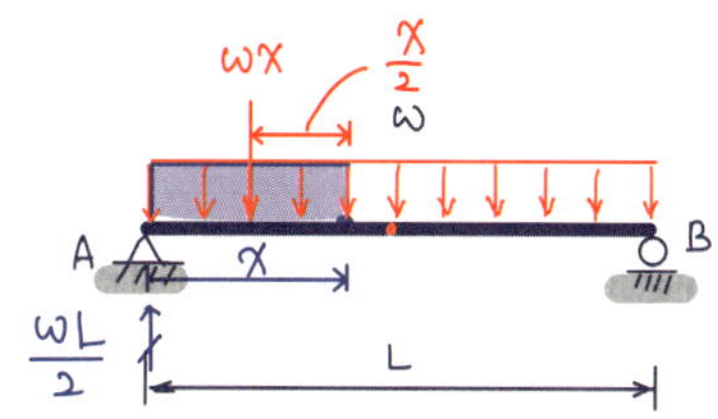

Sol.

$$\cdot\ W_{IM} = \int_0^L \frac{M_x^2}{2EI}dx = \int_0^L \frac{1}{2EI}\left(\frac{wLx}{2} - \frac{wx^2}{2}\right)^2 dx \qquad \left(M_x = \frac{wL}{2}\cdot x - wx\cdot\frac{x}{2}\right)$$

$$= \frac{w^2}{2EI}\int_0^L \left(\frac{Lx}{2} - \frac{x^2}{2}\right)^2 dx = \frac{w^2}{2EI}\int_0^L \left(\frac{L^2x^2}{4} - 2\frac{Lx}{2}\cdot\frac{x^2}{2} + \frac{x^4}{4}\right)dx$$

$$= \frac{w^2}{2EI}\left[\frac{L^2}{4}\cdot\frac{x^3}{3} - \frac{L}{2}\cdot\frac{x^4}{4} + \frac{1}{4}\cdot\frac{x^5}{5}\right]_0^L = \frac{w^2}{2EI}\left(\frac{L^5}{12} - \frac{L^5}{8} + \frac{L^5}{20}\right)$$

$$= \frac{w^2}{2EI}\cdot\frac{L^5}{120} = \frac{w^2L^5}{240EI}$$

$$\therefore U = W_{IM} = \frac{w^2L^5}{240EI}$$

Comment	
K2-04	그림과 같은 라멘 구조물에 발생되는 탄성변형에너지는?(EI는 일정하다)

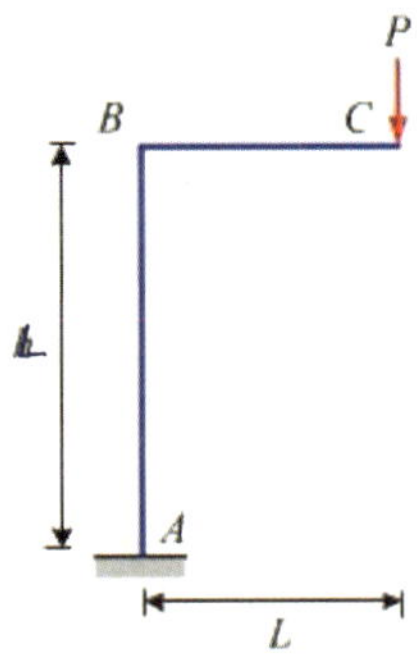

Sol.

• CB 부재는 P에 의한 휨변형 발생 → 휨변형 Energy 고려

• BA 부재는 P에 의한 휨변형 + 축변형 발생 → 휨변형 Energy + 축변형 Energy 고려

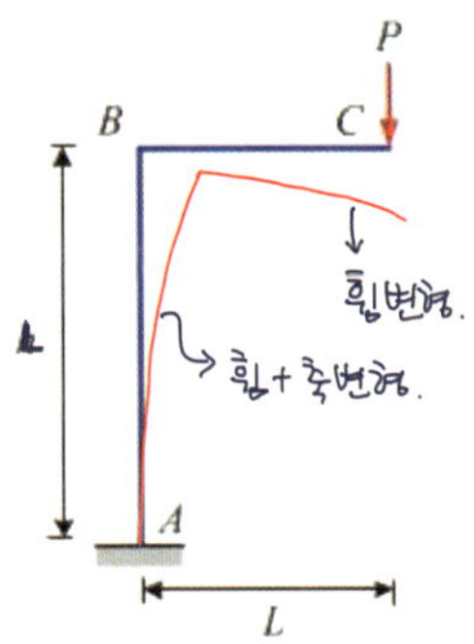

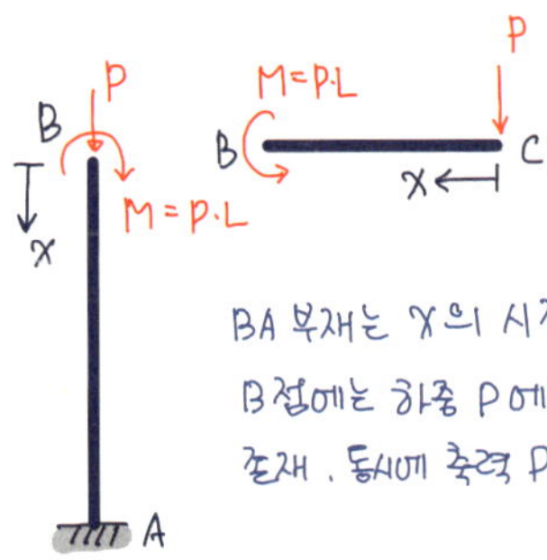

BA 부재는 x의 시작점은 B로 설정.
B점에는 하중 P에 의한 M=P·L 이 존재. 동시에 축력 P가 존재.

• 변형시키려면 M=P·L 과 P 가 동시에 B점에 작용해야 한다

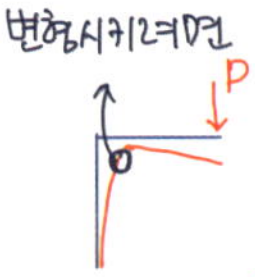

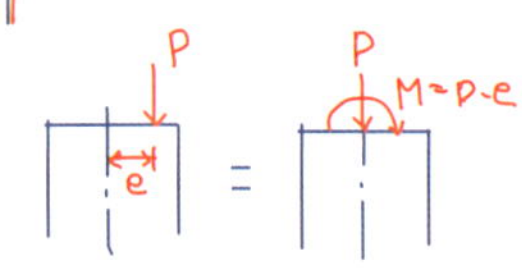

← 이런 개념

1) $U_{CB} = \int_C^B \frac{M_x^2}{2EI} dx \quad (M_x = -P \cdot x)$

2) $U_{BA} = \int_B^A \frac{M_x^2}{2EI} dx + \int_B^A \frac{P_x^2}{2AE} dx$

$(M_x = -P \cdot L) \qquad (P_x = P)$

• $U = U_{CB} + U_{BA} = \frac{1}{2EI}\int_0^L \left((-P \cdot x)^2 + (-P \cdot L)^2\right) dx + \frac{1}{2AE}\int_0^L P^2 dx$

$= \frac{P^2}{2EI}\int_0^L (x^2 + L^2) dx + \frac{P^2}{2AE}\int_0^L dx$

$= \frac{P^2}{2EI}\left[\frac{x^3}{3} + L^2 \cdot x\right]_0^L + \frac{P^2}{2AE}\left[x\right]_0^L = \frac{P^2}{2EI}\left(\frac{L^3}{3} + L^3\right) + \frac{P^2 L}{2AE}$

$= \frac{2P^2L^3}{3EI} + \frac{P^2 L}{2AE}$

Comment

K2-05 트러스 구조물에 발생되는 탄성변형에너지는?((　)안의 값은 하중 P 에 의한 부재력, 축강성 EA는 일정하다)

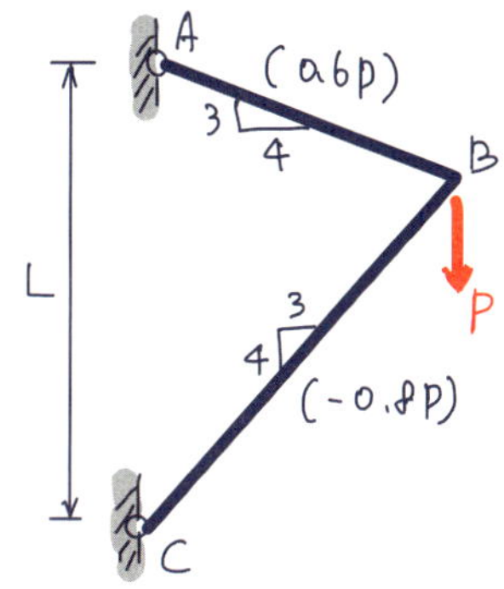

Sol. 트러스 구조물은 축방향력만을 받을 수 있으므로

- $U = W_{ip} = \int \frac{P_x^2}{2EA} dx$ → 트러스 부재력 F_{BA}, F_{BC}는 부재의 길이 x에 관계없이 크기가 일정하다. → 적분식 필요없음.

  (P_x: 부재축력 F_{BA}, F_{BC})

- $U = W_{ip} = \frac{F_{BA}^2 \cdot L_{BA}}{2EA} + \frac{F_{BC}^2 \cdot L_{BC}}{2EA}$

L_{BA}와 L_{BC}를 구한다.

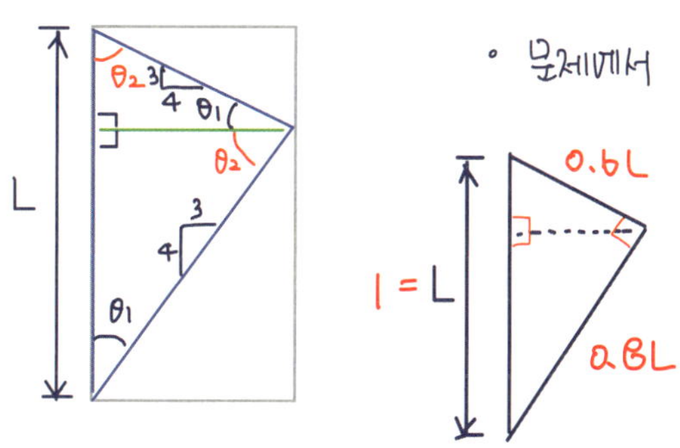

- 문제에서 삼각형의 비례관계를 제시.

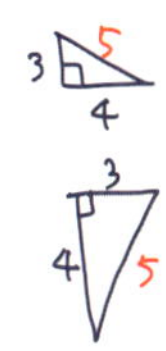

→ 3 : 4 : 5 = 0.6 : 0.8 : 1

$$\therefore U = \frac{(0.6P)^2 \cdot 0.6L}{2EA} + \frac{(-0.8P)^2 \cdot 0.8L}{2EA} = 0.364 \frac{P^2L}{EA}$$

Type	K3. Betti의 상반정리, Maxwell의 상반정리(=Betti의 상반정리 특별한 경우)
Frequency	
Comment	

K3-00.

> 재료가 Hooke의 법칙을 따르는 구조물에서 P_I에 의해 변형되는 동안에 다른 하중 P_J가 하는 외적인 가상일은 P_J에 의해 변형되는 동안에 P_I가 하는 외적인 가상일과 같다 (단, 지점침하, 온도변화는 없어야 한다)

① Betti의 상반정리

하중과 변위의 관계에서 다음의 법칙이 성립한다.

a) CASE 1 : 집중하중 + 집중하중

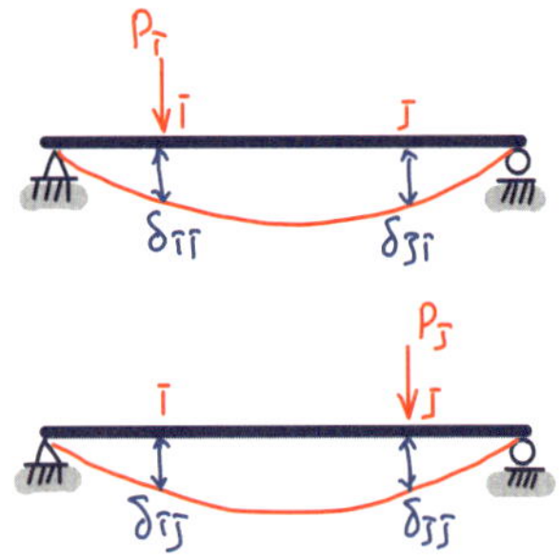

하중이 I점에 재하될때 J점의 처짐

$P_I \cdot \delta_{IJ} = P_J \cdot \delta_{JI}$

하중이 J점에 재하될때 I점의 처짐

→ $P_I = P_J$인 경우 → $\delta_{IJ} = \delta_{JI}$

b) CASE 2 : 집중하중 + 모멘트하중

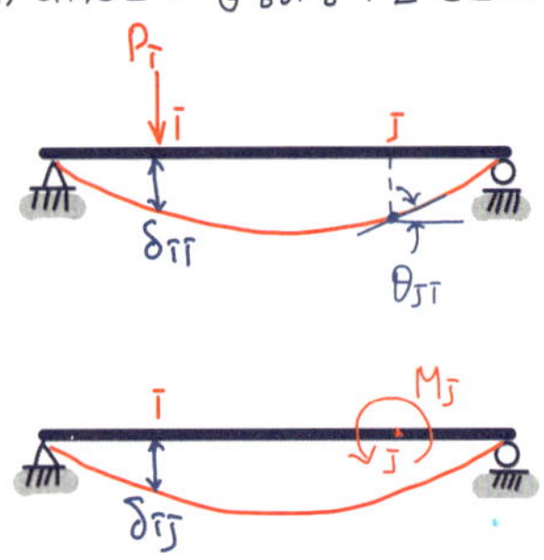

하중이 I점에 재하될때 J점의 처짐각

$P_I \cdot \delta_{IJ} = M_J \cdot \theta_{JI}$

M 하중이 J점에 재하될때 I점의 처짐

→ $P_I = M_J$인경우 → $\delta_{IJ} = \theta_{JI}$

↳ 값이 같다는의미

c) CASE 3 : 모멘트하중 + 모멘트하중

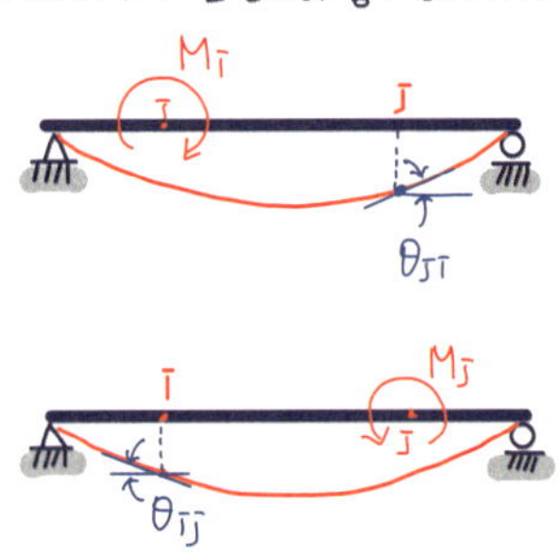

M 하중이 I점에 재하될때 J점의 처짐각

$M_I \cdot \theta_{IJ} = M_J \cdot \theta_{JI}$

M 하중이 J점에 재하될때 I점의 처짐각

→ $M_I = M_J$ 인경우 → $\theta_{IJ} = \theta_{JI}$

② Maxwell의 상반정리

> BettI의 상반정리 에서 상호 비교되는 하중의 크기가 같은 $P_I = P_J = M_I = M_J$ 와 같은 특별한 경우를 "Maxwell의 상반정리" 라고 한다

(■ 첫 번째 첨자 : 변위가 생기는 위치, 두 번째 첨자 : 하중 작용 위치

ex. δ_{ji} : i 점에 하중이 재하될 때 j 점에 생기는 처짐)

Comment

K3-01 그림과 같이 B 지점에 200kN.m의 모멘트하중을 작용시켰더니 A, B 지점에서 0.08rad, 0.12rad의 처짐각이 각각 발생되었다. 동일한 구조물의 A 지점에 350kN.m의 모멘트하중이 작용된다면 이때 B 지점에 발생되는 처짐각은?

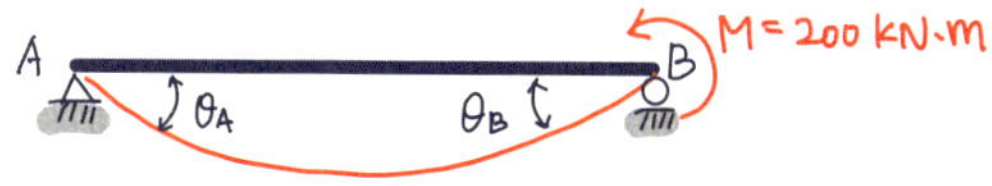

Sol.

Betti의 상반정리를 이용한다.

- A점에 M = 350kN·m 하중이 작용할 때 B점의 처짐각 ⇒ θ_{BA} → 결국 θ_{BA}를 구하는 문제.
- M 하중에 의해 발생되는 처짐각 θ를 다시 정리해서 표기하면...

ex) θ_{AB} : B점의 M 하중에 의한 A점의 처짐각.

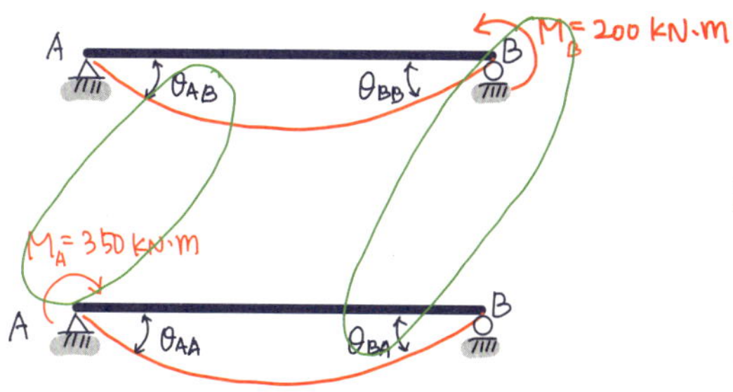

$$M_A \times \theta_{AB} = M_B \times \theta_{BA}$$

$$350 \times 0.08 = 200 \times \theta_{BA}$$

$$\therefore \theta_{BA} = 0.14 \text{ rad}$$

Comment

K3-02

B 지점에 200kN.m의 모멘트하중을 작용시켰더니 그림과 같은 처짐과 처짐각이 발생되었다. 동일한 구조물의 C 점에 300kN의 하중이 작용된다면 이때 B 지점에 발생되는 처짐각은?

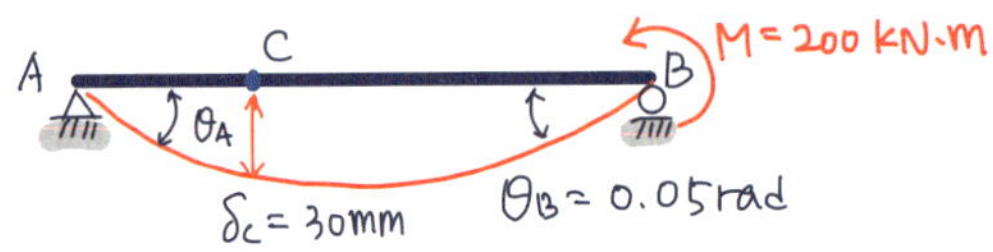

Sol.

Betti의 상반정리를 이용한다.

- C점에 P = 300kN의 하중이 작용할 때 B점의 처짐각 ⇒ θ_{BC}
- 하중에 의해 발생되는 처짐 δ와 처짐각 θ를 다시 정리해서 표기하면...

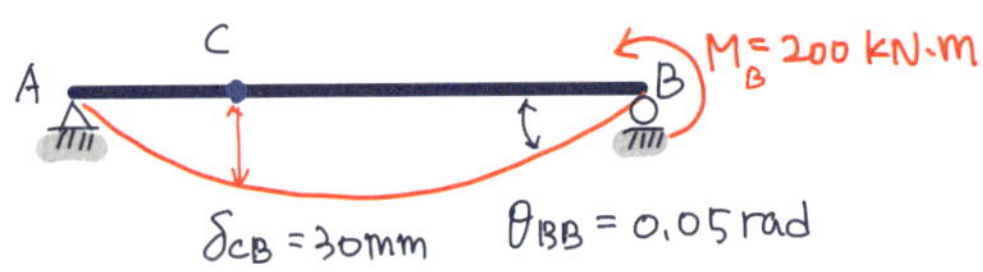

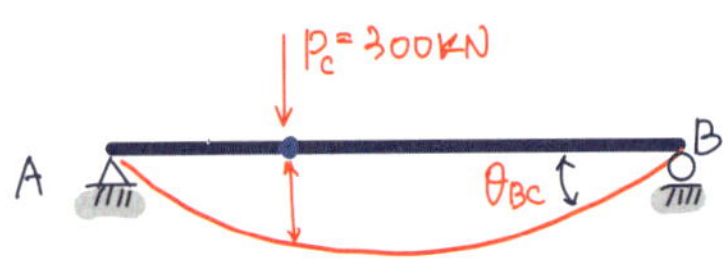

$$P_c \times \delta_{cB} = M_B \times \theta_{BC}$$

$$300 \times 30 = 200 \times \theta_{BC}$$

$$\therefore \theta_{BC} = \frac{300(kN) \times 30(mm)}{200(kN \cdot m)}$$

$$= \frac{300 \times 30}{200 \times 1000} = 0.045\,rad$$

(1000: m → mm로 환산)

Type	K4. 처짐 관련한 설명 문제
Frequency	
Comment	탄성변형, 처짐 관련해서 우리를 혼란스럽게 만드는 OOO 정리 들........

K4-00

1. 편미분(=편도함수)라는 용어가 나오면 아래 3가지 정리 중 하나임.

일반적으로 "편미분(=편도함수)" + "OOOOO" 추가 설명 부분으로 3가지 중 한 가지 선택.

- 카스틸리아노 1 정리 : 편미분(=편도함수) + "하중 P 와 같다"
- 카스틸리아노 2 정리 : 편미분(=편도함수) + "처짐 Δ 와 같다"
- 최소일의 정리 : 편미분(=편도함수) + " 0 이 된다". -> 카스틸리아노 2 정리의 특별한 case

2. 위의 3가지 정리를 식으로 표현하면....

- 카스틸리아노 1 정리 : $P_i = \frac{\partial U}{\partial \Delta_i}$ (U → 변형 Energy, ∂ → 편미분 기호)
- 카스틸리아노 2 정리 : $\Delta_i = \frac{\partial U}{\partial P_i}$
- 최소일의 정리 : $\Delta_i = \frac{\partial U}{\partial P_i} = 0$

L. 부정정구조물 해석

Type	L0. 부정정구조물 해석을 위한 준비
Frequency	
Comment	

L0-00

▪ 부정정 구조물이란 ?

· 힘의 평형방정식 만으로 구조물의 미지력(반력)을 구할 수 없는 구조물

· 예를 들어 x-y 평면 상에 존재하는 구조물의 경우에는 $\Sigma F_x = 0$, $\Sigma F_y = 0$, $\Sigma M_z = 0$라는 3개의 평형 방정식을 적용할 수 있으므로 구조물의 반력(미지수)은 3개까지 구할 수 있다.

즉, 반력수가 3개를 초과하면 부정정 구조물이 된다. ($n = r - 3 - h$, 여기서 $n \geq 1$ 이면 부정정 구조물)
(r: 반력수, h: 내부힌지수)

구조물의 부정정차수를 계산하는 기본 개념은 구조물에서 구해야 하는 미지수의 수와 그 미지수를 해결하기 위한 방정식 수의 차이를 구하는 것과 같다.

아래의 구조물들은 모두 1차 부정정구조물들의 예시이다.

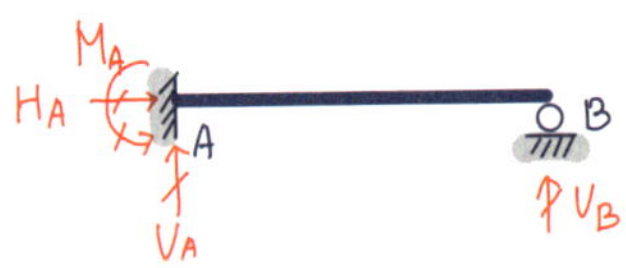

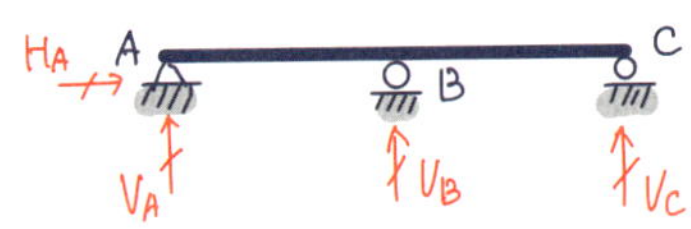

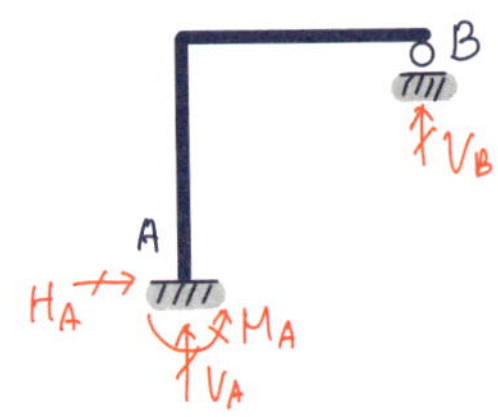

▪ 부정정 구조물을 해석하려면 ?

- 미지수(반력)를 모두 구하기 위해서는 미지수(반력)의 수 만큼 평형 방정식이 필요함.
- 평면상(2차원)의 구조물에는 평형 방정식이 3개만 가능.
- 즉, '미지수(반력) − 3' 만큼 '적합 조건식'을 세워 미지수(반력) 만큼 추가로 방정식을 세워야 함 (반력 − 3 = 추가로 필요한 적합 조건식 수).

▪ 장점

- 동일한 하중에 대해서 정정 구조물에 비해 휨모멘트가 감소하므로 단면을 줄일 수 있어 경제적이다.
- 동일한 단면인 경우 정정 구조물에 비해 더 많은 하중을 견딜 수 있다.
- 동일한 하중, 동일한 단면인 경우 정정 구조물에 비해 지간(span)을 더 길게 할 수 있다 (=교각의 수를 줄여 공사비를 절감 할 수 있다).
- 동일한 하중, 동일한 단면인 경우 정정 구조물에 비해 처짐 등 변형이 작게 발생한다.
- 응력의 재분배 효과가 있어 안정성이 향상된다.
- 정정 구조물에 비해 더 아름다운 구조물을 만들 수 있다.

Comment

■ 단점

- 해석과 설계가 정정보에 비해 상대적으로 까다롭다.
- 지반의 부등침하에 취약하며, 온도변화, 제작오차 등으로 인하여 예상치 못한 큰 응력이 발생 할 수 있다.
- 응력 변동이 연속하여 일어나므로 부가적인 부재가 필요하다.

Type	LI. 비교적 단순한 부정정 보 구조물의 반력, 휨모멘트 구하기
Frequency	
Comment	변위일치법을 이용하여 부정정 보 해석하는 방법 설명

■ 변위일치법 이란 ?

구조물에서 여분의 지점반력이나 응력을 부정정 여력으로 간주하고 그것을 제거한 후 정정 구조물 형태로 변환시킨 뒤 지점에서는 변위가 발생하지 않는다는 조건을 이용하여 계산하는 방법

■ 해석과정(순서)

오른쪽 그림과 같은 부정정 구조물의 경우 예

① 그림 (a) : B지점의 처짐 $\delta_B = 0$ 인 점을 고려하여 지점 반력 R_B를 부정정여력(redundant = 여분의 힘 = 남는 힘)으로 취급한다.

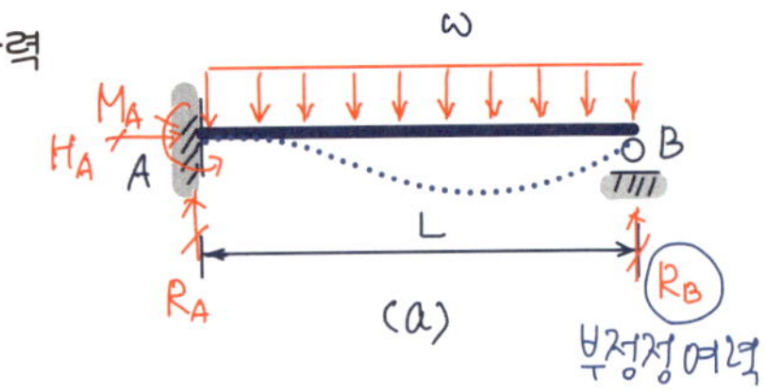

② 그림 (b) : B 지점의 반력 R_B를 제거하여 기본 구조물 (primary structure or released structure)로 만든다.

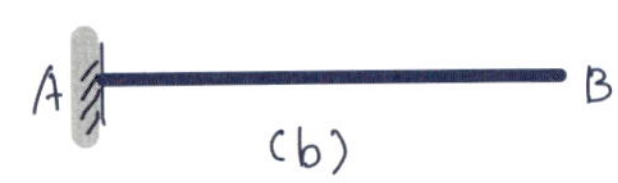

③ 그림 (c) : 등분포하중 w에 의한 B 점의 처짐 $\delta_{B(w)}$를 구한다.

④ 그림 (d) : B 지점의 반력 R_B를 하중으로 재하 시켰을 때 발생되는 B점의 처짐 $\delta_{B(R_B)}$를 구한다.

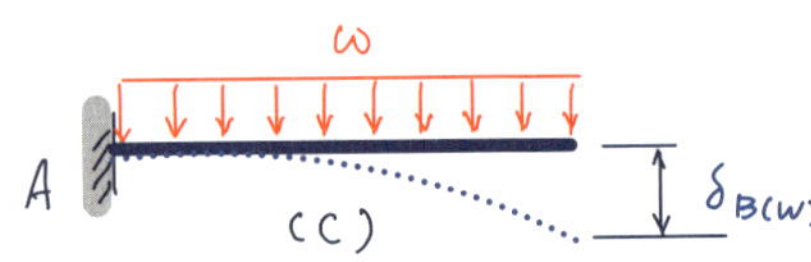

⑤ 그림 (c), 그림 (d) : B점의 처짐 $\delta_B = 0$ 이 적합조건식이 되므로 $\delta_{B(w)} + \delta_{B(R_B)} = \delta_B = 0$을 적용하여 R_B를 구한다.
(그림 (c)와 그림 (d)의 처짐형상(변위)을 합하면 그림 (a)에서 보이는 처짐형상(변위)과 일치되어야 한다)

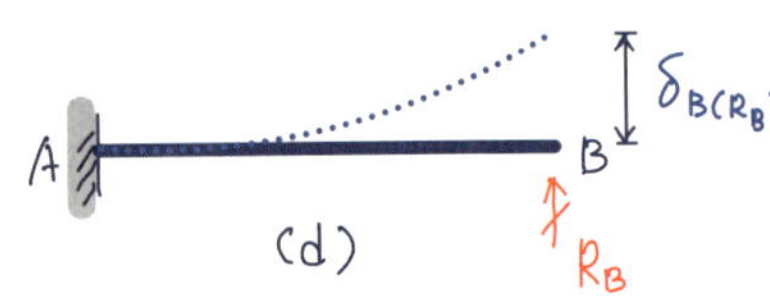

⑥ 반력 R_B를 구한 이후에 반력 R_A, M_A를 평형 방정식을 이용하여 각각 구한다(적합조건식을 이용하여 미지수 4개중 1개를 먼저 알아냈으므로 미지수는 3개가 되고, 평형방정식 수도 3개가 되어 미지수를 모두 구할 수 있게 된다).

Comment	변위일치법을 사용하기 위해서는 기본처짐값을 암기하고 있어야 한다.
L1-01	그림과 같은 구조물의 반력과 최대휨모멘트를 구하시오.

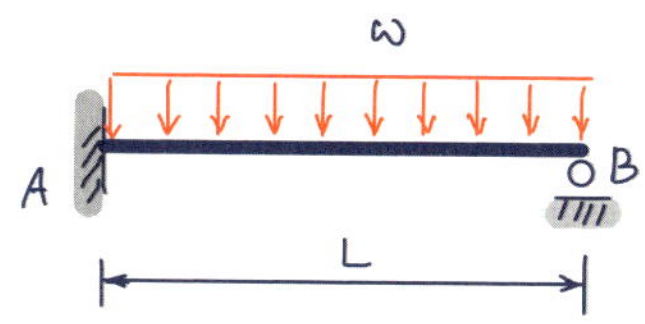

Sol.

반력 성분이 4개 이므로 부정정 차수 n = r − 3 − h 에서 4 − 3 − 0 = 1, 1 차 부정정 구조물이다.
1차 부정정구조물을 해석하기 위해서는 평형방정식 3개+적합조건식 1개가 필요하다.
지점에서 변위(처짐)는 '0' (지점이 침하되는 특별한 경우는 제외하고)이라는 사실을 알고 있으므로
지점 B의 처짐 $\delta_B = 0$ 을 적합조건식으로 사용할 수 있다.

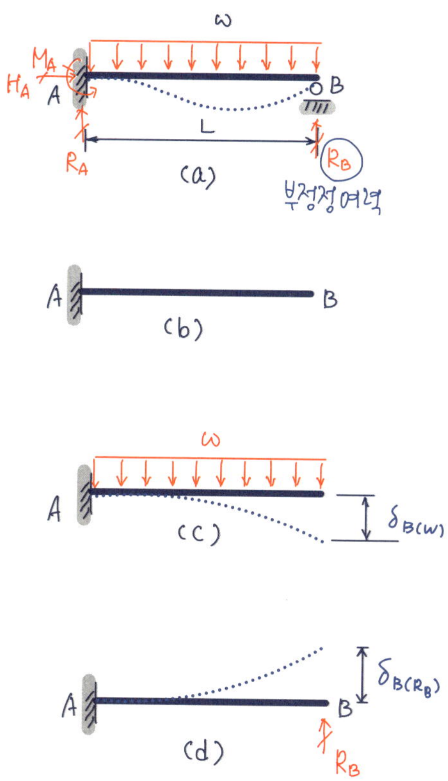

1) R_B를 부정정 여력으로 결정

→ R_B를 제거하여 기본구조물로 만든다.

2) 적합조건식 $\delta_B = 0$, 반력 R_B

$$\delta_B = \delta_{B(w)} + \delta_{B(R_B)} = 0$$

$\delta_{B(w)}$: 등분포하중 w에 의한 B점의 처짐(↓)

$\delta_{B(R_B)}$: 반력 R_B에 의한 B점의 처짐(↑)

- $\delta_{B(w)} = \dfrac{wL^4}{8EI}$ (↓)
- $\delta_{B(R_B)} = \dfrac{R_B \cdot L^3}{3EI}$ (↑)

상향처짐 고려

- $\delta_B = \dfrac{wL^4}{8EI} - \dfrac{R_B \cdot L^3}{3EI} = 0$, $\dfrac{wL^4}{8EI} = \dfrac{R_B \cdot L^3}{3EI}$

$\therefore R_B = \dfrac{3}{8}wL$ (↑)

3) 반력 R_A, M_A, H_A

- $\Sigma V = 0$ (↑⊕) ; $R_A + R_B = w \cdot L$

$\therefore R_A = wL - \dfrac{3}{8}wL = \dfrac{5}{8}wL$ (↑)

- $\Sigma H = 0$ (→⊕) ; $\therefore H_A = 0$

Comment

• $\Sigma M_A = 0$ (⊕↻) ; $(-M_A) - \left(\frac{3}{8}wL \cdot L\right) + w \cdot L \cdot \frac{L}{2} = 0$

그림(a)에서 M_A 반력을 ↻로 가정

$\therefore M_A = \frac{wL^2}{8}$ (↻)

+값으로 결정되었으므로 M_A의 가정방향 ↻이 맞다.

4) 최대 휨모멘트 M_{max}.

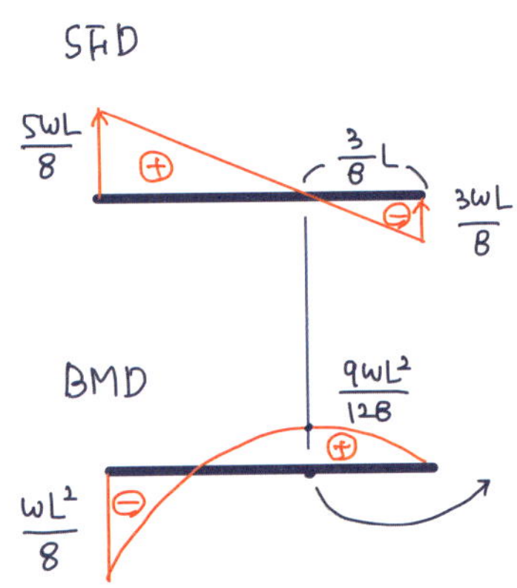

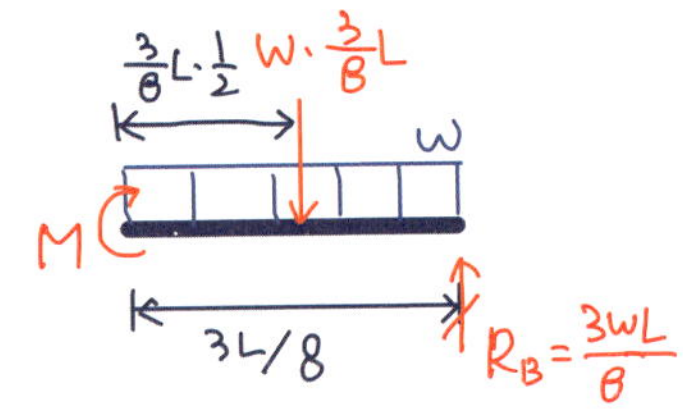

$M = \frac{3wL}{8} \cdot \frac{3L}{8} - w \cdot \frac{3L}{8}\left(\frac{3L}{8} \cdot \frac{1}{2}\right)$

$= \frac{9wL^2}{128}$ → A지점에 발생되는 휨M가 더 크다

$\therefore M_{max} = -\frac{wL^2}{8}$

Comment

L1-02. 그림과 같은 2경간 연속보의 반력과 최대휨모멘트를 구하시오.

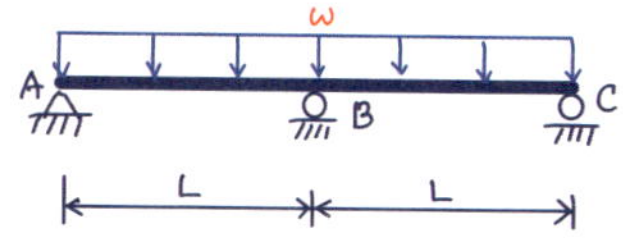

Sol.

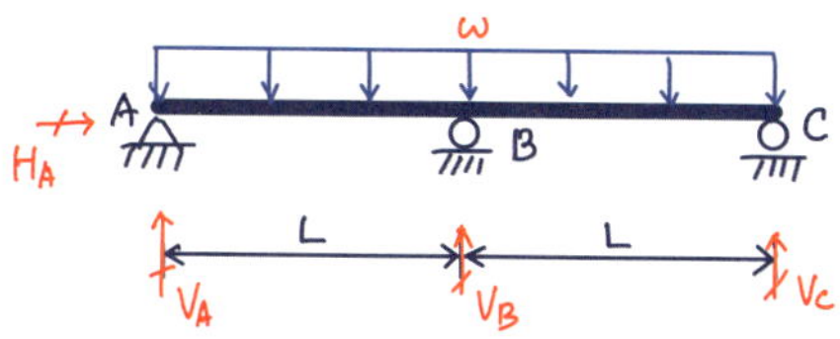

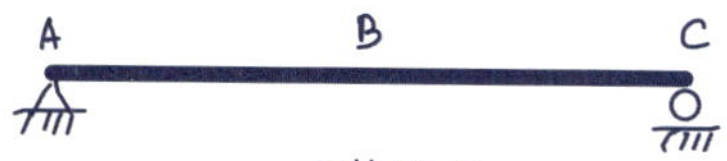

(기본구조물)

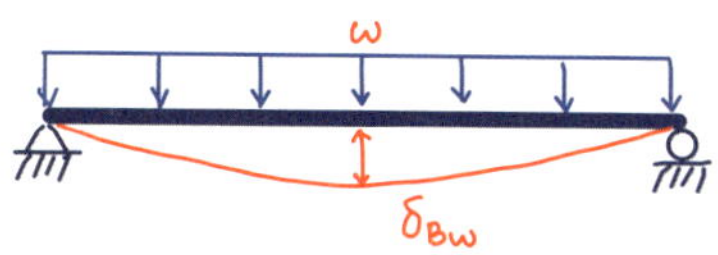

(w 에 의한 처짐)

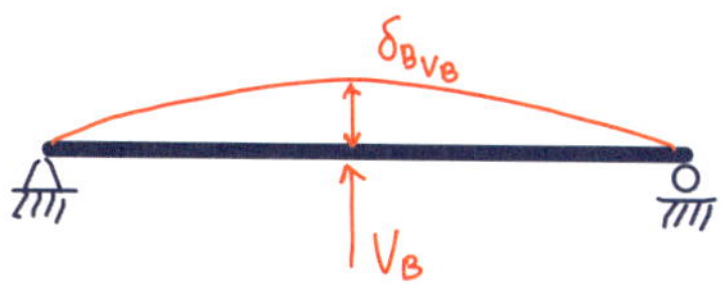

(V_B에 의한 처짐)

4) SFD, BMD

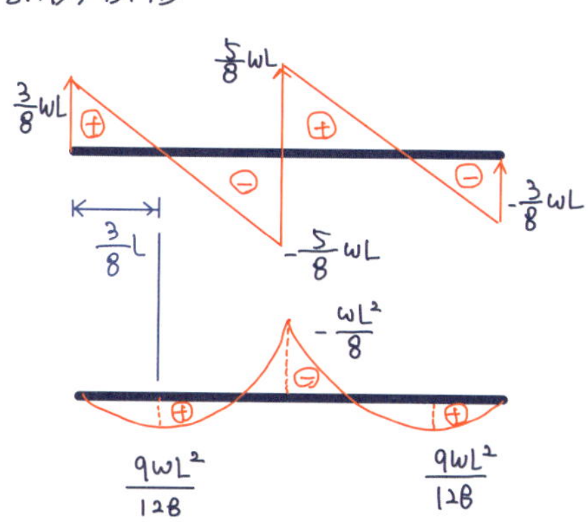

1) 반력 V_B를 부정정 여력으로 결정

2) 적합조건식 $\delta_B = 0$. (지점B는 처짐이 생기지 않는다)

$$\delta_B = \delta_{Bw} + \delta_{BV_B} = 0$$

· $\delta_{Bw} = \dfrac{5w(2L)^4}{384EI} = \dfrac{80wL^4}{384EI} = \dfrac{5wL^4}{24EI}(\downarrow)$

· $\delta_{BV_B} = \dfrac{V_B\cdot(2L)^3}{48EI} = \dfrac{V_B\cdot L^3}{6EI}(\uparrow)$

(상향처짐 고려)

$\therefore \delta_B = \dfrac{5wL^4}{24EI} - \dfrac{V_B\cdot L^3}{6EI} = 0$, $\dfrac{5wL}{24} = \dfrac{V_B}{6}$

$\therefore V_B = \dfrac{30}{24}wL = \dfrac{10}{8}wL = \dfrac{5}{4}wL(\uparrow)$

3) 반력 V_A, V_C, H_A

$\therefore H_A = 0$ (수평방향 하중 없음)

· V_A, V_C는 구조물 대칭, 하중 대칭 조건을 활용하면 쉽게 구할 수 있다. 즉 「$V_A = V_C$」

$\Sigma V = 0(\uparrow \oplus)$: $V_A + V_C + \dfrac{10}{8}wL = w\cdot 2L$

$2V_A = 2wL - \dfrac{10}{8}wL = \left(\dfrac{16}{8} - \dfrac{10}{8}\right)wL = \dfrac{6}{8}wL$

$\therefore V_A = \dfrac{6}{16}wL = \dfrac{3}{8}wL(\uparrow)$

$\therefore V_C = V_A = \dfrac{3}{8}wL(\uparrow)$

· $M_B = \left(\dfrac{3wL}{8}\times L\right) - \left(wL\cdot\dfrac{L}{2}\right) = \dfrac{3wL^2}{8} - \dfrac{wL^2}{2} = -\dfrac{wL^2}{8}$

· $M_{x=\frac{3}{8}L} = \left(\dfrac{3wL}{8}\cdot\dfrac{3L}{8}\right) - \left(w\cdot\dfrac{3L}{8}\cdot\dfrac{1}{2}\cdot\dfrac{3L}{8}\right) = \dfrac{9wL^2}{128}$

$\therefore M_{max} = M_B = -\dfrac{wL^2}{8}$

SFD에서 전단력값의 부호가 바뀌는 위치가 BMD의 기울기 부호가 바뀌는 위치임. 즉 BMD의 변곡점에 해당.

Comment

혹시 B 지점은 힌지 지점인데 휨모멘트는 당연히 '0' 이지 않나? 하고 생각하는 학생들이 있다면 … ..

안타깝지만 … 지점의 반력으로써 휨모멘트와 부재력으로써 휨모멘트(내력)에 대한 개념을 아직도 확실하게 정립하지 못하고 있는 것이다. B지점은 힌지 지점이기 때문에 당연히 반력모멘트는 존재하지 않는다. 그러나 B 지점 위치의 부재에 발생되는 내력 휨모멘트는 존재한다.

(a)

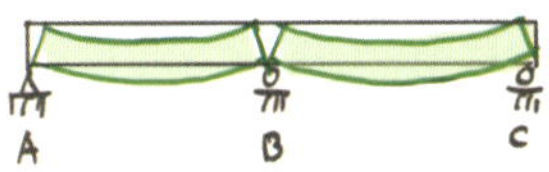

휨모멘트가 생기지 않으려면 그림(a) 처럼 부재가 변형되는 형상을 보여야 한다. 즉, 회전변위를 허용하여야 한다.

(b)

(c)

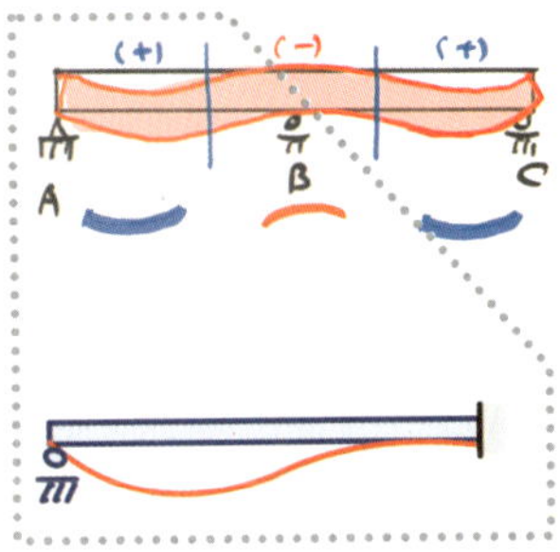

그러나, 실제 2경간 연속보에 등분포하중이 재하되는 경우 그림(b)와 같이 변형되고, B 지점 위치에서 부재의 회전변위는 허용될 수 없다.

B 지점 같은 연속보의 내측지점은 고정단과 같은 역할을 한다. 보의 변형형상, 휨모멘트 값이 서로같다.

(d)

그림(d)는 2경간 연속보의 변형형상으로써, 내측지점을 대칭으로 그림(c)가 미러링되어 있는 형상과 같다는 것을 보여준다.

Comment

LI-03 그림과 같은 구조물의 반력과 최대휨모멘트를 구하시오.

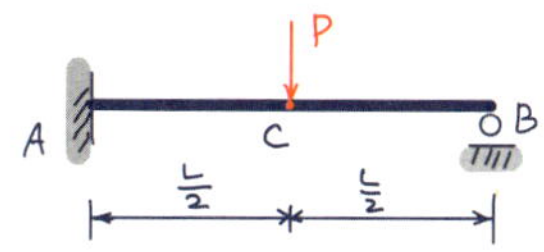

Sol.

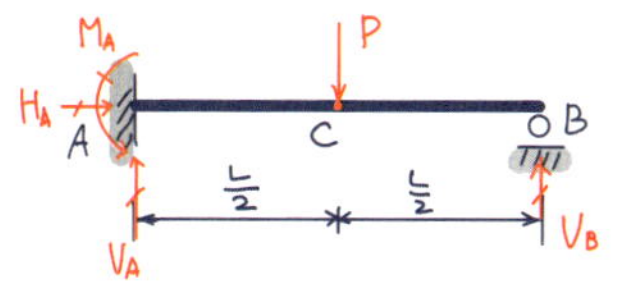

1) 반력 V_B를 부정정 여력으로 결정

2) 적합조건식 $\delta_B = 0$, (지점 B는 처짐이 생기지 않는다)

$$\delta_B = \delta_{B_P} + \delta_{B_{V_B}} = 0$$

(기본구조물)

$$\cdot\ \delta_{B_P} = \delta_c + \theta_c \cdot \frac{L}{2} = \frac{P\left(\frac{L}{2}\right)^3}{3EI} + \frac{P\left(\frac{L}{2}\right)^2}{2EI} \cdot \frac{L}{2}$$

$$= \frac{PL^3}{24EI} + \frac{PL^3}{16EI} = \frac{5PL^3}{48EI}\ (\downarrow)$$

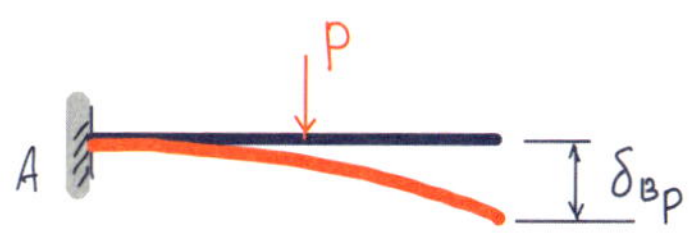

(P에 의한 B점의 처짐)

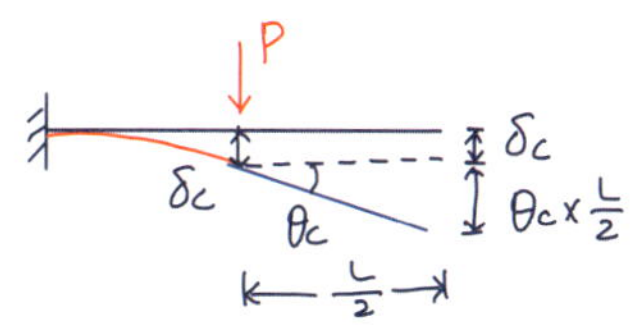

$$\cdot\ \delta_{B_{V_B}} = \frac{V_B \cdot L^3}{3EI}\ (\uparrow)$$

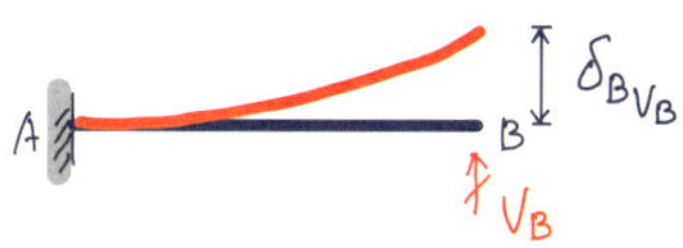

(V_B에 의한 B점의 처짐)

$$\therefore\ \delta_B = \frac{5PL^3}{48EI} - \frac{V_B L^3}{3EI} = 0,\quad \frac{5P}{48} = \frac{V_B}{3}$$

$$\therefore\ V_B = \frac{15}{48}P = \frac{5}{16}P\ (\uparrow)$$

3) 반력 V_A, M_A, H_A

$\therefore\ H_A = 0$

$\cdot\ \Sigma V = 0\ (\uparrow\oplus)$; $V_A + V_B = P$. $\therefore V_A = P - \frac{5}{16}P = \frac{11}{16}P\ (\uparrow)$

$\cdot\ \Sigma M_A = 0\ (\oplus)$; $-M_A - \left(\frac{5}{16}P \times L\right) + \left(P \times \frac{L}{2}\right) = 0$

$$\therefore\ M_A = -\frac{5PL}{16} + \frac{8PL}{16} = \frac{3}{16}PL$$

4) SFD, BMD → M_{max}

SFD

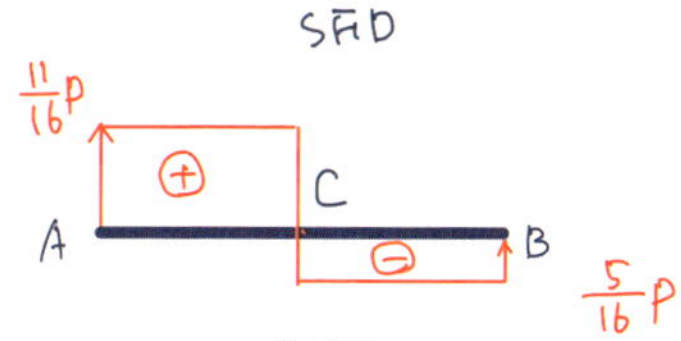

BMD

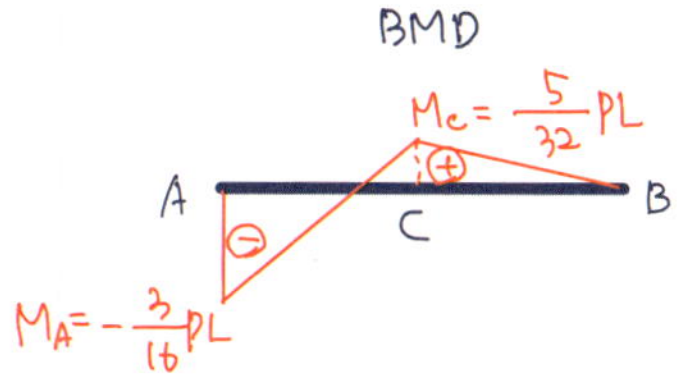

$$\cdot\ M_c = \frac{5}{16}P \cdot \frac{L}{2} = \frac{5}{32}PL$$

Type	L2. 지점침하, 스프링 연결 등 부정정 구조해석 응용문제
Frequency	
Comment	

L2-01 그림과 같이 지점 B에 10mm 침하가 발생한 구조물이 있다. 이 때 지점 B의 반력은?
(단, P=500kN, L=10m, EI=2,000MN.m² 이다)

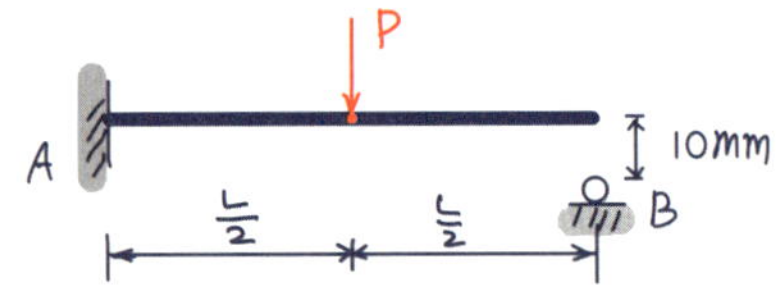

보완설명

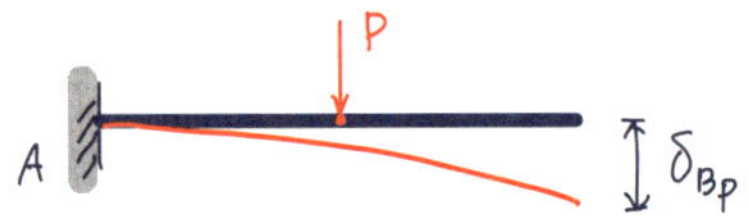

if) $\delta_{Bp} \leq 10mm \rightarrow V_B = 0$ 가 될것이다.

$\delta_{Bp} > 10mm \rightarrow V_B > 0$ 이 될것이고, 이경우 δ_{Bp}의 값에서 10mm를 제한 나머지 값은 V_B가 저항해야 할 몫. 즉 $\delta_{Bp} = 15mm$ 라면 5mm 만큼은 V_B에 의해 처짐이 발생하지 않았으므로 V_B가 5mm를 발생시키는 힘을 가지고 있어야 한다는개념.

Sol.

1) P에의한 B점의 처짐

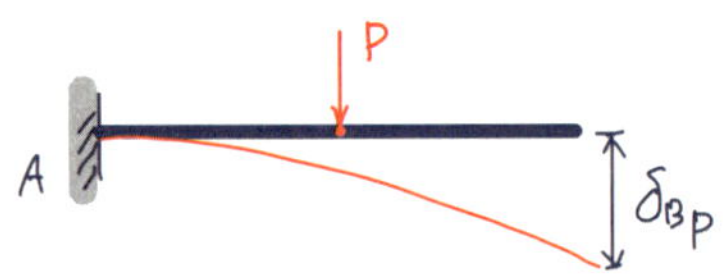

$$\therefore \delta_{Bp} = \frac{5PL^3}{48EI}(\downarrow) = \frac{5 \times 0.5 \times 10^3}{48 \times 200} = 0.026m(\downarrow)$$

(500kN = 0.5MN)

$= 26mm(\downarrow)$

↓

V_B는 26−10=16mm 만큼을 발생시키는 힘.

※ 결국

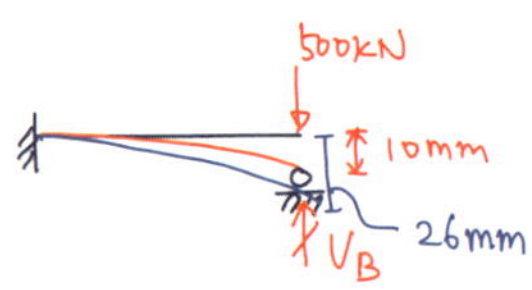

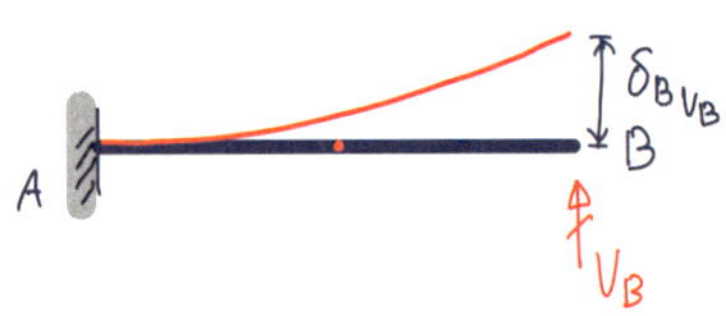

500kN에의해 B점의 처짐은 26mm가 발생되어야 하지만 지점 B의 로울러로 인해 10mm 이상은 발생 안됨.
"더 이상 처짐이 발생되지 못한 16mm는 V_B가 저항하고 있기때문." 즉, V_B는 16mm를 상향으로 발생시키는 힘.

2) 반력 V_B에의한 처짐.

$$\delta_{BV_B} = \frac{V_B \cdot L^3}{3EI} = 0.016m(\uparrow)$$

$$\therefore V_B = \frac{3EI}{L^3} \times 0.016 = \frac{3 \times 2000 \times 0.016}{10^3}$$

$$= 0.096MN = 96kN(\uparrow)$$

Comment

L2-02 켄틸레버 구조물에서 C 점의 처짐량을 1/3로 제한하기 위하여 그림과 같이 C 점에 스프링을 설치하였다. 이때 스프링에 발생되는 축력 F 는?

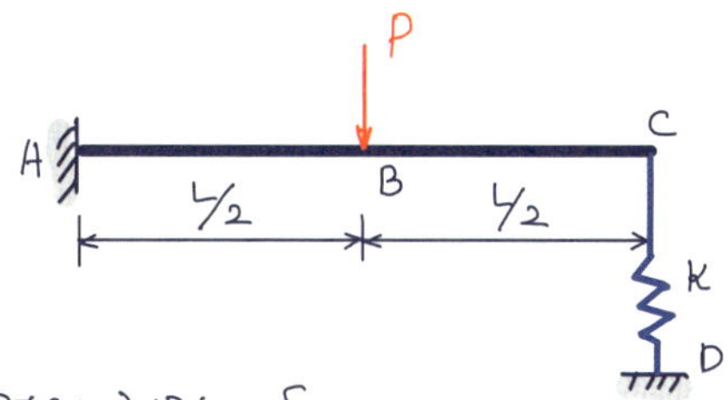

Sol.

1) spring이 없는 켄틸레버 보 일때 하중 P로 인한 C 점의 처짐 : δ_{c1}

$$\delta_{c_1} = \frac{5PL^3}{48EI} (\downarrow)$$

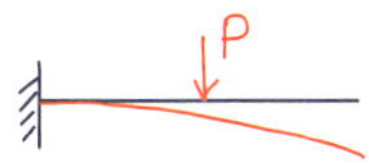

∘ 하중 P로 인해 C 점에 처짐이 발생하면 spring에 압축력 작용됨.
압축력을 F라 하고 이를 자유물체도로 표현하면

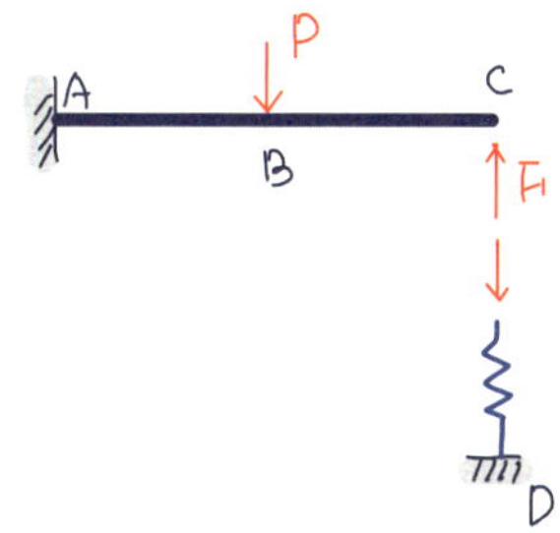

2) spring이 설치되었을때 C 점의 처짐 ; δ_{c2}

$$\delta_{c_2} = \frac{1}{3}\delta_{c1} = \frac{1}{3} \cdot \frac{5PL^3}{48EI} = \frac{5PL^3}{144EI} (\downarrow)$$

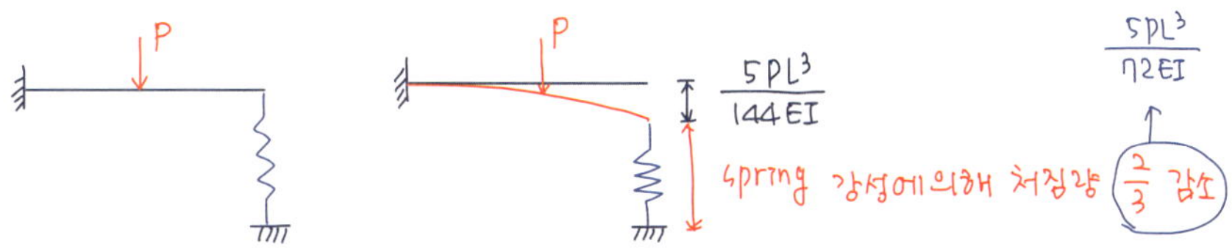

∘ spring이 처짐량의 $\frac{2}{3}$를 감소시키므로 spring에 생기는 압축력 F는 $\frac{5PL^3}{48EI}$의 $\frac{2}{3}$를 발생시키는 힘과 같다.

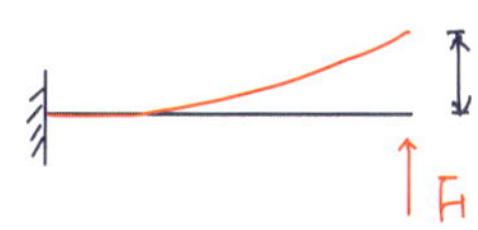

3) spring에 의한 상향처짐값은 (F에의한 상향처짐)

$$\delta_{c_F} = \frac{2}{3} \cdot \frac{5PL^3}{48EI} = \frac{5PL^3}{72EI} = \frac{FL^3}{3EI}$$

4) spring의 압축력 (상향력) F ;

∘ 결국 spring이 감소시킨 처짐값은 spring이 발생시킨 상향처짐값과 같으므로

$$\frac{5PL^3}{72EI} = \frac{FL^3}{3EI}, \quad \therefore F = \frac{15}{72}P = \frac{5}{24}P$$

Comment

L2-03 컨틸레버 구조물의 자유단 B 점의 처짐량을 감소시키기 위해 그림과 같이 스프링을 설치하였다.
B 점의 처짐은 ? (단, 스프링 상수 $K = K_1 + K_2 = EI / 2L^3 + EI / 2L^3 = EI / L^3$)

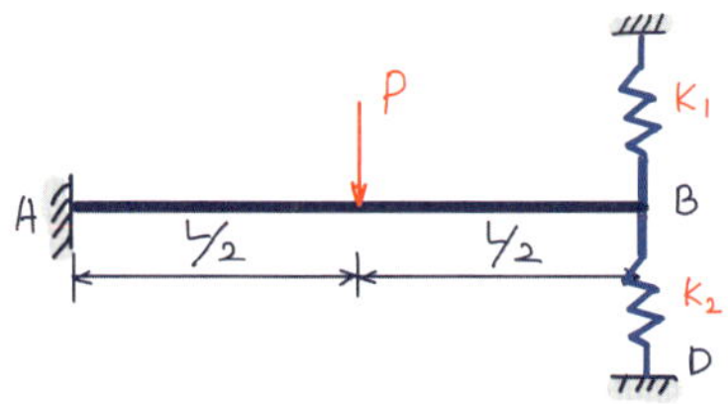

Sol.

1) 먼저 스프링의 연결형태가 병렬 spring 인지, 직렬 spring 인지 파악해야 한다. 쉽게 생각해서 다수의 spring이 같은 양의 변위를 보이면 병렬 spring 이라 볼수 있다.

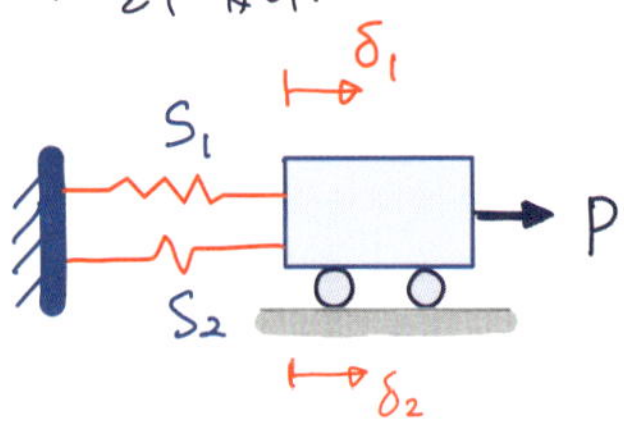

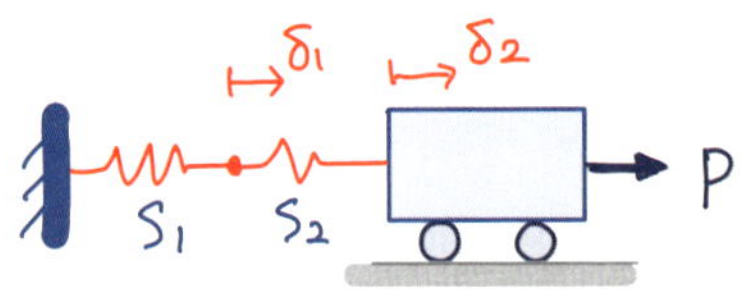

- S_1의 변위와 S_2의 변위가 같다
- S_1과 S_2에 작용하는 힘의 크기가 다르다

→ : 병렬 spring 연결

- S_1의 변위와 S_2의 변위가 다르다
- S_1과 S_2에 작용하는 힘의 크기가 같다

→ ; 직렬 spring 연결

◦ 병렬스프링 연결시 스프링 강성 계산

$$K_e = K_1 + K_2 \quad —ⓐ$$

◦ 직렬스프링 연결시 스프링 강성 계산

$$\frac{1}{K_e} = \frac{1}{K_1} + \frac{1}{K_2} \quad —ⓑ$$

spring S_1과 S_2의 강성을 K_1과 K_2라 하면 두 spring의 강성을 조합해서 전체 spring 구조계의 강성 K_e를 위 ⓐ, ⓑ와 같이 구할수 있다.

문제에서 $K = K_1 + K_2 = \frac{EI}{L^3}$로 주어짐 → 병렬연결 힌트

2) spring이 없는 컨틸레버보 일때 하중P로 인한 B 점의 처짐 : δ_{Bp}

$\delta_B = \delta_{Bp} - \delta_{B_H}$ (δ_B : 실제 spring 효과가 반영된 B점의 처짐)

$$\therefore \delta_{Bp} = \frac{5PL^3}{48EI} (\downarrow) \quad —②$$

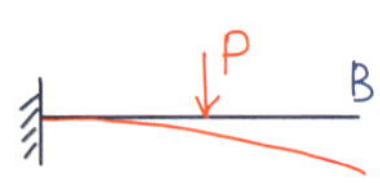

$\delta_{Bp} = \frac{5PL^3}{48EI} (\downarrow)$

Comment

3) 병렬 조합된 spring에 의한 상향처짐값은 (F에 의한 상향처짐)

$$\therefore \delta_{BF} = \frac{FL^3}{3EI}(\uparrow) \quad -③$$

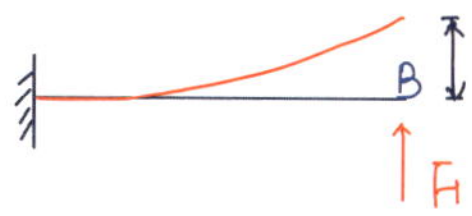

$\delta_{BF} = \frac{FL^3}{3EI}(\uparrow)$

← (K1 + K2 에 의한 spring 상향력)

②와 ③을 ① 식에 대입

$$\therefore \delta_B = \frac{5PL^3}{48EI} - \frac{F\cdot L^3}{3EI} \quad -④$$

→ F를 P의 함으로 나타낼수 있으면 δ_B를 구할수 있음.

4) "$F = K\cdot\delta_B$" → spring 상수의 기본개념 이용

$$\delta_B = \frac{F}{K} = \frac{5PL^3}{48EI} - \frac{F\cdot L^3}{3EI} = \frac{5PL^3 - 16FL^3}{48EI} \quad \left(K = \frac{EI}{L^3} \text{ 로 주어짐}\right)$$

$$\frac{L^3\cdot F}{EI} = \frac{5PL^3 - 16FL^3}{48EI}$$

$$48F = 5P - 16F, \quad 64F = 5P$$

$$\therefore F = \frac{5P}{64} \rightarrow ④ \text{ 식에 대입}$$

$$\delta_B = \frac{5PL^3}{48EI} - \frac{L^3}{3EI}\left(\frac{5P}{64}\right) = \frac{15PL^3}{192EI} = \frac{5PL^3}{64EI}(\downarrow)$$

$$\therefore \delta_B = \frac{5PL^3}{64EI}(\downarrow)$$

Type	L3. 3연모멘트법을 활용한 연속보 반력, 휨모멘트 구하기
Frequency	
Comment	3연모멘트법을 이용한 연속보 해석

L3-00

• 3연모멘트법 이란 ?

연속된 지간을 갖는 구조물을 연속된 3개 지점씩(2개 지간씩)으로 분리하여 방정식을 만들고 이들을 연립하여 해를 구하는 방법(연속보 해석에 적합함).

크라빼이롱의 3연 모멘트 정리(crapeyron's theorem of 3 moment)라고도 함.

• 해석과정(순서)

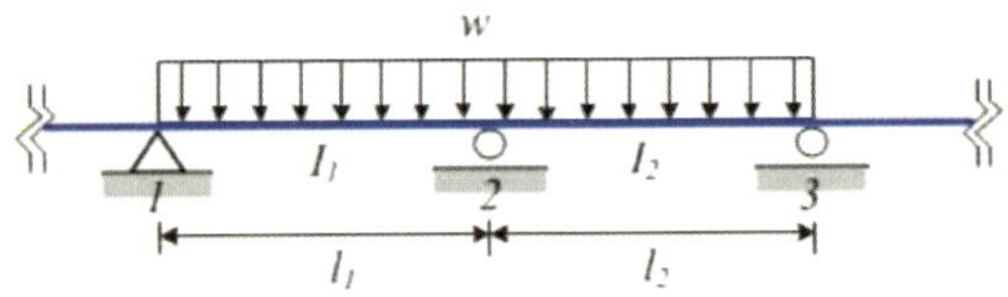

① 연속보의 각 지간을 하나의 단순보로 보고 왼쪽부터 2개 지간씩을 한 구간으로 묶어 3 연모멘트법 공식을 적용한다. 지점에 모멘트 하중이 작용하는 경우를 제외하고, 외측 지점의 휨모멘트는 '0'이므로 $M_1 = M_3 = 0$ 이 되어 식은 단순해진다.

$$M_1 \frac{l_1}{I_1} + 2M_2\left(\frac{l_1}{I_1} + \frac{l_2}{I_2}\right) + M_3 \frac{l_2}{I_2} = 6E\,(\underbrace{\theta_{21} - \theta_{23}}_{\text{처짐각}}) + 6E\,(\underbrace{\beta_1 - \beta_2}_{\text{부재각}})$$ → 다음 페이지 설명 참조

② 연속보의 각 지간을 하나의 단순보로 보고 하중에 의한 처짐각(θ)이나 지점침하에 의한 부재각(β)을 계산한다(그림 a, b 참조).

③ 적용된 3연모멘트법 공식을 정리하여 내부 지점의 휨모멘트를 구한다. 필요한 경우 연립방정식을 푼다.

④ 지간을 하나씩 구분하여 신원 모멘트를 작용시켜 반력을 구한다.

⑤ 위의 단계에서 고정단 지점의 경우는 단면2차모멘트 $I = \infty$, 부재 길이 $L \approx 0$ 인 가상지간을 만들어 적용한다(그림 d 참조).

Comment

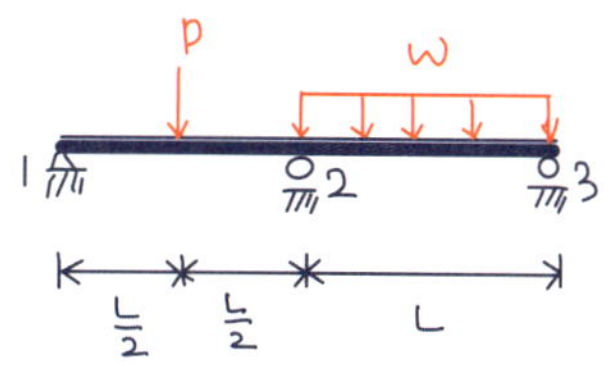

→ 각 지간을 단순보로 가정하고 θ를 구한다

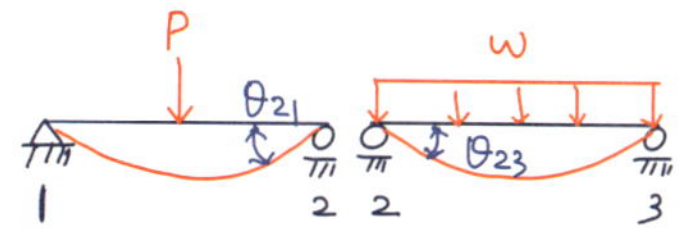

$\theta_{21} = \frac{PL^2}{16EI}$ (반시계 방향 처짐각) $\theta_{23} = \frac{wL^3}{24EI}$

(a) 처짐각 θ를 구할때는 .... (← 해당지간에 하중이 없으면 θ도 없다)

• 부재각 $\beta = \frac{\Delta_{front} - \Delta_{rear}}{\text{지간거리}}$

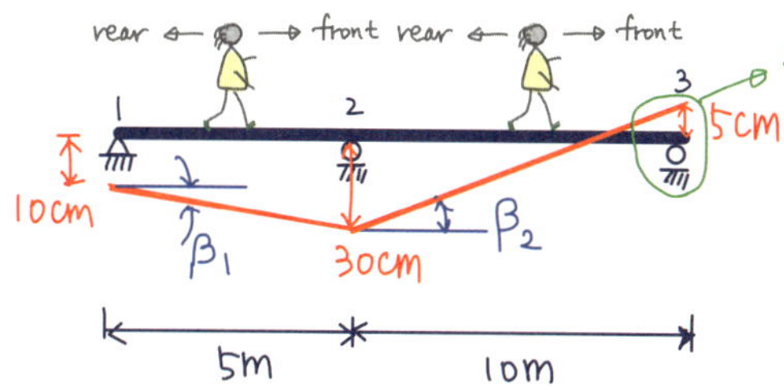

$\therefore \beta_1 = \frac{30 - 10}{500} = 0.04\,rad$ (↻)

$\therefore \beta_2 = \frac{-5 - 30}{1000} = -0.035\,rad$ (↺)

β = + 값이면 시계방향 회전
β = − 값이면 반시계방향 회전

(b) 지점침하 발생시 부재각 β 계산방법
(지점침하가 없으면 β도 없다)

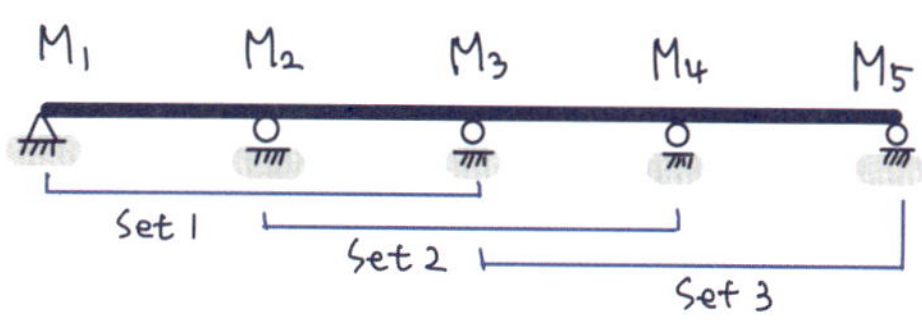

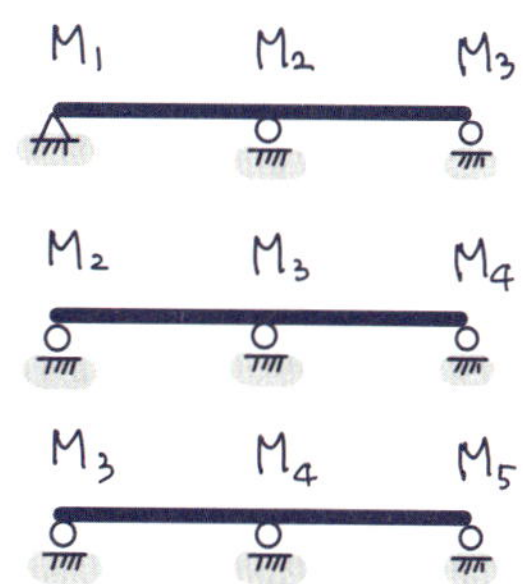

각각 3연 모멘트법을 적용시켜 3개의 식을 연립하여 풀어야 한다.

(c) 경간이 연속되는 경우 3연 모멘트법 적용방법

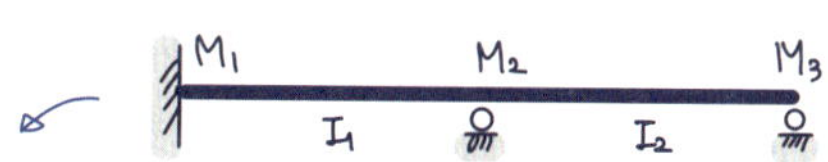

고정단 대신 강성이 ∞이고 길이 L≈0인 가상지간을 만들어 3연 모멘트법을 적용한다.

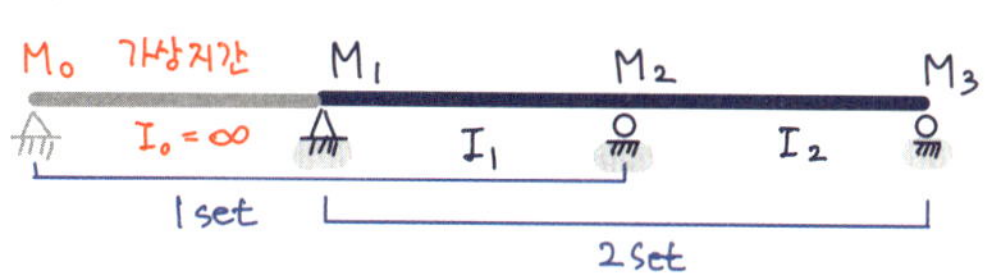

(d) 고정단이 있는 경우 3연 모멘트법 적용방법

Comment

L3-01 그림과 같은 2경간 연속보의 반력을 구하시오(단면의 형상은 일정하다).

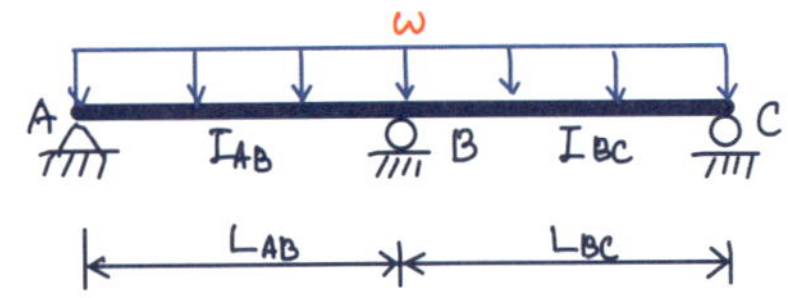

Sol.

1) 3연 모멘트법을 적용하기 위해서 알아야 하는 것들.

$$M_A\left(\frac{L_{AB}}{I_{AB}}\right) + 2M_B\left(\frac{L_{AB}}{I_{AB}} + \frac{L_{BC}}{I_{BC}}\right) + M_C\left(\frac{L_{BC}}{I_{BC}}\right) = 6E(\theta_{BA} - \theta_{BC}) + 6E(\beta_{AB} - \beta_{BC})$$

- A, C 지점은 모멘트 하중이 직접 작용하는 경우를 제외하면 "0" 임. 외측 지점이 힌지, 로울러 일때 $M_A = 0$, $M_C = 0$.
- 단면의 형상이 일정하다고 하였으므로 $I_{AB} = I_{BC} = I$
- $L_{AB} = L_{BC} = L$
- 지점 침하가 없으므로 부재각 β 항은 "0".
  → $\beta_{AB} = \beta_{BC} = 0$.

→ 위의 내용들을 그림으로 정리하면

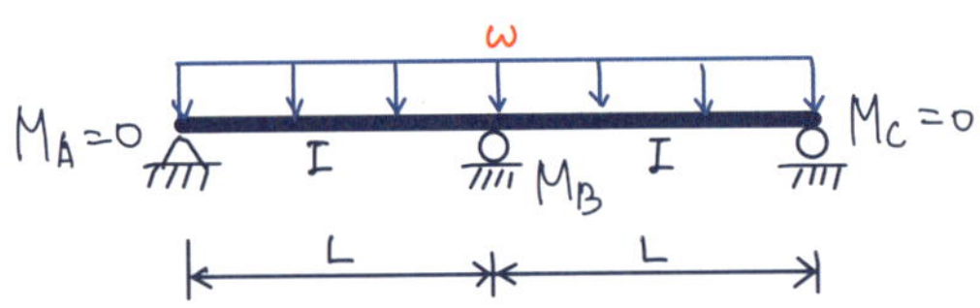

- 등분포하중이 지간 전체에 고르게 재하 될때 보의 변형형상

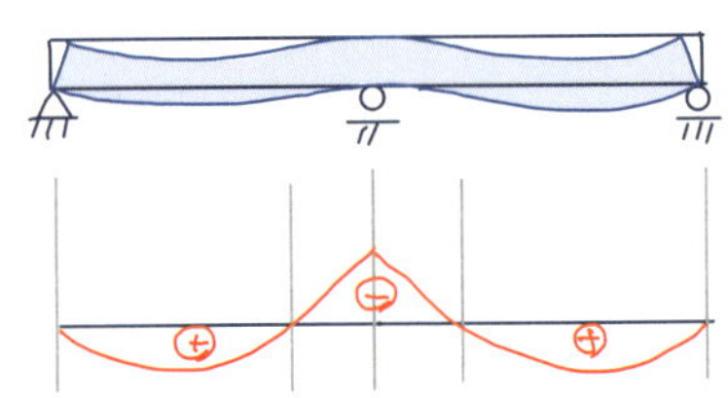

2) 문제의 조건이 반영된 3연 모멘트 방정식으로 다시 정리하면

$$\overset{0}{M_A}\left(\frac{L_{AB}}{I_{AB}}\right) + 2M_B\left(\frac{L_{AB}}{I_{AB}} + \frac{L_{BC}}{I_{BC}}\right) + \overset{0}{M_C}\left(\frac{L_{BC}}{I_{BC}}\right) = 6E(\theta_{BA} - \theta_{BC}) + 6E(\overset{0}{\beta_{AB}} - \overset{0}{\beta_{BC}})$$

↳ 각 지간을 단순보로 가정하고 θ를 구한다

$$2M_B\left(\frac{2L}{I}\right) = 6E\left(-\frac{wL^3}{24EI} - \frac{wL^3}{24EI}\right)$$

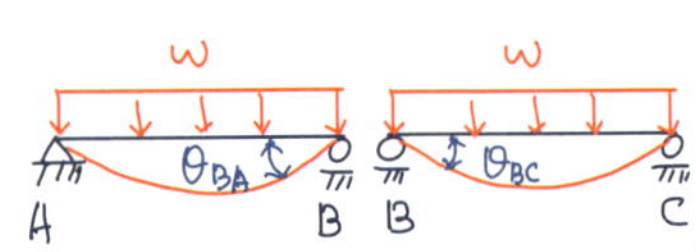

$\theta_{BA} = -\frac{wL^3}{24EI}$ $\theta_{BC} = \frac{wL^3}{24EI}$

(−: 반시계 방향 처짐각)

Comment

3) M_B을 구한 후 반력을 구한다. → M_B는 B지점의 반력 Moment가 아니다 내측지점(B지점)에 발생되는 부재력임!!

$$2M_B\left(\frac{2L}{I}\right)=6E\left(-\frac{wL^3}{24EI}-\frac{wL^3}{24EI}\right)$$ • 양변에 "×I" 해서 I 소거.

$$4M_B\cdot L=6E\left(-\frac{2wL^3}{24E}\right)=-\frac{wL^3}{2}$$

$$\therefore M_B=-\frac{wL^2}{8}$$ → B지점에는 "$\frac{wL^2}{8}$" 크기의 (−)부모멘트 부재력이 생긴다.

4) V_A, V_B, V_C, H_A 구하기

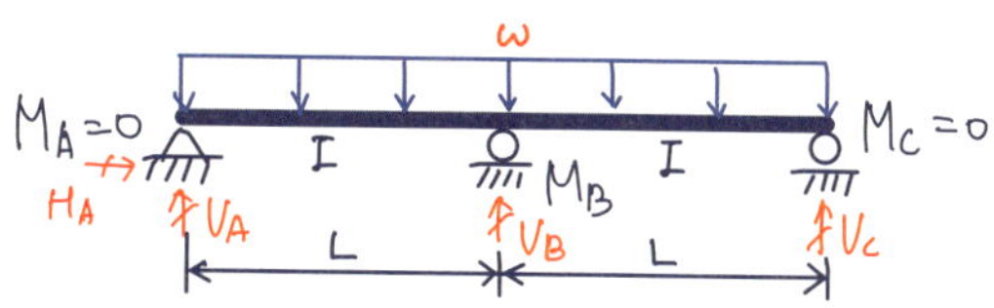

• $\Sigma H=0$ (→⊕) ; $H_A=0$

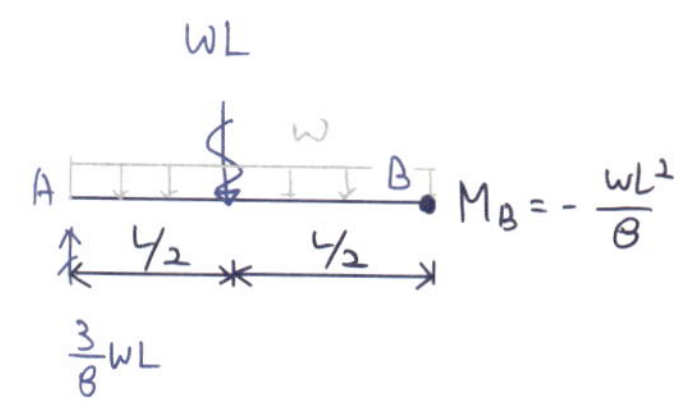

• B점의 휨M 값이 「$-\frac{wL^2}{8}$」 이라는것을 알고 있으므로

$$V_A\cdot L-wL\cdot\frac{L}{2}=-\frac{wL^2}{8}\qquad\therefore V_A=\frac{wL}{2}-\frac{wL}{8}=\frac{3wL}{8}(\uparrow)$$

• $V_A=V_C$ (하중대칭, 구조물대칭) 이므로 $\therefore V_C=\frac{3}{8}wL(\uparrow)$

• $\Sigma V=0$ (↑⊕) ; $V_A+V_B+V_C=w\cdot 2L$, $V_B=2wL-V_A-V_C$

$$\therefore V_B=2wL-\frac{3}{8}wL-\frac{3}{8}wL=\frac{10}{8}wL(\uparrow)$$

5) 참고로 SFD, BMD 그려보면

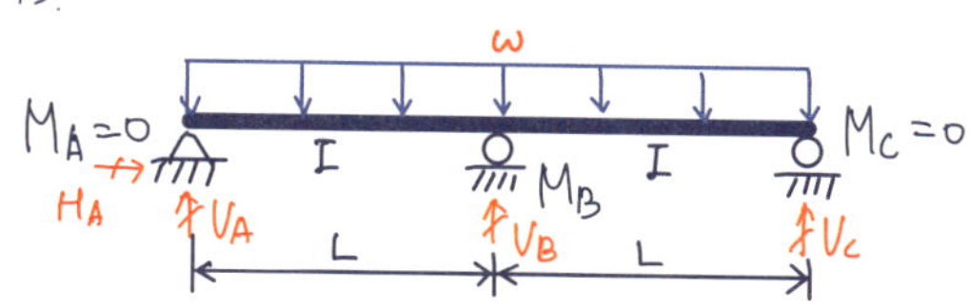

• $S_x=\frac{3}{8}wL-wx$

• 전단력 $S_x=0$ 인 위치 ; $S_x=\frac{3}{8}wL-wx=0$ $\therefore x=\frac{3}{8}L$

• Mmax가 발생할것으로 예상되는 위치 → S값 부호가 변하는위치

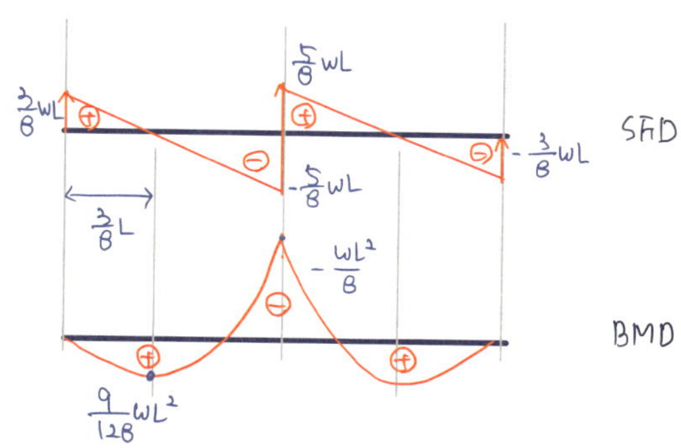

$$\bullet\ M_{x=\frac{3}{8}L}=\left(\frac{3}{8}wL\cdot\frac{3}{8}L\right)-\left(\frac{3}{8}L\cdot w\cdot\frac{3}{8}L\cdot\frac{1}{2}\right)=\frac{9wL^2}{64}-\frac{9wL^2}{128}=\frac{9wL^2}{128}$$

$$\therefore M_{max}=M_B=-\frac{wL^2}{8}$$

Comment

L3-0 그림과 같은 구조물의 반력과 최대휨모멘트를 구하시오(단면의 형상은 일정하다).

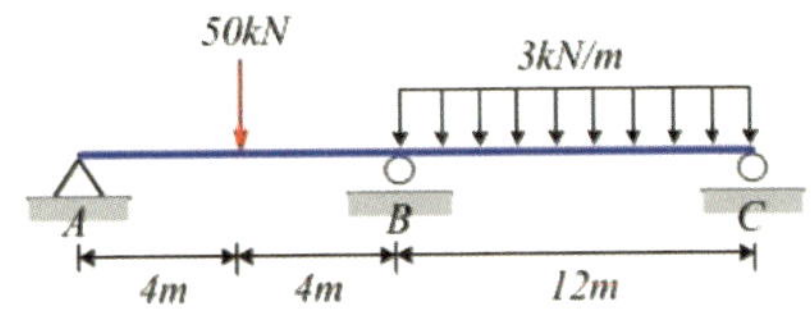

Sol.

1) M_B를 먼저 구한다

$M_A = M_C = 0,\ \beta_{AB} = \beta_{BC} = 0,\ I_{AB} = I_{BC} = I$

$$2M_B\left(\frac{L_{AB}}{I} + \frac{L_{BC}}{I}\right) = 6E(\theta_{BA} - \theta_{BC})$$

$$2M_B\left(\frac{8+12}{I}\right) = 6E\left(-\frac{50\times 8^2}{16EI} - \frac{3\times 12^3}{24EI}\right)$$

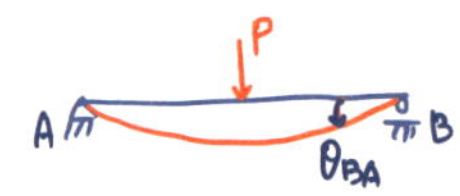

$\theta_{BA} = (-)\dfrac{PL^2}{16EI}$ (↻)

반시계방향 처짐각.

$40M_B = 6(-200 - 216) = 6(-416) = -2{,}496$ ← m. kN 단위로 정리

$\therefore M_B = -\dfrac{2{,}496}{40} = -62.4\text{kN}\cdot\text{m}$

2) M_B 값을 이용해서 반력을 구한다 • $\Sigma H = 0$. $\therefore H_A = 0$

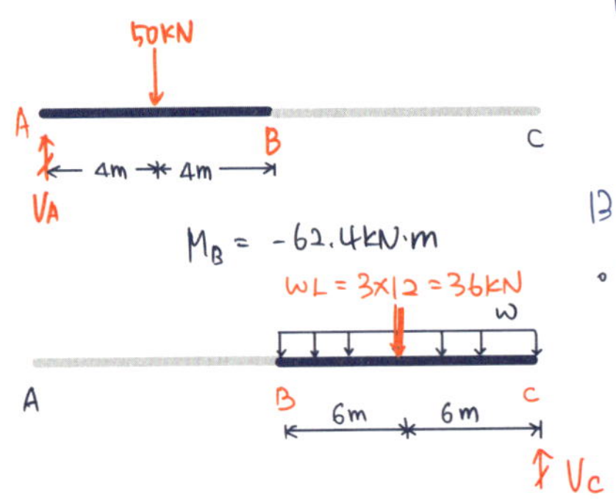

B점 기준으로 왼쪽 이용

• $M_B = (V_A\times 8) - (50\times 4) = -62.4\ \text{kN}\cdot\text{m}$

$\therefore V_A = 17.2\text{kN}(\uparrow)$

B점 기준으로 오른쪽 이용

• $M_B = (V_C\cdot 12) - (36\cdot 6) = -62.4\text{kN}\cdot\text{m}$

$\therefore V_C = 12.8\text{kN}(\uparrow)$

$\therefore V_B = 50 + 36 - 17.2 - 12.8 = 56\text{kN}(\uparrow)$

3) M_{max}

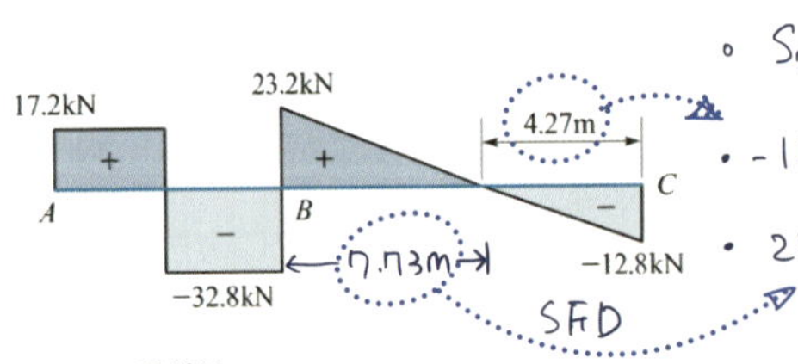

• $S_x = 0$ 이 되는 위치

• $-12.8 + w\cdot x = 0$ $\quad x = \dfrac{-12.8}{3} = 4.27\text{m}$

• $23.2 - w\cdot x = 0$ $\quad x = \dfrac{23.2}{3} = 7.73\text{m}$

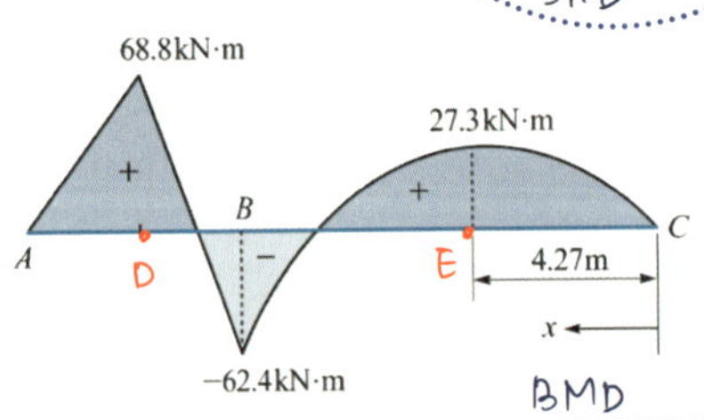

• $M_D = 17.2\times 4 = 68.8\text{kN}\cdot\text{m}$

• $M_B = -62.4\text{kN}\cdot\text{m}$

• $M_E = (12.8\times 4.27) - (4.27\times 3\times 4.27/2) = 27.3\text{kN}\cdot\text{m}$

$\therefore M_{max} = 68.8\text{kN}\cdot\text{m}$

Comment

L3-03 그림과 같은 구조물의 반력과 최대휨모멘트를 구하시오(단면은 일정하다).

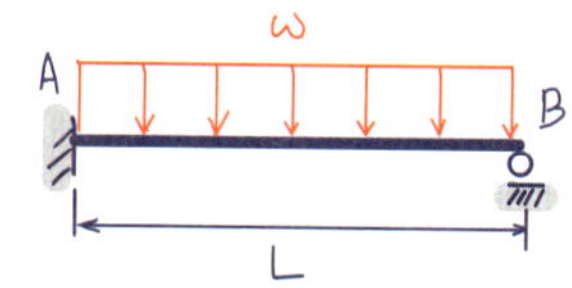

Sol.

1) 고정지점 A를 힌지지점으로 변경하고 I 값이 ∞이고 길이 $L' \approx 0$ 인 가상의 지간을 만든다.

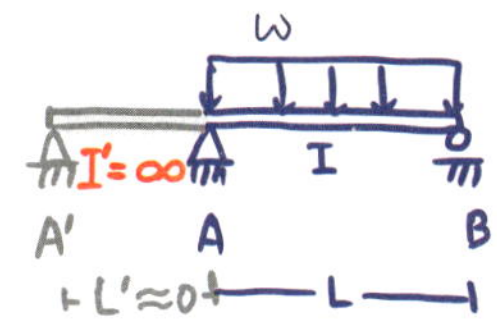

2) 3연 모멘트법 적용

$$M_{A'}\left(\frac{L'}{I'}\right) + 2M_A\left(\frac{L'}{I'} + \frac{L}{I}\right) + M_B\left(\frac{L}{I}\right) = 6E\left(\theta_{AA'} - \theta_{AB}\right)$$

- $\frac{L'}{I'} = \frac{L'}{\infty}$ 이므로 $\frac{L'}{\infty} = 0$
- AA' 구간에는 하중이 없으므로 $\theta_{AA'} = 0$
- 외측지점 B의 휨Moment $M_B = 0$

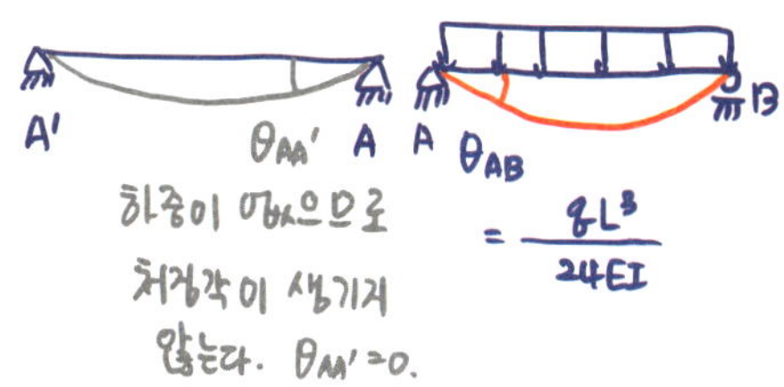

최초의 식은 다음과 같이 단순해진다.

$$2M_A\left(\frac{L}{I}\right) = 6E\left(-\frac{wL^3}{24EI}\right) = -\frac{wL^3}{4EI}$$

$$2M_A = -\frac{wL^2}{4}$$

$$\therefore M_A = -\frac{wL^2}{8} \rightarrow \text{"}-\text{" 휨Moment}$$

3) 위에서 구한 M_A를 이용해서 나머지 반력 V_A와 V_B를 구한다

$M_A = -\frac{wL^2}{8}$ 이므로

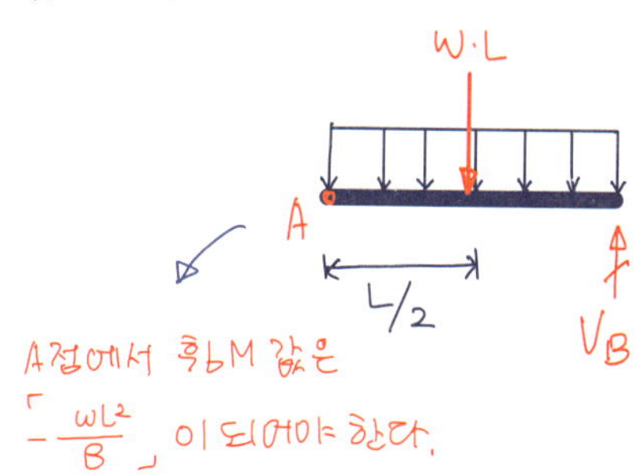

$$V_B \times L - wL \cdot \frac{L}{2} = -\frac{wL^2}{8}$$

$$\therefore V_B = \frac{wL}{2} - \frac{wL}{8} = \frac{3}{8}wL(\uparrow)$$

$$\therefore V_A = wL - \frac{3}{8}wL = \frac{5}{8}wL(\uparrow)$$

Comment

4) M_{max}

i) 전단력이 '0' 되는 위치

(= 전단력의 부호가 바뀌는 위치)

$x = \frac{3}{8}L$ 에서 휨 M을 구해보면

$$M_{(x=\frac{3}{8}L)} = \left(\frac{3}{8}wL \times \frac{3}{8}L\right) - \left(w \cdot \frac{3}{8}L \times \frac{3}{8}L \cdot \frac{1}{2}\right)$$

$$= \frac{9}{64}wL^2 - \frac{9wL^2}{128} = \frac{9wL^2}{128}$$

$$\therefore M_{(x=\frac{3}{8}L)} = \frac{9wL^2}{128}$$

ii) A점에서 휨 M을 구해보면

$$\therefore M_A = -\frac{wL^2}{8}$$

$$\therefore M_{max} = M_A = -\frac{wL^2}{8}$$

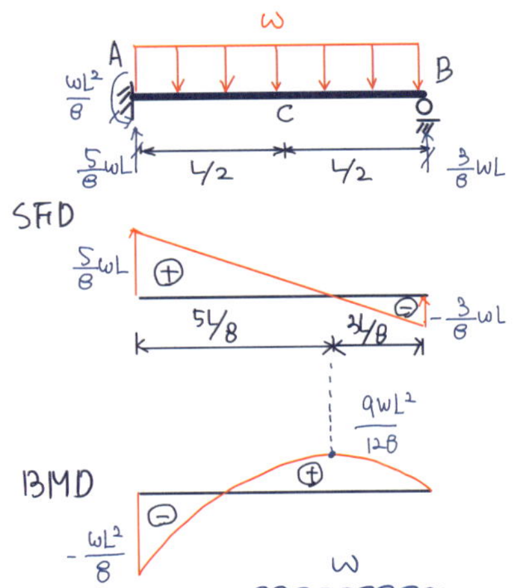

BMD 형상은 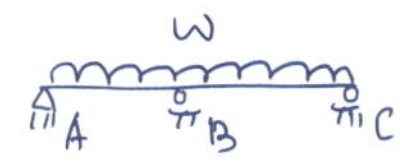

"L3-01" 문제의 2경간 연속보의 B점을 기준으로 우측 BMD와 동일.

Comment

L3-04 그림과 같은 구조물의 반력과 최대휨모멘트를 구하시오(단면의 형상은 일정하다).

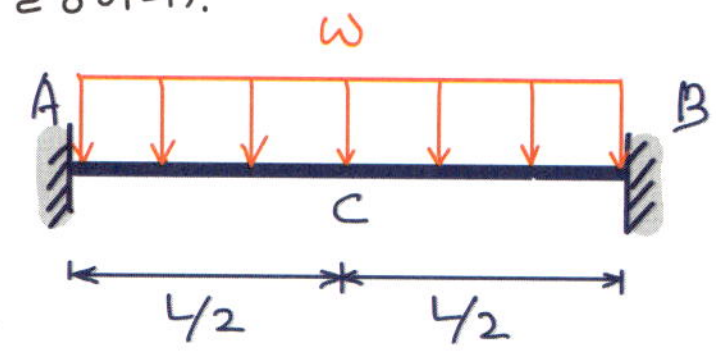

Sol.

1) 양단이 모두 고정단 지점이므로 가상의 지간을 양쪽에 만든다.

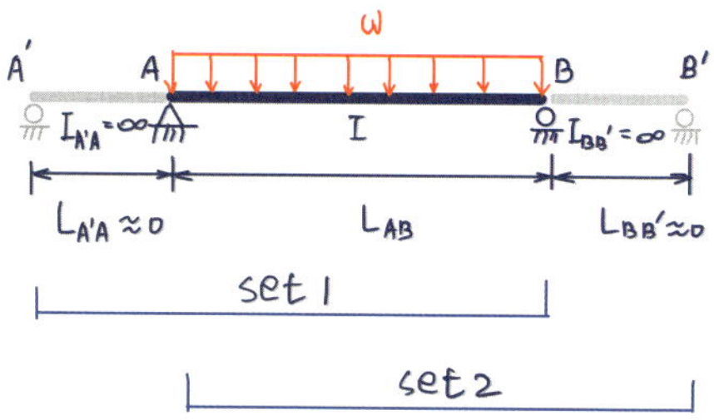

• $L_{A'A} = L_{BB'} \approx 0$

• $I_{A'A} = I_{BB'} = \infty$

→ 3연 모멘트 방정식을 2개 만들어서 연립방정식 해결하면 됨.

2) 3연모멘트 방정식과 M_A, M_B 구하기

○ set 1

A'A 지간에 하중이 없으므로 처짐각이 생기지 않는다.

$$M_A'\left(\frac{L_{A'A}}{I_{A'A}}\right) + 2M_A\left(\frac{L_{A'A}}{I_{A'A}} + \frac{L_{AB}}{I_{AB}}\right) + M_B\left(\frac{L_{AB}}{I_{AB}}\right) = 6E\left(\theta_{AA'} - \theta_{AB}\right)$$

($\frac{L_{A'A}}{I_{A'A}} = \frac{0}{\infty} = 0$, $\theta_{AA'} = 0$)

↳ set 1 에서 보면 외측지점이고 B지점에 M 하중 없음 그렇다고 해서 '$M_B = 0$' 하면 안됨. B점은 실제 고정단이므로 모멘트 존재함

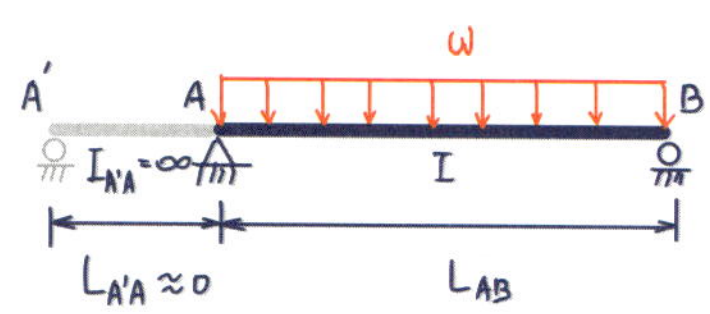

$$2M_A\left(\frac{L_{AB}}{I_{AB}}\right) + M_B\left(\frac{L_{AB}}{I_{AB}}\right) = 6E\left(-\frac{wL_{AB}^{3}}{24EI_{AB}}\right)$$

정리하면

$$2M_A + M_B = -\frac{wL^2}{4} \quad \text{—①}$$

○ set 2

$$M_A\left(\frac{L_{AB}}{I_{AB}}\right) + 2M_B\left(\frac{L_{AB}}{I_{AB}} + \frac{L_{BB'}}{I_{BB'}}\right) + M_B'\left(\frac{L_{BB'}}{I_{BB'}}\right) = 6E\left(\theta_{BA} - \theta_{BB'}\right)$$

정리하면

$$M_A + 2M_B = -\frac{wL^3}{4} \quad \text{—②}$$

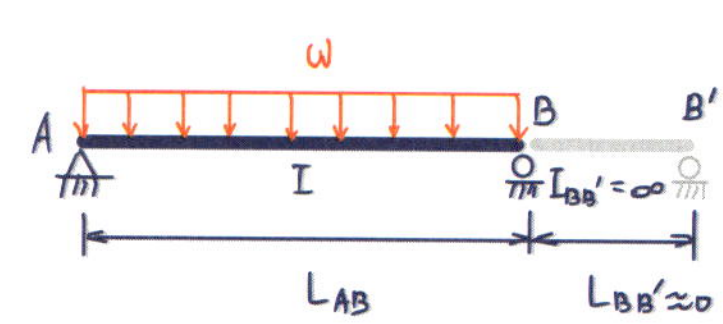

Comment

①식 − ②식 × 2 해서 정리하면

$$2M_A + M_B = -\frac{wL^2}{4}$$

$$-\ \underline{\ 2M_A + 4M_B = -\frac{wL^2}{2}\ }$$

$$-3M_B = +\frac{wL^2}{4}$$

$$\therefore M_B = -\frac{wL^2}{12}$$ → ①식에 대입 ↶

$$2M_A + \left(-\frac{wL^2}{12}\right) = -\frac{wL^2}{4}$$

$$2M_A = -\frac{wL^2}{4} + \frac{wL^2}{12} = -\frac{2wL^2}{12}$$

$$M_A = -\frac{wL^2}{12}$$

$$\therefore M_A = -\frac{wL^2}{12}$$

3) V_A, V_B, M_C 구하기

∘ $V_A = V_B$ ⟶ $w \cdot L$을 절반씩 분담 ∴ $V_A = V_B = \frac{wL}{2}(\uparrow)$

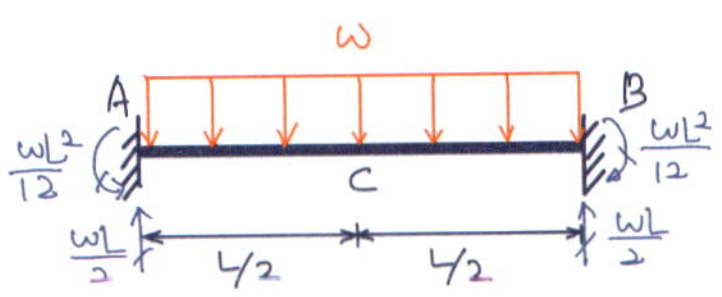

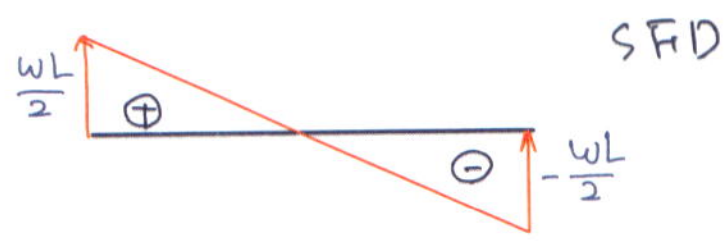

∘ $M_c = -\frac{wL^2}{12} + \frac{wL}{2} \cdot \frac{L}{2} - w \cdot \frac{L}{2} \cdot \frac{L}{4} = \frac{wL^2}{24}$

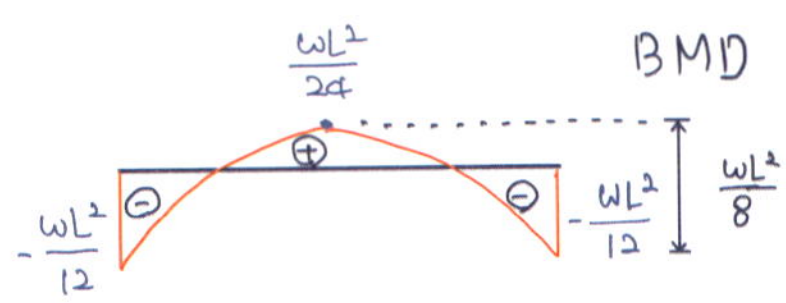

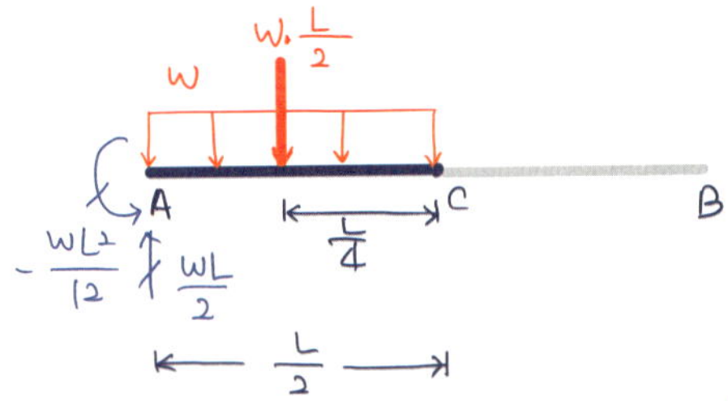

Ans. $V_A = V_B = \frac{wL}{2}(\uparrow)$, $M_A = \frac{wL^2}{12}(\curvearrowleft)$, $M_B = \frac{wL^2}{12}(\curvearrowright)$ 12 $\frac{wl^2}{12}$

보완설명 "휨 Moment의 크기와 부호"에 대해서 다시 한번 정리!!

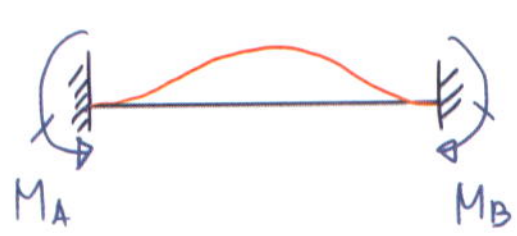

A와 B 지점에 발생되는 Moment 반력의 크기는 각각 $\frac{wL^2}{12}$ 임.
(−) Moment는 위로 볼록한 변형을 의미하므로 A 지점에서는 ↶,
B 지점에서는 ↷ 방향으로 Moment가 있어야 함. → 하중항 C_{ij}와는 구별.
$\therefore M_A = \frac{wL^2}{12}(\curvearrowleft)$, $M_B = \frac{wL^2}{12}(\curvearrowright)$

Comment

L3-05 그림과 같은 부정정 구조물에서 지점 B가 70mm 침하되었고, 지점 C는 부력에 의해 10mm가 상승되었다. 이때 지점 B에 발생되는 휨모멘트는?(단, 모든 구간의 EI=2,000kN.mm^2, L=1,000mm)

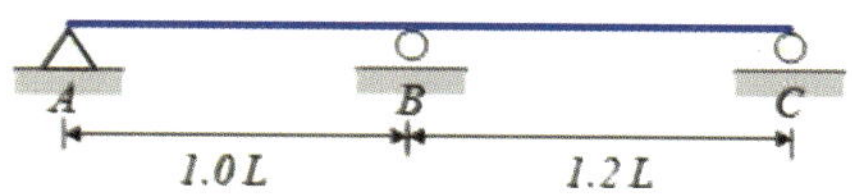

Sol.

1) $M_A = M_C = 0$, 하중이 없으므로 처짐각 $\theta_{BA} = \theta_{BC} = 0$.

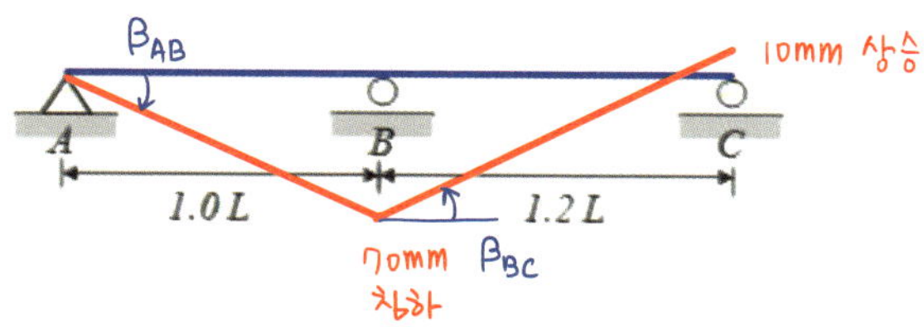

• $\beta_{AB} = \dfrac{\delta_B - \delta_A}{L_{AB}} = \dfrac{70-0}{1.0L} = \dfrac{70}{L}$ (↻)

• $\beta_{BC} = \dfrac{\delta_C - \delta_B}{L_{BC}} = \dfrac{-10-(70)}{1.2L} = \dfrac{-80}{1.2L} = -\dfrac{66.7}{L}$ (↺)

2) 3연 모멘트 방정식, M_B

$$\cancel{M_A}^{0}\left(\frac{1.0L}{I}\right) + 2M_B\left(\frac{1.0L}{I} + \frac{1.2L}{I}\right) + \cancel{M_C}^{0}\left(\frac{1.2L}{I}\right) = 6E(\cancel{\theta_{BA}}^{0} - \cancel{\theta_{BC}}^{0}) + 6E(\beta_{AB} - \beta_{BC})$$

$$2M_B\left(\frac{1.0L}{I} + \frac{1.2L}{I}\right) = 6E(\beta_{AB} - \beta_{BC})$$

$$4.4M_B\left(\frac{L}{I}\right) = 6E\left(\frac{70}{L} - \left(-\frac{66.7}{L}\right)\right) = 6E\left(\frac{136.7}{L}\right)$$ ← L= 1,000mm 대입 양변에 × I

$$4.400\,M_B = 6EI(0.1367) = 0.82EI$$ ← EI = 2,000 kN·mm^2 = 2,000×10^3 N·mm^2

$$\therefore M_B = \frac{0.82 \times 2{,}000 \times 10^3}{4.400} = 372.7\ \text{N·mm}$$

Type	L4. 부정정 구조물을 해석하기 위해서 기본적으로 알고 있어야 하는 반력과 휨모멘트
Frequency	
Comment	부정정구조물을 짧은 시간에 해석하기 위해서는 아래 표의 수치들은 암기하는 것이 필요하다.

L4-00 부정정보의 반력 및 주요 휨모멘트 값 비교

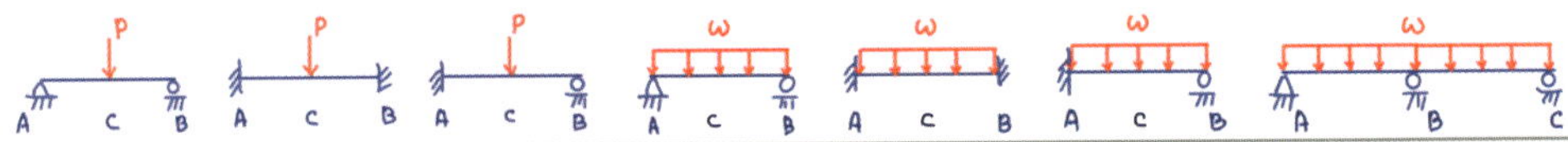

V_A	$\frac{P}{2}$	$\frac{P}{2}$	$\frac{11}{16}P$	$\frac{wL}{2}$	$\frac{wL}{2}$	$\frac{5}{8}wL$	$\frac{3}{8}wL$
V_B	$\frac{P}{2}$	$\frac{P}{2}$	$\frac{5}{16}P$	$\frac{wL}{2}$	$\frac{wL}{2}$	$\frac{3}{8}wL$	$\frac{10}{8}wL$
M_A	0	$-\frac{PL}{8}$	$-\frac{3}{16}PL$	0	$-\frac{wL^2}{12}$	$-\frac{wL^2}{8}$	0
M_B	0	$-\frac{PL}{8}$	0	0	$-\frac{wL^2}{12}$	0	$-\frac{wL^2}{8}$
M_C	$\frac{PL}{4}$	$\frac{PL}{8}$	$\frac{5}{32}PL$	$\frac{wL^2}{8}$	$\frac{wL^2}{24}$	$\frac{wL^2}{16}$	0
					그림참조 ←	$\frac{9wL^2}{128}$	$\frac{9wL^2}{128}$

C점 : 보의 중앙 (2경간 연속보 제외)

- 연직반력의 경우 지점 대칭, 하중대칭 → 정정, 부정정 관계없이 하중의 1/2씩.
- 고정단이 힌지(로울러) 지점보다 연직반력 분담 크다
- 고정단의 (-)부모멘트 값이 지간내의 (+)정 모멘트보다 크다.

$-\frac{wL^2}{8}$ 은 B지점의 모멘트 반력이 아님!! B지점 위치의 부재에 발생되는 내력 휨모멘트.

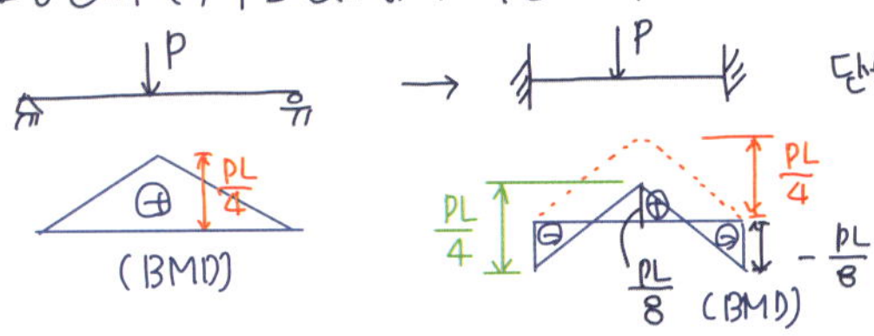

단순보의 BMD에서 최대 휨M $\frac{PL}{4}$의 절반 만큼 ($\frac{PL}{8}$)이 아래로 이동한 모양.

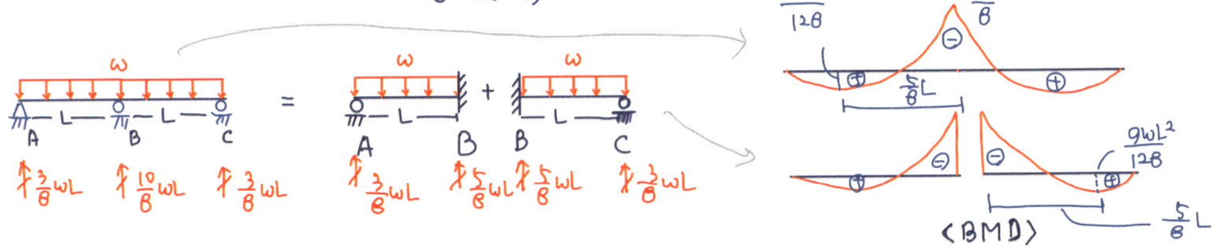

Comment

부정정보의 SFD & BMD 비교

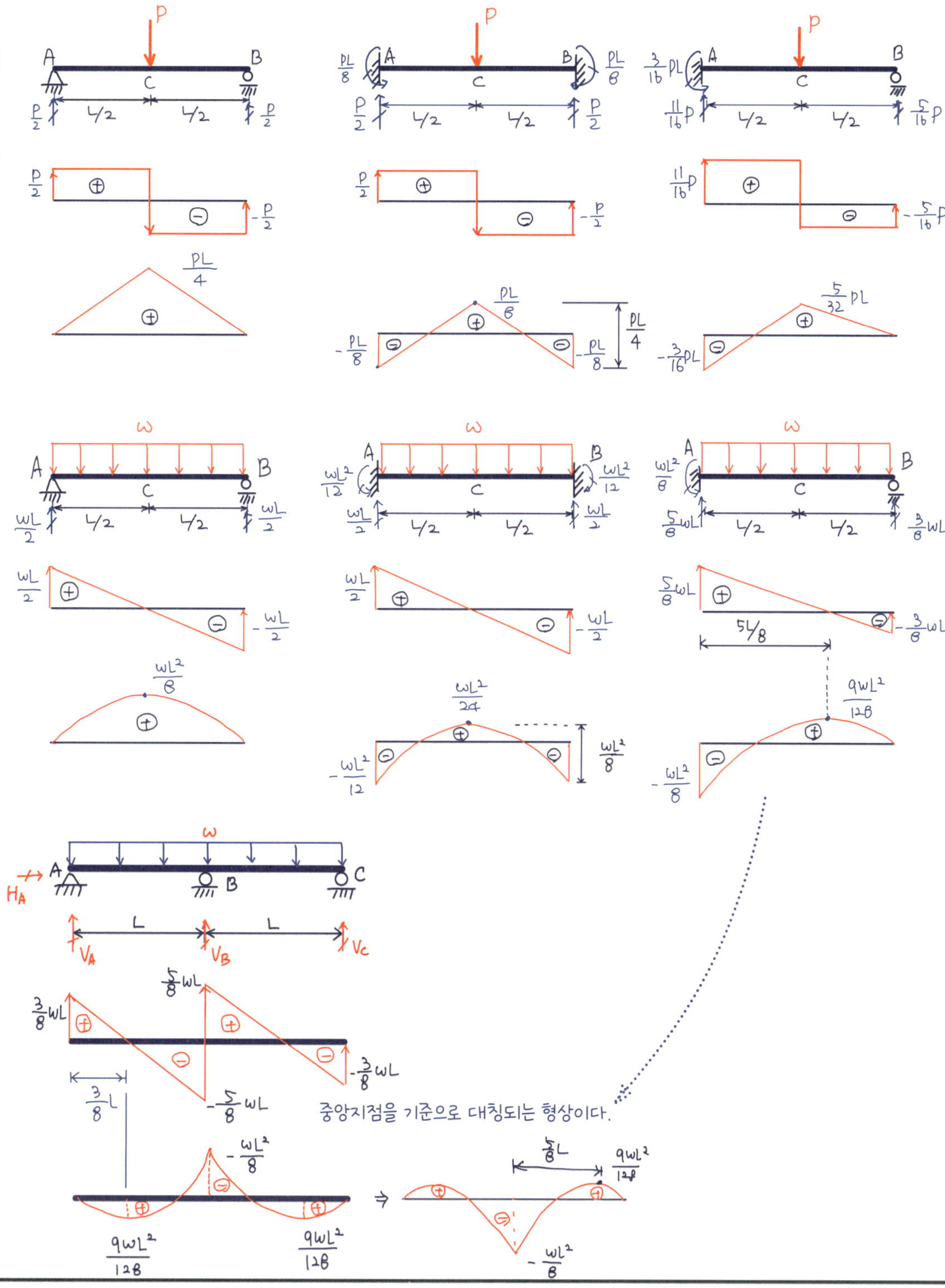

Type	L5. 처짐각 방정식을 활용한 부정정보 해석
Frequency	
Comment	
L5-00	처짐각 방정식을 이해하기 위한 준비

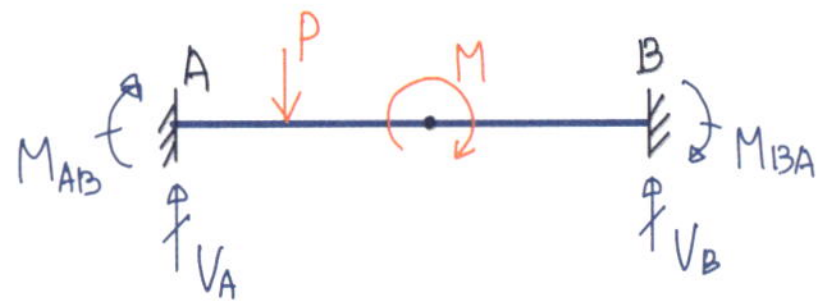

→ 반력값들의 방향은 시계방향과 상향으로 가정해서 "+" 값을 갖도록 한다.

$$M_{AB} = 2EK_{AB}(2\theta_A + \theta_B + 3\psi_{AB}) + C_{AB}$$

(강도: $2EK_{AB}$, 처짐각: θ_A, θ_B, 부재각: ψ_{AB}, 하중항: C_{AB})

↓

간편식

↓ AB 부재에서 A점의 반력에 해당하는 Moment

- $M_{AB} = +k_{AB}(2\phi_A + \phi_B + \beta_{AB}) + C_{AB}$

  (강비: k_{AB}, 처짐각함수: ϕ_A, ϕ_B, 부재각함수: β_{AB}, 하중항: C_{AB})

- $M_{BA} = +k_{BA}(\phi_A + 2\phi_B + \beta_{BA}) + C_{BA}$

1. 강도 및 강비

   1) 강도 (stiffness) K ; 부재의 강한 정도

   $$K = \frac{I}{L} = \frac{\text{단면 2차 M}}{\text{부재의 길이}}$$

   2) 강비 (stiffness ratio) k ; 강도를 비교한 상대적인 값

   $$k_i = \frac{\text{자기 강도}}{\text{표준강도}} = \frac{K_i}{K_o}$$

   → k 값은 가능한 1 보다 큰 값을 사용하는 것이 좋다.

   ↑ 표준강도: 일반적으로 부재의 강도 중 최소값으로 설정한다.

Comment

2. 부재각 산정 (3연모멘트법 참고)

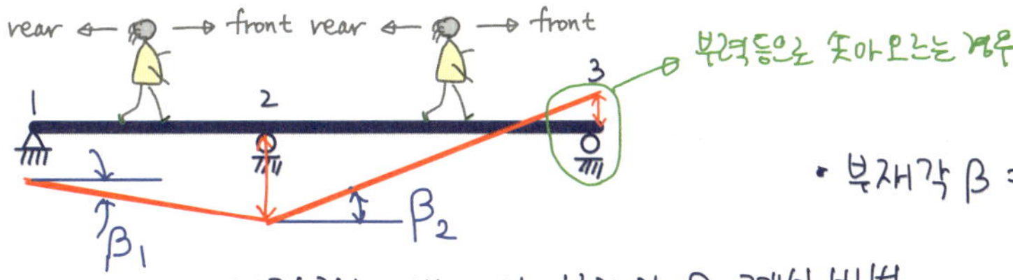

• 부재각 $\beta = \dfrac{\Delta_{front} - \Delta_{rear}}{\text{지간거리}}$ (= 부재길이)

지점침하 발생시 부재각 β 계산방법
(지점침하가 없으면 β도 없다)

3. 하중항 (Carry of Lord)

; 고정단을 유지하기 위한 재단 Moment → 힌지, 자유단에서는 하중항 없음.

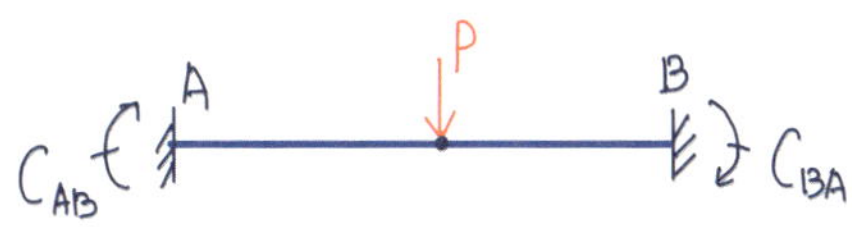

• $M_{AB} = k_{AB}(2\phi_A + \phi_B + \beta_{AB}) + C_{AB}$

• $M_{BA} = k_{BA}(\phi_A + 2\phi_B + \beta_{BA}) + C_{BA}$

항상 "+"로 가정해서 식 세우고 가정사항과 다르면 부호 바꿀것!!
→ 일단 모든 하중항은 시계방향"+"로 가정.

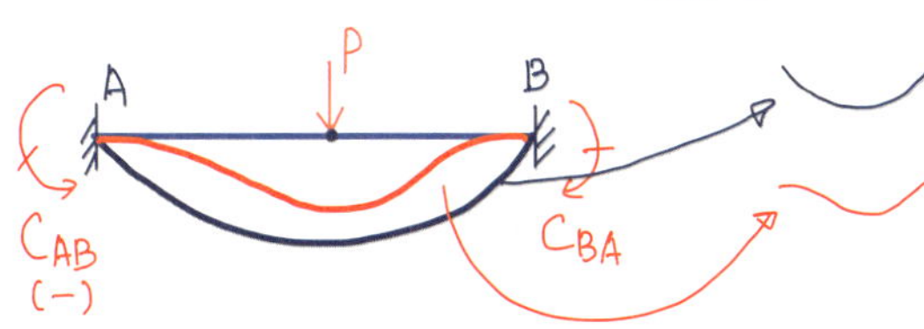

변형형상으로 되려면 단부에는 Moment가 존재해야한다 → 즉, 하중항 C_{AB}와 C_{BA}.

• $M_{AB} = k_{AB}(2\phi_A + \phi_B + \beta_{AB}) + (-C_{AB})$

• $M_{BA} = k_{BA}(\phi_A + 2\phi_B + \beta_{BA}) + C_{BA}$

"+"로 쓰고 C 항에 부호를 반영하면 혼동하지 않는다

부호는 시계 +, 반시계 −.

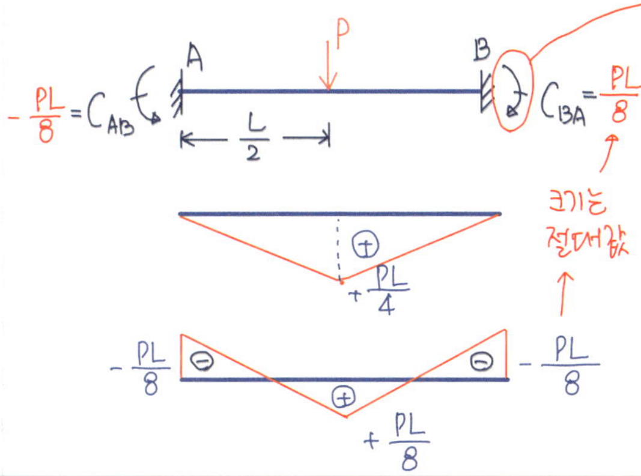

• 처짐각 방정식의 하중항 부호에 대해서..
하중항의 크기는 BMD에서 절대값으로 가져오고 C_{ij}항 (C_{AB} 혹은 C_{BA}) 방향(부호)은 고정단을 유지하기 위한 Moment의 개념에서 결정 (즉, 시계방향 +, 반시계방향 −)

Comment

L5-01 그림과 같은 부정정 구조물의 반력을 구하시오.

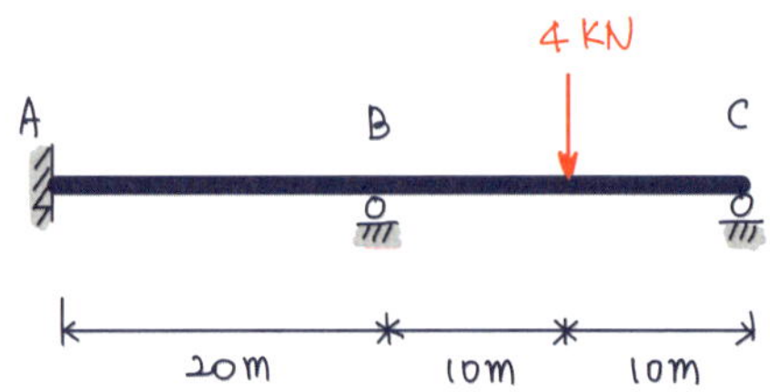

Sol.

∘ 처짐각법을 사용해서 반력과 주요 부재력을 구한다.

1) 강도 및 강비계산

$$K_{AB} = K_{BA} = \frac{I}{L_{AB}} = \frac{I}{20} = K_0$$

$$K_{BC} = K_{CB} = \frac{I}{L_{BC}} = \frac{I}{20}$$

보완설명

→ $K_{AB} = K_{BC}$ 이므로 강비계산은 사실상 의미가 없다.

• 강비 $k_{AB} = k_{BA} = \frac{K_{AB}}{K_0} = \frac{I/20}{I/20} = 1$

$$k_{BC} = k_{CB} = \frac{K_{BC}}{K_0} = 1$$

2) 부재각 산정

지점 A.B.C 에서 침하는 없으므로 부재각 $\varphi_{AB} = \varphi_{BA} = \varphi_{BC} = \varphi_{CB} = 0$

3) 하중항 산정

• AB구간

$C_{AB} = C_{BA} = 0$ (∵ AB구간에 하중이 없으므로…)

• BA구간

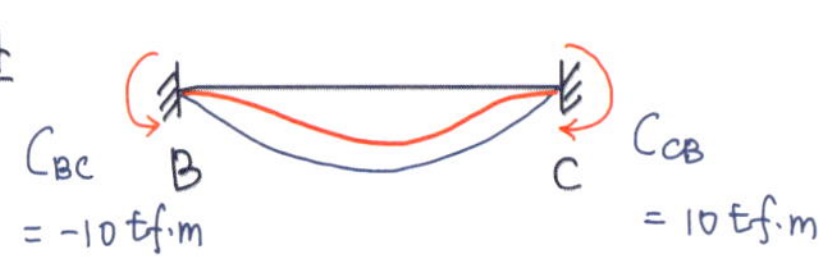

• $C_{BC} = -\frac{PL}{8} = -\frac{4\times 20}{8} = -10$ KN·m

• $C_{CB} = \frac{PL}{8} = \frac{4\times 20}{8} = 10$ KN·m

Comment

4) 처짐각 방정식

A점은 고정지점이므로 $\phi_A = 0$, C점은 끝단 힌지지점이므로 $M_C = 0$ 이 된다.

$\cdot\ M_{AB} = k_{AB}(2\phi_A + \phi_B + \beta_{AB}) + C_{AB} = k_{AB}\cdot\phi_B = \phi_B$

$\cdot\ M_{BA} = k_{BA}(\phi_A + 2\phi_B + \beta_{BA}) + C_{BA} = k_{BA}\cdot 2\phi_B = 2\phi_B$

$\cdot\ M_{BC} = k_{BC}(2\phi_B + \phi_C + \beta_{BC}) + C_{BC} = k_{BC}(2\phi_B + \phi_C) - 10 = 2\phi_B + \phi_C - 10$

$\cdot\ M_{CB} = k_{CB}(\phi_B + 2\phi_C + \beta_{CB}) + C_{CB} = k_{CB}(\phi_B + 2\phi_C) + 10 = \phi_B + 2\phi_C + 10$

$\cdot\ M_C = M_{CB} = \phi_B + 2\phi_C + 10 = 0$

$\therefore\ \phi_C = -\dfrac{\phi_B}{2} - 5 = -\left(\dfrac{\phi_B}{2} + 5\right)$ → 위 식들에 대입후 정리

$\cdot\ M_{AB} = \phi_B$

$\cdot\ M_{BA} = 2\phi_B$

$\cdot\ M_{BC} = 2\phi_B + \phi_C - 10 = 2\phi_B - \left(\dfrac{\phi_B}{2} + 5\right) - 10 = \dfrac{3}{2}\phi_B - 5 - 10$

$\cdot\ M_{CB} = 0$

5) 절점방정식

$\Sigma M_B = 0$; $M_{BA} + M_{BC} = 0$

$2\phi_B + 1.5\phi_B - 15 = 0 \quad \therefore\ \phi_B = \dfrac{15}{3.5} = 4.29$

$\therefore\ \phi_C = -\left(\dfrac{4.29}{2} + 5\right) = 7.14$

6) 재단모멘트

$\cdot\ M_{AB} = \phi_B = 4.29$ kN·m

$\cdot\ M_{BA} = 2\phi_B = 2 \times 4.29 = 8.58$ kN·m

$\cdot\ M_{BC} = 1.5\phi_B - 15 = 1.5 \times 4.29 - 15 = -8.58$ kN·m

$\cdot\ M_{CB} = 0$

Comment

7) 반력

• AB구간의 자유물체도

$\Sigma M_B = 0$ ((+))

$4.29 - (R_A \cdot 20) + 8.58 = 0$

$\therefore R_A = 0.64\,kN$ (↓)

$\therefore R_{B1} = 0.64\,kN$ (↑)

• BC구간의 자유물체도

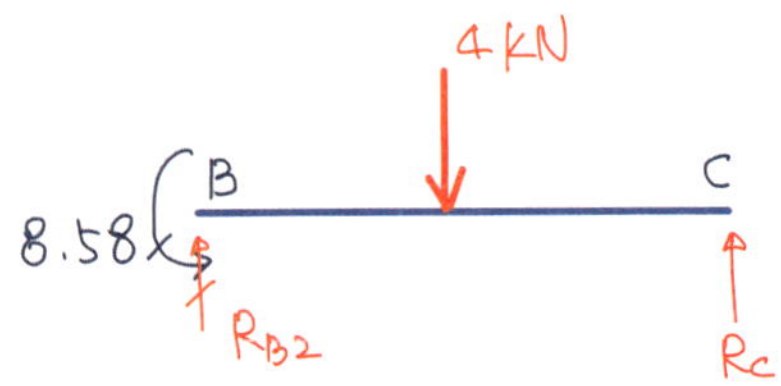

$\Sigma M_C = 0$ ((+))

$-8.58 + (R_{B2} \cdot 20) - (4 \cdot 10) = 0$

$\therefore R_{B2} = 2.43\,kN$ (↑)

$\therefore R_C = 4 - 2.43 = 1.57\,kN$ (↑)

$\therefore R_B = R_{B1} + R_{B2} = 3.07\,kN$ (↑)

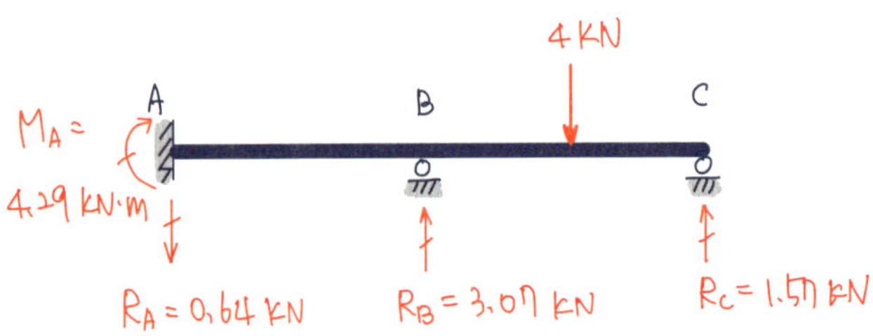

Type	L6. 모멘트 분배율과 전달모멘트 구하기
Frequency	
Comment	

L6-00

● 전달모멘트의 개념

→ 부재의 한쪽 단부에 모멘트(분배모멘트)가 작용하면 이 모멘트는 부재의 다른 쪽 단부에 모멘트를 전달하게 되는데 이렇게 전달되어 온 모멘트를 '전달모멘트'라 한다. 전달모멘트는 고정단일 때만 생긴다.

- B점은 강절점이므로 하중에 의한 변형 후에도 부재의 처짐각은 변형 전과 같아야 한다.
- 휨에 대한 강성 EI/L 에서 E가 일정하다면 부재별 휨강성은 부재길이 L과 단면2차모멘트 I의 관계, I/L 로부터 결정된다.
- 즉, 부재별 휨강성은 다르지만 B점에서 처짐각(변형각)은 같다.

→ 부재별로 모두 동일한 처짐각이 생기기 위해서는 (휨)강성이 큰 부재는 상대적으로 많은 힘을 받아야 한다.

→ 모멘트 분배율의 개념 : 강성이 서로 다른 부재들이 한 점에서 연결될 때 상대적으로 강한 부재에는 더 많은 힘이 분배되어야 같은 크기의 처짐각을 만들어 낼 수 있다.

- B에서 각 부재로 분배 해주는 모멘트 크기의 1/2이 부재 반대편 지점으로 전달된다.

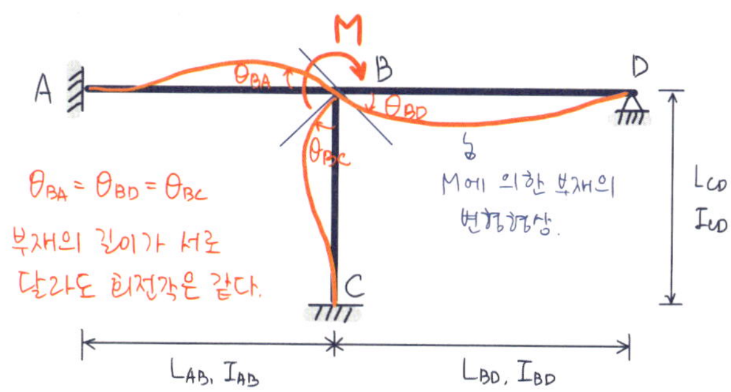

전달모멘트 계산과정

① 강성(강도) ; K

$$K_{BA} : K_{BC} : K_{BD} = \frac{I_1}{L_1} = \frac{I_2}{L_2} = \frac{I_3}{L_3}\frac{3}{4}$$

→ 부재의 단부가 힌지지점인 경우에는 고정단 지점 강성의 3/4배, 즉 75% 강성을 갖는다.

② 강비 ; k

$$k_{BA} : k_{BC} : k_{BD} = \frac{K_{BA}}{K_O} : \frac{K_{BC}}{K_O} : \frac{K_{BD}}{K_O}$$

→ 여러 부재의 강성(강도) 값들 중 가장 작은 강성(강도)를 기준으로 다른 부재의 강성을 비교하여 비율로 표시

Comment

③ 분배율 : DF (Distributed Factor)

$$DF_{BA} : DF_{BC} : DF_{BD} = \frac{k_{BA}}{\Sigma k_i} : \frac{k_{BC}}{\Sigma k_i} : \frac{k_{BD}}{\Sigma k_i} \quad (\text{여기서 } \Sigma k_i = k_{BA} + k_{BC} + k_{BD})$$

④ 분배모멘트 : M_{BA}, M_{BC}, M_{BD} (각각 B에서 A로, B에서 C로, B에서 D로 분배된다는 의미이다)

– B점에서 각 부재별로 분배되는 모멘트 = 부재별 분배율 x B점의 모멘트(=B점의 불균형모멘트)

$$M_{BA} : M_{BC} : M_{BD} = DF_{BA} \cdot M : DF_{BC} \cdot M : DF_{BD} \cdot M$$

⑤ 전달모멘트 : M_{AB}, M_{CB}, M_{DB}

– B점에서 분배해준 분배모멘트를 각 지점이 전달받은 모멘트

$$M_{AB} : M_{CB} : M_{DB} = \frac{1}{2} M_{BA} : \frac{1}{2} M_{BC} : 0$$

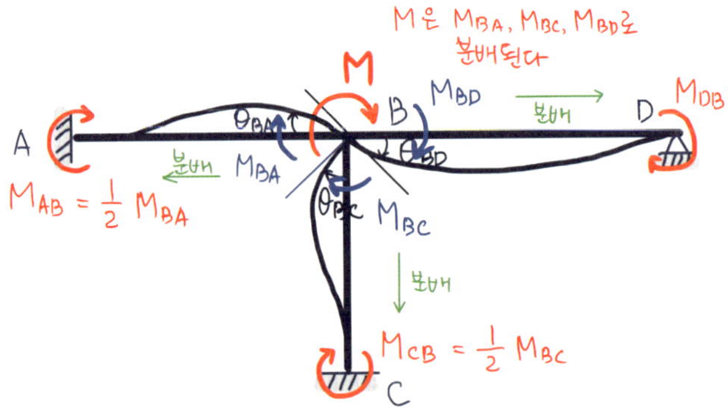

– 힌지 지점에는 모멘트 반력이 생기지 않는다.
– B점에서 부재의 다른 쪽으로 모멘트는 분배하지만 힌지지점은 모멘트를 전달받지 못한다.
– 힌지지점에는 회전각이 생긴다 = 모멘트 반력이 생기지 못한다

– 고정단은 B점에서 A점으로 분배해주는 분배모멘트(M_{BA})의 1/2을 전달받는다. 나머지 1/2은 B 점에서 A점으로 분배되는 동안 보를 변형시키면서 소비된다.
– B점에 모멘트하중이 작용하여 동일한 회전각 θ를 각각의 부재에 같은 크기로 발생시키려면 강성이 큰 부재에 더 많은 모멘트가 분배되어야 한다.
– 힌지지점 D는 B점에서 분배해주는 분배모멘트를 전달받지 못한다.
– 각 부재의 강성과 지점조건에 따라 분배율이 결정되고 분배율에 따라 B 점의 모멘트하중은 M_{BA}, M_{BC}, M_{BD}로 분배된다($M_{BA} + M_{BC} + M_{BD} = M$).

Comment

L6-01 다음과 같은 부정정 라멘구조물의 전달모멘트는?

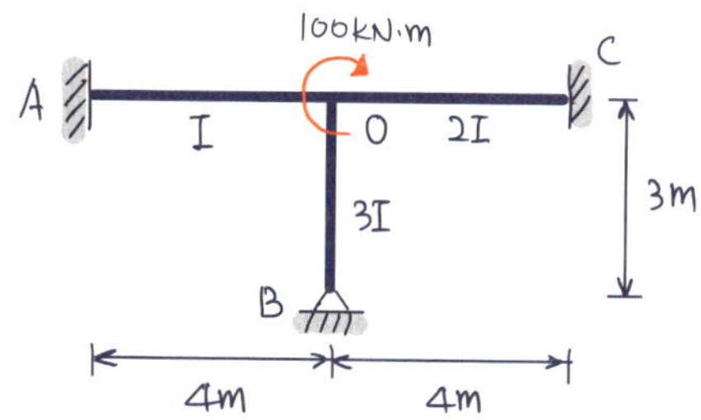

Sol.

O 점의 100kN·m 모멘트 하중이 OA, OB, OC 부재에 분배되는 비율을 계산하는 과정.

① 강성(강도)

$$K_{OA} : K_{OB} : K_{OC} = \frac{I}{4} : \frac{3I}{3}\frac{3}{4} : \frac{2I}{4} = \frac{1}{4} : \frac{3}{4} : \frac{1}{2}$$

② 강비 : $K_{OA} = \frac{1}{4}$로 가장 작으므로 기준이 되는 강성 $K_O = K_{OA}$

$$k_{OA} : k_{OB} : k_{OC} = \frac{K_{OA}}{K_O} : \frac{K_{OB}}{K_O} : \frac{K_{OC}}{K_O} = \frac{K_{OA}}{K_{OA}} : \frac{K_{OB}}{K_{OA}} : \frac{K_{OC}}{K_{OA}} = \frac{1/4}{1/4} : \frac{3/4}{1/4} : \frac{1/2}{1/4} = 1 : 3 : 2$$

③ 분배율

$DF_{OA} : DF_{OB} : DF_{OC} = \frac{1}{6} : \frac{3}{6} : \frac{2}{6}$ (여기서 Σk_i=1+3+2=6)

④ 분배모멘트

$$M_{OA} = DF_{OA} \cdot M_O = \frac{1}{6}(100) = 16.7\,kN.m$$

$$M_{OB} = DF_{OB} \cdot M_O = \frac{3}{6}(100) = 50.0\,kN.m$$

$$M_{OC} = DF_{OC} \cdot M_O = \frac{2}{6}(100) = 33.3\,kN.m$$

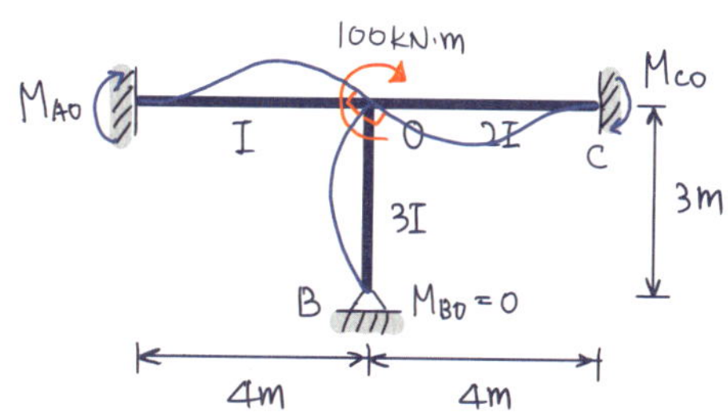

⑤ 전달모멘트

$$M_{AO} = 1/2 \cdot M_{OA} = \frac{1}{2}(16.7) = 8.33\,kN.m$$

$$M_{BO} = 1/2 \cdot M_{OB} = 0$$

$$M_{CO} = 1/2 \cdot M_{OC} = \frac{1}{2}(33.3) = 16.7\,kN.m$$

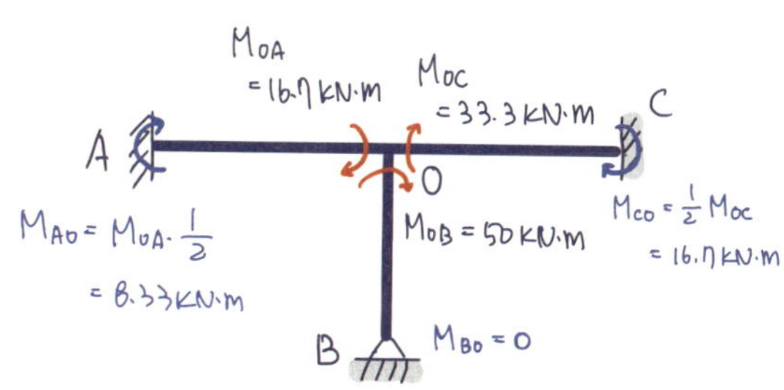

Comment

L6-02 다음과 같은 부정정 라멘구조물의 전달모멘트는?

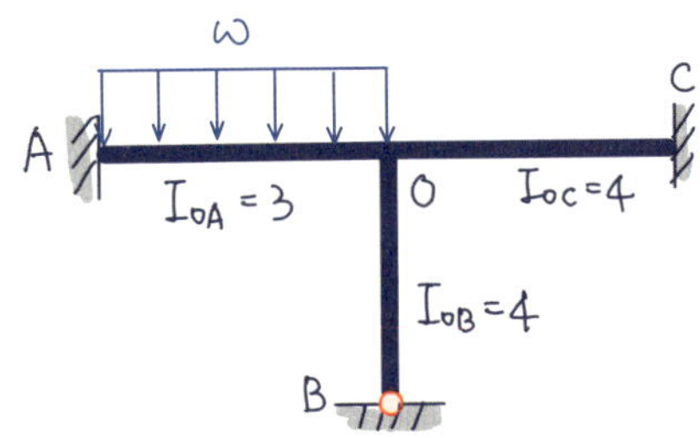

Sol.

① 강성(강도)

$K_{OA} : K_{OB} : K_{OC} = \frac{3}{L} : \frac{4}{L}\frac{3}{4} : \frac{4}{L} = 3 : 3 : 4$

② 분배율

$DF_{OA} : DF_{OB} : DF_{OC} = \frac{3}{10} : \frac{3}{10} : \frac{4}{10}$ (여기서 $\Sigma k_i = 3+3+4=10$)

③ O점의 모멘트 = O점의 해제모멘트

➡ O점의 모멘트가 주어져 있지 않으므로 직접 계산해야 한다.

• 고정단모멘트 $FEM_{OA} = \frac{wL^2}{12}$ ➡ 각각의 부재를 양단 고정보로 가정한 후, 하중이 부재의 단부에 발생시키는 모멘트를 고정단모멘트라 한다.

• 해제모멘트 $M_O = -FEM_{OA} = -\frac{wL^2}{12}$ ➡ 고정단모멘트를 해제하기 위한 모멘트를 해제모멘트라 하며 고정단모멘트와 크기는 같고 부호는 반대이다. 반력 모멘트.

④ 분배모멘트

$M_{OA} = DF_{OA} \cdot M_O = \frac{3}{10}\left(-\frac{wL^2}{12}\right) = -\frac{wL^2}{40}$

$M_{OB} = DF_{OB} \cdot M_O = \frac{3}{10}\left(-\frac{wL^2}{12}\right) = -\frac{wL^2}{40}$

$M_{OC} = DF_{OC} \cdot M_O = \frac{4}{10}\left(-\frac{wL^2}{12}\right) = -\frac{wL^2}{30}$

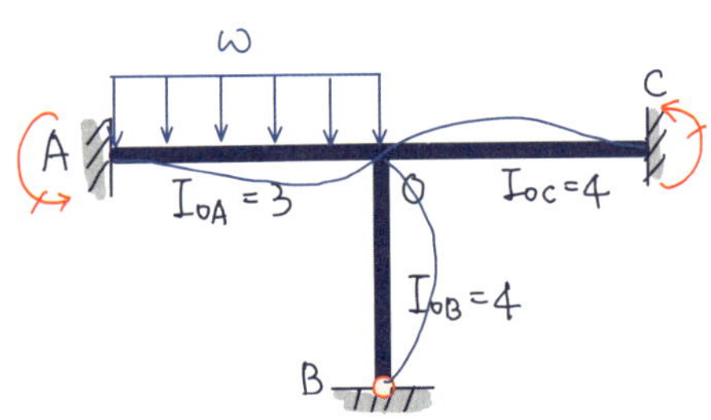

⑤ 전달모멘트

$M_{AO} = 1/2 \cdot M_{OA} = \frac{1}{2}\left(-\frac{wL^2}{40}\right) = -\frac{wL^2}{80}$

$M_{BO} = 1/2 \cdot M_{OB} = 0$

$M_{CO} = 1/2 \cdot M_{OC} = \frac{1}{2}\left(-\frac{wL^2}{30}\right) = -\frac{wL^2}{60}$

Comment

L6-03 다음과 같은 부정정 라멘구조물에서 하중 P에 의한 전달모멘트 Mco는?

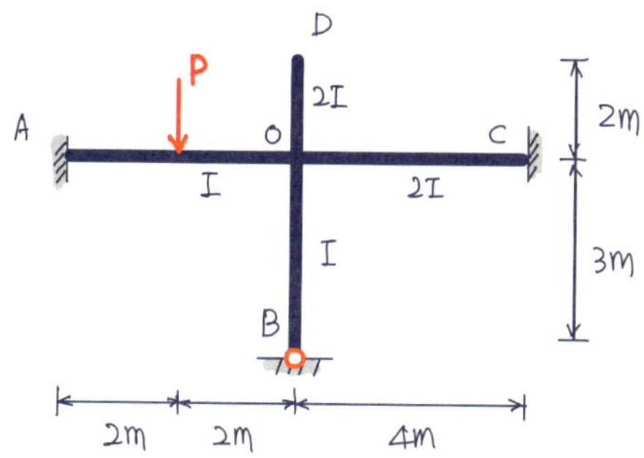

Sol.

- 해제 Moment : $M_o = \frac{PL}{8}$

1) 강도 및 강비

$$K_{OA} : K_{OB} : K_{OC} = \frac{I}{4} : \frac{I}{3} \cdot \frac{3I}{4} : \frac{2I}{4} = 1:1:2$$

2) 분배율

$$DF_{OA} : DF_{OB} : DF_{OC} = \frac{1}{4} : \frac{1}{4} : \frac{1}{2}$$

주의 !!
OD 부재의 D 점은 자유단이므로 구조부재별 모멘트 분배율 결정 과정에서 OD 부재는 제외 되어야 한다.

3) 분배모멘트

$$M_{OC} = \frac{1}{2} \times \left(\frac{PL}{8}\right) = \frac{PL}{16}$$

4) 전달모멘트

$$M_{CO} = \frac{1}{2} M_{CO} = \frac{PL}{32}$$

↳ Mco는 반시계 방향 Moment 이므로 엄밀한 의미에서 $-\frac{PL}{32}$

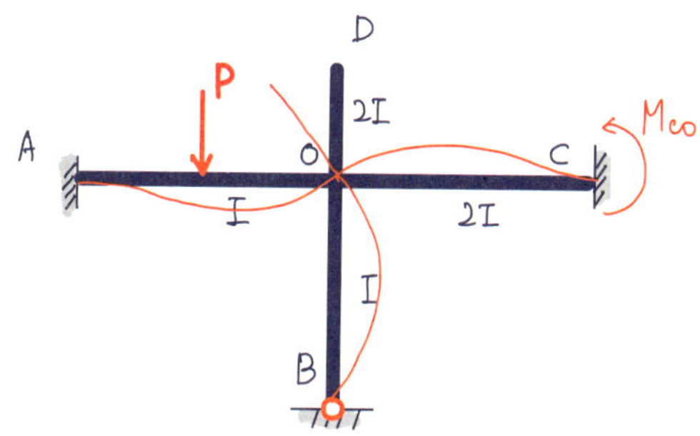

2. 역학 공부에 도움이 될 만한 것들

Z1. 응용역학에서 사용되는 그리스 문자

대문자	소문자	명칭	발음	응용역학에서는...
Α	α	alpha	알파	열팽창(온도)계수, 각도
Β	β	beta	베타	각도
Γ	γ	gamma	감마	전단변형률
Δ	δ	delta	델타	처짐, 변위량
Ε	ε	epsilon	엡실론	변형률
Ζ	ζ	zeta	제타, 지타	
Η	η	eta	에타, 이타	
Θ	θ	theta	세타, 시타	각도
Ι	ι	iota	요타	
Κ	κ	kappa	카파	곡률
Λ	λ	lambda	람다	전단변형량
Μ	μ	mu	뮤	
Ν	ν	nu	뉴	프아송비
Ξ	ζ	xi	크시, 크사이	
Ο	o	omicron	오미크론	
Π	π	pi	파이	원주율
Ρ	ρ	rho	로	곡률반경
Σ	σ	sigma	시그마	축응력, 휨응력
Τ	τ	tau	타우	전단응력(비틀림응력)
Υ	υ	upsilon	입실론	
Φ	$\emptyset$	phi	피, 파이	지름
Χ	χ	chi	키, 카이	
Ψ	ψ	psi	프시,프사이	
Ω	ω	omega	오메가	등분포하중 강도

Z2. 정정 vs 부정정, 안정 vs 불안정

1) 구조물의 상태를 판별하는 용어의 정의

- 안 정
  - 정 정
  - 부정정
    - 외적부정정
    - 내적부정정
- 불안정

■ 안정과 불안정의 구분

① 안정(Stability) : 외력이 작용했을 때 구조물이 항상 평형을 이루는 상태(위치나 모양의 변화가 없음)

② 불안정(Unstability) : 외력이 작용했을 때 구조물이 평형을 이루지 못하는 상태(위치나 모양이 변화함)

■ 정정과 부정정의 구분

① 정정(Determinate) : 힘의 평형방정식(조건식)만으로 구조물의 반력과 부재력을 구할 수 있는 상태

② 부정정(Indeterminate) : 힘의 평형방정식(조건식)만으로 구조물의 반력과 부재력을 구할 수 없는 상태

■ 외적부정정과 내적부정정의 구분

① 외적부정정 : 힘의 평형방정식(조건식)만으로 구조물의 반력을 구할 수 없는 상태

② 내적부정정 : 힘의 평형방정식(조건식)만으로 구조물의 부재력을 구할 수 없는 상태

안정한 구조물	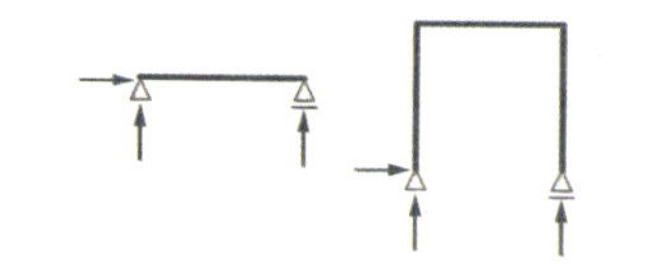	하중에 따른 위치나 모양의 변화가 없다.
불안정한 구조물	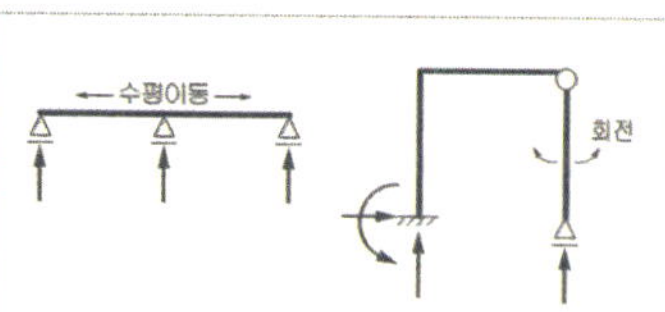	위치가 이동하거나 부재가 회전한다.

정정 구조물	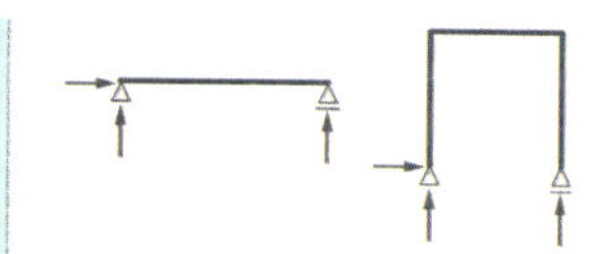	평형조건식으로 반력을 구할 수 있다.
부정정 구조물	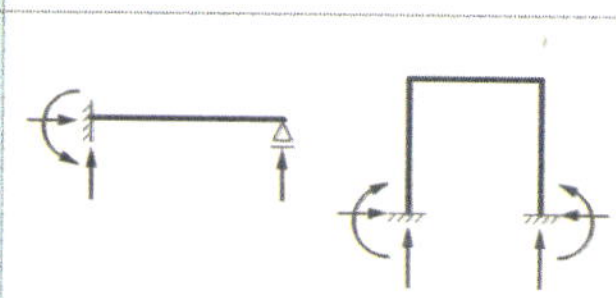	미지의 반력이 많아 평형조건식만으로는 반력을 구할 수 없다.

2) 구조물의 상태 판별식

■ 전체부정정 차수 판별식 $n = r + m - j$

$$= r + (3m_3 + 2m_2 + m_1) - (3j_3 + 2j_2)$$

여기서

n : 전체부정정 차수

n ≧ 0 안정 (n = 0 정정, n > 0 부정정)

n < 0 불안정

→ 전체부정정 차수 판별식 = Σ 미지수 − Σ 방정식의 수

= Σ (r + m) − Σ j

= Σ (반력 수+부재력 수) − Σ (평형방정식 수+적합조건식 수)

r : 반력 수

m : 부재(member) 형태에 따라 결정되는 미지의 부재력 수

$m = 3m_3 + 2m_2 + m_1$

j : joint의 형태에 따라 결정되는 방정식 수

$j = 3j_3 + 2j_2$

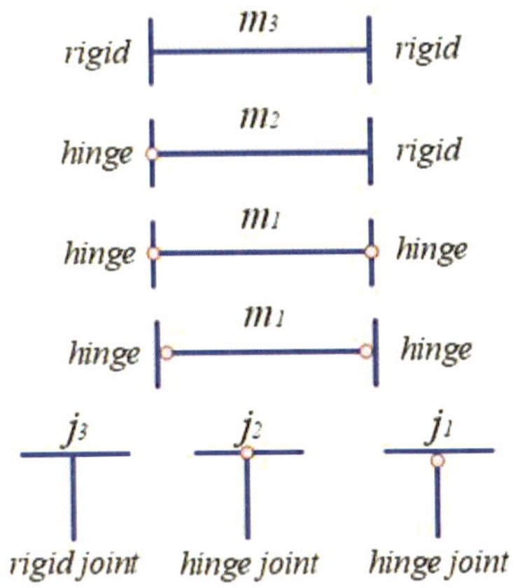

➡ *j_2* 즉, *pin joint*는 힌지지점, 로울러지점, 내부힌지에 해당함.

■ 외적부정정 차수 판별식 $n_1 = r - 3 - h$ ➡ 보 구조물에서는 내적부정정이 없으므로 $n_1 = n$ 이 된다.

여기서

n_1 : 외적부정정 차수

r : 반력 수

h : 내부 힌지 수

■ 내적부정정 차수 판별식 $n_2 = n - n_1$

여기서 n_2 : 내적부정정 차수

3) 구조물의 상태 판별식 적용 과정

① 지점형태를 고려해 전체 반력수 r을 구한다.

② 부재와 부재가 연결된 joint가 j_3인지 j_2인지 표기하고 각각의 개수를 구한다.

③ 부재의 양끝 joint의 형태에 따라 부재가 m_3, m_2, m_1인지 표기하고 각각의 개수를 구한다.

④ 전체부정정 차수 판별식 $n = r + m - j = r + (3m_3 + 2m_2 + m_1) - (3j_3 + 2j_2 + 0j_1)$에 대입하여 전체부정정 차수를 구한다.

⑤ 외적부정정 차수 판별식 $n_1 = r - 3 - h$에 대입하여 전체부정정 차수 중 외적부정정 차수를 구한다.

⑥ 내적부정정 차수 판별식 $n_2 = n - n_1$에 대입하여 전체부정정 차수 중 내적부정정 차수를 구한다.

■ 구조물의 상태 판별식 적용 과정 예시

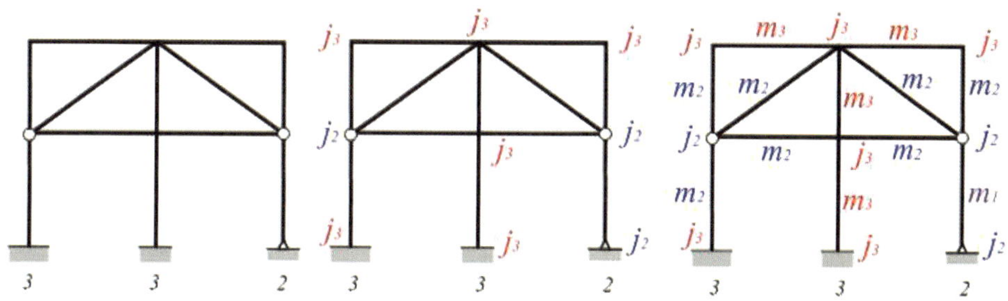

①번 설명 ②번 설명 ③번 설명

④ 전체부정정 차수 n = 8+(3×4+2×7+1×1)-(3×6+2×3) = 8+27-24 = 11차 부정정

⑤ 외적부정정 차수 n_1 = 8-3-2 = 3차 외적부정정

⑥ 내적부정정 차수 n_2 = 11-3 = 8차 내적부정정

➡ 위의 구조물은 전체 11차 부정정구조물임. 11차 부정정 중 3차 외적 부정정과 8차 내적 부정정으로 구성되어 있다.

4) 정정구조물과 부정정구조물 판별을 좀 더 간단하게 ......

① 보 구조물 : 보 구조물은 내적 부정정이 없으므로 외적부정정차수가 곧 전체 부정정차수가 된다.

∴ 부정정차수 $n = n_1 = r - 3 - h$ = 반력수 - 평형방정식수 3개 - 내부힌지 수

② 아치 구조물 : 보 구조물과 동일

∴ 부정정차수 $n = n_1 = r - 3 - h$ = 반력수 - 평형방정식수 3개 - 내부힌지 수

Z2. 정정 vs 부정정, 안정 vs 불안정

③ 라멘 구조물 : 일반식 사용

- 전체부정정 차수 판별식 $n = r + m - j = r + (3m_3 + 2m_2 + m_1) - (3j_3 + 2j_2 + 0j_1)$
- 외적부정정 차수 판별식 $n_1 = r - 3 - h$
- 내적부정정 차수 판별식 $n_2 = n - n_1$

a) 전체부정정 차수 : 2차 부정정 구조물(내적 2차)

$n = 6+(3\times0+2\times6+1\times2)-(3\times4+2\times3+0\times0) = 2$ → 2차부정정

$n_1 = 6-3-3=0$

$n_2 = 2-0 = 2$ → 내적2차 부정정

$(m_3=0,\ m_2=6,\ m_1=2\ /\ j_3=4,\ j_2=3,\ j_1=0)$

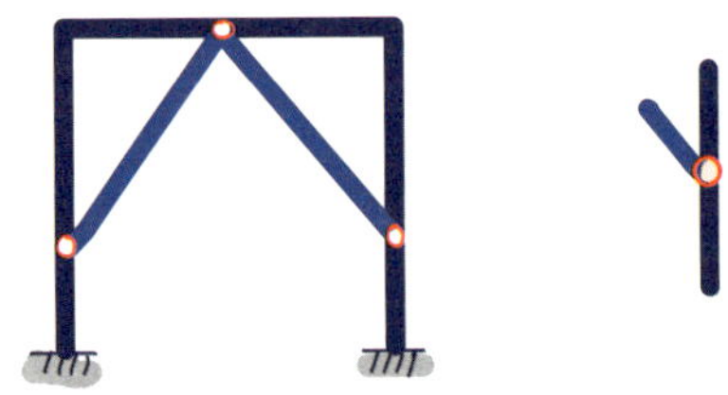

(a)

b) 전체부정정 차수 : 5차 부정정 구조물(외적 3차, 내적 2차)

$n = 6+(3\times3+2\times0+1\times2)-(3\times4+2\times0+0\times2) = 5$차부정정

$n_1 = 6-3-0=3$ → 외적3차 부정정

$n_2 = 5-3 = 2$ → 내적2차 부정정

$(m_3=3,\ m_2=0,\ m_1=2\ /\ j_3=4,\ j_2=0,\ j_1=2)$

(주의!! 구조부재에 힌지(핀)으로 부재 외측에 부착되어 있는 부재(연결부재를 분리하지 못하는 형태의 절점)는 트러스 부재와 같이 축력만을 받을 수 있기 때문에 부재 1당 1개의 부재력이 미지수로 존재하게 된다. 그러나 부재 양단의 J_1 형태는 평형방정식을 적용할 수 있는 절점의 형태가 아님)

(b)

c) 전체부정정 차수 : 4차 부정정 구조물(외적 2차, 내적 2차)

$n = 6+(3\times2+2\times2+1\times2)-(3\times4+2\times1+0\times2) = 4$차부정정

$n_1 = 6-3-1=2$ → 외적2차 부정정

$n_2 = 4-2 = 2$ → 내적2차 부정정

$(m_3=2,\ m_2=2,\ m_1=2\ /\ j_3=4,\ j_2=1,\ j_1=2)$

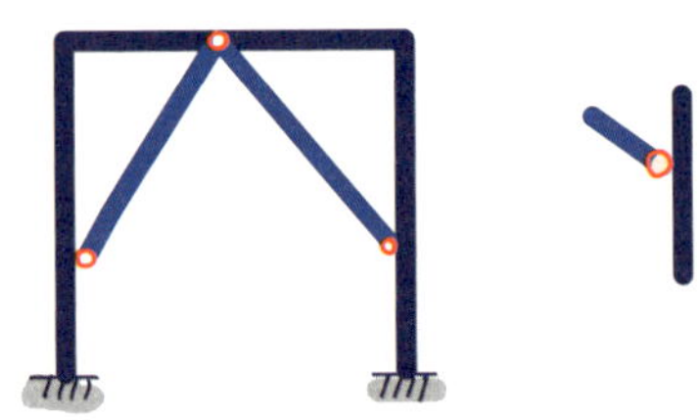

(c)

④ 트러스 구조물 : 모든 절점이 힌지 절점이므로 부재와 절점은 각각 m_1, j_2 만 적용됨.

- 전체부정정 차수 판별식 $n = r + m - j = r + m_1 - 2j_2$ -> 즉, n = 반력수 + 부재수 - 2×절점수
- 외적부정정 차수 판별식 $n_1 = r - 3$
- 내적부정정 차수 판별식 $n_2 = n - n_1$

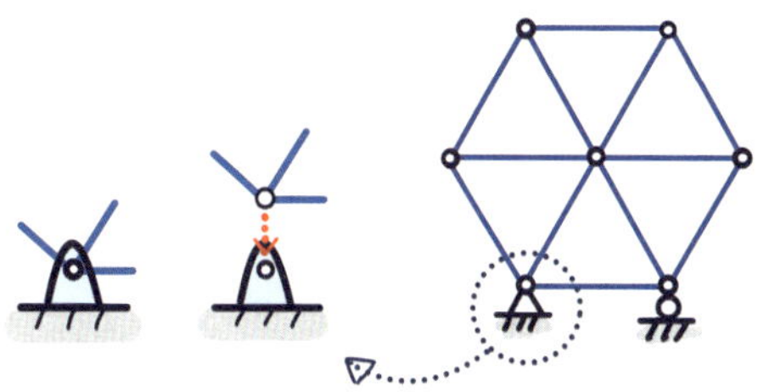

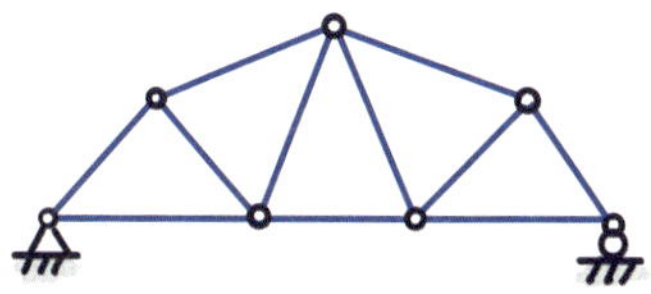

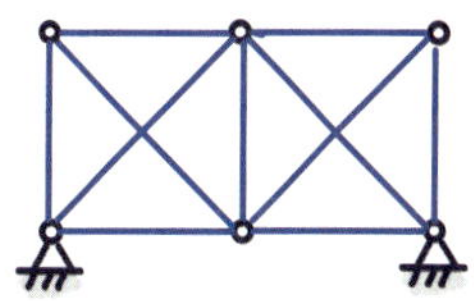

n = 3+12-2×7 = 1차 부정정(내적1차)

n_1 = 3-3 = 0 → 외적정정

n_2 = 1-0 = 1 → 내적1차 부정정

(r=3, m=12, J=7)

n = 3+11-2×7 = 정정

(외적 내적 모두 정정)

(r=3, m=11, J=7)

n = 4+11-2×6 = 3차 부정정

n_1 = 4-3 = 1 → 외적1차 부정정

n_2 = 3-1 = 2 → 내적2차 부정정

(r=4, m=11, J=6)

사재의 교차점을 표현하는 방법 ⇒ 부정정 차수 판별 결과는 같다.

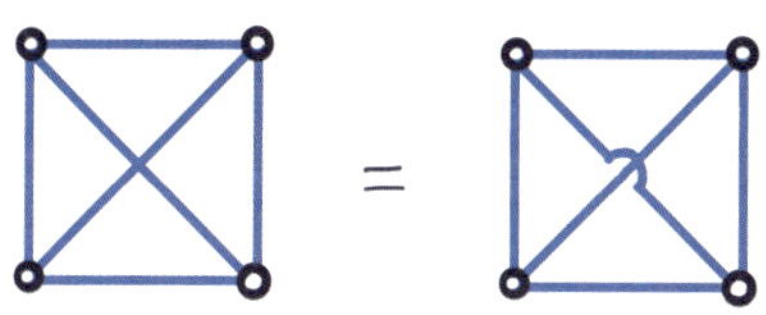

(r=3, m=6, J=4
n = 3+6−2×4 = 2 . 1차 내적 부정정

• 두개의 사재는 서로 분리되어 있다

• 두개의 사재가 한 포인트(힌지)에서 교차되어 연결된다면

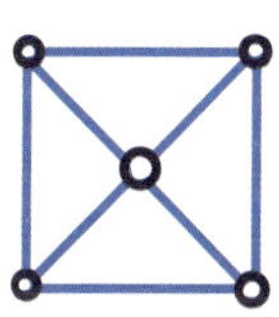

(r=3, m=8, J=5
n = 3+8−2×5 = 1차 내적 부정정.

Z3. Mohr's Circle을 활용한 평면응력 변환

Mohr`s Circle 그리는 방법과 활용 - 모어원과 관련된 문제(풀이, 설명)는 다음 예제를 이해하는 것으로 해결된다.

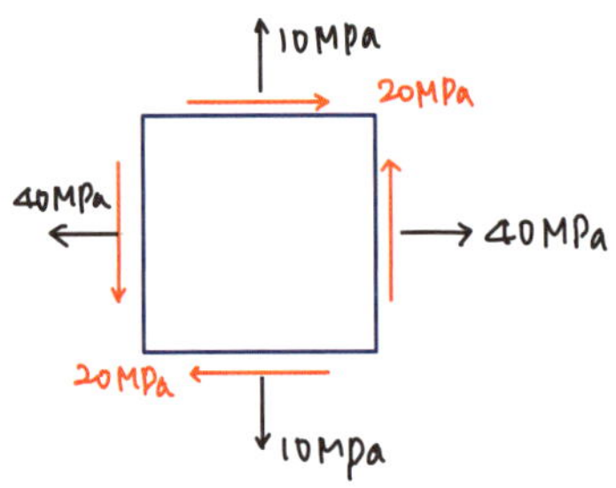

※ 주의할 점

① (+) 좌표 방향

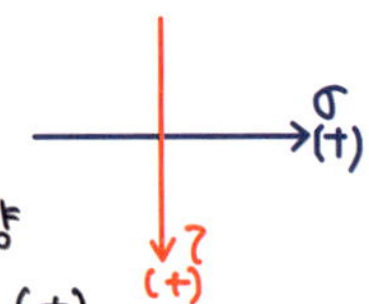

② σ : 인장응력 (+)

τ : 반시계 방향 회전을 일으키는 전단응력 (+)

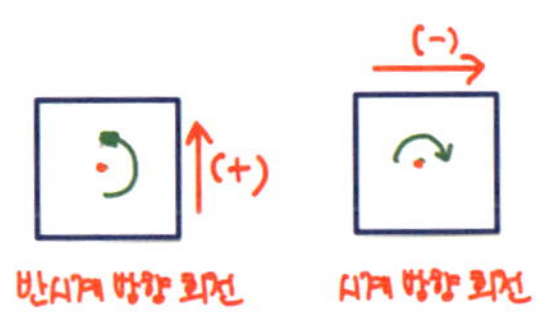

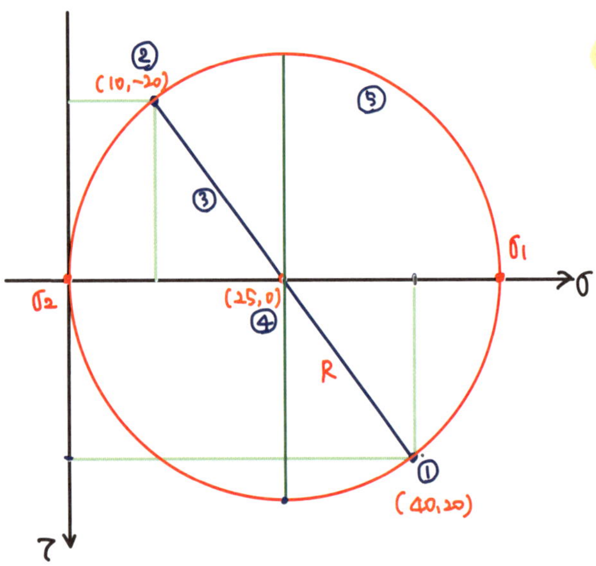

※ 그리는 방법 및 활용

① σ_x, τ_{xy} (40, 20) ← x면 응력 표현

② σ_y, τ_{yx} (10, -20) ← y면 응력 표현

③ ①, ② 점 직선연결

④ x축(σ축)과 ③에서 그은 직선과의 교점 σ_{aver}

$$\left(\sigma_{aver} = \frac{\sigma_x + \sigma_y}{2} = \frac{40+10}{2} = 25\right)$$

⑤ Circle 을 그린다.

(④ 점 : 원의 중심, ④, ① 사이의 거리 : 반지름 R)

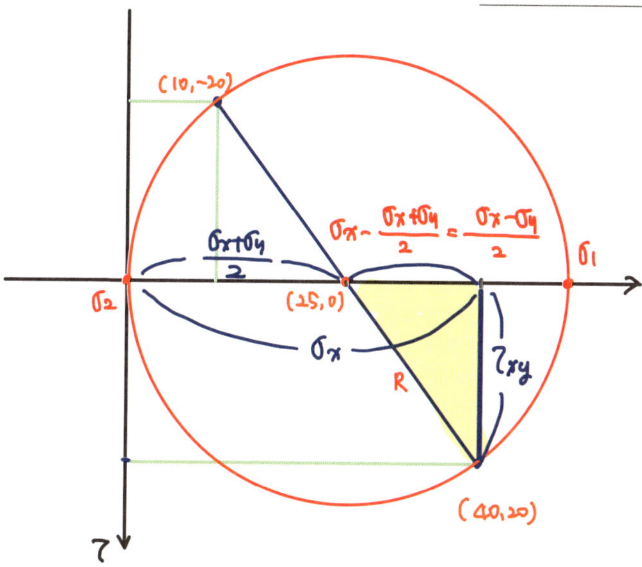

$$R = \sqrt{\left(\frac{\sigma_x-\sigma_y}{2}\right)^2 + \tau_{xy}^2}$$

$$= \sqrt{\left(\frac{40-10}{2}\right)^2 + 20^2} = 25$$

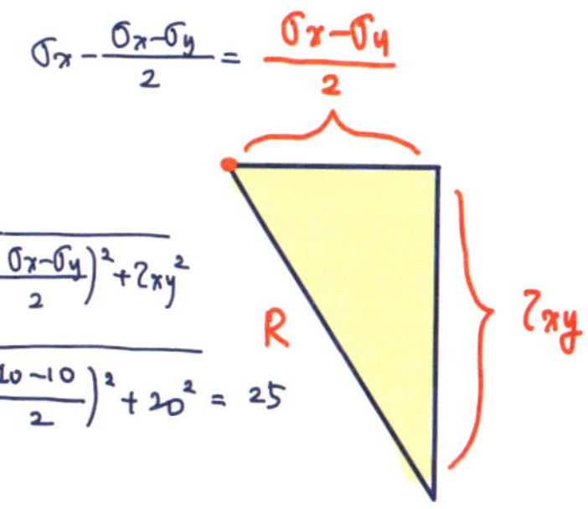

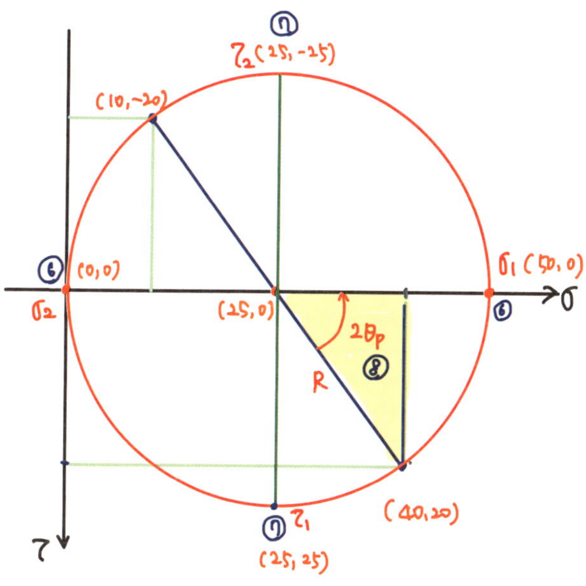

⑥ 원과 σ 축이 만나는 점이 주응력 σ_1, σ_2 이다.
(σ_1 = 최대 주응력, σ_2 = 최소 주응력)

$$\sigma_1 = \frac{\sigma_x+\sigma_y}{2} + R = \frac{\sigma_x+\sigma_y}{2} + \sqrt{\left(\frac{\sigma_x-\sigma_y}{2}\right)^2 + \tau_{xy}^2}$$

$$\sigma_2 = \frac{\sigma_x+\sigma_y}{2} - R = \frac{\sigma_x+\sigma_y}{2} - \sqrt{\left(\frac{\sigma_x-\sigma_y}{2}\right)^2 + \tau_{xy}^2}$$

$$\therefore \sigma_1 = \frac{40+10}{2} + 25 = 50$$

$$\therefore \sigma_2 = \frac{40-10}{2} - 25 = 0$$

⑦ 최대 전단응력 $\tau_{max} = \tau_1$ → 반지름 R과 같다

$$\therefore \tau_{max} = R = \sqrt{\left(\frac{\sigma_x-\sigma_y}{2}\right)^2 + \tau_{xy}^2} = 25\,MPa$$

최소 전단응력 $\tau_{min} = \tau_2$ → 반지름 −R과 같다.
(τ_{min}은 값은 R로 같으나 "−" 값 갖는다.)

$$\therefore \tau_{min} = \tau_2 = -R = -25\,MPa$$

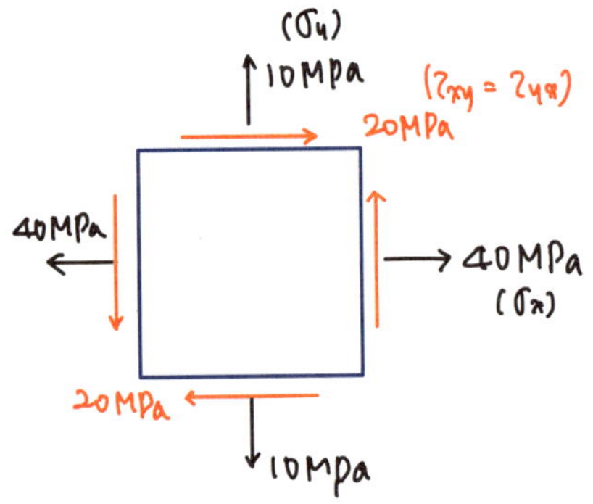

② 주응력이 발생하는 주각 θ_{p1}, θ_{p2}

$$\tan 2\theta_{p1} = \frac{\tau_{xy}}{\left(\frac{\sigma_x - \sigma_y}{2}\right)} = \frac{2\tau_{xy}}{\sigma_x - \sigma_y}$$

$$2\theta_{p1} = \tan^{-1}\left(\frac{2\tau_{xy}}{\sigma_x - \sigma_y}\right)$$

$$\therefore \theta_{p1} = \frac{1}{2}\tan^{-1}\left(\frac{2\tau_{xy}}{\sigma_x - \sigma_y}\right)$$

$$= \frac{1}{2}\tan^{-1}\left(\frac{2\times 20}{40-10}\right) = 26.6^\circ$$

평면요소가 26.6° 반시계 방향으로 회전하면 주응력 $\sigma_1 = 50$MPa 발생

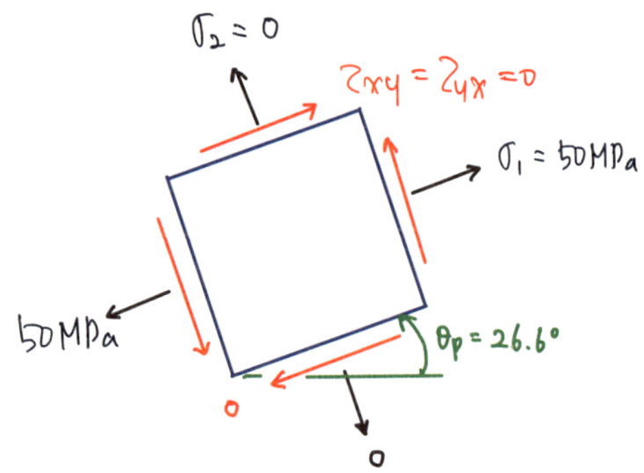

그렇다면 최소주응력 $\sigma_2 = 0$ MPa이 발생되려면 얼마나 회전해야 할까? 즉, θ_{p2} = ?

$$\therefore \theta_{p2} = \theta_{p1} + 90^\circ = 26.6^\circ + 90^\circ = 116.6^\circ$$

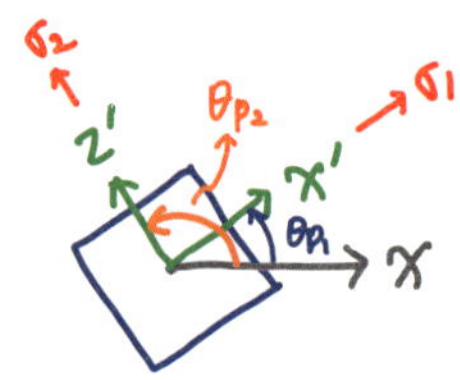

주의!!

최대 주응력 σ_1은 항상 작은 회전각, 최소 주응력 σ_2는 항상 큰 회전각과 짝 지어지는 것은 아님 → 평면응력 변환식 or Mohr's Circle 이용하면 알 수 있음. → P.108 +α 참고

평면요소에서 σ_x가 다시 σ_x가 되려면 180° 회전

Mohr's Circle에서는 σ_x가 다시 σ_x 되려면 360° 회전

즉, 평면요소의 θ는 모아원에서 2θ

Mohr's Circle에서 보면

$2\theta_s = 2\theta_{p1} + 180^\circ$

$\therefore \theta_s = \theta_{p1} + 90^\circ$

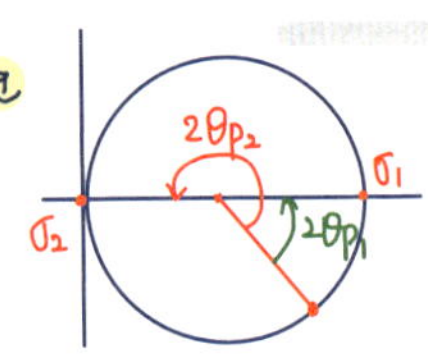

⑨ 최대전단응력($\tau_{max} = \tau_1$)과 최소전단응력($\tau_{min} = \tau_2$)이 발생되려면 최초 평면요소는 얼마나 회전되어야 할까?

→ Mohr's Circle로 이해하면 쉽다.

→ τ_1과 τ_2가 발생될때의 회전각을 θ_{s1}, θ_{s2}라 한다.

※ τ_1과 τ_2는 값의 크기는 같고 부호만 다르다

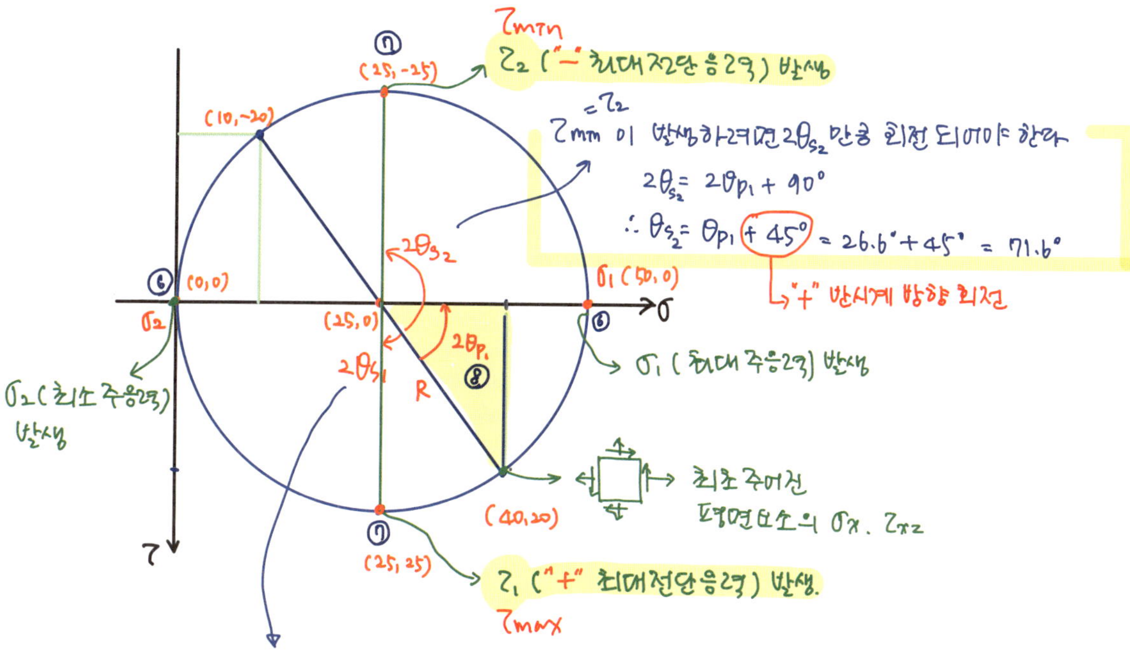

$\tau_{max} = \tau_1$ 이 발생하려면 $2\theta_{s1}$ 만큼 시계방향으로 회전필요!!

$2\theta_{s1} = 2\theta_{p1} - 90°$

$\therefore \theta_{s1} = \theta_{p1} - 45° = 26.6° - 45° = -18.4°$ → 시계방향으로 18.4° 의미!!

↳ 시계방향 회전

혹은 $\theta_{s1} = \theta_{s2} + 90°$
$= \theta_{s2} - 90°$ } 모두 가능.

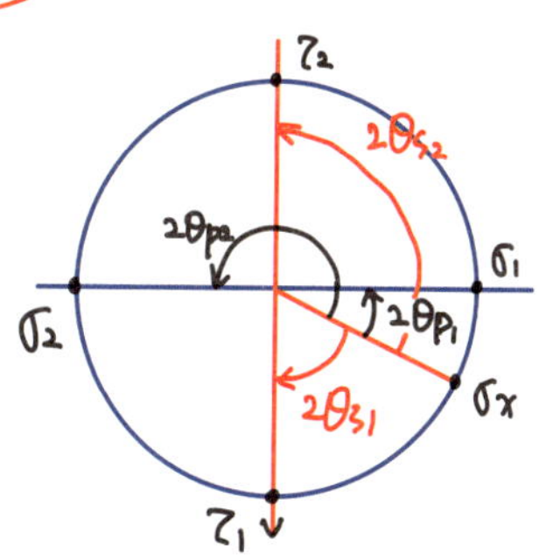

** 주응력 σ_1, σ_2와 주각 θ_{p1}, θ_{p2}의 matching.

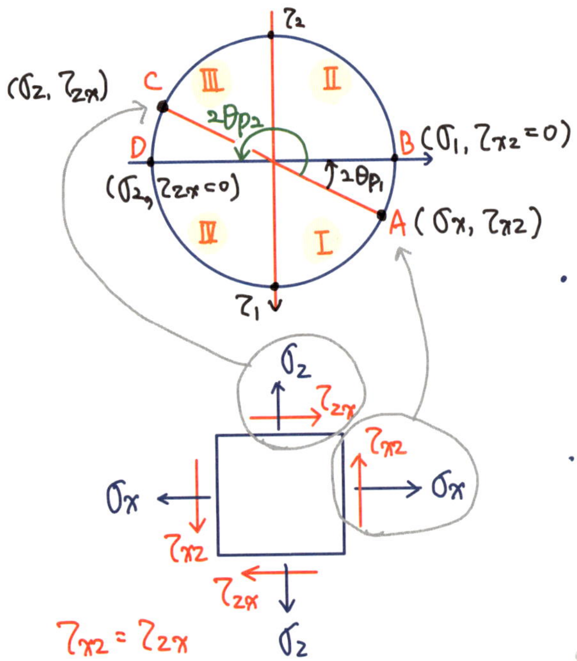

• θ_{p1}은 평면요소의 "x"면 응력상태(σ_x, τ_{xz})를 나타내는 A점 과 주응력이 발생되는 B점 (σ_1, τ_{xz}) 사이의 사이각 θ를 의미하는 개념이다.

• 만약 A점이 I, IV 영역에 위치한다면 θ_{p1}은 θ_{p2}보다 작은값이 될것이고, II, III 영역에 위치한다면 θ_{p1}은 θ_{p2} 보다 큰값을 갖게 될것이다.

(단, 반시계 방향 회전각 '+'로 할때 + 회전을 기준)

※ 즉, x면의 전단응력 τ_{xz}의 방향이 ↑ 이면 $\theta_{p1} < \theta_{p2}$ 가 되고 τ_{xz}의 방향이 ↓ 이면 $\theta_{p1} > \theta_{p2}$ 가 된다. (σ-τ 좌표일때)

※ A점의 위치와 θ_{p1}, θ_{p2}의 크기의 상관관계(단, 반시계 방향 회전각 '+'로 할때 + 회전을 기준)

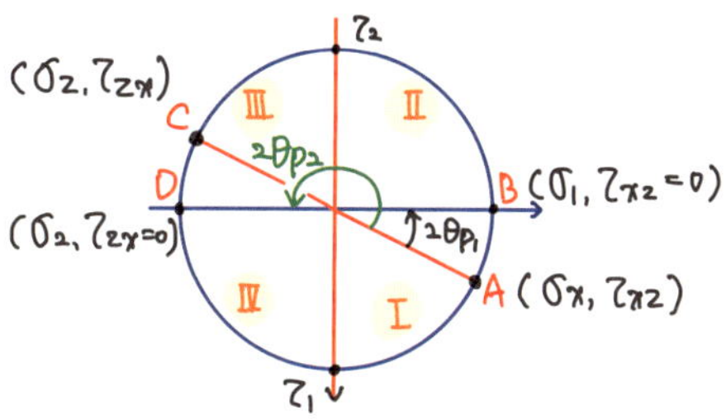

① A점이 Ⅰ 영역에 있을때 ($\sigma_x \rightarrow$, $\tau_{xz} \uparrow$)

$\theta_{p1} < \theta_{p2}$

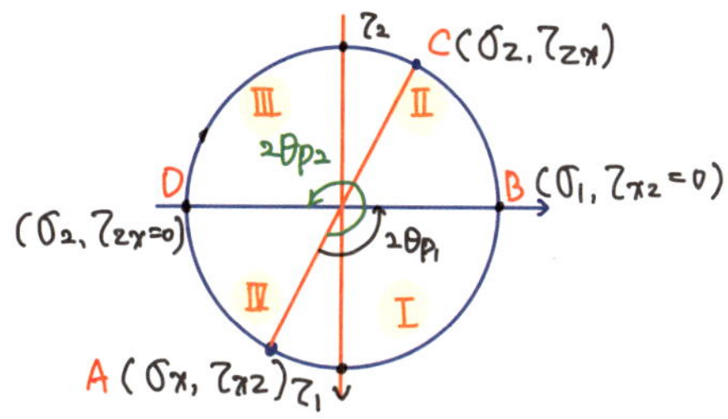

② A점이 Ⅳ 영역에 있을때 ($\sigma_x \leftarrow$, $\tau_{xz} \uparrow$)

$\theta_{p1} < \theta_{p2}$

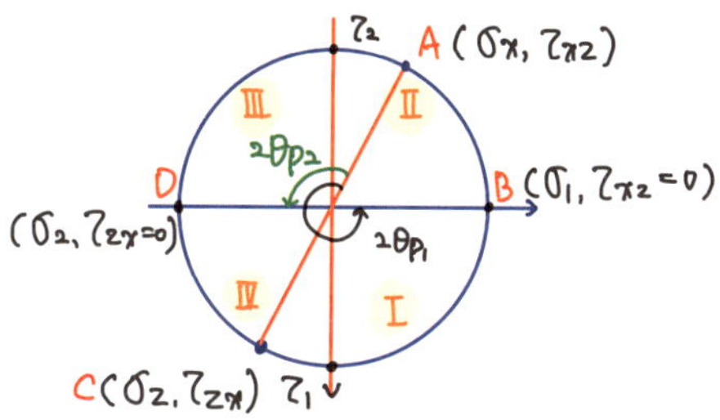

③ A점이 Ⅱ 영역에 있을때 ($\sigma_x \rightarrow$ $\tau_{xz} \downarrow$)

$\theta_{p1} > \theta_{p2}$

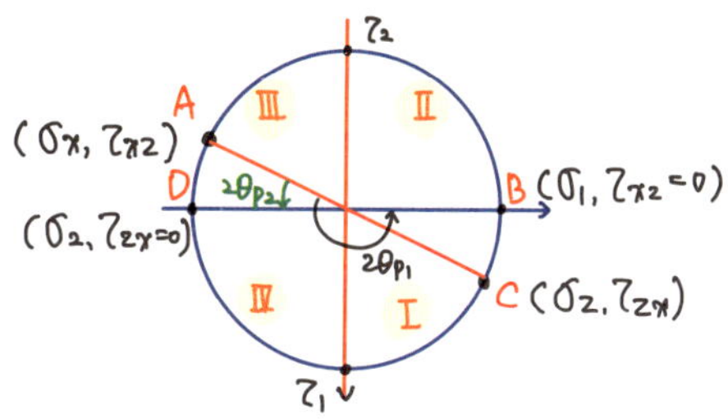

④ A점이 Ⅲ 영역에 있을때 ($\sigma_x \leftarrow$, $\tau_{xz} \downarrow$)

$\theta_{p1} > \theta_{p2}$

Z4. 부호 혼동하지 않고 휨모멘트, 전단력 구하기

휨모멘트, 전단력 부호가 혼동되는 이유는 정역학적 부호규약과 변형부호규약이 충돌하기 때문이다.

1) 부재력(휨모멘트와 전단력 등)을 구하려는 위치를 가상으로 절단한다.
2) 절단되어 분리된 구조물에서도 힘의 평형조건은 충족되어야 한다 예를들어, 휨모멘트의 합은 "0"이 되어야 하는 평형조건을 쉽게 정리하면, 단순히 가상으로 절단한 그 위치를 모멘트의 중심점으로 놓고 "=" 을 기준으로 시계방향 회전력은 좌변에 반시계방향 회전력은 우변에 각각 정리한다.(시계방향은 "+", 반시계방향은 "−" 부호는 무시하고 단순히 좌변과 우변에 놓으면 됨)
3) 시계방향 휨모멘트 값의 합과 반시계방향 휨모멘트 합의 차이가 가상으로 절단한 위치(휨모멘트, 전단력 등을 구하려는 위치)에서 발생되는 휨모멘트의 크기와 방향이 된다.
4) 이렇게 결정된 휨모멘트가 구조물을 아래로 볼록하게 변형시키는 역할을 하면 "+ 휨모멘트", 위로 볼록하게 변형시키는 역할을 하면 "− 휨모멘트"가 된다.

휨모멘트와 전단력의 부호가 혼동되는 주된 이유는 값(크기)을 구할 때 사용되는 정역학적 부호규약(시계방향 +, 상향력 + 등)과 변형규약(아래로 볼록하게 만드는 휨모멘트 + 등)이 상이하기 때문이다.

여기에서 설명하고 있는 방법은 정역학적 부호규약을 따르지 않아도 되기 때문에 부재력 부호 결정이 훨씬 쉬워진다.

$$\sum F_x = 0, \sum F_y = 0, \sum M = 0$$

시계방향 휨모멘트의 합	=	반시계방향의 휨모멘트의 합
상향 수직력의 합	=	하향 수직력의 합
오른쪽을 향하는 수평력의 합	=	왼쪽을 향하는 수평력의 합

>> BOX 해석법 <<

시계방향 휨모멘트와 반시계방향 휨모멘트의 크기를 구할 때 시계방향 "+", 반시계방향 "−" 같은 부호규약은 생각하지 않아도 된다.

단순히 시계방향 회전을 일으키는 휨모멘트이면 "="을 기준으로 좌측에, 반시계방향 회전을 일으키는 휨모멘트이면 우측에 놓으면 된다.

전단력의 경우도 위로 올라가는 힘은 좌측에, 아래로 내려가는 힘은 우측에 놓으면 된다.

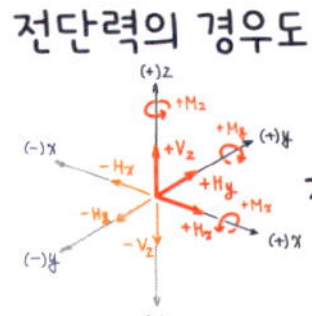

정역학적 부호규약은 잊어버리자.

휨모멘트와 전단력 등은 구조물을 어떻게 변형시키는 지에 따라 +, − 가 결정된다. 그림과 같은 변형부호규약만 생각하면 된다.

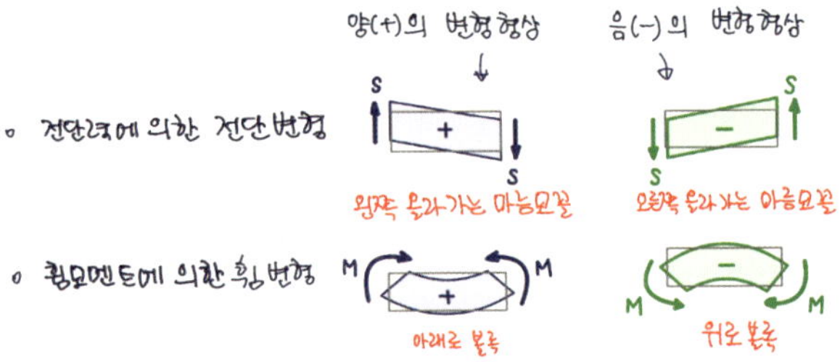

예) F 점 위치에서 발생되는 휨모멘트와 전단력을 구해보면

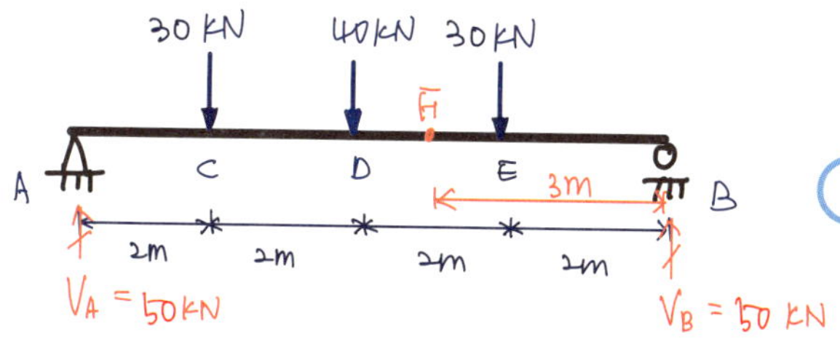

시계방향 휨모멘트의 크기 = 반시계방향 휨모멘트의 크기

◦ F점을 기준으로 구조물을 절단한다

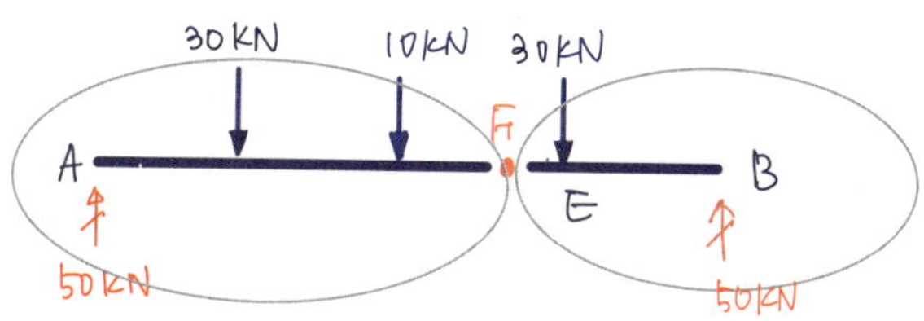

◦ F점을 기준으로 AF, FB 두개의 구조부재로 분리된다.

• 분리된 상태에서 각각의 부재는 독립적으로 힘의 평형조건이 성립되어야 한다.

1) M_F

① AF 부분구조물에서 M_F

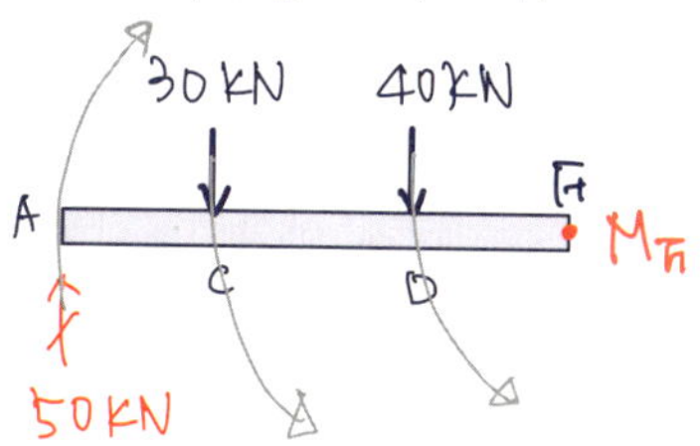

◦ F점을 기준으로 시계방향, 반시계 방향의 휨M 를 "=" 의 좌변과 우변에 각각 정리한다.

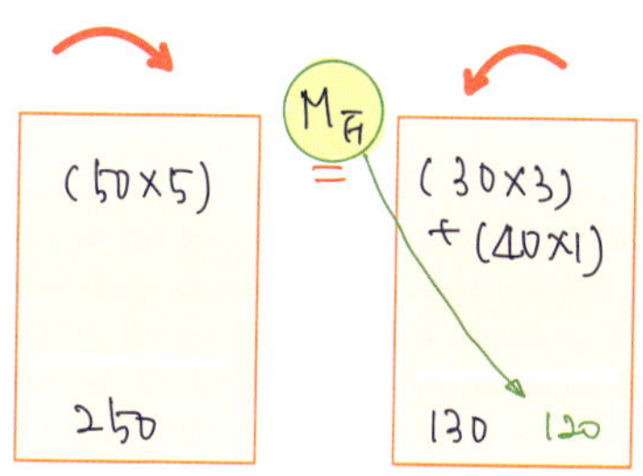

M_F는 반시계 방향 120KN·m 가 되어야 □=□ 성립.

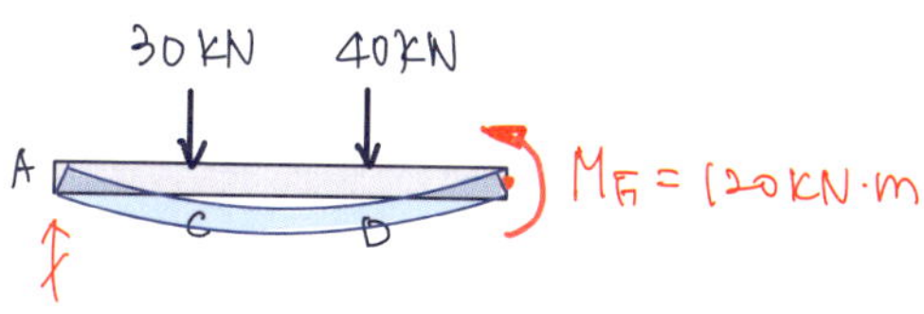

◦ 양변의 값이 같아지려면 M_F는 반시계 방향으로 120KN·m가 되어야 한다. M_F는 부분구조물을 아래로 볼록하게 변형시키는 역할을 하므로 '+' 휨모멘트이다.

∴ M_F = +120 KN·m

※ 구해진 M 가 부분구조물을 어떻게 변형시키려고 하는지에 따라 "+" 혹은 "−" 가 결정된다.

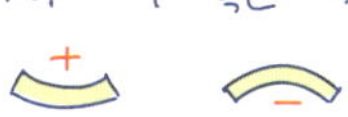

Z4. 부호 혼동하지 않고 휨모멘트, 전단력 구하기

② FB 부분구조물에서 M_F

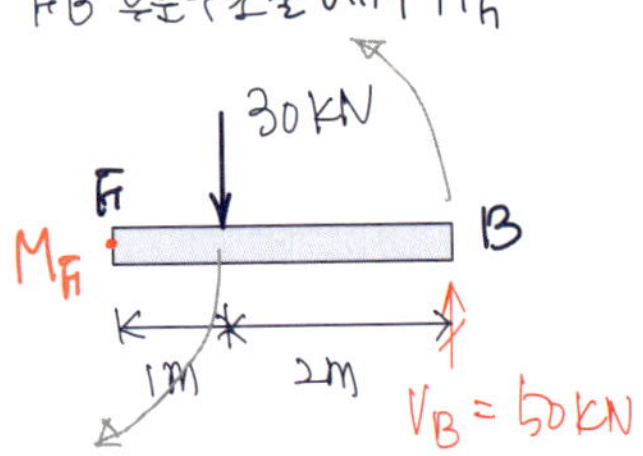

• F점을 기준으로 휨모멘트를 구한다.

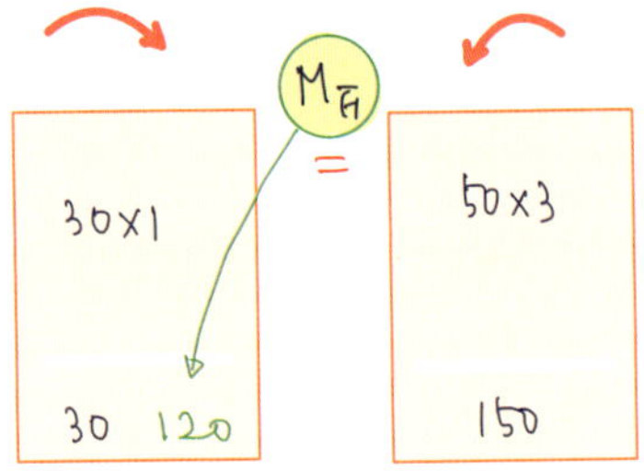

• 양변의 □=□ 값이 같아지려면 M_F는 시계 방향으로 120 KN·m 가 되어야 한다.

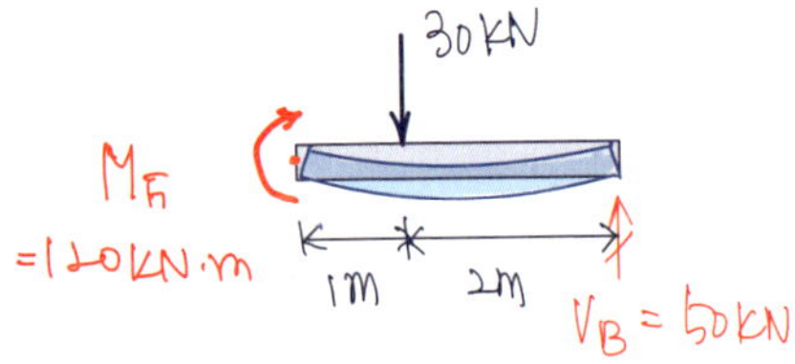

M_F는 부분구조물을 아래로 볼록하게 변형시키는 역할을 하므로 "+" 휨모멘트이다.

$\therefore M_F = +120$ KN·m

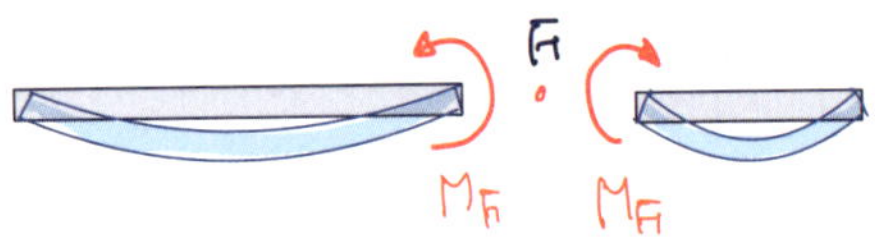

결국 M_F는 어느 쪽 구조물을 이용해서 구하더라도 모두 아래로 볼록하게 변형시키는 역할을 하므로 "+" 휨모멘트가 된다.

2) S_F

① AF 부분구조물에서 S_F

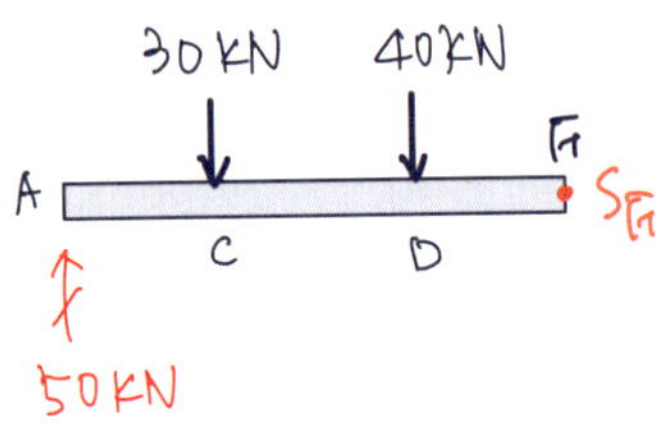

=

• 단순히 상향력과 하향력을 구분하여 "="을 기준으로 좌변과 우변에 각각 정리한다.

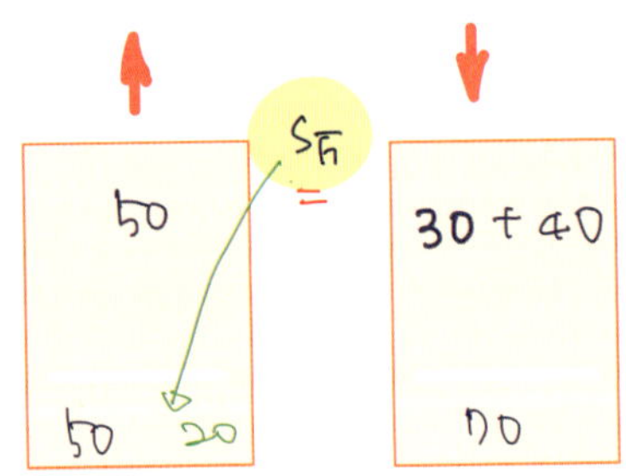

◦ 양변의 값이 같아지려면 S_F는 상향력 20KN이 되어야 한다.

Z4. 부호 혼동하지 않고 휨모멘트, 전단력 구하기

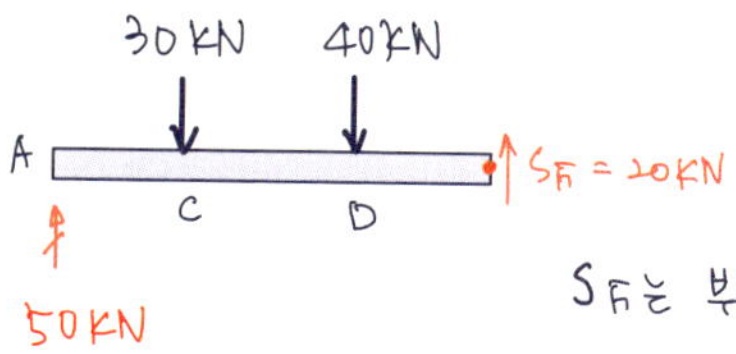

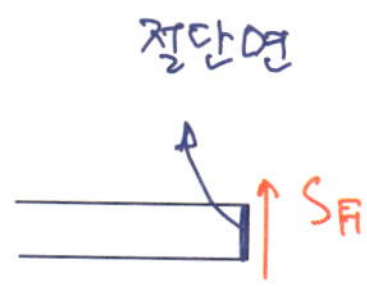

$\therefore S_F = -20\text{KN}$

S_F는 부분구조물을 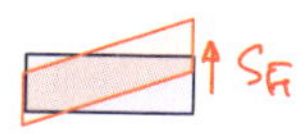 변형시키는 역할을 하므로 '−' 전단력이다.

∘ 전단력에 의한 전단변형

② FB 부분구조물에서 S_F

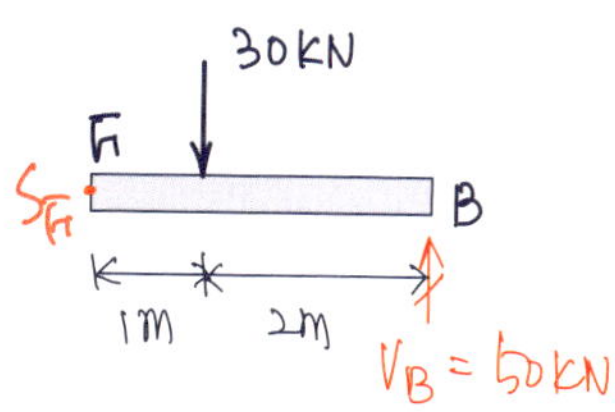

∘ 단순히 상향력과 하향력으로 구분하여 정리한다.

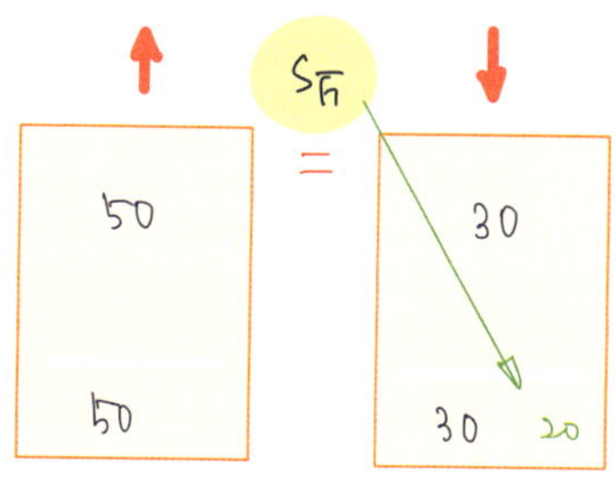

∘ 양변의 값이 같아지려면 S_F는 하향력 20KN이 되어야 한다.

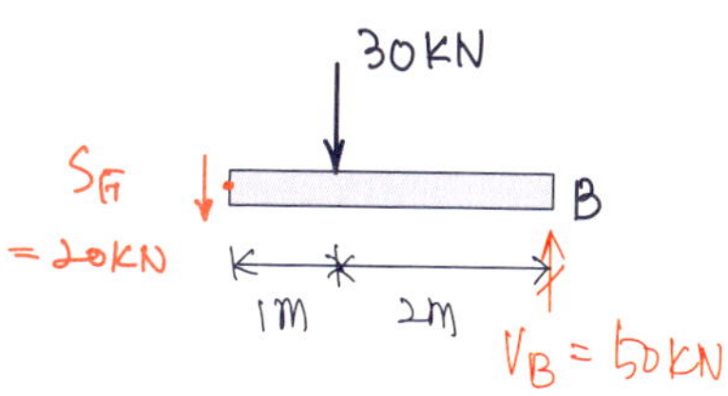

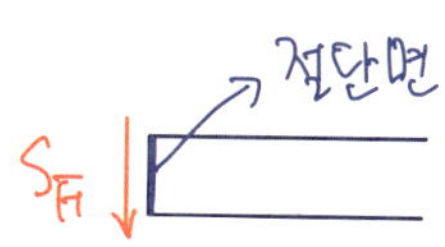

S_F는 부분구조물을 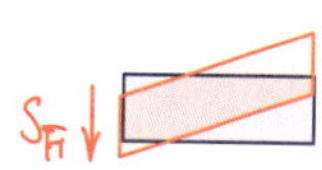 변형시키는 역할을 하므로 '−' 전단력이다.

$\therefore S_F = -20\text{KN}$

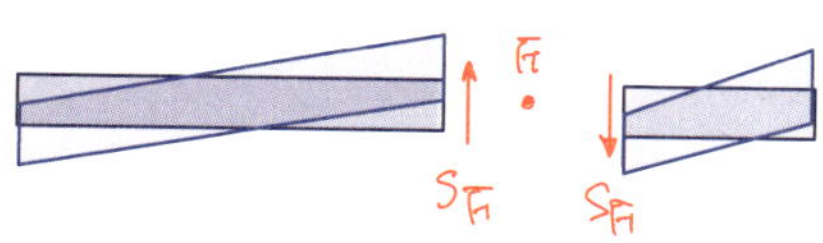

결국 S_F는 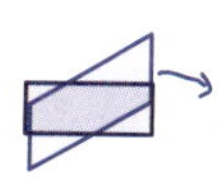 이런 마름모꼴 형상으로 변형시키는 역할을 하므로 어느쪽 구조물을 이용해서 구하더라도 "−" 전단력이 된다.

Z4. 부호 혼동하지 않고 휨모멘트, 전단력 구하기

예) C 점 위치에서 발생되는 휨모멘트와 전단력을 구해보면

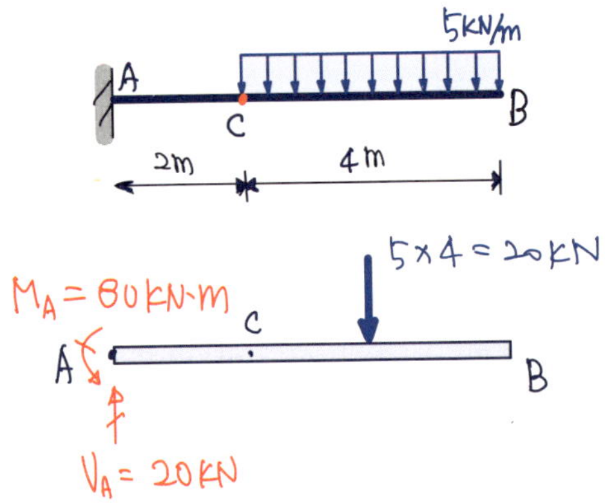

① 반력 M_A = ?

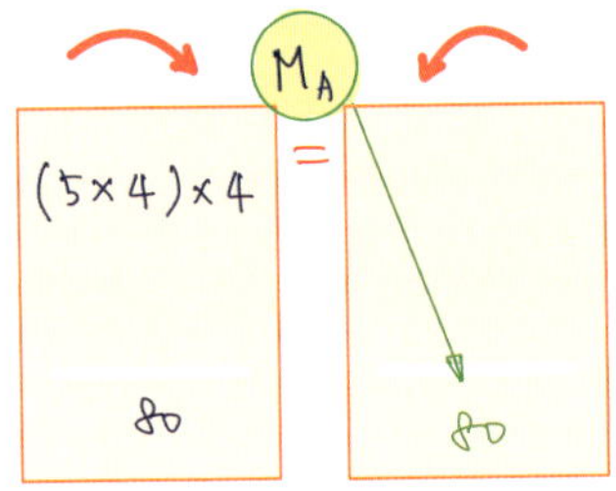

M_A는 반시계 방향의 80KN·m이 되어야 한다.

② 반력 V_A = ?

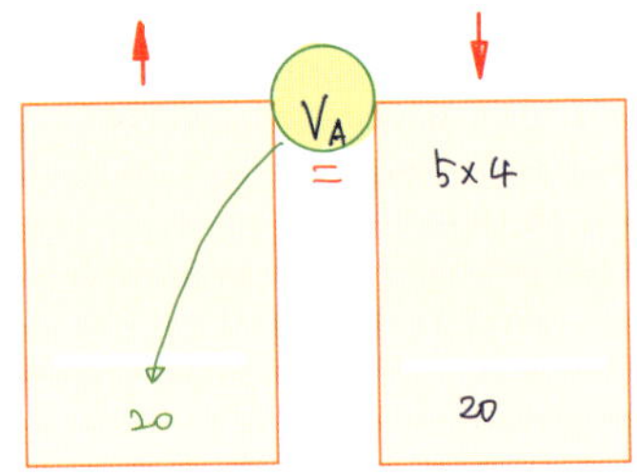

V_A는 상향으로 20KN이 되어야 한다.

◦ C점을 기준으로 우측 부분 구조를 이용 ;

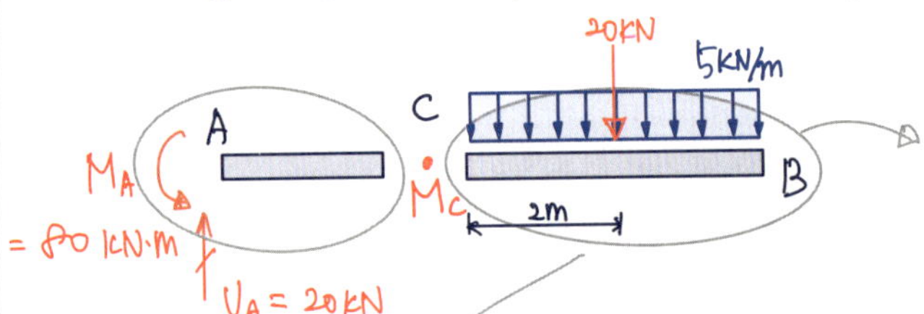

③ M_c = ?

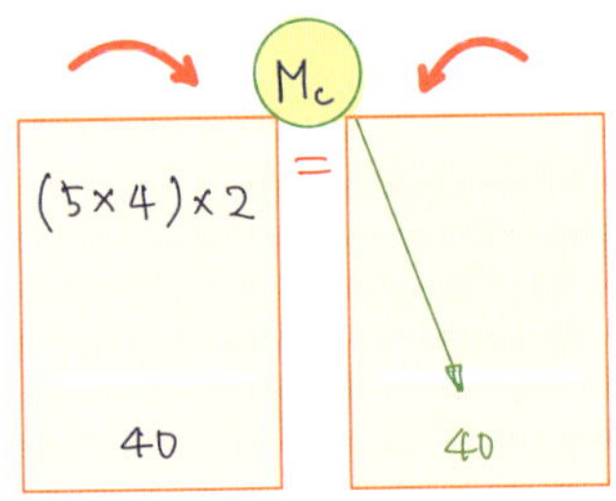

M_c는 반시계 방향으로 40KN·m이 되어야 한다.

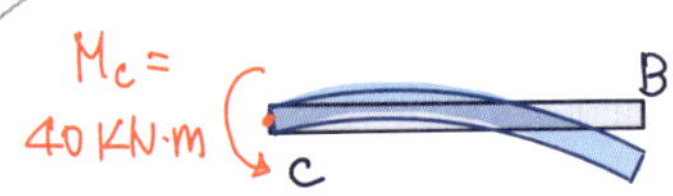

반시계 방향의 M_c는 CB 부재를 위로 볼록하게 변형시키는 역할을 하므로 "−" 휨모멘트가 된다.

∴ $M_c = -40KN\cdot m$

④ S_c = ?

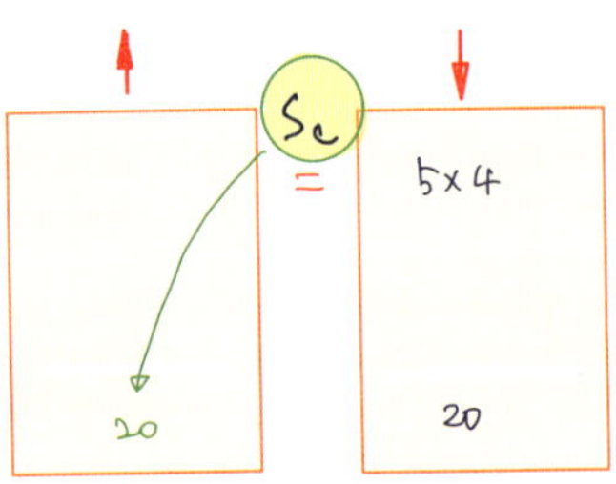

S_c는 상향으로 20KN

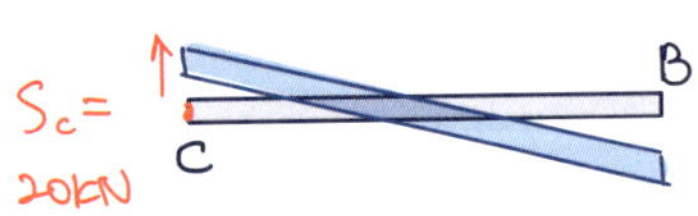

상향의 S_c는

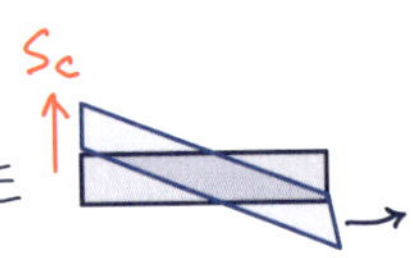

이런 형상의 전단변형을 일으키므로 "+" 전단력이 된다.

∴ $S_c = +20KN\cdot m$

Z4. 부호 혼동하지 않고 휨모멘트, 전단력 구하기

BOX 해석법을 이용하여 E1-03 문제의 반력, M_E, S_E 구하기

E1-03. 3힌지 라멘 구조물

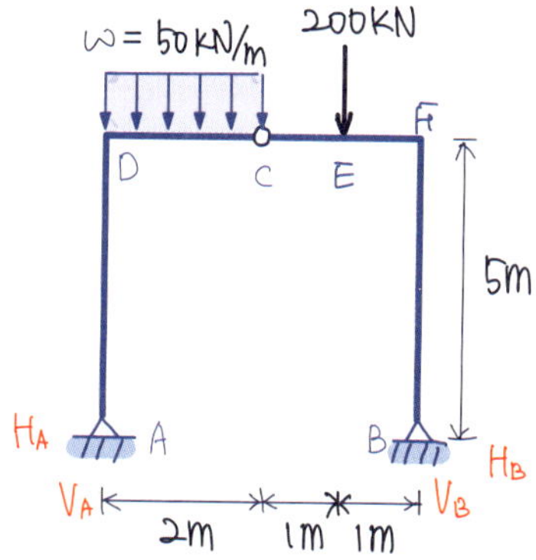

① 반력 V_A를 구하기 위하여 $\Sigma M_B = 0$ 를 적용.

$H_A \times 0$	$V_A \times 4$ =	$(50\times2)\times3 + 200\times1$
500		500

$V_A \times 4 = 500$ kN·m

$\therefore V_A = 125$ kN (↑)

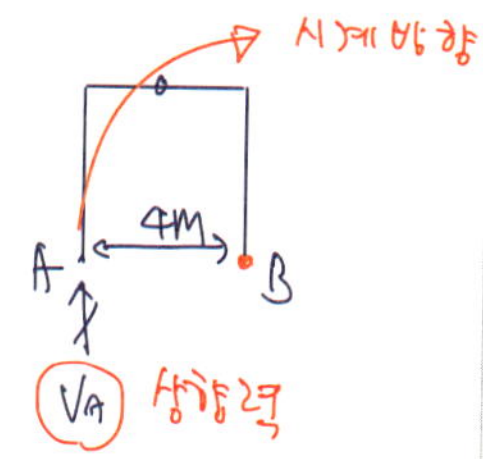

회전력 "$V_A \times 4$"가 B점을 기준으로 시계방향의 회전력이 되려면 V_A는 상향력이 되어야 함

($V_A \times 4$)는 시계방향의 500kN·m가 되어야 한다.

$\therefore V_B = 300 - 125 = 175$ kN·m

② 반력 H_A를 구하기 위하여 내부힌지 C점 이용. $\Sigma M_C = 0$.

$V_A \times 2$ (125×2)	$H_A \times 5$ =	$50\times2\times1$
250		100 150

$H_A \times 5 = 150$ kN·m

$\therefore H_A = 30$ kN (→)

$\therefore H_B = 30$ kN (←)

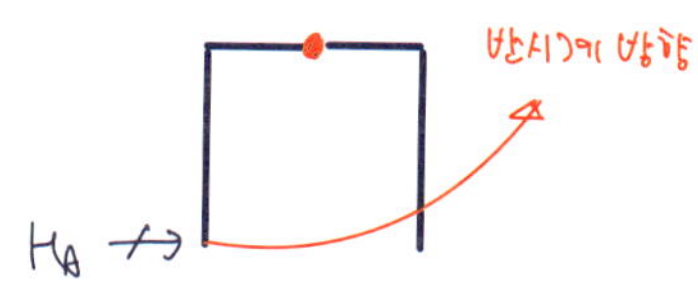

③ M_E =?

· E점 왼쪽 구조물 이용

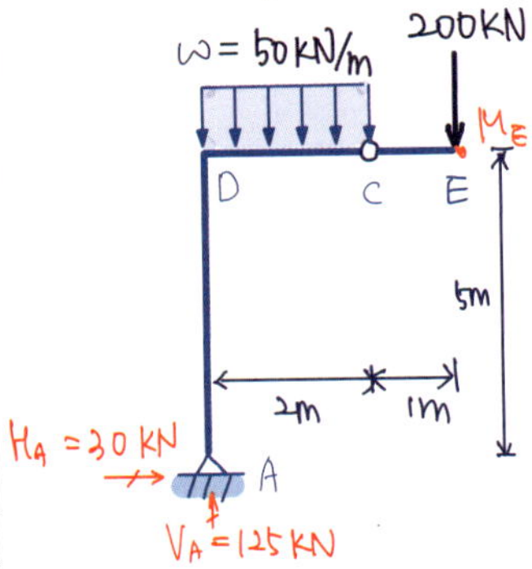

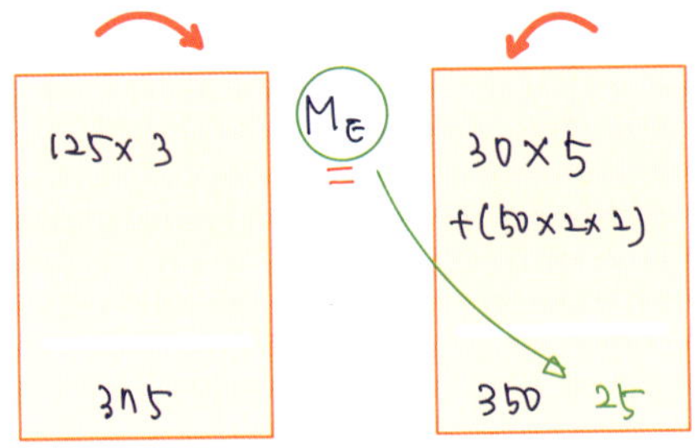

∴ M_E = +25 kN·m

· E점 오른쪽 구조물 이용

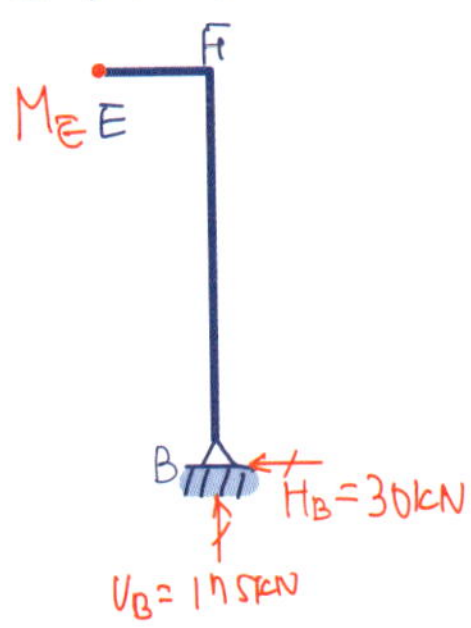

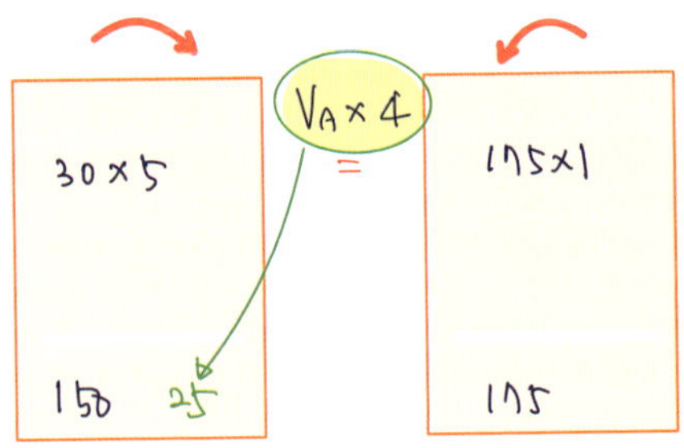

∴ M_E = +25kN·m

④ S_E

· E점 왼쪽 구조물 이용

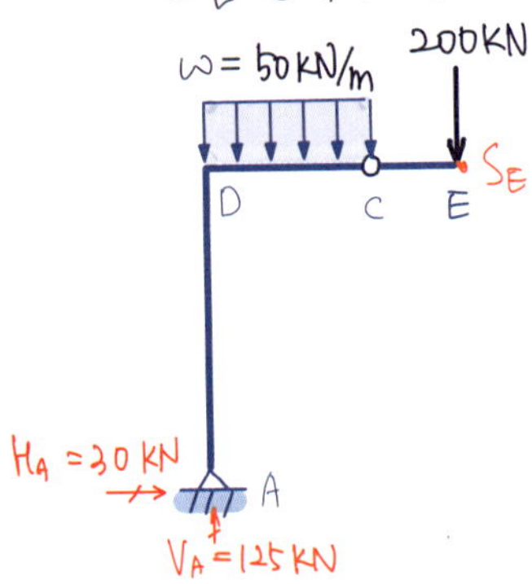

$S_{E(left)}$: 200kN 미포함

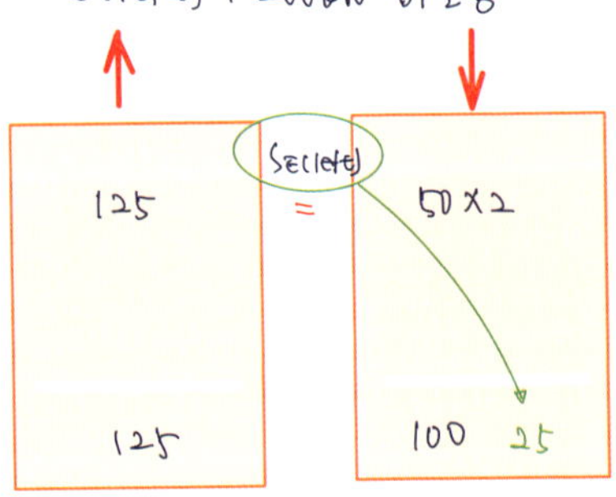

$S_{E(right)}$: 200kN 포함

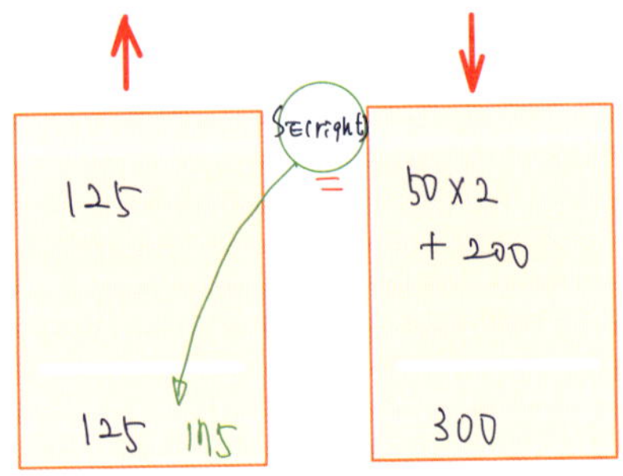

∴ $S_{E(left)}$ = +25kN

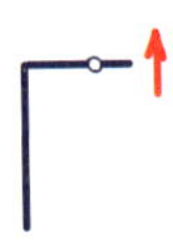

∴ $S_{E(right)}$ = −175kN

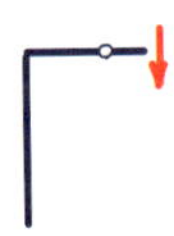

찾아보기 FIND ME

찾아보기 FIND ME

찾아보기 FIND ME

찾아보기 FIND ME

찾아보기 FIND ME

찾아보기 FIND ME

찾아보기 FIND ME

찾아보기 FIND ME

HANDWRITTEN Applied Mechanics 응용역학 4th Edition

박 선 준

동신대학교 토목환경공학과 교수

4th Edition
HANDWRITTEN Applied Mechanics
응용역학 정가 32,000원

저자 : 박선준

발행인 : 임해진
발행처 : 도서출판 구미서관

발행 : 2020년 3월 9일 초 판
2021년 1월 28일 제2판
2022년 2월 25일 제3판
2025년 9월 12일 제4판

등록 : 1979년 6월 29일 No.9-6호

주소 : 서울시 마포구 신촌로 2길 5-15 구미빌딩
전화 : 02-333-1101
팩스 : 02-335-2201
http://www.goomibook.com

ISBN 979-11-6257-321-1 (93530)